Android 程序设计

入门、应用到精通

适用
Android L
1.X~4.X
Android Wear
穿戴式设备

孙宏明 著

清华大学出版社
北京

本书版权登记号：图字：01-2015-0879

内 容 简 介

本书紧密围绕开发人员在开发过程中遇到的实际问题和开发中应该掌握的技术，全面介绍了应用 Android 进行程序开发和穿戴设备的各方面技术和技巧。本书采用具体的章节编排方式，将 Android 系统功能加以分类，再按照由浅入深的原则讲解，辅以许多精心设计的实例贯穿相关的学习章节，引导用户从入门逐步晋升为 Android 程序设计的专家。

全书共分为 16 部分（共 85 章），内容包括 Android 基础，开发 Android 应用程序的流程，学习使用基本界面组件和布局模式，图像界面组件与动画效果，Fragment 与高级界面组件，其他界面组件与对话框，Intent、Intent Filter 与数据发送，Broadcast Receiver、Service 和 App Widget，Activity 的生命周期与高级功能，存储程序的数据，App 项目的准备工作和发布，2D 和 3D 绘图，拍照、录音、录像与多媒体播放，WebView 与网页处理，开发 NFC 应用程序，支持 Android Wear 穿戴式设备等。

本书内容精心编排，不仅涵盖各种重要的主题，更设计了大量的范例程序，适用于广大计算机爱好者和编程人员参考，也可供大中专院校师生阅读。

图书在版编目（CIP）数据

Android 程序设计入门、应用到精通：适用 Android L，1.X～4.X，Android Wear 穿戴式设备 / 孙宏明著. -北京：清华大学出版社，2015
ISBN 978-7-302-39649-9

I. ①A… II. ①孙… III ①移动终端－应用程序－程序设计 IV. ①TN929.53

中国版本图书馆 CIP 数据核字（2015）第 059325 号

责任编辑：夏非彼
封面设计：王　翔
责任校对：闫秀华
责任印制：王静怡

出版发行：清华大学出版社
网　　址：http://www.tup.com.cn，http://www.wqbook.com
地　　址：北京清华大学学研大厦 A 座　　**邮　　编**：100084
社 总 机：010-62770175　　**邮　　购**：010-62786544
投稿与读者服务：010-62776969，c-service@tup.tsinghua.edu.cn
质 量 反 馈：010-62772015，zhiliang@tup.tsinghua.edu.cn
印 刷 者：清华大学印刷厂
装 订 者：三河市溧源装订厂
经　　销：全国新华书店
开　　本：190mm×260mm　　**印　　张**：41　　**字　　数**：1056 千字
版　　次：2015 年 6 月第 1 版　　**印　　次**：2015 年 6 月第 1 次印刷
印　　数：1～3000
定　　价：99.00 元

产品编号：063449-01

推荐序 I

我和孙老师认识已超过十年的时间，我们刚认识时孙老师在软件公司负责新技术的研发，他和许多大学教授及研究生一起合作相关的研究计划。虽然当时是我与他的首次合作，但是孙老师非常详细及精确地提供我们整个计划的目标及要求，孙老师不仅在专业领域有很深厚的基础，其沟通与协调的能力也是很令人赞赏的。现在孙老师愿意针对“手机程序设计”这个新领域，将自己累积多年的程序开发技术和经验，结合目前当红的 Android 手机平台程序设计，编写成适合入门学习的书籍，实在是学习 Android 手机程序员的一大福音。

孙老师后来到大学教书，他擅长各种程序语言的应用，包括 C/C++、Java 和 VB，以及许多应用领域，例如图像处理与识别、计算机图形学、游戏程序设计等，以及 UML 软件工程，所教授的课程受到学生的喜爱。由于他在应用程序设计方面具有深厚的专业背景，因此所编写的这本书内容非常精彩，不仅内容的广度涵盖 Android 程序技术的各种学习主题，而且还包括目前热门的应用，像是游戏程序所需的 2D 和 3D 绘图、拍照录像、网页处理和 NFC 程序等。

孙老师将他亲切及讲解详细的特色融入于文字叙述中，使得本书不仅逻辑及描述非常清楚，而且在程序范例的设计和编排上也顾及初学者的需要，读起来非常轻松流畅，相信阅读本书必能提高读者的学习兴趣和成效。如果读者想要加入 Android 程序开发的行列，我相信这本书必能给予很大的帮助！

赖尚宏教授

推荐序 II

Android 在几年前还是一个大众不太熟悉的名字，这要感谢 Google 公司的大力支持，让以 Linux 为基础的操作系统能够在移动设备中运行，同时也兼顾了广大的 Java 开发与爱好者。

欣闻孙老师邀请我帮忙写 Android 书籍的推荐序，近年来我与孙老师共同参与了 Android 相关课程的教授，除了 Android 一般的课程外，孙老师在图像处理、游戏软件设计与开发方面有长足的经验，在书中他也分享了重要的心得，整理了重要的数据。孙老师平日与同学有良好的互动，多年来的认真教学让我相信他编写的书一定具有良好的水平与质量。

这些年，很多出版社也出版了不少 Android 的教学书籍。这些书籍适合不同层次的学习者与开发者，有的例子较少，着重于案例与概念的讲解，适合初学者，而有的例子又很多，多到像是一本电话簿，对于高级的应用与开发多有着墨。在此，我要推荐给大家这本由孙老师精心编写的 Android 教学书籍，其中包含许多重要主题，内容非常丰富，讨论了非常多的例子。个人认为这是一本非常好的学习手册与工具书，非常适合在已经具备 Java 语言基础后，直接进行 Android 程序开发时放在案头的一本学习与参考范例。

书中的内容除了教导初学者如何使用 Android 窗口组件开发手机程序之外，也分享了重要的程序调试经验与技巧，对于初学者而言是非常重要的。对于多个运行程序如何配合窗口组件一起使用、如何在不同的 Activity 间互动，传递与交换数据，都有深入的探讨与解释，这些章节对于学习如何在 Android 平台开发一个快速且有效的程序将会非常受用。

书中对于 App Widget 程序开发也有所着墨，这些内容对于高级手机程序员而言是一个重要的参考。第 10 章之后的章节讨论了许多高级的 Android 程序设计主题，如 SQLite、多语言和屏幕支持、2D 与 3D 绘图、多媒体功能、网页处理以及 NFC，读者可以充分运用本书的内容开发出专业且互动界面良好的程序。相信借助这本书清楚且详尽的解说，可以让用户完整地学习与欣赏 Android 的美，欢迎用户加入到 Android 的行列。

李盛安教授

前 言

嵌入式计算机系统的时代已经来临

本书发行第一版的时候（2011 年 6 月），正值 Android 系统快速成长的阶段。当时智能手机开始普及，平板电脑刚刚问市。经过几年来的发展，智能手机和平板电脑已经成为非常普遍的生活用品，下一波的明星产业已经转移到穿戴式计算机设备（像是眼镜、手表），以及智能家电，甚至是智能车载系统，这些领域都将成为嵌入式计算机的新战场。在全球市场上，Android 系统目前的占有率已经超过 80%。这个数据告诉我们，Android 的时代已经来临，目前信息产业最热门的工作就是开发 Android 系统的硬件设备或是应用程序。本书的目的就是要帮助初学者，以最有效率的方式学习 Android App 开发，并且借助详细的步骤解说，以及丰富的范例程序项目，奠定扎实的开发基础。

Android 对于程序开发人员的致命吸引力

安装 Android 程序开发工具非常方便，只要链接到相关网站就可以下载相关软件，而且“完全免费”。这些网站一年 365 天，每天 24 小时开放。Android 系统的功能远远超越传统的 PC 系统，像是定位功能、拍照、录音录像、近场通信（NFC）、语音识别、动作检测等，只要加上用户的创意，就可以开发出比一般计算机软件更生活化的应用，而且全世界的 Android App 开发人员，还可以通过 Google 官方的 Google Play 网站，出售或是提供免费下载自己的作品。由于这些吸引人的条件，让世界各地开发 Android App 的人员快速地增加。如果过去我们已经错过研发 PC 软件的先机，现在岂能再错失成为 Android App 领头羊的大好机会！

学习开发 Android App 的方法

开发 Android App 需要使用 Java 程序语言，Android 系统的功能非常丰富，程序项目的架构也和传统的 PC 程序不同，如果没有适当的规划，只靠东拼西凑的方式学习恐怕效率不佳。为了让读者能够有效地学习 Android 程序设计，笔者对于本书内容的编排花费了很大的心思，希望从五花八门的 Android 程序技术中理出一条由浅入深，适合初学者的快捷方式，因此笔者决定摒弃传统程序设计书籍惯用的章节编排模式，改成以教学章节的方式，搭配切合主题的实现范例，再辅以详细的操作步骤说明，让读者能够切实了解每一个主题的技术和用法。在学习 Android 程序设计的过程中，除了知道 SDK 相关的知识之外，开发工具的操作技巧也很重要。善用辅助功能不但可以减少打字的时间，同时也能够避免打错字的情况，因而缩短程序调试的过程。在讲解技术的过程中，笔者特别将重要的概念、操作技巧和相关知识等，用“提示”的小文本框进行说明，一来可以达到提醒的效果，二来也方便日后查阅。

开发 Android App 需要具备三个条件：第一是具备程序语言的基础（Java、C/C++、Visual Basic 都可以），读者必须知道变量、数组、判断语句、循环等基本语法；第二是了解面向对象的概念和用法，因为 Android App 是使用 Java 程序语言编写的，它完全采用面向对象的架构，面向对象的概念并不难，当然高级的用法需要比较多的经验和技术，但是本书的程序范例是针对入门学习者所设计，因此只要依照书上循序渐进的内容安排来阅读就可以了解，如果读者可以配合书上的操作步骤动手操作，学习效果将会倍增；第三，Android App 的架构是使用事件处理程序和系统 callback 函数的机制，这种机制并不是 Android App 的专用特性，任何图形界面的操作系统（如 Windows）也都是采用这种方式。基本上这也是观念上的问题，只要读者了解运行的原理就知道了如何使用，本书会在适当的时候加以说明。只要读者了解程序语言的基本语法，就可以借助本书的说明和范例开始学习 Android 程序设计。

如何使用这本书

目前市面上已经有许多 Android 程序设计入门或是高级应用的书籍。有些入门书籍涵盖的技术范围有限，无法满足实际应用中的需要。高级应用的著作虽然包含比较完整的技术内容，但是解说的方式可能不适合初学者。笔者编写这本书的目的就是希望在内容的广度和解说的细节上取得更好的平衡。为了达到这个目的，笔者将 Android 系统的功能加以分类，然后根据由浅入深的原则进行编排，再搭配许多精心设计的范例程序，贯穿相关的学习章节，让读者在学习单一主题的时候也能够了解相关的功能。本书采用章节编排方式是希望将每一次的学习时间做适当的切割，再辅以契合主题的程序项目为范例，让读者能够充分了解学习的内容，并且知道如何使用，这样自然能够达到更好的学习效果。采用教学章节编排的另一个好处是方便日后查询，像是 Fragment、Action Bar、Action Item/View、动画技术、NFC Beam、Android Wear App 等功能，在书中都有完整的介绍和实现范例。另外，为了方便读者区分不同 Android 版本的功能差异，在每一个学习章节的开头，都特别注明适用的版本。这些费心的安排无一不是希望利用最有效的方式传达知识，以提升读者的学习效率。

本书的第一部分是介绍 Android 的历史、系统架构、产业趋势等背景知识，以及程序开发工具的安装和使用。第二部分是介绍程序项目的架构、界面组件的基本用法、调试技术、模拟器的操作和设置等开发程序的基本技巧。这个部分是后续学习的重要基础，建议读者配合书上的解说动手实现。学习程序设计的秘诀就是动动手、想一想、改一改、试一试。完成第二部分的学习之后就可以根据自己的兴趣或需要学习特定的章节。由于本书的范例程序具有前后连贯的关系，因此笔者在解说的过程中，会根据需要提示参考相关的章节。另外，如果读者在学习上遇到障碍，可以先回到前面相关的章节阅读，然后依照关联性往后续章节继续学习，依照这种学习方式，就能够让本书对读者发挥最大的帮助。坐而言不如起而行，现在就让我们一起踏上 Android 程序设计的学习之旅吧！

本书所附下载内容与使用说明

本书所附下载内容包含书上所有的范例程序项目和补充说明文件，有关内容的存储路径和使用说明请参考以下表格。

文件夹名称	子文件夹名称	说明
范例程序项目	每个子文件夹对应到不同章节的范例程序项目	请先将程序项目的文件夹复制到 Eclipse 的 workspace 文件夹中，再利用 Eclipse 主菜单的 File > Import 功能加载程序项目。如果加载的程序项目出现错误，请参考第 4-4 节中的说明进行排除
其他文件	无	Graphical Manifest Editor 操作说明.pdf 用于介绍程序功能描述文件 AndroidManifest.xml 的图形编辑操作方式

代码、课件和教学视频下载

本书配套源代码的下载地址：http://pan.baidu.com/s/1jGxgB7w，若下载有问题，请发送电子邮件至 booksaga@126.com，邮件标题为“求代码，Android 程序设计入门、应用到精通”。

最后感谢我最亲爱的家人 Maysue、小 D 和小 M 在本书编写期间的容忍和体谅，虽然因为我的忙碌而疏忽了你们，但是正是因为有了你们的陪伴，让一切的付出和努力更有意义！

编　者

2015 年 3 月

目　录

第 1 部分　拥抱 Android

第 2 部分　开发 Android 应用程序的流程

第 4 部分　图像界面组件与动画效果

第 5 部分　Fragment 与高级界面组件

第 8 部分 Broadcast Receiver、Service 和 App Widget

第 9 部分 Activity 的生命周期与高级功能

第 10 部分　存储程序的数据

第 11 部分　App 项目的准备工作和发布

第 12 部分 2D 和 3D 绘图

第 13 部分 拍照、录音、录像与多媒体播放

第 16 部分　支持 Android Wear 穿戴式设备

第1部分

拥抱Android

第 1 章 Android造时势或者时势造Android

信息科技能有今日的成就，计算机产业的不断创新和进步是幕后最大的功臣。最早期的计算机不但体积庞大，而且计算速度缓慢。但是随着半导体以及计算机软硬件技术的进步，计算机的体积逐渐缩小，同时运算性能却不断地提升。时至今日，计算机已经演变成一种可以随身携带的设备，不但具有漂亮的操作界面，而且随时可以从网络下载各种各样的 App 和数据，免费提供程序开发工具，方便软件开发人员编写应用程序。这个梦幻设备就是本书要介绍的主角 Android 系统，它的“势力”正快速地从智能手机和平板电脑，蔓延到各种各样的家电和可穿戴电子设备。

有人将智能手机和平板电脑的兴起称为后 PC 时代，意思是说计算机已经开始走出以往我们熟知的以台式机和笔记本电脑的框架，进一步深入我们的日常生活。这些后 PC 时代的小型计算机设备搭载的是新类型的操作系统，正如 Symbian、iOS、BlackBerry OS、Palm OS、MS Windows Phone（以前称为 Windows Mobile）以及 Android（意思是“机器人”，因此 Android 系统的代表图案就是一个可爱的机器人，如图 1-1 所示）。在这些众多的竞争者当中，Android 算是后起之秀，但是却后来者居上，成为目前市场占有率最高的移动设备平台。Android 之所以能够成功，除了因为它是 Google 的产品之外，另外一个重要的原因是采取开放源代码的策略。有关 Android 平台的技术文件与开发工具，完全公布在以下的网址。不论是厂商或者个人，都可以自由取得相关的数据或者软件。

图 1-1 Android 系统的代表图案

- http://source.android.com：Android 系统源代码。
- http://developer.android.com：Android App 开发工具和各种技术文件。

1-1 Android 从何而来

虽然现在 Android 已经和 Google 划上等号，但是其实 Android 的诞生地并不是在 Google，它是由一位名字叫做 Andy Rubin 的美国人开发出来的软件系统。2005 年 Google 公司收购了 Android 系统，并且网罗 Rubin 先生进入 Google，继续主导 Android 系统的开发。2007 年 11 月，Google 联合 33 家手机相关软硬件厂商，组成开放手持设备联盟（Open Handset Alliance，简称 OHA），并对外公开 Android 智能手机平台。Google 在 OHA 联盟中扮演的角色是研发 Android 系统核心程序，并且提供给手机软硬件厂商免费使用。除此之外，Google 也提供开发 Android App 的软件工具（Software Development Kit，简称 SDK），并将它公布在网络上让大家免费下载。为了提高开发 Android App 的热情，Google 曾经举办过两次 Android App 开发挑战赛（Android Developer Challenge，ADC）。以下我们将 Android 各种版本的功能演进整理成表 1-1。

表 1-1　不同 Android 版本的功能演进

Android 版本（名称）	发表日期	功能说明
Android 1.0	2008 年 9 月	Android 智能手机平台诞生
Android 1.5（Cupcake）	2009 年 4 月	在视频模式下可以观看和拍摄影片
		可以直接将影片上传到 YouTube
		可以直接将照片上传到 Picasa
		虚拟键盘
		Bluetooth 功能
		动画转场效果
Android 1.6（Donut）	2009 年 9 月	改良拍照、摄影和浏览界面
		更新文字转语音核心
		支持 WVGA 屏幕模式
		改善搜索功能
		改良运行速度
Android 2.1（Éclair）	2010 年 1 月	运行速度最佳化
		支持更多屏幕模式
		改良虚拟键盘功能
		支持 Bluetooth 2.1
		支持 HTML 5
Android 2.2（Froyo）	2010 年 5 月	系统最佳化
		SD 卡支持能力
		支持 Flash 10.1
		支持 Microsoft Exchange
		快速键盘语言转换

（续表）

Android 版本（名称）	发表日期	功能说明
Android 2.3 Android 2.3.3（Gingerbread）	2010 年 12 月 2011 年 2 月	改良用户操作界面
		支持更大屏幕和分辨率
		支持 WebM/VP8 影片
		支持 AAC 音频编码
		everb、equalization、headphone virtualization、bass boost 音频效果
		强化游戏的声音和绘图功能
		改良电源管理功能
		支持多摄影机
Android 3.0（Honeycomb）	2011 年 2 月	专门给平板电脑使用的版本，由于手机和平板电脑的屏幕尺寸和使用方式有相当程度的差异，因此 Android 3.0 较以往的版本做了很大的改变，包括：用户界面、键盘操作方式、2D 和 3D 绘图性能、网页浏览器、影片播放和管理、复制粘贴功能
Android 2.3.4（Gingerbread）	2011 年 5 月	新增 Open Accessory Library 提供对 USB 设备的连接能力
Android 3.1 Android 3.2（Honeycomb）	2011 年 5 月 2011 年 7 月	提供对 USB 设备的连接能力
		支持 PTP（Picture Transfer Protocol）
		新增不同输入设备的支持，例如 mice、trackballs、joysticks……
		支持 RTP（Real-time Transport Protocol）
		强化 Animation framework、UI framework、Network 的能力
		支持更多类型的平板电脑
		新增应用程序画面的放大模式
Android 4.0 （Ice Cream Sandwich）	2011 年 10 月	适用手机、平板电脑和其他设备
		改良的操作界面
		针对多核心 CPU 进行最佳化
		强化多媒体处理能力
		新增人脸检测功能
		新增 Android Beam 功能（NFC）
		加强 text-to-speech engine
Android 4.1 Android 4.2 Android 4.3（Jelly Bean）	2012 年 6 月 2012 年 10 月 2013 年 7 月	系统性能最佳化，运行速度更快、更平顺
		提升触控反应的灵敏度
		改善用户界面，包括加大通知信息显示区域、可调整大小的 App Widgets 等
Android 4.1 Android 4.2 Android 4.3（Jelly Bean）	2012 年 6 月 2012 年 10 月 2013 年 7 月	绘图与动画功能的强化
		更丰富的多媒体播放和录制功能
		用户账号登录
		手势输入
		全景拍摄功能
		支持 Bluetooth 4.0（BLE）功能
		绘图函数库升级至 OpenGL ES 3.0

（续表）

Android 版本（名称）	发表日期	功能说明
Android 4.4 Android 4.4.1 Android 4.4.2 Android 4.4.3 Android 4.4.4（KitKat）	2013 年 10 月 2013 年 12 月 2013 年 12 月 2014 年 6 月 2014 年 6 月	针对内存容量较低的设备做最佳化，让运行更平顺
		无线打印功能
		NFC 卡片仿真功能，让手机成为智能卡
		步伐检测和计数功能
		支持 Bluetooth Message Access Profile
		提升系统安全性
		升级 WebView 的网页处理核心
Android L Preview	2014 年 6 月	支持新的 Material Design UI 设计技术，包括新的 theme、widget 组件、阴影和动画效果
		使用新的 Android Runtime（ART）技术，以提高 App 的运行效率
		强化 Notification 功能，即使在锁定的状态下，也可以显示 Notification
		延长电池使用时间

1-2　Android 的功能、应用和商机

从技术面来看，Android 是一个采用 Linux 核心的手机操作系统。Linux 在 Android 平台中扮演的角色是系统资源管理，如内存、网络、电源、驱动程序等，读者可以参考图 1-2 的 Android 平台架构图。Linux 核心的上一层是各种功能的链接库，包括 C 链接库、SGL、OpenGL ES 绘图和多媒体链接库、SQLite 数据库链接库等。另外还有一个重要的组件，就是 Android Runtime。这个组件让 Android 平台可以支持 Java 程序语言，它负责将 Java 运行码转换为底层的硬设备机器码。在链接库和 Android Runtime 的上一层就是所谓的 Application Framework，这一层定义了 Android 平台的应用程序架构，最后在 Application Framework 之上才是 Android 平台的 App。

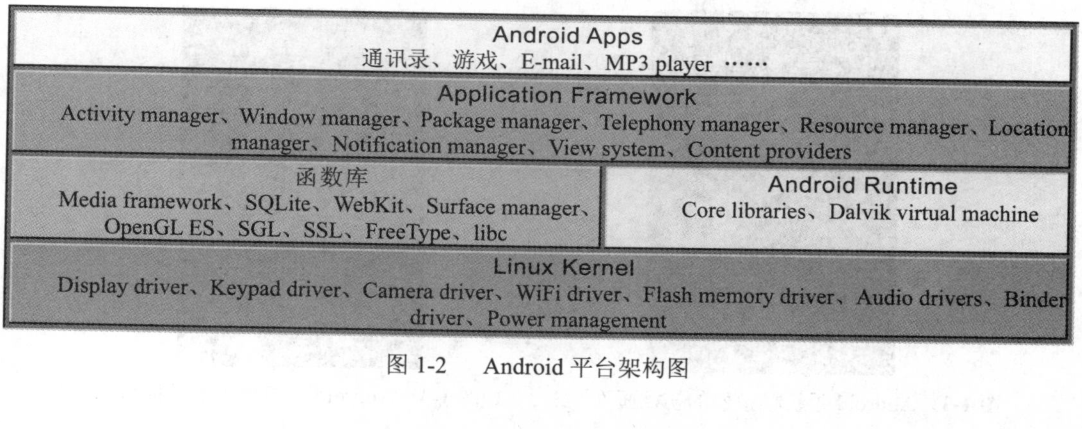

Android Apps 通讯录、游戏、E-mail、MP3 player ……	
Application Framework Activity manager、Window manager、Package manager、Telephony manager、Resource manager、Location manager、Notification manager、View system、Content providers	
函数库 Media framework、SQLite、WebKit、Surface manager、OpenGL ES、SGL、SSL、FreeType、libc	Android Runtime Core libraries、Dalvik virtual machine
Linux Kernel Display driver、Keypad driver、Camera driver、WiFi driver、Flash memory driver、Audio drivers、Binder driver、Power management	

图 1-2　Android 平台架构图

虽然 PC 和 Android 系统的架构类似，但是二者在使用的时间、地点和方式上有很大的不同。在发达国家中，智能手机几乎已经成为每个人的随身必备物品。它可以用来上网、拍照、录音录像、听音乐、定位，和传统的计算机相比，更符合我们日常生活的需要。如果从 App 的数量来看，传统的计算机最多不过数万个 App。但是现在在 Google Play 网站，Android App 的数量已经远超过一百万个，二者的差距是数十倍。由此可见，智能手机和平板电脑的应用可谓是潜力无穷。如果以现在最热门的两大系统：Android 和 iOS 来看，Android 系统的市场占有率已经超过 80%，遥遥领先其他的系统，因此发展潜力更是首屈一指，现在学习 Android App 开发正好符合信息科技产业的需要。

Google Play 是 Google 官方创建的资源服务网站，它的前身是 Android Market，原来是专门给程序开发人员贩卖或者提供免费下载 Android App 使用。2012 年 3 月 Google 加入 Google Music 和 eBookstore，并将它重新取名为 Google Play。

1-3 先睹为快——Android 手机和平板电脑模拟器

以 Android 不同版本的应用来说，1.X 和 2.X 版是专供手机使用，3.X 版则是平板电脑专用，Android 4 以后才将手机和平板电脑的版本合二为一，甚至加上未来可应用到其他不同设备的能力，例如网络电视或者其他智能家电。由于 Android 4 同时支持手机和平板电脑，因此它的模拟器有两种模式：一种是手机模拟器；另一种是平板电脑模拟器。如图 1-3 所示是手机模拟器的运行界面，用鼠标按住屏幕下方的解锁区域，再往右拉至开锁图标位置，就会出现如图 1-4 所示的 Home screen。画面下方有 4 个按钮，从左到右分别为“通讯簿”、“浏览应用程序”、“发送短信”和“网页浏览器”，按下中间的“浏览应用程序”按钮后，就会出现如图 1-5 所示的画面。

图 1-3　Android 手机模拟器的初始画面

图 1-4　Android 手机模拟器的操作首页

图 1-5　Android 手机模拟器中的 App

图 1-6 为平板电脑模拟器的启动画面，把画面上的解锁按钮按住，往右拖动到开锁位置，就会看到图 1-7 的 Home screen。Home screen 下方有一个 Apps 按钮，可以用来浏览已经安装的 App，单击它就会看到图 1-8 的画面。屏幕正下方有 3 个按钮，从左到右分别为“回上一页”、“回到 Home screen”和“浏览最近使用的 App”。看完这些 Android 模拟器的画面，是不是觉得跃跃欲试，迫不急待地想要动手试试看？下一章我们就一起动手安装 Android App 开发工具吧！

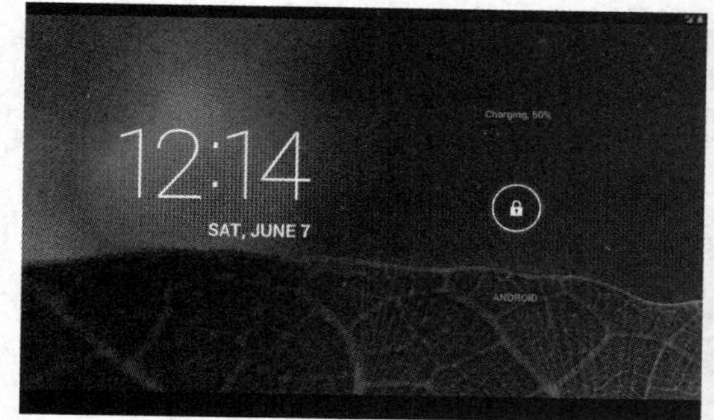

图 1-6　Android 平板电脑模拟器的启动屏幕

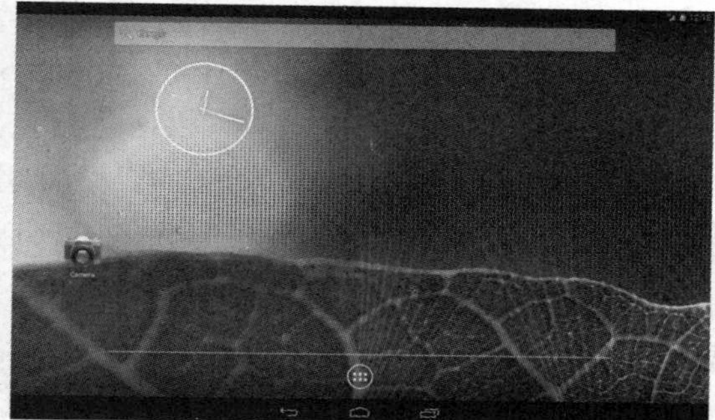

图 1-7　Android 平板电脑模拟器的 Home screen

图 1-8　Android 平板电脑模拟器中的 App

第 2 章 安装Android App开发工具——Eclipse篇

在开始学习设计 Android 应用程序之前，必须先打造一个 Android 应用程序的开发环境。目前 Google 提供两套 Android App 开发工具：一套是以 Eclipse 平台为基础，另一套则是使用 IntelliJ IDEA，Google 将后者称为 Android Studio。Eclipse 平台的开发工具早在 Android 系统公开时就已经提供，并随着新版 Android 的发布持续更新。Android Studio 是在 2013 年 5 月举办的 Google I/O Conference 中第一次公开。在本书的写作期间，Android Studio 还处于 beta 测试阶段。如果读者想要了解 Android Studio 的最新信息，可以参考 Android Developers 官方网站中的说明。这一章我们将从 Eclipse 版本的开发工具开始介绍，如果读者想要学习 Android Studio，也可以直接参考第 5 章的内容。

如果我是初学者，应该学习哪一套开发工具呢？

很多初学者都会提出这样的问题，一般人的直觉是挑选最新的，这个想法并没有错，可是如果愿意多花一些时间，先了解不同开发工具的优缺点，往往可以做出更合适的选择。笔者建议先到 Android Developers 网站确认目前 Android Studio 的版本，如果它还是在 beta 测试阶段，那么笔者建议还是从 Eclipse 平台的开发工具开始学习。因为初学者需要的是功能完整而且稳定的开发环境，以免因为软件操作上的问题影响学习效率。其实无论是 Eclipse 或者 Android Studio，都只是一个工具。熟悉其中一种之后，要学习另一种并不困难。

2-1 开发 Android App 的软硬件需求

学习 Android App 开发的好处之一是所有的工具软件完全免费，只要上网就可以下载。而且这些免费下载的软件，不会因为免费就在质量和功能上有所打折，事实上它们和市面上贩卖的工具程序相比也毫不逊色，并且对于各种操作系统都百分之百支持，包括 Windows XP/Vista/7/8、Linux、Mac OS 等。以下我们将以 Windows 操作系统为例，详细介绍 Android App 开发工具的安装过程。在开始安装之前让我们先检查一下运行 Android App 开发工具所需的软硬件条件。就硬件而言，必须考虑计算机的运行速度和硬盘容量，为了能够顺利地运行相关程序，使用的计算机必须符合以下所列的最低需求。

1. 硬件需求

- CPU 运行速度（频率）：2.5GHz（建议双核以上）
- 内存：2GB
- 硬盘剩余空间：4GB

2. 软件需求

软件需求包括操作系统和相关工具程序。

（1）操作系统

Android 程序开发工具支持的 Windows 操作系统版本包括 Windows XP/Vista/7/8。

（2）Java Development Kit（JDK）

请读者注意一定要安装 JDK 而不能只安装 JRE（JDK 包含 JRE），JDK 的版本可以是 JDK6 或者 JDK7。

（3）Eclipse

Eclipse 是由 IBM 捐赠的开放源代码软件，它是一个功能超强的程序开发平台，经过全世界开放源代码程序设计人员的通力合作，目前已经发展出支持多种程序语言开发的版本，包括 Java、C/C++、PHP、Software Modeling 等。我们需要的版本是 Eclipse IDE for Java Developers，3.6.2 以后的版本都可以和 Android App 开发工具兼容。

（4）Android Development Tools（ADT）plugin for Eclipse

这是用来编写 Android App 的工具软件，它是一个 Eclipse 的 Plugin（插件），也就是必须安装在 Eclipse 中和 Eclipse 一起操作。

（5）Android Software Development Kit（Android SDK）

Android SDK 包括开发 Android App 的过程中需要用到的资源，如链接库、程序调试工具、平板电脑和手机模拟器等。

看完以上说明，读者心里多半会想："开发 Android App 的工具怎么那么复杂！"。不过请不用担心，现在 Android Developers 网站已经提供一个完全整合好的软件让我们下载。如果读者现在已经是 Eclipse 的用户，也可以自己下载 Android App 开发工具，再自行安装到目前使用中的 Eclipse 平台，接下来我们就分别介绍这两种安装方式。

2-2 从 Android Developers 网站下载整合好的开发工具

如果读者想用最简单的方式设置好 Android App 开发环境，则这种方法可以满足你的需求，它会在计算机中加入一个开发 Android App 专用的 Eclipse 程序，以下是完整的安装步骤（如果读者的计算机中已经有 Eclipse，请参考后面的“补充说明”）：

步骤 01 安装 JDK：JDK 是编写 Java 程序必备的工具，如果读者曾经学过 Java 程序设计，那么计算机中应该已经安装好 JDK。假如不确定或者不知道计算机中安装的 JDK 版本，可以运行 Windows 的“控制面板”>“添加或删除程序”，找找看其中是否有一项叫做“Java SE Development Kit”（旧版的 JDK 名称叫做“Java 2 SDK, SE”）。如果找到了（注意版本必须是 6 或 7）表示计算机中已经安装好 JDK，那么就可以跳过这个步骤，如果找不到或者版本比 6 还低，请先将旧版的 JDK 删除，然后打开网页浏览器，在地址栏中输入下列网址，或者搜索 JDK，再从中选择下列网址：http://www.oracle.com/technetwork/java/javase/downloads/index.html，打开以上网址后会看到如图 2-1 所示的网页，如果读者看到的网页编排和书上的图有些不同也不用担心，因为网页上的数据随时都有可能更新，但是内容基本上是相同的。找到网页上的 JDK DOWNLOAD 按钮（虽然目前已经有 JDK8，但是还是建议先用 JDK7 的版本，以免出现兼容性的问题），单击它之后就会出现如图 2-2 所示的画面。在网页下方有各种操作系统的 JDK 安装文件，请先单击同意遵守版权的选项，再选择适合的操作系统版本进行下载，等下载完成之后直接运行下载的文件就可以完成安装。

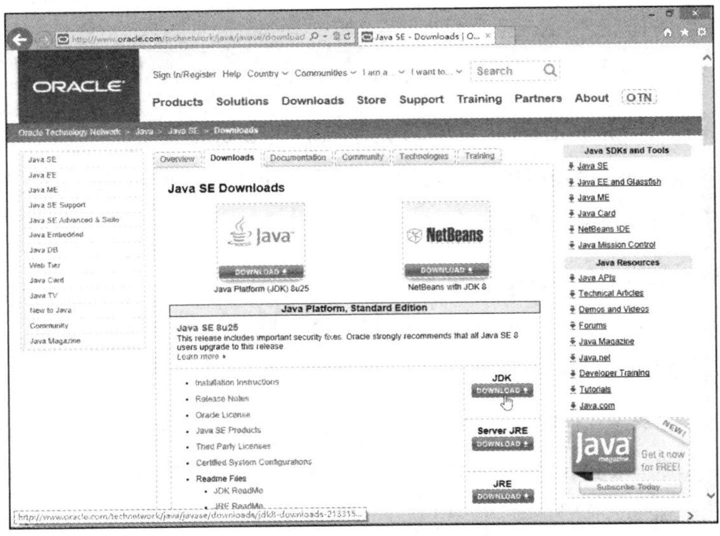

图 2-1　Java 的官方网页

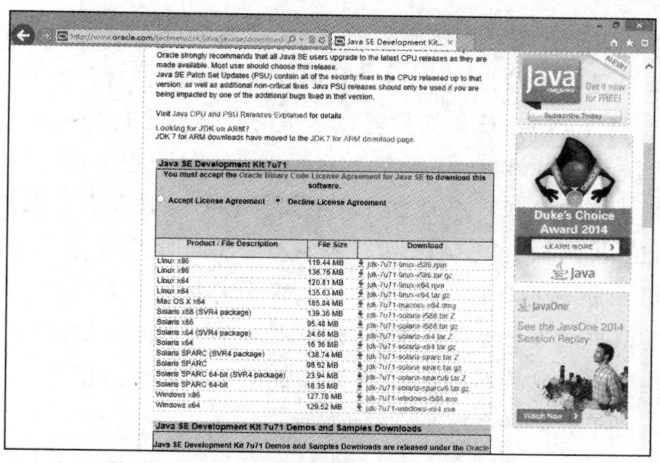

图 2-2　选择符合操作系统的 JDK 版本

步骤 02　利用百度搜索 Android SDK 下载，如图 2-3 所示，单击其中的“高速下载”或“普通下载”按钮，就会切换到下载询问对话框，单“浏览”按钮，选择保存路径，然后单击下方的“保存文件”按钮就会开始下载。

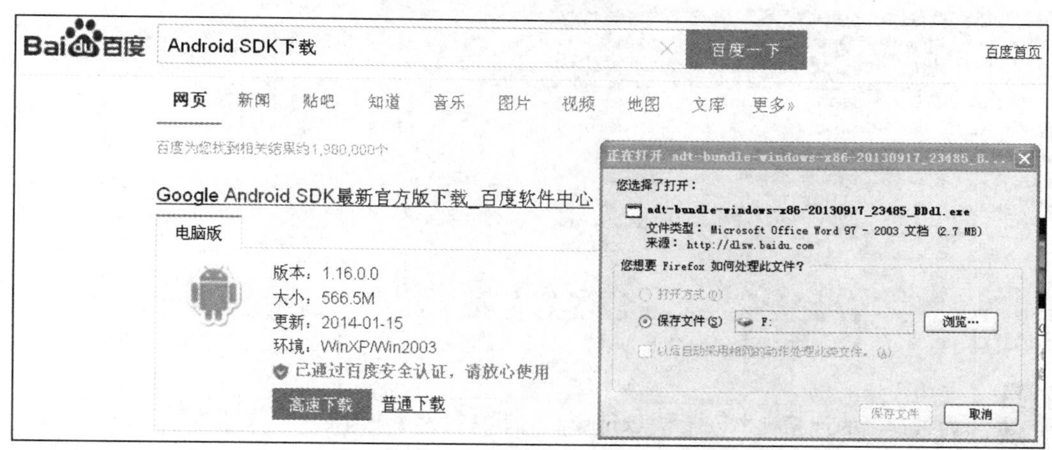

图 2-3　下载 Android App 开发工具的网页

步骤 03　将下载得到的压缩文件解压缩到一个新的文件夹中，例如可以在 C:\Program Files 中新建一个名为 Eclipse 的文件夹，然后把压缩文件解压缩到该文件夹即可。要特别提醒读者，这个新的文件夹名称不要使用任何中文，在文件夹的路径中（包括从磁盘驱动器号开始）也不要有任何中文名，甚至是登录 Windows 的账号名都不要使用中文。因为开发环境的配置文件会存储在以账号名命名的文件夹中，如果在这些文件夹的路径中包含中文，在操作开发工具的时候可能会出现不明原因的错误。

步骤 04　打开步骤 3 创建的文件夹中的 eclipse 子文件夹，然后运行其中的 eclipse.exe 就可以启动程序。

步骤 05　最后还要创建手机或者平板电脑的模拟器（Android Virtual Device，简称 AVD）才可以测试我们开发的程序。单击 Eclipse 菜单中的 Window > Android Virtual Device

Manager 就会出现如图 2-4 所示的对话框。这个对话框中会列出目前已经创建的模拟器列表，如果是刚安装好的 Android App 开发工具，对话框中应该是空的。现在我们要创建一个 Android 设备模拟器，请单击对话框右边的 Create 按钮，屏幕上会出现如图 2-5 所示的对话框，在 AVD Name 框输入这个虚拟设备的名称，再单击 Device 下拉列表框，从中选择一个设备。接着用同样的操作方式，在 Target 框设置模拟器使用的 Android 版本，CPU/ABI 框设置 ARM，Skin 框设置 Skin with dynamic hardware controls，其他框选用默认值即可。如果程序需要从 SD 卡中读取文件，可以在下方的 SD Card 框中设置 SD 卡的容量。完成之后单击 OK 按钮，就会创建指定的 Android 设备模拟器。要启动模拟器时，在如图 2-4 所示的对话框中，先用鼠标单击要运行的模拟器，再单击右边的 Start 按钮即可。

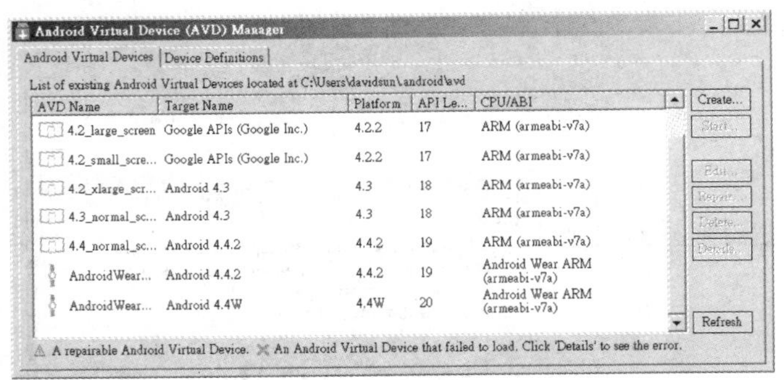

图 2-4　新建模拟器的对话框

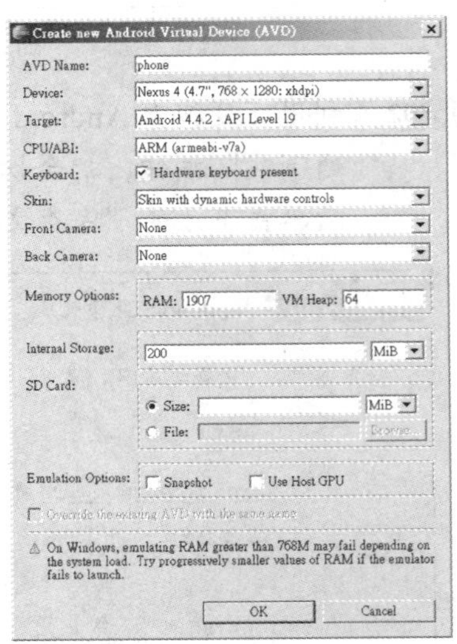

图 2-5　设置模拟器的名称和属性

如果读者的计算机中已经有 Eclipse，利用这种方法安装之后，就会变成两套 Eclipse。这种情况并不会造成使用上的问题，只不过重复的程序会浪费一些硬盘的空间，如果想把 Android App 开发工具整合到计算机中的 Eclipse，可以采用下一节介绍的方法。

最后要提醒读者，这个整合好的开发工具只包含最新的 Android 版本，因为整合越多的版本，会让压缩文件变大因而增加下载的时间。如果需要使用旧版的 Android SDK，可以利用 Eclipse 中的 Android SDK Manager 进行新建、删除和更新的操作，详细的操作步骤请读者参考下一小节的说明。

2-3 将 Android SDK 安装到自己的 Eclipse 平台

如果计算机中原来就有 Eclipse，我们可以将 Android SDK 安装到这个 Eclipse 平台，前提是这个 Eclipse 的版本必须符合前面介绍过的条件，这种安装方式的步骤如下：

步骤 01 安装 JDK：操作方式如同前一小节中的步骤 1。

步骤 02 安装 Android Development Tools（ADT）plugin for Eclipse：ADT plugin for Eclipse 可以在 Eclipse 程序中完成下载和安装。首先运行 eclipse.exe，然后选择 Help>Install New Software 就会出现如图 2-6 所示的对话框，单击对话框右边的 Add 按钮并输入下列信息。

- Name: Android plugin
- Location: https://dl-ssl.google.com/android/eclipse/

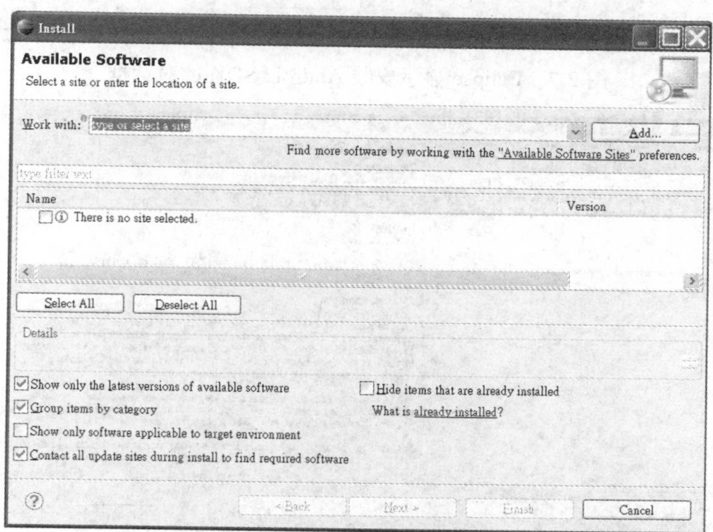

图 2-6　在 Eclipse 中安装 ADT plugin for Eclipse 的对话框

然后单击 OK 按钮，在对话框中间的列表中会出现 Developer Tools 和其他相关项目。把所有项目勾选，然后单击下方的 Next 按钮，再依照说明操作就可以完成安装。安装后会显示一个对话框要求重新启动 Eclipse，单击 Restart Now 按钮重新启动即可，当 Eclipse 重新启动之后会显示一个对话框用于询问安装 Android SDK 的事项，请读者参考下一个步骤继续操作。

步骤 03 安装 Android Software Development Kit（Android SDK）：完成上一个步骤之后 Eclipse 会显示如图 2-7 所示的对话框，让我们继续安装 Android SDK，请读者选择 Install new SDK，然后勾选 Install the latest available version of Android APIs，在下方的 Target Location 框中设置好 Android SDK 的存储路径，然后单击 Next 按钮。首先会显示一

个询问是否要发送统计数据的画面，读者可以依照自己的意愿设置，然后单击 Finish 按钮，就会出现如图 2-8 所示的对话框，左边会列出要安装的项目，选中对话框右下方的 Accept License，然后单击 Install 按钮开始安装。

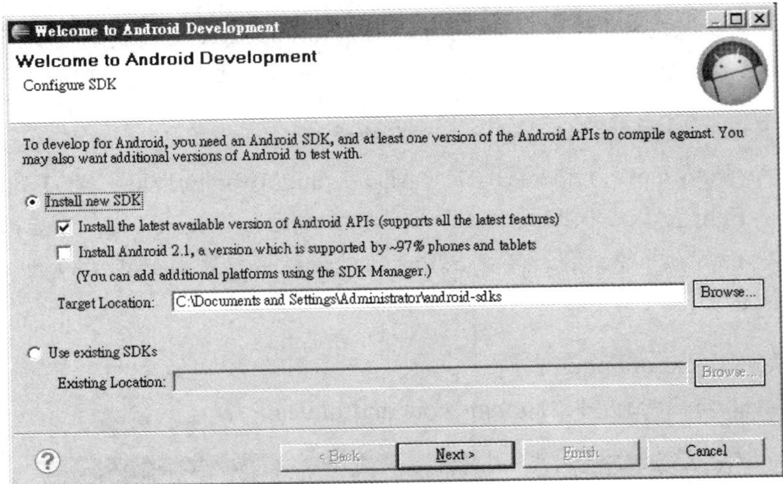

图 2-7　Eclipse 显示安装 Android SDK 的对话框

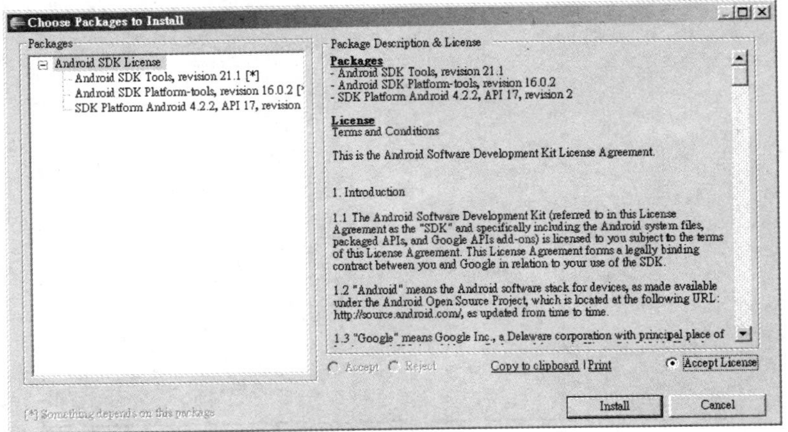

图 2-8　Android SDK 安装过程中的项目说明

Android SDK 的存储路径

- 在 Android SDK 的存储路径中不要出现任何中文文件夹名称，否则在开发程序的过程中可能会出现错误信息。
- 我们可以将 Android SDK 存放在 Eclipse 文件夹中，这样安装好开发环境之后，就可以将整个 Eclipse 文件夹压缩复制到 U 盘，然后在任何一台已经安装好 JDK 的计算机上，将 Eclipse 压缩文件解压缩到任何一个文件夹，再依照后续的说明完成两项设置，就可以开始开发 Android App。

安装完成后运行 Eclipse 菜单中的 Window>Android SDK Manager 就会看到如图 2-9 所示的对话框，其中有许多可以展开的项目，包括不同版本的 Android SDK、各种 CPU 类型的模拟器（也就是名称为“... System Image”的项目），以及一些相关工具程序和组件。每一个项目的后面都会显示安装的状态，读者可以勾选需要安装的项目，再单击右下方的 Install packages 按钮进行安装。关于模拟器的选择，一般勾选 ARM 版本的 System Image 即可，勾选的项目越多，安装后所占的硬盘空间越大。由于这个步骤需要下载大量的数据，如果网络速度不够快，可能需要等待一段时间，完成后即可关闭对话框。

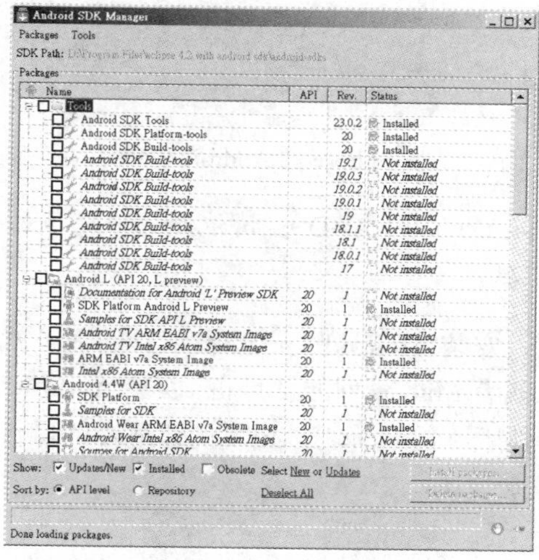

图 2-9　Android SDK Manager 对话框

安装新版 Android SDK 和更新 ADT plugin

Android SDK Manager 可以让我们安装不同版本的 Android SDK，或者更新甚至删除已经安装的版本。除了 Android SDK 之外，有时候 ADT plugin 也需要更新才能够使用新版的 Android SDK。如果要检查 ADT plugin 是否需要更新，可以从 Eclipse 的主菜单中单击 HelpCheck for Updates，程序会自动链接到官方网站查找新版本的 ADT plugin。如果需要更新就会显示对话框，再依照说明操作即可。更新 ADT plugin 之后关闭 Eclipse 再重新启动，然后运行 Android SDK Manager 重新检查一次。

最后还必须在 Eclipse 中设置好 Android SDK 的路径才可以使用，请运行 Eclipse 菜单上的 Window>Preferences，就会出现如图 2-10 所示的对话框，在对话框的左边单击 Android 项目，然后在右边的 SDK Location 中输入 Android SDK 的路径（也可以使用右边的 Browse 按钮来选择），最后单击下方的 Apply 按钮，再单击 OK 按钮。

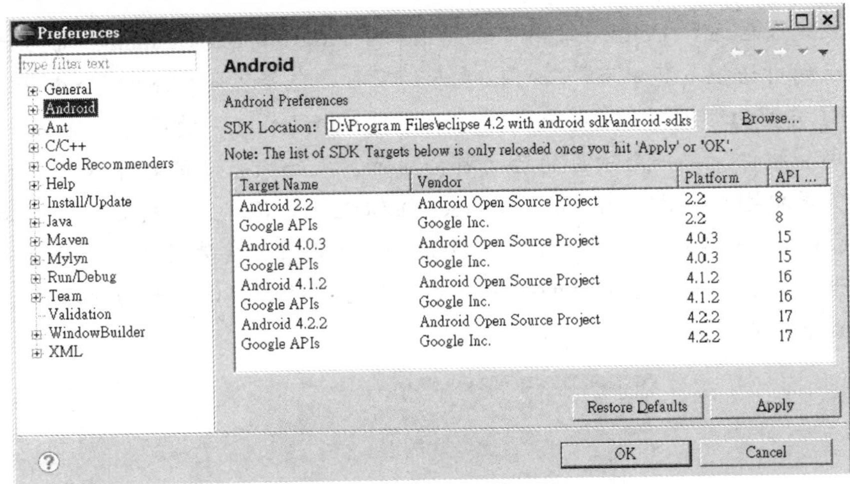

图 2-10　设置 Eclipse 的 Android SDK 文件夹路径

步骤 04　创建 Android Virtual Device（AVD）：请依照上一小节的说明，创建想要使用的手机或者平板电脑模拟器。

完成上述所有步骤之后，安装 Android App 开发工具的任务就大功告成了。如果读者的计算机是使用 Linux 操作系统或者 Mac 系列的计算机，安装 Android App 开发工具的过程和以上介绍的步骤类似，只是在软件版本的选择上，必须挑选适合的操作系统版本。请同样参考以上的操作说明，即可顺利完成安装。

2-4 Android App 开发工具的维护和更新

Android App 开发环境包含许多不同来源的软件，这些软件会不断地更新版本。如果我们需要更新其中某一个软件，或者想要删除某一个软件，再重新安装时应该怎么办呢？以下我们以 Windows 版本的开发工具为例进行说明。

1. 删除 JDK 再重新安装

运行 Windows 的“控制面板”>“添加或删除程序”，查找其中名为“Java SE Development Kit”的项目。该项目名称的后面会有一个数字表示版本号码（例如 5 或 6），如果要删除旧的版本，可以先用鼠标单击它，然后单击“删除”按钮。需要安装新版的 JDK 时，首先必须上网，连到 JDK 的官方网站下载需要的 JDK 版本，然后运行它的运行文件即可完成安装。

2. 删除 Eclipse 再重新安装

Eclipse 是一个绿色软件，只要把它复制到计算机硬盘中就可以运行。如果想删除它，也只要删除它所在的文件夹即可。但是请注意，如果 Android SDK 是存储在 Eclipse 的子文件夹中，记得先把它复制出来，等重新安装好 Eclipse 之后再复制回去，并依照上一小节的说明，重新设置 Android SDK 的路径。

3. 删除 ADT plugin for Eclipse 再重新安装

运行 Eclipse 后单击 Help>About Eclipse，在出现的对话框中单击 Installation Details 按钮就会出现如图 2-11 所示的对话框。在对话框中会列出已经安装在 Eclipse 中的程序，请找出 Id 框中是 com.android.ide…的项目，单击它们之后（可以同时按住键盘上的 Ctrl 键进行多重选择），单击下方的 Uninstall 按钮就可以删除。如果想要更新，就单击 Update 按钮。删除后若需要重新安装请参考上一小节的说明。

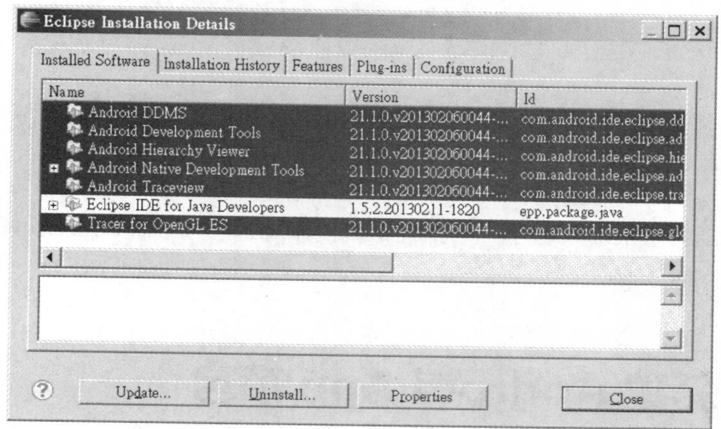

图 2-11　删除或更新 ADT plugin for Eclipse 的操作对话框

4. 删除 Android SDK 后再重新安装

先删除 Android SDK 所在的文件夹，然后依照上一小节的说明重新安装 Android SDK。如果是要更新，则运行 Eclipse 主菜单中的 Window > Android SDK Manager，再依照上一小节的说明进行操作。

5. 移动 Eclipse 程序的文件夹

安装好 Android App 开发工具之后，如果有一天突然想要把 Eclipse 程序的文件夹移到其他路径或者磁盘时怎么办呢？其实很简单，只要在移动 Eclipse 程序文件夹之后，依照上一小节的说明，重新设置正确的 Android SDK 路径即可。

Android 版本	1.X	2.X	3.X	4.X
适用性	★	★	★	★

第 3 章 创建Android App项目——Eclipse篇

在完成程序开发工具的安装之后，读者是不是迫不及待地想试用一下呢？第一次使用新东西总是让人感到特别新鲜和期待，现在就让我们来体验一下 Android App 的开发流程吧！

3-1 新建 Android App 项目

建立 Android App 项目的过程和建立一般 PC 程序项目的过程大致相同，如果读者已经具备编写计算机程序的经验应该很容易就能够上手，如果读者还不熟悉计算机程序的开发也无妨，只要依照下列说明一步一步操作，就能够顺利完成第一个 Android 应用程序。

步骤 01 运行 Eclipse 程序。

步骤 02 从主菜单中选择 File>New>Project 就会出现如图 3-1 所示的对话框，在对话框中间的列表中单击 Android>Android Application Project，再单击 Next 按钮。

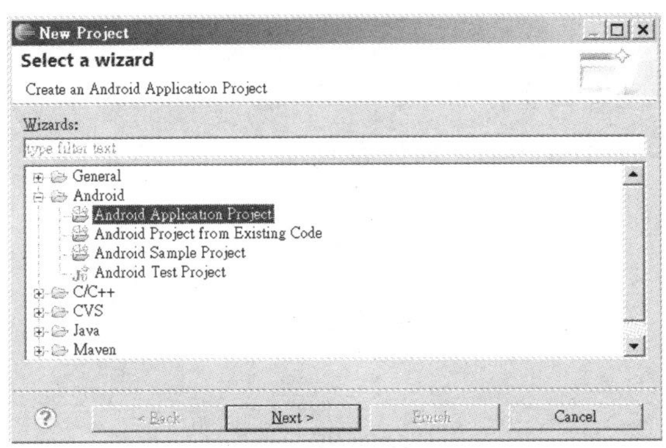

图 3-1 建立 App 项目的对话框

Eclipse 主菜单中的 File>New 选项会随着用户操作的习惯动态调整，如果我们曾经建立 Android Application Project，这个项目就会主动显示在 File>New 选项中，以后我们可以直接选择 File>New>Android Application Project，进入如图 3-2 所示的对话框。

步骤 03　屏幕上会出现如图 3-2 所示的对话框，请输入以下信息。

- Application Name：程序运行时显示在屏幕上方的程序标题，例如可以输入“我的第一个 Android 程序”。
- Project Name：自己帮此项目取一个名字，例如 my first android app。
- Package Name：用于决定程序文件在项目文件夹中的存储路径，它是用网址的格式表示，但是从大区域到小区域而不是网址惯用的小区域到大区域，例如可以输入 com.myandroid（项目名称），注意至少要有两层，也就是 xxx.xxx。
- 其他字段使用默认值即可，最后单击 Next 按钮。

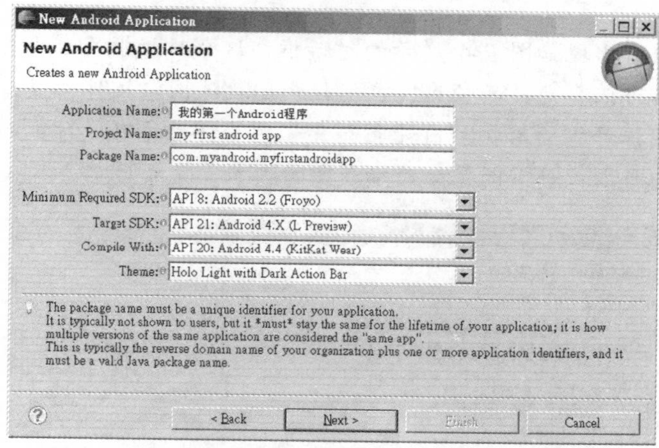

图 3-2　设置 Android App 项目的属性——步骤一

建立 Android App 项目的注意事项

- 程序项目的 Application Name 和 Project Name 都可以使用中文。
- Android 3.0（API Level 11）是 Android 平台发展过程中的重要分界，在 Android 3.0 以前都是手机程序，Android 3.X 则是平板电脑程序，Android 4.0 以后才是手机和平板电脑的通用版本，因此如果我们将 Minimum Required SDK 框设置为 11 以下，就表示此程序项目是属于旧 Android 版本的手机程序，如果设置为 11～13（13 是 Android 3.2 的 API Level 编号）就是平板电脑程序，设置成 14 以上才是手机和平板电脑的通用程序。

步骤 04　接着出现如图 3-3 所示的对话框，这个对话框全部使用默认值即可，请读者直接单击 Next 按钮。

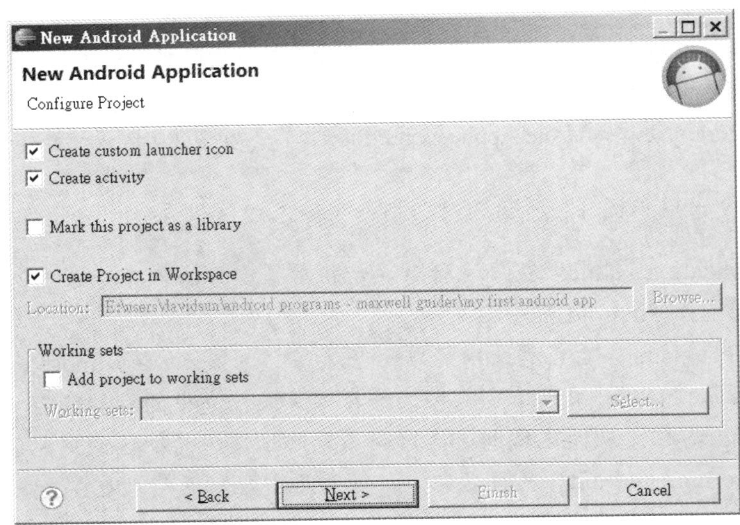

图 3-3 设置 Android App 项目的属性—— 步骤二

步骤 05 屏幕上会接着出现如图 3-4 所示的对话框，这个对话框用来设置程序的代表图标，其中有许多可以自定义的项目，包括让我们挑选图像文件，或者改用文字图标。也可以设置图标外框的形状、前景色和背景色等，右边可以预览效果，最上面是分辨率比较低的版本，最下面是分辨率最高的版本，完成后单击 Next 按钮。

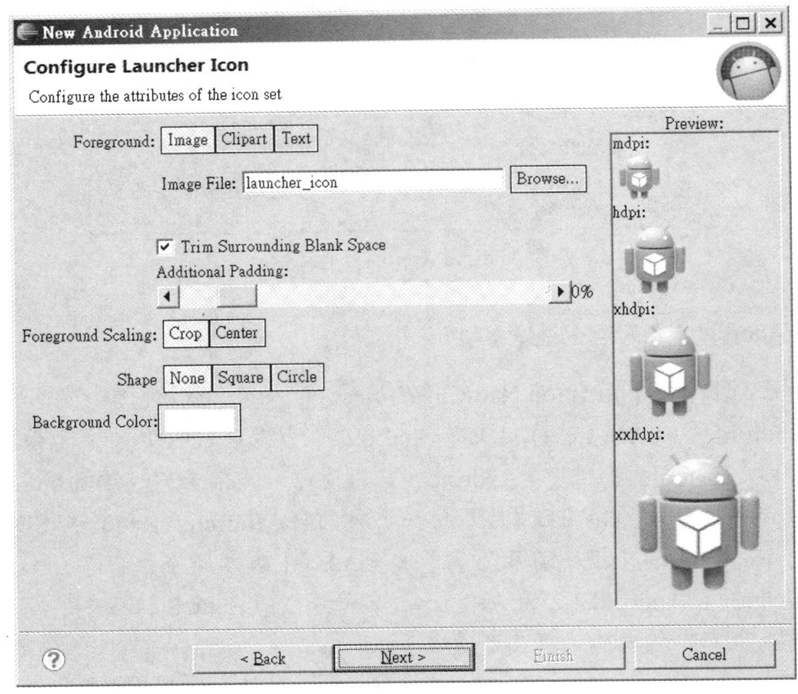

图 3-4 设置 Android App 项目的属性——步骤三

步骤 06 屏幕上会显示如图 3-5 所示的对话框，这个对话框是用来设置程序的类型，先使用默认的 Blank Activity 即可，然后单击 Next 按钮。

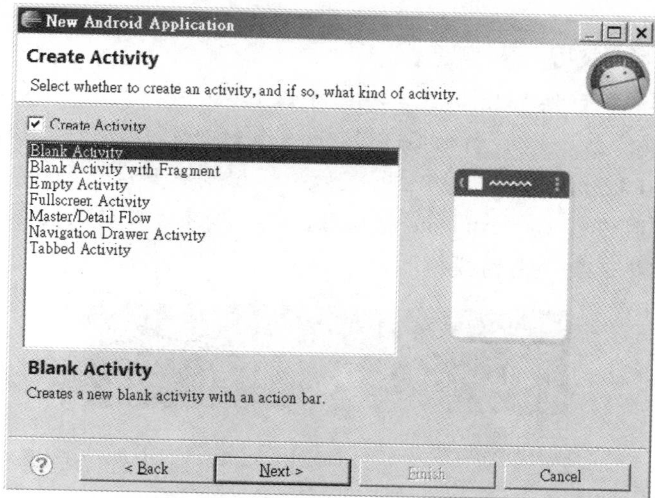

图 3-5　设置 Android App 项目的属性—— 步骤四

步骤 07　接着出现如图 3-6 所示的对话框，请读者输入以下信息。

- Activity Name：这是主程序类的名称，主程序类就是程序开始运行的地方，主程序类默认会继承 Activity 类，我们可以使用默认名称即可。
- Layout Name：用于决定程序的“界面布局文件”名称，“界面布局文件”是用来设计程序的操作画面，它是一个 XML 格式的文件，我们同样使用默认名称即可。

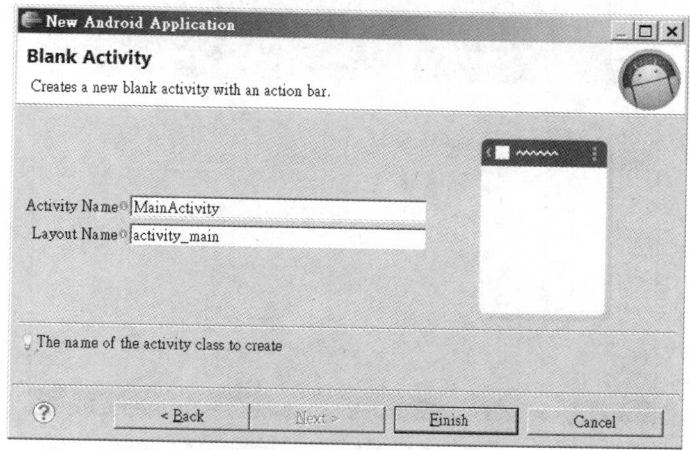

图 3-6　设置 Android App 项目的属性——步骤五

这个新增的 Android App 项目会显示在 Eclipse 左边的项目查看窗口中，如果要运行这个程序项目，可以先用鼠标单击这个项目，然后单击 Eclipse 上方工具栏中的 Run 按钮。如果读者依照上一章的说明，分别建立了 Android 手机和平板电脑模拟器，可以让这个 App 项目分别在这两个模拟器上运行，就可以看到如图 3-7 和图 3-8 所示的运行画面。如果读者没有事先启动 Android 模拟器，第一次运行程序时会需要比较长的时间（可能数分钟），因为 Eclipse

必须先启动 Android 模拟器，等到启动完成之后才能够在模拟器上运行程序。

Eclipse 的操作技巧

- 把鼠标光标移到 Eclipse 工具栏的按钮上，稍停半秒钟，就会显示该按钮的名称。
- App 项目第一次运行时会先显示一个对话框让我们选择运行模式，请选择 Android Application，再单击 OK 按钮，就会开始运行程序。
- 如果同时运行多个 Android 模拟器，运行程序项目的时候会先显示一个对话框，让我们挑选要使用的模拟器。

图 3-7　App 项目在 Android 手机模拟器上的运行画面

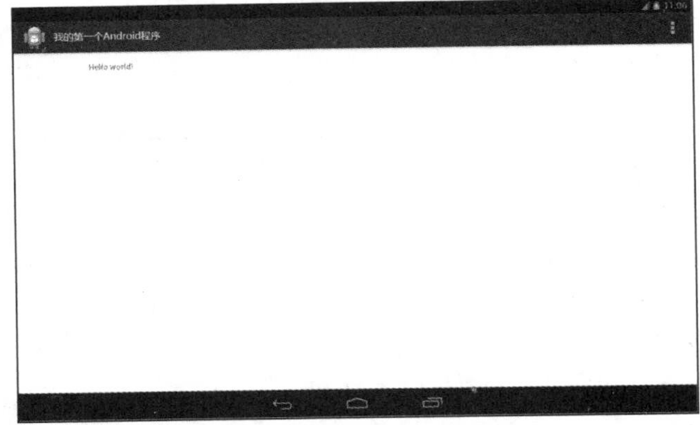

图 3-8　App 项目在 Android 平板电脑模拟器上的运行画面

3-2 动手修改 App 的运行画面

虽然我们已经完成了第一个 Android App，也看到了运行结果，可是心里还是觉得有些不踏实，因为我们没有编写任何程序代码，只是按几下鼠标，输入一些文字，整个程序从哪里开始运行，到哪里结束，还是没有头绪！没关系，接下来我们就为程序“加油添醋”一下吧，请依照以下步骤进行操作。

步骤 01 请用鼠标单击 Eclipse 左边项目查看窗口中的项目名称将项目展开，项目中有几个文件夹，请打开其中的 res 文件夹，然后打开其中的 values 子文件夹，再用鼠标双击 strings.xml 文件，该文件就会出现在 Eclipse 中间的编辑窗口，如图 3-9 所示。

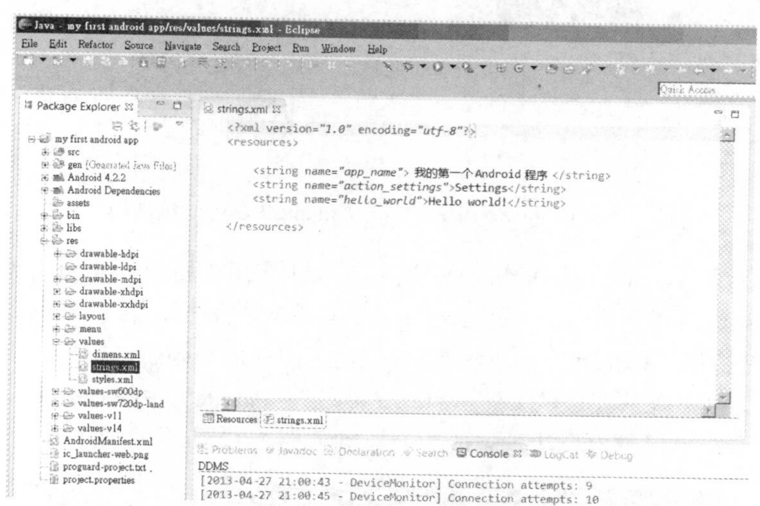

图 3-9 在 Eclipse 左边的项目查看窗口中展开项目内容

步骤 02 strings.xml 是程序项目的字符串资源文件，它有两种编辑模式，读者可以在程序代码编辑窗口的左下方找到两个小小的标签，并用它们进行切换，第一种是 Resources 模式，它是利用类似表格字段的方法，配合阶梯状的展开模式进行编辑；第二种是源代码模式，它是用纯文本文件的方式进行编辑。请读者使用源代码模式将 strings.xml 文件中的 hello_world 字符串内容改成“你好，这个程序的主类名称叫做 MainActivity”：

```
<?xml version="1.0" encoding="utf-8"?>
<resources>

    …(其他程序代码)
    <string name="hello_world ">你好，这个程序的主要类名称叫做
    MainActivity</string>

</resources>
```

步骤 03 仿照步骤 2 的方法打开 res/layout/activity_main.xml，这是主程序 MainActivity 的“界面布局文件”。

步骤 04 “界面布局文件”同样有两种编辑模式：第一种称为 Graphical Layout，第二种是源代码模式，我们先切换到 Graphical Layout 模式就会看到如图 3-10 所示的画面。

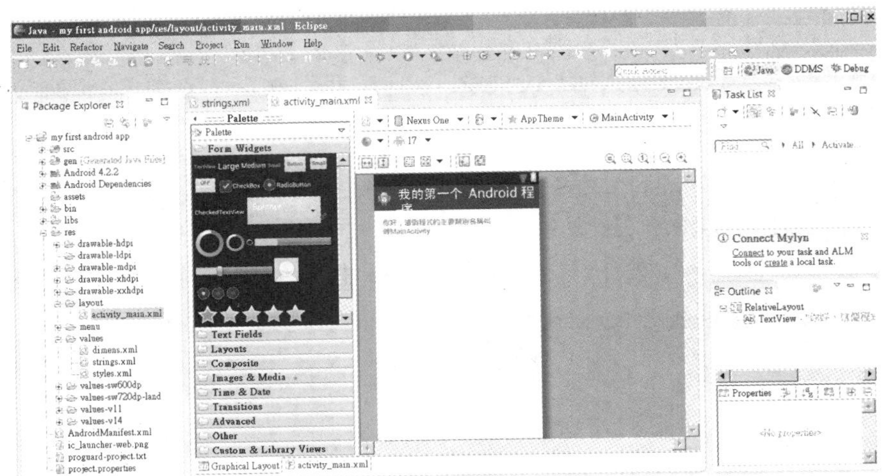

图 3-10　“界面布局文件”的 Graphical Layout 编辑模式

在画面的右下方有一个叫做 Outline 的窗格，它是以树形图的方式，查看整个程序画面的架构。用鼠标右键单击树形图中的 RelativeLayout 组件，然后选择 Change Layout 就会显示如图 3-11 所示的对话框，单击其中的下拉列表，选择 LinearLayout（Vertical），然后单击 OK 按钮关闭对话框。接下来从左边的“界面组件工具箱”（Palette）中找到 Button 组件，将它拖动到程序画面的字符串下方再释放，完成后会看到如图 3-12 所示的画面。

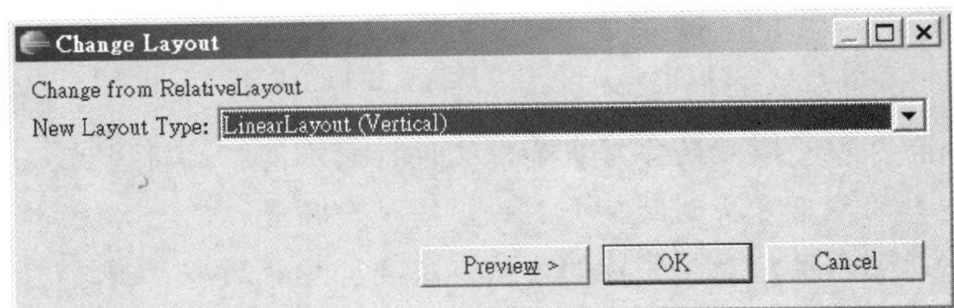

图 3-11　Change Layout 对话框

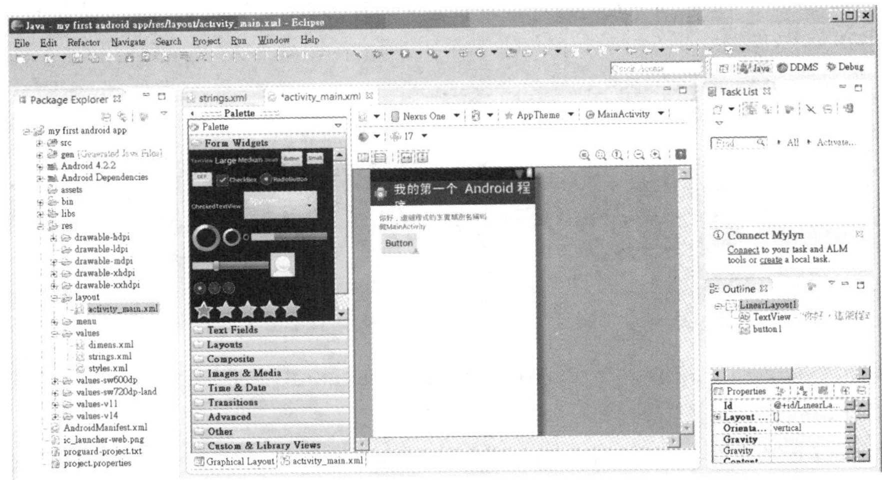

图 3-12　加入按钮后的“界面布局文件”画面

完成后请读者单击上方工具栏中的 Run 按钮，再分别选择手机模拟器和平板电脑模拟器运行程序，就可以看到如图 3-13 和图 3-14 所示的结果。读者可以发现程序显示的信息改变了，而且多了一个按钮。可是单击按钮之后并没有任何效果，因为我们还没有加上处理按钮的程序代码。本章的目的是让读者体验一下 Android App 开发工具的操作，如果觉得有些似懂非懂是很正常的。没关系，后续章节我们将会一步一步解开其中的奥秘。

- 有关界面布局文件的编辑技巧将在后续章节再作详细说明。
- 如果想要结束模拟器上运行的 App，可单击模拟器上的“回上一页”按钮，它是一个类似“回转”的半圆型箭头。如果我们结束模拟器，下次再运行程序时必须重新让它启动，这将耗费许多时间。

图 3-13　修改后的程序在手机模拟器上的运行界面

图 3-14　修改后的程序在平板电脑模拟器上的运行界面

Android 版本	1.X	2.X	3.X	4.X
适用性	★	★	★	★

第 4 章 APP项目管理技巧——Eclipse篇

俗话说“工欲善其事，必先利其器”，在学习开发 Android App 的过程中，我们必须在 Eclipse 上进行各种操作，例如建立新的 App 项目，或者修改旧项目。除了自行建立 App 项目之外，网络上也有别人已经写好的 Android App 项目源代码可供下载，但是网络上的程序文件有些不是 App 项目的形式，我们必须在下载之后将它们建立成完整的 App 项目。另外，在 Android SDK 中也有许多程序范例，这些程序范例也必须用适当的方式把它们变成 App 项目。还有，如果我们想要修改已经写好的程序项目，但又想保留原来的项目，应该怎么办？本章就让我们来学习各种各样 Eclipse 程序项目的管理技巧，以满足各种 App 项目的操作需求。

4-1 根据创建的 Android App 项目加载 Eclipse

如果我们从网络上下载一个 Android App 项目（有些网络上下载的 Android App 项目并不是完整的项目模式，这时候要改用下一小节介绍的方法加载），可以利用以下介绍的方法将它加载到 Eclipse。

步骤 01 运行 Eclipse，单击 File>Import…。

步骤 02 在对话框中间的列表中选择 General>Existing Projects into Workspace，再单击 Next 按钮。

步骤 03 在对话框中单击 Select root directory（请参考图 4-1），再单击右边的 Browse 按钮，然后选择项目所在的文件夹。

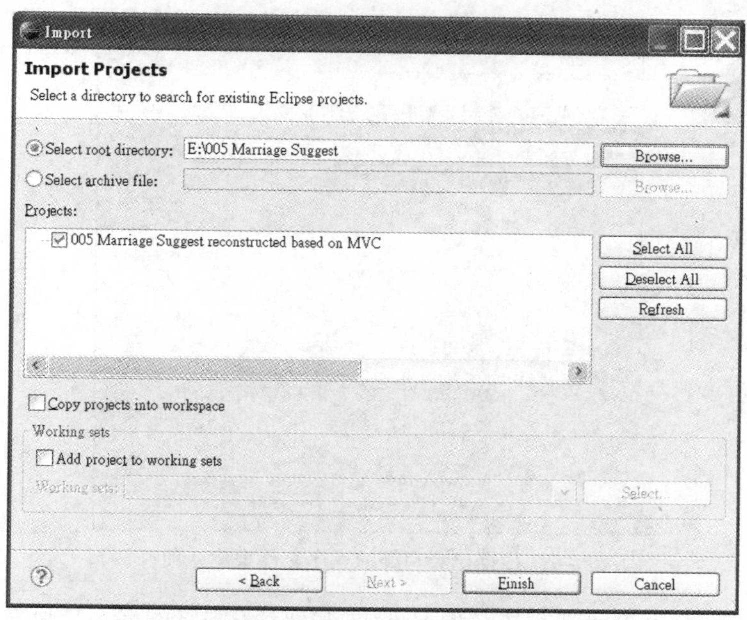

图 4-1　使用 Import 方式加载 Android App 项目

步骤 04　在对话框中间的 Projects 列表中会列出找到的项目名称，确定无误后单击 Finish 按钮。

完成之后在 Eclipse 左边的项目查看窗格中就会出现新加载的程序项目名称。如果加载的程序项目名称前面出现红色打叉符号，表示当前这个程序项目有错误需要更正，请读者参考后面小节的说明进行修改。

完成 import 之后，第一次运行程序时，会先显示一个对话框让我们选择运行模式，请选择 Android Application 再单击 OK 按钮，就会开始运行程序。

4-2　根据已经写好的程序文件来建立项目

如果利用前一小节介绍的方法加载程序项目时出现错误信息，就必须改用以下的方法。

步骤 01　运行 Eclipse，单击 File>New>Project。

步骤 02　在对话框中间的列表中选择 Android>Android Project from Existing Code，再单击 Next 按钮就会出现如图 4-2 所示的对话框。

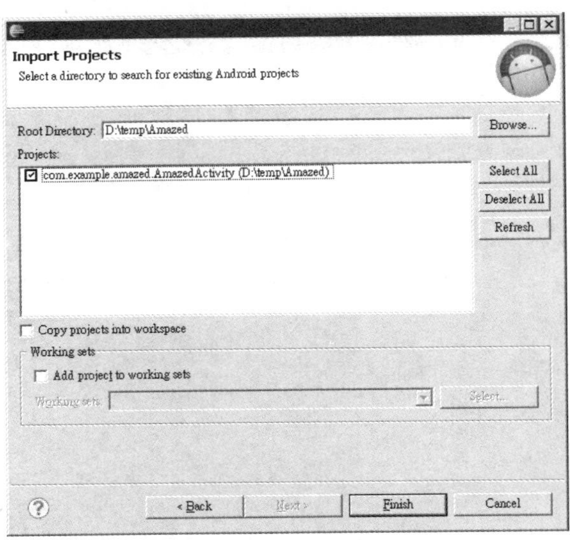

图 4-2　根据已经写好的程序文件来建立项目

步骤 03　单击 Root Directory 框最右边的 Browse 按钮选择程序原始文件所在的文件夹，在对话框中间的列表中就会显示找到的项目名称和路径。如果要将此项目复制到 Eclipse 的项目文件夹，可以勾选列表下方的 Copy projects into workspace，最后单击 Finish 按钮。

完成之后在 Eclipse 左边的项目查看窗格中就会出现新加载的程序项目名称。如果加载的程序项目名称前面出现红色打叉符号，表示目前这个程序项目有错误需要更正，请读者参考后面小节的说明进行修改。

4-3 根据 Android SDK 中的程序范例来建立项目

Android SDK 中提供许多程序范例，这些程序范例是学习 Android 程序设计很好的参考数据，我们可以把它们建立成程序项目来测试运行结果，操作步骤如下：

步骤 01　运行 Eclipse，单击 File > New > Project。

步骤 02　在对话框中间的列表中选择 Android > Android Sample Project，再单击 Next 按钮，就会出现如图 4-3 所示的对话框。

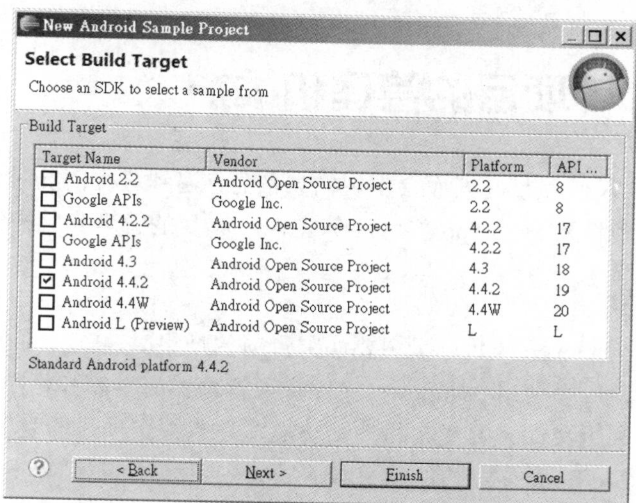

图 4-3　根据 Android SDK 中的程序范例来建立项目

步骤 03　勾选想要使用的 Android 版本，然后单击 Next 按钮，就会出现如图 4-4 所示的对话框。

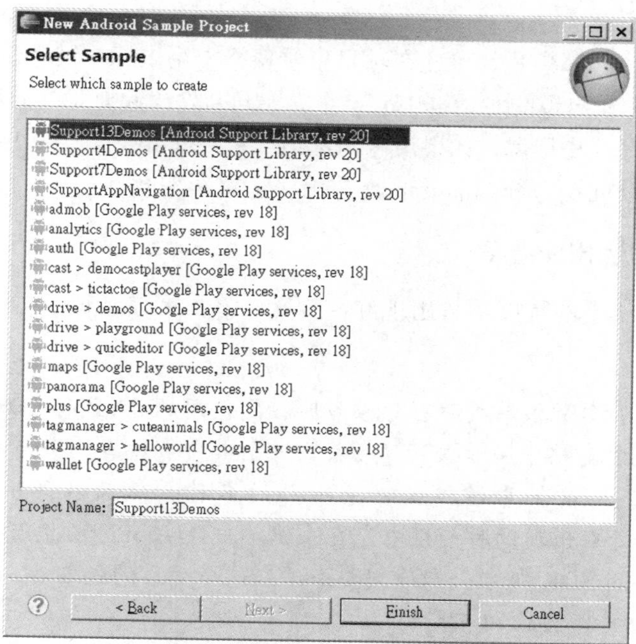

图 4-4　Android SDK 中的程序范例列表

步骤 04　在对话框中间会列出 Android 程序范例列表，请从中选择一个再单击 Finish 按钮，该项目就会被复制到 Eclipse 的项目文件夹中，并出现在项目查看窗格。

完成之后在 Eclipse 左边的项目查看窗格中就会出现新加载的 App 项目名称。如果加载的 App 项目名称前面出现红色打叉符号，表示目前这个 App 项目有错误需要更正，请读者参考后面小节的说明进行修改。

4-4 App 项目的管理和维护

在 Eclipse 中操作 App 项目时偶而会出现错误信息，遇到这种情况时要如何排除？另外，有时候我们也许想要删除某一个 App 项目，有关 App 项目的管理和维护请参考以下说明。

1. 复制 App 项目

当我们需要修改一个 App 项目，又想要保留目前的结果时，就必须在修改之前先复制该项目。这项操作基本上可以利用 Windows 文件资源管理器的复制和粘贴来完成：到 Eclipse 的程序项目文件夹中利用文件夹的复制和粘贴功能，完成程序项目的复制。但是还有一个更简单的做法，就是直接在 Eclipse 左边的项目查看窗格中，用鼠标右键单击要复制的程序项目，然后选择快捷菜单中的 Copy，再用鼠标右键单击项目查看窗格的空白处，然后选择快捷菜单中的 Paste。接着在出现的对话框中输入复制后的项目名称，最后单击 OK 按钮，就可以完成项目的复制，程序项目中的文件也可以利用同样的技巧进行复制。

2. 删除 App 项目

如果要删除某一个程序项目，可先在项目查看窗格中用鼠标右键单击该项目，然后在快捷菜单中选择 Delete。在出现的对话框中有一个“连同文件一起删除”的选项，如果勾选它，该项目的数据就会从磁盘中删除。如果没有勾选该项目，Eclipse 只会从项目列表中删除该项目，之后可以再利用前面小节介绍的 import 方法将它重新加载。

3. 加载的 App 项目出现错误

如果项目查看窗格中的程序项目出现红色打叉图标，就表示该项目有错误。常见的错误原因有两个：

- 第一是目前的计算机没有安装程序项目时指定使用的 Android SDK 版本。请在 Eclipse 左边的项目查看窗格中展开该程序项目，看看其中有没有一个 Android X.X 的项目。如果没有，先用鼠标右键单击程序项目的名称，然后在弹出的快捷菜单中选择 Properties，接着在出现的对话框中先在左边单击 Android，右边就会显示当前计算机中安装的 Android SDK 版本。勾选想要套用到这个项目的版本后，单击右下角的 Apply 按钮，再单击 OK 按钮即可。
- 第二个可能出现错误的原因是由于 Java 版本的不同，在程序文件中的编译器注释（例如@Override）可能被视为错误，出现这种错误的时候，只要把鼠标光标移到程序文件中的红色波浪下划线，再依照弹出窗口中的建议修正方法，就可以自动完成修正。

4. Lint 自动检查功能造成程序无法运行

Lint 工具程序可以重头到尾，彻底检查程序代码和项目的设置，帮我们找出有问题的地方。但是有时候因为 Lint 太过主动，检查到程序的潜在问题之后，会造成程序无法运行。如果这时候我们不想修正这个问题，只想马上运行程序，可以在 Eclipse 左边的项目查看窗格中，用鼠标单击该程序项目，然后选择 Android Tools > Clear Lint Marks，就会立刻清除 Lint 回报的错误，这样程序就会恢复成可运行的状态。

5. 解决 App 项目出现的错误信息

如果我们之前已经完成程序项目，可是不知何故，突然在程序项目名称的前面出现红色打叉符号，此时有可能是加载程序项目时出错。遇到这种情况时，先在项目查看窗格中单击该项目名称，然后从 Eclipse 上方的主菜单中选择 Project > Clean…，就可以更新程序项目。

6. Fix Project Property 错误信息

有时候程序项目的属性也会出现错误，这时候 Eclipse 会在程序代码编辑窗格下方的 Console 窗格中显示信息，要求运行 Fix Project Property。如果读者看到这个信息，请在项目查看窗格中用鼠标右键单击该项目，然后在快捷菜单中选择 Android Toos > Fix Project Properties 就可以更正错误，请参考图 4-5。

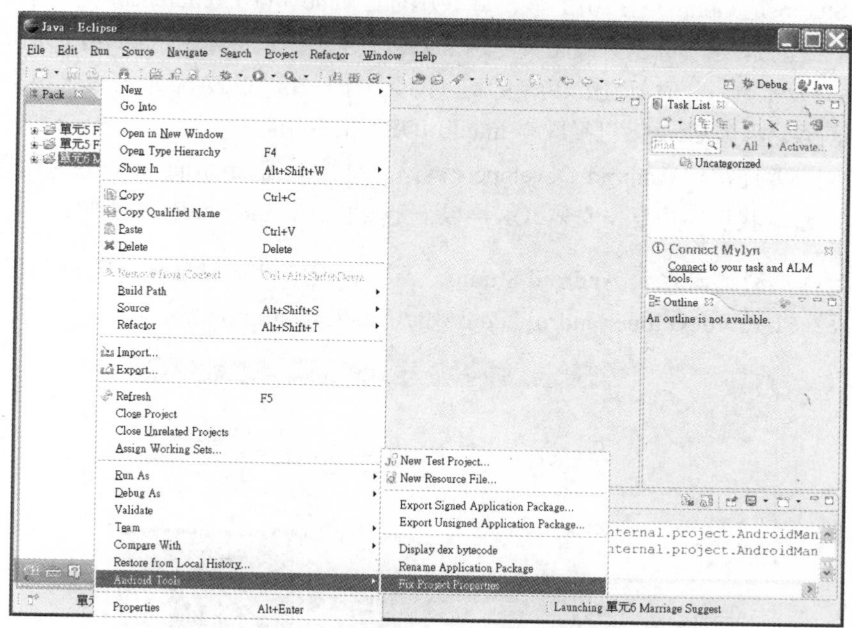

图 4-5　使用 Fix Project Properties 选项修正程序项目的错误

学会本章介绍的 App 项目管理技巧之后，相信读者对于 Eclipse 开发工具的使用已经逐渐熟悉，请务必熟练这些操作步骤，因为在后续的学习过程中会经常使用。另外在编写程序的过程中，也可以善用 Eclipse 的辅助功能，例如“语法错误修正提示”、“对象方法候选列表”、“类方法列表对话框”……这些好用的功能将在后续的章节中进行介绍。如果读者能够熟练地使用 Eclipse 这个功能强大的开发平台，就能够有效提高开发 App 的效率。

Android 版本	1.X	2.X	3.X	4.X
适用性	★	★	★	★

第 5 章 安装Android App开发工具

Android Studio 是 Google 在 2013 年 5 月举办的 Google I/O Conference 中，第一次公开的新 Android App 开发工具。这套新的开发工具是以 IntelliJ IDEA 为基础平台。IntelliJ IDEA 是一套半开放的 Java 程序开发工具，分成免费版和商业版。不过，对于 Android App 的开发人员来说完全不需要担心收费的问题，因为 Google 已经取得 IntelliJ IDEA 的使用版权，并且加入完整的 Android App 开发组件。我们只要连接到 Android Developers 网站，直接下载 Android Studio 并完成安装，就可以开始使用。不过，我们还是要先安装 JDK，以下是安装 Android Studio 的步骤：

步骤 01 打开网页浏览器搜索 Android Studio，再从中选择以下网址就会看到如图 5-1 所示的网页："http://developer.android.com/sdk/installing/studio.html"。

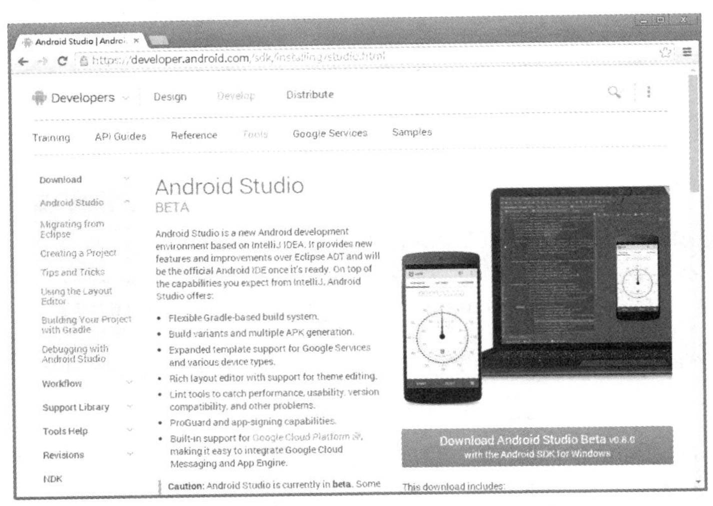

图 5-1　下载 Android Studio 的网页

步骤 02 在网页中有一个 Download Android Studio 的按钮，单击它就可以下载 Windows 版本的安装可执行文件。如果需要的是其他操作系统的版本，下方有一个 VIEW ALL

DOWMLOADS AND SIZES 的链接，单击它就会显示所有操作系统的版本。

步骤 03　下载完成后直接运行安装文件，然后依照画面上的提示操作，就可以完成安装。

步骤 04　完成安装之后，启动 Android Studio，稍等片刻后会询问是否需要导入之前版本的设置。由于我们是第一次安装，所以不要执行该操作，然后单击 OK 按钮。等到 Android Studio 启动完毕后，就会看到如图 5-2 所示的画面。

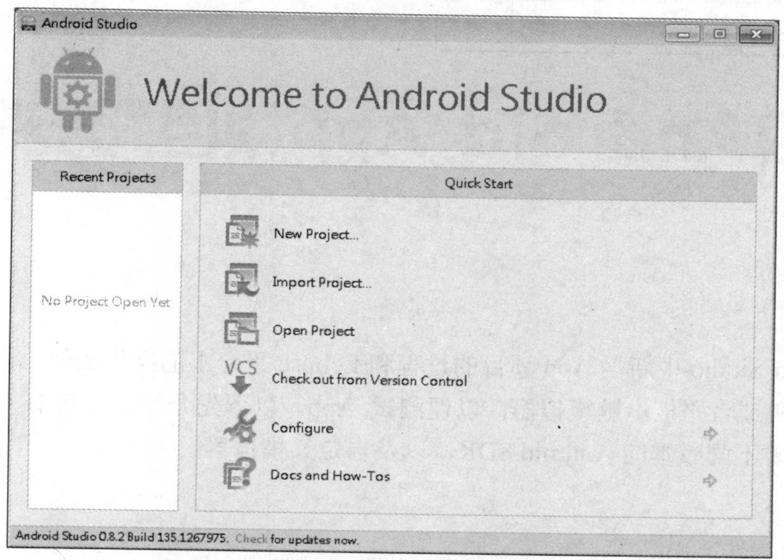

图 5-2　启动 Android Studio 后的画面

步骤 05　在如图 5-2 所示的画面下方找到一行 Check for updates now 的文字，单击其中的 Check，就会开始连接服务器检查是否有更新文件。如果有更新文件，就会显示一个对话框，单击其中的 Update and Restart 按钮就可以完成更新。

安装好 Android Studio 之后，下一章我们就要利用它来创建一个 Android App 项目，并且学会如何安装不同版本的 Android SDK，以及建立模拟器（Android Virtual Device，简称 AVD）的方法。

Android 版本	1.X	2.X	3.X	4.X
适用性	★	★	★	★

第 6 章 建立Android App项目和安装SDK

在 Android Studio 中新增 App 项目的过程和 Eclipse 平台上的操作类似，而且同样需要建立 Android 手机或者平板电脑模拟器，以便测试 App。以下先介绍如何新增 App 项目，之后再说明如何安装不同版本的 Android SDK，以及自定义模拟器。

6-1 建立 Android App 项目

建立 Android App 项目的步骤如下：

步骤 01 启动 Android Studio 之后会看到如图 6-1 所示的画面，单击其中的 New Project 就会显示如图 6-2 所示的对话框。

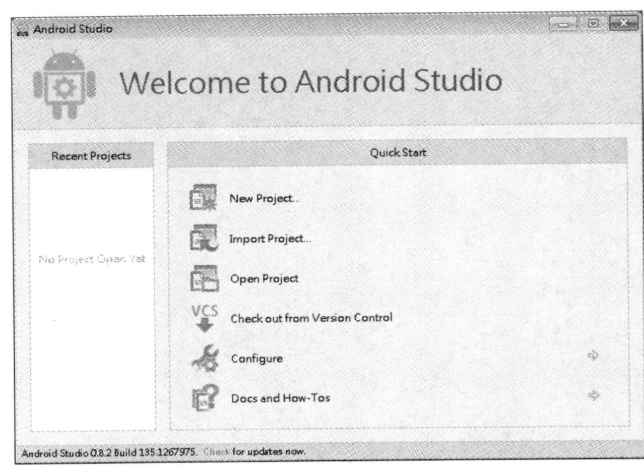

图 6-1 启动 Android Studio 之后的画面

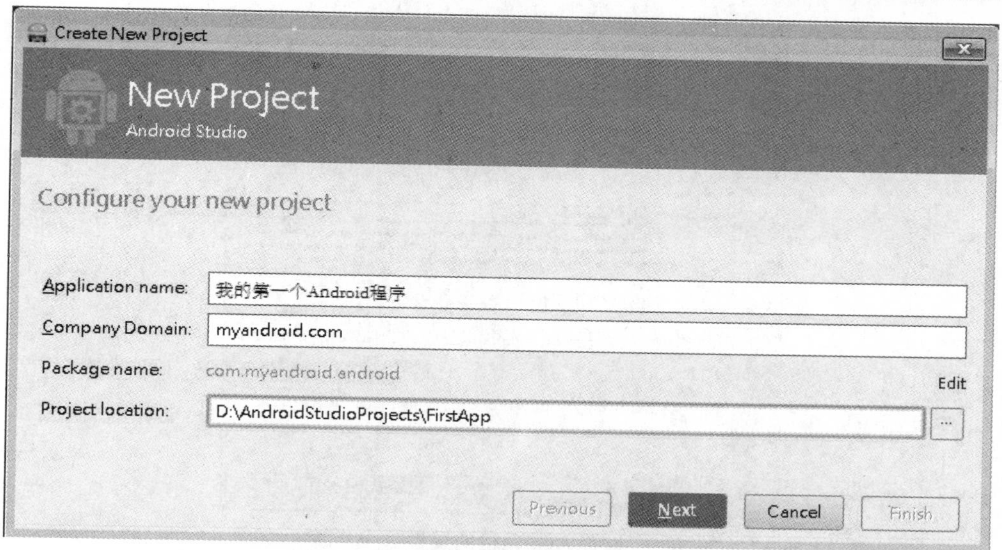

图 6-2　设置 App 项目的属性——步骤一

在如图 6-2 所示的对话框中输入以下数据。

- Application name：App 运行时显示在屏幕上方的程序标题，例如可以输入“我的第一个 Android 程序”。
- Company Domain：公司的域名，我们可以取一个自己喜欢的公司名称，例如 myandroid.com。
- Package name：Android Studio 会自动根据前面填写的 Application name 和 Company Domain，产生一个 Package name。如果想要修改，可以单击此框最右边的 Edit。此框是决定程序文件在项目文件夹中的存储路径，利用网址的格式表示，但是要从大区域到小区域，而不是网址惯用的小区域到大区域，注意至少要有两层，也就是 xxx.xxx。
- Project location：存储 App 项目的文件夹。

完成之后单击 Next 按钮。

建立 Android App 项目的注意事项

- 程序项目的 Application name 可以使用中英文。
- 使用 Android Studio 建立新项目，或者打开旧项目时，都需要连上网络，以便和 Gradle 服务器进行数据同步。

步骤 02　屏幕上会接着出现如图 6-3 所示的对话框，这个对话框用来设置 App 运行的平台。一个 App 项目可以包含多个 App 模块，每一个 App 模块都可以设置自己的运行平台。请确定已经勾选 Phone and Tablet 项目，其他项目不要勾选，表示这个 App 项目中只有一个手机和平板电脑的 App 模块，完成后单击 Next 按钮。

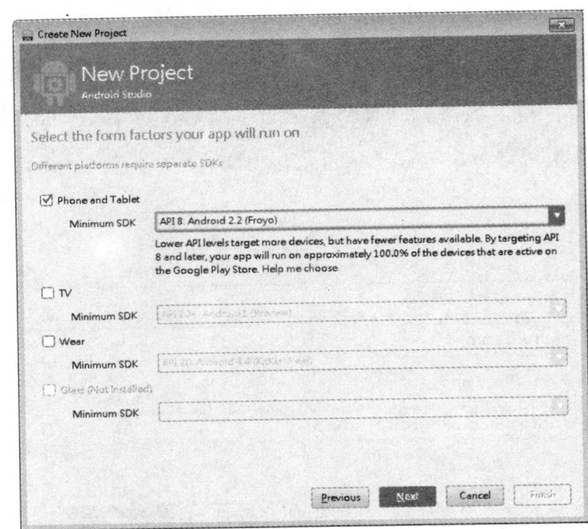

图 6-3　设置 App 项目的属性——步骤二

步骤 03　屏幕上会显示如图 6-4 所示的对话框，这个对话框用来设置程序的类型，单击 Blank Activity，然后单击 Next 按钮。

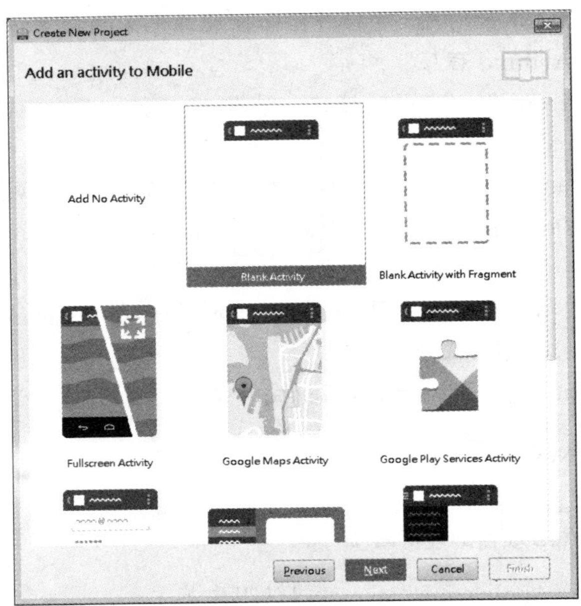

图 6-4 设置 App 项目的属性——步骤三

步骤 04　接着出现如图 6-5 所示的对话框，请输入以下信息。

- Activity Name：这是主程序类的名称，主程序类就是程序开始运行的地方，默认名是 MyActivity。由于本书的惯例是将主程序命名为 MainActivity，因此请读者将此框修改成 MainActivity。
- Layout Name：输入程序的"界面布局文件"名称，"界面布局文件"是用来设计程序的操作画面，它是一个 XML 格式的文件。Android Studio 会自动根据 Activity Name 帮我们取名，当然也可以自行修改。

- Title：输入主程序类的标题，中英文都可以。

完成之后单击 Next 按钮。

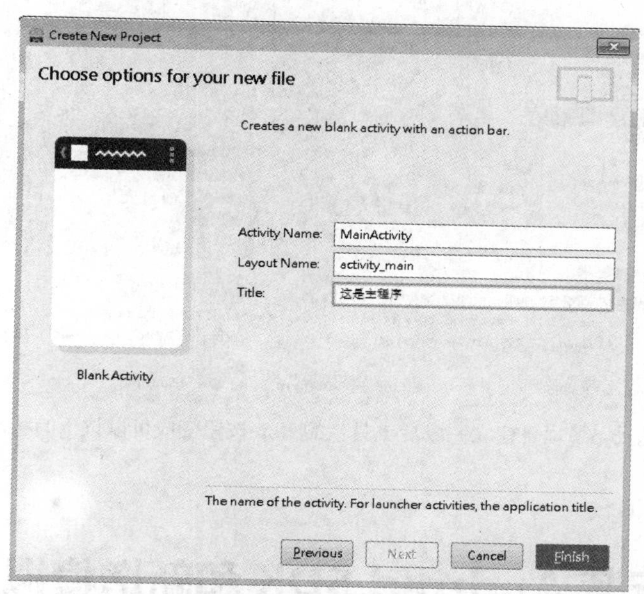

图 6-5　设置 App 项目的属性—— 步骤四

建立 App 项目时，Android Studio 画面下方的状态栏会显示信息，第一次创建项目时需要比较久的时间，因为它会到网络上下载 Gradle 文件（Gradle 是用来管理项目和编译的工具），请读者耐心等候。当 Android Studio 工具栏上的 Run 按钮变成可以按下的状态，就表示项目已经建立完成，如图 6-6 所示。在开发 App 的时候，需要在不同屏幕大小的手机或者平板电脑上测试程序的运行效果，因此需要创建多个模拟器，另外还可能需要使用不同版本的 Android SDK。下一小节我们将继续学习如何建立模拟器，以及安装不同版本的 Android SDK。

解决编译 App 项目的错误信息

如果编译 App 项目时在 Android Studio 下方弹出错误信息窗口，其中显示 Error occurred during initialization of VM，这个信息表示 Java 虚拟机无法启动，这个错误通常是内存大小配置不当所导致。请打开 App 项目中的 gradle.properties 文件，在其中加入以下内存的设置“org.gradle.jvmargs=-Xms128m -Xmx512m”，再选择 Android Studio 主菜单中的 Tools > Android > Sync Project with Gradle Files，就会重新运行。

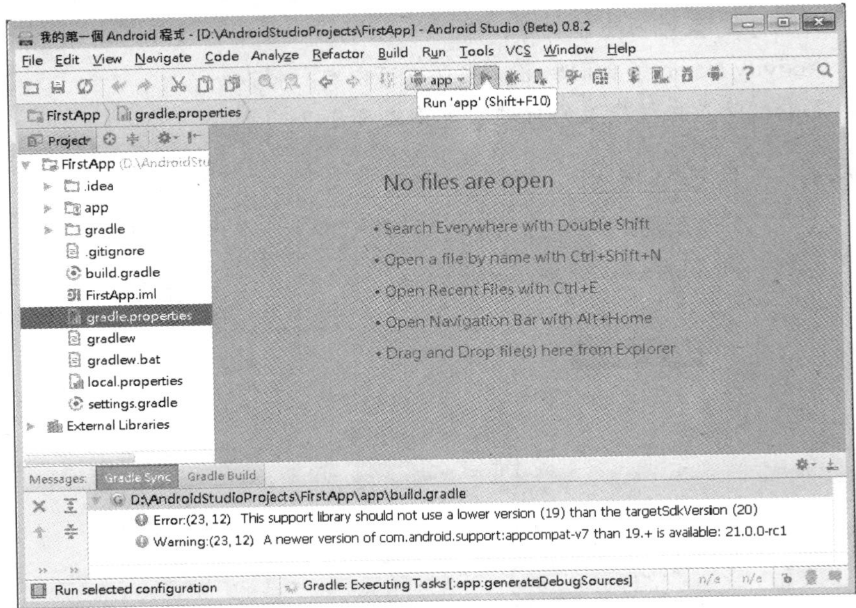

图 6-6　项目建立完成后工具栏的 Run 按钮变成可以按下的状态

6-2　安装 Android SDK 和新增模拟器

打开程序项目之后，单击 Android Studio 主菜单中的 Tools > Android > SDK Manager 就可以启动 Android SDK Manager，如图 6-7 所示。这个对话框和第 2 章的如图 2-9 所示的对话框一模一样，也就是说不管是 Eclipse 或者 Android Studio，安装 Android SDK 的操作方式都完全相同。图 6-7 中有许多可以展开的项目，包括不同版本的 Android SDK 和各种 CPU 类型的模拟器（也就是名称为…System Image 的项目），以及一些相关工具程序和组件。每一个项目的后面都会显示安装的状态，我们可以勾选需要安装或是更新的项目，再单击右下方的 Install packages 按钮进行安装。关于模拟器的选择，一般勾选 ARM 版本的 System Image 即可，勾选的项目越多，安装后所占的硬盘空间越大。由于这个步骤需要下载大量的数据，如果网络速度不够快，可能需要等待一段时间，完成后即可关闭对话框。

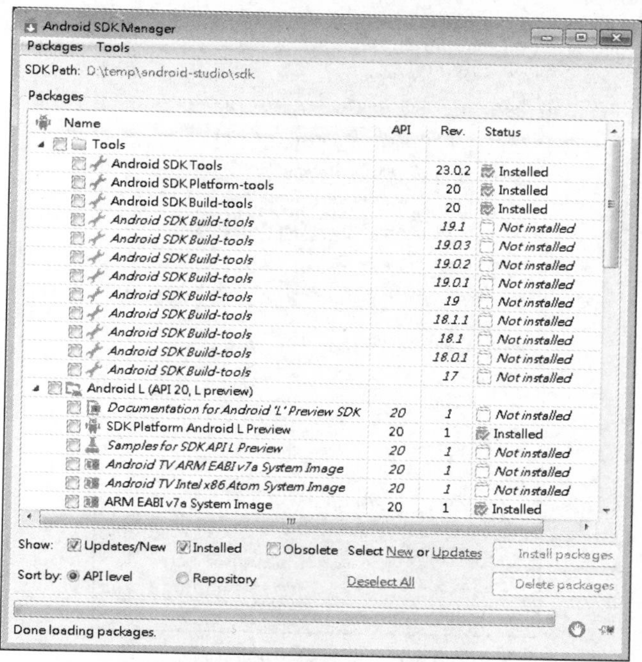

图 6-7　Android SDK Manager 对话框

安装好要用的 Android SDK 版本之后，接下来就是新增不同类型的模拟器，单击 Android Studio 主菜单中的 Tools > Android > AVD Manager 就会显示如图 6-8 所示的对话框。读者可以对照第 2 章的图 2-4，是不是一模一样？所以 Eclipse 和 Android Studio 建立模拟器的操作方法也完全相同。AVD Manager 对话框会列出目前已经建立的模拟器列表，单击对话框右边的 Create 按钮，就会出现如图 6-9 所示的对话框，在 AVD Name 文本框输入这个模拟器的名称，再单击 Device 框的下拉列表，从中选取一个设备。接着用同样的操作方式，在 Target 中设置模拟器使用的 Android 版本，设置 CPU/ABI 为 ARM，设置 Skin 为 Skin with dynamic hardware controls，其他字段用默认值即可。如果程序需要从 SD 卡中读取文件，可以在下方的 SD Card 框中设置 SD 卡的容量。完成之后单击 OK 按钮，就会创建指定的 Android 设备模拟器。要启动模拟器时，只要在 AVD Manager 对话框的列表中，用鼠标单击要运行的模拟器，再单击右边的 Start 按钮即可。

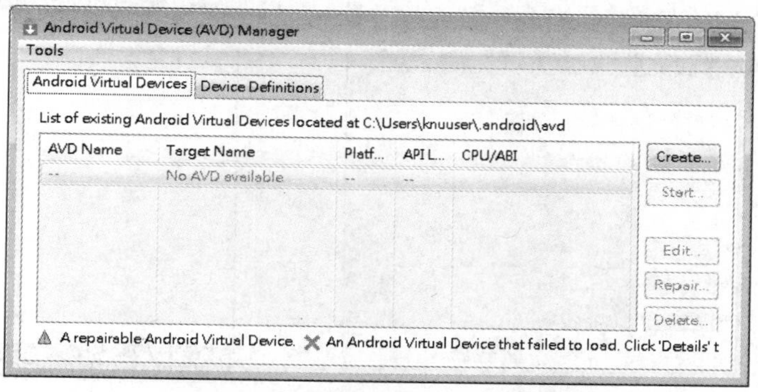

图 6-8　AVD Manager 对话框

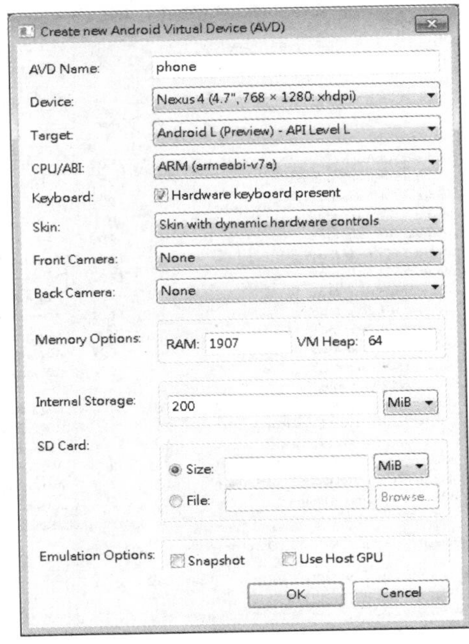

图 6-9　设置模拟器的画面

等到启动模拟器完成之后，就可以测试刚刚建立的 App 项目。单击 Android Studio 工具栏的 Run 按钮，就会显示如图 6-10 所示的对话框让我们挑选要使用的模拟器。这个对话框会显示目前正在运行中和尚未启动的模拟器。选定模拟器之后，可以勾选 Use same device for future launches，下次运行这个 App 项目时，就不会再出现这个对话框，最后单击 OK 按钮就会开始运行程序。在模拟器上启动程序需要一点时间，读者可以查看 Android Studio 画面下方的状态栏显示的信息，如图 6-11 所示是 App 在模拟器上运行的画面。

如果想要结束模拟器上运行的程序，可单击模拟器的“回上一页”按钮，它是一个类似“回转”的半圆型箭头，或者模拟器下方的 Home 按钮（中间的按钮）。如果我们结束模拟器，则下次再运行程序时必须重新将它启动，这将耗费许多时间。

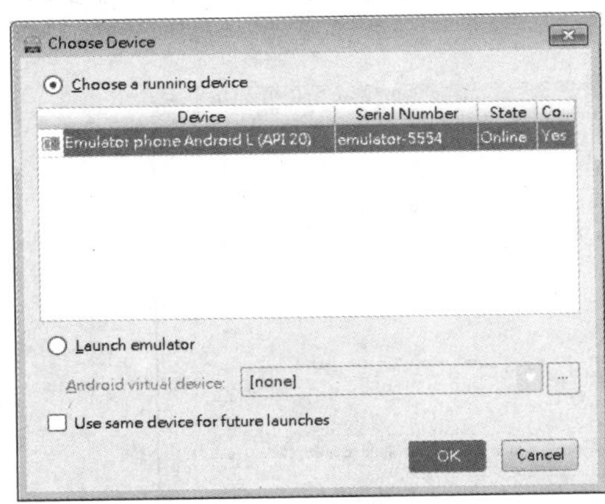

图 6-10　选择程序要使用的模拟器

图 6-11　App 在模拟器上运行的画面

6-3 动手修改 App 的运行画面

虽然 App 项目已经可以运行，但是我们却不知道为什么会看到这样的程序画面，而且程序只是显示一行文字，没办法和用户互动！没关系，我们现在就来修改一下程序画面吧，请依照以下步骤进行操作：

步骤 01 在 Android Studio 左边的项目查看窗口中，依序展开（App 项目名称）（模块名称）/src/main/res/values，用鼠标双击“字符串资源文件”strings.xml，该文件会打开在 Android Studio 中间的编辑窗格，如图 6-12 所示。

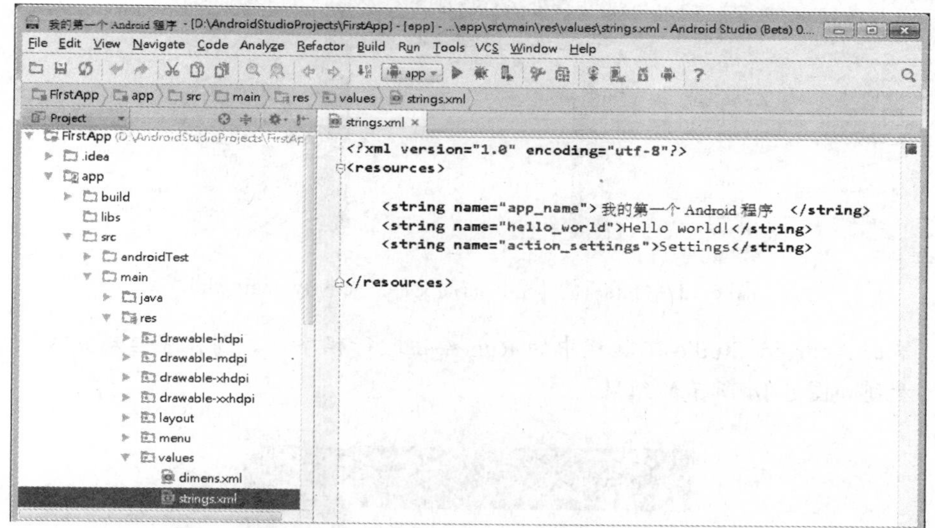

图 6-12 “字符串资源文件”strings.xml 的内容

步骤 02 将 hello_world 字符串内容修改如下：

```
<?xml version="1.0" encoding="utf-8"?>
<resources>

    ...(其他程序代码)
    <string name="hello_world ">你好，这个程序的主要类名称叫做 MainActivity
    </string>
    ...(其他程序代码)

</resources>
```

步骤 03 仿照步骤 1 的操作方式，打开 res/layout 文件夹中的 activity_main.xml，这个文件就是我们在程序画面中看到的“界面布局文件”。

步骤 04 “界面布局文件”有两种编辑模式：第一种称为 Design 模式，它让我们可以利用鼠标拖动界面组件的方式来设计程序画面，另一种是纯文字的 Text 模式，也就是直接编辑程序代码，我们可以利用编辑窗格左下方的两个标签进行切换。请读者先切换到 Design 模式，然后从左边的“界面组件工具箱”（Palette）中找到 Widgets 组件组，把其中的 Button 组件拖动到程序画面中，如图 6-13 所示。在如图 6-13 所示的右边有一个 Component Tree 窗格，它会以树形图的方式显示“界面布局文件”的架构。

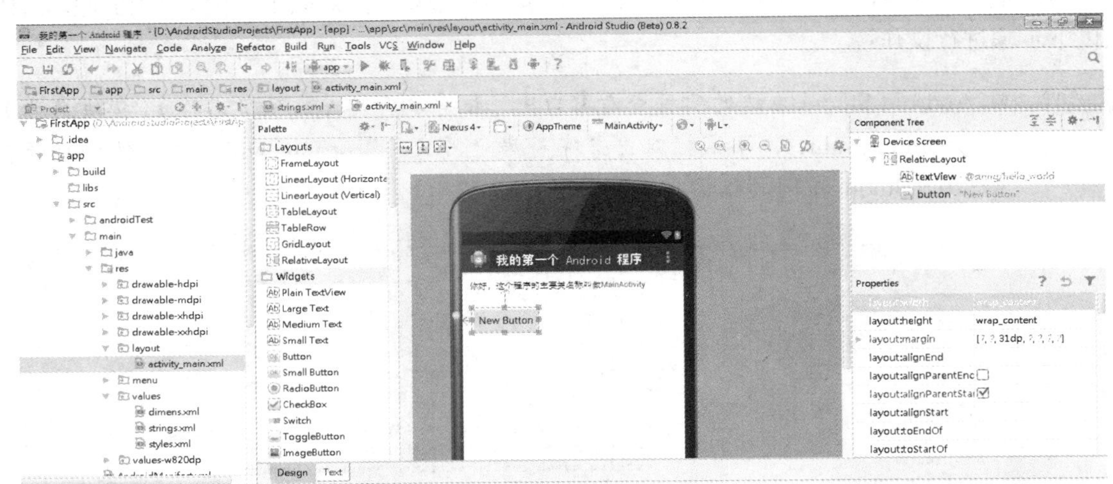

图 6-13　修改后的“界面布局文件”activity_main.xml

步骤 05　单击 Android Studio 工具栏中的 Run 按钮运行程序，等到程序启动完成之后，就会看到如图 6-14 所示的结果。

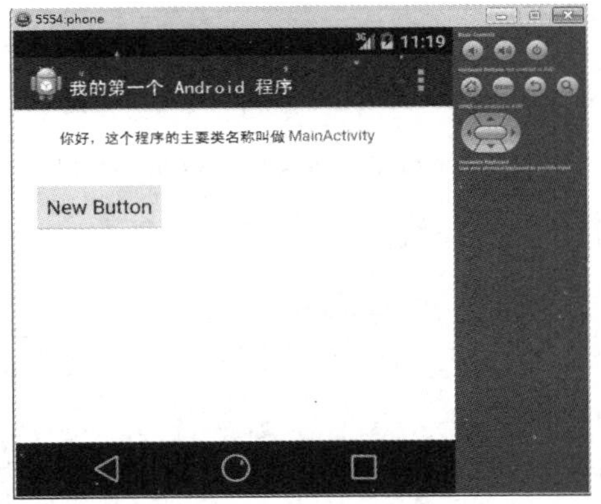

图 6-14 修改后的 App 运行画面

在本章我们学会了如何利用 Android Studio 建立 App，并且在“界面布局文件”中加入一个按钮，但是单击按钮之后，程序不会运行任何功能，因为我们并没有加上处理按钮的程序代码。没关系，在后续章节中我们会带领读者一步一步解开 Android App 的奥秘。

Android 版本	1.X	2.X	3.X	4.X
适用性	★	★	★	★

第 7 章 App项目管理技巧

在开发 Android App 项目的过程中，除了新增项目之外，有些时候也需要备份项目或者删除项目，以下我们针对程序项目的管理进行一个综合性的介绍。

1. 复制 App 项目

如果想要复制目前已打开的程序项目，可以在 Android Studio 左边的项目查看窗格中，利用鼠标右键单击项目名称（项目名称是项目查看窗格最上面的那一项，而不是项目名称中的模块名称），再从快捷菜单中选择 Copy。在项目查看窗格的空白处按下鼠标右键，在弹出的快捷菜单中选择 Paste，就会出现如图 7-1 所示的对话框。在 New name 文本框输入新项目的名称，在 To directory 框输入新项目的存储路径。复制后会在这个路径中建立一个新的文件夹，文件夹的名称就是 New name 字段中的项目名称。另外记得取消对 Open copy in editor 的勾选，稍后我们可以利用 Open Project 的方式打开这个复制的 App 项目。另一个方法是利用 Windows 文件资源管理器完成整个 App 项目文件夹的复制，然后打开它。

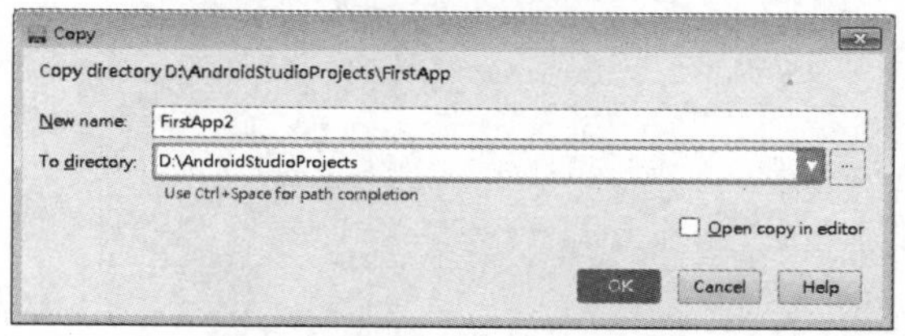

图 7-1　复制 App 项目的对话框

2. 打开复制的 App 项目

如果要打开复制的程序项目，可以单击 Android Studio 中的菜单 File > Open，在对话框的文件浏览列表中单击 App 项目的文件夹，然后单击 OK 按钮。或者从 Android Studio 的起始画面选择 Open Project，再依照类似的方法操作。

3. 删除 App 项目

如果要删除程序项目，可以运行 Windows 文件资源管理器，删除 App 项目的整个文件夹，这样下次运行 Android Studio 的时候，就不会在 Recent Projects 列表中出现这个项目。

第2部分

开发Android应用程序的流程

Android 版本	1.X	2.X	3.X	4.X
适用性	★	★	★	★

第 8 章 了解Android App项目架构和查询SDK技术文件

到目前为止我们已经学会了建立 Android App 项目的方法，也知道“界面布局文件”和“字符串资源文件”的基本概念和用途，但是这些都只是程序项目的资源（也就是在项目的 res 文件夹中的文件），还没有真正进入程序代码的部分。从本章开始，我们将正式进入 Android 程序代码的世界。

8-1 了解 App 项目的程序代码

如果是使用 Eclipse 开发工具，则 Android App 项目的程序文件是存放在项目的 src 文件夹中（参考图 8-1），该文件夹会根据我们建立项目时输入的 Package Name 建立一个 Package 项目（其实它是对应到文件系统中的路径），再把程序文件存储在里头，程序文件的名称就是建立项目时输入的 Activity Name。根据前面章节建立的 App 项目，我们的程序文件是 src/com.myandroid.myfirstandroidapp/MainActivity.java。请读者从 Eclipse 左边的项目查看窗格中找到该文件（依序展开项目的树状结构即可找到），再用鼠标对它双击把它打开，就可以看到如下的程序代码。我们看到的程序运行画面就是这一段程序代码的运行结果，现在我们就用它来解说 Android 程序的运行流程。

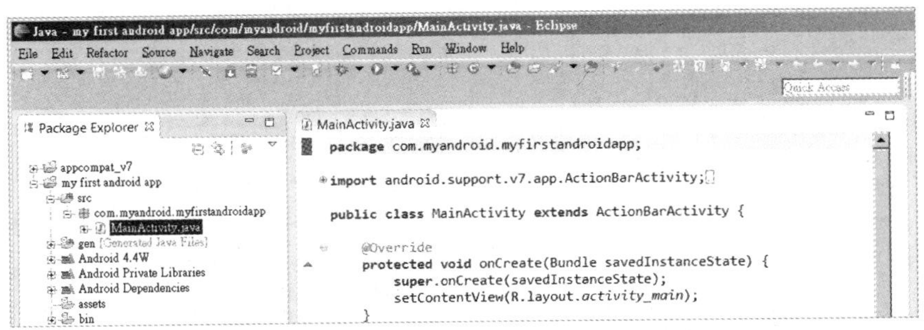

图 8-1　Eclipse 平台的 Android App 项目文件夹

```
package com.myandroid.myfirstandroidapp;

import android.support.v7.app.ActionBarActivity;
import android.os.Bundle;
import android.view.Menu;
import android.view.MenuItem;

public class MainActivity extends ActionBarActivity {

    @Override
    protected void onCreate(Bundle savedInstanceState) {
        super.onCreate(savedInstanceState);
        setContentView(R.layout.activity_main);
    }

    @Override
    public boolean onCreateOptionsMenu(Menu menu) {
        // Inflate the menu; this adds items to the action bar if it is present.
        getMenuInflater().inflate(R.menu.main, menu);
        return true;
    }

    @Override
    public boolean onOptionsItemSelected(MenuItem item) {
        // Handle action bar item clicks here. The action bar will
        // automatically handle clicks on the Home/Up button, so long
        // as you specify a parent activity in AndroidManifest.xml.
        int id = item.getItemId();
        if (id == R.id.action_settings) {
            return true;
        }
        return super.onOptionsItemSelected(item);
    }
}
```

Eclipse 程序代码编辑窗格的操作技巧

在程序代码编辑窗格中，如果看到某一行的最前面有一个小圆圈，其中还有一个加号，表示可以用鼠标单击那个小圆圈把程序代码展开。如果是小圆圈中有一个减号，则表示可以按一下把程序代码收起来。

第一行程序代码：“package com.myandroid.myfirstandroidapp;”是指定这个程序文件属于哪一个组件，Java 程序组件的名称其实就是对应到文件系统的特定文件夹路径。如果读者使用 Windows 文件资源管理器找到项目的文件夹，再沿着 src 文件夹往下展开就可以了解，而且在一个组件中可以包含多个程序文件。接下来的 import 程序代码段落是指定这个程序文件使用的类或组件：

```
import android.support.v7.app.ActionBarActivity;
```

```
import …
```

接着是定义主程序类，也就是程序开始运行的地方，它的名称叫做 MainActivity，是我们在建立 App 项目的对话框中指定的名称：

```
public class MainActivity extends ActionBarActivity {

    @Override
    protected void onCreate(Bundle savedInstanceState) {
        super.onCreate(savedInstanceState);
        setContentView(R.layout.activity_main);
    }

    @Override
    public boolean onCreateOptionsMenu(Menu menu) {
        // Inflate the menu; this adds items to the action bar if it is present.
        getMenuInflater().inflate(R.menu.main, menu);
        return true;
    }

    @Override
    public boolean onOptionsItemSelected(MenuItem item) {
        // Handle action bar item clicks here. The action bar will
        // automatically handle clicks on the Home/Up button, so long
        // as you specify a parent activity in AndroidManifest.xml.
        int id = item.getItemId();
        if (id == R.id.action_settings) {
            return true;
        }
        return super.onOptionsItemSelected(item);
    }
}
```

提示

关于 onCreate()方法的 savedInstanceState 自变量

如果 App 是由用户启动运行，则 savedInstanceState 会是 null。可是有时候 App 是被 Android 系统强迫结束，然后又重新启动，有以下两种情况会导致这样的结果：

- App 使用的资源，像是语言或者屏幕的方向被用户改变，这时候系统默认的处理方式是强迫结束 App 再重新启动，以套用不同的资源。
- 系统内存不足时，被切换到背景的 App 会被强迫结束，等用户又开始使用它时，Android 系统再将它启动。

遇到以上两种情况时，我们可以利用 onSaveInstanceState()状态处理方法，把 App 目前的状态存储起来，然后在 onCreate()方法中，利用 savedInstanceState 自变量取得 App 之前的运行状态。

这个 MainActivity 类是继承自 ActionBarActivity 类，其中有 3 个方法，依次是

onCreate()、onCreateOptionsMenu()和 onOptionsItemSelected()。这 3 个方法是状态处理方法，在 MainActivity 对象运行的过程中，会在不同的时间点被调用运行。onCreate()是当 MainActivity 对象产生的时候（也就是程序启动的时候），被 Android 系统调用运行。onCreate()方法中的第一行程序 super.onCreate(savedInstanceState)是调用基础类的 onCreate()，并且把 Android 系统传送进来的 savedInstanceState 对象传给它处理。因为 Android 程序有许多内置的工作要处理，这些工作我们可以借助调用基础类的方法帮我们完成。下一行程序代码是调用 setContentView()方法，并指定使用界面布局文件 R.layout.activity_main，这个界面布局文件位于 res/layout 文件夹中。

为什么在程序代码中，必须在界面布局文件的名称前面加上 R.layout 呢？请读者在 Eclipse 的项目查看窗格中展开路径“gen/(组件路径名称)”，然后打开其中的 R.java 文件。该文件有点冗长，但是它的架构却很简单，只有一个 R 类，其中定义了许多内部类（inner class）和常数，而内部类的内容也是定义许多常数。这个 R 类是由开发工具自动产生，其中整合了所有 App 项目的资源，包括 activity_main.xml，它是收集在名为 layout 的内部类中，所以程序代码的 R.layout 就是指定这个 R 类中的 layout 类。

至于 onCreateOptionsMenu()和 onOptionsItemSelected()这两个方法：第一个方法是当用户单击手机或平板电脑的 Menu 键时运行，它会根据菜单资源文件 res/menu/main.xml 中的内容在屏幕上显示菜单；第二个方法是当用户单击菜单中的项目时，Android 系统会调用这个方法，并且传入用户单击的项目。

在 Android Studio 中 App 项目的程序文件是放在模块文件夹中，详细路径为“（模块名）/src/main/java/（组件路径名称）”，如图 8-2 所示。在 Android Studio 左边的项目查看窗格中，用鼠标双击程序文件，就可以将它打开在中间的编辑窗格，它的内容和 Eclipse App 项目的程序文件完全相同，因此功能也一模一样。

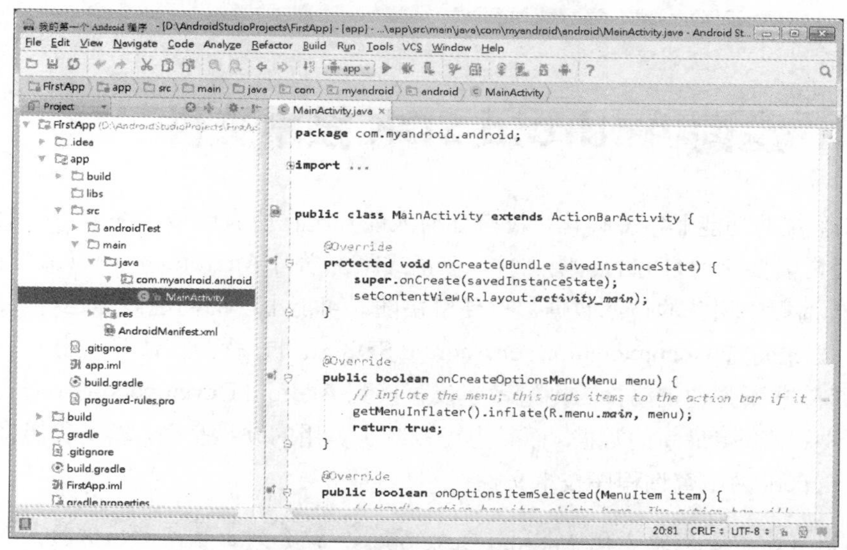

图 8-2　App 项目程序文件的位置

不论是 Eclipse 还是 Android Studio，在建立新的 App 项目的时候，都会自动套用 support v7 链接库，因为主程序继承的 ActionBarActivity 类就是属于 support v7 链接库。使用 ActionBarActivity 类是为了要和 Android 2.X 的手机兼容，如果我们的程序只会在 Android 3.0 以上的设备运行，则直接继承 Activity 即可。读者可以将程序代码修改如下，删除线表示要删除的程序代码，粗体字表示要加入的程序代码。完成之后重新运行程序，读者会发现和原来的运行结果完全一样。

```
package com.android;

import android.support.v7.app.ActionBarActivity;
import android.app.Activity;
import android.os.Bundle;
import android.view.Menu;
import android.view.MenuItem;

public class MainActivity extends ActionBarActivity {

    …(原来的程序代码)
}
```

关于自动产生的 appcompat_v7 项目

不论是 Eclipse 还是 Android Studio ，建立新的 App 项目时都会自动使用 support v7 链接库中的 appcompat_v7 项目，因此，建立 App 项目之后，会发现在项目查看窗格中多了该项目。除了 ActionBarActivity 类是属于 appcompat_v7 项目之外，我们项目中的 Theme 也是使用到 appcompat_v7，所以不可以从项目的 Properties 中删除 appcompat_v7 的参考，也不可以从 Eclipse 的项目查看窗格中删除 appcompat_v7 项目。

8-2 查询 Android SDK 技术文件

Android 系统的功能非常多样化，没有任何人能够记住所有的技术细节，因此在开发程序的过程中，经常需要查询官方的说明文件。在正式踏上学习 Android 程序代码之路以前，必须先知道如何查询程序相关的技术数据，以便解决随时可能出现的问题。当运行 Android SDK Manager 时，如果勾选 Documentation for Android SDK 项目，就会在计算机上安装程序设计技术文件。但是除非不方便上网，否则笔者建议直接到 Android Developers 网站查询技术文件，因为这样能够保证取得最新的数据，而且也可以减少占用的硬盘空间。以下我们将说明如何在 Android Developers 网站查询程序技术文件：

步骤 01 利用百度搜索网站查找 Android Developers，就会列出该网站的链接，再用鼠标单击该链接，就会进入 Android Developers 网站。

步骤 02　在 Android Developers 网站首页上方单击 Reference，就会看到如图 8-3 所示的 Android API 技术文件查询画面。

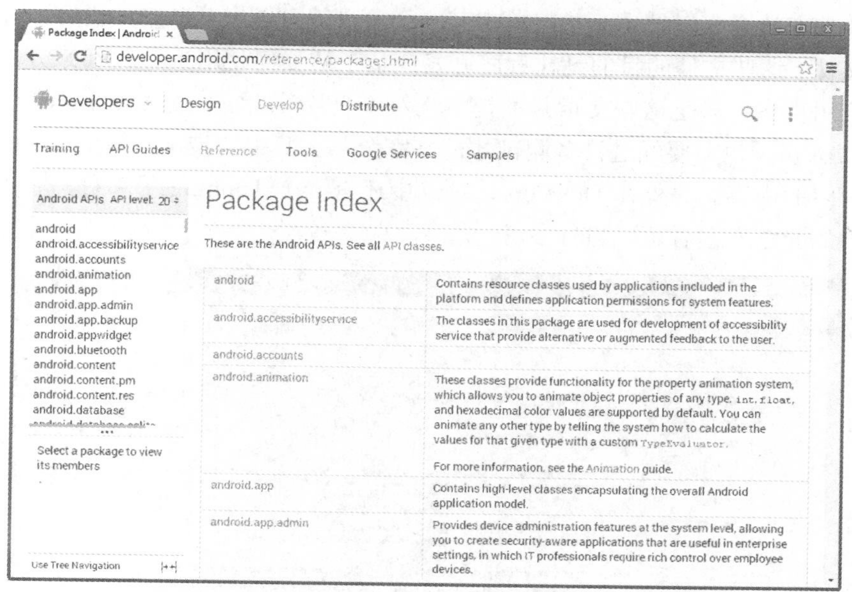

图 8-3　Android Developers 网站的 API 技术文件查询画面

这个网页的使用方式如下：

- 如果想要查询特定组件的数据，可先在网页左边的组件列表中，利用鼠标单击想要查询的组件名称，就会在下方的窗格中出现该组件包含的所有类，找到想要的类之后，用鼠标单击，就会在右边的窗格显示该类的详细说明。
- 查询特定类的数据时还有一个更快速的方法，就是利用画面右上方的 Search 按钮。把鼠标光标移到“放大镜”图标上时，Search 框就会自动展开，在该框中输入类名称，输入的同时在下方会出现参考列表，我们可以继续输入直到出现想要查询的类之后，用鼠标在该类名称上单击，就会切换到该类的说明文件。
- 在网页左边的组件列表上方有一个显示 API level 的下拉列表，它是用来过滤特定 Android 版本的可用组件和类。如果设置一个 API level 版本，会发现组件列表中有些项目变成灰色，它的意思是说如果把程序项目的 Minimum Required SDK 属性设置成这个 API level 版本，这些灰色的组件就无法使用。

查询 API 技术文件的技巧

由于 Android SDK 的类都是采用面向对象技术的继承方式建立，在每一个类说明页的最上方都会有一个继承的阶层图。如果在目前的类说明页中查不到想要的属性或者方法，就表示该属性或方法是定义在它所继承的基础类中，这时候可以依照继承的阶层图查阅它的基础类。

Android Developers 网站中除了 API 技术说明文件之外，还有介绍 Android 程序设计技术的文章，它们位于 Develop 网页的 API Guides 子项目中，单击该项目就会出现如图 8-4 所示的网页。网页的左边会先以技术分类，单击某一个项目就可以展开其中的内容，并在网页右边显示说明文件。这些文件的目的是让程序开发人员了解如何使用各种 API 来开发各种各样的 Android 应用程序。只是这些文章并不是由浅入深的教学，而是重点提示。即使是经验丰富的 App 开发人员，也需要经过许多测试才能够完全掌握其中的技术。如果读者有兴趣，可以尝试阅读其中的内容。另外在 Develop 选项卡中还有一个 Training 子项目，它用于提供一些比较基础性的介绍，读者可以自行参考。

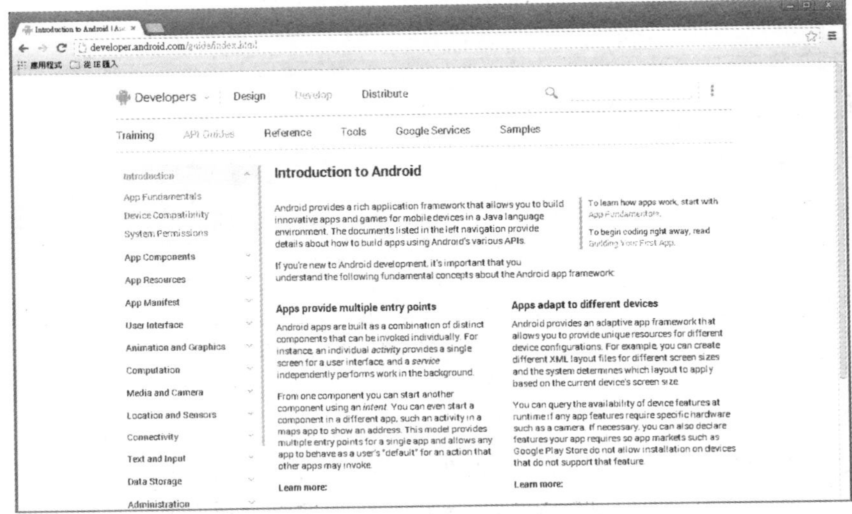

图 8-4　Android SDK 的技术文件网页

Android 版本	1.X	2.X	3.X	4.X
适用性	★	★	★	★

第 9 章 完成第一个App项目

在本章我们将要完成一个可以和用户互动的 App 项目，这个程序项目会用到 3 种界面组件：TextView、EditText 和 Button。TextView 用来显示字符串，例如字段名称或者程序的处理结果。EditText 可以让用户输入数据，Button 则是让用户单击以启动处理程序。在本章中，我们将利用这 3 种界面组件，完成如图 9-1 所示的操作画面，我们必须在主程序的界面布局文件中建立 3 个 TextView 组件、2 个 EditText 组件和 1 个 Button 组件，建立界面组件时，我们还要设置好每一个界面组件的属性，在着手之前我们必须先了解“界面布局文件”的格式和架构。

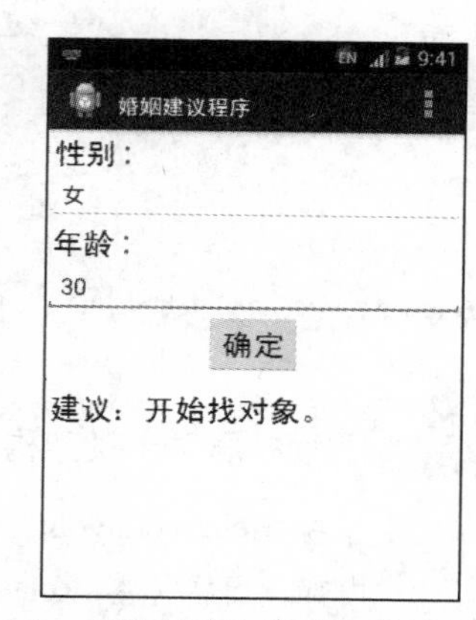

图 9-1 “婚姻建议程序”的运行画面

9-1 “界面布局文件”的格式和架构

在前面的章节中，我们曾经在界面布局文件中加入一个按钮，当时是在图形编辑模式中操作，对于界面布局文件的格式没有多作说明，现在则要揭开它的庐山真面目了。其实界面布局文件是一个 XML 格式的纯文本文件，我们可以用树状结构来表示，例如以下就是第 3 章中如图 3-13 所示的界面布局文件。这个界面布局文件的最外层是一个 RelativeLayout 界面组件，它的内部包含一个 TextView 组件和一个 Button 组件，我们可以用图 9-2 的树状结构表示这 3 个界面组件的关系，而学习 Android App 开发的第一步就是要了解如何使用各种各样的界面组件。

```
<RelativeLayout xmlns:android="http://schemas.android.com/apk/res/android"
    xmlns:tools="http://schemas.android.com/tools"
    android:layout_width="match_parent"
    android:layout_height="match_parent"
    android:paddingBottom="@dimen/activity_vertical_margin"
    android:paddingLeft="@dimen/activity_horizontal_margin"
    android:paddingRight="@dimen/activity_horizontal_margin"
    android:paddingTop="@dimen/activity_vertical_margin"
    tools:context=".MainActivity" >

    <TextView
        android:id="@+id/textView1"
        android:layout_width="wrap_content"
        android:layout_height="wrap_content"
        android:text="@string/hello_world" />

    <Button
        android:id="@+id/button1"
        android:layout_width="wrap_content"
        android:layout_height="wrap_content"
        android:layout_alignLeft="@+id/textView1"
        android:layout_below="@+id/textView1"
        android:text="Button" />

</RelativeLayout>
```

“界面布局文件”的架构

标签<RelativeLayout …>和</RelativeLayout>之间的部分都属于 RelativeLayout 界面组件内部，而在标签<RelativeLayout …>中“…”是界面组件的属性设置。Android SDK 提供了非常丰富的界面组件，让程序开发人员可以做出各种生动有趣的操作画面，如果能够进一步搭配相关的程序资源，例如 Nine-Patch 图像文件、State List、Shape、Theme 和 Style，更可以打造出属于自己风格的界面组件。

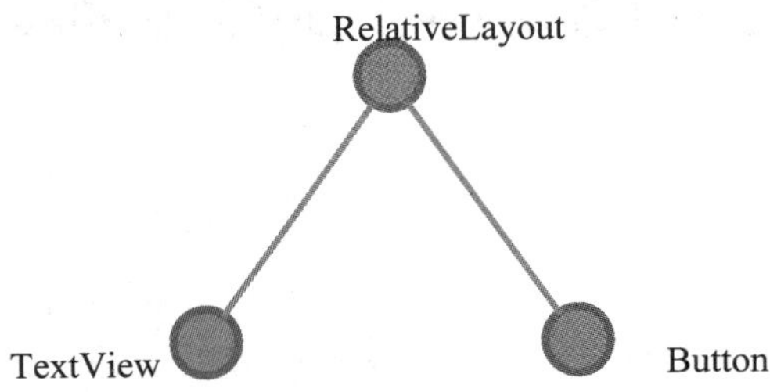

图 9-2　用树形图表示“界面布局文件”的架构

9-2 TextView 界面组件

TextView 界面组件的功能是显示字符串，用户无法编辑其中的文字。在界面布局文件中我们可以依照下列语法加入 TextView 组件：

```
<TextView
    android:id="@+id/自定义组件名称"
    android:属性="属性值"
    …/>
```

以上其实就是 XML 的语法，TextView 是标签名称，它代表哪一种界面组件，后面是它的属性。第一个属性 android:id 是设置这个 TextView 组件的名称，它的值“@+id /自定义组件名称”中的“@+id /”是一个命令，表示要将后面的组件名称加入程序资源 R 中的 id 类，这样程序才能够找到此组件。如果在程序运行过程中，不需要更改这个组件的内容，那么就可以不必设置 android:id 这个属性。接下来的每一行都是设置一个属性值，最常用的属性包括 android:layout_width、android:layout_height 和 android:text，它们分别决定组件的宽、高和组件内显示的文字，例如以下范例：

```
<TextView
    android:id="@+id/txtResult"
    android:layout_width="match_parent"
    android:layout_height="wrap_content"
    android:text="@string/result" />
```

以上程序代码的功能是增加一个名为 txtResult 的 TextView 组件，它的宽度设置为 match_parent，也就是填充它所在的外框，高度设置为 wrap_content，也就是由文字的高度来决定，组件中会显示一个名为 result 的字符串，该字符串是定义在字符串资源文件中。

界面组件 id 的命名建议

在决定界面组件的 id 名称时，为了在程序代码中能够清楚地知道该界面组件的种类，我们可以在组件名称的前面加上小写的组件类型缩写，例如我们把上述 TextView 组件取名为 txtResult，前面的 3 个小写英文字母 txt 表示这是一个 TextView 界面组件。本书的所有范例都将采用这种方式来命名，以方便阅读程序代码。另外提醒读者，把界面组件的每一个属性独立成一行是为了方便阅读，并不是语法的规定。

除了以上介绍的属性之外，还有许多其他的属性，我们留到后续章节再进行介绍。如果读者想先浏览一下，可以在百度搜索网页中输入 Android TextView，就可以找到官方的 TextView 说明网址，如图 9-3 所示，其中有非常详细的介绍，包括所有属性的列表和解释。读者在阅读时要注意，Android SDK 的界面组件都是以面向对象技术的继承方式产生，在每一个界面组件说明页的最上方会有一个继承的阶层图。如果在目前的组件说明页中查不到想要的属性，就表示该属性是定义在它所继承的基础类中，我们可以依照继承的阶层图查阅它的基础类。

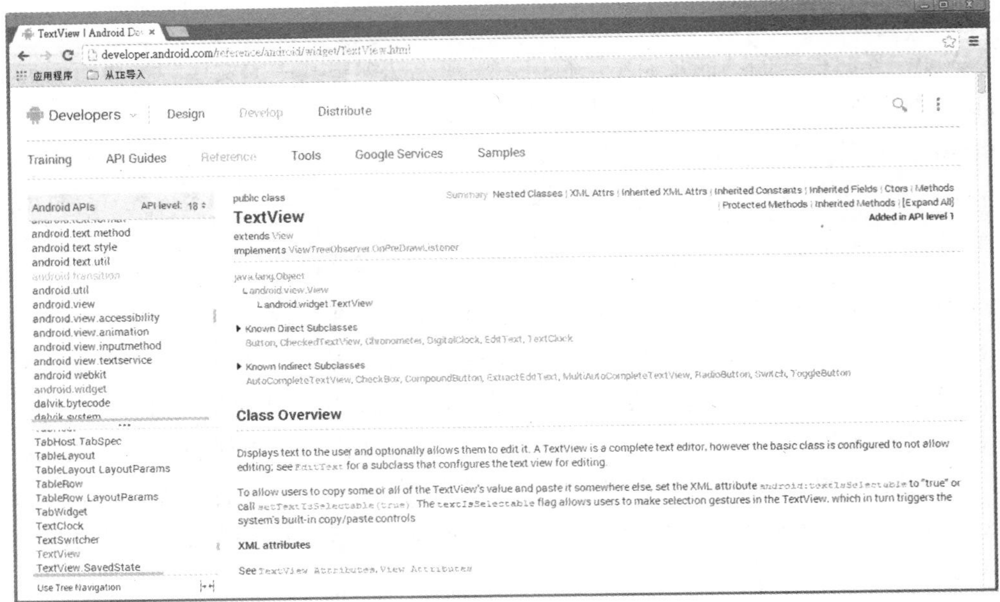

图 9-3　TextView 界面组件的官方说明网页

9-3 EditText 界面组件

EditText 组件可以让用户输入文字，然后在程序中读取该字符串，我们可以在界面布局文件中依照以下的语法加入 EditText 组件：

```
<EditText
    android:id="@+id/自定义组件名称"
    android:属性="属性值"
    ... />
```

读者可以和前面的 TextView 组件的语法比较，二者除了标签名称不同以外，其余的格式都一样，例如我们可以利用以下程序代码建立一个 EditText 组件：

```
<EditText
    android:id="@+id/edtSex"
    android:layout_width="match_parent"
    android:layout_height="wrap_content"
    android:inputType="text"
    android:hint="@string/edt_sex_hint" />
```

上面的范例中出现了两个新的属性，android:inputType 属性是用来限制这个组件可以接受的字符类型，text 表示任何字符都可以被接受，如果设置成 number 则只能输入 0~9 的数字字符。android:hint 属性是显示提示用户输入的信息，当 EditText 组件中没有输入任何数据时，会显示这个字符串。在后续章节中我们会针对常用的组件属性进行更详细的说明。

9-4 Button 界面组件

Button 组件是让用户单击以启动程序的某一项功能，它的语法格式如下：

```
<Button
    android:id="@+id/自定义组件名称"
    android:属性="属性值"
    ... />
```

除了标签名称换成 Button 之外，其余都和前面介绍的组件语法相同，例如以下程序代码会在界面布局文件建立一个按钮，按钮上面显示一个名为 btn_do 的字符串，该字符串是定义在字符串资源文件中：

```
<Button
    android:id="@+id/btnDoSug"
    android:layout_width="match_parent"
    android:layout_height="wrap_content"
    android:text="@string/btn_do" />
```

现在请读者尝试阅读以下的界面布局文件，它就是本章范例程序的操作画面，如图 9-1 所示。其中有些组件属性我们还没有介绍，在稍后的章节中我们将针对常用的属性做进一步的整理和说明。还有其中的<LinearLayout>标签是指定界面组件采用线性顺序排列，LinearLayout 是一种界面组件的编排模式，在后续章节中也会再详细介绍如何控制界面组件的编排方式。

```
<LinearLayout xmlns:android="http://schemas.android.com/apk/res/android"
    xmlns:tools="http://schemas.android.com/tools"
    android:id="@+id/LinearLayout1"
    android:layout_width="match_parent"
    android:layout_height="match_parent"
    android:orientation="vertical"
    tools:context=".MainActivity" >

    <TextView
        android:layout_width="wrap_content"
        android:layout_height="wrap_content"
        android:text="@string/sex"
        android:textSize="25sp" />

    <EditText
        android:id="@+id/edtSex"
```

```
        android:layout_width="match_parent"
        android:layout_height="wrap_content"
        android:ems="10"
        android:hint="@string/edt_sex_hint" />

    <TextView
        android:layout_width="wrap_content"
        android:layout_height="wrap_content"
        android:text="@string/age"
        android:textSize="25sp" />

    <EditText
        android:id="@+id/edtAge"
        android:layout_width="match_parent"
        android:layout_height="wrap_content"
        android:ems="10"
        android:inputType="number"
        android:hint="@string/edt_age_hint" />

    <Button
        android:id="@+id/btnOK"
        android:layout_width="wrap_content"
        android:layout_height="wrap_content"
        android:layout_gravity="center_horizontal"
        android:text="@string/btn_ok"
        android:textSize="25sp" />

    <TextView
        android:id="@+id/txtR"
        android:layout_width="wrap_content"
        android:layout_height="wrap_content"
        android:textSize="25sp" />

</LinearLayout>
```

9-5 使用 Eclipse 开发 App

如果读者是使用 Eclipse 开发 Android App，请依照以下的操作步骤完成“婚姻建议程序”的界面布局文件。如果是使用 Android Studio，则请参考下一小节的说明。

步骤 01 运行 Eclipse，利用第 3 章介绍的方法新增一个 Android App 项目。

步骤 02 Eclipse 中间的编辑窗格会自动打开界面布局文件 activity_main.xml（也可以在路径 res/layout 中找到该文件，再用鼠标双击将它打开），将编辑窗格中的“界面布局文件”切换到 Graphical Layout 模式，用鼠标右键单击程序画面上方的 Hello World…字符串（它是一个 TextView 类型的界面组件），然后在弹出的快捷菜单中选择 Delete

将它删除。

"界面布局文件"的查看设置

由于 Eclipse 中有许多同时打开的窗口，中央的编辑窗格会显得有些拥挤，我们可以利用编辑窗格右上角的 Maximize 按钮（将鼠标光标移到某一个按钮上方就会显示该按钮的名称），把编辑窗口展开到最大。另外，在 Graphical Layout 模式下，编辑中的程序画面上方有一排工具栏，右上方的放大镜工具可以用来缩放程序画面，以方便查看。上方靠近左边的第二个按钮，可以用来仿真程序画面在不同屏幕尺寸上的运行结果，第三个按钮可以切换直式和横式的画面。

步骤 03　Outline 窗格会以树状结构显示目前程序画面中的对象，其中只剩下一个 RelativeLayout 组件，我们要把它改成 LinearLayout。请读者用鼠标右键单击它，然后在弹出的快捷菜单中选择 Change Layout，再从出现的对话框内下拉其中的组件列表，单击其中的 LinearLayout（Vertical），最后单击 OK 按钮。

步骤 04　接着要开始加入需要的界面组件，在编辑窗格左边的界面组件选项组中，找到 Form Widgets 类中一个名为 TextView 的界面组件（操作提示：把鼠标光标移到界面组件上就会出现它的名称），用鼠标左键单击它并拖动到程序画面中再放开。

步骤 05　接下来是设置这个新加入的界面组件的属性，我们希望上面显示"性别："，请读者用鼠标右键单击它，然后在弹出的快捷菜单中选择 Edit Text 就会出现如图 9-4 所示的对话框。

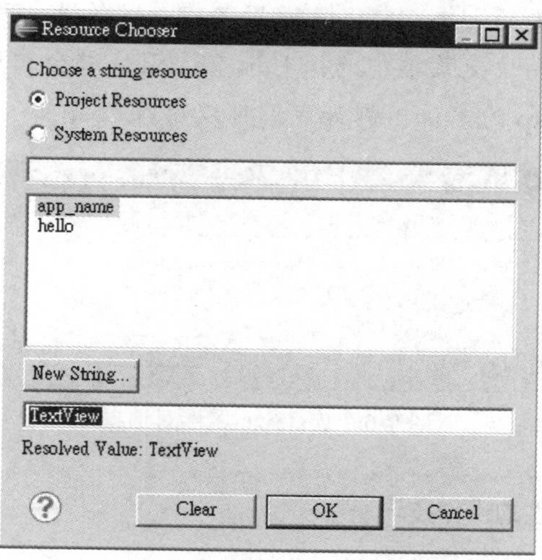

图 9-4　界面组件的 Edit Text 属性对话框

步骤 06　我们必须先将"性别："这个字符串存成一个 String 类型的资源，然后再把它套用到 TextView 组件（这是为了能够让程序支持多语言版本）。请读者单击对话框中间偏下方的 New String 按钮就会出现如图 9-5 所示的画面。

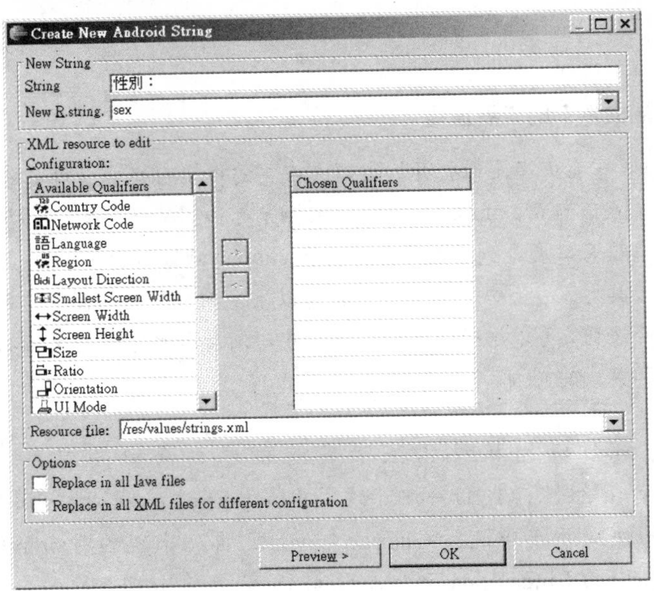

图 9-5　Greate New Android String 对话框

步骤 07　在对话框最上面的文本框中输入字符串内容，也就是“性别：”这个字符串，然后在第二个文本框输入字符串名称，例如 sex（操作提示：一般字符串名称是用小写英文字母和下划线字符来命名），最后单击 OK 按钮返回原来的对话框。

步骤 08　在原来对话框中间的列表中会出现一个刚刚建立的新字符串，用鼠标左键对它双击，就会套用到目前的 TextView 组件。

步骤 09　如果要修改字符串的大小，可以再设置 TextSize 属性。用鼠标右键单击 TextView 组件，然后在弹出的快捷菜单中选择 Edit TextSize 就会出现如图 9-6 所示的对话框，字符串大小是以 sp 为单位，例如我们可以输入 25sp。

图 9-6　TextSize 属性对话框

设置界面组件属性的操作技巧

界面组件的属性有数十个，用鼠标右键单击界面组件之后，最常用的几个属性会出现在快捷菜单的上方（常用的属性会随着界面组件的种类而改变）。如果要列出所有的组件属性，可以选择快捷菜单中的 Other Properties > All By Name 就会列出所有的属性列表，它会依照字母顺序排列。

步骤 10　接下来，我们需要再加入一个 EditText 类型的界面组件，它可以让用户输入数据。

请单击界面组件选项组中的 Text Fields 类，它提供不同字符类型的输入字段，例如所有字符、密码、电子邮件等，我们需要的是所有字符类型的 EditText，它是最上面的第一个，用鼠标左键单击它，然后拖动到程序画面中完成加入的操作。

步骤 11　EditText 组件是让用户输入性别，因此在程序代码中必须能够读取其中的字符串，所以我们要设置它的 id 属性让程序能够找到它。使用类似前面介绍的操作技巧，先用鼠标右键单击这个 EditText 组件，再从设置属性的快捷菜单中调出 Edit ID 对话框，然后输入 edtSex。利用同样的操作方式，调出 Edit Hint 对话框，再依照步骤 5～8 的方式，新增一个名为 edt_sex_hint 的字符串，字符串内容为“(输入性别)”，并将它套用到这个 EditText 组件的 hint 属性。

步骤 12　在 Outline 窗格中，也可以设置界面组件的 id 和属性，我们同样可以用鼠标右键单击其中的组件再进行属性的设置。

步骤 13　重复步骤 4～11 新增一个用来输入年龄的名称（使用 TextView 组件）和实际输入数据用的 EditText 组件，我们将此 EditText 取名为 edtAge。由于这个年龄框只能够接收数字类型的数据，我们可以使用 Text Fields 组件选项组中只能接收数字字符的 EditText 组件。另外，除了利用 TextSize 属性改变字体大小以外，还可以设置其他属性，例如文字的颜色、对齐方式等，读者可以自行尝试，或者参考后续章节的介绍。

步骤 14　接着还要加入一个按钮，请读者从 Form Widgets 组件选项组中找到 Button 组件，再用鼠标把它拖动到程序画面中。我们要把按钮的 id 取名为 btnOK，再把上面的文字改成“确定”，读者可以仿照前面的操作方式完成设置。如果要让按钮水平居中，可以从设置属性的快捷菜单中选择 Layout Gravity 属性，再将它设置为 center_horizontal。

步骤 15　最后还要加入一个 TextView 组件，以显示程序对于性别和年龄的判断结果。我们同样用鼠标拖动的方式加入这个新的 TextView 组件，然后调出 Edit Text 对话框。由于一开始我们不希望它显示任何文字，因此我们在 Edit Text 对话框中直接单击 Clear 按钮，清除原来显示的字符串。

步骤 16　最后我们要设置这个 TextView 组件的 id，让程序可以找到它并显示结果。设置 id 的方式如同前面的操作技巧，我们可以将此 TextView 组件取名为 txtR。

以上是利用 Graphical Layout 模式来编辑程序画面，但是笔者建议最好也能熟悉一下“界面布局文件”的程序代码，因为等到操作技巧比较纯熟以后，Graphical Layout 模式和程序代码编辑模式可以互相搭配应用，以提升开发程序的效率。

9-6　使用 Android Studio 开发 App

这一节我们将说明如何利用 Android Studio 设计程序画面，如果读者使用的是 Eclipse，可以略过。

步骤 01 运行 Android Studio，利用第 6 章介绍的方法新增一个 App 项目。

步骤 02 在左边的项目查看窗格中，展开“（模块名称）/src/main/res/layout”路径，找到界面布局文件 fragment_main.xml，再将它打开。

步骤 03 用鼠标单击编辑窗格左下角的 Design 标签，切换到图形编辑模式。再用鼠标右键单击界面布局文件中的“Hello world!”字符串，然后选择 Delete 将它删除。

步骤 04 接下来是把最外层的 RelativeLayout 改成 LinearLayout，先用鼠标单击右边 Component Tree 窗口中的 RelativeLayout 组件，然后选择 Go To Declaration。编辑窗口会切换到纯文本模式，再将第一行和最后一行的 RelativeLayout 改成 LinearLayout，例如：

```
<LinearLayout xmlns:android="http://schemas.android.com/apk/res/android"
    ...>

</LinearLayout>
```

我们可以利用以下两种方法将界面布局文件的窗口放大，以方便编辑：

- 在左边的项目查看窗格上方有一个标题栏，标题栏最右边有一个折叠按钮，单击该按钮就可以隐藏项目查看窗格。要显示项目查看窗格时，再用鼠标双击工具栏下方的项目名称即可。
- 用鼠标双击编辑窗格上方标题栏的空白处，就可以把编辑窗格放大。再做一次同样的操作就可以还原。

步骤 05 LinearLayout 可以设置为水平或者垂直两种排列方向，我们现在要用的是垂直排列，先用鼠标单击编辑窗格左下角的 Design 回到图形模式。接着在界面布局文件的空白处双击就会出现如图 9-7 所示的属性设置对话框，将 orientation 框设置为 vertical。

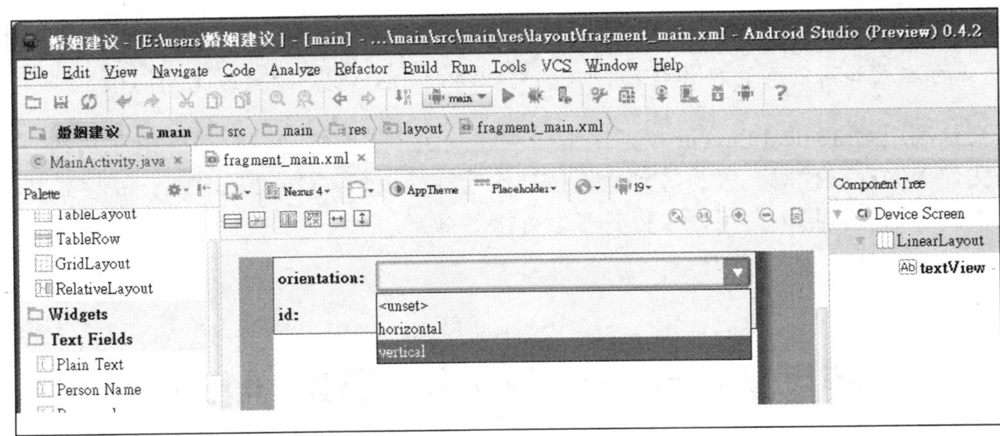

图 9-7　LinearLayout 界面组件的属性设置对话框

步骤 06　从编辑窗格左边的“界面组件工具箱”（Palette）中，将 Plain TextView（在 Widgets 选项组中，单击选项组名称可以折叠/展开）拖动到界面布局文件，完成加入的操作。

步骤 07　用鼠标双击新加入的组件，就会显示如图 9-8 所示的属性设置对话框。单击 text 框最右边的“…”按钮，就会出现如图 9-9 所示的对话框。单击左下角的 New Resource > New String Value，就会出现如图 9-10 所示的对话框。在 Resource name 框中输入字符串名称（操作提示：字符串名称一般是使用小写英文字母和下划线字符命名），在 Resource value 框中输入字符串内容，完成后单击 OK 按钮。

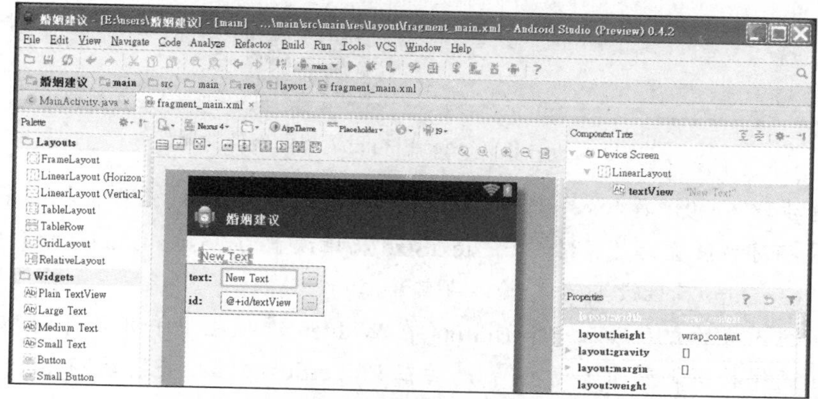

图 9-8　TextView 界面组件的属性设置对话框

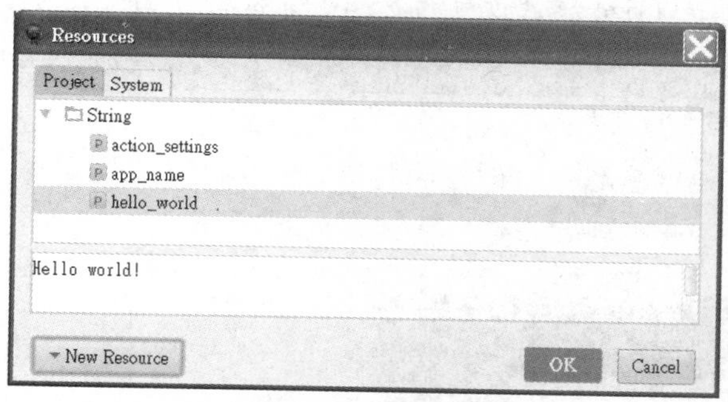

图 9-9　设置字符串资源的对话框

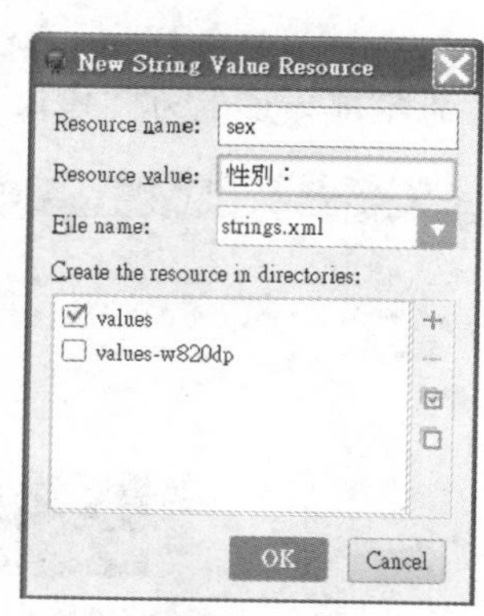

图 9-10　新增字符串资源的对话框

步骤 08　依照同样的操作方式，在界面布局文件中加入一个 Plain Text 组件（在 Text Fields 选项组中），然后调出它的属性设置对话框，将 id 框设置为 edtSex。

步骤 09　接下来要设置这个组件的其他属性，在编辑窗格右下方有一个 Properties 窗格，先用鼠标单击这个窗格的标题，然后开始在键盘上输入 hint。在输入的过程中，Properties 窗格会自动搜索符合名称的属性，如图 9-11 所示。找到 hint 属性之后，将它设置为“(输入性别)”。我们可以利用同样的操作技巧，将前面加入的 TextView 组件的 textSize 属性设置为 25sp，提醒读者一定要先选定界面组件，再修改它的属性，否则会发生张冠李戴的错误。

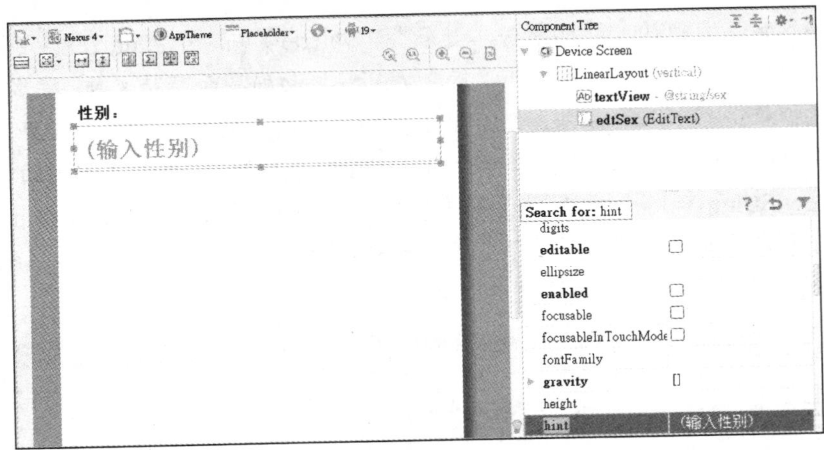

图 9-11　利用 Properties 窗格设置界面组件的属性

步骤 10　重复步骤 6～9，再加入一个 Plain TextView 和 Plain Text 组件，把这个 TextView 显示的字符串设置为“年龄：”，textSize 属性设置为 25sp。EditText 组件的 id 取名为 edtAge，hint 属性设置为“(输入年龄)”。

步骤 11　再依照同样的方式加入一个 Button（在 Widgets 选项组中），并且将 id 取名为 btnOK，显示的字符串设置为“确定”，然后在 Properties 窗格中将它的 layout:gravity 属性设置成 center horizontal，将它水平居中。

步骤 12　最后加入一个 Plain TextView（在 Widgets 选项组中），并且将 id 取名为 txtR，显示的字符串设置为“建议：”，textSize 属性设置为 25sp，完成的画面如图 9-12 所示。

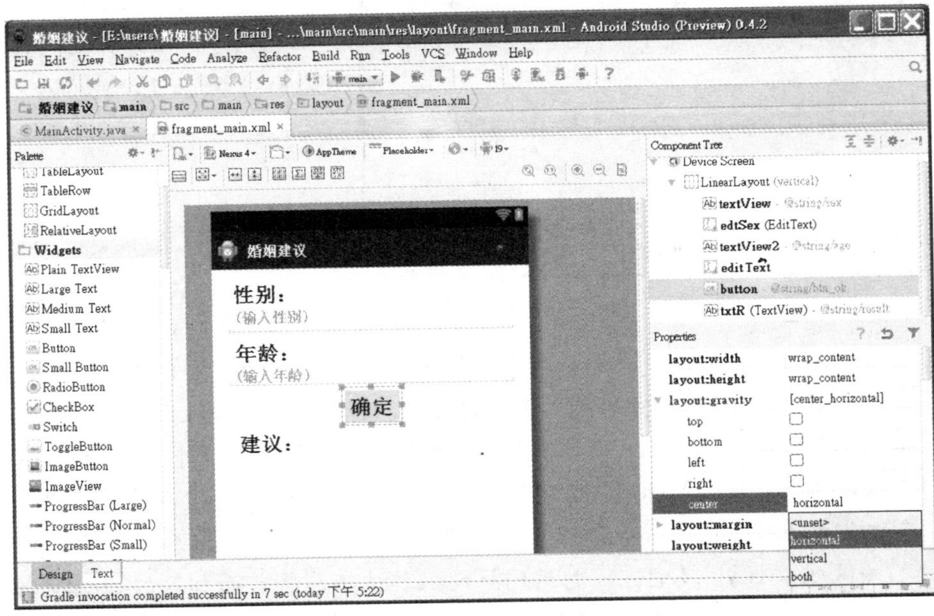

图 9-12　完成后的界面布局文件画面

以上是利用图形模式进行 App 画面的编辑，读者可以切换到纯文本模式，查看完成后的程序代码。笔者建议最好能够熟悉它的格式，因为图形编辑模式和纯文本编辑模式可以互相搭配使用，以提升开发程序的效率。完成程序画面的设计之后，接下来的工作是连接界面组件和程序代码，让程序可以读取用户输入的数据，并在单击按钮后开始运行。

9-7 连接界面组件和程序代码

完成界面布局文件之后，下一步就是编写程序代码。图 9-1 中的程序画面操作方式是用户先输入性别和年龄，然后单击按钮，程序就会读取性别和年龄等数据，并显示判断结果，因此界面组件和程序代码之间必须能够互动，以完成下列 3 件事：

- 从 edtSex 和 edtAge 组件中取得用户输入的性别和年龄。
- 当用户单击“确定”按钮时，开始运行判断的程序代码。
- 把判断的结果显示在 txtR 组件中。

我们将建立在界面布局文件中的标签，例如<TextView>、<EditText>、<Button>和<LinearLayout>称为“界面组件”。为了在程序中使用这些“界面组件”，我们必须在程序代码中建立对应到它们的“对象”，这些用来对应到“界面组件”的“对象”必须和它们所对应的“界面组件”具备相同的类型。为了完成前面讨论的 3 项工作，程序必须从界面布局文件中取得 edtSex、edtAge、btnOK 和 txtR 共 4 个界面组件。这个任务可以借助调用 findViewById() 来达成，例如以下范例，请读者特别注意粗体字的部分：

```
EditText mEdtSex, mEdtAge;
TextView mTxtR;
Button mBtnOK;

mEdtSex = (EditText) findViewById(R.id.edtSex);
mEdtAge = (EditText) findViewById(R.id.edtAge);
mTxtR = (TextView) findViewById(R.id.txtR);
mBtnOK = (Button) findViewById(R.id.btnOK);
```

第一步是在程序中声明和界面组件相同类型的对象，笔者建议对象名称和界面布局文件中的组件 id 相同，以便对照每一个对象的功能。在对象名称前面加上一个 m 表示它是声明在主程序类中的成员，这是面向对象程序的命名惯例。调用 findViewById()时必须传入指定的界面组件 id，它是用“R.id.界面组件 id”的格式表示（还记得吗？在上一章我们已经解释过类 R 的来源）。findViewById()这个方法会返回指定的对象，我们要将它转型成正确的类型，再存入我们声明的对象中，以供后续程序使用。针对 Button 对象我们还要设置它的 OnClickListener，具体操作步骤如下：

步骤 01　在程序中建立一个 View.OnClickListener 对象，并完成其中的程序代码。

```
private View.OnClickListener btnOKOnClick = new View.OnClickListener() {

    @Override
    public void onClick(View v) {
        // TODO Auto-generated method stub
        ...    // 单击按钮后要运行的程序代码
    }
};
```

步骤 02 把以上建立的 OnClickListener 对象设置给 Button 对象，这样单击该按钮后就会运行其中的程序代码。

```
mBtnOK.setOnClickListener(btnOKOnClick);
```

Eclipse 平台的程序代码编辑技巧

- 在输入程序代码的时候，每一次输入“对象名称.”之后稍停半秒钟就会自动弹出一个方法列表，我们可以继续输入方法名称的前几个字母，列表中会自动过滤出符合的方法，如果单击列表中的某一个方法，还会出现另一个窗口说明该方法的功能。
- 当输入变量名称、对象名称或方法名称时，输入到一半同时按下键盘上的 Alt 和“/”按键，程序编辑器会立即提供适当的协助。善用这项辅助功能可以提高程序编写的效率，也可以减少输错字的机会。
- 如果程序代码中出现红色波浪下划线表示有语法错误，把鼠标光标移到该处就会弹出一个说明窗口和建议修正方式，有些错误可以利用这个方式进行快速修正。例如，当在声明 EditText 类型的对象时，在 EditText 类型下方会标识一个红色波浪下划线，这是因为我们必须先 import 相关组件（package）才能使用 EditText。此时把鼠标光标移到红色波浪下划线，然后从弹出的窗口中单击 Import 'EditText'即可。
- 程序代码中的黄色波浪下划线是警告而不是错误，例如变量声明后没有使用。这些警告并不会影响程序运行的正确性，将鼠标光标移到黄色波浪下划线时同样会弹出说明窗口。

了解 Android App 的运行方式，以及控制界面组件的方法之后，我们就可以开始编辑程序代码。请读者打开程序文件 MainActivity.java，输入以下粗体字的部分。在按钮单击后运行的 onClick()方法中，首先取得用户输入的性别和年龄数据，然后从项目的字符串资源中，取出默认定义好的 result 字符串。项目的字符串资源是定义在“字符串资源文件” res/values/strings.xml 中，它的内容列于这一段程序代码之后。另外我们也定义了用来对比是否是男生，以及不同建议结果的字符串。在程序代码中我们利用 getString()方法，从项目的字符串资源取得想要的字符串，最后利用 TextView 对象的 setText()方法将结果显示在 mTxtR 对象中。

```
public class MainActivity extends Activity {
```

```
private EditText mEdtSex, mEdtAge;
private Button mBtnOK;
private TextView mTxtR;

@Override
protected void onCreate(Bundle savedInstanceState) {
    super.onCreate(savedInstanceState);
    setContentView(R.layout.activity_main);

    mEdtSex = (EditText) findViewById(R.id.edtSex);
    mEdtAge = (EditText) findViewById(R.id.edtAge);
    mBtnOK = (Button) findViewById(R.id.btnOK);
    mTxtR = (TextView) findViewById(R.id.txtR);

    mBtnOK.setOnClickListener(btnOKOnClick);
}

@Override
public boolean onCreateOptionsMenu(Menu menu) {
    // Inflate the menu; this adds items to the action bar if it is
   present.
    getMenuInflater().inflate(R.menu.activity_main, menu);
    return true;
}

private View.OnClickListener btnOKOnClick = new View.OnClickListener() {

    @Override
    public void onClick(View v) {
        // TODO Auto-generated method stub
        String strSex = mEdtSex.getText().toString();
        int iAge = Integer.parseInt(mEdtAge.getText().toString());

        String strSug = getString(R.string.result);
        if (strSex.equals(getString(R.string.sex_male)))
            if (iAge < 28)
                strSug += getString(R.string.sug_not_hurry);
            else if (iAge > 33)
                strSug += getString(R.string.sug_get_married);
            else
                strSug += getString(R.string.sug_find_couple);
        else
            if (iAge < 25)
                strSug += getString(R.string.sug_not_hurry);
            else if (iAge > 30)
                strSug += getString(R.string.sug_get_married);
            else
                strSug += getString(R.string.sug_find_couple);

        mTxtR.setText(strSug);
```

```
        }
    };
}
```

字符串资源文件 res/values/strings.xml：

```
<?xml version="1.0" encoding="utf-8"?>
<resources>

    <string name="app_name">婚姻建议程序</string>
    <string name="hello_world">Hello world!</string>
    <string name="menu_settings">Settings</string>
    <string name="sex">性别：</string>
    <string name="age">年龄：</string>
    <string name="btn_ok">确定</string>
    <string name="result">建议：</string>
    <string name="edt_sex_hint">(输入性别)</string>
    <string name="edt_age_hint">(输入年龄)</string>
    <string name="sug_not_hurry">还不急。</string>
    <string name="sug_get_married">赶快结婚！</string>
    <string name="sug_find_couple">开始找对象。</string>
    <string name="sex_male">男</string>

</resources>
```

到此我们已经完成整个 App 项目。学习本章时读者会觉得比较辛苦，但是付出总是会得到回报，借助本章的说明和范例，我们可以了解整个 Android 程序的架构和运行流程，这是后续学习的重要基础。现在读者可以尝试运行这个程序，如果顺利的话就可以看到如图 9-1 所示的运行画面。如果运行程序的过程中出现错误信息，就表示还有错误存在，我们将在下一章学习如何调试程序。

9-8 在模拟器中输入中文

手机和平板电脑输入中文的方式和一般计算机不同，第一次使用模拟器时，经常不知道从何下手，以下我们做个说明。如果是在 Android 2.X 的手机模拟器上操作，当用鼠标单击任何一个 EditText 组件准备输入数据时，手机屏幕下方会自动出现一个虚拟键盘，如图 9-13 所示。我们可以单击该键盘左下方的“中文（英文）”按钮切换中英文输入模式，或者利用该按钮右边的“符号数字”按钮切换到符号数字键盘。Android 模拟器使用的是“谷歌拼音”，也就是所谓的“汉语拼音”，它是利用 26 个英文字母代替注音符号，详细的对照表可以参考网址：http://www.cccla-us.org/pinyin.htm，如果读者想要自己选择输入法，可以先用鼠标单击任何一个 EditText 组件，然后按一次不要放开就会出现一个菜单，单击其中的 select Input method 就会出现所有输入法的列表，如图 9-14 所示。

图 9-13　Android 2.X 手机模拟器的虚拟键盘　　图 9-14　Android 2.X 手机模拟器的输入法列表

如果是 Android 4.X 的手机模拟器，需要先启用“谷歌拼音输入法”，请读者先单击模拟器首页正下方的 Apps 按钮，然后在 Apps 画面中单击 Settings（Apps 可能分成多页显示，可以用鼠标单击模拟器的画面不放，再慢慢往左边拖动，并放开鼠标按键，就可以切换到下一个画面）。进入 Settings 后单击其中的 Language & input，再勾选其中的“谷歌拼音输入法”，如图 9-15 所示。完成后利用模拟器的 Back 按钮回到首页，运行程序之后，单击 EditText 组件准备输入数据时，在模拟器画面左上方会显示一个键盘图标，用鼠标左键按住它向下拉就会看到 Choose input method 的项目，单击该项目后会显示一个对话框让我们选择想要使用的输入法。选择“谷歌拼音输入法”之后，模拟器上方的状态栏右边会显示一个“中”字图标，这时候按下键盘上的英文字母时，模拟器下方就会显示中文候选字，如图 9-16 所示。

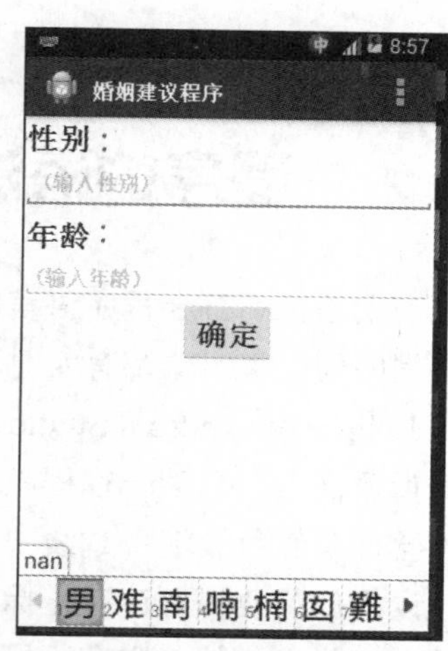

图 9-15　启用“谷歌拼音输入法”的画面　　图 9-16　使用“谷歌拼音输入法”输入中文字的画面

Android 版本	1.X	2.X	3.X	4.X
适用性	★	★	★	★

第 10 章 程序的错误类型和调试方法

程序代码中的错误通常称为 Bug，它是造成程序无法正常运行，或者程序的运行结果和预期不一样的原因。当程序代码出现错误的时候，如何根据程序运行的情况，推敲出可能出现错误的地方，然后加以测试并更正，这就是所谓的 Debug，也就是程序的调试。程序 Debug 的过程必须依赖经验、工具和技巧。程序调试的过程就像是计算机游戏一样，必须依赖智慧和技术去突破每一道障碍。为了提高程序调试的效率，花些时间学习调试工具和使用方法是非常值得的，尤其对于初学者来说，它是未来迈入高级程序设计的重要基础，因此本章就来介绍程序的错误类型，并学习相关的调试技巧。程序的错误一般可以分成 3 种：语法错误、逻辑错误和运行时错误（又称为异常），以下我们依序说明。

10-1 程序的语法错误和调试方法

所谓语法错误是指不符合程序语言的语法。语法错误是最明显也是最容易解决的错误类型。目前许多程序代码编辑器都有实时检查语法的功能，只要有错误就会立刻标识出来，包括我们使用的 Eclipse 和 Android Studio 也是如此，读者可以参考图 10-1 和图 10-2。在 Eclipse 的程序代码编辑窗格中，当某一行程序的前面出现红色打叉符号，就表示该行有语法错误。在该行的某处会标识红色波浪下划线，把鼠标光标移到波浪线上面时，会弹出一个说明窗口提供修正的建议。但是要提醒读者，标识红色波浪下划线的真正原因是该处的程序代码无法被编译器接受，实际出错的地方有可能就是该处，但也有可能是因前面的程序代码错误造成的，因此如果在标识错误的该行程序代码反复检查却仍然找不出错误，就要换成检查前面的程序代码，才能够找出真正错误的原因。如果看了许久还是找不出错误，就把可能有问题的那一段程序代码先删除，看看语法错误是否还在。如果已经没有语法错误，就表示问题就在删除的那一段程序代码，这时候可以同时按下键盘上的 Ctrl+Z 键恢复到原来的状态，再依此法继续缩小查找范围，直到找出错误的地方。

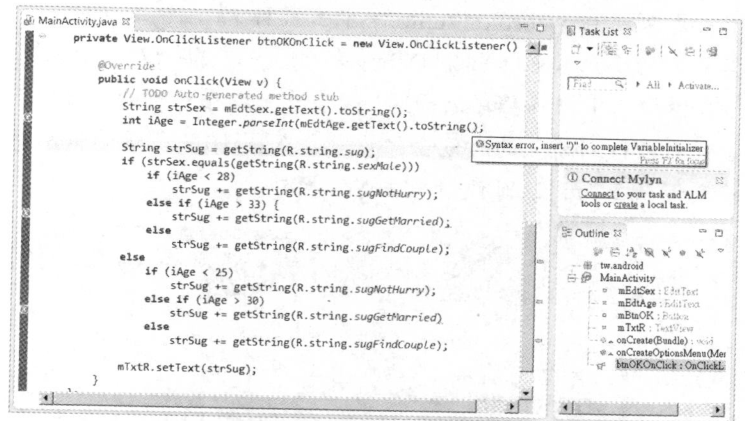

图 10-1　Eclipse 程序代码编辑窗格标识语法错误的画面

```
MainActivity.java ×
package tw.android;

import ...

public class MainActivity extends ActionBarActivity {

    @Override
    protected void onCreate(Bundle savedInstanceState) {
        super.onCreate(savedInstanceState);
        setContentView(R.layout.activity_main);

        if (savedInstanceState = null) {
            getSupportFr...action()
                    .add  Incompatible types.            holderFragment())
                    .com  Required:  boolean
            }             Found:     android.os.Bundle
    }

    @Override
    public boolean onCreateOptionsMenu(Menu menu) {

        // Inflate the menu; this adds items to the action bar if it is present.
        getMenuInflater().inflate(R.menu.main, menu);
        return true;
    }

    @Override
    public boolean onOptionsItemSelected(MenuItem item) {
```

图 10-2　Android Studio 程序代码编辑窗格标识语法错误的画面

10-2 程序的逻辑错误和调试方法

所谓逻辑错误是说程序可以运行，但是运行的结果不对，例如要计算输入的成绩总分，却发现求和的结果不对。这有可能是数据读取错误，或者计算成绩总和的程序代码出错。遇到这种错误的时候我们可以采取下列步骤进行解决：

步骤 01　首先思考可能在哪一段程序代码出错。

步骤 02　在可能出错的程序代码的第一行设置一个断点，所谓断点就是当程序在调试模式运行的时候，遇到设置断点的那一行程序代码就会暂停。设置断点的方式是在程序代码编辑窗格左侧边缘的灰色区域双击鼠标（在 Android Studio 中双击鼠标即可），就会显示一个圆点，表示该行被设置一个断点。要取消断点的时候，直接用鼠标在小圆点上双击即可（在 Android Studio 中单击鼠标）。

步骤 03 单击工具栏上的小虫按钮（称为 Debug 按钮），让程序以调试模式运行。

步骤 04 在 Android 模拟器中操作程序画面，让程序进入设置断点的程序代码。如果是 Eclipse 平台，当程序运行到断点的时候会弹出一个如图 10-3 所示的信息对话框，通知我们即将切换到调试画面，这时候请单击 Yes 按钮。

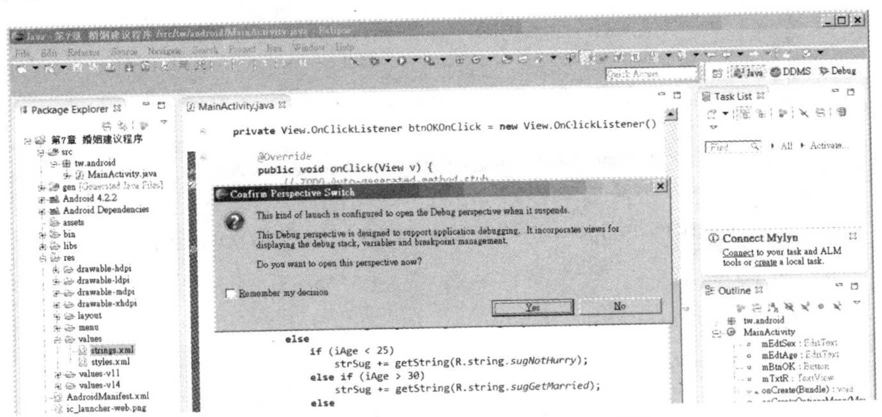

图 10-3 切换到调试画面的信息对话框

步骤 05 Eclipse 的调试（Debug）画面如图 10-4 所示，左边中间的窗格会显示程序代码，在断点那一行的前面会有一个箭头，表示目前程序正要运行该行。画面的右上方窗格则会列出程序中的变量，以及每一个变量的值。我们可以单击一下某一个变量，然后修改它的值，程序就会用修改后的值继续运行。Android Studio 的调试画面如图 10-5 所示，断点那一行会反白，表示目前程序正要运行该行。左下方有一个 Variables 窗格会显示目前相关的变量内容，它的右边有一个 Watches 窗格，可以让我们自行设置要查看的变量。我们可以在程序代码中，用鼠标双击某一个变量，然后把它拖动到 Watches 窗格，就可以查看该变量的值。

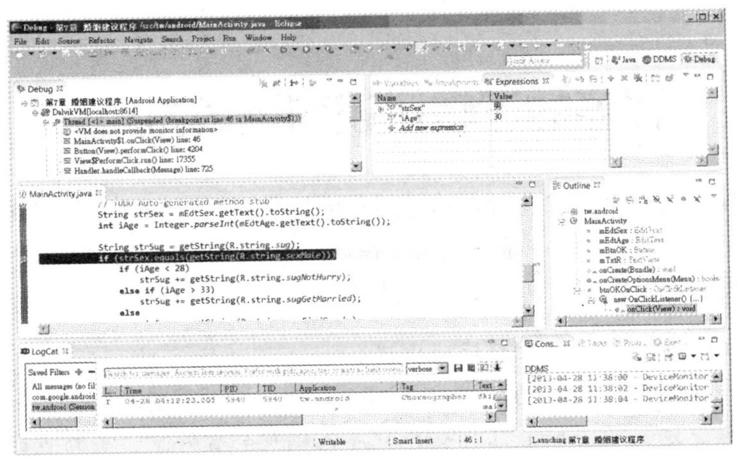

图 10-4 Eclipse 平台的调试画面

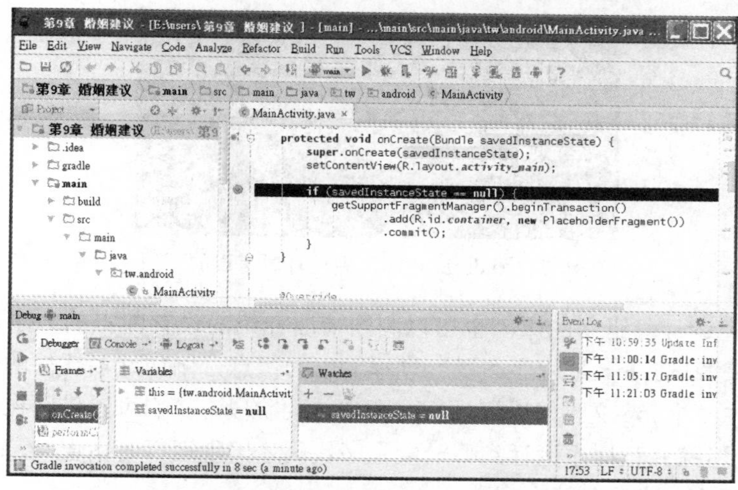

图 10-5　Android Studio 的调试画面

步骤 06　在 Eclipse 工具栏中会显示如图 10-6 所示的调试按钮，它们可以用来控制程序的运行，例如继续往下运行、单行运行、进入调用函数、离开目前的函数等。我们可以单击"运行"按钮，以一次一行的方式运行程序，并持续观察变量的值，以了解程序是否依照我们预期的方式运行。读者可以视情况使用适合的运行方式，也可以加入新的断点。借助交互运用以上介绍的操作技巧，找出错误的程序代码。Android Studio 同样也有这个调试工具栏，位于如图 10-5 所示的 Variables 窗格左边和上方（操作提示：让鼠标光标停在某一个按钮上方 2 秒钟，就会显示该按钮的功能说明）。

图 10-6　Eclipse 工具栏中的调试按钮

步骤 07　如果是在 Eclipse 平台中要停止调试模式，可先用鼠标单击左上方 Debug 窗格中的程序项目名称，然后单击调试工具栏上的停止按钮，最后单击工具栏最右边的 Java 按钮，就会回到原来的程序编辑画面。如果是使用 Android Studio，则直接单击如图 10-5 所示的 Variables 窗格左边的 Stop 按钮即可。

10-3　程序的运行时错误和调试方法

如果程序在运行过程中显示如图 10-7 所示的信息，就表示出现运行时错误，程序会被强制结束。

图 10-7　Android 程序出现运行时错误的画面

若要找出发生运行时错误的原因也可以利用前面介绍的设置断点的方法，或者利用以下介绍的 log 方法来调试。log 是程序在运行过程输出的信息，例如许多软件的安装程序在安装过程中，都会产生一个 log 文件，以记录每一个安装的阶段。我们可以借助在程序中加入产生 log 的程序代码来追踪究竟程序运行到哪一段程序代码才出现运行时错误。若要让程序产生 log 必须先在程序的开头 import 以下组件。

```
import android.util.*;
```

然后使用以下指令：

```
Log.d("这个 log 信息的分类标签","信息");
```

每个 log 都可以设置一个用来分类的标签，以方便筛选。由于 Android 操作系统在运行的过程中会自动产生许多 log 信息（我们可以在调试模式左下方的 LogCat 窗格中（参考图 10-4）查看所有的 log 信息。如果是使用 Android Studio，可以在图 10-5 的 Variables 窗格上方找到 Logcat 按钮，按下该按钮之后就会显示 log 信息）。为了能够找出程序产生的 log 信息，我们可以设置一个专用的 log 标签名称，例如在程序中的每一个判断条件中都增加一个 log 指令，代码如下：

```
private View.OnClickListener btnOKOnClick = new View.OnClickListener() {

    @Override
    public void onClick(View v) {
        // TODO Auto-generated method stub
        String strSex = mEdtSex.getText().toString();
        int iAge = Integer.parseInt(mEdtAge.getText().toString());

        String strSug = getString(R.string.sug);
        if (strSex.equals(getString(R.string.sexMale)))
            if (iAge < 28) {
                strSug += getString(R.string.sugNotHurry);
                Log.d("MarriSug", "man, don't hurry");
            } else if (iAge > 33) {
                strSug += getString(R.string.sugGetMarried);
                Log.d("MarriSug", "man, hurry to get married!");
            } else {
                strSug += getString(R.string.sugFindCouple);
                Log.d("MarriSug", "man, start to find girlfriend!");
```

```
                }
            else
              if (iAge < 25) {
                  strSug += getString(R.string.sugNotHurry);
                  Log.d("MarriSug", "woman, don't hurry!");
              } else if (iAge > 30) {
                  strSug += getString(R.string.sugGetMarried);
                  Log.d("MarriSug", "woman, hurry to get married!");
              } else {
                  strSug += getString(R.string.sugFindCouple);
                  Log.d("MarriSug", "woman, start to find boyfriend!");
                }

          mTxtR.setText(strSug);
      }
  };
```

修改程序代码之后启动程序（用一般模式或者调试模式都可），在运行过程中可以单击 Eclipse 工具栏右边的 Debug 按钮切换到调试画面，在调试画面左下方的 LogCat 窗格中就可以看到全部的 log 信息。为了过滤出程序产生的 log，可以单击 LogCat 窗格左边 Saved Filters 工具栏中的“+”按钮，然后在出现的 Log Filter 对话框中（参考图 10-8）输入 Filter Name，在 by Log Tag 框中输入要查看的标签名称（按照我们的程序范例请输入 MarriSug），在 Logcat 窗格中就会列出我们的程序产生的所有 log 信息。如果是使用 Android Studio，在单击 Logcat 按钮之后，调试工具栏最右边会显示一个 No Filters 按钮（参考图 10-9），单击该按钮后选择 Edit Filter Configuration 就会显示如图 10-10 所示的对话框，用于设置 Logcat Filter。

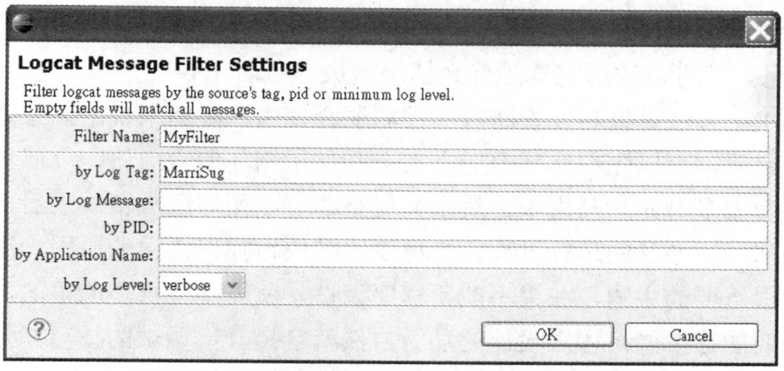

图 10-8　Logcat Message Filter Settings 对话框

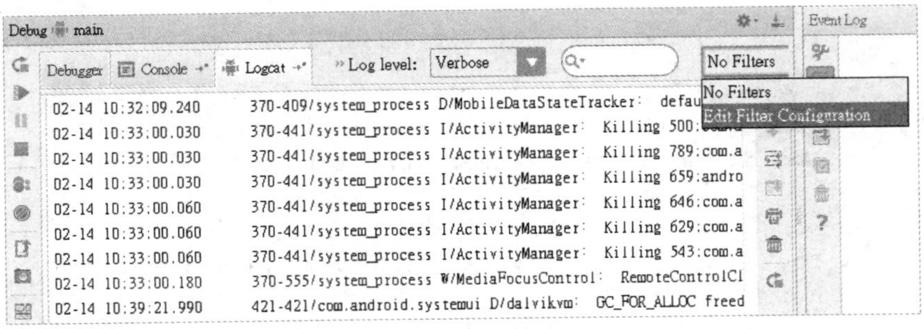

图 10-9　Android Studio 的 Logcat 信息

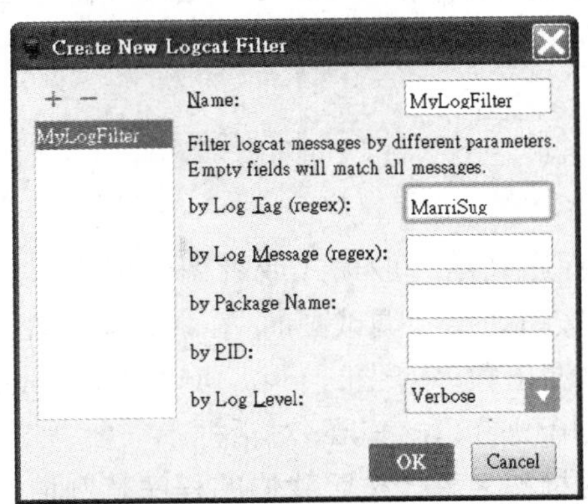

图 10-10　Android Studio 的 Logcat Filter 对话框

当程序出现运行时错误的时候，先在可能出错的程序代码前面和后面加上产生 log 的指令，我们也可以把相关变量的值一起显示在 log 信息中，以便了解程序运行的状况，这种技巧特别适用在对循环进行调试的时候。当程序发生运行时错误并终止之后，再切换到 Debug 画面查看 log 信息，就可以知道究竟是什么情况造成运行时错误。

以上介绍的 log 方法可以和设置断点的技巧配合使用。举例来说，如果是在程序运行循环的过程中发生错误，可以先在循环中加上 log 并显示循环的索引值，以避免利用断点追踪循环的运行时耗费太多时间。利用 log 找出究竟是哪一次循环造成错误之后，再利用设置断点的方法来追踪那一次循环的运行过程，就可以比较快地找出错误的原因。程序调试是学习程序设计时一个很重要的主题，如果不能帮程序调试，就算学会再多的语法，也无法完成一个程序项目。只要能够多做，程序设计的功力自然就会提升，调试的技巧和效率也会随之提高。

Android 版本	1.X	2.X	3.X	4.X
适用性	★	★	★	★

第 11 章 Android模拟器的使用技巧

不管是开发 Android 平板电脑程序或者手机程序，都可以先在模拟器（AVD）上进行测试，等到程序能够正确运行时，再进行实机测试，因此，在开发 Android App 的过程中，使用 AVD 的时间占了很大的比例。如果我们能够熟悉 AVD 的运作方式，并且学会排除偶尔可能出现的错误，就能够更顺利地开发和测试程序，避免被一个突发的问题耽误了宝贵的时间，因此，本章就来学习如何操作 AVD，并且解决运行时可能出现的问题。

11-1 启动模拟器的时机和错误处理

当我们从 Eclipse 的工具栏上单击 Run 按钮时，Eclipse 会自动检查是否有正在运行的 AVD 可以使用。如果没有，就会自动挑选一个我们已经建立好的 AVD 并将它启动。启动 AVD 通常需要数十秒甚至是数分钟的时间，为了避免等待模拟器的启动时间，我们可以在运行 Eclipse 之后先单击工具栏上的 AVD Manager 按钮，即可看到如图 11-1 所示的对话框。在对话框中选择要启动的 AVD，再单击 Start 按钮就会弹出一个 AVD 属性窗口，单击其中的 Launch 按钮开始启动 AVD。

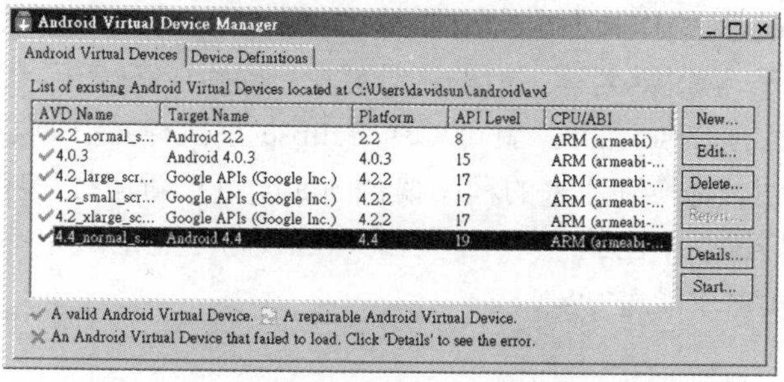

图 11-1　利用 AVD Manager 对话框预先启动 AVD

Eclipse 操作技巧

Eclipse 工具栏上有许多按钮，如果把鼠标光标停在按钮上就会弹出按钮的名称，读者可以借助这个方式找到需要的按钮。

在启动 AVD 的过程中，我们可以同时进行程序代码的编辑工作，完成后就可以直接运行程序，Eclipse 会自动把程序安装到已经启动好的 AVD 并开始运行。在运行程序的过程中，读者可以注意 Eclipse 下方的窗格有一个叫做 Console 的标签页（参考图 11-2），它会显示程序启动的信息。如果程序启动的过程中出现错误（用红色字符串显示）并终止，就必须仔细查看错误的说明，并加以排除，才能够继续运行程序，如果只是显示 warning 信息，而且启动的过程还在持续进行，就可以不用在意。就笔者的经验而言，偶尔会发生下列两种错误。

图 11-2　启动程序的过程中在 Console 窗格显示的信息

- 已经启动 AVD 但是 Eclipse 却尝试再一次启动 AVD，最后显示 AVD 无法启动而终止。
- 在 Eclipse 安装 App 到 AVD 的过程中显示警告信息，并要求先 uninstall 程序，如图 11-3 所示。

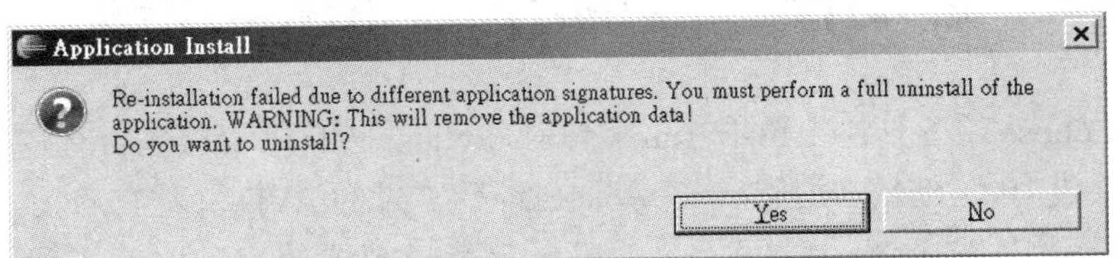

图 11-3　安装 App 的过程中要求先 uninstall 程序

第一个错误发生的原因是 Eclipse 没有检测到已经启动的 AVD，排除这个错误的第一步是找到 Eclipse 工具栏最右边有一个名称叫做 Open Perspective 的按钮，单击它然后选择其中的 DDMS 选项，Eclipse 的操作画面会变成如图 11-4 所示的模式。在左边的窗口会显示目前运行中的模拟器名称，从模拟器名称上方的工具栏中，找到最右边有一个向下的三角形按钮，单击该按钮后选择下面的 Reset adb，就可以让 Eclipse 重新和 AVD 取得链接，单击 Eclipse 工具栏右边的 Java 按钮，切换到原来的程序编辑画面即可重新运行程序。第二个错误发生的原因是 Eclipse 检测到 AVD 中已经有一个同名的 App，可是它的数字签名和目前要安装的不一样，所以要求先卸载它才能进行安装。

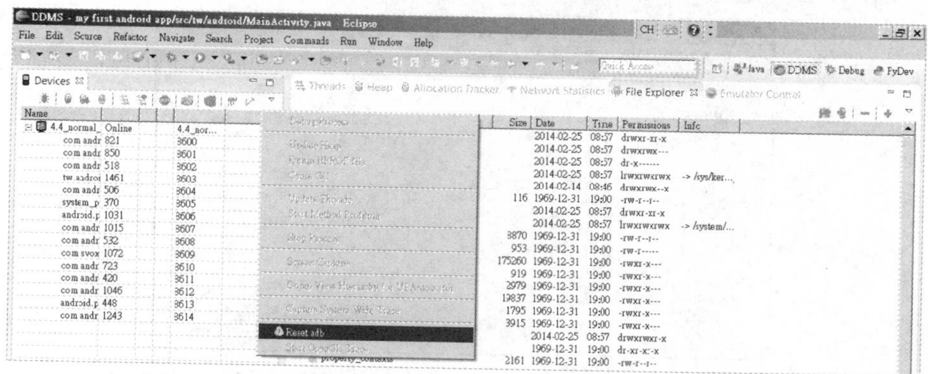

图 11-4　运行 Reset adb 让 Eclipse 重新链接模拟器

11-2 同时运行多个模拟器

如果程序需要在不同版本的 Android 平台上测试，我们可以同时启动多个 AVD。当程序运行时，Eclipse 会自动从运行的 AVD 中挑选条件适合的来使用。所谓条件适合是说只要 AVD 的版本大于或等于程序使用的 Android 版本，或是大于或等于 minSdkVersion 属性的设置值即可。如果有多个运行中的 AVD 符合这个条件，Eclipse 会弹出一个如图 11-5 所示的对话框，要求用户挑选其中一个 AVD 使用。举例来说，如果我们有三个程序项目，它们使用的 Android 版本和 minSdkVersion 属性设置值如下。

- 方案一：Android 2.3.1，minSdkVersion = 7（也就是 Android 2.1）。
- 方案二：Android 2.3.1，minSdkVersion = 9（也就是 Android 2.3.1）。
- 方案三：Android 2.3.1，minSdkVersion = 11（也就是 Android 3.0）。

另外，在计算机中我们已经运行以下的 AVD。

- AVD1：Android 2.2。
- AVD2：Android 3.0。

当运行方案一时，Eclipse 会弹出如图 11-5 所示的对话框，要求我们从以上两个 AVD 中选择一个使用。运行方案二时，Eclipse 会直接使用 AVD2，运行方案三时 Eclipse 也会直接使用 AVD2。

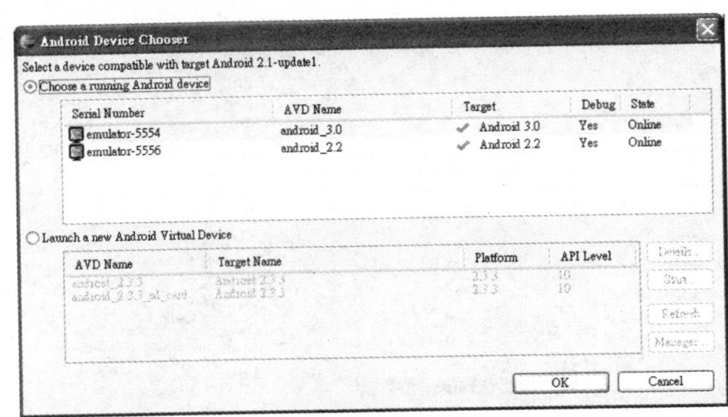

图 11-5　启动程序后 Eclipse 要求用户挑选一个正在运行的 AVD 来使用

11-3 使用模拟器的调试功能

如果单击模拟器屏幕上的 Apps 按钮，然后选择其中的 Developer Options 就会出现项目列表，这些选项可以改变 Android 模拟器的运行，或者显示额外的信息，例如屏幕的重绘区域、单击的位置等，以便帮助我们了解程序运行的状态，下面进行举例说明。

1. Select debug app

Select debug app 用来选择要调试的程序，当我们从 Eclipse 中启动程序之后，该程序会先被加载到模拟器中并完成安装，安装后的程序就会在这个项目的列表中出现，以供我们选择。基本上要进行程序调试时并不需要设置这个项目，只要直接在 Eclipse 中设置程序代码的断点即可，只是如果同时加上这个项目的设置会有以下两个效果：

- 如果程序代码的断点停留太久，Android 系统也不会发出异常信息（exception error）。
- 配合下一个 Wait for debugger 选项，可让程序先等待模拟器的 debugger 启动完成之后再开始运行程序。

2. Wait for debugger

必须设置上一个项目后 Wait for debugger 才能使用，它是要求程序先等待模拟器的 debugger 启动完成之后再开始运行，设置这个项目可以帮助我们对程序的 onCreate()方法进行调试。

3.Pointer location

可以借助设置这个项目，让模拟器显示目前用户单击的屏幕位置。

4.Don't keep activities

设置此项目后，当 Activity 进入 stop 状态时将会立刻结束，下一次要运行时需要重新 create。这项设置能够帮助测试 onSaveInstanceState()和 onCreate()方法中的程序代码。

5. Show CPU Usage

设置此项目后，模拟器屏幕上方会以横条的方式显示目前 CPU 的使用情况，这项功能可以帮助了解程序中每一个运行阶段所需的计算量。

设置这个页面的程序开发项目后，下一次再启动模拟器时还是有效，因此当不需要使用时必须将它取消。

11-4 模拟器的语言设置、时间设置和上网功能

任何一个 Android 模拟器在建立时都内置英文界面，如果读者想要更改操作界面的语言，可以从模拟器的 Home screen 中单击 Apps 按钮，然后选择 Settings 项目，再单击其中的 Language & input，最后进入 Language 就可以选择想要使用的界面语言，请读者参考图 11-6。

另外 Android 模拟器在建立时内置使用格林威治标准时间，但是大陆地区的时间是比格林威治标准时间快了 8 小时，因此 AVD 的时间和我们计算机的时间不一致。如果要将 AVD 的时间调整成和计算机相同，可以从模拟器的 Home screen 中单击 Apps 按钮，然后选择 Settings 项目，再单击其中的 Date & time，然后把 Automatic time zone 项目取消，单击下面的 Select time zone 就可以进入如图 11-7 所示的时间地区菜单。用鼠标按住模拟器屏幕往上推，直到出现 Beijing 项目，再单击它即可。

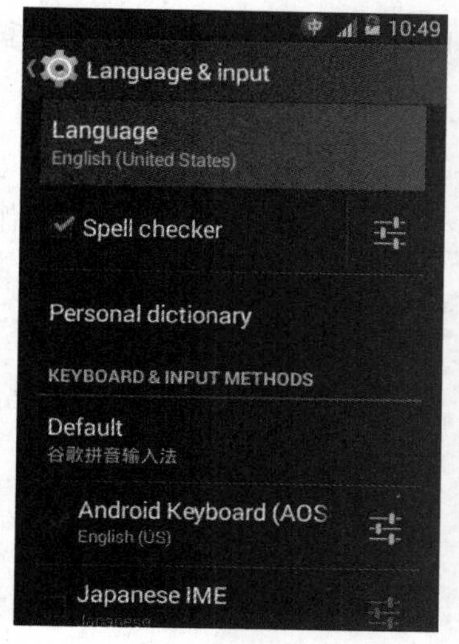

图 11-6　设置模拟器所使用的语言

图 11-7　设置模拟器使用的标准时间

最后是有关 Android 模拟器的网络功能，请读者注意必须在启动 AVD 之前先让计算机连上 Internet，如果是拨号的 ADSL 上网，必须先完成 ADSL 拨号的动作，这样启动之后的 AVD 才具备上网功能。

11-5 把实体手机或平板电脑当成模拟器

在开发 App 的时候，如果手边有 Android 手机或平板电脑，我们可以把它当成模拟器来使用。这样做的最大好处是运行速度比较快，只是第一次使用时必须依照下列步骤完成设置：

步骤01 在开发 App 的 PC 上安装手机或平板电脑原厂提供的 USB 驱动程序。

步骤02 安装好驱动程序之后，将手机或平板电脑以 USB 界面连接到 PC。

步骤03 进入手机或平板电脑的“设置”>“应用程序”画面，启用 USB debugging（请参考“补充说明”），以及“设置”>“应用程序”画面启用“未知的来源”。

启用手机和平板电脑的“开发者模式”

新版的 Android 系统默认将“开发者模式”隐藏起来，以避免一般用户进入该选项，造成操作上的问题。如果要启用“开发者模式”，必须先进入手机 App 页面的“设置”> About（Samsung 手机的设置位于 Settings 里的 More 分页）。然后找到 Build number 项目，连续按 7 下，就会出现快显信息，通知“开发者模式”已经启用。回到上一页，在 About 项目上方会新增一个 Developer options 项目。

步骤04 启动 Eclipse，切换到 DDMS 画面，在左边的 Devices 窗格中会显示实体手机或平板电脑的名称。

步骤05 回到 Eclipse 的 Java 画面开始运行程序项目，该 App 就会安装到实体手机或平板电脑中运行。

如果要取得程序的运行画面，可以切换到 Eclipse 的 DDMS 模式，单击左边 Devices 窗格中的“照相机”按钮（Screen Capture），就会显示一个窗口让我们进行相关的操作。

第3部分

学习使用基本界面组件和布局模式

Android 版本	1.X	2.X	3.X	4.X
适用性	★	★	★	★

第 12 章 学习更多界面组件的属性

Android App 是利用按钮、文本框、下拉列表等各种各样的界面组件和用户进行互动，因此学习使用各种界面组件是 Android App 开发的一个重要主题。在前面建立的“婚姻建议程序”范例中，我们已经用过 TextView、EditText、和 Button 共 3 种界面组件，也已经了解 android:id、android:layout_width、android:layout_height 等组件属性的用法。除了这些属性以外，其实还有许多其他属性可以用来改变界面组件的外观、位置、文字颜色、底色等。本章就让我们来学习更多的组件属性，以便设计出更美观、好用的程序画面。

为了能够控制界面组件的外观、位置等特性，Android SDK 制订了非常多的界面组件属性。我们可以利用前面介绍过的 Android SDK 技术文件来查询所有的组件属性和相关说明。只是这些琳琅满目的属性往往令初学者有不知从何下手的感觉，因此为了学习上的方便，笔者特别挑选出一些常用的属性，另外也把我们之前学过的几个属性一起整理列出，如表 12-1 所示。其中包括关于长度和大小的属性，例如 textSize、margin 和 padding 等，针对这些属性，Android SDK 提供如表 12-2 所示的 6 种长度单位搭配使用。

表 12-1　常用的界面组件属性

属性名称	设置值	使用说明
android: orientation	horizontal vertical	设置 LinearLayout 编排模式的界面组件排列方向
android:id	组件的名称	设置界面组件的名称
android:layout_width android:layout_height	fill_parent match_parent wrap_content	设置组件的宽和高，fill_parent 和 match_parent 的效果完全相同，fill_parent 是旧的属性值
android:text	组件中的文字	显示在组件中的文字
android:ems	数值	设置组件的宽度是英文字母 M 的几倍

（续表）

属性名称	设置值	使用说明
android:inputType	text textMultiLine number date time …	输入的字符类型和数据格式，text 是单行文字，textMultiLine 是多行文字等，总共有超过 30 种的设置可以使用
android:background	颜色（6 或 8 个十六进位数，例如 ff0000 或 ffff0000）	设置组件的底色或底图，颜色以“#”开头，后面接 6 或 8 个十六进制数字。如果是 6 个数字，则最前面 2 个代表红色，中间 2 个是绿色，最后 2 个是蓝色。如果是 8 个数字，则最前面 2 个数字代表 alpha 值，ff 是完全不透明，00 是完全透明
android:textSize	数值和长度单位	设置文字大小
android:textColor	颜色	设置文字的颜色，关于颜色的设置请参考 android:background 属性的说明
android:password	true false	将输入的文字用暗码显示，以防止被他人窥视，新版的 Android 程序改成用 inputType 属性控制
android:autoLink	web email phone map all	自动检测字符串中的超链接数据
android:hint	组件中的提示文字	当 EditText 组件中没有输入任何数据时所显示的字符串
android:textColorHint	颜色	设置提示文字的颜色，关于颜色的设置请参考 android:background 属性的说明
android:layout_margin	数值和长度单位	设置组件四周的间隔距离
android:layout_marginLeft android:layout_marginRight android:layout_marginTop android:layout_marginBottom	数值和长度单位	个别指定组件四周的间隔距离
android:padding	数值和长度单位	设置组件内部的文字和边的距离
android:paddingLeft android:paddingRight android:paddingTop android:paddingBottom	数值和长度单位	个别指定组件内部的文字和边的距离

（续表）

属性名称	设置值	使用说明
android:gravity	top left center center_hotizontal …	组件中对象的对齐方式，总共有超过 10 种以上的设置，而且不同的属性值还可以组合起来，请参考“补充说明”
android:layout_gravity	top left center center_hotizontal …	组件相对于外框的对齐方式，总共有超过 10 种以上的设置，而且不同的属性值还可以组合起来，请参考“补充说明”
android:layout_weight	数值	让组件使用固定比例的宽度

表 12-2　界面组件属性搭配使用的长度单位

单位名称	全名	说明
px	pixel	屏幕像素
pt	point	传统印刷使用的字体大小单位，1pt = 1/72 英寸
dp	density-independent point	对应到 160 dpi 屏幕的像素个数，Android 程序应该使用这种单位来设置组件的大小和空间距离
sp	scale-independent point	对应到 160 dpi 屏幕的字体大小，Android 程序应该使用这种单位来设置字体的大小
mm	millimeter	毫米
in	inch	英寸

根据 Android SDK 技术文件的建议，如果是设置界面组件的位置、大小和边界距离等相关属性，应该使用 dp 长度单位。如果是设置字体大小的相关属性，则应该使用 sp 长度单位，接下来我们利用一些实际范例让读者了解套用这些属性之后的效果。

12-1　match_parent和wrap_content的差别

在 android: layout_width 和 android:layout_height 属性中可以设置 fill_parent、match_parent 或者 wrap_content，fill_parent 和 match_parent 的效果是一样的，二者都是填满组件所在的外框。fill_parent 是旧的属性值，新开发的 App 应该使用 match_parent，而不要再用 fill_parent。至于 wrap_content 则是依照组件中的文字长度或高度来决定组件的宽或高，请参考以下的程序代码和如图 12-1 所示的范例就可以了解。

```
<EditText
    android:layout_width="match_parent"
    android:layout_height="wrap_content"
    android:text="EditText1" />
<EditText
    android:layout_width="wrap_content"
    android:layout_height="match_parent"
    android:text="EditText2" />
```

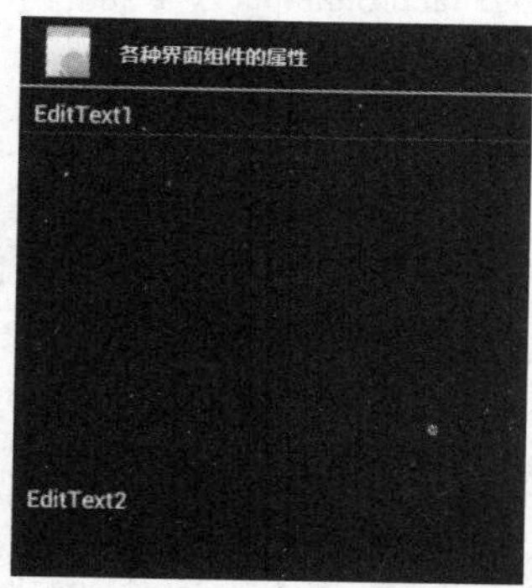

图 12-1　使用 match_parent 和 wrap_content 属性值设置界面组件的大小

12-2 android:inputType 属性的效果

android:inputType 属性可以用来限制输入的字符种类，如果设置成 text 表示可以输入任何字符，如果设置成 number 就只能输入数字，当设置成 date 时可以输入数字和斜线“/”字符，当设置成 time 时则可以输入数字和分号“；”字符以及 pam 等 3 个英文字母，请参考以下范例和图 12-2。

```
<EditText
    android:layout_width="match_parent"
    android:layout_height="wrap_content"
    android:inputType="text" />
<EditText
    android:layout_width="match_parent"
    android:layout_height="wrap_content"
    android:inputType="number" />
<EditText
    android:layout_width="match_parent"
    android:layout_height="wrap_content"
    android:inputType="date" />
<EditText
    android:layout_width="match_parent"
    android:layout_height="wrap_content"
    android:inputType="time" />
```

图 12-2　android:inputType 属性的范例

12-3 控制文字大小、颜色和底色

在这个范例中我们使用 android:textSize、android:textColor、android:background 来改变文字的大小、颜色，以及组件的底色，图 12-3 是程序运行的画面。

```
<EditText
    android:layout_width="match_parent"
    android:layout_height="wrap_content"
    android:text="默认的文字大小" />
<EditText
    android:layout_width="match_parent"
    android:layout_height="wrap_content"
    android:text="10sp 文字"
    android:textSize="10sp" />
<EditText
    android:layout_width="match_parent"
    android:layout_height="wrap_content"
    android:text="20sp 绿色文字"
    android:textSize="20sp"
    android:textColor="#00FF00" />
<EditText
    android:layout_width="match_parent"
    android:layout_height="wrap_content"
    android:text="30sp 绿色文字，黑色底色"
    android:textSize="30sp"
    android:textColor="#00FF00"
    android:background="#000000" />
```

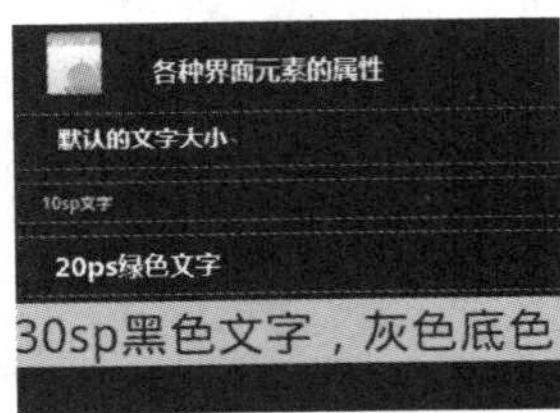

图 12-3　设置文字的大小、颜色和界面组件的底色

12-4 控制间隔距离以及文字到边的距离

接下来的范例是利用 margin 相关属性来增加组件和外框之间的距离，以及使用 padding 相关属性来增加组件内部的文字到组件边框的距离，图 12-4 是程序运行的画面。

```
<EditText
    android:layout_width="match_parent"
    android:layout_height="wrap_content"
    android:text="默认的间距" />
<EditText
    android:layout_width="match_parent"
    android:layout_height="wrap_content"
    android:text="设置 padding=20dp"
    android:padding="20dp" />
<EditText
    android:layout_width="match_parent"
    android:layout_height="wrap_content"
    android:text="再设置 margin=20dp"
    android:padding="20dp"
    android:layout_margin="20dp" />
<EditText
    android:layout_width="match_parent"
    android:layout_height="wrap_content"
    android:text="只设置左右 margin=30dp"
    android:layout_marginLeft="30dp"
    android:layout_marginRight="30dp" />
```

图 12-4 margin 和 padding 相关属性的使用范例

借助本章的范例，读者应该可以感受到界面组件属性的妙用，后续在开发 Android App 的时候，可以利用这些属性调整界面组件的大小、位置、颜色。如果要进一步了解其他属性的效果和用法，可以自行查询 Android SDK 的说明文件。

Android 版本	1.X	2.X	3.X	4.X
适用性	★	★	★	★

第 13 章 Spinner下拉列表框组件

当程序需要用户输入数据时，除了让用户自己打字之外，还有一种比较体贴的设计，就是列出一组选项让用户挑选，这样就可以避免打字的麻烦。对于手机和平板电脑的用户来说，打字是非常不方便的操作方式，因此如果程序可以为用户预先建立好选项列表，将大大提高 App 操作的便利性，这种利用选项列表的操作界面可以使用 Spinner 下拉列表框组件来完成。

建立 Spinner 下拉列表框组件的过程需要完成以下几件事：

- 在字符串资源文件中建立一个字符串数组，再把这个字符串数组设置给 Spinner 组件成为选项。
- 在界面布局文件中加入一个 Spinner 界面组件，并设置好它的属性。
- 在程序文件中取得这个 Spinner 组件，并为它建立一个 OnItemSelectedListener()事件处理程序，当用户单击 Spinner 的选项之后，这个事件中的程序代码就会被启动运行。

就技术层面来说，我们也可以直接将选项列表以数组的方式声明在程序中，然后再设置给 Spinner 组件，但是这种方法无法做出多语言版本的 App，因为建立在程序代码中的字符串无法在运行的过程随意更改，所以正确的方式是把字符串建立在项目的字符串资源文件 res/values/strings.xml 中，再让程序取得资源来使用。接下来我们以前面章节完成的“婚姻建议程序”为范例，将其中的性别输入改成使用 Spinner 下拉列表框。

如果和使用 Button 组件的过程比较，Spinner 组件多了一个建立字符串数组资源的步骤，以下是详细的操作流程：

步骤 01 打开第 9 章建立的“婚姻建议程序”（如果读者希望保留原来的程序项目，可以利用第 4 章介绍的方法先完成项目的复制），把选项数组以<string-array>标签的格式声明在程序项目的 res/values/strings.xml 文件中，另外我们加入一个用来当作 Spinner 列表标题的字符串。

```
<?xml version="1.0" encoding="utf-8"?>
```

```
<resources>

   <string …</string>
   …
   <string-array name="sex_list">
      <item>男</item>
      <item>女</item>
   </string-array>
   <string name="spn_sex_list_prompt">请选择性别</string>
</resources>
```

步骤 02 打开 res/layout 文件夹中的界面布局文件，我们可以利用 Graphical Layout 模式先删除原来输入性别的 EditText 组件，再从界面组件选项组中找到 Spinner 组件，然后利用鼠标把它拖动到程序画面中，再设置好它的属性。另一种方法是切换到纯文本模式，直接编辑界面布局文件的程序代码如下：

```
<Spinner
    android:id="@+id/spnSex"
    android:layout_width="match_parent"
    android:layout_height="wrap_content"
    android:entries="@array/sex_list"
    android:spinnerMode="dialog"
    android:prompt="@string/spn_sex_list_prompt" />
```

android:entries 属性用来设置列表，这个列表是一个定义在字符串资源文件中的数组。android:spinnerMode 属性用来设置列表是利用下拉列表还是对话框的类型显示，如果是对话框的类型，还可以使用 android:prompt 属性设置对话框的标题。

界面布局文件的编辑技巧

在“界面布局文件”的纯文本模式下，将编辑光标设置到某一个界面组件的标签中，然后输入“android:”，稍等半秒钟，就会出现属性列表。单击其中某一个属性，就会显示该属性的使用说明，我们也可以同时按下键盘上的 Alt 和“/”按键，随时调出这个程序代码的辅助向导。

步骤 03 打开“src/（套件路径名称）”文件夹中的程序文件，在其中建立一个 AdapterView.OnItemSelectedListener 对象，并完成其中的 onItemSelected() 和 onNothingSelected() 两个方法的程序代码如下。在建立 AdapterView.OnItemSelectedListener 对象时，先输入程序代码范例中标识下划线的部分（也就是把大括号中留白），在该段程序代码中会利用红色波浪下划线标识语法错误。把鼠标光标移到标识语法错误的地方就会显示一个信息窗口，并提示 Add unimplemented methods，单击该项目就会自动加入需要的方法。不过这些自动加入的方法，有时候自变量名称会以 arg 命名，看不出该自变量的意义和用途。遇到这种情况就必须到 Google 官网查询 Android SDK 技术文件，找出该自变量的正式名称，再自行修改。

```
private AdapterView.OnItemSelectedListener spnSexOnItemSelected =
        new AdapterView.OnItemSelectedListener () {
            public void onItemSelected(AdapterView parent,
                                       View v,
                                       int position,
                                       long id) {
                msSex = parent.getSelectedItem().toString();
            }
            public void onNothingSelected(AdapterView parent) {
            }
    };
```

步骤04 加入取得 Spinner 界面组件的程序代码，再把上一个步骤建立的 OnItemSelectedListener 对象设置成为 Spinner 组件的事件处理程序，另外还要修改单击 Button 组件之后运行的程序代码，换成利用 msSex 中的字符串来决定性别，以下是完成之后的程序文件：

```
public class MainActivity extends Activity {

    private EditText mEdtAge;
    private Button mBtnOK;
    private TextView mTxtR;
    private Spinner mSpnSex;
    private String msSex;

    @Override
    protected void onCreate(Bundle savedInstanceState) {
        super.onCreate(savedInstanceState);
        setContentView(R.layout.activity_main);

        mEdtAge = (EditText) findViewById(R.id.edtAge);
        mBtnOK = (Button) findViewById(R.id.btnOK);
        mTxtR = (TextView) findViewById(R.id.txtR);

        mBtnOK.setOnClickListener(btnOKOnClick);

        mSpnSex = (Spinner) findViewById(R.id.spnSex);
        mSpnSex.setOnItemSelectedListener(spnSexOnItemSelected);
    }

    @Override
    public boolean onCreateOptionsMenu(Menu menu) {
        // Inflate the menu; this adds items to the action bar if it is
       present.
        getMenuInflater().inflate(R.menu.main, menu);
        return true;
    }

    private View.OnClickListener btnOKOnClick = new View.OnClickListener() {

        @Override
        public void onClick(View v) {
            // TODO Auto-generated method stub
            int iAge = Integer.parseInt(mEdtAge.getText().toString());
```

```
            String strSug = getString(R.string.result);
            if (msSex.equals(getString(R.string.sex_male)))
                if (iAge < 28)
                    strSug += getString(R.string.sug_not_hurry);
                else if (iAge > 33)
                    strSug += getString(R.string.sug_get_married);
                else
                    strSug += getString(R.string.sug_find_couple);
            else
                if (iAge < 25)
                    strSug += getString(R.string.sug_not_hurry);
                else if (iAge > 30)
                    strSug += getString(R.string.sug_get_married);
                else
                    strSug += getString(R.string.sug_find_couple);

            mTxtR.setText(strSug);
        }
    };

    private AdapterView.OnItemSelectedListener spnSexOnItemSelected =
            new AdapterView.OnItemSelectedListener() {
                …(同上一个步骤的程序代码)
            };
}
```

完成之后运行程序，就会看到原来“性别”文本框变成下拉列表框，如图 13-1 所示，当用户单击“性别”文本框的时候就会弹出一个选项列表。

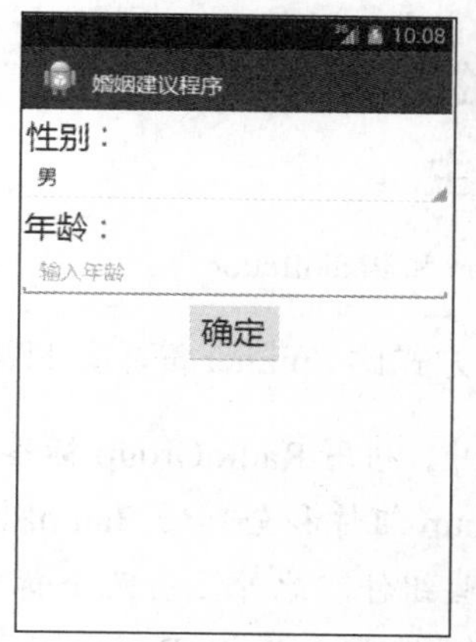

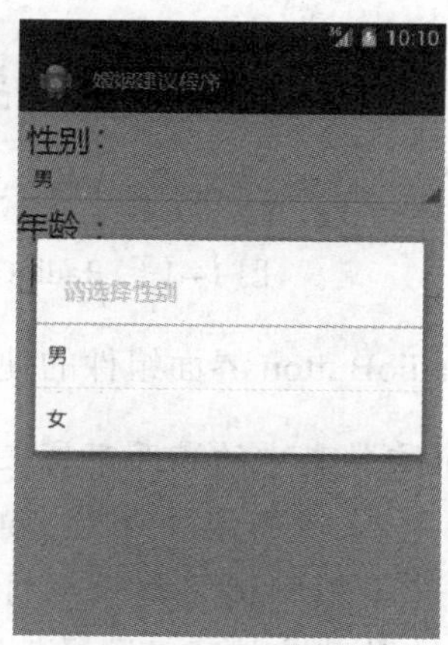

图 13-1　将“婚姻建议程序”的“性别”文本框改成下拉列表框

Android 版本	1.X	2.X	3.X	4.X
适用性	★	★	★	★

第 14 章 使用RadioGroup和RadioButton建立单选按钮

Spinner 界面组件是在用户单击之后才会显示列表，这种方式比较节省操作界面的空间，但是缺点是要先做一个单击的动作。除了这种下拉列表框之外，还有另外一种，也属于单选类型的界面组件，那就是 RadioGroup 和 RadioButton，如图 14-1 所示。它是由多个 RadioButton 组成，这组 RadioButton 包含在一个 RadioGroup 组件中，用户只能从这些 RadioButton 项目中单击一个。

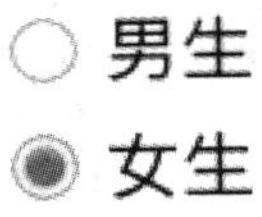

○ 男生
◉ 女生

图 14-1　RadioGroup 和 RadioButton

RadioGroup 和 RadioButton 界面组件的使用方式比 Spinner 简单，只需要下列两个步骤：

步骤 01 在 res/layout 文件夹中的界面布局文件中，利用 RadioGroup 标签和 RadioButton 标签建立好选项列表。我们必须为 RadioGroup 组件和全部的 RadioButton 组件设置好 id，因为在程序中必须用 id 名称来控制这些组件。此外还有几个新出现的组件属性，读者从它们的名称就应该可以了解其用途，这两个 RadioButton 所显示的文字是定义在程序项目的字符串资源文件中，一个字符串名称叫做 male，另一个是 female。如果读者在界面描述文件中加入以下程序代码就会看到如图 14-1 所示的效果。我们可以任意单击其中一个项目，单击之后另一个项目的单击状态就会自动被清除。

```
<RadioGroup
   android:id="@+id/radGrpSex"
   android:layout_width="match_parent"
   android:layout_height="wrap_content"
```

```
    android:orientation="vertical"
    android:checkedButton="@+id/radBtnMale">
    <RadioButton
        android:id="@+id/radBtnMale"
        android:text="@string/male" />
    <RadioButton
        android:id="@+id/radBtnFemale"
        android:text="@string/female" />
</RadioGroup>
```

步骤 02 RadioGroup 列表的操作通常都会搭配一个 Button 组件，当单击该 Button 之后，程序才会读取用户单击的项目。若要知道用户单击了哪一个项目只要调用 RadioGroup 的 getCheckedRadioButtonId()方法即可，它会返回目前被用户单击的项目 id 名称，我们只要使用 switch…case…的语法就可以依照被选择的项目来运行对应的程序代码。

```
RadioGroup radGrpSex = (RadioGroup)findViewById(R.id.radGrpSex);

switch (radGrpSex.getCheckedRadioButtonId()) {
case R.id.radBtnMale:
    // 选择男生后要运行的程序代码
    …
case R.id.radBtnFemale:
    // 选择女生后要运行的程序代码
    …
}
```

完成以上 2 个步骤之后就可以建立一组 RadioGroup 列表，但是如果要把它套用到“婚姻建议”程序，还需要进一步了解其他控制 RadioGroup 组件的技巧。

若要将“婚姻建议程序”改成使用 RadioGroup 列表，该如何操作呢？

请读者参考如图 14-2 所示的程序运行画面，当用户在“性别”选项中单击“男生”时，下方的“年龄”选项是以 28 和 33 岁为分界。但是如果用户单击“女生”，则下方的年龄选项会变成以 25 和 30 岁为分界，也就是说“年龄”选项中的文字必须随着单击的性别而改变。若要完成这样的功能需要进一步了解 RadioGroup 的运行方式，首先当用户单击 RadioGroup 中的 RadioButton 时，Android 系统会发出一个 OnCheckedChange 的事件，所以我们可以在性别的 RadioGroup 组件中，设置一个 OnCheckedChange 事件的 listener，借助此完成改变年龄选项显示的文字。以下是完成后的字符串资源文件、界面布局文件和程序文件，粗体字的部分表示经过修改的程序代码。在字符串资源文件中我们定义好所有 RadioButton 的选项文字，在界面布局文件中我们定义了“性别”和“年龄”这两个 RadioGroup，以及它们内部的 RadioButton 选项。每一个组件都指定 id 名称，以便在程序中进行控制。另外，我们也设置了一些组件的属性（文字大小、组件宽度和水平居中对齐），让程序的画面更加清晰、美观。在程序代码中声明 RadioGroup 和 RadioButton 对象，以便存储界面布局文件中建立的界面组件。这些对象会在 onCreate()方法中完成设置。在 onCreate()方法的最后一行是把我们在程序代码后面建立的 RadioGroup.OnCheckedChangeListener 对象设置给性别的 RadioGroup 对象，因此当用户改变“性别”选项时，“年龄”选项中的文字就会随着改变。最后当用户单击按钮时，程序代码直接取得“年龄”选项，并显示判断结果。

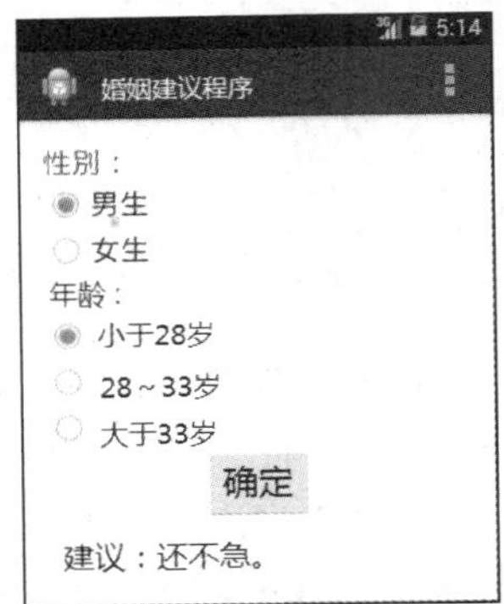

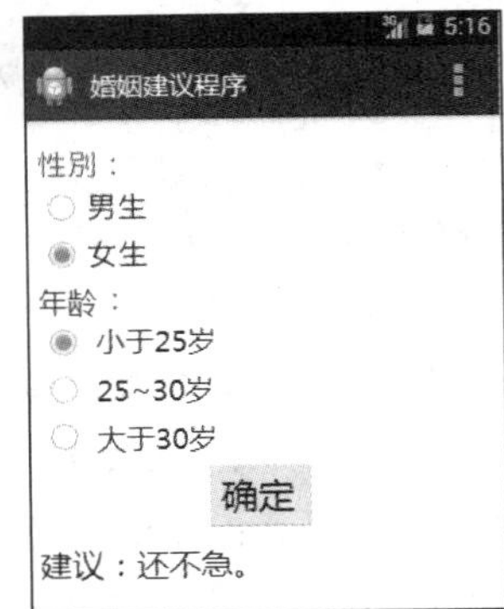

图 14-2　“婚姻建议程序”改用 RadioGroup 列表的运行画面

字符串资源文件 res/values/strings.xml：

```
<?xml version="1.0" encoding="utf-8"?>
<resources>

    <string name="app_name">婚姻建议程序</string>
    <string name="action_settings">Settings</string>
    <string name="hello_world">Hello world!</string>
    <string name="sex">性别：</string>
    <string name="age">年龄：</string>
    <string name="btn_ok">确定</string>
    <string name="result">建议：</string>
    <string name="sug_not_hurry">还不急。</string>
    <string name="sug_get_married">赶快结婚！</string>
    <string name="sug_find_couple">开始找对象。</string>
    <string name="sex_male">男</string>
    <string name="edt_sex_hint">输入性别</string>
    <string name="edt_age_hint">输入年龄</string>
    <string name="male">男生</string>
    <string name="female">女生</string>
    <string name="male_age_range1">小于28岁</string>
    <string name="male_age_range2">28~33岁</string>
    <string name="male_age_range3">大于33岁</string>
    <string name="female_age_range1">小于25岁</string>
    <string name="female_age_range2">25~30岁</string>
    <string name="female_age_range3">大于30岁</string>

</resources>
```

界面布局文件 res/layout/activity_main.xml：

```
<LinearLayout xmlns:android="http://schemas.android.com/apk/res/android"
    xmlns:tools="http://schemas.android.com/tools"
    android:id="@+id/LinearLayout1"
```

```
android:layout_width="match_parent"
android:layout_height="match_parent"
android:orientation="vertical"
android:paddingBottom="@dimen/activity_vertical_margin"
android:paddingLeft="@dimen/activity_horizontal_margin"
android:paddingRight="@dimen/activity_horizontal_margin"
android:paddingTop="@dimen/activity_vertical_margin"
tools:context=".MainActivity" >

<TextView
    android:layout_width="wrap_content"
    android:layout_height="wrap_content"
    android:textSize="20sp"
    android:text="@string/sex" />

<RadioGroup
    android:id="@+id/radGrpSex"
    android:layout_width="wrap_content"
    android:layout_height="wrap_content"
    android:orientation="vertical"
    android:checkedButton="@+id/radBtnMale">

    <RadioButton
        android:id="@+id/radBtnMale"
        android:textSize="20sp"
          android:text="@string/male" />

    <RadioButton
        android:id="@+id/radBtnFemale"
        android:textSize="20sp"
        android:text="@string/female" />

</RadioGroup>

<TextView
    android:layout_width="wrap_content"
    android:layout_height="wrap_content"
    android:textSize="20sp"
    android:text="@string/age" />

<RadioGroup
    android:id="@+id/radGrpAge"
    android:layout_width="wrap_content"
    android:layout_height="wrap_content"
    android:orientation="vertical"
    android:checkedButton="@+id/radBtnAgeRange1">

    <RadioButton
        android:id="@+id/radBtnAgeRange1"
        android:textSize="20sp"
        android:text="@string/male_age_range1" />
```

```
        <RadioButton
            android:id="@+id/radBtnAgeRange2"
            android:textSize="20sp"
            android:text="@string/male_age_range2" />

        <RadioButton
            android:id="@+id/radBtnAgeRange3"
            android:textSize="20sp"
            android:text="@string/male_age_range3" />

    </RadioGroup>

    <Button
        android:id="@+id/btnOK"
        android:layout_width="wrap_content"
        android:layout_height="wrap_content"
        android:layout_gravity="center_horizontal"
        android:text="@string/btn_ok"
        android:textSize="25sp" />

    <TextView
        android:id="@+id/txtR"
        android:layout_width="wrap_content"
        android:layout_height="wrap_content"
        android:textSize="25sp" />

</LinearLayout>
```

程序文件：

```
public class MainActivity extends Activity {

    private Button mBtnOK;
    private TextView mTxtR;

    private RadioGroup mRadGrpSex, mRadGrpAge;
    private RadioButton mRadBtnAgeRange1, mRadBtnAgeRange2, mRadBtnAgeRange3;

    @Override
    protected void onCreate(Bundle savedInstanceState) {
        super.onCreate(savedInstanceState);
        setContentView(R.layout.activity_main);

        mBtnOK = (Button) findViewById(R.id.btnOK);
        mTxtR = (TextView) findViewById(R.id.txtR);

        mBtnOK.setOnClickListener(btnOKOnClick);

        mRadGrpSex = (RadioGroup)findViewById(R.id.radGrpSex);
        mRadGrpAge = (RadioGroup)findViewById(R.id.radGrpAge);
```

```
        mRadBtnAgeRange1 = (RadioButton)findViewById(R.id.radBtnAgeRange1);
        mRadBtnAgeRange2 = (RadioButton)findViewById(R.id.radBtnAgeRange2);
        mRadBtnAgeRange3 = (RadioButton)findViewById(R.id.radBtnAgeRange3);
        mRadGrpSex.setOnCheckedChangeListener(radGrpSexOnCheckedChange);
    }

    @Override
    public boolean onCreateOptionsMenu(Menu menu) {
        // Inflate the menu; this adds items to the action bar if it is
      present.
        getMenuInflater().inflate(R.menu.main, menu);
        return true;
    }

    private View.OnClickListener btnOKOnClick = new View.OnClickListener() {

        @Override
        public void onClick(View v) {
            // TODO Auto-generated method stub
            String strSug = getString(R.string.result);

            // 不需要判断男女生，直接依照选择的年龄区间显示结果
            switch (mRadGrpAge.getCheckedRadioButtonId()) {
            case R.id.radBtnAgeRange1:
                strSug += getString(R.string.sug_not_hurry);
                break;
            case R.id.radBtnAgeRange2:
                strSug += getString(R.string.sug_find_couple);
                break;
            case R.id.radBtnAgeRange3:
                strSug += getString(R.string.sug_get_married);
                break;
            }

            mTxtR.setText(strSug);
        }
    };

    private RadioGroup.OnCheckedChangeListener radGrpSexOnCheckedChange
 = new RadioGroup.OnCheckedChangeListener() {

        @Override
        public void onCheckedChanged(RadioGroup group, int checkedId) {
            // TODO Auto-generated method stub
            if (checkedId == R.id.radBtnMale) {
                mRadBtnAgeRange1.setText(getString(R.string.male_age_range1));
                mRadBtnAgeRange2.setText(getString(R.string.male_age_range2));
                mRadBtnAgeRange3.setText(getString(R.string.male_age_range3));
            } else {
                mRadBtnAgeRange1.setText(getString(R.string.female_age_range1));
                mRadBtnAgeRange2.setText(getString(R.string.female_age_range2));
```

```
                mRadBtnAgeRange3.setText(getString(R.string.female_age_range3));
            }
        }
    };
}
```

Android 版本	1.X	2.X	3.X	4.X
适用性	★	★	★	★

第 15 章 使用NumberPicker数字转轮

设计手机和平板电脑 App 的首要原则就是操作简单、画面美观而且有趣。比较第 9 章和第 13 章的“婚姻建议程序”可以发现把输入“性别”的方式改成使用 Spinner 下拉列表框之后，App 操作的便利性和趣味性大幅提升。基于同样的理念，本章我们要再利用 NumberPicker 界面组件，取代原来使用 EditText 输入年龄的做法，让程序的操作变得更简单。

15-1 相关方法

图 15-1 是 NumberPicker 的操作画面，左边是在旧版 Android 中的运行画面，右边是新版 Android 的运行结果，如果是左边的操作画面，可以单击“+”按钮来增加数值，或者单击“-”按钮减少数值。如果是右边的操作画面，可以按住它往上拨或者向下拨，数字就会像转轮一样递增或者递减。使用 NumberPicker 时必须设置它的最小值和最大值，而且最小值必须大于或者等于 0，另外还要设置目前的值。程序可以利用 NumberPicker.OnValueChangeListener 对象，在 NumberPicker 的数值改变时运行特定的程序代码。还有要提醒读者，只有在 Android 3.0 以上的平台才提供 NumberPicker 组件，也就是说使用 NumberPicker 的程序项目时，必须把“程序功能描述文件”AndroidManifest.xml 中的 android:minSdkVersion 属性设置成 11 或以上，我们把以上讨论的相关方法整理如下。

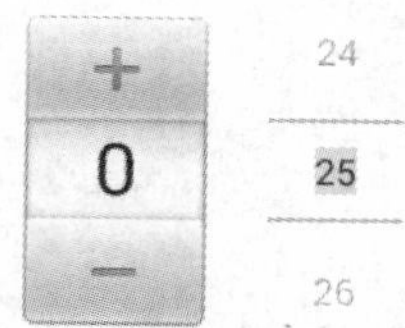

图 15-1　NumberPicker 组件的外观

- setMinValue(int value): 设置 NumberPicker 组件的最小值, 最小值必须大于或者等于 0。
- setMaxValue(int value): 设置 NumberPicker 组件的最大值。
- setValue(int value): 设置 NumberPicker 组件目前的值。
- setOnValueChangedListener(OnValueChangeListener onValueChangedListener)：设置 NumberPicker 数值改变时要运行的程序代码。
- getValue(): 取得 NumberPicker 组件目前的值。

15-2 相关步骤

了解 NumberPicker 界面组件的功能和用法之后，接下来就让我们把第 13 章的“婚姻建议程序”，改成使用 NumberPicker 输入年龄。修改后的程序运行画面如图 15-2 所示，请读者依照下列步骤操作。

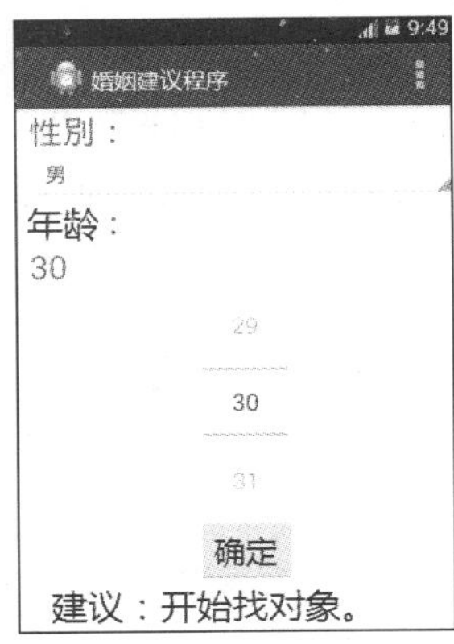

图 15-2　使用 NumberPicker 输入年龄的“婚姻建议程序”

步骤 01　打开第 13 章的“婚姻建议程序”(如果读者希望保留原来的程序项目，可以利用第 4 章介绍方法先完成项目的复制)，在 Eclipse 左边的项目查看窗格中，用鼠标双击“程序功能描述文件”AndroidManifest.xml 将它打开。

步骤 02　修改其中的 android:minSdkVersion 属性值如下：

```
<?xml version="1.0" encoding="utf-8"?>
<manifest xmlns:android="http://schemas.android.com/apk/res/android"
    package="tw.android"
    android:versionCode="1"
    android:versionName="1.0" >

    <uses-sdk
        android:minSdkVersion="11"
        android:targetSdkVersion="18" />
```

```
    ...

</manifest>
```

步骤 03　打开“界面布局文件”res/layout/activity_main.xml，将程序代码修改如下。如果读者使用 Graphical Layout 模式进行编辑，可以在 Advanced 组件选项组中找到 NumberPicker。首先我们删除用来输入年龄的 EditText 组件，再加入一个 TextView 和一个 NumberPicker，并设置好它们的属性。

```
<LinearLayout xmlns:android="http://schemas.android.com/apk/res/android"
    xmlns:tools="http://schemas.android.com/tools"
    android:id="@+id/LinearLayout1"
    android:layout_width="match_parent"
    android:layout_height="match_parent"
    android:orientation="vertical"
    tools:context=".MainActivity" >

    <TextView
        android:layout_width="wrap_content"
        android:layout_height="wrap_content"
        android:text="@string/sex"
        android:textSize="25sp" />

    <Spinner
        android:id="@+id/spnSex"
        android:layout_width="match_parent"
        android:layout_height="wrap_content"
        android:entries="@array/sex_list"
        android:spinnerMode="dialog"
        android:prompt="@string/spn_sex_list_prompt" />

    <TextView
        android:layout_width="wrap_content"
        android:layout_height="wrap_content"
        android:text="@string/age"
        android:textSize="25sp" />

    <TextView
        android:id="@+id/txtAge"
        android:layout_width="wrap_content"
        android:layout_height="wrap_content"
        android:textSize="25sp" />

    <NumberPicker
        android:id="@+id/numPickerAge"
        android:layout_width="wrap_content"
        android:layout_height="wrap_content"
        android:layout_gravity="center_horizontal" />

    <Button
```

```
        android:id="@+id/btnOK"
        android:layout_width="wrap_content"
        android:layout_height="wrap_content"
        android:layout_gravity="center_horizontal"
        android:text="@string/btn_ok"
        android:textSize="25sp" />

    <TextView
        android:id="@+id/txtR"
        android:layout_width="wrap_content"
        android:layout_height="wrap_content"
        android:textSize="25sp" />

</LinearLayout>
```

步骤 04 最后打开程序文件并修改如下，我们在程序文件中建立一个 NumberPicker.OnValueChangeListener 对象，并将它设置给 NumberPicker。于是当 NumberPicker 的数值改变时，就会运行这个对象中的程序代码，它的功能就是更新 mTxtAge 组件显示的值。

```
public class MainActivity extends Activity {

    private NumberPicker mNumPickerAge;
    private Button mBtnOK;
    private TextView mTxtR, mTxtAge;
    private Spinner mSpnSex;
    private String msSex;

    @Override
    protected void onCreate(Bundle savedInstanceState) {
        super.onCreate(savedInstanceState);
        setContentView(R.layout.activity_main);

        mTxtAge = (TextView) findViewById(R.id.txtAge);
        mTxtAge.setText("25");

        mNumPickerAge = (NumberPicker) findViewById(R.id.numPickerAge);
        mNumPickerAge.setMinValue(0);
        mNumPickerAge.setMaxValue(200);
        mNumPickerAge.setValue(25);
        mNumPickerAge.setOnValueChangedListener(numPickerAgeOnValueChange);

        mBtnOK = (Button) findViewById(R.id.btnOK);
        mTxtR = (TextView) findViewById(R.id.txtR);

        mBtnOK.setOnClickListener(btnOKOnClick);

        mSpnSex = (Spinner) findViewById(R.id.spnSex);
        mSpnSex.setOnItemSelectedListener(spnSexOnItemSelected);
    }
```

```
@Override
public boolean onCreateOptionsMenu(Menu menu) {
    // Inflate the menu; this adds items to the action bar if it is
   present.
    getMenuInflater().inflate(R.menu.main, menu);
    return true;
}

private View.OnClickListener btnOKOnClick = new View.OnClickListener() {

    @Override
    public void onClick(View v) {
        // TODO Auto-generated method stub
        int iAge = mNumPickerAge.getValue();

        String strSug = getString(R.string.result);
        if (msSex.equals(getString(R.string.sex_male)))
            if (iAge < 28)
                strSug += getString(R.string.sug_not_hurry);
            else if (iAge > 33)
                strSug += getString(R.string.sug_get_married);
            else
                strSug += getString(R.string.sug_find_couple);
        else
            if (iAge < 25)
                strSug += getString(R.string.sug_not_hurry);
            else if (iAge > 30)
                strSug += getString(R.string.sug_get_married);
            else
                strSug += getString(R.string.sug_find_couple);

        mTxtR.setText(strSug);
    }
};

private AdapterView.OnItemSelectedListener spnSexOnItemSelected =
        new AdapterView.OnItemSelectedListener() {

            @Override
            public void onItemSelected(AdapterView<?> parent,
                    View v,
                    int position,
                    long id) {
                // TODO Auto-generated method stub
                msSex = parent.getSelectedItem().toString();
            }

            @Override
            public void onNothingSelected(AdapterView<?> parent) {
                // TODO Auto-generated method stub
```

```
            }
        };

    private NumberPicker.OnValueChangeListener numPickerAgeOnValueChange =
        new NumberPicker.OnValueChangeListener() {

            @Override
            public void onValueChange(NumberPicker view, int oldValue,
        int newValue) {
                // TODO Auto-generated method stub
                mTxtAge.setText(String.valueOf(newValue));
            }
        };
}
```

完成程序项目的修改之后启动运行，就会看到如图 15-2 所示的画面。当改变 NumberPicker 中的数值时，年龄下方的数字也会同步更新，读者是不是觉得操作起来更有趣呢？

Android 版本	1.X	2.X	3.X	4.X
适用性	★	★	★	★

第 16 章 CheckBox复选框和ScrollView滚动条

如果程序需要提供用户可以复选的选项列表，就必须使用 CheckBox 界面组件。这种可以复选的列表通常包含比较多的数据项，因此有可能会超出屏幕的显示范围，这时候我们可以搭配使用 ScrollView 滚动条，本章就让我们一起学习 CheckBox 和 ScrollView 界面组件的用法。

假设程序需要提供一组兴趣选项供用户选取，而且允许复选，这时候我们可以在项目的界面布局文件 res/layout/activity_main.xml 中加入 CheckBox 组件，每一个 CheckBox 都对应到一个兴趣项目，例如以下范例，其中的字符串 chk_box_item1、chk_box_item2 和 btn_ok 定义在字符串资源文件中。

```
<LinearLayout
    …
    >

    <CheckBox android:id="@+id/chkBoxItem1"
        android:layout_width="match_parent"
        android:layout_height="wrap_content"
        android:text="@string/chk_box_item1" />

    <CheckBox android:id="@+id/chkBoxItem2"
        android:layout_width="match_parent"
        android:layout_height="wrap_content"
        android:text="@string/chk_box_item2" />

    <Button android:id="@+id/btnOK"
        android:layout_width="match_parent"
        android:layout_height="wrap_content"
        android:text="@string/btn_ok" />
```

```
</LinearLayout>
```

我们必须为每一个 CheckBox 组件都设置一个 id 名称，因为程序必须检查每一个 CheckBox 是否被用户勾选。另外还要加上一个按钮，当用户选好之后再单击该按钮。程序可以利用 CheckBox 的 isChecked()方法来检查每一个 CheckBox 的选取状态，运行以上的界面布局文件之后可以看到如图 16-1 所示的画面。

图 16-1　CheckBox 复选列表

如果程序的选项太多，以致超出屏幕显示的范围，可以在界面布局文件的<LinearLayout>标签前面加上<ScrollView>标签，也就是利用<ScrollView>标签将<LinearLayout>标签包起来，如以下范例：

```
<ScrollView  xmlns:android="http://schemas.android.com/apk/res/android"
    android:layout_width="match_parent"
    android:layout_height="wrap_content" >

    <LinearLayout
       ...
    </LinearLayout>

</ScrollView>
```

我们利用以上介绍的技巧设计一个“兴趣选择程序”，它的运行画面如图 16-2 所示。首先是完成界面布局文件的设计，接下来的工作就是在程序中加上判断 CheckBox 组件勾选状态的程序代码。当用户单击“确定”按钮之后，程序必须逐一检查所有的 CheckBox 组件（利用 CheckBox 的 isChecked()方法），并记录用户勾选的项目，最后程序会把被勾选的兴趣项目名称显示在按钮下方的 TextView 组件中。以下是完整的字符串资源文件、界面布局文件和程序代码，我们把程序中用到的所有字符串，全部定义在字符串资源文件 res/values/strings.xml 中。另外，在界面布局文件中，利用设置文字大小、组件宽度和水平置中对齐等属性，将选项的字体放大，并显示在屏幕的中央，以方便用户浏览和操作。

图 16-2　“兴趣选择程序”的运行画面

字符串资源文件 res/values/strings.xml：

```
<?xml version="1.0" encoding="utf-8"?>
<resources>

    <string name="app_name">兴趣选择程序</string>
    <string name="action_settings">Settings</string>
    <string name="music">音乐</string>
    <string name="sing">唱歌</string>
    <string name="dance">跳舞</string>
    <string name="travel">旅行</string>
    <string name="reading">阅读</string>
    <string name="writing">写作</string>
    <string name="climbing">爬山</string>
    <string name="swim">游泳</string>
    <string name="exercise">运动</string>
    <string name="fitness">健身</string>
    <string name="photo">摄影</string>
    <string name="eating">美食</string>
    <string name="painting">绘画</string>
    <string name="your_hobby">您的兴趣：</string>
    <string name="btn_ok">确定</string>

</resources>
```

界面布局文件 res/layout/activity_main.xml：

```
<ScrollView xmlns:android="http://schemas.android.com/apk/res/android"
    xmlns:tools="http://schemas.android.com/tools"
    android:id="@+id/scrollView"
    android:layout_width="match_parent"
    android:layout_height="wrap_content" >

    <LinearLayout
        android:id="@+id/LinearLayout1"
        android:layout_width="match_parent"
        android:layout_height="match_parent"
        android:orientation="vertical"
        android:paddingBottom="@dimen/activity_vertical_margin"
        android:paddingLeft="@dimen/activity_horizontal_margin"
        android:paddingRight="@dimen/activity_horizontal_margin"
        android:paddingTop="@dimen/activity_vertical_margin"
        tools:context=".MainActivity" >

        <CheckBox
            android:id="@+id/chkBoxMusic"
            android:layout_width="wrap_content"
            android:layout_height="wrap_content"
            android:textSize="30sp"
            android:text="@string/music" />
```

```
<CheckBox
    android:id="@+id/chkBoxSing"
    android:layout_width="wrap_content"
    android:layout_height="wrap_content"
    android:textSize="30sp"
    android:text="@string/sing" />

<CheckBox
    android:id="@+id/chkBoxDance"
    android:layout_width="wrap_content"
    android:layout_height="wrap_content"
    android:textSize="30sp"
    android:text="@string/dance" />

<CheckBox
    android:id="@+id/chkBoxTravel"
    android:layout_width="wrap_content"
    android:layout_height="wrap_content"
    android:textSize="30sp"
    android:text="@string/travel" />

<CheckBox
    android:id="@+id/chkBoxReading"
    android:layout_width="wrap_content"
    android:layout_height="wrap_content"
    android:textSize="30sp"
    android:text="@string/reading" />

<CheckBox
    android:id="@+id/chkBoxWriting"
    android:layout_width="wrap_content"
    android:layout_height="wrap_content"
    android:textSize="30sp"
    android:text="@string/writing" />

<CheckBox
    android:id="@+id/chkBoxClimbing"
    android:layout_width="wrap_content"
    android:layout_height="wrap_content"
    android:textSize="30sp"
    android:text="@string/climbing" />

<CheckBox
    android:id="@+id/chkBoxSwim"
    android:layout_width="wrap_content"
    android:layout_height="wrap_content"
    android:textSize="30sp"
    android:text="@string/swim" />

<CheckBox
    android:id="@+id/chkBoxExercise"
```

```
            android:layout_width="wrap_content"
            android:layout_height="wrap_content"
            android:textSize="30sp"
            android:text="@string/exercise" />

        <CheckBox
            android:id="@+id/chkBoxFitness"
            android:layout_width="wrap_content"
            android:layout_height="wrap_content"
            android:textSize="30sp"
            android:text="@string/fitness" />

        <CheckBox
            android:id="@+id/chkBoxPhoto"
            android:layout_width="wrap_content"
            android:layout_height="wrap_content"
            android:textSize="30sp"
            android:text="@string/photo" />

        <CheckBox
            android:id="@+id/chkBoxEating"
            android:layout_width="wrap_content"
            android:layout_height="wrap_content"
            android:textSize="30sp"
            android:text="@string/eating" />

        <CheckBox
            android:id="@+id/chkBoxPainting"
            android:layout_width="wrap_content"
            android:layout_height="wrap_content"
            android:textSize="30sp"
            android:text="@string/painting" />

        <Button
            android:id="@+id/btnOK"
            android:layout_width="match_parent"
            android:layout_height="wrap_content"
            android:text="@string/btn_ok" />

        <TextView
            android:id="@+id/txtHobby"
            android:layout_width="wrap_content"
            android:layout_height="wrap_content" />

    </LinearLayout>

</ScrollView>
```

程序文件：

```
public class MainActivity extends Activity {
```

```
private CheckBox mChkBoxMusic, mChkBoxSing, mChkBoxDance,
            mChkBoxTravel, mChkBoxReading, mChkBoxWriting,
            mChkBoxClimbing, mChkBoxSwim, mChkBoxExercise,
            mChkBoxFitness, mChkBoxPhoto, mChkBoxEating,
            mChkBoxPainting;
private Button mBtnOK;
private TextView mTxtHobby;

@Override
protected void onCreate(Bundle savedInstanceState) {
    super.onCreate(savedInstanceState);
    setContentView(R.layout.activity_main);

    // 从界面布局文件中取得界面组件
    mChkBoxMusic = (CheckBox)findViewById(R.id.chkBoxMusic);
    mChkBoxSing = (CheckBox)findViewById(R.id.chkBoxSing);
    mChkBoxDance = (CheckBox)findViewById(R.id.chkBoxDance);
    mChkBoxTravel = (CheckBox)findViewById(R.id.chkBoxTravel);
    mChkBoxReading = (CheckBox)findViewById(R.id.chkBoxReading);
    mChkBoxWriting = (CheckBox)findViewById(R.id.chkBoxWriting);
    mChkBoxClimbing = (CheckBox)findViewById(R.id.chkBoxClimbing);
    mChkBoxSwim = (CheckBox)findViewById(R.id.chkBoxSwim);
    mChkBoxExercise = (CheckBox)findViewById(R.id.chkBoxExercise);
    mChkBoxFitness = (CheckBox)findViewById(R.id.chkBoxFitness);
    mChkBoxPhoto = (CheckBox)findViewById(R.id.chkBoxPhoto);
    mChkBoxEating = (CheckBox)findViewById(R.id.chkBoxEating);
    mChkBoxPainting = (CheckBox)findViewById(R.id.chkBoxPainting);
    mBtnOK = (Button)findViewById(R.id.btnOK);
    mTxtHobby = (TextView)findViewById(R.id.txtHobby);

    // 设置 button 组件的事件 listener
    mBtnOK.setOnClickListener(btnOKOnClick);
}

@Override
public boolean onCreateOptionsMenu(Menu menu) {
    // Inflate the menu; this adds items to the action bar if it is
   present.
    getMenuInflater().inflate(R.menu.main, menu);
    return true;
}

private View.OnClickListener btnOKOnClick = new View.OnClickListener() {

    @Override
    public void onClick(View v) {
        // TODO Auto-generated method stub
        String s = getString(R.string.your_hobby);

        if (mChkBoxMusic.isChecked())
```

```
            s += mChkBoxMusic.getText().toString();

        if (mChkBoxSing.isChecked())
            s += mChkBoxSing.getText().toString();

        if (mChkBoxDance.isChecked())
            s += mChkBoxDance.getText().toString();

        if (mChkBoxTravel.isChecked())
            s += mChkBoxTravel.getText().toString();

        if (mChkBoxReading.isChecked())
            s += mChkBoxReading.getText().toString();

        if (mChkBoxWriting.isChecked())
            s += mChkBoxWriting.getText().toString();

        if (mChkBoxClimbing.isChecked())
            s += mChkBoxClimbing.getText().toString();

        if (mChkBoxSwim.isChecked())
            s += mChkBoxSwim.getText().toString();

        if (mChkBoxExercise.isChecked())
            s += mChkBoxExercise.getText().toString();

        if (mChkBoxFitness.isChecked())
            s += mChkBoxFitness.getText().toString();

        if (mChkBoxPhoto.isChecked())
            s += mChkBoxPhoto.getText().toString();

        if (mChkBoxEating.isChecked())
            s += mChkBoxEating.getText().toString();

        if (mChkBoxPainting.isChecked())
            s += mChkBoxPainting.getText().toString();

        mTxtHobby.setText(s);
    }
  };
}
```

Android 版本	1.X	2.X	3.X	4.X
适用性	★	★	★	★

第 17 章 LinearLayout界面编排模式

在前面已经学过的范例程序中，读者是否注意到在界面布局文件中有一个一再出现的<LinearLayout>标签，可是我们一直没有解释它的功能。之前为了把学习的注意力集中在界面组件的使用上，因此刻意将它忽略。现在总算时机成熟了，本章就让我们来一窥它的庐山真面目吧！

LinearLayout 是一种界面组件的编排方式，顾名思义它就是依照线性顺序，由上往下或者由左到右，逐一排列界面组件。我们之前所有的范例程序都是采用这种编排方式，例如以下界面布局文件的运行画面如图 17-1 所示。

```
<?xml version="1.0" encoding="utf-8"?>
<LinearLayout xmlns:android="http://schemas.android.com/apk/res/android"
    android:orientation="vertical"
    android:layout_width="match_parent"
    android:layout_height="match_parent"  >

    <TextView
        android:layout_width="match_parent"
        android:layout_height="wrap_content"
        android:text="姓名：" />

    <EditText
        android:layout_width="match_parent"
        android:layout_height="wrap_content"
        android:hint="输入姓名"  />

    <Button
        android:layout_width="wrap_content"
        android:layout_height="wrap_content"
        android:text="确定"  />

</LinearLayout>
```

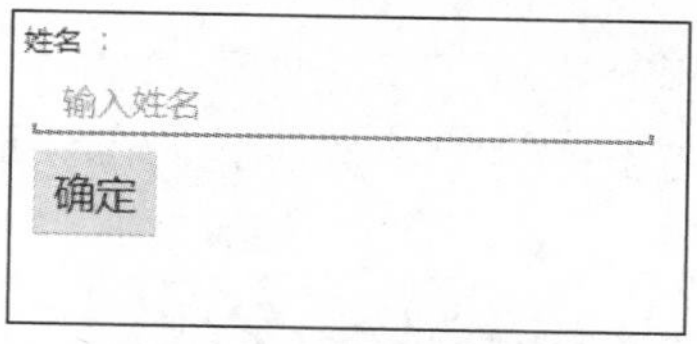

姓名：
输入姓名
确定

图 17-1　LinearLayout 界面组件编排方式

以上程序代码的运行结果和之前的所有范例程序一样，全部的界面组件都是由上往下一个接着一个排列。我们可以把 LinearLayout 标签想象成是建立一个外框，其中要放入界面组件，这个外框的大小是由 android:layout_width 和 android:layout_height 这两个属性决定。如果把属性的值设置为"match_parent"，表示要填满它所在的外框，也就是屏幕。如果把它的值设置为"wrap_content"，则表示它的大小只要满足内部所包含的界面组件即可。还有一个 android:orientation 属性用于决定界面组件的排列方向是水平还是垂直，如果我们把前面的界面布局文件范例改成水平排列，则代码如下：

```
<?xml version="1.0" encoding="utf-8"?>
<LinearLayout xmlns:android="http://schemas.android.com/apk/res/android"
    android:orientation="horizontal"
    android:layout_width="match_parent"
    android:layout_height="match_parent" >

    <TextView
        android:layout_width="wrap_content"
        android:layout_height="wrap_content"
        android:text="姓名： " />

    <EditText
        android:layout_width="wrap_content"
        android:layout_height="wrap_content"
        android:hint="输入姓名" />

    <Button
        android:layout_width="wrap_content"
        android:layout_height="wrap_content"
        android:text="确定" />

</LinearLayout>
```

以上粗体字的部分是经过修改的程序代码，除了把排列方向改成"horizontal"以外，界面组件的 android:layout_width 属性都被换成"wrap_content"，因为如果还是使用"match_parent"，那么第一个组件就会占满整个屏幕宽度，后面的组件就看不到了。以上程序代码的运行画面如图 17-2 所示。

姓名：　输入姓名　确定

图 17-2　将 LinearLayout 的 orientation 属性设置成 horizontal 的结果

既然 LinearLayout 标签可以想象成是建立一个外框，那么是不是可以在一个外框中放入另一个框呢？答案是肯定的。请读者参考以下范例，我们在 LinearLayout 标签中加入另外一个 LinearLayout 标签：

```
<?xml version="1.0" encoding="utf-8"?>
<LinearLayout xmlns:android="http://schemas.android.com/apk/res/android"
    android:orientation="vertical"
    android:layout_width="match_parent"
    android:layout_height="match_parent"  >

    <LinearLayout
        android:orientation="horizontal"
        android:layout_width="match_parent"
        android:layout_height="wrap_content"
        android:background="#ffc0c0c0"  >

        <TextView
            android:layout_width="wrap_content"
            android:layout_height="wrap_content"
            android:text="姓名： "  />

        <EditText
            android:layout_width="wrap_content"
            android:layout_height="wrap_content"
            android:hint="输入姓名"  />

    </LinearLayout>

    <Button
        android:layout_width="wrap_content"
        android:layout_height="wrap_content"
        android:text="确定"  />

</LinearLayout>
```

第一个 LinearLayout 是垂直排列，里面包含的 LinearLayout 则是水平排列，而且其中包含一个 TextView 和一个 EditText 界面组件。请读者注意它们的宽度都设置为 wrap_content，另外我们也设置第二层的 LinearLayout 的底色为灰色，让读者可以更清楚地看到它的位置，最下面的按钮则是属于第一层的 LinearLayout。另外还要请读者注意，只需要在第一个 LinearLayout 标签中设置 xmlns:android 属性即可，以上界面布局文件的运行画面如图 17-3 所示。这个范例告诉我们，可以利用多层的 LinearLayout 让界面组件同时出现不同的排列方式。

我们将以上学到的界面编排技巧应用到前面章节的“婚姻建议程序”范例，把它的操作画面改成如图 17-4 所示。若要调整程序的操作界面，只需要更改 res/layout 文件夹下的界面布局文件，不需要改变任何程序代码，以下是完整的界面布局文件。

图 17-3　使用二层 LinearLayout 的效果

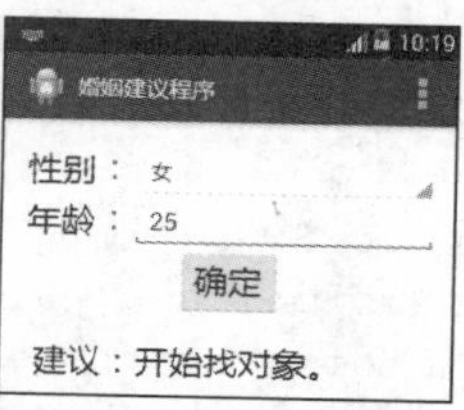

图 17-4　使用多层 LinearLayout 的“婚姻建议程序”

```
<LinearLayout xmlns:android="http://schemas.android.com/apk/res/android"
    xmlns:tools="http://schemas.android.com/tools"
    android:id="@+id/LinearLayout1"
    android:layout_width="match_parent"
    android:layout_height="match_parent"
    android:orientation="vertical"
    android:paddingBottom="@dimen/activity_vertical_margin"
    android:paddingLeft="@dimen/activity_horizontal_margin"
    android:paddingRight="@dimen/activity_horizontal_margin"
    android:paddingTop="@dimen/activity_vertical_margin"
    tools:context=".MainActivity" >

    <LinearLayout
        android:orientation="horizontal"
        android:layout_width="match_parent"
        android:layout_height="wrap_content"  >

        <TextView
            android:layout_width="wrap_content"
            android:layout_height="wrap_content"
            android:text="@string/sex"
            android:textSize="25sp" />

        <Spinner
            android:id="@+id/spnSex"
            android:layout_width="match_parent"
            android:layout_height="wrap_content"
            android:entries="@array/sex_list"
            android:spinnerMode="dialog"
            android:prompt="@string/spn_sex_list_prompt" />

    </LinearLayout>

    <LinearLayout
        android:orientation="horizontal"
        android:layout_width="match_parent"
        android:layout_height="wrap_content"  >

        <TextView
            android:layout_width="wrap_content"
            android:layout_height="wrap_content"
            android:text="@string/age"
```

```
            android:textSize="25sp" />

        <EditText
            android:id="@+id/edtAge"
            android:layout_width="match_parent"
            android:layout_height="wrap_content"
            android:ems="10"
            android:inputType="number"
            android:hint="@string/edt_age_hint" />

    </LinearLayout>

    <Button
        android:id="@+id/btnOK"
        android:layout_width="wrap_content"
        android:layout_height="wrap_content"
        android:layout_gravity="center_horizontal"
        android:text="@string/btn_ok"
        android:textSize="25sp" />

    <TextView
        android:id="@+id/txtR"
        android:layout_width="wrap_content"
        android:layout_height="wrap_content"
        android:textSize="25sp" />

</LinearLayout>
```

Android 版本	1.X	2.X	3.X	4.X
适用性	★	★	★	★

第 18 章 TableLayout界面编排模式

本章让我们来介绍另外一种界面组件的编排方式，它叫做 TableLayout。顾名思义，TableLayout 就是把界面组件依照表格的方式排列，也就是由上往下一行接着一行，而且每一个字段都上下对齐。请读者参考以下的界面布局文件，最外层是一个 TableLayout 标签，其中的每一行再用 TableRow 标签将属于这一行的界面组件包裹起来。

```
<?xml version="1.0" encoding="utf-8"?>
<TableLayout xmlns:android="http://schemas.android.com/apk/res/android"
    android:layout_width="match_parent"
    android:layout_height="match_parent"
    android:layout_gravity="center_horizontal" >

    <TableRow>
        <TextView android:text="姓名: "/>
        <TextView android:text="性别: "/>
        <TextView android:text="生日: "/>
    </TableRow>

    <TableRow>
        <EditText android:text="输入姓名"/>
        <EditText android:text="输入性别"/>
        <EditText android:text="输入生日"/>
    </TableRow>

    <Button android:text="确定"/>

</TableLayout>
```

以上界面布局文件运行后的程序画面如图 18-1 所示。

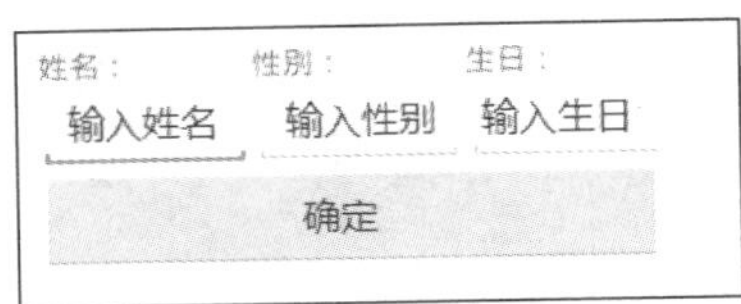

图 18-1 TableLayout 界面编排方式

在使用 TableLayout 和 TableRow 标签时要注意以下几点：

- 包裹在 TableRow 标签中的界面组件的 android:layout_width 和 android:layout_height 属性都没有作用，不管把它们的值设置为 match_parent 或者 wrap_content，都一律使用 match_parent 模式，因此可以直接把这两个属性省略如以上范例。
- 类似于 android:backgroud 设置底色的属性、android: layout_ gravity 设置对齐方式的属性和 android:layout_margin 设置组件的距离等功能的属性都可以用于 TableLayout 和 TableRow 标签。例如可以在上面范例的第一个 TableRow 标签中，在每一个 TextView 中加入 android: layout_ gravity="center_horizontal"就可以让第一行组件中的文字水平居中，如图 18-2 所示。

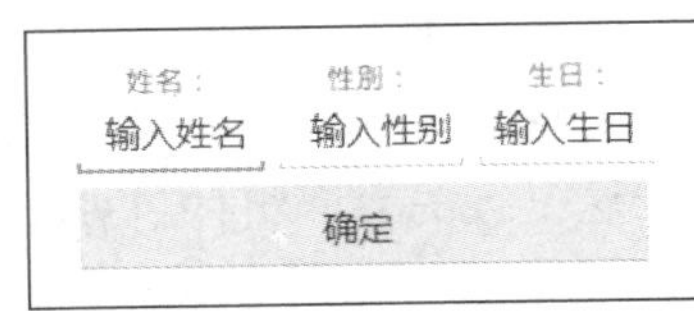

图 18-2 使用 android: layout_gravity 属性让文字水平居中对齐

- 如果 TableLayout 标签中的界面组件没有被包含在 TableRow 标签中，则该组件会自成一行，如以上范例的 Button 组件。
- 如果要让 TableRow 标签中的组件依比例使用整个 Table 的宽度，例如让以上范例的 3 个字段自动等分 Table 的宽度，可以借助 android:layout_weight 属性，它会将同一列组件所有的 weight 值求和后，再依照每一个组件的 weight 值的比例计算所占的宽度，如以下范例，它的运行画面如图 18-3 所示（第一个画面是没有使用 android:layout_weight 属性的结果，第二个画面是加入 android:layout_weight 属性后的结果）。

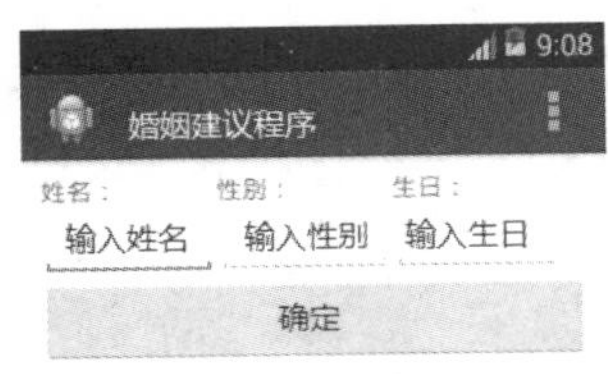

图 18-3 运行画面

```
<?xml version="1.0" encoding="utf-8"?>
<TableLayout xmlns:android="http://schemas.android.com/apk/res/android"
    android:layout_width="match_parent"
    android:layout_height="match_parent"
    android:layout_gravity="center_horizontal"
    android:layout_margin="10dp" >
```

```
    <TableRow >
        <TextView
            android:text="姓名："
            android:layout_weight="1" />
        <TextView
            android:text="性别："
            android:layout_weight="1" />
        <TextView
            android:text="生日："
            android:layout_weight="1" />
    </TableRow>

    <TableRow>
        <EditText
            android:text="输入姓名"
            android:layout_weight="1" />
        <EditText
            android:text="输入性别"
            android:layout_weight="1" />
        <EditText
            android:text="输入生日"
            android:layout_weight="1" />
    </TableRow>

    <Button android:text="确定"/>

</TableLayout>
```

- TableLayout 标签中的每一个 TableRow 内的组件都和上一个 TableRow 中的组件对齐，无法错开。如果读者希望得到如图 18-4 所示的结果，可以在 TableLayout 标签中再增加一个 TableLayout 标签，这样就可以让不同行的字段错开，如以下范例。

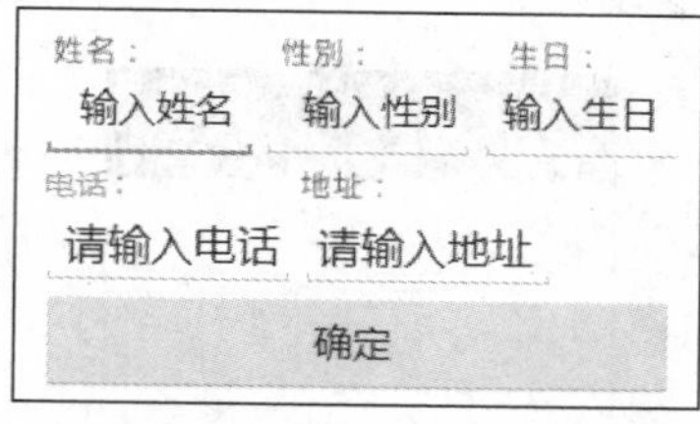

图 18-4　利用不同 TableLayout 标签让不同行的字段错开

```
<?xml version="1.0" encoding="utf-8"?>
<TableLayout xmlns:android="http://schemas.android.com/apk/res/android"
    android:layout_width="match_parent"
    android:layout_height="match_parent"
    android:layout_gravity="center_horizontal"
    android:layout_margin="10dp" >

    <TableLayout
        android:layout_width="match_parent"
```

```
        android:layout_height="wrap_content" >

        <TableRow >
            <TextView android:text="姓名: " />
            <TextView android:text="性别: " />
            <TextView android:text="生日: " />
        </TableRow>

        <TableRow>
            <EditText android:text="输入姓名" />
            <EditText android:text="输入性别" />
            <EditText android:text="输入生日" />
        </TableRow>

    </TableLayout>

    <TableRow>
        <TextView android:text="电话: "/>
        <TextView android:text="地址: "/>
    </TableRow>

    <TableRow>
        <EditText android:text="请输入电话"/>
        <EditText android:text="请输入地址"/>
    </TableRow>

    <Button android:text="确定"/>

</TableLayout>
```

最后我们将 TableLayout 界面编排模式套用到第 14 章的“婚姻建议程序”，让操作界面更加精简，最后得到如图 18-5 所示的程序界面。以下是修改后的界面布局文件，粗体字是有更改的部分，程序文件完全不需要修改。

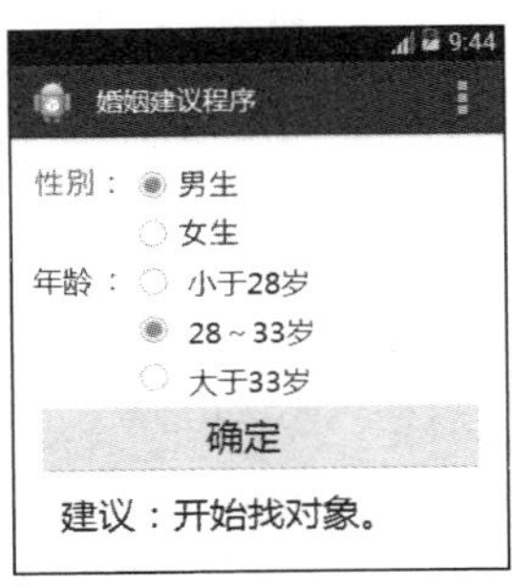

图 18-5　使用 TableLayout 界面编排方式的“婚姻建议程序”

```
<TableLayout xmlns:android="http://schemas.android.com/apk/res/android"
    xmlns:tools="http://schemas.android.com/tools"
    android:id="@+id/LinearLayout1"
    android:layout_width="match_parent"
    android:layout_height="match_parent"
```

```
android:paddingBottom="@dimen/activity_vertical_margin"
android:paddingLeft="@dimen/activity_horizontal_margin"
android:paddingRight="@dimen/activity_horizontal_margin"
android:paddingTop="@dimen/activity_vertical_margin"
tools:context=".MainActivity" >

<TableRow>

    <TextView
        android:layout_width="wrap_content"
        android:layout_height="wrap_content"
        android:textSize="20sp"
        android:text="@string/sex" />

    <RadioGroup
        android:id="@+id/radGrpSex"
        android:layout_width="wrap_content"
        android:layout_height="wrap_content"
        android:orientation="vertical"
        android:checkedButton="@+id/radBtnMale">

        <RadioButton
            android:id="@+id/radBtnMale"
            android:textSize="20sp"
            android:text="@string/male" />

        <RadioButton
            android:id="@+id/radBtnFemale"
            android:textSize="20sp"
            android:text="@string/female" />

    </RadioGroup>

</TableRow>

<TableRow>

    <TextView
        android:layout_width="wrap_content"
        android:layout_height="wrap_content"
        android:textSize="20sp"
        android:text="@string/age" />

    <RadioGroup
        android:id="@+id/radGrpAge"
        android:layout_width="wrap_content"
        android:layout_height="wrap_content"
        android:orientation="vertical"
        android:checkedButton="@+id/radBtnAgeRange1">

        <RadioButton
```

```
                android:id="@+id/radBtnAgeRange1"
                android:textSize="20sp"
                android:text="@string/male_age_range1" />

            <RadioButton
                android:id="@+id/radBtnAgeRange2"
                android:textSize="20sp"
                android:text="@string/male_age_range2" />

            <RadioButton
                android:id="@+id/radBtnAgeRange3"
                android:textSize="20sp"
                android:text="@string/male_age_range3" />

        </RadioGroup>

    </TableRow>

    <Button
        android:id="@+id/btnOK"
        android:layout_width="wrap_content"
        android:layout_height="wrap_content"
        android:layout_gravity="center_horizontal"
        android:text="@string/btn_ok"
        android:textSize="25sp" />

    <TextView
        android:id="@+id/txtR"
        android:layout_width="wrap_content"
        android:layout_height="wrap_content"
        android:textSize="25sp" />

</TableLayout>
```

Android 版本	1.X	2.X	3.X	4.X
适用性	★	★	★	★

第 19 章 RelativeLayout界面编排模式

RelativeLayout 是所谓的相对编排模式，也就是说界面组件之间是利用指定相对的位置关系来决定它们的排列顺序。既然要指定界面组件之间的相对位置，就必须能够识别每一个组件，所以必须为每一个组件指定 id 名称。让我们先看一个简单的范例。

```
<?xml version="1.0" encoding="utf-8"?>
<RelativeLayout xmlns:android="http://schemas.android.com/apk/res/android"
    android:layout_width="match_parent"
    android:layout_height="match_parent"
    android:layout_gravity="center_horizontal" >

    <TextView android:id="@+id/txt1"
        android:layout_width="wrap_content"
        android:layout_height="wrap_content"
        android:text="txt1"/>

    <TextView android:id="@+id/txt2"
        android:layout_width="wrap_content"
        android:layout_height="wrap_content"
        android:text="txt2"
        android:layout_toRightOf="@id/txt1"/>

    <EditText android:id="@+id/edt1"
        android:layout_width="wrap_content"
        android:layout_height="wrap_content"
        android:text="edt1"
        android:layout_below="@id/txt1"/>

    <EditText android:id="@+id/edt2"
        android:layout_width="wrap_content"
        android:layout_height="wrap_content"
        android:text="edt2"
        android:layout_toRightOf="@id/edt1"/>
```

```
    <Button android:id="@+id/btn1"
        android:layout_width="wrap_content"
        android:layout_height="wrap_content"
        android:text="btn1"
        android:layout_below="@id/edt1"/>

</RelativeLayout>
```

请读者注意粗体字的程序代码，首先我们换成使用 RelativeLayout 标签，然后先建立一个 TextView 组件（名为 txt1）。下一个 TextView 组件的名称为 txt2，并指定它在 txt1 的右边（使用 android:layout_toRightOf 属性）。然后是第 3 个组件，名为 edt1，并指定它在 txt1 的下方（使用 android:layout_below 属性）。第 4 个组件是 edt2，它在 edt1 的右边。最后一个是 Button 组件，名为 btn1，它在 edt1 的下方，这个界面布局文件的运行结果如图 19-1 所示。

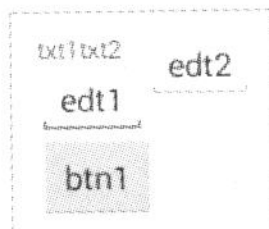

图 19-1　RelativeLayout 界面编排方式

读者可以看出这个结果不太令人满意，其中最大的问题是两个 EditText 组件出现一高一低没有对齐的情况，这是因为上面的范例只有指定组件之间的相对位置，而没有指定如何对齐。也就是说，在 RelativeLayout 编排模式下，必须同时指定组件的相对位置以及如何对齐。指定对齐的方式是利用 align 相关属性，如果我们在 edt2 组件的标签中加上下列的属性设置，就会得到如图 19-2 所示的结果，我们将设置相对位置和对齐方式的相关属性，整理后列出如表 19-1 所示。

```
android:layout_alignTop="@id/edt1"
```

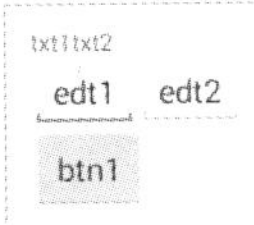

图 19-2　RelativeLayout 编排方式加上 align 属性的效果

表 19-1　设置相对位置和对齐方式的属性

属性类	属性名称	属性值	说明
指定相对位置	layout_toLeftOf	"@id/某一个界面组件 id 名称"	置于指定界面组件的左边
	layout_toRightOf	"@id/某一个界面组件 id 名称"	置于指定界面组件的右边
	layout_toStartOf	"@id/某一个界面组件 id 名称"	置于指定界面组件的开头
	layout_toEndOf	"@id/某一个界面组件 id 名称"	置于指定界面组件的结尾
	layout_above	"@id/某一个界面组件 id 名称"	置于指定界面组件的上方
	layout_below	"@id/某一个界面组件 id 名称"	置于指定界面组件的下方

（续表）

属性类	属性名称	属性值	说明
指定对齐方式	layout_alignLeft	"@id/某一个界面组件 id 名称"	和指定界面组件的左边对齐
	layout_alignRight	"@id/某一个界面组件 id 名称"	和指定界面组件的右边对齐
	layout_alignTop	"@id/某一个界面组件 id 名称"	和指定界面组件的上缘对齐
	layout_alignBottom	"@id/某一个界面组件 id 名称"	和指定界面组件的下缘对齐
	layout_alignStart	"@id/某一个界面组件 id 名称"	和指定界面组件的开头对齐
	layout_alignEnd	"@id/某一个界面组件 id 名称"	和指定界面组件的结尾对齐
	layout_alignBaseLine	"@id/某一个界面组件 id 名称"	和指定界面组件的中心线对齐
	layout_alignParentLeft	"true"或"false"	对齐它所在的外框左边
	layout_alignParentRight	"true"或"false"	对齐它所在的外框右边
	layout_alignParentTop	"true"或"false"	对齐它所在的外框上缘
	layout_alignParentBottom	"true"或"false"	对齐它所在的外框下缘
	layout_alignParentStart	"true"或"false"	对齐它所在的外框的开头
	layout_alignParentEnd	"true"或"false"	对齐它所在的外框的结尾
	layout_centerHorizontal	"true"或"false"	水平居中
	layout_centerVertical	"true"或"false"	垂直居中
	layout_centerInParent	"true"或"false"	水平和垂直皆置中

使用 RelativeLayout 编排模式时要注意，最先声明的界面组件会放在屏幕的左上方，如果后面建立的界面组件位置是在第一个界面组件的左边或者上方，那么就会看不到这个界面组件，例如以下范例将看不到 edt1 组件。这个问题有两种解决方法：第一个是让 txt1 不要在屏幕的左上方，例如可以利用 android:layout_center 属性让 txt1 对齐屏幕中央；第二个解决方法是调整界面组件声明的次序，例如把 edt1 组件放到前面声明，然后指定 txt1 组件置于 edt1 下方。

```
<?xml version="1.0" encoding="utf-8"?>
<RelativeLayout xmlns:android="http://schemas.android.com/apk/res/android"
    android:layout_width="match_parent"
    android:layout_height="match_parent" >

    <TextView android:id="@+id/txt1"
        android:layout_width="wrap_content"
        android:layout_height="wrap_content"
        android:text="txt1"/>

    <EditText android:id="@+id/edt1"
        android:layout_width="wrap_content"
        android:layout_height="wrap_content"
        android:text="edt1"
        android:layout_above="@id/txt1"/>
```

```
</RelativeLayout>
```

最后我们利用以上介绍的 RelativeLayout 编排技巧，将图 19-1 的界面组件做最适当的编排，得到如图 19-3 所示的结果。读者可以看到我们将 txt1 和 edt1 的左边对齐，txt2 和 edt2 的左边也对齐。要达到这样的结果必须调整界面组件的声明次序才能符合上述两个规定，修改后的界面布局文件如下。

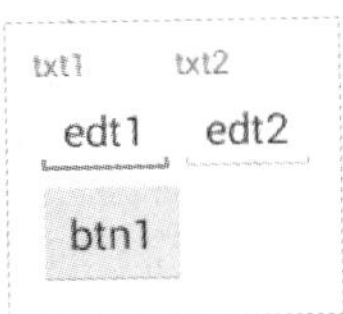

图 19-3　将图 19-1 的界面组件做适当编排后的结果

```
<?xml version="1.0" encoding="utf-8"?>
<RelativeLayout xmlns:android="http://schemas.android.com/apk/res/android"
    android:layout_width="400dp"
    android:layout_height="match_parent"
    android:layout_gravity="center_horizontal" >

    <TextView android:id="@+id/txt1"
        android:layout_width="wrap_content"
        android:layout_height="wrap_content"
        android:text="txt1"/>

    <EditText android:id="@+id/edt1"
        android:layout_width="wrap_content"
        android:layout_height="wrap_content"
        android:text="edt1"
        android:layout_below="@id/txt1"/>

    <EditText android:id="@+id/edt2"
        android:layout_width="wrap_content"
        android:layout_height="wrap_content"
        android:text="edt2"
        android:layout_toRightOf="@id/edt1"
        android:layout_alignTop="@id/edt1"/>

    <TextView android:id="@+id/txt2"
        android:layout_width="wrap_content"
        android:layout_height="wrap_content"
        android:text="txt2"
        android:layout_above="@id/edt2"
        android:layout_alignLeft="@id/edt2"/>

    <Button android:id="@+id/btn1"
        android:layout_width="wrap_content"
        android:layout_height="wrap_content"
        android:text="btn1"
```

```
        android:layout_below="@id/edt1"/>

</RelativeLayout>
```

接下来我们利用 RelativeLayout 界面编排模式来完成一个“电脑猜拳游戏”程序，要完成这个计算机游戏必须考虑下列几点：

- 我们必须设计一个简单清楚的界面，让玩家可以任意选择出剪刀、石头或者布。
- 计算机必须能够自行决定出拳，而且没有规则性，否则玩家便有可能破解。
- 游戏画面必须简单，而且易于理解。

首先考虑玩家出拳的操作方式，基本上剪刀、石头、布是一种三选一的单选模式。我们在前面的章节中已经学过 Spinner 下拉列表框和 RadioGroup 单选列表，这两种界面组件都可以提供多选一的功能。但是如果使用这两种界面组件，用户在单击之后，还要再单击下一个按钮才会开始运行程序。如果我们将剪刀、石头、布做成一个独立的按钮，那么用户只要单击其中一个按钮就可完成出拳的动作，在操作上更简单。

接下来是考虑计算机的出拳方式，要让计算机不规则地出拳需要使用“随机数”功能。所谓“随机数”是一群出现次序不规则的数，也就是随机产生的数字。因为随机数不规则的特性，我们无法借助观察过去的结果来预测未来（像是大乐透）。随机数经常用来模拟一些随机的结果，例如游戏常用的丢骰子。在 Java 程序中可以调用 Math.random()方法随机产生一个介于 0 和 1 之间的小数（可能是 0，但是永远小于 1），我们可以利用乘法把这个小数放大再转换成整型，请读者参考以下程序代码：

```
int iRan = (int)(Math.random()*6 + 1);
```

以上的公式会使 iRan 的值永远是介于 1 ~ 6 之间的一个整数，这不就是我们掷一颗骰子的结果吗？在猜拳游戏中，我们可以用 1、2、3 分别代表剪刀、石头和布，因此我们需要的是 1 ~ 3 之间的整数，那么只要将上面公式中的 6 改成 3 即可。

最后我们必须考虑整个游戏画面的设计，包括如何排列剪刀、石头、布三个按钮，以及如何显示电脑出拳的结果、如何显示输赢的判断等。为了让游戏画面富有变化，我们可以使用 RelativeLayout 编排模式，请读者参考图 19-4 的游戏操作画面，其中的字体大小、颜色、界面组件排列的顺序和位置都经过仔细的调整，以符合清楚、美观的原则。这个游戏画面的界面布局文件如下，其中使用到许多前面已经学过的组件属性，请读者自行查阅。

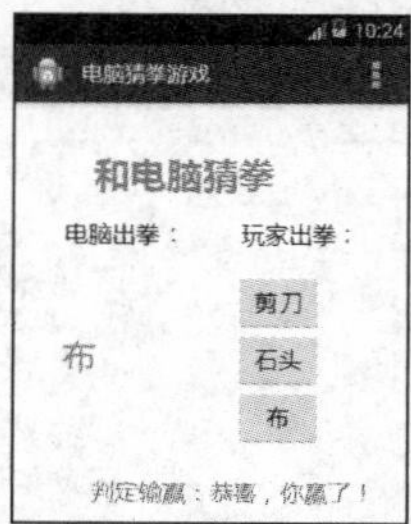

图 19-4　“电脑猜拳游戏”的操作画面

界面布局文件 res/layout/activity_main.xml：

```
<?xml version="1.0" encoding="utf-8"?>
<RelativeLayout xmlns:android="http://schemas.android.com/apk/res/android"
    android:layout_width="400dp"
    android:layout_height="match_parent"
    android:layout_gravity="center_horizontal" >

    <TextView android:id="@+id/txtTitle"
        android:layout_width="wrap_content"
        android:layout_height="wrap_content"
        android:text="@string/prompt_title"
        android:textSize="40sp"
        android:textColor="#FF00FF"
        android:textStyle="bold"
        android:layout_centerHorizontal="true"
        android:paddingLeft="20dp"
        android:paddingRight="20dp"
        android:layout_marginTop="20dp"
        android:layout_marginBottom="20dp" />

    <TextView android:id="@+id/txtCom"
        android:layout_width="wrap_content"
        android:layout_height="wrap_content"
        android:text="@string/prompt_com_play"
        android:layout_below="@id/txtTitle"
        android:layout_alignLeft="@id/txtTitle"
        android:textSize="20sp"
        android:layout_marginBottom="20dp" />

    <TextView android:id="@+id/txtMyPlay"
        android:layout_width="wrap_content"
        android:layout_height="wrap_content"
        android:text="@string/prompt_my_play"
        android:layout_below="@id/txtTitle"
        android:layout_alignRight="@id/txtTitle"
        android:textSize="20sp"
        android:layout_marginBottom="20dp" />

    <Button android:id="@+id/btnScissors"
        android:layout_width="wrap_content"
        android:layout_height="wrap_content"
        android:text="@string/play_scissors"
        android:layout_below="@id/txtMyPlay"
        android:layout_alignLeft="@id/txtMyPlay"
        android:textSize="20sp"
        android:paddingLeft="15dp"
        android:paddingRight="15dp" />

    <TextView android:id="@+id/txtComPlay"
```

```
        android:layout_width="wrap_content"
        android:layout_height="wrap_content"
        android:layout_below="@id/btnScissors"
        android:layout_alignLeft="@id/txtCom"
        android:textSize="30sp"
        android:textColor="#FF00FF" />

    <Button android:id="@+id/btnStone"
        android:layout_width="wrap_content"
        android:layout_height="wrap_content"
        android:text="@string/play_stone"
        android:layout_below="@id/btnScissors"
        android:layout_alignLeft="@id/btnScissors"
        android:textSize="20sp"
        android:paddingLeft="15dp"
        android:paddingRight="15dp" />

    <Button android:id="@+id/btnPaper"
        android:layout_width="wrap_content"
        android:layout_height="wrap_content"
        android:text="@string/play_paper"
        android:layout_below="@id/btnStone"
        android:layout_alignLeft="@id/btnStone"
        android:textSize="20sp"
        android:paddingLeft="25dp"
        android:paddingRight="25dp" />

    <TextView android:id="@+id/txtResult"
        android:layout_width="wrap_content"
        android:layout_height="wrap_content"
        android:text="@string/result"
        android:layout_below="@id/btnPaper"
        android:layout_alignLeft="@id/txtCom"
        android:textSize="20sp"
        android:textColor="#0000FF"
        android:layout_marginTop="20dp" />

</RelativeLayout>
```

接下来我们列出完整的字符串资源文件和程序代码，当用户单击“剪刀”、“石头”或者“布”按钮之后，程序会以随机数决定电脑出拳，然后显示计算机的出拳并决定胜负，最后显示输赢的判定结果。程序代码中的重点部分特别用粗体字标识，以方便读者参考。

字符串资源文件 res/values/strings.xml：

```
<?xml version="1.0" encoding="utf-8"?>
<resources>

    <string name="app_name">电脑猜拳游戏</string>
    <string name="action_settings">Settings</string>
    <string name="prompt_com_play">电脑出拳：</string>
```

```
    <string name="prompt_my_play">玩家出拳：</string>
    <string name="play_scissors">剪刀</string>
    <string name="play_stone">石头</string>
    <string name="play_paper">布</string>
    <string name="player_win">恭喜，你赢了！</string>
    <string name="player_lose">很可惜，你输了！</string>
    <string name="player_draw">双方平手！</string>
    <string name="prompt_title">和电脑猜拳</string>
    <string name="result">判定输赢：</string>

</resources>
```

程序文件：

```
public class MainActivity extends Activity {

    private TextView mTxtComPlay, mTxtResult;
    private Button mBtnScissors, mBtnStone, mBtnPaper;

    @Override
    protected void onCreate(Bundle savedInstanceState) {
        super.onCreate(savedInstanceState);
        setContentView(R.layout.activity_main);

        mTxtComPlay = (TextView)findViewById(R.id.txtComPlay);
        mTxtResult = (TextView)findViewById(R.id.txtResult);
        mBtnScissors = (Button)findViewById(R.id.btnScissors);
        mBtnStone = (Button)findViewById(R.id.btnStone);
        mBtnPaper = (Button)findViewById(R.id.btnPaper);

        mBtnScissors.setOnClickListener(btnScissorsOnClick);
        mBtnStone.setOnClickListener(btnStoneOnClick);
        mBtnPaper.setOnClickListener(btnPaperOnClick);
    }

    @Override
    public boolean onCreateOptionsMenu(Menu menu) {
        // Inflate the menu; this adds items to the action bar if it is
        present.
        getMenuInflater().inflate(R.menu.main, menu);
        return true;
    }

    private Button.OnClickListener btnScissorsOnClick =
  new Button.OnClickListener() {
            public void onClick(View v) {
                // 决定电脑出拳.
                int iComPlay = (int)(Math.random()*3 + 1);

                // 1 - 剪刀, 2 - 石头, 3 - 布.
                if (iComPlay == 1) {
```

```
                mTxtComPlay.setText(R.string.play_scissors);
                mTxtResult.setText(getString(R.string.result) +
                                getString(R.string.player_draw));
            }
            else if (iComPlay == 2) {
                mTxtComPlay.setText(R.string.play_stone);
                mTxtResult.setText(getString(R.string.result) +
                        getString(R.string.player_lose));
            }
            else {
                mTxtComPlay.setText(R.string.play_paper);
                mTxtResult.setText(getString(R.string.result) +
                        getString(R.string.player_win));
            }
        }
    };

    private Button.OnClickListener btnStoneOnClick =
new Button.OnClickListener() {
        public void onClick(View v) {
            // 决定电脑出拳.
            int iComPlay = (int)(Math.random()*3 + 1);

            // 1 - 剪刀, 2 - 石头, 3 - 布.
            if (iComPlay == 1) {
                mTxtComPlay.setText(R.string.play_scissors);
                mTxtResult.setText(getString(R.string.result) +
                        getString(R.string.player_win));
            }
            else if (iComPlay == 2) {
                mTxtComPlay.setText(R.string.play_stone);
                mTxtResult.setText(getString(R.string.result) +
                        getString(R.string.player_draw));
            }
            else {
                mTxtComPlay.setText(R.string.play_paper);
                mTxtResult.setText(getString(R.string.result) +
                        getString(R.string.player_lose));
            }
        }
    };

    private View.OnClickListener btnPaperOnClick =
new View.OnClickListener() {
        public void onClick(View v) {
            // 决定电脑出拳.
            int iComPlay = (int)(Math.random()*3 + 1);

            // 1 - 剪刀, 2 - 石头, 3 - 布.
            if (iComPlay == 1) {
                mTxtComPlay.setText(R.string.play_scissors);
```

```
                mTxtResult.setText(getString(R.string.result) +
                        getString(R.string.player_lose));
            }
            else if (iComPlay == 2) {
                mTxtComPlay.setText(R.string.play_stone);
                mTxtResult.setText(getString(R.string.result) +
                        getString(R.string.player_win));
            }
            else {
                mTxtComPlay.setText(R.string.play_paper);
                mTxtResult.setText(getString(R.string.result) +
                        getString(R.string.player_draw));
            }
        }
    };
}
```

第4部分

图像界面组件与动画效果

Android 版本	1.X	2.X	3.X	4.X
适用性	★	★	★	★

第 20 章 ImageButton 和ImageView界面组件

ImageButton 界面组件和前面介绍过的 Button 组件功能完全相同，唯一的差别是 Button 组件上显示的是文字，ImageButton 组件上显示的是图像，因此 ImageButton 让我们可以利用比较生动有趣的方式来表示按钮。ImageButton 组件使用的图像必须置于项目的 res/drawable 文件夹中（事实上在程序项目中有许多文件夹都是以 drawable 开头，这些 drawable 文件夹是给不同屏幕大小的手机或平板电脑使用，在后续章节中会进一步说明如何让 App 支持多种屏幕尺寸）。程序项目的图像文件格式可以是 png、jpg、gif、bmp 或 webp。举例来说，我们可以在项目的 res/layout 文件夹中的界面布局文件中增加一个 ImageButton 组件如下：

```
<ImageButton
    android:id="@+id/imgBtn"
    android:layout_width="wrap_content"
    android:layout_height="wrap_content"
    android:src="@drawable/图像文件名" />
```

每个 ImageButton 组件都必须指定一个 id，以便在程序中使用该 ImageButton，android:src 属性则用来设置它显示的图像。我们必须在程序中建立并设置 ImageButton 的 OnClickListener 对象，就像之前使用 Button 组件时一样，这样当用户按下 ImageButton 时，就会运行 OnClickListener 对象中的程序代码。

ImageButton 的目的是让按钮看起来比较生动有趣，如果程序只是要显示图像以供用户观看，就必须使用 ImageView 组件。ImageView 组件同样是使用 android:src 属性设置要显示的图像文件，请参考以下范例：

```
<ImageView
    android:id="@+id/imgView"
    android:layout_width="wrap_content"
    android:layout_height="wrap_content"
```

```
        android:src="@drawable/图像文件名" />
```

如果程序运行的过程中需要改变 ImageView 组件上显示的图像，可以调用 ImageView 的 setImageResource()方法，该方法可以从项目的资源类 R 中加载指定的图像文件。

Eclipse 操作技巧

资源类 R 中的图像文件都是对应到程序项目的 res/drawable 文件夹中的文件，如果使用 Windows 文件管理器在该文件夹中新建或是删除文件，必须在 Eclipse 左边的项目查看窗格中选定该程序项目，然后选择主菜单中的 File>Refresh 来更新资源类 R 的内容。

接下来我们将利用 ImageButton 和 ImageView 组件，帮助在前面章节中完成的“电脑猜拳游戏”程序进行操作界面的美化，也就是把画面中的“剪刀”、“石头”、“布”等文字换成用图像表示，图 20-1 是修改后的程序画面，以下列出完整的界面布局文件和程序文件，粗体字表示经过修改的部分。在界面布局文件中主要是把原来的 Button 改成 ImageButton，并设置适当的图像文件，另外再将电脑出拳的结果换成用 ImageView 组件显示，在程序文件中也只是更改和界面显示相关的部分，程序的运算逻辑并没有改变。

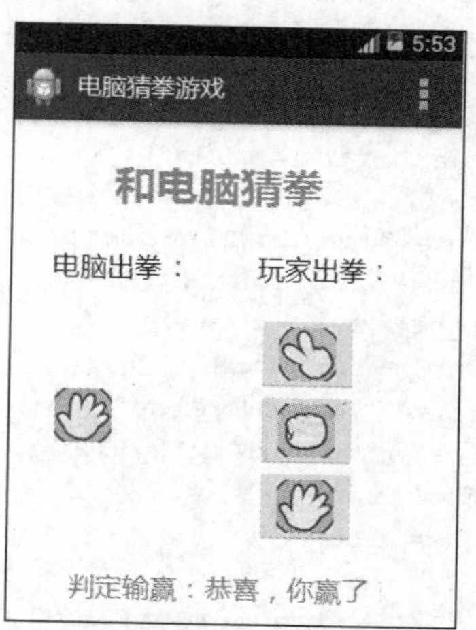

图 20-1　“电脑猜拳游戏”操作画面

界面布局文件 res/layout/activity_main.xml：

```
<?xml version="1.0" encoding="utf-8"?>
<RelativeLayout xmlns:android="http://schemas.android.com/apk/res/android"
    android:layout_width="400dp"
    android:layout_height="match_parent"
    android:layout_gravity="center_horizontal" >

    <TextView android:id="@+id/txtTitle"
        android:layout_width="wrap_content"
        android:layout_height="wrap_content"
        android:text="@string/prompt_title"
        android:textSize="40sp"
```

```
    android:textColor="#FF00FF"
    android:textStyle="bold"
    android:layout_centerHorizontal="true"
    android:paddingLeft="20dp"
    android:paddingRight="20dp"
    android:layout_marginTop="20dp"
    android:layout_marginBottom="20dp" />

<TextView android:id="@+id/txtCom"
    android:layout_width="wrap_content"
    android:layout_height="wrap_content"
    android:text="@string/prompt_com_play"
    android:layout_below="@id/txtTitle"
    android:layout_alignLeft="@id/txtTitle"
    android:textSize="20sp"
    android:layout_marginBottom="20dp" />

<TextView android:id="@+id/txtMyPlay"
    android:layout_width="wrap_content"
    android:layout_height="wrap_content"
    android:text="@string/prompt_my_play"
    android:layout_below="@id/txtTitle"
    android:layout_alignRight="@id/txtTitle"
    android:textSize="20sp"
    android:layout_marginBottom="20dp" />

<ImageButton android:id="@+id/imgBtnScissors"
    android:layout_width="wrap_content"
    android:layout_height="wrap_content"
    android:src="@drawable/scissors"
    android:layout_below="@id/txtMyPlay"
    android:layout_alignLeft="@id/txtMyPlay"
    android:paddingLeft="15dp"
    android:paddingRight="15dp" />

<ImageView android:id="@+id/imgViewComPlay"
    android:layout_width="wrap_content"
    android:layout_height="wrap_content"
    android:layout_below="@id/imgBtnScissors"
    android:layout_alignLeft="@id/txtCom" />

<ImageButton android:id="@+id/imgBtnStone"
    android:layout_width="wrap_content"
    android:layout_height="wrap_content"
    android:src="@drawable/stone"
    android:layout_below="@id/imgBtnScissors"
    android:layout_alignLeft="@id/imgBtnScissors"
    android:paddingLeft="15dp"
    android:paddingRight="15dp" />

<ImageButton android:id="@+id/imgBtnPaper"
```

```
        android:layout_width="wrap_content"
        android:layout_height="wrap_content"
        android:src="@drawable/paper"
        android:layout_below="@id/imgBtnStone"
        android:layout_alignLeft="@id/imgBtnStone"
        android:paddingLeft="15dp"
        android:paddingRight="15dp" />

    <TextView android:id="@+id/txtResult"
        android:layout_width="wrap_content"
        android:layout_height="wrap_content"
        android:text="@string/result"
        android:layout_below="@id/imgBtnPaper"
        android:layout_alignLeft="@id/txtCom"
        android:textSize="20sp"
        android:textColor="#0000FF"
        android:layout_marginTop="20dp" />

</RelativeLayout>
```

程序文件：

```
public class MainActivity extends Activity {

    private TextView mTxtResult;
    private ImageView mImgViewComPlay;
    private ImageButton mImgBtnScissors, mImgBtnStone, mImgBtnPaper;

    @Override
    protected void onCreate(Bundle savedInstanceState) {
        super.onCreate(savedInstanceState);
        setContentView(R.layout.activity_main);

        mImgViewComPlay = (ImageView)findViewById(R.id.imgViewComPlay);
        mTxtResult = (TextView)findViewById(R.id.txtResult);
        mImgBtnScissors = (ImageButton)findViewById(R.id.imgBtnScissors);
        mImgBtnStone = (ImageButton)findViewById(R.id.imgBtnStone);
        mImgBtnPaper = (ImageButton)findViewById(R.id.imgBtnPaper);

        mImgBtnScissors.setOnClickListener(imgBtnScissorsOnClick);
        mImgBtnStone.setOnClickListener(imgBtnStoneOnClick);
        mImgBtnPaper.setOnClickListener(imgBtnPaperOnClick);
    }

    @Override
    public boolean onCreateOptionsMenu(Menu menu) {
        // Inflate the menu; this adds items to the action bar if it is
      present.
        getMenuInflater().inflate(R.menu.main, menu);
        return true;
    }
```

```
    private View.OnClickListener imgBtnScissorsOnClick =
new View.OnClickListener() {
        public void onClick(View v) {
            // 决定电脑出拳.
            int iComPlay = (int)(Math.random()*3 + 1);

            // 1 - 剪刀, 2 - 石头, 3 - 布.
            if (iComPlay == 1) {
                mImgViewComPlay.setImageResource(R.drawable.scissors);
                mTxtResult.setText(getString(R.string.result) +
                            getString(R.string.player_draw));
            }
            else if (iComPlay == 2) {
                mImgViewComPlay.setImageResource(R.drawable.stone);
                mTxtResult.setText(getString(R.string.result) +
                        getString(R.string.player_lose));
            }
            else {
                mImgViewComPlay.setImageResource(R.drawable.paper);
                mTxtResult.setText(getString(R.string.result) +
                        getString(R.string.player_win));
            }
        }
    };

    private View.OnClickListener imgBtnStoneOnClick =
new View.OnClickListener() {
        public void onClick(View v) {
            // 决定电脑出拳.
            int iComPlay = (int)(Math.random()*3 + 1);

            // 1 - 剪刀, 2 - 石头, 3 - 布.
            if (iComPlay == 1) {
                mImgViewComPlay.setImageResource(R.drawable.scissors);
                mTxtResult.setText(getString(R.string.result) +
                        getString(R.string.player_win));
            }
            else if (iComPlay == 2) {
                mImgViewComPlay.setImageResource(R.drawable.stone);
                mTxtResult.setText(getString(R.string.result) +
                        getString(R.string.player_draw));
            }
            else {
                mImgViewComPlay.setImageResource(R.drawable.paper);
                mTxtResult.setText(getString(R.string.result) +
                        getString(R.string.player_lose));
            }
        }
    };
```

```
    private View.OnClickListener imgBtnPaperOnClick =
new View.OnClickListener() {
        public void onClick(View v) {
            // 决定电脑出拳.
            int iComPlay = (int)(Math.random()*3 + 1);

            // 1 - 剪刀, 2 - 石头, 3 - 布.
            if (iComPlay == 1) {
                mImgViewComPlay.setImageResource(R.drawable.scissors);
                mTxtResult.setText(getString(R.string.result) +
                        getString(R.string.player_lose));
            }
            else if (iComPlay == 2) {
                mImgViewComPlay.setImageResource(R.drawable.stone);
                mTxtResult.setText(getString(R.string.result) +
                        getString(R.string.player_win));
            }
            else {
                mImgViewComPlay.setImageResource(R.drawable.paper);
                mTxtResult.setText(getString(R.string.result) +
                        getString(R.string.player_draw));
            }
        }
    };
}
```

Android 版本	1.X	2.X	3.X	4.X
适用性	★	★	★	★

第 21 章 ImageSwitcher和GridView界面组件

拍照已经是每一部手机和平板电脑的必备功能，为了能够浏览照片，手机和平板电脑都会内置图像浏览程序。其实 Android SDK 本身就提供许多用来显示图像的界面组件，上一章介绍的 ImageView 和 ImageButton 就是两个例子。本章我们再接再厉，继续介绍两个和图像相关的界面组件，并利用它们完成一个可以浏览照片的“图像画廊”程序。

“图像画廊”程序需要用到两个新的组件，也就是 GridView 和 ImageSwitcher。GridView 组件可以提供浏览图像缩图的功能，请读者参考图 21-1，这个画面就是利用 GridView 组件建立的，它可以把程序画面切割成许多小格子，每个小格子都显示一张图像缩图。除了需要浏览图像缩图的组件之外，还要搭配一个可以显示正常图像的组件。虽然上一章学过的 ImageView 具备这样的功能，但是本章我们要使用一个更有趣的图像组件，那就是 ImageSwitcher。顾名思义 ImageSwitcher 就是一个图像切换器，它其实就是 ImageView 组件，但是它比 ImageView 更厉害的是能够做出转场的效果，也就是切换图像的时候，它可以做出类似 PowerPoint 切换幻灯片的特效，例如淡入淡出（fade in/fade out）的效果。图 21-2 就是本章要完成的“图像画廊”程序的运行画面，下方较大的图像就是 ImageSwitcher 组件，上方浏览缩图的区域是 GridView 组件。用户可以在 GridView 组件中上下滚动画面，单击某一张照片之后，该照片就会显示在下方的 ImageSwitcher 组件中，在显示的过程中会播放切换图像的动画效果，接下来我们先介绍如何在程序中使用 GridView 组件。

图 21-1　GridView 界面组件的运行画面

图 21-2　“图像画廊”程序的操作画面

21-1　GridView 组件的用法

在程序项目中使用 GridView 界面组件需要完成以下步骤：

步骤 01　打开程序项目的 res/layout 文件夹中的界面布局文件，然后建立一个 GridView 组件标签，并设置好 id 和相关属性如下，其中的 android:numColumns 属性用于设置要在 GridView 中建立几个字段。

```
<GridView
    android:id="@+id/gridView"
    android:layout_width="match_parent"
    android:layout_height="match_parent"
    android:numColumns="3" />
```

编辑好界面布局文件之后，接下来是修改程序文件。首先我们必须新增一个继承 BaseAdapter 的新类，我们可以将它取名为 ImageAdapter，这个类的功能是管理图像缩图数组，并提供给 GridView 组件使用。

步骤 02　在 Eclipse 左边的项目查看窗格中单击程序项目的 src/（套件路径名称）。

步骤 03　在该套件名称上单击鼠标右键，在弹出的快捷菜单中选择 New>Class，就会看到如图 21-3 所示的对话框。

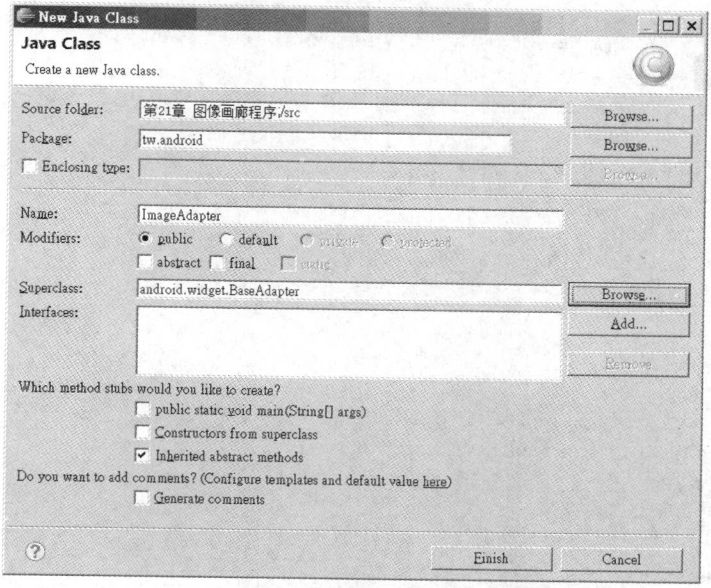

图 21-3　新建类对话框

步骤 04　在对话框中的 Name 文本框中输入 ImageAdapter（也就是我们想要的类名称），然后单击 Superclass 文本框右边的 Browse 按钮，在出现的对话框最上面的文本框中输入 BaseAdapter，下方列表就会显示 BaseAdapter 类，用鼠标双击该类就会自动回到原来的对话框，并完成填入 Superclass 框，得到如图 21-3 所示的结果。

步骤 05 单击 Finish 按钮完成新建类的步骤，Eclipse 会在程序代码窗口中自动打开 ImageAdapter.java 程序文件让我们编辑，请读者输入以下的程序代码。我们在 ImageAdapter 类中建立两个属性，mContext 属性用来存储对象的运行环境，miImgArr 属性用来存储缩图数组，缩图数组中的每一个缩图都是存储它的资源 id 编号，这两个属性是在类的建构中完成设置。其他的方法包括 getCount()、getItem()、getItemId()、getView()都是给 Android 系统调用使用，getView()方法的功能是返回一个 ImageView 对象给 Android 系统显示。当 Android 系统调用 getView()时，会传入一个可以重复使用的 convertView 对象，因此程序判断如果 convertView 不是 null，就不需要重新建立 ImageView，最后把要显示的缩图放到 ImageView 对象中，再返回该 ImageView 对象。

```
public class ImageAdapter extends BaseAdapter {

    private Context mContext;              // 存储程序的运行环境。
    private Integer[] miImgArr;            // 存储图像缩图的 id 数组。

    public ImageAdapter(Context context, Integer[] imgArr) {
        mContext = context;
        miImgArr = imgArr;
    }

    @Override
    public int getCount() {
        // TODO Auto-generated method stub
        return miImgArr.length;
    }

    @Override
    public Object getItem(int position) {
        // TODO Auto-generated method stub
        return null;
    }

    @Override
    public long getItemId(int position) {
        // TODO Auto-generated method stub
        return 0;
    }

    @Override
    public View getView(int position, View convertView, ViewGroup
parent) {
        // TODO Auto-generated method stub
        ImageView v;

        // 如果 convertView 是 null，就建立一个新的 ImageView 对象。
```

```
        // 如果 convertView 不是 null，就重复使用它。
        if (convertView == null) {
            v = new ImageView(mContext);
            v.setLayoutParams(new GridView.LayoutParams(90, 90));
            v.setScaleType(ImageView.ScaleType.CENTER_CROP);
            v.setPadding(10, 10, 10, 10);
        }
        else
            v = (ImageView) convertView;

        // 把要显示的缩图放到 ImageView 对象中。
        v.setImageResource(miImgArr[position]);

        return v;
    }

}
```

Android App 的 callback 方法

以上程序代码范例中的 getCount()、getItem()等用来提供给 Android 系统调用的函数称为 callback 方法。在程序运行的过程中，经常需要利用这些 callback 方法和 Android 系统进行互动， Android 系统会在适当的时机自动运行程序提供的 callback 方法，我们必须在这些 callback 方法中完成该做的事。

接下来是编辑主程序文件 src/（套件路径名称）/MainActivity.java。

步骤 06 在程序文件中调用 findViewById()方法，取得声明在界面布局文件中的 GridView 组件，然后建立一个 ImageAdapter 的对象，再将该对象设置给 GridView 组件。

```
Integer[] iThumbImgArr = {…(程序项目中的图像资源)};

// 建立一个 ImageAdapter 类型的对象，this 是主程序类的对象
ImageAdapter imgAdap = new ImageAdapter(this, miThumbImgArr);

GridView gridView = (GridView)findViewById(R.id.gridView);
gridView.setAdapter(imgAdap);

// 设置 GridView 对象的 OnItemClickListener，请参考下一个步骤的说明
gridView.setOnItemClickListener(gridViewOnItemClick);
```

步骤 07 建立一个 AdapterView.OnItemClickListener 对象，再将它设置给上一个步骤的 GridView 对象。AdapterView.OnItemClickListener 对象的功能是当用户单击 GridView 组件中的图像缩图时，把该缩图对应的原始图像显示在 ImageSwitcher 组件中。读者可以利用之前介绍过的程序代码编辑技巧，先完成对象声明的语法，也就是下列程序代码中粗体字的部分，再借助程序编辑窗格的语法修正提示功能，让程序编辑器自动加入需要的方法，然后自行输入其中的程序代码。

```
private AdapterView.OnItemClickListener gridViewOnItemClick = new AdapterView.
OnItemClickListener() {

        @Override
        public void onItemClick(AdapterView<?> parent,
                View v,
                int position,
                long id) {
            // TODO Auto-generated method stub
            …(把用户单击的缩图对应的原始图像显示在 ImageSwitcher 中)
        }

    };
```

21-2 ImageSwitcher 组件的用法

ImageSwitcher 组件的目的是用来显示图像,它和 ImageView 组件的差异是:ImageSwitcher 组件可以设置图像消失和出现时的转场效果，使用 ImageSwitcher 组件的步骤如下:

步骤 01 在程序项目的界面布局文件 res/layout/activity_main.xml 中加入一个 ImageSwitcher 标签，并设置 id 和属性如下:

```
<ImageSwitcher
    android:id="@+id/imgSwitcher"
    android:layout_width="wrap_content"
    android:layout_height=" wrap_content " />
```

步骤 02 在程序项目的主类程序文件中，让主程序类实现 ViewFactory 界面，如以下粗体字的部分。加入该程序代码之后，会在类名称下方出现红色波浪下划线，这是语法错误的提示。把鼠标光标移到该处（不要单击），就会显示一个修正建议的窗口。单击其中的 Add unimplemented method，就会在类中加入一个 makeView()方法。ImageSwitcher 对象需要这个方法来建立内部的 ImageView 对象。makeView()方法是由 Android 系统调用，我们的程序不会主动调用这个方法。让主类实现 ViewFactory 界面的 makeView()方法后，就可以把主类设置给 ImageSwitcher 对象。makeView()方法的程序代码如下，首先是建立一个 ImageView 对象，然后设置相关参数，最后返回该 ImageView 对象。

```
package …

import …

public class MainActivity extends Activity implements ViewFactory {
```

```
…(其他程序代码)

    @Override
    public View makeView() {
        // TODO Auto-generated method stub
        ImageView v = new ImageView(this);
        v.setBackgroundColor(0xFF000000);
        v.setScaleType(ImageView.ScaleType.FIT_CENTER);
        v.setLayoutParams(new ImageSwitcher.
        LayoutParams(LayoutParams.MATCH_PARENT,
                LayoutParams.MATCH_PARENT));
        v.setBackgroundColor(Color.WHITE);
        return v;
    }
}
```

步骤 03　在程序文件中利用 findViewById()取得步骤 1 建立的 ImageSwitcher 组件，接着调用 ImageSwitcher 的 setFactory()方法，把主程序类的对象传入 ImageSwitcher 中（使用 this），然后调用 ImageSwitcher 对象的 setInAnimation()和 setOutAnimation()方法分别指定图像显示和消失的动画效果，请读者参考以下程序代码，在这个范例中我们使用 Android 系统内置的淡入淡出（fade in/fade out）效果。

```
mImgSwitcher = (ImageSwitcher) findViewById(R.id.imgSwitcher);

mImgSwitcher.setFactory(this);
// 主程序类必须 implements ViewSwitcher.ViewFactory
mImgSwitcher.setInAnimation(AnimationUtils.loadAnimation(this,
            android.R.anim.fade_in));
mImgSwitcher.setOutAnimation(AnimationUtils.loadAnimation(this,
            android.R.anim.fade_out));
```

21-3 “图像画廊”程序范例

结合前面介绍的方法和操作步骤，就可以完成“图像画廊”程序。和前面章节的范例程序相比，“图像画廊”程序需要比较多的步骤和程序代码，而且运行流程也比较复杂，因为 GridView 和 ImageSwitcher 组件都需要建立额外的 callback 方法让 Android 系统调用。或许一开始读者会觉得有些复杂，但是相信只要仔细阅读前面的说明，再自己动手操作一次程序，应该就能够完全了解。最后我们列出完整的界面布局文件和程序文件以供读者参考，ImageAdapter 的程序文件如同前面小节的说明。

界面布局文件 res/layout/activity_main.xml：

```
<LinearLayout xmlns:android="http://schemas.android.com/apk/res/android"
    xmlns:tools="http://schemas.android.com/tools"
```

```
    android:id="@+id/LinearLayout1"
    android:layout_width="match_parent"
    android:layout_height="match_parent"
    android:orientation="vertical"
    android:paddingBottom="@dimen/activity_vertical_margin"
    android:paddingLeft="@dimen/activity_horizontal_margin"
    android:paddingRight="@dimen/activity_horizontal_margin"
    android:paddingTop="@dimen/activity_vertical_margin"
    tools:context=".MainActivity"
    android:weightSum="1" >

    <GridView
        android:id="@+id/gridView"
        android:layout_width="match_parent"
        android:layout_height="0dp"
        android:numColumns="3"
        android:layout_weight="0.4" />

    <ImageSwitcher
        android:id="@+id/imgSwitcher"
        android:layout_width="wrap_content"
        android:layout_height="0dp"
        android:layout_weight="0.6"
        android:layout_gravity="center"
        android:layout_marginTop="10dp" />

</LinearLayout>
```

程序文件 src/（套件路径名称）/MainActivity.java：

```
public class MainActivity extends Activity implements ViewFactory {

    private GridView mGridView;
    private ImageSwitcher mImgSwitcher;

    private Integer[] miImgArr = {
            R.drawable.img01, R.drawable.img02, R.drawable.img03,
            R.drawable.img04, R.drawable.img05, R.drawable.img06,
            R.drawable.img07, R.drawable.img08};

    private Integer[] miThumbImgArr = {
            R.drawable.img01th, R.drawable.img02th, R.drawable.img03th,
            R.drawable.img04th, R.drawable.img05th, R.drawable.img06th,
            R.drawable.img07th, R.drawable.img08th};

    @Override
    protected void onCreate(Bundle savedInstanceState) {
        super.onCreate(savedInstanceState);
        setContentView(R.layout.activity_main);

        mImgSwitcher = (ImageSwitcher) findViewById(R.id.imgSwitcher);

        mImgSwitcher.setFactory(this);    // 主程序类必须 implements
```

```
                                ViewSwitcher.ViewFactory
        mImgSwitcher.setInAnimation(AnimationUtils.loadAnimation(this,
                android.R.anim.fade_in));
        mImgSwitcher.setOutAnimation(AnimationUtils.loadAnimation(this,
                android.R.anim.fade_out));

        ImageAdapter imgAdap = new ImageAdapter(this, miThumbImgArr);

        mGridView = (GridView)findViewById(R.id.gridView);
        mGridView.setAdapter(imgAdap);
        mGridView.setOnItemClickListener(gridViewOnItemClick);
    }

    @Override
    public boolean onCreateOptionsMenu(Menu menu) {
        // Inflate the menu; this adds items to the action bar if it is
      present.
        getMenuInflater().inflate(R.menu.main, menu);
        return true;
    }

    @Override
    public View makeView() {
        // TODO Auto-generated method stub
        ImageView v = new ImageView(this);
        v.setBackgroundColor(0xFF000000);
        v.setScaleType(ImageView.ScaleType.FIT_CENTER);
        v.setLayoutParams
    (new ImageSwitcher.LayoutParams(LayoutParams.MATCH_PARENT,
                LayoutParams.MATCH_PARENT));
        v.setBackgroundColor(Color.WHITE);
        return v;
    }

    private AdapterView.OnItemClickListener gridViewOnItemClick = new
                    AdapterView.OnItemClickListener() {

        @Override
        public void onItemClick(AdapterView<?> parent,
                View v,
                int position,
                long id) {
            // TODO Auto-generated method stub
            mImgSwitcher.setImageResource(miImgArr[position]);
        }
    };
}
```

Android 版本	1.X	2.X	3.X	4.X
适用性	★	★	★	★

第 22 章 使用View Animation动画效果

在前一章的 ImageSwitcher 界面组件中，我们第一次体验到了 Android 程序的动画效果，只要使用 setInAnimation()和 setOutAnimation()这两个方法，就可以做出图像切换时的淡入淡出效果，让程序的操作画面更加生动有趣。在本章中，我们将进一步学习如何在程序项目中自行建立动画。

Android 程序可以对显示在屏幕上的对象做出两种类型的动画效果：View Animation 和 Drawable Animation。所谓 View Animation 是指借助指定动画开始和结束时的对象属性，例如位置、Alpha 值（透明度）、大小、角度等，以及动画播放的时间长度，让 Android 系统自动产生动画过程中的所有画面。Drawable Animation 则类似卡通动画的制作过程，我们必须指定每一帧播放的图像文件和时间长度，Android 系统再依照我们的设置播放动画。

View Animation 在旧版的技术文件中称为 Tween Animation，Drawable Animation 在旧版的技术文件中称为 Frame Animation，读者应该熟悉新旧名称的对应关系，因为在操作开发工具时，有时候会出现旧版的名称。

不管是 View Animation 或 Drawable Animation，都有两种建立动画的方法：第一种是在程序项目的 res 文件夹中建立动画资源文件（XML 文件格式），动画资源会自动加入项目的资源类 R 中，程序再从资源类中加载动画来使用；第二种方式是直接在程序代码中建立动画对象并设置相关属性。

Android 总共提供 4 种类型的 View Animation 动画效果。

1. alpha

借助改变图像的透明度来做出动画效果。当图像的 alpha 值是 1 时，表示图像完全不透明，此时是最清楚的状态。当图像的 alpha 值由 1 减到 0 时，图像变得越来越透明，也就是越来越不清楚直到看不见（alpha 值为 0）。

2. scale

借助改变图像的大小来做出动画效果，图像的 scale 值为 0 表示完全看不到，1 表示原来图像的大小。scale 值可以在 x 和 y 两个方向上独立设置，x 方向是图像的宽，y 方向是图像的高。

3. translate

借助改变图像的位置来做出动画效果，图像的位置是用 x 和 y 方向上的位移量来表示。

4. rotate

借助改变图像的旋转角度来做出动画效果。

22-1 建立动画资源文件

建立动画资源文件的过程包含下列步骤：

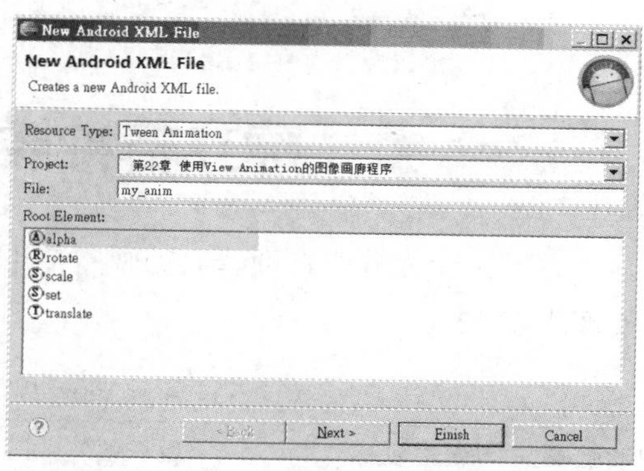

图 22-1　建立程序项目资源文件的对话框

步骤 01　在 Eclipse 左边的项目查看窗格中，用鼠标右键单击程序项目的 res 文件夹，然后选择 New > Android XML File，就会出现如图 22-1 所示的对话框。

步骤 02　在该对话框中，将 Resource Type 字段设置为 Tween Animation，在 File 框中输入动画资源文件名称，例如 anim_scale_out.xml（操作提示：文件名只能用小写英文字母、数字或下划线字符表示），然后在下方的项目列表中选择一种动画类型。每一个资源文件名文件都是一个动画效果，每一个动画效果可以是单独的 Alpha、Scale、Translate 或是 Rotate 类型，也可以是将一种以上的动画类型结合起来，例如 Scale 加上 Rotate。在本章的范例程序中，我们将把自行建立的动画设置给 ImageSwitcher 对象，由于在 ImageSwitcher 对象中会分别用到图像消失和图像出现两种动画效果，所以我们在动画资源文件的最后加上 in 和 out 来区分，in 表示用在图像出现时的动画，out 表示用在图像消失时的动画。选定好动画类型之后单击 Finish 按钮。在程序项目的 res 文件夹中会新增一个 anim 子文件夹，其中就是我们建立的动画资源文件，而且这个文件会自动打开在编辑窗格中。

步骤 03　在新建立的动画资源文件中输入下列的程序代码，这个范例是用<scale…/>标签建立一个 scale 类型的动画效果。如果想要建立其他类型的动画效果，只要把<scale…/>标签换成其他动画类型的标签即可，例如<translate…/>，我们将在下一小节详细介绍各种动画的属性和使用方法：

```
<?xml version="1.0" encoding="utf-8"?>
<scale android:interpolator="@android:anim/linear_interpolator"
```

```
    android:fromXScale="0.0"
    android:toXScale="1.0"
    android:fromYScale="0.0"
    android:toYScale="1.0"
    android:pivotX="50%"
    android:pivotY="50%"
    android:startOffset="3000"
    android:duration="3000" />
```

步骤 04 完成以上动画资源文件后，就能够在程序代码中加载使用。例如我们将上一章的“图像画廊”程序中的 ImageSwitcher 对象，改成使用我们自行建立的 anim_scale_out 动画效果，程序代码只需要修改以下粗体字的部分即可：

```
mImgSwitcher.setOutAnimation(AnimationUtils.loadAnimation(this,
            R.anim.anim_scale_out));
```

以上是建立动画资源文件的步骤，接下来我们要学习如何建立各种不同类型的动画。

22-2 建立各种类型的动画

为了让读者方便查询建立动画所使用的属性和设置值，我们将 4 种动画类型的相关属性整理成表 22-1。

表 22-1　4 种 View Animatioin 动画类型和它们的相关属性

动画类型	属性名称	属性值	说明
Alpha	android:interpolator	"@android:anim/linear_interpolator" "@android:anim/accelerate_interpolator" "@android:anim/decelerate_interpolator" "@android:anim/accelerate_decelerate_interpolator" …	设置动画变化的快慢：第 1 个值是一样快；第 2 个值是越来越快；第 3 个值是越来越慢；第 4 个值是中间快前后慢，除了这 4 种之外还有其他选择，读者可以参考 SDK 技术文件中的说明
	android:fromAlpha	0～1	动画开始时的图像 alpha 值
	android:toAlpha	0～1	动画结束时的图像 alpha 值
	android:startOffset	整数值	启动动画后要等多久才真正开始运行动画，以毫秒为单位
	android:duration	整数值	动画持续时间，以毫秒为单位
Scale	android:interpolator	同前面说明	同前面说明
	android:fromXScal	0～∞	动画开始时图像在 x 方向的大小比例，1 以上的值表示放大

（续表）

动画类型	属性名称	属性值	说明
Scale	android:toXScale	0 ~ ∞	动画结束时图像在 x 方向的大小比例，1 以上的值表示放大
	android:fromYScale	0 ~ ∞	动画开始时图像在 y 方向的大小比例，1 以上的值表示放大
	android:toYScale	0 ~ ∞	动画结束时图像在 y 方向的大小比例，1 以上的值表示放大
	android:pivotX	0 ~ 1	动画开始时图像的 x 坐标，0 表示最左边，1 表示最右边
	android:pivotY	0 ~ 1	动画开始时图像的 y 坐标，0 表示上缘，1 表示下缘
	android:startOffset	同前面说明	同前面说明
	android:duration	同前面说明	同前面说明
Translate	android:interpolator	同前面说明	同前面说明
	android:fromXDelta	整数值	动画开始时图像的 x 坐标的位移量
	android:toXDelta	整数值	动画结束时图像的 x 坐标的位移量
	android:fromYDelta	整数值	动画开始时图像的 y 坐标的位移量
	android:toYDelta	整数值	动画结束时图像的 y 坐标的位移量
	android:startOffset	同前面说明	同前面说明
	android:duration	同前面说明	同前面说明
Rotate	android:interpolator	同前面说明	同前面说明
	android:fromDegrees	整数值	动画开始时图像的角度
	android:toDegrees	整数值	动画结束时图像的角度
	android:pivotX	同前面说明	同前面说明
	android:pivotY	同前面说明	同前面说明
	android:startOffset	同前面说明	同前面说明
	android:duration	同前面说明	同前面说明

以下是 6 个动画资源文件范例，文件名依次为 anim_alpha_in.xml、anim_alpha_out.xml、anim_scale_rotate_in.xml、anim_scale_rotate_out.xml、anim_trans_in.xml、anim_trans_out.xml。这些动画资源文件就是使用表 22-1 中的动画属性建立的，读者可以一边阅读一边对照表 22-1 中的说明就可以了解。这些动画资源文件将被用在“图像画廊”程序中，让图像切换时可以显示各种不同的动画效果。

anim_alpha_in.xml 文件：

```
<?xml version="1.0" encoding="utf-8"?>
<alpha xmlns:android="http://schemas.android.com/apk/res/android"
```

```
    android:interpolator="@android:anim/linear_interpolator"
    android:fromAlpha="0.0"
    android:toAlpha="1.0"
    android:duration="3000" />
```

anim_alpha_out.xml 文件：

```
<?xml version="1.0" encoding="utf-8"?>
<alpha xmlns:android="http://schemas.android.com/apk/res/android"
    android:interpolator="@android:anim/linear_interpolator"
    android:fromAlpha="1.0"
    android:toAlpha="0.0"
    android:duration="3000"    />
```

anim_scale_rotate_in.xml 文件：

```
<?xml version="1.0" encoding="utf-8"?>
<set xmlns:android="http://schemas.android.com/apk/res/android">
    <scale android:interpolator="@android:anim/linear_interpolator"
          android:fromXScale="0.0"
          android:toXScale="1.0"
          android:fromYScale="0.0"
          android:toYScale="1.0"
          android:pivotX="50%"
          android:pivotY="50%"
          android:startOffset="3000"
          android:duration="3000" />
    <rotate
        android:interpolator="@android:anim/accelerate_decelerate_
    interpolator"
        android:fromDegrees="0"
        android:toDegrees="360"
        android:pivotX="50%"
        android:pivotY="50%"
        android:startOffset="3000"
        android:duration="3000"    />
</set>
```

anim_scale_rotate_out.xml 文件：

```
<?xml version="1.0" encoding="utf-8"?>
<set xmlns:android="http://schemas.android.com/apk/res/android">
    <scale android:interpolator="@android:anim/linear_interpolator"
          android:fromXScale="1.0"
          android:toXScale="0.0"
          android:fromYScale="1.0"
          android:toYScale="0.0"
          android:pivotX="50%"
          android:pivotY="50%"
          android:duration="3000"    />
    <rotate
```

```
        android:interpolator="@android:anim/accelerate_decelerate_
    interpolator"
        android:fromDegrees="0"
        android:toDegrees="360"
        android:pivotX="50%"
        android:pivotY="50%"
        android:duration="3000"    />
</set>
```

anim_trans_in.xml 文件：

```
<?xml version="1.0" encoding="utf-8"?>
<translate xmlns:android="http://schemas.android.com/apk/res/android"
    android:interpolator="@android:anim/linear_interpolator"
    android:fromXDelta="0"
    android:toXDelta="0"
    android:fromYDelta="-300"
    android:toYDelta="0"
    android:duration="3000" />
```

anim_trans_out.xml 文件：

```
<?xml version="1.0" encoding="utf-8"?>
<translate xmlns:android="http://schemas.android.com/apk/res/android"
    android:interpolator="@android:anim/linear_interpolator"
    android:fromXDelta="0"
    android:toXDelta="0"
    android:fromYDelta="0"
    android:toYDelta="300"
    android:duration="3000" />
```

22-3 使用随机动画的“图像画廊”程序

在前一小节中共建立了 3 组动画，每一组都有 in/out 两个动画资源文件，这些动画将被用在“图像画廊”程序中。当用户在“图像画廊”程序上方的图像缩图区域单击一个图像缩图时，程序会随机选择一组动画效果来完成切换图像的操作。这里会再次用到“电脑猜拳游戏”程序介绍的随机数功能，在程序代码的部分，必须把原来设置 mImgSwitcher 组件的 In/OutAnimation 程序代码搬到 gridViewOnItemClick 对象的 onItemClick()方法内。因为每一次用户单击一个图像缩图之后，程序必须根据随机数的结果，套用不同的动画资源。修改后的程序代码如下，粗体字表示经过修改的部分，程序运行的画面如图 22-2 所示。

图 22-2　“图像画廊”程序使用自定义 View Animation 的动画效果

```
public class MainActivity extends Activity implements ViewFactory {

    private GridView mGridView;
    private ImageSwitcher mImgSwitcher;

    private Integer[] miImgArr = {
            R.drawable.img01, R.drawable.img02, R.drawable.img03,
            R.drawable.img04, R.drawable.img05, R.drawable.img06,
            R.drawable.img07, R.drawable.img08};

    private Integer[] miThumbImgArr = {
            R.drawable.img01th, R.drawable.img02th, R.drawable.img03th,
            R.drawable.img04th, R.drawable.img05th, R.drawable.img06th,
            R.drawable.img07th, R.drawable.img08th};

    @Override
    protected void onCreate(Bundle savedInstanceState) {
        super.onCreate(savedInstanceState);
        setContentView(R.layout.activity_main);

        mImgSwitcher = (ImageSwitcher) findViewById(R.id.imgSwitcher);

        mImgSwitcher.setFactory(this);    // 主程序类必须 implements
                                             ViewSwitcher.ViewFactory

        ImageAdapter imgAdap = new ImageAdapter(this, miThumbImgArr);

        mGridView = (GridView)findViewById(R.id.gridView);
        mGridView.setAdapter(imgAdap);
        mGridView.setOnItemClickListener(gridViewOnItemClick);
    }

    @Override
    public boolean onCreateOptionsMenu(Menu menu) {
        // Inflate the menu; this adds items to the action bar if it is
      present.
```

```
        getMenuInflater().inflate(R.menu.main, menu);
        return true;
    }

    @Override
    public View makeView() {
        // TODO Auto-generated method stub
        ImageView v = new ImageView(this);
        v.setBackgroundColor(0xFF000000);
        v.setScaleType(ImageView.ScaleType.FIT_CENTER);
        v.setLayoutParams(new ImageSwitcher.LayoutParams(LayoutParams.
MATCH_PARENT,
                LayoutParams.MATCH_PARENT));
        v.setBackgroundColor(Color.WHITE);
        return v;
    }

    private AdapterView.OnItemClickListener gridViewOnItemClick = new
                    AdapterView.OnItemClickListener() {

        @Override
        public void onItemClick(AdapterView<?> parent,
                View v,
                int position,
                long id) {
            // TODO Auto-generated method stub
            switch ((int)(Math.random()*3 + 1)) {
            case 1:
                mImgSwitcher.setInAnimation(AnimationUtils.
            loadAnimation(MainActivity.this,
                        R.anim.anim_alpha_in));
                mImgSwitcher.setOutAnimation(AnimationUtils.
            loadAnimation(MainActivity.this,
                        R.anim.anim_alpha_out));
                break;
            case 2:
                mImgSwitcher.setInAnimation(AnimationUtils.
            loadAnimation(MainActivity.this,
                        R.anim.anim_trans_in));
                mImgSwitcher.setOutAnimation(AnimationUtils.
            loadAnimation(MainActivity.this,
                        R.anim.anim_trans_out));
                break;
            case 3:
                mImgSwitcher.setInAnimation(AnimationUtils.
            loadAnimation(MainActivity.this,
                        R.anim.anim_scale_rotate_in));
                mImgSwitcher.setOutAnimation(AnimationUtils.
            loadAnimation(MainActivity.this,
                        R.anim.anim_scale_rotate_out));
                break;
```

```
            }

            mImgSwitcher.setImageResource(miImgArr[position]);
        }
    };
}
```

22-4 利用程序代码建立动画效果

除了使用动画资源文件来建立动画效果之外，也可以直接在程序文件中建立动画。我们可以利用 AlphaAnimation、ScaleAnimation、TranslateAnimation 和 RotateAnimation 共 4 种动画类，它们分别对应动画资源文件中的<alpha…/>、<scale…/>、<translate…/>和<rotate…/>共 4 种动画类型标签，而且这些动画类使用的构建参数，和它们对应的动画类型标签中的属性也有明显的对应关系。以 ScaleAnimation 类为例，它的构建参数如下：

```
ScaleAnimation(float fromX,
               float toX,
               float fromY,
               float toY,
               int pivotXType,
               float pivotXValue,
               int pivotYType,
               float pivotYValue)
```

读者可以在表 22-1 中找到这些参数名称所对应的属性，这些动画类的构建参数和它们对应的属性功能完全相同。除此之外，在动画类的构建参数中多了 pivotXType 和 pivotYType，它们的作用是指定后面的 pivotXValue 和 pivotYValue 参数的参考基准是什么，如果设置为 Animation.RELATIVE_TO_SELF 表示是以自己为基准，这也是动画标签的用法。细心的读者会发现动画类的构建参数中没有 interpolator、startOffset 和 duration，这几个属性必须调用类的方法来设置。例如我们可以利用下列程序代码建立和前面 anim_trans_out.xml 动画资源文件完全一样的动画效果。读者也可以尝试写出其他动画效果的程序代码，如果要查询动画类的详细参数说明，可以利用第 8 章介绍的方法查询 Android SDK 说明文件。

```
  TranslateAnimation  anim_trans_out  =  new  TranslateAnimation(Animation.
RELATIVE_TO_SELF, 0,
        Animation.RELATIVE_TO_SELF, 0,
        Animation.RELATIVE_TO_SELF, 0,
        Animation.RELATIVE_TO_SELF, 300);
  anim_trans_out.setInterpolator(new LinearInterpolator());
  anim_trans_out.setDuration(3000);
  mImgSwitcher.setOutAnimation(anim_trans_out);
```

最后一个问题是如何结合多个动画对象来产生混合的动画效果，例如前面的

anim_scale_rotate_in.xml 动画资源文件？答案是利用 AnimationSet 类，它可以加入多个动画对象，例如我们可以利用以下程序代码，得到和前面 anim_scale_rotate_in.xml 动画资源文件完全一样的动画效果。

```
ScaleAnimation anim_scale_in = new ScaleAnimation(0.0f, 1.0f, 0.0f, 1.0f,
Animation.RELATIVE_TO_SELF, 0.5f, Animation.RELATIVE_TO_SELF, 0.5f);
anim_scale_in.setInterpolator(new LinearInterpolator());
anim_scale_in.setStartOffset(3000);
anim_scale_in.setDuration(3000);

RotateAnimation anim_rotate_in = new RotateAnimation(0, 360,
Animation.RELATIVE_TO_SELF, 0.5f, Animation.RELATIVE_TO_SELF, 0.5f);
anim_rotate_in.setInterpolator(new LinearInterpolator());
anim_rotate_in.setStartOffset(3000);
anim_rotate_in.setDuration(3000);

AnimationSet anim_set = new AnimationSet(false);
anim_set.addAnimation(anim_scale_in);
anim_set.addAnimation(anim_rotate_in);

mImgSwitcher.setInAnimation(anim_set);
```

Android 版本	1.X	2.X	3.X	4.X
适用性	★	★	★	★

第 23 章 Drawable Animation 和Multi-Thread游戏程序

除了 View Animation 类型的动画效果以外，Android App 也可以建立 Drawable Animation 类型的动画（Drawable Animation 在旧版的技术文件中称为 Frame Animation）。Drawable Animation 动画的原理就像制作卡通影片一样，我们可以指定每个画面使用的图像文件和停留时间的长短，当动画播放的时候，就会依照我们的设置依次显示指定的图像，有两种方法可以建立 Drawable Animation，我们将依次介绍。

23-1 建立 Drawable Animation 的两种方法

我们先介绍使用动画资源文件建立 Drawable Animation 的方法。Drawable Animation 动画资源文件中用到的标签和属性比 View Animation 还要简单，以下是一个完整的 Drawable Animation 动画资源文件范例：

```
<?xml version="1.0" encoding="utf-8"?>
<animation-list xmlns:android="http://schemas.android.com/apk/res/android"
    android:oneshot="false">
    <item android:drawable="@drawable/image01" android:duration="100" />
    <item android:drawable="@drawable/image02" android:duration="100" />
    <item android:drawable="@drawable/image03" android:duration="100" />
</animation-list>
```

<animation-list…>标签表示这是一个 Drawable Animation，android:oneshot 属性是用来控制动画是否要重复播放，true 表示只要从头到尾播放一次，false 表示播放完毕之后还要再从头播放。<item…>标签则是用来设置每一帧所使用的图像文件和停留的时间长度。以上面的范例

来说，第一帧是显示 res/drawable 文件夹中的 image01 图像文件，播放的时间长度是 0.1 秒（android:duration 属性的值是以千分之一秒为单位）。Drawable Animation 动画资源文件必须放在程序项目的 res/drawable 文件夹中，然后利用以下的程序代码加载到程序中使用：

```
Resources res = getResources();
AnimationDrawable animDraw = (AnimationDrawable) res.getDrawable
    (R.drawable.anim_drawable);
```

首先我们调用 getResources()方法取得资源对象，再利用资源对象的 getDrawable()方法取得 Drawable Animation 动画资源文件（假设文件名为 anim_drawable.xml）。

除了使用动画资源文件的方式之外，也可以利用程序代码的方式建立 Drawable Animation，例如以下程序代码可以建立和上面的动画资源文件完全一样的 Drawable Animation：

```
AnimationDrawable animDraw = new AnimationDrawable();
animDraw.setOneShot(false);

Resources res = getResources();
animDraw.addFrame(res.getDrawable(R.drawable.image01), 100);
// 100是 duration
animDraw.addFrame(res.getDrawable(R.drawable.image02), 100);
animDraw.addFrame(res.getDrawable(R.drawable.image03), 100);
```

这一段程序代码并不复杂，读者从每一个方法的名称中就可以了解它的功能，唯一要注意的是：Drawable Animation 是用 AnimationDrawable 类型的对象来表示。最后把建立好的 Drawable Animation 设置给程序界面的 ImageView 组件，就可以开始播放动画，我们将以上讨论的流程整理成下列步骤：

步骤 01　先在界面布局文件中建立一个 ImageView 组件。

步骤 02　在程序代码中取得界面布局文件中的 ImageView 组件。

步骤 03　从程序项目资源中取得 Drawable Animation，或是利用程序代码建立 Drawable Animation。

步骤 04　运行 ImageView 对象的 setImageDrawable()方法或是 setBackgroundDrawable()方法把 Drawable Animation 设置给 ImageView 组件。

步骤 05　运行动画对象的 start()方法，开始播放动画。

根据以上的说明，读者会发现要让程序播放 Drawable Animation 并不难，但是本章我们要利用 Drawable Animation 完成一个“掷骰子游戏”程序，这个程序必须一边播放动画一边运行计时的工作，这就需要使用 Multi-Thread 程序架构。

23-2 Multi-Thread “掷骰子游戏”程序和 Handler 信息处理

“掷骰子游戏”程序的运行画面如图 23-1 所示，当用户单击“掷骰子”按钮后，上方的骰子图片会开始播放点数不断跳动的动画，5 秒之后动画自动停止并以随机数的方式得到最后的点数。要完成这个程序必须考虑的问题是：如何同时播放掷骰子动画和运行计时？读者或许会想，最直接的做法是在启动动画之后，立刻进入一个循环来不断地计算系统时间，等 5 秒之后再停止动画，并决定骰子最后的点数。如果以这种方式实现，将会发现在循环运行期间不会出现骰子点数跳动的动画，等到循环结束后才会出现最后的点数。发生这个问题的原因在于：Android 系统只有在主程序（main thread）处于闲置的情况下才会更新程序画面，当 main thread 忙于运行程序代码时，程序画面不会更新，所以正确的做法是使用 Multi-Thread 程序架构，也就是说在启动骰子动画之后，必须同时运行另一个 thread（称为 background thread）来负责计时的工作，等 5 秒钟之后再停止动画并决定最后的点数。

图 23-1 “掷骰子游戏”程序的画面

Android App 的 main thread 和 background thread

当 App 开始运行时，所建立的 thread 称为 main thread，main thread 也叫做 UI thread，因为程序的所有界面组件都属于 main thread。除了 main thread 之外，其他后来产生的 thread 都叫做 background thread 或是 worker thread。

现在我们已经知道如何解决播放掷骰子动画并同时计时的问题，接下来还有一个考虑是：计时完成之后，如何显示最后骰子的点数。这个工作牵涉到 background thread 和 main thread 之间的信息沟通问题，我们前面得到的结论是让程序的 main thread 负责播放动画，然后启动另一个 background thread 运行计时的工作，等时间一到，再用随机数的方式决定最后的点数，并更新程序画面，因此最简单的做法是让 background thread 在计时完毕后，直接决定骰子点数并显示。可惜的是这个方法行不通，因为程序画面的所有界面组件都属于 main thread，

Android 系统不允许 background thread 使用程序的界面组件（运行时会出现错误），所以 background thread 无法更新程序画面的骰子图像。解决办法是让 background thread 发送信息给 main thread 通知计时完成，再由 main thread 决定最后的骰子点数，并更新程序画面。

要让 background thread 发送信息给 main thread 必须借助 Handler 对象，我们先在主程序类（也就是 main thread 的程序代码）中建立一个 Handler 对象， background thread 就可以利用这个 Handler 对象将信息发放到 main thread 的 message queue 中让 main thread 处理。我们将最后得到的“掷骰子游戏”程序的运行架构利用图 23-2 来表示。

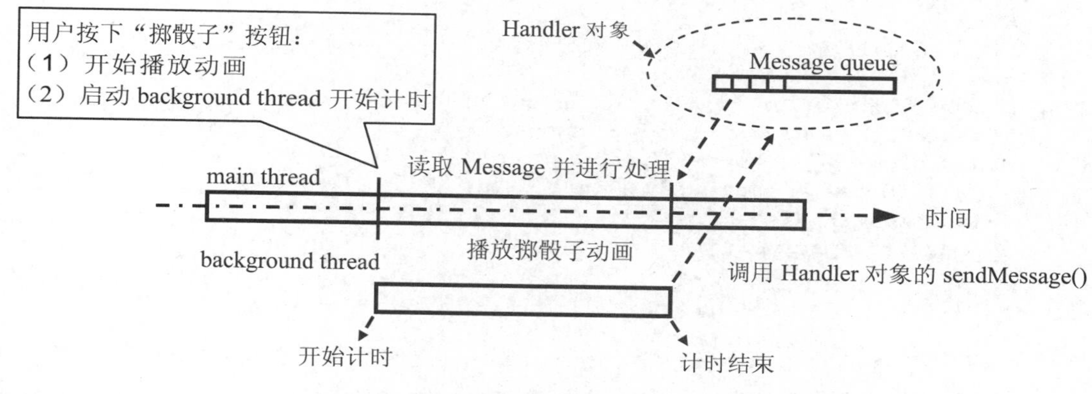

图 23-2　“掷骰子”游戏程序的运行架构

23-3 实现“掷骰子游戏”程序

我们把完成“掷骰子游戏”程序的过程整理成以下步骤：

步骤 01　运行 Eclipse 新增一个 Android App 项目，项目的属性设置请依照之前的惯例即可。

步骤 02　在 Eclipse 左边的项目查看窗格中展开此项目的 res/ layout 文件夹，打开其中的界面布局文件 activity_main.xml，读者可以在程序代码编辑窗格下方，单击最右边的 Tab 标签页切换到文字编辑模式，然后依次加入一个 ImageView 组件、一个 TextView 组件和一个 Button 组件，并设置它们的 id 和外观属性如下：

```
<LinearLayout xmlns:android="http://schemas.android.com/apk/res/android"
    xmlns:tools="http://schemas.android.com/tools"
    android:id="@+id/LinearLayout1"
    android:layout_width="match_parent"
    android:layout_height="match_parent"
    android:orientation="vertical"
    android:paddingBottom="@dimen/activity_vertical_margin"
    android:paddingLeft="@dimen/activity_horizontal_margin"
    android:paddingRight="@dimen/activity_horizontal_margin"
    android:paddingTop="@dimen/activity_vertical_margin"
    tools:context=".MainActivity"
```

```
    android:gravity="center_horizontal" >

    <ImageView android:id="@+id/imgRollingDice"
        android:layout_width="150dp"
        android:layout_height="150dp"
        android:src="@drawable/dice03" />

    <TextView android:id="@+id/txtDiceResult"
        android:layout_width="wrap_content"
        android:layout_height="wrap_content"
        android:text="@string/dice_result"
        android:textSize="20sp"
        android:layout_marginTop="20dp" />

    <Button android:id="@+id/btnRollDice"
        android:layout_width="wrap_content"
        android:layout_height="wrap_content"
        android:text="@string/btn_roll_dice"
        android:textSize="20sp"
        android:layout_marginTop="20dp" />

</LinearLayout>
```

步骤 03 请读者准备 6 个不同点数的骰子图像文件，或是使用本书所附下载文件包中的范例程序图像文件，再利用 Windows 文件管理器将骰子图像文件复制到程序项目文件夹中的 res/drawable 子文件夹（在程序项目的 res 文件夹中有许多以 drawable 开头的子文件夹，读者可以将骰子图像文件放入其中一个即可）。

步骤 04 在 Eclipse 左边的项目查看窗格中，用鼠标右键单击程序项目的 res 文件夹，然后从快捷菜单中选择 New > Android XML File 就会出现如图 23-3 所示的对话框。在对话框中，将 Resource Type 框设置为 Drawable，在 File 框中输入动画资源文件的名称，例如 anim_roll_dice，然后在下方的项目列表中单击 animation-list，最后单击 Finish 按钮。

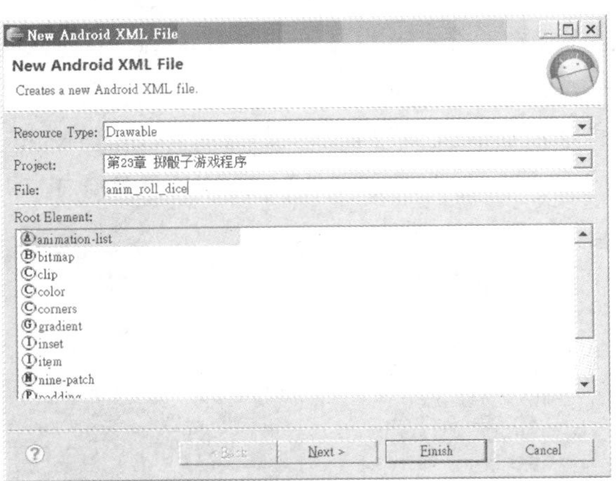

图 23-3 新建程序项目资源文件的对话框

步骤 05 新建的动画资源文件会打开在编辑窗格中，将它的内容编辑如下：

```
<?xml version="1.0" encoding="utf-8"?>
<animation-list xmlns:android="http://schemas.android.com/apk/res/android"
    android:oneshot="false">
    <item android:drawable="@drawable/dice03" android:duration="100" />
    <item android:drawable="@drawable/dice02" android:duration="100" />
    <item android:drawable="@drawable/dice05" android:duration="100" />
    <item android:drawable="@drawable/dice01" android:duration="100" />
    <item android:drawable="@drawable/dice06" android:duration="100" />
    <item android:drawable="@drawable/dice04" android:duration="100" />
</animation-list>
```

步骤 06　在 Eclipse 左边的项目查看窗格中展开“src/ (程序套件名称)”文件夹，打开其中的程序文件，在这个程序文件中我们必须完成以下工作。

- 在 onCreate()中取得程序需要用到的界面组件，再设置好“掷骰子”按钮的 OnClickListener。
- 建立一个 Handler 对象并完成其中的 handleMessage()方法，该方法是当信息发送到 main thread 的 message queue 时会自动运行。根据前面的讨论，我们要在这个方法中以随机数的方式决定骰子最后的点数，并更新程序画面的骰子图像。
- 在“掷骰子”按钮的 OnClickListener 中，先从程序的资源加载动画，然后设置给 ImageView 对象并开始播放。接着建立一个 Thread 对象并启动运行，这个 Thread 对象会先进入 sleep 状态 5 秒钟，然后停止动画，再调用 Handler 对象的 sendMessage()方法发送信息给 main thread，于是 main thread 就会运行 handleMessage()方法。

以下是完成后的程序文件，请读者特别注意粗体标识的程序代码。另外补充说明一点，在“掷骰子”按钮的 OnClickListener 中加载的动画对象 animDraw 必须声明成 final 类型，因为要在另一个 Thread 中使用它。

```
public class MainActivity extends Activity {

    private ImageView mImgRollingDice;
    private TextView mTxtDiceResult;
    private Button mBtnRollDice;

    private Handler handler=new Handler() {

        public void handleMessage(Message msg) {
            super.handleMessage(msg);

            int iRand = (int)(Math.random()*6 + 1);

            String s = getString(R.string.dice_result);
            mTxtDiceResult.setText(s + iRand);
            switch (iRand) {
            case 1:
                mImgRollingDice.setImageResource(R.drawable.dice01);
```

```
                break;
            case 2:
                mImgRollingDice.setImageResource(R.drawable.dice02);
                break;
            case 3:
                mImgRollingDice.setImageResource(R.drawable.dice03);
                break;
            case 4:
                mImgRollingDice.setImageResource(R.drawable.dice04);
                break;
            case 5:
                mImgRollingDice.setImageResource(R.drawable.dice05);
                break;
            case 6:
                mImgRollingDice.setImageResource(R.drawable.dice06);
                break;
            }
        }
    };

    @Override
    protected void onCreate(Bundle savedInstanceState) {
        super.onCreate(savedInstanceState);
        setContentView(R.layout.activity_main);

        mImgRollingDice = (ImageView)findViewById(R.id.imgRollingDice);
        mTxtDiceResult = (TextView)findViewById(R.id.txtDiceResult);
        mBtnRollDice = (Button)findViewById(R.id.btnRollDice);

        mBtnRollDice.setOnClickListener(btnRollDiceOnClick);
    }

    @Override
    public boolean onCreateOptionsMenu(Menu menu) {
        // Inflate the menu; this adds items to the action bar if it is
       present.
        getMenuInflater().inflate(R.menu.main, menu);
        return true;
    }

    private View.OnClickListener btnRollDiceOnClick =
new View.OnClickListener() {
        public void onClick(View v) {

            String s = getString(R.string.dice_result);
            mTxtDiceResult.setText(s);

            // 从程序资源中取得动画文件，设置给 ImageView 对象，然后开始播放。
            Resources res = getResources();
            final AnimationDrawable animDraw =
                    (AnimationDrawable) res.getDrawable(R.drawable.
```

```
                anim_roll_dice);
            mImgRollingDice.setImageDrawable(animDraw);
            animDraw.start();

            // 启动background thread进行计时。
            new Thread(new Runnable() {

                @Override
                public void run() {
                    // TODO Auto-generated method stub
                    try {
                        Thread.sleep(5000);
                    } catch (Exception e) {
                        // TODO Auto-generated catch block
                        e.printStackTrace();
                    }
                    animDraw.stop();
                    handler.sendMessage(handler.obtainMessage());
                }
            }).start();
        }
    };

}
```

完成程序项目之后启动运行，就会看到如图 23-1 所示的运行画面。由于程序是使用定义在动画资源文件中的动画，因此每一次掷骰子都会看到同样的骰子变换顺序，只有最后出现的点数会不一样。如果想要让每一次骰子点数的变化顺序都不相同，可以使用第一小节介绍的方法，在用户单击“掷骰子”按钮之后，利用随机数和程序代码的方式建立 Drawable Animation，这样每一次运行程序都会产生点数变化顺序不一样的骰子动画。

Android 版本	1.X	2.X	3.X	4.X
适用性			★	★

第 24 章 Property Animation初体验

从前面章节中介绍的 View Animation 和 Drawable Animation 已经能够初步体会到 Android 的动画功能，但是其实 View Animation 的用途并不局限于只能套用到图像，许多界面组件也都能使用 View Animation，假设在程序项目的 res/anim 文件夹中建立一个名为 rotate.xml 的动画资源文件，它的内容如下：

```
<?xml version="1.0" encoding="utf-8"?>
<rotate xmlns:android="http://schemas.android.com/apk/res/android"
    android:interpolator="@android:anim/accelerate_decelerate_interpolator"
    android:fromDegrees="0"
    android:toDegrees="360"
    android:pivotX="50%"
    android:pivotY="50%"
    android:duration="3000" />
```

然后在界面布局文件中建立一个 Button 组件并设置 id 为 btn，接着在程序文件中取得该 Button 组件，再从程序资源中加载上述的 rotate 动画，并调用 Button 对象的 startAnimation() 方法将动画套用在 Button 对象中（程序代码如下），就会看到程序画面的按钮开始转动，如图 24-1 所示。

```
Button btn = (Button)findViewById(R.id.btn);
Animation anim = AnimationUtils.loadAnimation(this, R.anim.rotate);
btn.startAnimation(anim);
```

图 24-1　使用 View Animation 让按钮转动

我们可以依照上述的方法，建立各种类型的 View Animation，再套用到各种界面组件让程序的操作画面“动”起来。看到这里相信读者对于 Android 系统的动画功能一定更加佩服，但是如果再仔细想一想，例如以上面的旋转按钮范例来说，是否可以让按钮的背景颜色也能随着时间改变，或是让按钮中的文字大小随着时间的流逝而发生变化，甚至在按钮转动的过程中，当到达特定的角度时能够运行某个特定的工作。很可惜 View Animation 无法做到这样的效果，但是这并不表示 Android App 无法做出这样的功能。事实上运用比较复杂的程序技术，例如 multi-thread 架构就可以做到。但是从 Android 3.0 版开始，加入了另一种称为 Property Animation 的动画技术。这项新技术大大拓展了动画的应用范围，它让前面 View Animation 无法做到的动画效果变成可能，本章我们就要介绍这个功能更强大的 Property Animation。

24-1　Property Animation 的基本用法

根据前面学过的动画功能，我们可以归纳出动画的 3 个基本要素。

- 动画的主角：动画的主角也就是要动起来的对象，可以是一张图像、一个按钮、一个字符串等。
- 时间：时间就是动画从开始到结束的时间长短。
- 对象状态的变化：对象状态的变化就是用户看到对象的变化，例如位置、大小、颜色、角度等。

以 View Animation 来说，它的 XML 动画资源文件只包含时间和状态变化两个要素。第一个要素，也就是动画的主角，是在程序代码中才决定。例如在前面介绍的旋转按钮范例中，我们调用 Button 的 startAnimation()将动画套用到 Button，这时候该 Button 就成为动画的主角。

如果现在要改用 Property Animation 的方式来建立动画，我们可以在程序中利用 Animator 对象设置以上 3 个动画的要素，就可以开始播放动画。以旋转按钮的范例来说，以下的 Property Animation 程序代码可以做出和 View Animation 完全一样的效果：

```
ObjectAnimator animBtnRotate=ObjectAnimator.ofFloat(btn,"rotation",0,360);
animBtnRotate.setDuration(3000); // 设置动画播放的时间长度，以千分之一秒为单位
animBtnRotate.start();
```

第一行程序代码是使用 ObjectAnimator 的 ofFloat()方法建立一个 ObjectAnimator 类型的动画对象，使用 ofFloat()方法的原因是：我们所要改变的对象状态（也就是旋转角度）是用浮点数的类型表示。如果物体的状态是用整型表示，则可以换成使用 ofInt()。ofFloat()方法的第一个参数是指定动画的主角，也就是要改变状态的对象。第二个参数是指定想要改变的状态，也就是属性，这个属性名称和在界面布局文件中使用的属性名称相同。第三个和第四个参数是指定状态变化的起始值和结束值。第二行程序代码是调用 ObjectAnimator 对象的 setDuration()方法设置动画播放的时间长度，第三行程序代码是调用 start()方法开始播放动画。

看完以上范例之后，读者会发现使用 Property Animation 建立动画似乎比较简单。的确如此，而且 Property Animation 的功能更强大，它几乎可以让程序中所有的对象动起来，甚至包括没有显示在程序画面的对象。除了可以调用 setDuration()设置动画运行的时间长度之外，还可以使用以下方法设置其他动画属性。

1. setRepeatCount()

设置动画重复播放的次数，如果想要连续播放不要停止，可以设置为 ObjectAnimator.INFINITE。

2. setRepeatMode()

设置动画回放的方式，一种是从头播放（ObjectAnimator. RESTART），另一种是从最后反向往前播放（ObjectAnimator.REVERSE）。

3. setStartDelay()

当运行 start()之后，要延迟多长时间（以千分之一秒为单位）才开始播放动画。

4. setInterpolator()

设置对象状态的变化速度和时间的关系，例如固定的变化速度（linear interpolator），或是变化速度会随着时间变快（accelerate interpolator），Android 系统提供许多不同的 interpolator 模式让我们选择，请读者参考表 24-1，这些 interpolator 模式也可以用在 View Animation 中。

表 24-1 各种 interpolator 模式

interpolator 名称	说明
LinearInterpolator	播放动画时，物体状态的变化速度为固定值
AccelerateInterpolator	播放动画时，物体状态的变化速度越来越快
DecelerateInterpolator	播放动画时，物体状态的变化速度越来越慢
AccelerateDecelerateInterpolator	播放动画时，物体状态的变化速度从慢变快，再从快变慢，也就是在中间的时候变化最快
AnticipateInterpolator	播放动画时，物体状态的变化会先往反方向变化，再开始依照设置的方式改变，就像是选手起跑前会先往后退，再往前冲刺
OvershootInterpolator	动画播放到最后的时候会冲过头，然后回到终点
AnticipateOvershootInterpolator	结合 AnticipateInterpolator 和 OvershootInterpolator 两种模式的特点
BounceInterpolator	动画播放到终点的时候会反弹，就像是皮球掉到地板上一样，反弹几次后才会停下来
CycleInterpolator	可以设置动画重复播放的次数
TimeInterpolator	可以让我们自行设置物体状态变化的方式

24-2 利用XML文件建立Property Animation

我们也可以利用 XML 资源文件的方式建立 Property Animation。Property Animation 资源文件必须放在 res/animator 文件夹里头，在文件中我们必须指定想要改变的对象状态，例如位置、角度等，以及相关的动画设置和持续时间。以下是在程序项目中建立 Property Animation 资源文件的操作步骤：

步骤 01　在 Eclipse 左边的项目查看窗格中，用鼠标右键单击程序项目的 res 文件夹，然后选择 New > Android XML File。

步骤 02　单击对话框中的 Resource Type 框，从列表中选择 Property Animation，在 File 框中输入文件名（操作提示：只能使用小写英文字母、数字和下划线，不可以有空格），在下方的项目列表中单击 objectAnimator，最后单击 Finish 按钮。

步骤 03　在程序项目的 res 文件夹中会自动建立一个 animator 文件夹，其中就是上一个步骤指定的 Property Animation 动画资源文件，该文件会自动打开在编辑窗格中，让我们编辑。

Property Animation 动画资源文件的格式和 View Animation 的文件类似，都是利用标签属性的方式指定动画的状态和持续的时间，例如以下范例：

```
<?xml version="1.0" encoding="utf-8"?>
<objectAnimator xmlns:android="http://schemas.android.com/apk/res/android"
    android:propertyName="rotation"
    android:valueFrom="0"
    android:valueTo="360"
    android:duration="3000"
    android:repeatCount="1"
    android:repeatMode="reverse"
    android:interpolator="@android:anim/accelerate_decelerate_interpolator" />
```

假设我们把以上的 Property Animation 动画资源文件命名为 rotate_anim.xml，那么在程序中，就可以利用下列程序代码使用这个 Property Animation：

```
ObjectAnimator animRotate = (ObjectAnimator) AnimatorInflater.loadAnimator(
      Activity 名称.this,R.animator.rotate_anim);
animRotate.setTarget(界面对象);
animRotate.start();
```

其中的“Activity 名称”代表使用这个动画资源文件的 Activity 类名称，setTarget()方法是指定要套用此动画的界面对象，最后调用 start()就会开始播放动画。

在编辑 Property Animation 动画资源文件时，输入“android:”之后稍停半秒钟，就会自动弹出一个属性列表让我们挑选。建议读者尽量利用单击列表中的项目来完成属性的设置，以避免因为打字错误所引起的 bug 。在操作的过程中，如果属性列表突然消失，可以同时按下键盘上的 Alt 和“/”按键，重新弹出选项列表。另外类似 android:propertyName 属性的设置值是一个特定的文字，在设置这些属性值的时候，也可以利用同时按下 Alt 和“/”按键的方式弹出选项让我们挑选，其他如 android:repeatMode 和 android:interpolator 属性的设置，也可以依照同样的方式完成。

24-3 范例程序

我们将建立一个 TextView 组件的动画展示程序，程序的运行画面如图 24-2 所示，画面上方的 3 个按钮分别用来展示旋转、改变 Alpha 值和移动位置 3 种不同类型的动画效果，请读者依照下列步骤进行操作以完成此程序项目。

图 24-2　Property Animation 范例程序的运行画面

步骤 01　运行 Eclipse 新建一个 Android App 项目，在设置项目属性的第一个对话框中（也就是输入 Application Name 的对话框），必须将 Minimum Required SDK 框设置为 11 或以上，因为 Property Animation 必须在 Android 3.0 以上的平台才能使用，项目的其他设置依照惯例即可。

步骤 02　打开程序项目的 res/layout 文件夹中的界面布局文件，将内容编辑如下：

```
<LinearLayout xmlns:android="http://schemas.android.com/apk/res/android"
    xmlns:tools="http://schemas.android.com/tools"
    android:id="@+id/linLayRoot"
    android:layout_width="match_parent"
    android:layout_height="match_parent"
    android:orientation="vertical"
    android:paddingBottom="@dimen/activity_vertical_margin"
    android:paddingLeft="@dimen/activity_horizontal_margin"
    android:paddingRight="@dimen/activity_horizontal_margin"
```

```
    android:paddingTop="@dimen/activity_vertical_margin"
    tools:context=".MainActivity" >

    <LinearLayout
        android:orientation="horizontal"
        android:layout_width="match_parent"
        android:layout_height="wrap_content"
        android:gravity="center_horizontal" >

        <Button android:id="@+id/btnRotate"
            android:layout_width="wrap_content"
            android:layout_height="wrap_content"
            android:text="@string/rotate_text" />

        <Button android:id="@+id/btnTransparent"
            android:layout_width="wrap_content"
            android:layout_height="wrap_content"
            android:text="@string/transparent_text" />

        <Button android:id="@+id/btnDrop"
            android:layout_width="wrap_content"
            android:layout_height="wrap_content"
            android:text="@string/drop_text" />

    </LinearLayout>

    <LinearLayout
        android:orientation="vertical"
        android:layout_width="match_parent"
        android:layout_height="match_parent"
        android:gravity="center" >

        <TextView android:id="@+id/txtDemo"
            android:layout_width="wrap_content"
            android:layout_height="wrap_content"
            android:text="@string/demo_text" />

    </LinearLayout>

</LinearLayout>
```

步骤 03　我们利用两层 LinearLayout 的架构（最外层的 LinearLayout 里面包含两个 LinearLayout）先让 3 个 Button 做水平排列，然后让 TextView 位于 Button 的下方并且水平垂直居中对齐（使用 android:gravity 属性）。在界面布局文件中用到的字符串都定义在字符串资源文件 res/values/strings.xml 中：

```
<?xml version="1.0" encoding="utf-8"?>
<resources>

    <string name="app_name">文字动画</string>
    <string name="rotate_text">旋转文字</string>
    <string name="transparent_text">透明文字</string>
    <string name="drop_text">文字掉落</string>
    <string name="demo_text">示范 Property Animation</string>
```

```
</resources>
```

步骤04 打开程序项目的“src/(套件路径名称)”文件夹中的程序文件，将程序代码编辑如下。在3个按钮的OnClickListener中，我们利用Property Animation让TextView对象做出旋转、改变透明度和往下掉落的动画效果。

```
public class MainActivity extends Activity {

    private LinearLayout mLinLayRoot;
    private TextView mTxtDemo;
    private Button mBtnDrop,
                   mBtnTransparent,
                   mBtnRotate;
    private float y, yEnd;
    private boolean mIsFallingFirst = true;

    @Override
    protected void onCreate(Bundle savedInstanceState) {
        super.onCreate(savedInstanceState);
        setContentView(R.layout.activity_main);

        mLinLayRoot = (LinearLayout)findViewById(R.id.linLayRoot);
        mTxtDemo = (TextView)findViewById(R.id.txtDemo);
        mBtnDrop = (Button)findViewById(R.id.btnDrop);
        mBtnTransparent = (Button)findViewById(R.id.btnTransparent);
        mBtnRotate = (Button)findViewById(R.id.btnRotate);

        mBtnDrop.setOnClickListener(btnDropOnClick);
        mBtnTransparent.setOnClickListener(btnTransparentOnClick);
        mBtnRotate.setOnClickListener(btnRotateOnClick);
    }

    @Override
    public boolean onCreateOptionsMenu(Menu menu) {
        getMenuInflater().inflate(R.menu.main, menu);
        return true;
    }

    private View.OnClickListener btnRotateOnClick =
 new View.OnClickListener() {
        public void onClick(View v) {
                ObjectAnimator animTxtRotate =
                   ObjectAnimator.ofFloat(mTxtDemo, "rotation", 0, 360);
                animTxtRotate.setDuration(3000);
                animTxtRotate.setRepeatCount(1);
                animTxtRotate.setRepeatMode(ObjectAnimator.REVERSE);
                animTxtRotate.setInterpolator
            (new AccelerateDecelerateInterpolator());
                animTxtRotate.start();
        }
    };

    private View.OnClickListener btnTransparentOnClick =
```

```
new View.OnClickListener() {
        public void onClick(View v) {
                ObjectAnimator animTxtAlpha =
                   ObjectAnimator.ofFloat(mTxtDemo, "alpha", 1, 0);
                animTxtAlpha.setDuration(2000);
                animTxtAlpha.setRepeatCount(1);
                animTxtAlpha.setRepeatMode(ObjectAnimator.REVERSE);
                animTxtAlpha.setInterpolator(new  LinearInterpolator());
                animTxtAlpha.start();
        }
    };

    private View.OnClickListener btnDropOnClick =
new View.OnClickListener() {
        public void onClick(View v) {
            if (mIsFallingFirst) {
                // 计算掉落的 y 坐标
                y = mTxtDemo.getY();
                yEnd = mLinLayRoot.getHeight() - mTxtDemo.getHeight();

                mIsFallingFirst = false;
            }

            ObjectAnimator animTxtFalling =
                ObjectAnimator.ofFloat(mTxtDemo, "y", y, yEnd);
                animTxtFalling.setDuration(2000);
                animTxtFalling.setRepeatCount(ObjectAnimator.INFINITE);
                animTxtFalling.setInterpolator
            (new  BounceInterpolator());
                animTxtFalling.start();
        }
    };

}
```

完成程序项目之后就可以运行程序测试动画效果，例如单击“旋转文字”按钮时，就会看到画面中央的字符串开始旋转，如图 24-3 所示。

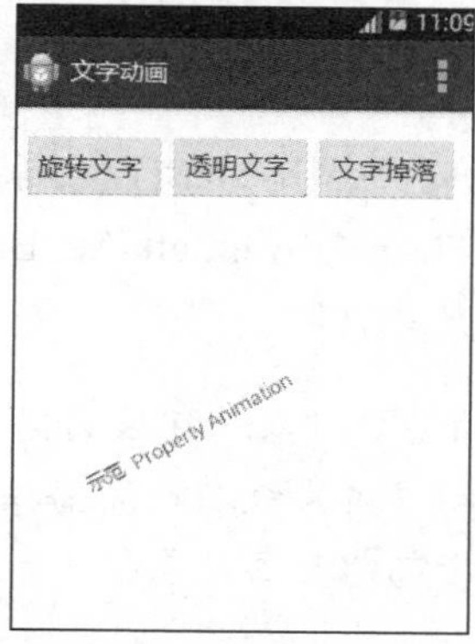

图 24-3　单击“旋转文字”按钮时看到的字符串旋转效果

Android 版本	1.X	2.X	3.X	4.X
适用性			★	★

第 25 章 Property Animation 加上Listener成为动画超人

前一章只是让 Property Animation 小试身手，接下来我们将见识它真正的威力。首先登场的是 AnimatorSet 对象，它的功能就像是动画的指挥家，专门负责安排动画的播放顺序，接下来我们将介绍动画事件 Listener，以及 ValueAnimator 的用法。

25-1 使用 AnimatorSet

在上一章我们已经学会使用 ObjectAnimator 对象建立单一动画，可是如果我们已经建立了好多个 ObjectAnimator 动画，要如何让它们依序播放，或者是同时播放呢？答案是使用 AnimatorSet 对象。使用 AnimatorSet 的方式很简单，它提供以下方法来设置动画的播放顺序。

1. play（动画对象）

设置要播放的动画对象，设置好之后调用 start()方法就会开始播放。但是这个方法的重点不在于设置播放的动画，而是它会传回一个 AnimatorSet.Builder 对象，这个对象可以让我们进一步设置动画的播放顺序，它提供以下方法。

- before(动画对象)：把指定的动画对象放在后面播放。
- after(动画对象)：把指定的动画对象放在前面播放。
- with(动画对象)：同时播放指定的动画对象。

2. playSequentially(动画对象，动画对象，......)

依照列出的动画对象顺序播放。

3. playTogether(动画对象, 动画对象, ...)

同时播放列出的动画对象。

4. start()

开始播放动画。

读者仅看以上说明一定觉得似懂非懂，没关系，只要配合以下范例就可以了解它们的用法。不过要先提醒读者，这里我们使用的是 Java 程序常见的“匿名对象”语法格式，也就是说当调用一个方法之后，如果它返回一个对象，我们可以直接在该方法后面继续调用它的返回对象方法。假设 A、B 和 C 是 3 个已经建立好的 ObjectAnimator 动画对象：

```
AnimatorSet animSet = new AnimatorSet();
animSet.play(A).before(B);
animSet.play(B).before(C);
animSet.start();
```

则播放动画的顺序为 ABC。或者我们也可以改写成：

```
animSet.play(B).after(A);
animSet.play(B).before(C);
```

同样也是设置 ABC 的播放顺序，也就是说 before()和 after()方法可以随意搭配使用。至于 with()的用法请参考以下范例：

```
animSet.play(B).after(A);
animSet.play(B).with(C);
```

这一段程序代码是设置先播放 A，然后同时播放 B 和 C。或者也可以把第二行的程序代码改成 animSet.playTogether(B, C)，两种写法的效果完全相同，所以只要利用以上介绍的方法，就可以任意设置动画的播放顺序。

Java 程序经常使用类似以下的程序代码：

```
object.method1(…).method2(…).method3(…);
```

这其实是利用匿名对象的方式让程序代码更简洁的一种写法，它的意思是先运行 object.method1(…)，它会返回一个对象，接着再调用该对象的 method2(…)，然后又返回另一个对象，最后调用该对象的 method3(…)。

25-2 在 XML 动画资源文件中使用 AnimatorSet

前一节是说明如何在程序文件中设置动画的播放顺序，如果是用 XML 动画资源文件的方式建立 Property Animation，同样也可以做到相同的功能，详细的操作步骤如下：

步骤 01 在 Eclipse 左边的项目查看窗格中，用鼠标右键单击程序项目的 res 文件夹，然后选择 New > Android XML File。

步骤 02 单击对话框中的 Resource Type 框，从展开的列表中选择 Property Animation。然后在 File 框中输入文件名（操作提示：只能使用小写英文字母、数字和下划线，不可以有空格），在下方的项目列表中单击 set，最后单击 Finish 按钮。

步骤 03 在程序项目的 res/animator 文件夹中会建立上一个步骤指定的 Property Animation 动画资源文件，此文件会自动打开在编辑窗格中，以便让我们编辑。

步骤 04 在动画资源文件中有一组<set>标签，我们可以在里面依照上一章介绍的方法建立多个<objectAnimator…/>标签，这样就可以结合多个动画效果。若要控制这些动画效果的播放顺序可以在<set>标签中加入 android:ordering 属性，该属性值可以设置为 together 或是 sequentially（操作提示：在设置 android:ordering 属性值时，可以同时按下键盘上的 Alt 和"/"调出选项列表，再以单击的方式完成属性值的设置）。另一种方法是在<objectAnimator…/>标签中加入 android:startOffset 属性，设置该动画延迟播放的时间（以千分之一秒为单位），这种方法可以做到比较复杂的动画播放组合，例如先同时播放 A 和 B 动画，然后播放 C 动画。

以下是在 XML 动画资源文件中结合两个动画效果的范例，我们在<set>标签中加入上一章使用的旋转和改变透明度的动画效果，然后在透明度的动画中利用 android:startOffset 属性设置延迟 6 秒（因为旋转动画设置为反向重复一次），这样就可以先播放旋转动画，接着再播放改变透明度的动画。

```
<?xml version="1.0" encoding="utf-8"?>
<set xmlns:android="http://schemas.android.com/apk/res/android" >
    <objectAnimator xmlns:android="http://schemas.android.com/apk/res/android"
        android:propertyName="rotation"
        android:valueFrom="0"
        android:valueTo="360"
        android:duration="3000"
        android:repeatCount="1"
        android:repeatMode="reverse"
        android:interpolator="@android:anim/accelerate_decelerate_interpolator" />

    <objectAnimator xmlns:android="http://schemas.android.com/apk/res/android"
```

```
        android:propertyName="alpha"
        android:valueFrom="1"
        android:valueTo="0"
        android:duration="2000"
        android:repeatCount="1"
        android:repeatMode="reverse"
        android:interpolator="@android:anim/linear_interpolator"
        android:startOffset="6000" />
</set>
```

25-3 加上动画事件 Listener

如果从“事件”的观点来看播放动画这件事，从动画开始播放到结束的过程中会经历许多事件，包含开始（start）、画面更新（update）、结束（end）、重复（repeat）和取消（cancel）。有些时候我们希望当动画正在播放时，在某个时间点或是某些情况下运行一项特定的工作。例如当动画结束或是用户取消动画时，让对象回到原来的状态，或是当动画对象移动到某个位置或角度时启动某一个程序。若要处理这些动画事件，可以利用 ObjectAnimator 的 addListener()和 addUpdateListener()方法帮动画加上事件 listener，就像是帮 Button 加上 OnClickListener 一样，这样当发生所指定的事件时，就会运行其中的程序代码。接下来我们分别说明 addListener()和 addUpdateListener()的用法。

1. addListener()

addListener()的第一种用法如下：

```
ObjectAnimator 对象.addListener(new AnimatorListener(){
@Override
public void onAnimationCancel(Animator animation) {
// TODO Auto-generated method stub

}

@Override
public void onAnimationEnd(Animator animation) {
// TODO Auto-generated method stub

}

@Override
public void onAnimationRepeat(Animator animation) {
// TODO Auto-generated method stub

}

@Override
```

```
public void onAnimationStart(Animator animation) {
// TODO Auto-generated method stub

}});
```

这里提醒读者可以利用前面介绍过的程序代码编辑技巧，先输入“animScreenBackColor.addListener(new AnimatorListener(){});”，再借助程序编辑器的语法修正提示功能，自动加入以上4个方法。AnimatorListener 本身是一个界面，其中定义4个方法，这4个方法就是当动画开始播放，到结束的过程中经历的 start、end、repeat 和 cancel 共4种事件。只要将程序代码写在这4个方法中，它们就会分别在对应的时间点运行。但是有时候我们不一定会用到全部的4种事件，因此还有一种比较简短的格式如下：

```
ObjectAnimator 对象.addListener(new AnimatorListenerAdapter(){});
```

也就是换成使用 AnimatorListenerAdapter 抽象类，这样就可以只写出需要的事件即可，例如以下范例：

```
ObjectAnimator 对象.addListener(new AnimatorListenerAdapter(){
    @Override
    public void onAnimationEnd(Animator animation) {
        // TODO Auto-generated method stub
        super.onAnimationEnd(animation);
        // 以下加上自己的程序代码
}});
```

程序编辑技巧

请读者先输入“ObjectAnimator 对象.addListener(new AnimatorListenerAdapter(){});”，然后在“AnimatorListenerAdapter”上单击鼠标右键，就会出现一个方法列表对话框。在对话框左边会列出 AnimatorListenerAdapter 类中可以加入的方法，我们只要勾选需要使用的方法即可。

2. addUpdateListener()

这个方法的使用方式比较简单，它是利用 AnimatorUpdateListener 界面加入 update 事件的 listener，onAnimationUpdate()方法中的程序代码在每一次动画画面更新时会被运行。

```
ObjectAnimator 对象.addUpdateListener(new AnimatorUpdateListener(){
    @Override
    public void onAnimationUpdate(ValueAnimator animation) {
        // TODO Auto-generated method stub
        // 以下加入自己的程序代码
    }
});
```

利用以上介绍的两个动画事件 listener，就可以在动画运行的过程中做出各种变化，稍后会有完整的实现范例。

25-4 ValueAnimator

在建立 ObjectAnimator 对象时，我们会指定动画套用的对象和它的属性，可是有些情况不适合使用这种方式，例如改变物体或是背景的颜色。由于计算机是用一个整数代表颜色，其中高字节代表红色强度，中字节代表绿色强度，低字节代表蓝色强度。如果我们只想改变红色的部分，那么颜色值的变化就不会是连续的，因为我们只想改变高字节的部分，中字节和低字节的值必须固定。这种情况就无法使用 ObjectAnimator 来建立动画，而必须换成使用 ValueAnimator，配合动画事件 listener 来实现。建立 ValueAnimator 对象时，我们只需要设置动画参数的起始值和结束值，接着再设置动画的 duration、interpolator 和 repeat 模式，请参考以下范例：

```
ValueAnimator animVal = ValueAnimator.ofInt(0, 100);
animVal.setDuration(3000);
animVal.setInterpolator(new LinearInterpolator());
animVal.start();
animVal.addUpdateListener(new AnimatorUpdateListener(){
    @Override
    public void onAnimationUpdate(ValueAnimator animation) {
        // TODO Auto-generated method stub

        // 显示每一个动画画面，我们可以取得目前画面的参数数值如下
        int val = (Integer)animation.getAnimatedValue();
    }
});
```

也就是说 ValueAnimator 只是帮我们计算每一个动画画面所对应的参数值，这个参数值会借助 animation 自变量传进来，我们的程序代码再根据这个参数值，自行决定动画对象的属性。

25-5 范例程序

我们在上一章的程序项目基础上，继续加上“放大文字”、“左右移动”和“改变颜色”3 种动画效果，如图 25-1 所示，请读者依照以下说明操作。

图 25-1　新增 3 个动画效果后的程序画面

步骤 01　打开程序项目的 res/layout 文件夹中的界面布局文件，先将最外层 LinearLayout 组件的背景色设成白色，再加上 3 个 Button 组件，我们把新加入的 3 个按钮放在一个 LinearLayout 组件里头，让它们排在原来按钮下方，以免超出屏幕范围，新按钮上显示的文字则定义在字符串资源文件中。

```
<?xml version="1.0" encoding="utf-8"?>
<LinearLayout xmlns:android="http://schemas.android.com/apk/res/android"
    …(和前一章的程序代码相同)
    android:background="#ffffffff" >

    <LinearLayout

       …(和前一章的程序代码相同)

    </LinearLayout>

    <LinearLayout
       android:orientation="horizontal"
       android:layout_width="match_parent"
       android:layout_height="wrap_content"
       android:gravity="center_horizontal" >

       <Button android:id="@+id/btnScale"
          android:layout_width="wrap_content"
          android:layout_height="wrap_content"
          android:text="@string/scale_text" />

       <Button android:id="@+id/btnShift"
          android:layout_width="wrap_content"
          android:layout_height="wrap_content"
          android:text="@string/shift_text" />

       <Button android:id="@+id/btnChangeColor"
          android:layout_width="wrap_content"
          android:layout_height="wrap_content"
```

```
            android:text="@string/change_color" />

    </LinearLayout>

    <LinearLayout

        …(和前一章的程序代码相同)

    </LinearLayout>

</LinearLayout>
```

字符串资源文件 res/values/strings.xml：

```
<?xml version="1.0" encoding="utf-8"?>
<resources>

    …(和前一章的程序代码相同)
    <string name="scale_text">放大文字</string>
    <string name="shift_text">左右移动</string>
    <string name="change_color">改变颜色</string>

</resources>
```

步骤 02　打开"src/(套件路径名称)"文件夹中的程序文件，在 onCreate()方法中设置 3 个新按钮对象和它们的 OnClickListener，请读者参考下列利用粗体标识的程序代码：

```
public class MainActivity extends Activity {

    private LinearLayout mLinLayRoot;
    private TextView mTxtDemo;
    private Button mBtnDrop,
            mBtnTransparent,
            mBtnRotate,
            mBtnScale, mBtnShift, mBtnChangeColor;
    private float y, yEnd;
    private boolean mIsFallingFirst = true;

    @Override
    protected void onCreate(Bundle savedInstanceState) {
        super.onCreate(savedInstanceState);
        setContentView(R.layout.activity_main);

        mLinLayRoot = (LinearLayout)findViewById(R.id.linLayRoot);
        mTxtDemo = (TextView)findViewById(R.id.txtDemo);
        mBtnDrop = (Button)findViewById(R.id.btnDrop);
        mBtnTransparent = (Button)findViewById(R.id.btnTransparent);
        mBtnRotate = (Button)findViewById(R.id.btnRotate);

        mBtnScale = (Button) findViewById(R.id.btnScale);
        mBtnShift = (Button) findViewById(R.id.btnShift);
```

```
        mBtnChangeColor = (Button) findViewById(R.id.btnChangeColor);

        mBtnDrop.setOnClickListener(btnDropOnClick);
        mBtnTransparent.setOnClickListener(btnTransparentOnClick);
        mBtnRotate.setOnClickListener(btnRotateOnClick);
        mBtnScale.setOnClickListener(btnScaleOnClick);
        mBtnShift.setOnClickListener(btnShiftOnClick);
        mBtnChangeColor.setOnClickListener(btnChangeColorOnClick);
    }

    …(和前一章的程序代码相同)

    private View.OnClickListener btnScaleOnClick =
new View.OnClickListener() {
        public void onClick(View v) {
            ValueAnimator animTxtScale = ValueAnimator.ofInt(0, 35);
            animTxtScale.setDuration(4000);
            animTxtScale.setRepeatCount(1);
            animTxtScale.setRepeatMode(ObjectAnimator.REVERSE);
            animTxtScale.setInterpolator(new LinearInterpolator());
            animTxtScale.addUpdateListener(new AnimatorUpdateListener(){
                @Override
                public void onAnimationUpdate(ValueAnimator animation) {
                    // TODO Auto-generated method stub
                    int val = (Integer)animation.getAnimatedValue();
                    mTxtDemo.setTextSize(TypedValue.COMPLEX_UNIT_SP,
                15+val);
                }
            });
            animTxtScale.start();
        }
    };

    private View.OnClickListener btnShiftOnClick =
new View.OnClickListener() {
        public void onClick(View v) {
            float x, xEnd1, xEnd2;

            x = mTxtDemo.getX();
            xEnd1 = 0;
            xEnd2 = mLinLayRoot.getWidth() - mTxtDemo.getWidth();

            ObjectAnimator animTxtMove1 =
                ObjectAnimator.ofFloat(mTxtDemo, "x", x, xEnd1);
            animTxtMove1.setDuration(2000);
            animTxtMove1.setInterpolator
        (new AccelerateDecelerateInterpolator());

            ObjectAnimator animTxtMove2 =
            ObjectAnimator.ofFloat(mTxtDemo, "x", xEnd1, xEnd2);
            animTxtMove2.setDuration(3000);
```

```
            animTxtMove2.setInterpolator
        (new  AccelerateDecelerateInterpolator());

            ObjectAnimator animTxtMove3 =
                ObjectAnimator.ofFloat(mTxtDemo, "x", xEnd2, x);
            animTxtMove3.setDuration(2000);
            animTxtMove3.setInterpolator
        (new  AccelerateDecelerateInterpolator());

            AnimatorSet animTxtMove = new AnimatorSet();
            animTxtMove.playSequentially(animTxtMove1, animTxtMove2,
        animTxtMove3);
            animTxtMove.start();
        }
    };

    private View.OnClickListener btnChangeColorOnClick =
new View.OnClickListener() {
        public void onClick(View v) {
            int iBackColorRedVal, iBackColorRedEnd;
            final int iBackColor =
                ((ColorDrawable)(mLinLayRoot.getBackground())).
            getColor();
            iBackColorRedVal = (iBackColor & 0x00FF0000) >> 16;

            if (iBackColorRedVal > 127)
                iBackColorRedEnd = 0;
            else
                iBackColorRedEnd = 255;

            ValueAnimator animScreenBackColor =
                ValueAnimator.ofInt(iBackColorRedVal, iBackColorRedEnd);
            animScreenBackColor.setDuration(3000);
            animScreenBackColor.setInterpolator
        (new LinearInterpolator());
            animScreenBackColor.start();
            animScreenBackColor.addUpdateListener
        (new AnimatorUpdateListener(){
                @Override
                public void onAnimationUpdate(ValueAnimator animation) {
                    // TODO Auto-generated method stub
                    int val = (Integer)animation.getAnimatedValue();
                    mLinLayRoot.setBackgroundColor(iBackColor &
                        0xFF00FFFF | val << 16);
                }
            });
        }
    };

}
```

“放大文字”的程序代码是利用前一小节介绍的 ValueAnimator 实现的。我们利用 ValueAnimator 来控制文字大小改变的范围、duration、repeat 和 interpolator 模式，然后设置 update listener。因为文字大小包含数值和单位两个部分，所以必须调用 setTextSize()方法进行设置。

“左右移动”文字的方式是先建立 3 个动画对象，再利用 AnimatorSet 指定这 3 个动画的播放顺序。“改变颜色”是利用前面小节讨论的方法实现，我们只要改变红色的强度即可，因此利用“&”和“|”运算符来取得和设置整数变量中的特定字节，然后利用 ValueAnimator 和 update listener 完成变换背景颜色的动画效果。

完成程序项目之后就可以启动运行，测试新的动画效果，图 25-2 是单击“放大文字”按钮后的运行画面。

图 25-2　运行“放大文字”的程序画面

第5部分

Fragment与高级界面组件

Android 版本	1.X	2.X	3.X	4.X
适用性			★	★

第 26 章 使用Fragment让程序界面一分为多

在设计手机或是平板电脑的 App 时，经常面临的一个问题就是不同设备的屏幕尺寸大小不一致。当 App 在手机上运行时，由于屏幕界面比较小，如果需要显示比较多的界面组件，就必须将程序界面适当地分割，再逐一显示。但是如果 App 是在屏幕比较大的平板电脑上运行，就可以一次显示全部的界面组件。为了适应不同的情况，我们需要一个具有高度弹性的界面设计机制，让程序能够依照运行环境，自动调整操作界面的显示方式。

针对以上的问题，从 Android 3.0 版开始新增一个名为 Fragment 的类。利用这个新类，我们可以将程序的界面分割成数个区域。这些不同区域的程序界面可以各自隐藏或显示，以适应不同屏幕尺寸的设备。这种 Fragment 类型的程序界面具有以下特性：

- 程序的运行界面可以由多个 Fragment 组成。
- 每一个 Fragment 都有各自独立的运行状态，并且接收各自的处理事件。
- 在程序运行的过程中，Fragment 可以动态加入和删除。

其实 Fragment 是一个类，它的架构和 Activity 很类似，二者都有自己的专用界面布局文件和程序文件，而且 Fragment 在运行的过程中也会经历不同的状态变化。图 26-1 是在平板电脑模拟器中进入 Settings 的操作界面。它就是使用 Fragment 技术的操作界面，左边的 Fragment 负责显示选项的类，右边的 Fragment 则显示可以设置的项目。

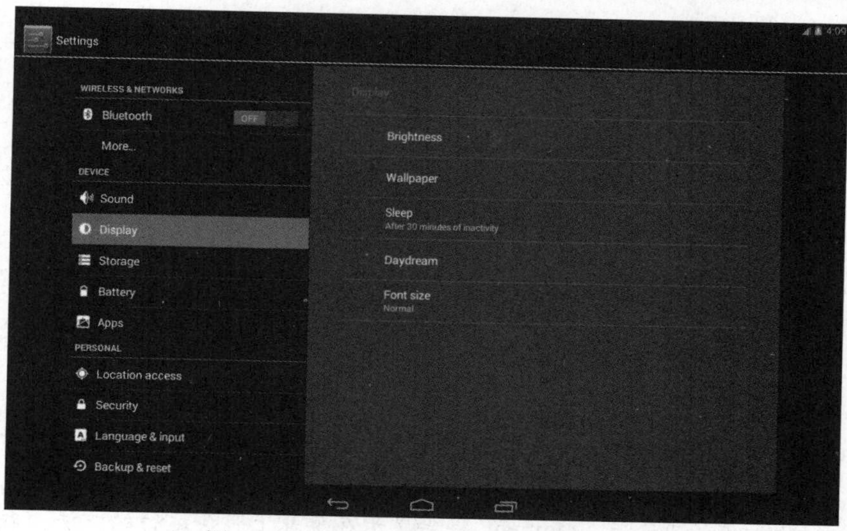

图 26-1　使用 Fragment 技术的操作界面

26-1 使用 Fragment 的步骤

若要在程序中使用 Fragment 需要完成以下步骤：

步骤 01 首先必须新增一个 Fragment 使用的界面布局文件，我们在 Eclipse 左边的项目查看窗格中，利用鼠标右键单击程序项目的 res 文件夹，然后从弹出的快捷菜单中选择 New > Android XML File。在出现的对话框中，将 Resource Type 框设置为 Layout，在 File 框中输入界面布局文件的名称，例如 fragment_main，然后在下方的项目列表中单击想要套用的界面组件编排模式，最后单击 Finish 按钮。

步骤 02 新增的界面布局文件会打开在编辑窗格中，设计 Fragment 界面的方式和 Activity 的界面完全相同，所以我们可以运用所有学过的技巧来编辑这个界面布局文件。

步骤 03 接下来要开始建立 Fragment 的程序文件，我们先展开程序项目的 src 文件夹，再利用鼠标右键单击其中的“(套件路径名称)”文件夹，然后从弹出的快捷菜单中选择 New > Class。

步骤 04 在“新建类”对话框中输入新类的名称，例如 MyFragment，然后单击 Superclass 字段最右边的 Browse 按钮，在出现的对话框上方输入 Fragment，下面的列表中会筛选出 Fragment 类。这里请读者特别留意，在筛选出来的项目中会有两个 Fragment 类：一个位于 android.app 套件路径中，另一个则位于 android.support.v4.app 套件路径中。这里请读者选择第一个，也就是在 android.app 套件路径中的 Fragment，最后单击 Finish 按钮。

由于 Fragment 是 Android 3.0 以后才提供的技术，因此程序项目的最低 SDK 版本必须设置成 11 以上（API 11 是 Android 3.0 的版本编号），否则程序文件会显示语法错误。如果要将程序项目的最低 SDK 版本设置成 11，可以先用鼠标左键双击程序项目的功能描述文件 AndroidManifest.xml，然后将编辑模式切换成纯文本模式（单击编辑窗格下方最右边的标签页），然后修改如下的部分：

```
<uses-sdk
    android:minSdkVersion="11"
```

步骤 05 在这个新类中加入需要处理的状态转换方法，例如：

- onCreate()：这是当 Fragment 被建立时会运行的方法，我们可以在这个方法中进行必要的初始设置。
- onCreateView()：这是当 Fragment 将要显示在屏幕上时会运行的方法，我们必须在这个方法中设置好 Fragment 使用的界面布局文件。
- onActivityCreated()：这是当 Fragment 底层的 Activity 被建立时会运行的方法，我们必须在这个方法中取得 Fragment 的界面组件，并设置给对应的界面对象，就像是之前在 Activity 的 onCreate()中做的事情一样。
- onPause()：这是当 Fragment 要从屏幕上消失时会运行的方法，我们可以在这个方法中存储用户的操作状态和输入的数据，以便下次 Fragment 重新显示时，让用户继续进行目前的工作。

Fragment 和 Activity 一样，二者都有各式各样的状态处理方法，读者可以查询 Android 官方网站的技术文件以取得更多相关数据。如果要在 Fragment 程序文件中加入状态处理方法，必须先将编辑光标设置到类内部，然后按下鼠标右键，从弹出的快捷菜单中选择 Source > Override/Implement Methods，在显示的对话框左上方勾选想要的状态处理方法，然后单击 OK 按钮。有关 Fragment 程序文件的范例，请读者参考本章后续建立的程序项目。

步骤 06 把建立好的 Fragment 类加入程序中，我们可以利用<fragment>标签在主程序的界面布局文件中完成加入 Fragment 的动作。请读者打开 res/layout 文件夹中的主程序界面布局文件，在 Graphical Layout 编辑模式下，从左边的 Layouts 组件选项组中，将 Fragment 组件拖动到程序界面。接着会出现如图 26-2 所示的对话框让我们选择要使用的 Fragment 类，单击前面建立的 MyFragment 类，然后单击 OK 按钮，就会在界面布局文件中加入如下的 Fragment 标签：

```
<fragment
    android:id="@+id/fragment1"
    android:name="com.android.MyFragment"
    android:layout_width="match_parent"
    android:layout_height="wrap_content" />
```

以上就是在程序项目中使用 Fragment 的步骤。使用<fragment>标签时要注意以下几点：

- <fragment>标签的开头字母必须小写。
- 每一个<fragment>标签都要设置 android:id 属性。
- <fragment>标签的 android:name 属性是指定所使用的 Fragment 类，而且必须加上完整的套件路径名称。
- 在<fragment>标签中可以使用 android:layout_weight 属性，用设置比例的方式控制每一个 Fragment 所占的屏幕宽度，此时 android:layout_width 属性必须设置为"0dp"。

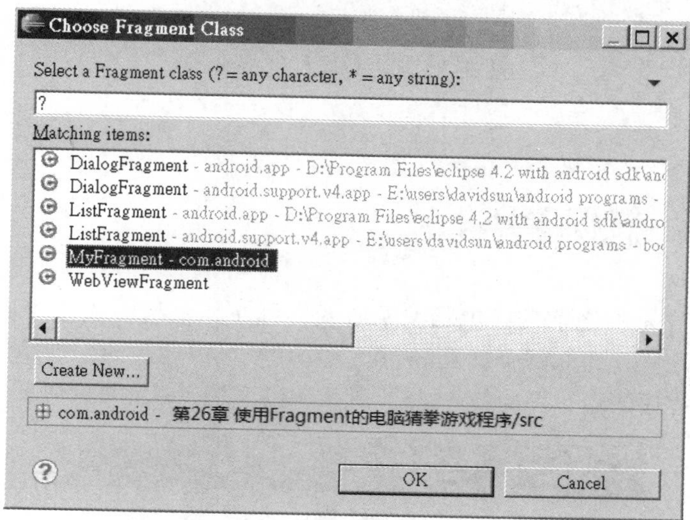

图 26-2　选择 Fragment 类的对话框

26-2 为 Fragment 加上外框并调整大小和位置

有时候为了程序界面的美观，需要在 Fragment 外围加上框线。这时候可以搭配使用<FrameLayout>标签，也就是说在界面布局文件中，用一个<FrameLayout>标签把需要加上外框的 Fragment 包裹起来，如以下范例：

```
<FrameLayout
    android:layout_width="wrap_content"
    android:layout_height="wrap_content"
    android:background="?android:attr/detailsElementBackground" >

    <fragment
        android:id="@+id/fragment1"
        android:name="com.android.MyFragment"
        android:layout_width="match_parent"
        android:layout_height="wrap_content" />
```

```
</FrameLayout>
```

必须指定 android:background 属性为"?android:attr/detailsElementBackground"。如果要控制 Fragment 在屏幕上显示的大小和位置，例如让它出现在屏幕的中间并且在四周留下空间以增加美观和操作的便利性，可以设置 gravity、margin 和 padding 等相关属性，请读者参考图 26-3。

图 26-3　加上外框的 Fragment

26-3 范例程序

本章的范例程序是将之前的“电脑猜拳游戏”程序加上局数统计的功能，并且改成用 Fragment 显示。程序中将建立两个 Fragment：一个用来当成游戏的主界面，另一个则用来显示局数统计数据，程序的运行界面如图 26-4 所示，以下是完成此程序项目的步骤。

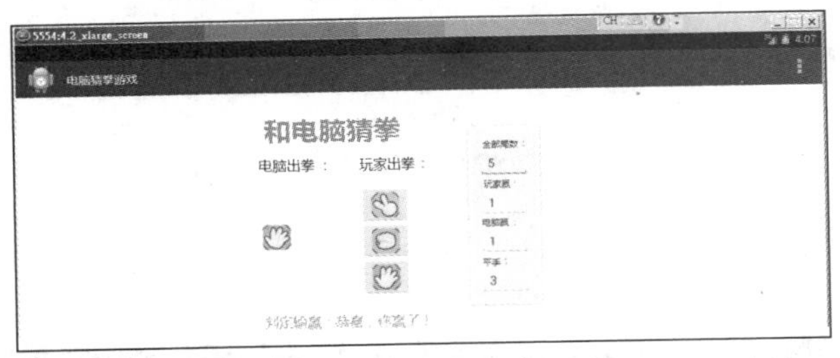

图 26-4　使用 Fragment 界面的“电脑猜拳游戏”程序

步骤 01　运行 Eclipse，新增一个 Android App 项目，在设置项目属性的第一个对话框中（也就是输入 Application Name 的对话框），必须将 Minimum Required SDK 框设置为 11 或以上（如果使用 Google 提供的链接库，就不需要改变这项设置，请读者参考“补充说明”），因为 Fragment 必须在 Android 3.0 以上的平台才能使用，项目的其他设置依照惯例即可。

在 Android 3.0 以前的平台使用 Fragment

由于 Fragment 技术大大地提升了 Android App 架构的弹性，如果为了让程序和旧版的系统兼容而放弃使用它是很可惜的。鉴于此，Google 特别开发一个名为 android-support-v4.jar 的链接库，只要把它放到 Android App 项目中，就可以让程序使用 Fragment，不必再担心和旧版 Android 不兼容。这个链接库适用于 Android 1.6（含）以后的设备，也就是说只要是 Android 1.6 以上的系统，都可以使用 Fragment，当然也包含 Android 3.0 以上的平台。

步骤 02　运行前一小节的步骤 1 和 2，建立 Fragment 使用的界面布局文件。这个界面布局文件是用来当成程序的主界面，我们可以将它取名为 fragment_main。接着从第 20 章的“电脑猜拳游戏”程序项目中，将主程序界面布局文件 res/layout/activity_main.xml 的全部内容复制到这个 Fragment 的界面布局文件中。由于游戏界面会用到许多字符串资源，因此也要把原来“电脑猜拳游戏”程序项目中的字符串资源文件内容复制到这个新项目的字符串资源文件。还有剪刀、石头、布的影像文件也要复制过来（可以在 Eclipse 左边的项目查看窗格中，用鼠标右键单击文件，在弹出的快捷菜单中选择 Copy 进行文件复制。如果要选择多个文件，可以按住键盘的 Ctrl 键，再用鼠标单击）。

步骤 03　重复前一个步骤的操作，再建立一个显示游戏局数的界面布局文件，我们将它取名为 fragment_game_result。以下是这个界面布局文件的完整内容，读者可以利用 Graphical Layout 模式，或是纯文本模式进行编辑。

```
<?xml version="1.0" encoding="utf-8"?>
<LinearLayout xmlns:android="http://schemas.android.com/apk/res/android"
    android:orientation="vertical"
    android:layout_width="match_parent"
    android:layout_height="match_parent" >

    <TextView
        android:layout_width="match_parent"
        android:layout_height="wrap_content"
        android:text="@string/total_set" />

    <EditText
        android:id="@+id/edtCountSet"
        android:layout_width="match_parent"
        android:layout_height="wrap_content"
        android:editable="false" />

    <TextView
        android:layout_width="match_parent"
        android:layout_height="wrap_content"
        android:text="@string/player_win_set" />

    <EditText
        android:id="@+id/edtCountPlayerWin"
        android:layout_width="match_parent"
        android:layout_height="wrap_content"
        android:editable="false" />

    <TextView
        android:layout_width="match_parent"
        android:layout_height="wrap_content"
        android:text="@string/comupter_win_set" />
```

```
    <EditText
        android:id="@+id/edtCountComWin"
        android:layout_width="match_parent"
        android:layout_height="wrap_content"
        android:editable="false" />

    <TextView
        android:layout_width="match_parent"
        android:layout_height="wrap_content"
        android:text="@string/draw" />

    <EditText
        android:id="@+id/edtCountDraw"
        android:layout_width="match_parent"
        android:layout_height="wrap_content"
        android:editable="false" />

</LinearLayout>
```

以上的界面布局文件会用到定义在字符串资源文件 res/values/strings.xml 中的如下字符串：

```
<?xml version="1.0" encoding="utf-8"?>
<resources>

    …(其他字符串)
    <string name="total_set">全部局数：</string>
    <string name="player_win_set">玩家赢：</string>
    <string name="comupter_win_set">电脑赢：</string>
    <string name="draw">平手：</string>

</resources>
```

步骤 04 运行前一小节的步骤 3～5，新增一个 Fragment 类程序文件，我们将它取名为 MainFragment，然后加入 onCreateView()和 onActivityCreated()两个状态处理方法。这个 Fragment 是负责显示游戏的主界面，所以它会使用界面布局文件 fragment_main，而且程序代码的功能和第 20 章的游戏主程序相同，因此读者可以从该项目中复制程序代码再进行修改。需要提醒读者的是在 Fragment 中必须先调用 getView()取得程序界面对象，然后才能调用它的 findViewById()取得界面对象。如果要取得 Fragment 底层的 Activity，可以调用 getActivity()方法。在 onCreateView()方法中，我们利用 inflater 对象的 inflate()方法取得 res/layout/fragment_main.xml 界面布局文件，并将最后的结果返回给系统，这样就完成了 Fragment 的界面设置。以下是 MainFragment 类的程序文件：

```
public class MainFragment extends Fragment {

    private ImageButton mImgBtnScissors,
```

```
                mImgBtnStone,
                mImgBtnPaper;
    private ImageView mImgViewComPlay;
    private TextView mTxtResult;
    private TextView mEdtCountSet,
              mEdtCountPlayerWin,
              mEdtCountComWin,
              mEdtCountDraw;

    // 新增统计游戏局数和输赢的变量
    private int miCountSet = 0,
            miCountPlayerWin = 0,
            miCountComWin = 0,
            miCountDraw = 0;

    @Override
    public View onCreateView(LayoutInflater inflater, ViewGroup container,
            Bundle savedInstanceState) {
        // TODO Auto-generated method stub
        // 利用 inflater 对象的 inflate()方法取得界面布局文件，并将最后的结果返回给系统
        return inflater.inflate(R.layout.fragment_main, container, false);
    }

    @Override
    public void onActivityCreated(Bundle savedInstanceState) {
        // TODO Auto-generated method stub
        super.onActivityCreated(savedInstanceState);

        // 必须先调用 getView()取得程序界面对象，然后才能调用它的
        // findViewById()取得界面对象
        mTxtResult = (TextView) getView().findViewById(R.id.txtResult);
        mImgBtnScissors = (ImageButton) getView().findViewById
(R.id.imgBtnScissors);
        mImgBtnStone = (ImageButton) getView().findViewById
(R.id.imgBtnStone);
        mImgBtnPaper = (ImageButton) getView().findViewById
(R.id.imgBtnPaper);
        mImgViewComPlay = (ImageView) getView().findViewById
(R.id.imgViewComPlay);

        // 以下界面组件是在另一个 Fragment 中，因此必须调用所属的 Activity
        // 才能取得这些界面组件
        mEdtCountSet = (EditText) getActivity().findViewById
(R.id.edtCountSet);
        mEdtCountPlayerWin = (EditText) getActivity().findViewById
(R.id.edtCountPlayerWin);
        mEdtCountComWin = (EditText) getActivity().findViewById
(R.id.edtCountComWin);
        mEdtCountDraw = (EditText) getActivity().findViewById
(R.id.edtCountDraw);
```

```
        mImgBtnScissors.setOnClickListener(imgBtnScissorsOnClick);
        mImgBtnStone.setOnClickListener(imgBtnStoneOnClick);
        mImgBtnPaper.setOnClickListener(imgBtnPaperOnClick);
    }

    private View.OnClickListener imgBtnScissorsOnClick =
new View.OnClickListener() {
        public void onClick(View v) {
            // Decide computer play.
            int iComPlay = (int)(Math.random()*3 + 1);

            miCountSet++;
            mEdtCountSet.setText(String.valueOf(miCountSet));

            // 1 - scissors, 2 - stone, 3 - net.
            if (iComPlay == 1) {
                mImgViewComPlay.setImageResource(R.drawable.scissors);
                mTxtResult.setText(getString(R.string.result) +
                                   getString(R.string.player_draw));
                miCountDraw++;
                mEdtCountDraw.setText(String.valueOf(miCountDraw));
            }
            else if (iComPlay == 2) {
                mImgViewComPlay.setImageResource(R.drawable.stone);
                mTxtResult.setText(getString(R.string.result) +
                          getString(R.string.player_lose));
                miCountComWin++;
                mEdtCountComWin.setText(String.valueOf(miCountComWin));
            }
            else {
                mImgViewComPlay.setImageResource(R.drawable.paper);
                mTxtResult.setText(getString(R.string.result) +
                          getString(R.string.player_win));
                miCountPlayerWin++;
                mEdtCountPlayerWin.setText(String.valueOf
            (miCountPlayerWin));
            }
        }
    };

    private View.OnClickListener imgBtnStoneOnClick =
new View.OnClickListener() {
        public void onClick(View v) {
            int iComPlay = (int)(Math.random()*3 + 1);

            miCountSet++;
            mEdtCountSet.setText(String.valueOf(miCountSet));

            // 1 - scissors, 2 - stone, 3 - net.
            if (iComPlay == 1) {
                mImgViewComPlay.setImageResource(R.drawable.scissors);
```

```
            mTxtResult.setText(getString(R.string.result) +
                    getString(R.string.player_win));
            miCountPlayerWin++;
            mEdtCountPlayerWin.setText(String.valueOf
        (miCountPlayerWin));
        }
        else if (iComPlay == 2) {
            mImgViewComPlay.setImageResource(R.drawable.stone);
            mTxtResult.setText(getString(R.string.result) +
                    getString(R.string.player_draw));
            miCountDraw++;
            mEdtCountDraw.setText(String.valueOf(miCountDraw));
        }
        else {
            mImgViewComPlay.setImageResource(R.drawable.paper);
            mTxtResult.setText(getString(R.string.result) +
                    getString(R.string.player_lose));
            miCountComWin++;
            mEdtCountComWin.setText(String.valueOf(miCountComWin));
        }
    }
};

private View.OnClickListener imgBtnPaperOnClick =
new View.OnClickListener() {
    public void onClick(View v) {
        int iComPlay = (int)(Math.random()*3 + 1);

        miCountSet++;
        mEdtCountSet.setText(String.valueOf(miCountSet));

        // 1 - scissors, 2 - stone, 3 - net.
        if (iComPlay == 1) {
            mImgViewComPlay.setImageResource(R.drawable.scissors);
            mTxtResult.setText(getString(R.string.result) +
                    getString(R.string.player_lose));
            miCountComWin++;
            mEdtCountComWin.setText(String.valueOf(miCountComWin));
        }
        else if (iComPlay == 2) {
            mImgViewComPlay.setImageResource(R.drawable.stone);
            mTxtResult.setText(getString(R.string.result) +
                    getString(R.string.player_win));
            miCountPlayerWin++;
            mEdtCountPlayerWin.setText(String.valueOf
        (miCountPlayerWin));
        }
        else {
            mImgViewComPlay.setImageResource(R.drawable.paper);
            mTxtResult.setText(getString(R.string.result) +
                    getString(R.string.player_draw));
```

```
                miCountDraw++;
                mEdtCountDraw.setText(String.valueOf(miCountDraw));
            }
        }
    };

}
```

提示

Eclipse 操作技巧

在学习 Android App 开发的过程中，会遇到越来越多的 class。每一个 class 都有许多内置的方法，我们必须视程序的需要 override 某些方法，像是这里用到的 onActivityCreated() 和 onCreateView()。当要 override 类内部的方法时，先将文字输入光标设置到要插入方法的位置，再按下鼠标右键，在弹出的快捷菜单中选择 Source > Override/Implement Methods，就会显示方法列表对话框让我们勾选。如果程序中有不同类的程序代码，把文字输入光标设置到不同类内部，可以调出不同的方法列表对话框。

步骤 05 重复上一个步骤的操作，再新增一个 Fragment 类程序文件，我们将它取名为 GameResultFragment，然后加入 onCreateView()状态处理方法，以及设置界面布局文件的程序代码如下：

```
public class GameResultFragment extends Fragment {

    @Override
    public View onCreateView(LayoutInflater inflater, ViewGroup container,
            Bundle savedInstanceState) {
        // TODO Auto-generated method stub
        // 利用 inflater 对象的 inflate()方法取得界面布局文件，并将最后的结果返回给系统
        return inflater.inflate(R.layout.fragment_game_result, container,
    false);
    }

}
```

步骤 06 打开程序项目的主界面描述文件 res/layout/activity_main.xml，将它编辑如下。我们使用<FrameLayout>标签，在右边 Fragment 的周围加上外框，并且利用 padding 和 margin 属性调整操作界面的位置，使其更加美观。

```
<LinearLayout xmlns:android="http://schemas.android.com/apk/res/android"
    xmlns:tools="http://schemas.android.com/tools"
    android:id="@+id/LinearLayout1"
    android:layout_width="match_parent"
    android:layout_height="match_parent"
    android:orientation="horizontal"
    android:paddingBottom="@dimen/activity_vertical_margin"
    android:paddingLeft="@dimen/activity_horizontal_margin"
    android:paddingRight="@dimen/activity_horizontal_margin"
```

```
    android:paddingTop="@dimen/activity_vertical_margin"
    tools:context=".MainActivity"
    android:gravity="center_horizontal" >

     <fragment
        android:id="@+id/fragMain"
        android:name="com.android.MainFragment"
        android:layout_width="wrap_content"
        android:layout_height="wrap_content" />

    <FrameLayout
        android:layout_width="wrap_content"
        android:layout_height="wrap_content"
        android:background="?android:attr/detailsElementBackground"
        android:layout_margin="50dp"
        android:padding="20dp" >

          <fragment
            android:id="@+id/fragGameResult"
            android:name="com.android.GameResultFragment"
            android:layout_width="match_parent"
            android:layout_height="wrap_content" />

     </FrameLayout>

</LinearLayout>
```

本章是我们第一次介绍 Fragment 的用法，为了不让问题太过复杂，我们先以静态的方式来使用 Fragment。下一章我们将进一步学习如何在程序运行的过程中，动态加入和删除 Fragment。

Android 版本	1.X	2.X	3.X	4.X
适用性			★	★

第 27 章 动态Fragment让程序成为变形金刚

前一章我们介绍了 Fragment 的基本功能和用法，实际范例是以静态的方式显示 Fragment，也就是说不会在程序运行的过程中，让 Fragment 隐藏或显示。其实 Fragment 最大的特点在于动态控制，也就是在程序运行过程中，可以随时加入或是删除 Fragment，或是用一个新的 Fragment 取代原来的 Fragment。利用这样的功能，我们可以让程序的操作界面依照用户的喜好，或是运行环境的限制做出各种变化。若要在程序运行的过程中动态控制 Fragment 需要使用 FragmentManager，因此接下来就让我们来介绍本章的主角—— FragmentManager。

27-1 Fragment 的总管——FragmentManager

若要在程序中改变 Fragment 必须借助 FragmentManager 对象，FragmentManager 对象提供以下控制 Fragment 的方法。

1. add()

add()用于把 Fragment 加入程序的操作界面，我们可以指定要加入哪一个界面组件中，例如指定一个 FrameLayout 组件，另外也可以设置这个 Fragment 的 tag 名称。

2. remove()

remove()用于从程序的操作界面中删除指定的 Fragment，并将它删除。

3. replace()

replace()用另一个 Fragment 取代目前程序界面中的 Fragment，它的功能等同于先调用

remove()删除目前的 Fragment，再调用 add()加入另一个 Fragment。

4. attach()

attach()用于将之前 detach 的 Fragment 重新显示在程序界面，Fragment 的界面会重新建立。

5.detach()

detach()将指定的 Fragment 从程序界面移开，这时候 Fragment 的界面会被删除，等到下次 attach 的时候再重新建立。

6.hide()

hide()用于隐藏指定的 Fragment。

7. show()

show()用于显示之前隐藏的 Fragment。

8. addToBackStack()

addToBackStack()用于把这个 Fragment 的交易加入系统的 Back Stack，这样当用户单击手机或平板电脑上的“回上一页”按键时，就会回到之前的状态。

9. setCustomAnimations()

setCustomAnimations()用于设置变换 Fragment 时使用的动画效果，但是要特别注意，如果使用 Android 3.0 以上的系统内置的 FragmentManager，必须使用 Property Animation。但是如果使用 android.support.v4.app 套件的 FragmentManager，就必须使用 View Animation。

10. commit()

commit()用于要求系统开始运行 Fragment 的切换，但是要注意，系统是用一个异步的 process 进行，所以 Fragment 的切换不会立即完成。如果程序需要立刻完成 Fragment 的切换，可以立即调用 FragmentManager 对象的 executePendingTransactions()方法。

改变程序 Fragment 的过程称为一个 Transaction（中文的意思是“交易”），Transaction 的特性是整个操作必须从头到尾全部完成才算数，不能够只运行其中一部分。如果不能够从头到尾全部完成，就要回到原来未运行 Transaction 之前的状态。在使用 FragmentManager 控制 Fragment 的过程中，必须依序运行以下几个步骤：

步骤 01　调用 getFragmentManager()方法取得 FragmentManager。

```
FragmentManager fragmentMgr = getFragmentManager();
```

步骤 02　调用 FragmentManager 的 beginTransaction()方法建立一个 FragmentTransaction 对象。

```
FragmentTransaction fragmentTrans = fragmentMgr.beginTransaction();
```

步骤 03　利用 FragmentTransaction 提供的方法控制 Fragment，请读者参考以下程序代码范例，其中的 MyFragmentA 和 MyFragmentB 是在程序项目中已经建立好的两个 Fragment 类。frameLay 是在主程序界面布局文件中的 FrameLayout 组件，通常我们都是把 FrameLayout 当成 Fragment 的容器。

```
MyFragmentA myFragmentA = new MyFragmentA();
MyFragmentB myFragmentB = new MyFragmentB();

fragmentTrans.add(R.id.frameLay, myFragmentA, "My fragment A");
fragmentTrans.replace(R.id.frameLay, myFragmentB, "My fragment B");
```

在调用 add()方法之前，我们必须先建立好要加入程序界面的 Fragment 对象。调用 add()方法时，必须指定要将 Fragment 加入哪一个界面组件中（这个界面组件称为 Fragment 的容器）。另外我们也可以帮这个新加入的 Fragment 取一个名字（称为 Tag，就是 add()方法的第三个参数），这个 Tag 可以让我们找到特定的 Fragment。

使用 new 运算符或是 newInstance()静态方法建立 Fragment 对象

Android Developers 官方网站的技术文件，建议使用 Fragment 类的 newInstance()静态方法来建立 Fragment 对象，以避免使用 new 运算符，这是考虑 Fragment 类的构建式含有自变量的情况。若要解释其中的原因，必须先了解 Android 系统在运行的过程中，有些时候会强制销毁 Fragment 对象，再重新建立它，例如当手机或是平板电脑从直立转成水平时。当 Android 系统要重新建立 Fragment 对象的时候，会固定运行空的构建式（也就是不含任何自变量的建构式），再将销毁 Fragment 对象时存储的 Bundle 对象传给 Fragment 的 onCreate()方法，这样 Fragment 对象就可以回到原来销毁时的状态（我们的程序要自己从 Bundle 对象中取出数据并完成套用），也就是说每一个 Fragment 类都要有一个空的构建式让系统调用。如果要在建立 Fragment 对象时传入自变量，官方技术文件的建议是定义一个 newInstance()静态方法，用来接收传入的自变量，再利用 new 运算符建立一个 Fragment 对象，并且把传入的自变量存储在一个 Bundle 对象中，再把这个 Bundle 对象设置给 Fragment 对象。最后在 Fragment 的 onCreate()状态转换方法中取得 Bundle 对象，再取出其中的自变量来套用。如果建立 Fragment 对象时不需要传入任何自变量，就可以直接利用 new 运算符来建立即可，如同本章的范例程序。

步骤 04　调用 FragmentTransaction 的 commit()方法发送以上建立的 Fragment 处理流程，系统会根据这个处理流程来更新 Fragment。但是要注意 Android 系统不是立刻运行，而是以后台线程（background thread）的方式来处理。如果我们希望立刻运行 Fragment 的更新，必须再运行下一个步骤。

```
fragmentTrans.commit();
```

步骤 05　如果程序需要立刻运行 Fragment 的切换，可以调用 FragmentManager 的 executePendingTransactions()方法。

```
fragmentMgr.executePendingTransactions();
```

我们可以利用之前介绍过的“匿名对象”语法，将上述操作 Fragment 的程序代码简化如下：

```
getFragmentManager().beginTransaction()
    .add(R.id.frameLay, myFragmentA, "My fragment A")
    .replace(R.id.frameLay, myFragmentB, "My fragment B")
    .commit();
```

27-2 范例程序

上一章的“电脑猜拳游戏”是利用两个 Fragment 组成操作界面，其中一个 Fragment 用来显示操作组件，另一个则显示局数统计数据，这两个 Fragment 都是固定出现在程序界面中。在本章中我们将把局数统计数据的 Fragment 改成可以动态显示和隐藏，并且新增第二种局数统计数据的显示方式，让用户可以依照喜好自由选择。图 27-1 是启动程序后的运行界面，一开始并不会显示局数统计数据。以下列出完成这个程序项目的详细步骤。

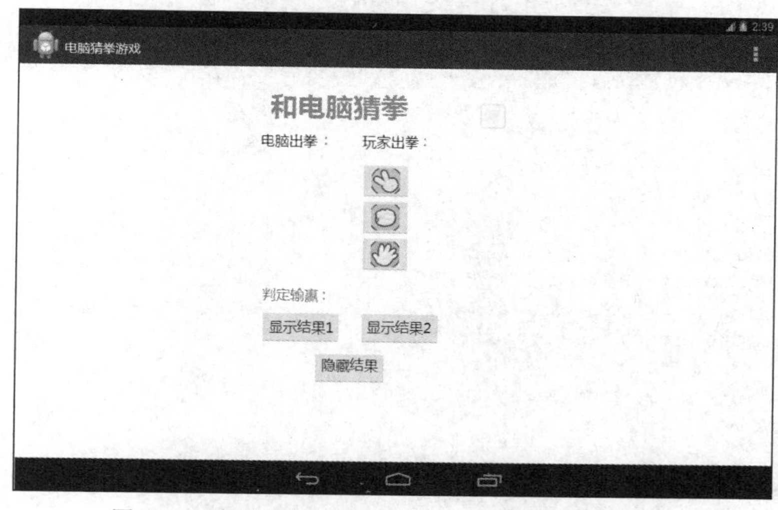

图 27-1　使用动态 Fragment 的“电脑猜拳游戏”程序

步骤 01　复制前一章的程序项目（如果读者已经已经忘记如何操作，可以再回头参考第 4 章的说明）。

步骤 02　依照前一章的操作方法，新增一个界面布局文件，我们可以将它取名为 fragment_game_result2.xml，它是用来当作第二种局数统计数据的界面。我们在这个新的界面布局文件中使用 TableLayout 的方式显示局数统计数据，请读者将其中的程序代码编辑如下，建议可以先用 Graphical Layout 模式加入界面组件，再切换到纯文本模式设置属性。

```
<?xml version="1.0" encoding="utf-8"?>
<TableLayout xmlns:android="http://schemas.android.com/apk/res/android"
    android:id="@+id/TableLayout1"
```

```
    android:layout_width="match_parent"
    android:layout_height="match_parent"
    android:layout_gravity="center_horizontal" >

    <TableRow>
        <TextView
            android:text="@string/total_set"
            android:textSize="20sp"
            android:textColor="#0FFFFF" />
        <EditText
            android:id="@+id/edtCountSet"
            android:editable="false"
            android:text=""
            android:layout_weight="1" />
    </TableRow>

    <TableRow>
        <TextView
            android:text="@string/player_win_set"
            android:textSize="20sp"
            android:textColor="#0FFFFF" />
        <EditText android:id="@+id/edtCountPlayerWin"
            android:editable="false"
            android:text=""
            android:layout_weight="1" />
    </TableRow>

    <TableRow>
        <TextView
            android:text="@string/comupter_win_set"
            android:textSize="20sp"
            android:textColor="#0FFFFF" />
        <EditText android:id="@+id/edtCountComWin"
            android:editable="false"
            android:text=""
            android:layout_weight="1" />
    </TableRow>

    <TableRow>
        <TextView android:text="@string/draw"
            android:textSize="20sp"
            android:textColor="#0FFFFF" />
        <EditText android:id="@+id/edtCountDraw"
            android:editable="false"
            android:text=""
            android:layout_weight="1" />
    </TableRow>

</TableLayout>
```

步骤 03 新增一个继承 Fragment 的新类，我们将它取名为 GameResultFragment2，然后将它打开并编辑如下，这个新类是使用前面步骤建立的界面布局文件。

```
public class GameResultFragment2 extends Fragment {
```

```
    @Override
    public View onCreateView(LayoutInflater inflater, ViewGroup container,
            Bundle savedInstanceState) {
        // TODO Auto-generated method stub
        // 利用 inflater 对象的 inflate()方法取得界面布局文件，并将最后的结果返回给系统
        return inflater.inflate(R.layout.fragment_game_result2,container, false);
    }

    @Override
    public void onResume() {
        // TODO Auto-generated method stub
        super.onResume();

        MainFragment frag = (MainFragment) getFragmentManager()
                .findFragmentById(R.id.fragMain);
        frag.mEdtCountSet = (EditText) getActivity().findViewById
    (R.id.edtCountSet);
        frag.mEdtCountPlayerWin = (EditText) getActivity()
                .findViewById(R.id.edtCountPlayerWin);
        frag.mEdtCountComWin = (EditText) getActivity()
                .findViewById(R.id.edtCountComWin);
        frag.mEdtCountDraw = (EditText)getActivity().findViewById
    (R.id.edtCountDraw);
    }

}
```

以上的程序代码除了 onCreateView()方法之外，还多了一个 onResume()方法（操作提示：在程序代码中插入新方法的操作步骤请参考前面章节的说明）。这个方法中的程序代码是设置用来显示局数统计数据的界面对象，这些界面对象声明在 MainFragment 类中，而且必须等用户打开局数统计的 Fragment 之后才能使用，因此我们必须在 onResume()中运行（未打开局数统计 Fragment 之前这些界面对象并不存在，因此也无法使用）。

当用户建立一个 GameResultFragment2 对象，并将它加入程序界面时，onCreateView()方法会先运行。当 GameResultFragment2 对象即将显示在屏幕上时，会运行 onResume()方法，因此我们应在 onResume()方法中设置好界面对象。这里我们使用 FragmentManager 的 findFragmentById()方法取得程序中的 MainFragment 对象，再将其中声明的界面对象设置成对应的界面组件。

步骤 04　在 Eclipse 左边的程序项目查看窗格中，找到此程序项目的“src/(套件路径名称)/GameResultFragment.java”文件，将它打开，并依照前一个步骤的方法新增一个 onResume()方法，再加入下列利用粗体标识的程序代码。这一段程序代码和步骤 3 中的程序代码完全相同，也就是说 GameResultFragment 和 GameResultFragment2 类除了组件排列方式不同之外，内部的功能完全相同。

```
public class GameResultFragment extends Fragment {

    @Override
```

```
    public View onCreateView(LayoutInflater inflater, ViewGroup container,
            Bundle savedInstanceState) {
        // TODO Auto-generated method stub
        // 利用 inflater 对象的 inflate()方法取得界面布局文件，并将最后的结果返回给系统
        return inflater.inflate(R.layout.fragment_game_result,
    container, false);
    }

    @Override
    public void onResume() {
        // TODO Auto-generated method stub
        super.onResume();

        MainFragment frag = (MainFragment) getFragmentManager()
                .findFragmentById(R.id.fragMain);
        frag.mEdtCountSet = (EditText) getActivity().findViewById
    (R.id.edtCountSet);
        frag.mEdtCountPlayerWin = (EditText) getActivity()
                .findViewById(R.id.edtCountPlayerWin);
        frag.mEdtCountComWin = (EditText) getActivity()
                .findViewById(R.id.edtCountComWin);
        frag.mEdtCountDraw = (EditText)getActivity().findViewById
    (R.id.edtCountDraw);
    }

}
```

步骤 05 打开主程序界面布局文件 res/layout/activity_main.xml，然后删除位于<FrameLayout>标签中的<fragment>标签，并且在<FrameLayout>标签的属性中新增一个 android:id。这个 FrameLayout 组件将作为 Fragment 对象的容器，我们将在程序代码中，依照用户的操作把不同的 Fragment 放进这个 FrameLayout 组件。

```
<LinearLayout xmlns:android="http://schemas.android.com/apk/res/android"
    xmlns:tools="http://schemas.android.com/tools"
    android:id="@+id/LinearLayout1"
    android:layout_width="match_parent"
    android:layout_height="match_parent"
    android:orientation="horizontal"
    android:paddingBottom="@dimen/activity_vertical_margin"
    android:paddingLeft="@dimen/activity_horizontal_margin"
    android:paddingRight="@dimen/activity_horizontal_margin"
    android:paddingTop="@dimen/activity_vertical_margin"
    tools:context=".MainActivity"
    android:gravity="center_horizontal" >

    <fragment
        android:id="@+id/fragMain"
        android:name="com.android.MainFragment"
        android:layout_width="wrap_content"
        android:layout_height="wrap_content" />

    <FrameLayout
        android:id="@+id/frameLay"
        android:layout_width="wrap_content"
```

```
        android:layout_height="wrap_content"
        android:background="?android:attr/detailsElementBackground"
        android:layout_margin="50dp"
        android:padding="20dp" />

</LinearLayout>
```

步骤 06 打开游戏主界面的界面布局文件 res/layout/game.xml，我们在文件的最后加入 3 个按钮，用户可以利用这些按钮启动两种局数统计数据界面，或是隐藏局数统计数据界面，这里我们用到许多用于控制界面组件位置和外观的属性，以增加程序界面的美观。

```
<?xml version="1.0" encoding="utf-8"?>
<RelativeLayout xmlns:android="http://schemas.android.com/apk/res/android"
    android:layout_width="400dp"
    android:layout_height="match_parent"
    android:layout_gravity="center_horizontal" >

    ...(原来的程序代码)

    <Button
        android:id="@+id/btnShowResult1"
        android:layout_width="wrap_content"
        android:layout_height="wrap_content"
        android:text="@string/btn_show_result1"
        android:layout_below="@id/txtResult"
        android:layout_alignLeft="@id/txtCom"
        android:textSize="20sp"
        android:layout_marginTop="10dp" />

    <Button
        android:id="@+id/btnShowResult2"
        android:layout_width="wrap_content"
        android:layout_height="wrap_content"
        android:text="@string/btn_show_result2"
        android:layout_below="@id/txtResult"
        android:layout_alignLeft="@id/imgBtnPaper"
        android:textSize="20sp"
        android:layout_marginTop="10dp" />

    <Button
        android:id="@+id/btnHiddenResult"
        android:layout_width="wrap_content"
        android:layout_height="wrap_content"
        android:text="@string/btn_hidden_result"
        android:layout_below="@id/btnShowResult1"
        android:layout_centerInParent="true"
        android:textSize="20sp"
        android:layout_marginTop="10dp" />

</RelativeLayout>
```

这 3 个新按钮用到定义在字符串资源文件中的字符串：

```
<?xml version="1.0" encoding="utf-8"?>
<resources>

    ...(原来的字符串)
    <string name="btn_show_result1">显示结果1</string>
    <string name="btn_show_result2">显示结果2</string>
    <string name="btn_hidden_result">隐藏结果</string>

</resources>
```

步骤07 打开负责显示游戏界面 Fragment 的程序文件 src/（套件路径名称）/MainFragment.java，我们在其中加入前一个步骤新增的 3 个按钮所对应的对象，并设置好它们的 OnClickListener，例如以下粗体字的部分。另外将用来显示局数统计数据的 4 个 EditText 组件声明为 public，因为这些组件会在 GameResultFragment 和 GameResultFragment 2 中设置（在这个程序文件中，原来设置这些组件的程序代码被设置成注释）。此外为了记录程序是否打开局数统计的显示界面，我们新增一个 mbShowResult 变量，并在 3 个按钮的 OnClickListener 中对它进行设置。在这些按钮的 OnClickListener 中，我们依照上一个小节介绍的 Fragment 操作技巧，分别显示或隐藏局数统计界面。最后在“剪刀”、“石头”和“布”3 个按钮的 OnClickListener 中，将显示局数统计数据的程序代码集中放到最后，只有当 mbShowResult 变量的值是 true 的时候才显示。

```
public class MainFragment extends Fragment {

    private ImageButton mImgBtnScissors,
                        mImgBtnStone,
                        mImgBtnPaper;
    private ImageView mImgViewComPlay;
    private TextView mTxtResult;
    public EditText mEdtCountSet,
                    mEdtCountPlayerWin,
                    mEdtCountComWin,
                    mEdtCountDraw;

    // 新增统计游戏局数和输赢的变量
    private int miCountSet = 0,
                miCountPlayerWin = 0,
                miCountComWin = 0,
                miCountDraw = 0;

    private Button mBtnShowResult1,
                   mBtnShowResult2,
                   mBtnHiddenResult;

    private boolean mbShowResult = false;

    private final static String TAG_FRAGMENT_RESULT_1 = "Result 1",
                                TAG_FRAGMENT_RESULT_2 = "Result 2";

    @Override
```

```
    public View onCreateView(LayoutInflater inflater, ViewGroup container,
            Bundle savedInstanceState) {
        // TODO Auto-generated method stub
        // 利用 inflater 对象的 inflate()方法取得界面布局文件，并将最后的结果返回给系统
        return inflater.inflate(R.layout.fragment_main, container, false);
    }

    @Override
    public void onActivityCreated(Bundle savedInstanceState) {
        // TODO Auto-generated method stub
        super.onActivityCreated(savedInstanceState);

        // 必须先调用 getView()取得程序界面对象，然后才能调用它的
        // findViewById()取得界面对象
        mTxtResult = (TextView) getView().findViewById(R.id.txtResult);
        mImgBtnScissors = (ImageButton) getView().findViewById
        (R.id.imgBtnScissors);
        mImgBtnStone = (ImageButton) getView().findViewById
        (R.id.imgBtnStone);
        mImgBtnPaper = (ImageButton) getView().findViewById
        (R.id.imgBtnPaper);
        mImgViewComPlay = (ImageView) getView().findViewById
        (R.id.imgViewComPlay);

        // 以下界面组件是在另一个 Fragment 中，因此必须调用所属的 Activity
        // 才能取得这些界面组件
        /*        mEdtCountSet = (EditText) getActivity().findViewById
(R.id.edtCountSet);
        mEdtCountPlayerWin = (EditText) getActivity().findViewById
(R.id.edtCountPlayerWin);
        mEdtCountComWin = (EditText) getActivity().findViewById
(R.id.edtCountComWin);
        mEdtCountDraw = (EditText) getActivity().findViewById
(R.id.edtCountDraw);
        */
        mImgBtnScissors.setOnClickListener(imgBtnScissorsOnClick);
        mImgBtnStone.setOnClickListener(imgBtnStoneOnClick);
        mImgBtnPaper.setOnClickListener(imgBtnPaperOnClick);

        mBtnShowResult1 = (Button) getView().findViewById
        (R.id.btnShowResult1);
        mBtnShowResult2 = (Button) getView().findViewById
        (R.id.btnShowResult2);
        mBtnHiddenResult = (Button) getView().findViewById
        (R.id.btnHiddenResult);

        mBtnShowResult1.setOnClickListener(btnShowResult1OnClick);
        mBtnShowResult2.setOnClickListener(btnShowResult2OnClick);
        mBtnHiddenResult.setOnClickListener(btnHiddenResultOnClick);
    }

    private View.OnClickListener imgBtnScissorsOnClick =
    new View.OnClickListener() {
        public void onClick(View v) {
            // Decide computer play.
```

```
        int iComPlay = (int)(Math.random()*3 + 1);

        miCountSet++;
        //            mEdtCountSet.setText(String.valueOf(miCountSet));

        // 1 - scissors, 2 - stone, 3 - net.
        if (iComPlay == 1) {
            mImgViewComPlay.setImageResource(R.drawable.scissors);
            mTxtResult.setText(getString(R.string.result) +
                        getString(R.string.player_draw));
            miCountDraw++;
        //            mEdtCountDraw.setText(String.valueOf(miCountDraw));
        }
        else if (iComPlay == 2) {
            mImgViewComPlay.setImageResource(R.drawable.stone);
            mTxtResult.setText(getString(R.string.result) +
                    getString(R.string.player_lose));
            miCountComWin++;
        //         mEdtCountComWin.setText(String.valueOf(miCountComWin));
        }
        else {
            mImgViewComPlay.setImageResource(R.drawable.paper);
            mTxtResult.setText(getString(R.string.result) +
                    getString(R.string.player_win));
            miCountPlayerWin++;
        //            mEdtCountPlayerWin.setText(String.valueOf
          (miCountPlayerWin));
        }

        if (mbShowResult) {
            mEdtCountSet.setText(String.valueOf(miCountSet));
            mEdtCountDraw.setText(String.valueOf(miCountDraw));
            mEdtCountComWin.setText(String.valueOf(miCountComWin));
            mEdtCountPlayerWin.setText(String.valueOf
        (miCountPlayerWin));
        }
    }
};

private View.OnClickListener imgBtnStoneOnClick =
new View.OnClickListener() {
    public void onClick(View v) {
        …(参考前面 btnScissorsLin 对象的程序代码修改)
    }
};

private View.OnClickListener imgBtnPaperOnClick =
new View.OnClickListener() {
    public void onClick(View v) {
        …(参考前面 btnScissorsLin 对象的程序代码修改)
    }
};

private View.OnClickListener btnShowResult1OnClick =
new View.OnClickListener() {
```

```
        public void onClick(View v) {
            GameResultFragment fragGameResult =
        new GameResultFragment();
            FragmentTransaction fragTran =
                    getFragmentManager().beginTransaction();
            fragTran.replace(R.id.frameLay, fragGameResult,
                    TAG_FRAGMENT_RESULT_1);
            fragTran.commit();

            mbShowResult = true;
        }
    };

    private View.OnClickListener btnShowResult2OnClick =
new View.OnClickListener() {
        public void onClick(View v) {
                GameResultFragment2 fragGameResult2 =
            new GameResultFragment2();
                FragmentTransaction fragTran =
                        getFragmentManager().beginTransaction();
            fragTran.replace(R.id.frameLay, fragGameResult2,
                    TAG_FRAGMENT_RESULT_2);
            fragTran.commit();

            mbShowResult = true;
        }
    };

    private View.OnClickListener btnHiddenResultOnClick =
new View.OnClickListener() {
        public void onClick(View v) {
            mbShowResult = false;

            FragmentManager fragMgr = getFragmentManager();

                GameResultFragment fragGameResult =
                    (GameResultFragment) fragMgr.findFragmentByTag
                (TAG_FRAGMENT_RESULT_1);
            if (null != fragGameResult) {
                FragmentTransaction fragTran =
              fragMgr.beginTransaction();
               fragTran.remove(fragGameResult);
               fragTran.commit();

               return;
            }

            GameResultFragment2 fragGameResult2 =
                    (GameResultFragment2) fragMgr.findFragmentByTag
                (TAG_FRAGMENT_RESULT_2);
            if (null != fragGameResult2) {
                FragmentTransaction fragTran =
              fragMgr.beginTransaction();
               fragTran.remove(fragGameResult2);
               fragTran.commit();
```

```
                return;
            }
        }
    };

}
```

完成程序项目的修改之后，将它启动运行，分别单击两个不同局数统计界面的按钮，将会看到如图 27-2 和图 27-3 所示的结果。如果要取消局数统计界面，可以单击“隐藏结果”按钮。这个程序项目示范了动态控制 Fragment 的基本方法，但是还有一些美中不足的地方，例如当没有显示局数统计界面的时候，程序右边会留下一个空的 FrameLayout。另外，Android 系统还针对 Fragment 的操作提供恢复（back stack）的功能，这些高级的 Fragment 使用技巧将在下一章中再继续介绍。

图 27-2　第一种显示局数统计数据的界面

图 27-3　第二种显示局数统计数据的界面

Android 版本	1.X	2.X	3.X	4.X
适用性			★	★

第 28 章 Fragment的高级用法

本章我们要学习更多Fragment的功能，并搭配控制界面组件的技巧，以进一步改良上一章的猜拳游戏程序。为了能够更完整地运用 Fragment，我们必须了解 Fragment 运行过程中的各种状态转变。请读者参考图28-1，它是 Fragment 在运行过程中的状态转换过程。为了避免过于复杂，我们先省略切换 Activity 或 Fragment 所导致的状态转变。在“电脑猜拳游戏”程序中，我们已经使用了 onCreateView()、onActivityCreated()和 onResume()这 3 个状态转换方法，让负责游戏程序主界面的 GameFragment，以及两个动态加入的 GameResultFragment 和 GameResultFragment2 能够正确地运行。接下来要改良的是程序右边的 FrameLayout 组件，我们希望在没有显示局数统计数据时将它隐藏。

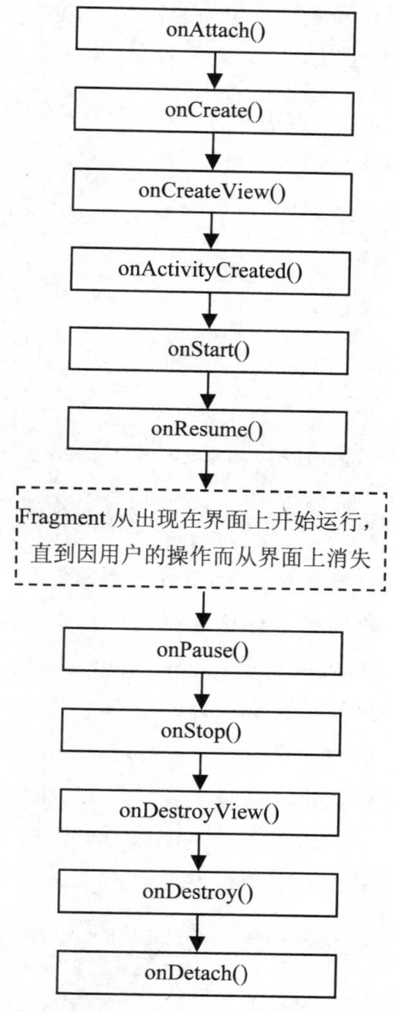

图 28-1 Fragment 从开始到结束所经历的状态变化

28-1 控制 FrameLayout 的显示和隐藏

我们希望程序刚开始运行的时候，先不要显示界面右边的 FrameLayout，等到用户单击“显示结果”按钮时才让 FrameLayout 出现。设置 FrameLayout 的隐藏和显示时只要利用 Visibility 属性即可，我们先在程序的界面布局文件中，将这个属性设置为 gone，让 FrameLayout 先从屏幕上消失。然后在程序运行的时候，根据用户的操作，让 FramemLayout 和 GameResultFragment（或是 GameResultFragment2）一起出现。我们再回头查看一下图 28-1，当 GameResultFragment 以及 GameResultFragment2 即将出现在屏幕上的时候会运行 onResume()，当它们即将从屏幕上消失的时候会运行 onPause()，因此，只要我们在 onResume() 方法中让 FramemLayout 出现，在 onPause()方法中让 FramemLayout 消失，就可以达到目的，详细的操作过程如下。

步骤 01 运行 Eclipse，打开前一章的“电脑猜拳游戏”程序项目的界面布局文件 res/layout/activity_main.xml，在<FrameLayout>标签中加入以下粗体字的属性：

```
<LinearLayout xmlns:android="http://schemas.android.com/apk/res/android"
    … >

    <fragment
       … />

    <FrameLayout
       …
       android:visibility="gone" />

</LinearLayout>
```

步骤 02 打开程序文件 src/(套件路径名称)/GameResultFragment.java，将程序代码编辑窗格中的编辑光标位置移到类内部，再单击鼠标右键。在出现的快捷菜单中选择 Source > Override/Implement Methods…，在对话框左边的列表中勾选 onPause()，然后单击 OK 按钮，再加入以下粗体字的程序代码。我们利用 getActivity()方法取得 Fragment 所属的 Activity，再利用 Activity 的 findViewById()取得 FrameLayout，然后改变它的 Visibility 属性。当设置为 View.VISIBLE 时，会让 FrameLayout 出现在屏幕上。如果设置为 View. GONE，就可以让 FrameLayout 隐藏，这里我们使用“匿名对象”的语法格式以缩短程序代码。

```
public class GameResultFragment extends Fragment {

    @Override
    public View onCreateView(LayoutInflater inflater,
                 ViewGroup container, Bundle savedInstanceState) {
       …(原来的程序代码)
```

```
    }

    @Override
    public void onResume() {
        // TODO Auto-generated method stub
        …(原来的程序代码)

        getActivity().findViewById(R.id.frameLay).setVisibility
(View.VISIBLE);
    }

    @Override
    public void onPause() {
        // TODO Auto-generated method stub
        super.onPause();
        getActivity().findViewById(R.id.frameLay).setVisibility
(View.GONE);
    }
}
```

步骤 03　仿照上一个步骤的方法修改程序文件 src/(此程序项目的套件名称)/GameResultFragment2.java 如下：

```
public class GameResultFragment2 extends Fragment {

    @Override
    public View onCreateView(LayoutInflater inflater,
                    ViewGroup container, Bundle savedInstanceState) {
        …(原来的程序代码)
    }

    @Override
    public void onResume() {
        // TODO Auto-generated method stub
        …(原来的程序代码)

        getActivity().findViewById(R.id.frameLay).setVisibility
(View.VISIBLE);
    }

    @Override
    public void onPause() {
        // TODO Auto-generated method stub
        super.onPause();
        getActivity().findViewById(R.id.frameLay).setVisibility
(View.GONE);
    }
}
```

完成以上修改之后运行程序，就会发现原来在程序右边的 FrameLayout 已经消失，如图

28-2 所示。如果用户单击显示局数统计的按钮，FrameLayout 就会自动出现。如果单击“隐藏结果”按钮，FrameLayout 就会再次消失。最后我们还要让程序能够记住每一次用户对于 Fragment 所做的改变，这样当单击手机或是平板电脑的“恢复”按钮（也就是像回转标志的那一个按钮）时，就可以回到前一个状态。

图 28-2　程序启动后原来显示在右边的 FrameLayout 已经消失

28-2 Fragment 的 Back Stack 功能和动画效果

所谓 Back Stack，就是当用户在操作某一个 App 时，又启动另一个 App。在这种情况下，Android 系统会先暂停目前的 App，然后切换到新的 App，当用户单击“恢复”按钮时，就会回到前一个 App。对于程序和程序之间的切换，Android 系统会自动使用 Back Stack 功能，但是对于同一个 App 内部的 Fragment 之间的切换，Android 系统并不会自动记录 Back Stack，而是要由程序员自行处理。如果只是单纯记录 Fragment 的 Back Stack 并不难，只要使用 FragmentTransaction 对象的 addToBackStack()方法即可（必须在 commit()方法之前调用）。但是使用 Back Stack 时还有一个需要考虑的问题，那就是 Fragment 对象的生命周期(Lifecycle)，因为加入 Back Stack 会影响到 App 对于 Fragment 对象的控管机制。

当没有将 Fragment 加入 Back Stack 时，如果 Fragment 被移出界面（也就是从屏幕上消失），就会被系统删除，即该 Fragment 就不存在了。可是如果将 Fragment 加入 Back Stack 中，它就不会被删除，而是处于停止状态，以便用户单击“恢复”按钮时，能够重新显示在屏幕上。依照这个机制重新查看我们的“电脑猜拳游戏”程序，当用户单击“显示结果”的按钮时，会加入一个新的 Fragment 对象，并赋予它一个 Tag，而下一次用户又单击同一个“显示结果”按钮时，又会使用相同的 Tag 名称（也就是 TAG_FRAGMENT_RESULT_1 或 TAG_FRAGMENT_RESULT_2），因而造成程序中会有名称重复的 Fragment（如果没有使用 Back Stack，则从界面消失的 Fragment 会被系统删除，所以没有名称重复的问题）。为了让程序支持 Back Stack 功能，我们需要将 Fragment 对象的 Tag 名称改用流水号，也就是从 1 开始依序往后编号，让每一个 Fragment 都有不同的名称。

另外，FragmentTransaction 对象还提供 setTransition()方法，可以让我们设置 Fragment 切换的动画效果。它的用法很简单，读者直接参考后面的程序范例就可以了解。以上的修改都是针对 GameFragment.java 程序文件，其他程序文件和界面布局文件都没有更改。以下我们列出需要改动的程序代码（以粗体字标识），程序的操作方式和运行界面都和前一章相同，只是新增支持“恢复”按钮的操作。

```
public class MainFragment extends Fragment {

    private ImageButton mImgBtnScissors,
                        mImgBtnStone,
                        mImgBtnPaper;
    private ImageView mImgViewComPlay;
    private TextView mTxtResult;
    public EditText mEdtCountSet,
                    mEdtCountPlayerWin,
                    mEdtCountComWin,
                    mEdtCountDraw;

    // 新增统计游戏局数和输赢的变量
    private int miCountSet = 0,
            miCountPlayerWin = 0,
            miCountComWin = 0,
            miCountDraw = 0;

    private Button mBtnShowResult1,
                   mBtnShowResult2,
                   mBtnHiddenResult;

    private boolean mbShowResult = false;

    private final static String TAG = "Result";
    private int mTagCount = 0;

    …(和原来的程序代码相同)

    private View.OnClickListener btnShowResult1OnClick =
 new View.OnClickListener() {
        public void onClick(View v) {
            mTagCount++;
            String sFragTag = TAG + String.valueOf(mTagCount);

            GameResultFragment fragGameResult =
        new GameResultFragment();
            FragmentTransaction fragTran =
                    getFragmentManager().beginTransaction();
            fragTran.replace(R.id.frameLay, fragGameResult,
```

```
                    sFragTag);
            fragTran.setTransition(FragmentTransaction.TRANSIT_FRAGMENT
        _FADE);
            fragTran.addToBackStack(null);
            fragTran.commit();

            mbShowResult = true;
        }
    };

    private View.OnClickListener btnShowResult2OnClick =
new View.OnClickListener() {
        public void onClick(View v) {
            mTagCount++;
            String sFragTag = TAG + String.valueOf(mTagCount);

            GameResultFragment2 fragGameResult2 =
        new GameResultFragment2();
            FragmentTransaction fragTran =
                    getFragmentManager().beginTransaction();
            fragTran.replace(R.id.frameLay, fragGameResult2,
                    sFragTag);
            fragTran.setTransition(FragmentTransaction.TRANSIT_FRAGMENT
        _FADE);
            fragTran.addToBackStack(null);
            fragTran.commit();

            mbShowResult = true;
        }
    };

    private View.OnClickListener btnHiddenResultOnClick =
new View.OnClickListener() {
        public void onClick(View v) {
            mbShowResult = false;

            FragmentManager fragMgr = getFragmentManager();
            String sFragTag = TAG + String.valueOf(mTagCount);
            Fragment fragGameResult = (Fragment)fragMgr.
        findFragmentByTag(sFragTag);
            FragmentTransaction fragTran = fragMgr.beginTransaction();
            fragTran.remove(fragGameResult);
            fragTran.setTransition(FragmentTransaction.TRANSIT_FRAGMENT
        _FADE);
            fragTran.addToBackStack(null);
            fragTran.commit();
        }
    };

}
```

Android 版本	1.X	2.X	3.X	4.X
适用性			★	★

第 29 章 Fragment和Activity之间的callback机制

到目前为止，我们已经用过许多 callback 方法。所谓 callback 方法是指在我们的程序中，提供给 Android 系统调用的方法，例如 onCreate()和 onActivityCreated()这些状态转换方法，或是在第 21 章介绍 ImageSwitch 时用到的 makeView()，这些 callback 方法是准备给 Android 系统在适当的时机运行，我们的程序不会主动调用它们。在本章中，我们将建立程序使用的 callback 机制。其实 callback 的概念很简单，就是两个函数或是两个对象为了要共同完成一件工作，其中被动的一方（以下称为 A）必须提供一个特定的函数或方法让另一方（以下称为 B）调用。而 B 方是担任主动的角色，也就是工作的运行由它来控制。B 方在运行过程中会根据需要调用 A 方提供的 callback 函数，最后 A 和 B 一起合作将工作完成。使用 callback 的原因通常是基于程序架构的考虑，为了让大型的程序项目有良好的系统架构，我们必须将程序代码适当地分割成许多模块或是类，而 callback 就是让模块和类能够协同运作的一种机制。在本章中，我们将从程序架构的观点重新查看“电脑猜拳游戏”程序，并运用 callback 机制加以改良。

29-1 查看“电脑猜拳游戏”程序的架构

“电脑猜拳游戏”程序的架构如图 29-1 所示，图中列出程序的 3 个主要工作：

- 累计游戏的局数统计数据。
- 控制游戏局数界面的显示和隐藏。
- 更新 GameResultFragment 或 GameResultFragment2 的游戏局数显示。

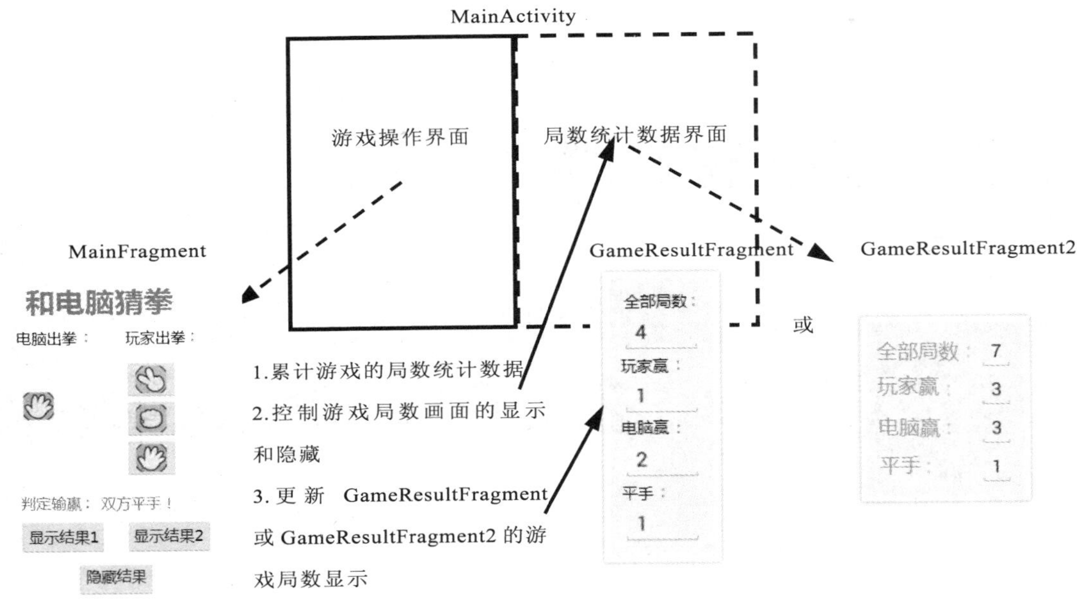

图 29-1 “电脑猜拳游戏”程序的架构

从图 29-1 中可以看出，以上 3 个工作都是由 MainFragment 运行，其他类并没有负担任何工作。从程序架构的观点考虑，这并不是很好的做法，原因如下：

- 游戏局数界面是属于 MainActivity 的组件，因此控制显示和隐藏的工作应该由 MainActivity 负责。如果需要显示或隐藏游戏局数界面，MainFragment 应该向 MainActivity 提出要求，再由 MainActivity 运行。
- 显示游戏局数数据的界面是属于 GameResultFragment 和 GameResultFragment2，MainFragment 应该只负责提供数据，当 GameResultFragment 或 GameResultFragment2 收到数据时，再将数据显示出来。
- 就架构而言，MainFragment、GameResultFragment 和 GameResultFragment2 都是属于 MainActivity 的组件，因此 MainActivity 应该担任 Controller 的角色。MainFragment 应该将数据传给 MainActivity，然后 MainActivity 再将数据传给 GameResultFragment 或 GameResultFragment2。

上述考虑的出发点是希望程序中每一个对象的层级，应该和它所运行的工作一致，不应该有越组代庖的情况。基于以上的讨论，原来的程序运行流程应该修改成如图 29-2 所示的方式。比较图 29-1 和图 29-2 的运行流程，读者会发现修改后的版本似乎变得比较复杂。话虽如此，可是从程序的运行架构来说，修改后的运行逻辑比较清楚，因为每个对象运行的工作，都和它的角色吻合。如果将来程序需要扩充新功能，可以比较容易完成。如果采用原来的架构，大部分的程序代码将会集中在 MainFragment 中，让程序项目变得难以维护。

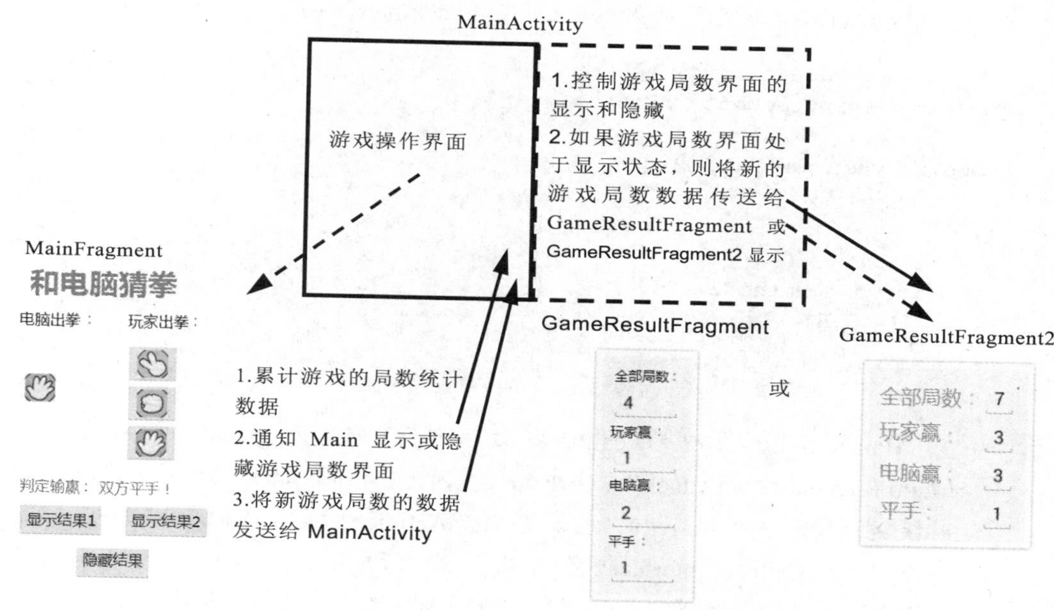

图 29-2　改良后的“电脑猜拳游戏”程序架构

29-2 实现 Fragment 和 Activity 之间的 callback 机制

要让 MainFragment 和 MainActivity 进行互动，可以使用 callback 方法来完成，也就是在 MainActivity 类中针对 MainFragment 的需求实现 callback 方法，再将该 callback 方法传给 MainFragment。建立这样的 callback 机制需要完成以下步骤。

步骤 01　在 MainFragment 类中声明一个 Interface，其中包含需要由 MainActivity 类提供的 callback 方法，例如：

```
public class MainFragment extends Fragment {

    // MainActivity 必须实现以下界面中的 callback 方法
    public interface CallbackInterface {
        public void method1(…);
        public void method2(…);
        …
    };

    …(其他程序代码)
}
```

步骤 02 让 MainActivity 类实现步骤 1 建立的 CallbackInterface：

```
public class MainActivity extends Activity
implements MainFragment.CallbackInterface {

    public void method1(...) {
        ...(程序代码)
    }

    public void method2(...) {
        ...(程序代码)
    }
}
```

步骤 03 将 MainActivity 类中的 callback 方法传给 MainFragment，这个步骤可以在 MainFragment 的 onAttach()方法中完成。因为当 Android 系统调用 onAttach()方法的时候会传入程序的 Activity，也就是 MainActivity 对象。我们在 MainFragment 类中声明一个 CallbackInterface 的对象，然后把系统传入的 Activity 转型成为 CallbackInterface 对象（因为我们在步骤 2 已经让 MainActivity 实现 CallbackInterface），并将它存入同类型的对象中。这样在 MainFragment 类中，就可以借助此 CallbackInterface 对象调用 MainActivity 中的 callback 方法。

```
public class MainFragment extends Fragment {

    // Main Activity 必须实现以下界面中的 callback 方法
    public interface CallbackInterface {
        public void method1(...);
        public void method2(...);
        ...
    };

    private CallbackInterface mCallback;

    public void onAttach(Activity activity) {
        // TODO Auto-generated method stub
        super.onAttach(activity);

        try {
            mCallback = (CallbackInterface) activity;
        } catch (ClassCastException e) {
            throw new ClassCastException(activity.toString() +
                    "must implement GameFragment.CallbackInterface.");
        }
    }

    ...
}
```

29-3 范例程序

接下来我们就依照图 29-2 的架构修改“电脑猜拳游戏”程序。读者可以先复制原来的程序项目，再着手修改（复制程序项目的方法可以参考第 4 章的说明）。除了加入前面小节讨论的 callback 机制之外，还要针对程序的运行流程进行下列修改：

- 由于 MainFragment 必须向 MainActivity 提出显示或隐藏游戏局数界面的要求，为了区分需要运行的功能，我们在 MainFragment 中定义了一个 enum GameResultType 类型。
- 当用户单击“显示结果”或是“隐藏结果”按钮时，直接调用 callback 方法由 MainActivity 处理。在用户单击任何一个出拳按钮后，同样调用 callback 方法将目前的游戏局数统计数据传给 MainActivity，再由 MainActivity 决定是否需要显示。
- 将原来在 MainFragment 中记录 GameResultFragment 和 GameResultFragment2 对象的流水号换成在 MainActivity 中运行。
- 在 GameResultFragment 和 GameResultFragment2 类中声明自己的界面对象，并且在 onResume()方法中设置好这些界面对象。除此之外，也要在 onResume()方法中将 MainActivity 对象内部的局数统计界面对象（声明成 public）设置为目前这个对象。
- 在 GameResultFragment 和 GameResultFragment2 类中新增一个 updateGameResult()方法供 MainActivity 调用，以更新局数统计数据。
- 在 MainActivity 类中声明记录 GameResultFragment 和 GameResultFragment2 对象流水号的属性（TAG 和 mTagCount），以及记录目前使用的局数统计界面对象（声明成 public）。
- 在 updateGameResult()这个 callback 方法中，先检查目前是否显示局数统计数据界面。如果是，再根据局数统计数据界面的类型（GameResultFragment 或 GameResultFragment2），调用它的 updateGameResult()方法完成显示局数统计数据的工作。
- 在 enableGameResult()这个 callback 方法中，根据指定的局数统计界面类型，建立 GameResultFragment 或 GameResultFragment2 对象，并设置它们的流水号。如果是要删除局数统计界面，则删除目前的对象。

最后我们列出修改后的程序代码，粗体字表示有更改的部分，没有修改的程序代码则视情况省略。读者完成修改之后，可以启动程序并进行测试，操作界面完全没有改变，只是内部的运行方式已经不同。其实如果针对这个“电脑猜拳游戏”程序来说，不使用 callback 也可以让 MainFragment 调用 MainActivity 提供的方法。我们可以在 MainFragment 中调用 getActivity()取得 MainActivity 对象。这种方式和 callback 机制的差异在于利用 Interface 定义的 callback 带有强迫性，也就是说如果要使用 MainFragment，就要依照它的规定实现 callback 方法，如果 MainFragment 是由别人编写的程序代码，程序作者就可以借助定义 Callback Interface 的方式，要求其他用户遵照他的规定使用。如果是由自己开发的程序项目，就可以选择不使用 callback。

MainFragment.java 的程序文件如下：

```
public class MainFragment extends Fragment {

    // 所属的 Activity 必须实现以下界面中的 callback 方法
    public interface CallbackInterface {
        public void updateGameResult(int iCountSet,
                                     int iCountPlayerWin,
                                     int iCountComWin,
                                     int iCountDraw);
        public void enableGameResult(GameResultType type);
    };

    enum GameResultType {
        TYPE_1, TYPE_2, TURN_OFF;
    }

    private CallbackInterface mCallback;

    …(原来的程序代码)

/*  换成由 GameResultFragment 和 GameResultFragment2 自行控制
    public EditText mEdtCountSet,
                    mEdtCountPlayerWin,
                    mEdtCountComWin,
                    mEdtCountDraw;
*/
    …(原来的程序代码)

//  private final static String TAG = "Result";
//  private int mTagCount = 0;

    @Override
    public void onAttach(Activity activity) {
        // TODO Auto-generated method stub
        super.onAttach(activity);

        try {
            mCallback = (CallbackInterface) activity;
        } catch (ClassCastException e) {
            throw new ClassCastException(activity.toString() +
                    "must implement GameFragment.CallbackInterface.");
        }
    }

    @Override
    public View onCreateView(LayoutInflater inflater, ViewGroup container,
            Bundle savedInstanceState) {
        …(原来的程序代码)
    }
```

```
    @Override
    public void onActivityCreated(Bundle savedInstanceState) {
        …(原来的程序代码)
    }

    private View.OnClickListener imgBtnScissorsOnClick =
  new View.OnClickListener() {
        public void onClick(View v) {
            // Decide computer play.
            int iComPlay = (int)(Math.random()*3 + 1);

            miCountSet++;
//            mEdtCountSet.setText(String.valueOf(miCountSet));

            // 1 - scissors, 2 - stone, 3 - net.
            if (iComPlay == 1) {
                mImgViewComPlay.setImageResource(R.drawable.scissors);
                mTxtResult.setText(getString(R.string.result) +
                                  getString(R.string.player_draw));
                miCountDraw++;
//                mEdtCountDraw.setText(String.valueOf(miCountDraw));
            }
            else if (iComPlay == 2) {
                mImgViewComPlay.setImageResource(R.drawable.stone);
                mTxtResult.setText(getString(R.string.result) +
                          getString(R.string.player_lose));
                miCountComWin++;
//                mEdtCountComWin.setText(String.valueOf(miCountComWin));
            }
            else {
                mImgViewComPlay.setImageResource(R.drawable.paper);
                mTxtResult.setText(getString(R.string.result) +
                          getString(R.string.player_win));
                miCountPlayerWin++;
//                mEdtCountPlayerWin.setText(String.valueOf
              (miCountPlayerWin));
            }

            mCallback.updateGameResult(miCountSet, miCountPlayerWin,
                    miCountComWin, miCountDraw);
        }
    };

    private View.OnClickListener imgBtnStoneOnClick =
  new View.OnClickListener() {
        public void onClick(View v) {
            // 参考 imgBtnScissorsOnClick 对象的程序代码进行修改
            …
        }
    };
```

```
    private View.OnClickListener imgBtnPaperOnClick =
new View.OnClickListener() {
        public void onClick(View v) {
            // 参考 imgBtnScissorsOnClick 对象的程序代码进行修改
            …
        }
    };

    private View.OnClickListener btnShowResult1OnClick =
new View.OnClickListener() {
        public void onClick(View v) {
            mCallback.enableGameResult(GameResultType.TYPE_1);
        }
    };

    private View.OnClickListener btnShowResult2OnClick =
new View.OnClickListener() {
        public void onClick(View v) {
            mCallback.enableGameResult(GameResultType.TYPE_2);
        }
    };

    private View.OnClickListener btnHiddenResultOnClick =
new View.OnClickListener() {
        public void onClick(View v) {
            mCallback.enableGameResult(GameResultType.TURN_OFF);
        }
    };

}
```

GameResultFragment.java 程序文件：

```
public class GameResultFragment extends Fragment {

    private EditText mEdtCountSet,
                     mEdtCountPlayerWin,
                     mEdtCountComWin,
                     mEdtCountDraw;

    @Override
    public View onCreateView(LayoutInflater inflater, ViewGroup container,
            Bundle savedInstanceState) {
        // TODO Auto-generated method stub
        // 利用 inflater 对象的 inflate()方法取得界面布局文件，并将最后的结果返回给系统
        return inflater.inflate(R.layout.fragment_game_result,
    container, false);
    }

    @Override
```

```
    public void onResume() {
        // TODO Auto-generated method stub
        super.onResume();

        mEdtCountSet = (EditText)getActivity().findViewById
        (R.id.edtCountSet);
        mEdtCountPlayerWin = (EditText)getActivity().findViewById
        (R.id.edtCountPlayerWin);
        mEdtCountComWin = (EditText)getActivity().findViewById
        (R.id.edtCountComWin);
        mEdtCountDraw = (EditText)getActivity().findViewById
        (R.id.edtCountDraw);

        ((MainActivity) getActivity()).mGameResultType = GameResultType.YPE_1;
        ((MainActivity) getActivity()).fragResult = this;

        getActivity().findViewById(R.id.frameLay).setVisibility
    (View.VISIBLE);
    }

    @Override
    public void onPause() {
        // TODO Auto-generated method stub
        super.onPause();

        getActivity().findViewById(R.id.frameLay).setVisibility
    (View.GONE);
    }

    public void updateGameResult(int iCountSet,
                                 int iCountPlayerWin,
                                 int iCountComWin,
                                 int iCountDraw) {
        mEdtCountSet.setText(String.valueOf(iCountSet));
        mEdtCountDraw.setText(String.valueOf(iCountDraw));
        mEdtCountComWin.setText(String.valueOf(iCountComWin));
        mEdtCountPlayerWin.setText(String.valueOf(iCountPlayerWin));
    }

}
```

GameResultFragment2.java 程序文件：

```
public class GameResultFragment2 extends Fragment {

    private EditText mEdtCountSet,
                     mEdtCountPlayerWin,
                     mEdtCountComWin,
                     mEdtCountDraw;

    @Override
```

```
    public View onCreateView(LayoutInflater inflater, ViewGroup
container,
            Bundle savedInstanceState) {
        // TODO Auto-generated method stub
        // 利用 inflater 对象的 inflate() 方法取得界面布局文件，并将最后的结果返回给系统
        return inflater.inflate(R.layout.fragment_game_result2,
    container, false);
    }

    @Override
    public void onResume() {
        // TODO Auto-generated method stub
        super.onResume();

        mEdtCountSet = (EditText)getActivity().findViewById
       (R.id.edtCountSet);
        mEdtCountPlayerWin = (EditText)getActivity().findViewById
       (R.id.edtCountPlayerWin);
        mEdtCountComWin = (EditText)getActivity().findViewById
       (R.id.edtCountComWin);
        mEdtCountDraw = (EditText)getActivity().findViewById
       (R.id.edtCountDraw);

        ((MainActivity) getActivity()).mGameResultType =
        GameResultType.TYPE_2;
        ((MainActivity) getActivity()).fragResult = this;

        getActivity().findViewById(R.id.frameLay).setVisibility
    (View.VISIBLE);
    }

    @Override
    public void onPause() {
        // TODO Auto-generated method stub
        super.onPause();

        getActivity().findViewById(R.id.frameLay).setVisibility
    (View.GONE);
    }

    public void updateGameResult(int iCountSet,
                                 int iCountPlayerWin,
                                 int iCountComWin,
                                 int iCountDraw) {
        mEdtCountSet.setText(String.valueOf(iCountSet));
        mEdtCountDraw.setText(String.valueOf(iCountDraw));
        mEdtCountComWin.setText(String.valueOf(iCountComWin));
        mEdtCountPlayerWin.setText(String.valueOf(iCountPlayerWin));
    }

}
```

MainActivity.java 程序文件如下：

```
public class MainActivity extends Activity implements MainFragment.
CallbackInterface {

    private final static String TAG = "Result";
    private int mTagCount = 0;
    public MainFragment.GameResultType mGameResultType;
    public Fragment fragResult;

    @Override
    protected void onCreate(Bundle savedInstanceState) {
        super.onCreate(savedInstanceState);
        setContentView(R.layout.activity_main);
    }

    @Override
    public boolean onCreateOptionsMenu(Menu menu) {
        // Inflate the menu; this adds items to the action bar if it is
    present.
        getMenuInflater().inflate(R.menu.main, menu);
        return true;
    }

    @Override
    public void updateGameResult(int iCountSet, int iCountPlayerWin,
            int iCountComWin, int iCountDraw) {
        // TODO Auto-generated method stub
        if (findViewById(R.id.frameLay).isShown()) {
            switch (mGameResultType) {
            case TYPE_1:
                ((GameResultFragment) fragResult).updateGameResult
            (iCountSet, iCountPlayerWin,
                        iCountComWin, iCountDraw);
                break;
            case TYPE_2:
                ((GameResultFragment2) fragResult).updateGameResult
            (iCountSet, iCountPlayerWin,
                        iCountComWin, iCountDraw);
                break;
            }
        }
    }

    @Override
    public void enableGameResult(GameResultType type) {
        // TODO Auto-generated method stub
        FragmentTransaction fragTran;
        String sFragTag;
```

```
        switch (type) {
        case TYPE_1:
            GameResultFragment frag = new GameResultFragment();
            fragTran = getFragmentManager().beginTransaction();
            mTagCount++;
            sFragTag = TAG + new Integer(mTagCount).toString();
            fragTran.replace(R.id.frameLay, frag, sFragTag);
            fragTran.setTransition(FragmentTransaction.TRANSIT_FRAGMENT
        _FADE);
            fragTran.addToBackStack(null);
            fragTran.commit();
              break;
        case TYPE_2:
            GameResultFragment2 frag2 = new GameResultFragment2();
            fragTran = getFragmentManager().beginTransaction();
            mTagCount++;
            sFragTag = TAG + new Integer(mTagCount).toString();
            fragTran.replace(R.id.frameLay, frag2, sFragTag);
            fragTran.setTransition(FragmentTransaction.TRANSIT_FRAGMENT
        _FADE);
            fragTran.addToBackStack(null);
            fragTran.commit();
            break;
        case TURN_OFF:
            FragmentManager fragMgr = getFragmentManager();
            sFragTag = TAG + new Integer(mTagCount).toString();
            Fragment fragGameResult =
        (Fragment)fragMgr.findFragmentByTag(sFragTag);
            fragTran = fragMgr.beginTransaction();
            fragTran.remove(fragGameResult);
            fragTran.setTransition(FragmentTransaction.TRANSIT_FRAGMENT
        _FADE);
            fragTran.addToBackStack(null);
            fragTran.commit();
            break;
        }
    }
}
```

Android 版本	1.X	2.X	3.X	4.X
适用性	★	★	★	★

第 30 章 ListView和ExpandableListView

ListView 是一种列表形式的操作界面，如果进入平板电脑模拟器的 Settings 界面，就会看到如图 30-1 所示的项目列表，这些项目列表就是利用 ListView 显示的（手机模拟器的 Settings 界面同样也是利用 ListView 显示的）。ListView 本身是一个界面组件，我们可以在程序的界面布局文件中加上 ListView 标签，然后在程序代码中取得该 ListView 组件并对它进行控制，就像是之前我们使用其他界面组件的方法一样。除了这种方法之外，还有一种专门用于 ListView 的 Activity 类，可以让我们简化 ListView 的操作，它的名称叫做 ListActivity，本章我们将介绍如何通过 ListActivity 来建立 ListView 列表。

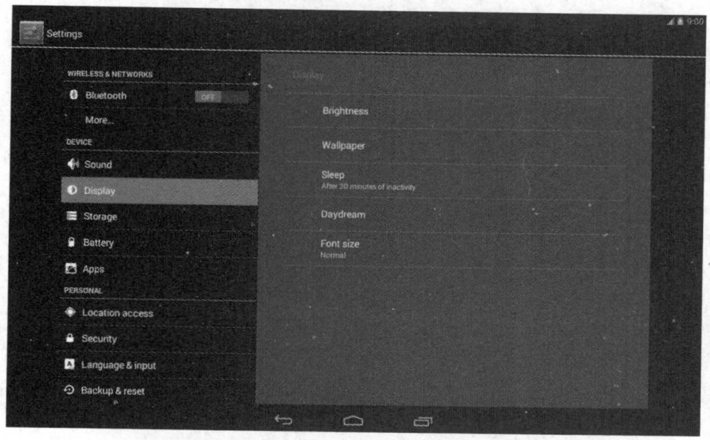

图 30-1 平板电脑 Settings 界面中的 ListView 列表

30-1 使用 ListActivity 建立 ListView 列表

我们直接利用一个范例来说明 ListActivity 类的使用步骤：

步骤 01 依照之前的方法建立一个新的 Android App 项目。

步骤 02 打开"src/(套件路径名称)"文件夹中的程序文件，把它继承的基础类从 Activity 改成 ListActivity，例如以下粗体字的部分：

```
package …

import …

public class MainActivity extends ListActivity {
```

步骤 03 打开界面布局文件 res/layout/activity_main.xml，然后编辑如下：第一个 TextView 组件是用来显示用户单击的项目，后面的 ListView 组件是用来显示选项列表。请读者特别注意，它的 id 一定要和范例程序代码相同，因为 ListActivity 固定使用这个 id 名称。

```
<LinearLayout xmlns:android="http://schemas.android.com/apk/res/android"
    xmlns:tools="http://schemas.android.com/tools"
    android:id="@+id/LinearLayout1"
    android:layout_width="match_parent"
    android:layout_height="match_parent"
    android:orientation="vertical"
    android:paddingBottom="@dimen/activity_vertical_margin"
    android:paddingLeft="@dimen/activity_horizontal_margin"
    android:paddingRight="@dimen/activity_horizontal_margin"
    android:paddingTop="@dimen/activity_vertical_margin"
    tools:context=".MainActivity" >

    <TextView
        android:id="@+id/txtResult"
        android:layout_width="match_parent"
        android:layout_height="wrap_content" />

    <ListView
        android:id="@id/android:list"
        android:layout_width="match_parent"
        android:layout_height="match_parent" />

</LinearLayout>
```

让 App 同时适用手机和平板电脑的技巧

手机和平板电脑的屏幕尺寸不同，App 的操作界面必须能够自动依照屏幕的大小调整。针对这样的需求，Android App 项目提供很好的解决办法，本书在后续章节将会有完整的介绍。

步骤 04 在程序代码中需要用到 ArrayAdapter 这个泛型类，我们把要显示的选项列表存入一个 ArrayAdapter 类型的对象，然后调用 setListAdapter()方法，将这个对象设置给 ListView。选项列表可以用数组的方式声明在程序代码中，或是定义在字符串资源文件 res/values/strings.xml 中再加载使用。从程序代码的维护方面考虑，以后者为佳，因此以下的范例是使用第二种方法。加载数组资源时，我们指定使用 Android SDK 提供的格式 android.R.layout.simple_list_item_1。字符串资源文件 res/values/strings.xml 如下：

```
<?xml version="1.0" encoding="utf-8"?>
<resources>
    …
    <string-array name="weekday">
        <item>星期日</item>
        <item>星期一</item>
        <item>星期二</item>
        <item>星期三</item>
        <item>星期四</item>
        <item>星期五</item>
        <item>星期六</item>
    </string-array>
</resources>
```

程序代码：

```
ArrayAdapter<CharSequence> arrAdapWeekday = ArrayAdapter.createFromResource(
            this, R.array.weekday,
        android.R.layout.simple_list_item_1);
setListAdapter(arrAdapWeekday);
```

步骤 05　这一段程序代码是写在 onCreate()状态转换方法中。在程序中建立一个 AdapterView.OnItemClickListener 类型的对象，然后把该对象设置给 ListView（可以利用 ListActivity 的 getListView()方法取得界面布局文件中的 ListView 组件）。这样当用户单击 ListView 中的项目时，就会运行该对象中的程序代码。以下范例是把用户单击的项目名称显示在程序界面的 TextView 组件中：

```
private AdapterView.OnItemClickListener listViewOnItemClick = new
AdapterView.OnItemClickListener() {
        public void onItemClick(AdapterView<?> parent, View view,
            int position, long id) {
             // 在 TextView 组件中显示用户单击的项目名称
             mTxtResult.setText(((TextView) view).getText());
        }
};
```

以下是完整的程序代码，运行程序，然后单击其中一个选项，就会看到程序界面上方显示所单击的项目名称，如图 30-2 所示。

```
public class MainActivity extends ListActivity {

    private TextView mTxtResult;

    @Override
    protected void onCreate(Bundle savedInstanceState) {
```

```
        super.onCreate(savedInstanceState);
        setContentView(R.layout.activity_main);

        mTxtResult = (TextView) findViewById(R.id.txtResult);

        ArrayAdapter<CharSequence> arrAdapWeekday =
    ArrayAdapter.createFromResource(
                this, R.array.weekday, android.R.layout.simple_list
            _item_1);
        setListAdapter(arrAdapWeekday);

        ListView listview = getListView();
        listview.setOnItemClickListener(listViewOnItemClick);
    }

    @Override
    public boolean onCreateOptionsMenu(Menu menu) {
        // Inflate the menu; this adds items to the action bar if it is
        present.
        getMenuInflater().inflate(R.menu.main, menu);
        return true;
    }

    private AdapterView.OnItemClickListener listViewOnItemClick = new
                                AdapterView.OnItemClickListener() {

        @Override
        public void onItemClick(AdapterView<?> parent, View view,
                int position, long id) {
            // 在 TextView 组件中显示用户单击的项目名称
            mTxtResult.setText(((TextView) view).getText());
        }
    };
}
```

图 30-2　ListView 范例程序的运行界面

30-2 帮 ListView 添加小图标

在前一节中我们已经学会建立 ListView 列表的方法，如果读者比较图 30-1 和图 30-2 的界面，可以发现在图 30-1 中每一个选项的最前面都有一个小图标。这种包含图标的列表看起来比较生动有趣，也能够提升程序的质感，这是如何做到的呢？要在每一个选项前面加上小图标，必须改变选项的显示格式。在前一节的范例程序中，决定选项显示格式的关键在于 ArrayAdapter 类。我们把要显示的选项列表数组，从程序项目资源类 R 加载，并且指定使用 Android SDK 的默认格式 android.R.layout.simple_list_item_1。如果要换成具有小图标的格式，则每一个项目都要有小图标和文字两个部分，这样的格式就要由我们自己订制。订制显示格式的方法是在 res/layout 文件夹中新增一个界面布局文件 list_item.xml，然后把它的程序代码编辑如下。这个格式就是一个 ImageView 组件，后面跟着一个 TextView 组件，而且是水平排列，这就是我们想要的 ListView 项目的显示格式。

```
<?xml version="1.0" encoding="utf-8"?>
<LinearLayout xmlns:android="http://schemas.android.com/apk/res/android"
    android:layout_width="match_parent"
    android:layout_height="match_parent"
    android:orientation="horizontal"
    android:paddingTop="5dp"
    android:paddingBottom="5dp" >

    <ImageView
        android:id="@+id/imgView"
        android:layout_width="wrap_content"
        android:layout_height="wrap_content" />

    <TextView
        android:id="@+id/txtView"
        android:layout_width="wrap_content"
        android:layout_height="wrap_content"
        android:textSize="20sp"
        android:layout_gravity="center_vertical" />

</LinearLayout>
```

接下来在程序文件中，利用 ArrayList 对象存储每一个项目的数据。由于每一个项目都有图标和文字两个部分，因此我们用 Map 泛型类，把每一个项目的图标和文字集合起来，并且指定对应的界面组件 id 如下：

```
List<Map<String, Object>> mList;

mList = new ArrayList<Map<String,Object>>();
String[] listFromResource = getResources().getStringArray(R.array.weekday);
```

```
for (int i = 0; i < listFromResource.length; i++) {
    Map<String, Object> item = new HashMap<String, Object>();
    item.put("imgView", android.R.drawable.ic_menu_my_calendar);
    item.put("txtView", listFromResource[i]);
    mList.add(item);
}
```

接着再建立一个 SimpleAdapter 对象，把以上建立好的列表数组存入该对象并指定使用我们前面建立的界面布局文件 list_item.xml。另外也要指定格式文件中的界面组件 id，最后调用 setListAdapter()方法，把 SimpleAdapter 对象设置给 ListView。

```
SimpleAdapter adapter = new SimpleAdapter(this, mList,
            R.layout.list_item,
            new String[] { "imgView", "txtView" },
            new int[] { R.id.imgView ,R.id.txtView });

setListAdapter(adapter);
```

建立和设置 AdapterView.OnItemClickListener 的方法和前一节相同，但是要注意在取得项目名称时，必须先利用 findViewById()取得选项中的 TextView 组件，才能拿到项目名称。以下是完成后的程序代码，图 30-3 是程序的运行界面。

```
public class MainActivity extends ListActivity {

    private TextView mTxtResult;
    List<Map<String, Object>> mList;

    @Override
    protected void onCreate(Bundle savedInstanceState) {
        super.onCreate(savedInstanceState);
        setContentView(R.layout.activity_main);

        mTxtResult = (TextView) findViewById(R.id.txtResult);

        mList = new ArrayList<Map<String,Object>>();
        String[] listFromResource = getResources().getStringArray
    (R.array.weekday);

        for (int i = 0; i < listFromResource.length; i++) {
            Map<String, Object> item = new HashMap<String, Object>();
            item.put("imgView", android.R.drawable.ic_menu_my_calendar);
            item.put("txtView", listFromResource[i]);
            mList.add(item);
        }

        SimpleAdapter adapter = new SimpleAdapter(this, mList,
              R.layout.list_item,
              new String[] { "imgView", "txtView" },
              new int[] { R.id.imgView ,R.id.txtView });
```

```
        setListAdapter(adapter);

        ListView listview = getListView();
        listview.setOnItemClickListener(listViewOnItemClick);
    }

    @Override
    public boolean onCreateOptionsMenu(Menu menu) {
        // Inflate the menu; this adds items to the action bar if it is
        present.
        getMenuInflater().inflate(R.menu.main, menu);
        return true;
    }

    private AdapterView.OnItemClickListener listViewOnItemClick = new
                    AdapterView.OnItemClickListener() {

        @Override
        public void onItemClick(AdapterView<?> parent, View view,
                int position, long id) {
            // 在 TextView 组件中显示用户单击的项目名称
            String s =((TextView)view.findViewById(R.id.txtView)).
        getText().toString();
            mTxtResult.setText(s);
        }
    };
}
```

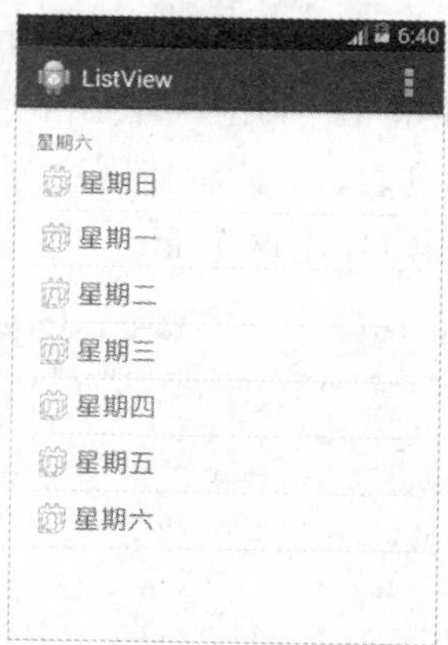

图 30-3　加上小图标的 ListView 列表

30-3 ExpandableListView 二层选项列表

ListView 选项只有一层，也就是说用户看到的就是可以选择的项目。如果先把这些选项分成几个选项组，然后选项组下面才是真正可以选择的项目，这样就变成二层列表。这种类型的列表可以使用 ExpandableListView 界面组件来显示，如图 30-4 所示。用户操作时必须先单击选项组名称，展开该选项组的选项，然后从中单击一个项目。

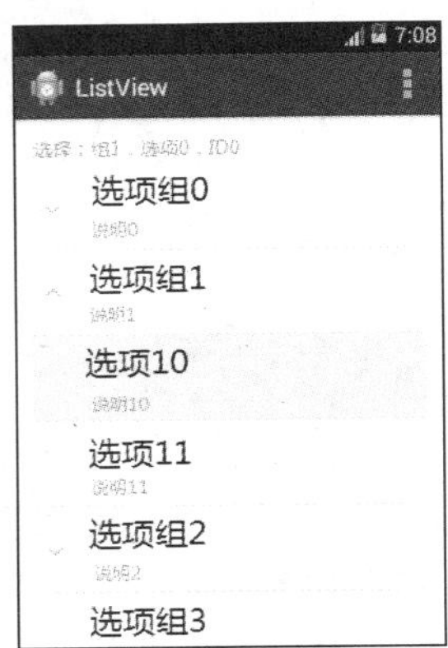

图 30-4　ExpandableListView 范例

ExpandableListActivity 是针对 ExpandableListView 组件所设计的类，它可以简化 ExpandableListView 组件的使用步骤。在使用这种二层列表时，比较麻烦的是建立列表的过程。第一层是选项组名称，它是用一个一维数组来存储。第二层是选项名称，必须用二维数组来存储，第一列是第一个选项组的选项，第二列是第二个选项组的选项，依次类推。而且每一个选项组名称或是选项名称还可以使用两个说明字符串，第一个字符串是选项组或项目名称，第二个字符串是说明文字，且必须利用 Map 泛型类来存储。

首先打开界面布局文件 res/layout/activity_main.xml，加入一个 ExpandableListView 组件如下：第一个 TextView 组件是用来显示用户单击的项目位置和 id 编号，第二个 ExpandableListView 组件是用来显示列表。请读者特别注意，它的 id 一定要和范例程序代码相同，因为 ExpandableListActivity 类固定使用这个 id。

```
<LinearLayout xmlns:android="http://schemas.android.com/apk/res/android"
   xmlns:tools="http://schemas.android.com/tools"
   android:id="@+id/LinearLayout1"
   android:layout_width="match_parent"
   android:layout_height="match_parent"
   android:orientation="vertical"
   android:paddingBottom="@dimen/activity_vertical_margin"
   android:paddingLeft="@dimen/activity_horizontal_margin"
   android:paddingRight="@dimen/activity_horizontal_margin"
   android:paddingTop="@dimen/activity_vertical_margin"
   tools:context=".MainActivity" >

   <TextView
      android:id="@+id/txtResult"
      android:layout_width="match_parent"
      android:layout_height="wrap_content" />
```

```
    <ExpandableListView
        android:id="@id/android:list"
        android:layout_width="match_parent"
        android:layout_height="match_parent" />

</LinearLayout>
```

在程序代码中我们使用 List 和 Map 这两个泛型类。List 是用数组的形式存储数据，我们在 List 对象中存储 Map 类型的对象，每一个 Map 对象都包含两个字符串：一个是选项组或项目名称，另一个是说明文字，相关的程序代码如下：

```
private static final String ITEM_NAME = "Item Name";
private static final String ITEM_SUBNAME = "Item Subname";

private ExpandableListAdapter mExpaListAdap;

List<Map<String, String>> groupList = new ArrayList<Map<String, String>>();
List<List<Map<String, String>>> childList2D = new ArrayList<List<Map
<String, String>>>();

for (int i = 0; i < 5; i++) {
    Map<String, String> group = new HashMap<String, String>();
    group.put(ITEM_NAME, "选项选项组" + i);
    group.put(ITEM_SUBNAME, "说明" + i);
    groupList.add(group);

    List<Map<String, String>> childList = new ArrayList<Map<String,
    String>>();
    for (int j = 0; j < 2; j++) {
        Map<String, String> child = new HashMap<String, String>();
        child.put(ITEM_NAME, "选项" + i + j);
        child.put(ITEM_SUBNAME, "说明" + i + j);
        childList.add(child);
    }

    childList2D.add(childList);
}

// 设置我们的 ExpandableListAdapter
mExpaListAdap = new SimpleExpandableListAdapter(
    this,groupList,android.R.layout.simple_expandable_list_item_2,
    new String[] {ITEM_NAME, ITEM_SUBNAME},
    new int[] {android.R.id.text1, android.R.id.text2},
    childList2D,
    android.R.layout.simple_expandable_list_item_2,
    new String[] {ITEM_NAME, ITEM_SUBNAME},
    new int[] {android.R.id.text1, android.R.id.text2}
    );

setListAdapter(mExpaListAdap);
```

最后一个步骤是当用户单击列表中的项目时，程序必须取得该项目的位置。这个工作可以借助 ExpandableListActivity 类的 onChildClick()方法来完成。

```
public boolean onChildClick(ExpandableListView parent, View v,
            int groupPosition, int childPosition, long id) {
    // TODO Auto-generated method stub
    String s = "选择：选项组" + groupPosition + ", 选项" + childPosition +
    ", ID" + id;
    mTxtResult.setText(s);

    return super.onChildClick(parent, v, groupPosition, childPosition, id);
}
```

Android 版本	1.X	2.X	3.X	4.X
适用性	★	★	★	★

第 31 章 AutoCompleteTextView 自动完成文字输入

所谓“自动完成文字输入”的功能就像是我们在百度搜索网页中输入搜索字符串时，只要输入前几个字，下方就会出现候选字让我们选择，我们可以直接用鼠标单击想要的字符串，免去重复打字的麻烦，如图 31-1 所示。Android App 也可以做到相同的功能，这种界面组件就叫做 AutoCompleteTextView，它的使用步骤如下。

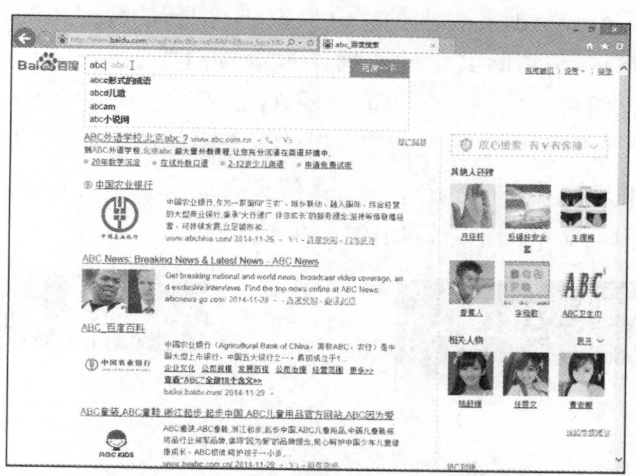

图 31-1　百度搜索网页的“自动完成文字输入”功能

步骤 01　在 res/layout 文件夹下的界面布局文件中建立一个 AutoCompleteTextView 组件如下，这个 AutoCompleteTextView 组件需要指定一个 id 名称，因为在程序代码中必须对它进行设置。

```
<AutoCompleteTextView
    android:id="@+id/autoCompTextView"
    android:layout_width="match_parent"
```

```
        android:layout_height="wrap_content" />
```

步骤 02 在程序文件中建立一个 ArrayAdapter 类型的对象。ArrayAdapter 是一个泛型类，我们曾经在介绍 Spinner 组件的章节中用过它，这一次要再利用它来设置“自动完成文字功能”的候选字符串，ArrayAdapter 对象是用来将候选字符串数据输入给 AutoCompleteTextView 组件，例如以下程序代码。完成这两个步骤之后，AutoCompleteTextView 组件就可以正常运行了。

```
AutoCompleteTextView autoCompTextView =
    (AutoCompleteTextView) findViewById(R.id.autoCompTextView);

String[] sArrCandidateString = new String[] {"候选字符串1", "候选字符串2",
"候选字符串3"};

ArrayAdapter<String> adapAutoCompText = new ArrayAdapter<String>(
            this, android.R.layout.simple_dropdown_item_1line,
        sArrCandidateString);

autCompTextView.setAdapter(adapAutoCompText);
```

以上说明是以固定的候选字符串为例，也就是说我们是用声明在程序代码中的固定数组来提供候选字符串。但是在实际使用时，候选字符串通常会随着时间改变。例如，当现在输入了一个新字符串之后，下一次再输入数据时，这个新字符串就自动成为候选字符串。要动态改变候选字符串的关键在于 ArrayAdapter 对象，除了可以利用固定的数组来设置 ArrayAdapter 的内容之外，也可以调用 ArrayAdapter 对象的 add()方法，把新的数据加入 ArrayAdapter 对象中。另外也可以使用 clear()方法清除其中的数据，本章我们要完成一个可以动态加入候选字的 AutoCompleteTextView 组件，它的运行界面如图 31-2 所示。用户可以在上方框中输入任何字符串，然后单击“加入自动完成文字”按钮，程序就会记住该字符串，用户可以重复以上操作加入任意字符串。当用户输入字符串的时候，系统会自动检查是否有类似的候选字符串存在，如果有，就会出现在输入文字的下方，如图 31-3 所示。

图 31-2 AutoCompleteTextView 范例程序的运行界面

图 31-3 显示候选字符串的界面

以下列出完整的字符串资源文件、界面布局文件和程序文件，请读者特别留意利用粗体标识的部分，对程序代码的补充说明如下：

- mAdapAutoCompText 是 ArrayAdapter 类型的对象，它被声明为类的成员，因为两个按钮的程序代码都会用到它。
- 在 onCreate ()方法中设置的 mAdapAutoCompText 对象是空的，并且把它设置给 mAutoCompTextView 对象，也就是一开始没有任何候选字符串。
- 当用户输入字符串后单击"加入自动完成文字"按钮时，程序先取得输入的字符串，然后调用 add()方法把它加入 mAdapAutoCompText 对象中，再把输入的字符串清除，以方便用户输入下一个字符串。
- 当用户单击"清除自动完成文字"按钮时，程序会调用 clear()方法，清除 mAdapAutoCompText 对象中的全部字符串。

字符串资源文件：

```
<?xml version="1.0" encoding="utf-8"?>
<resources>

    <string name="app_name">AutoCompleteTextView</string>
    <string name="action_settings">Settings</string>
    <string name="input_text">请输入文字</string>
    <string name="btn_add_auto_complete_text">加入自动完成文字</string>
    <string name="btn_clear_auto_complete_text">清除自动完成文字</string>

</resources>
```

界面布局文件：

```
<LinearLayout xmlns:android="http://schemas.android.com/apk/res/android"
    xmlns:tools="http://schemas.android.com/tools"
    android:id="@+id/LinearLayout1"
    android:layout_width="match_parent"
    android:layout_height="match_parent"
    android:orientation="vertical"
    android:paddingBottom="@dimen/activity_vertical_margin"
    android:paddingLeft="@dimen/activity_horizontal_margin"
    android:paddingRight="@dimen/activity_horizontal_margin"
    android:paddingTop="@dimen/activity_vertical_margin"
    tools:context=".MainActivity" >

    <TextView
        android:layout_width="match_parent"
        android:layout_height="wrap_content"
        android:text="@string/input_text" />

    <AutoCompleteTextView
        android:id="@+id/autoCompTextView"
        android:layout_width="match_parent"
        android:layout_height="wrap_content" />
```

```
    <Button
        android:id="@+id/btnAddAutoCompleteText"
        android:layout_width="match_parent"
        android:layout_height="wrap_content"
        android:text="@string/btn_add_auto_complete_text" />

    <Button
        android:id="@+id/btnClearAutoCompleteText"
        android:layout_width="match_parent"
        android:layout_height="wrap_content"
        android:text="@string/btn_clear_auto_complete_text" />

</LinearLayout>
```

程序文件：

```
public class MainActivity extends Activity {

    private Button mBtnAddAutoCompleteText,
                   mBtnClearAutoCompleteText;
    private AutoCompleteTextView mAutoCompTextView;

    private ArrayAdapter<String> mAdapAutoCompText;

    @Override
    protected void onCreate(Bundle savedInstanceState) {
        super.onCreate(savedInstanceState);
        setContentView(R.layout.activity_main);

        mBtnAddAutoCompleteText =
    (Button) findViewById(R.id.btnAddAutoCompleteText);
        mBtnClearAutoCompleteText =
    (Button) findViewById(R.id.btnClearAutoCompleteText);
        mAutoCompTextView = (AutoCompleteTextView)
    findViewById(R.id.autoCompTextView);

        mAdapAutoCompText = new ArrayAdapter<String>(
                this, android.R.layout.simple_dropdown_item_1line);

        mAutoCompTextView.setAdapter(mAdapAutoCompText);

        mBtnAddAutoCompleteText.setOnClickListener
    (btnAddAutoCompleteTextOnClick);
        mBtnClearAutoCompleteText.setOnClickListener
    (btnClearAutoCompleteTextOnClick);
    }

    @Override
    public boolean onCreateOptionsMenu(Menu menu) {
        // Inflate the menu; this adds items to the action bar if it is
```

```
        present.
        getMenuInflater().inflate(R.menu.main, menu);
        return true;
    }

    private Button.OnClickListener btnAddAutoCompleteTextOnClick =
new Button.OnClickListener() {
        public void onClick(View v) {
            String s = mAutoCompTextView.getText().toString();
            mAdapAutoCompText.add(s);
            mAutoCompTextView.setText("");
        }
    };

    private Button.OnClickListener btnClearAutoCompleteTextOnClick =
new Button.OnClickListener() {
        public void onClick(View v) {
            mAdapAutoCompText.clear();
        }
    };

}
```

Android 版本	1.X	2.X	3.X	4.X
适用性	★	★	★	★

第 32 章 SeekBar和RatingBar界面组件

SeekBar 界面组件的功能类似于 MS Word 程序中用来浏览文件的滚动条，滚动条上有一个可以拖动的控制按钮，滚动条的长度代表文件全部的范围，控制按钮则代表目前在文件中的位置，图 32-1 是一个 SeekBar 组件的范例。若要建立 SeekBar 组件只要在程序项目的程序界面布局文件 res/layout/activity_main.xml 中增加一个<SeekBar…/>标签即可，图 32-1 就是利用以下的界面组件程序代码产生的。

```
<SeekBar
    android:id="@+id/seekBar"
    android:layout_width="match_parent"
    android:layout_height="wrap_content"
    android:max="100"
    android:progress="40" />
```

图 32-1　SeekBar 组件的范例

SeekBar 组件上的控制按钮可以让用户拖动，程序会根据它的位置来调整显示的内容。我们必须在程序中建立一个 SeekBar 组件的 OnSeekBarChangeListener 对象，当用户改变了 SeekBar 上的控制按钮的位置时，Android 系统会自动运行该对象中的程序代码。在这个 OnSeekBarChangeListener 对象中我们需要建立以下 3 个方法：

```
public void onProgressChanged(SeekBar seekBar, int progress, Boolean fromUser) {

}
public void onStartTrackingTouch(SeekBar seekBar) {

}
public void onStopTrackingTouch(SeekBar seekBar) {
```

```
    }
```

第一个方法 onProgressChanged()是当用户改变了 SeekBar 上的控制按钮位置时运行，后面两个方法是当控制按钮被按下准备拖动时和控制按钮被放开时运行。在一般情况下，我们只需要处理 onProgressChanged()这个方法即可，它输入的自变量包括所操作的 SeekBar 对象和目前控制按钮的位置（progress 自变量的值）。

RatingBar 界面组件的外观比较特别，它像是经常用来评比商品的一排星星。在评比的时候，可能会用到一颗完整的星星或是半颗星星，RatingBar 组件也是一样，如图 32-2 所示。建立 RatingBar 组件的方法是在界面布局文件中加上<RatingBar …/>标签，例如以下范例：

```
<RatingBar
    android:id="@+id/ratBar"
    android:layout_width="wrap_content"
    android:layout_height="wrap_content"
    style="?android:attr/ratingBarStyle"
    android:numStars="5"
    android:rating="3.5" />
```

图 32-2　RatingBar 界面组件的范例

RatingBar 组件可以利用 style 属性来设置类型，ratingBarStyle 是默认类型，我们也可以设置为 ratingBarStyleSmall 或是 ratingBarStyleIndicator。如果设置为 ratingBarStyleIndicator 表示只是用来显示评分值，用户不能够对它进行更改。android:numStars 属性可以用来设置星星的数目，android:rating 属性则是设置目前的评分值。评分值可以有小数点（SeekBar 组件的 progress 属性不可以有小数点）。其实 RatingBar 组件的评分值也可以用 progress 属性来表示，progress 属性和 rating 属性之间的关系是：progress 属性值刚好是 rating 属性值的两倍，也就是说如果 rating 是 0.5，那么 progress 就是 1；如果 rating 是 1，那么 progress 就是 2，依次类推。程序代码中可以调用 RatingBar 组件的 setRating()方法改变 rating 的值，用户也可以用鼠标按下 RatingBar 组件上的星星来设置 rating 的值。如果程序要取得用户的设置值，就要建立一个 OnRatingBarChangeListener 对象，该对象中需要建立以下方法，方法中的第一个自变量是目前操作的 RatingBar 组件，第二个自变量是用户设置的评分值。如果想取得 progress 的值，可以调用 getProgress()方法。

```
public void onRatingChanged(RatingBar ratingBar, float rating,
            boolean fromUser) {

}
```

接下来我们用一个范例程序来示范 SeekBar 和 RatingBar 的功能 程序的运行界面如图 32-3 所示。用户可以拖动 SeekBar 组件上的控制按钮，下方的说明文字会实时更新 progress 的值。用户还可以用鼠标单击下方的 RatinBar 组件上的星星，下方的说明文字会显示目前设置的

rating 值和 progress 值。这个程序的字符串资源文件、界面布局文件和程序文件如下，程序代码的部分主要是 SeekBar 和 RatingBar 这两个界面组件的事件处理程序，请读者特别留意粗体字的部分。

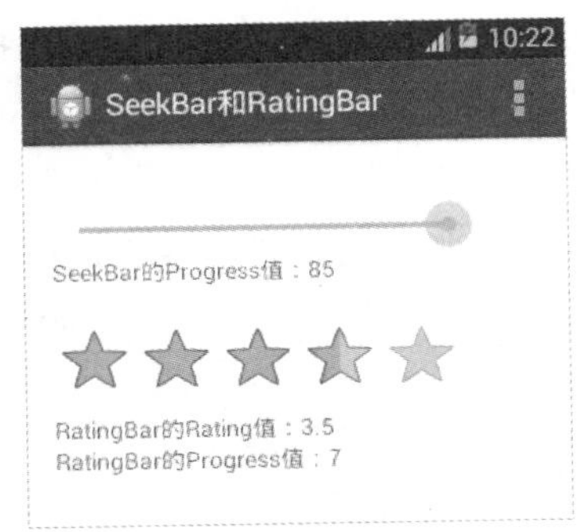

图 32-3　SeekBar 和 RatingBar 范例程序的运行界面

字符串资源文件：

```
<?xml version="1.0" encoding="utf-8"?>
<resources>

    <string name="app_name">SeekBar 和 RatingBar</string>
    <string name="action_settings">Settings</string>
    <string name="seek_bar_progress">SeekBar 的 Progress 值：</string>
    <string name="rating_bar_value">RatingBar 的 Rating 值：</string>
    <string name="rating_bar_progress">RatingBar 的 Progress 值：</string>

</resources>
```

界面布局文件：

```
<LinearLayout xmlns:android="http://schemas.android.com/apk/res/android"
    xmlns:tools="http://schemas.android.com/tools"
    android:id="@+id/LinearLayout1"
    android:layout_width="match_parent"
    android:layout_height="match_parent"
    android:orientation="vertical"
    android:paddingBottom="@dimen/activity_vertical_margin"
    android:paddingLeft="@dimen/activity_horizontal_margin"
    android:paddingRight="@dimen/activity_horizontal_margin"
    android:paddingTop="@dimen/activity_vertical_margin"
    tools:context=".MainActivity" >

    <SeekBar
        android:id="@+id/seekBar"
        android:layout_width="match_parent"
        android:layout_height="wrap_content"
        android:max="100"
        android:layout_marginTop="20dp" />
```

```
    <TextView
        android:id="@+id/txtSeekBarProgress"
        android:layout_width="match_parent"
        android:layout_height="wrap_content"
        android:text="@string/seek_bar_progress" />

    <RatingBar
        android:id="@+id/ratingBar"
        android:layout_width="wrap_content"
        android:layout_height="wrap_content"
        style="?android:attr/ratingBarStyle"
        android:numStars="5"
        android:layout_marginTop="20dp" />

    <TextView
        android:id="@+id/txtRatingBarValue"
        android:layout_width="match_parent"
        android:layout_height="wrap_content"
        android:text="@string/rating_bar_value" />

    <TextView android:id="@+id/txtRatingBarProgress"
        android:layout_width="match_parent"
        android:layout_height="wrap_content"
        android:text="@string/seek_bar_progress" />

</LinearLayout>
```

程序文件：

```
public class MainActivity extends Activity {

    private RatingBar mRatingBar;
    private SeekBar mSeekBar;
    private TextView mTxtSeekBarProgress,
                     mTxtRatingBarValue,
                     mTxtRatingBarProgress;

    @Override
    protected void onCreate(Bundle savedInstanceState) {
        super.onCreate(savedInstanceState);
        setContentView(R.layout.activity_main);

        mRatingBar = (RatingBar) findViewById(R.id.ratingBar);
        mSeekBar = (SeekBar) findViewById(R.id.seekBar);
        mTxtSeekBarProgress =
    (TextView) findViewById(R.id.txtSeekBarProgress);
        mTxtRatingBarValue =
    (TextView) findViewById(R.id.txtRatingBarValue);
        mTxtRatingBarProgress =
    (TextView) findViewById(R.id.txtRatingBarProgress);
```

```
        mSeekBar.setOnSeekBarChangeListener(seekBarOnChange);
        mRatingBar.setOnRatingBarChangeListener(ratingBarOnChange);
    }

    @Override
    public boolean onCreateOptionsMenu(Menu menu) {
        // Inflate the menu; this adds items to the action bar if it is
        present.
        getMenuInflater().inflate(R.menu.main, menu);
        return true;
    }

   private SeekBar.OnSeekBarChangeListener seekBarOnChange =
                        new SeekBar.OnSeekBarChangeListener() {
        public void onProgressChanged(SeekBar seekBar, int progress,
    boolean fromUser) {
            String s = getString(R.string.seek_bar_progress);
            mTxtSeekBarProgress.setText(s + String.valueOf(progress));
        }
        public void onStartTrackingTouch(SeekBar seekBar) {

        }
        public void onStopTrackingTouch(SeekBar seekBar) {

        }
    };

    private RatingBar.OnRatingBarChangeListener ratingBarOnChange =
                new RatingBar.OnRatingBarChangeListener()         {
        @Override
        public void onRatingChanged(RatingBar ratingBar, float rating,
                boolean fromUser) {
            // TODO Auto-generated method stub
            String s = getString(R.string.rating_bar_value);
            mTxtRatingBarValue.setText(s + String.valueOf(rating));
            s = getString(R.string.rating_bar_progress);
            mTxtRatingBarProgress.setText(s + String.valueOf(mRatingBar
        .getProgress()));
        }
    };

}
```

第6部分

其他界面组件与对话框

Android 版本	1.X	2.X	3.X	4.X
适用性	★	★	★	★

第 33 章 时间日期界面组件和对话框

如果程序需要让用户输入日期或时间，可以使用 DatePicker 和 TimePicker 界面组件。这两个界面组件不但提供美观又好用的操作界面，而且也会自动处理日期和时间不规则的数值范围问题。举例来说，一天有 24 个小时，一个小时却有 60 分钟。还有每个月的天数也不尽相同。如果要程序设计者自行处理日期和时间的数据，将会是一个令人头痛的问题。但是只要利用 DatePicker 和 TimePicker 界面组件，我们就可以轻易解决日期和时间的输入问题。

33-1 DatePicker 和 CalendarView 界面组件

如果程序需要显示日期，只要在项目的界面布局文件中加入 DatePicker 组件标签即可，例如以下范例。DatePicker 界面组件的外观如图 33-1 所示，单击年、月、日上方或是下方的数字，就可以更改设置，另外也可以直接按住年、月、日的数字往上或往下拖动。

```
<DatePicker
    android:id="@+id/datePicker"
    android:layout_width="wrap_content"
    android:layout_height="wrap_content"
    android:calendarViewShown="false" />
```

我们必须指定 DatePicker 界面组件的 id，因为在程序代码中需要取得用户选择的日期。DatePicker 组件一开始会自动显示手机或是平板电脑目前的日期，如果读者运行程序时发现 DatePicker 显示的日期不正确，那是因为模拟器的日期没有校正，只要重新调整好模拟器的日期和时间设置即可。以上范例的最后一个属性 android:calendarViewShown 是用来控制附属的月历组件是否要显示，若设置为 false 则表示不显示。如果设置为 true，就会在 DatePicker 的旁边多出一个如图 33-2 所示的 CalenderView 组件。其实这个组件也可以独立使用，只要在界面布局文件中加入一个<CalenderView…>标签即可。按住这个月历，然后往上或往下拖动，就可以改变月份。

图 33-1　DatePicker 界面组件　　　图 33-2　CalenderView 界面组件

如果想要自行设置 DatePicker 组件显示的日期，可以在程序代码中调用它的 updateDate()方法，然后传入年、月、日的数字（提醒读者，0 代表 1 月，1 代表 2 月，依次类推）。如果程序中要取得用户设置的年、月、日，可以调用 DatePicker 组件的 getYear()、getMonth()和 getDayOfMonth()方法。但是要注意，getMonth()方法的返回值：0 表示 1 月、1 表示 2 月，依次类推。

33-2 TimePicker 时间界面组件

TimePicker 组件和 DatePicker 组件的用法类似，只要在界面布局文件中加入 TimePicker 标签即可，例如以下范例。TimePicker 组件的外观如图 33-3 所示，按一下时和分上方或是下方的数字，就可以更改设置，也可以直接按住时和分的数字，然后往上或往下拖动来改变设置。

```
<TimePicker
    android:id="@+id/timePicker"
    android:layout_width="wrap_content"
    android:layout_height="wrap_content" />
```

TimePicker 界面组件同样被指定一个 id 名称，因为在程序代码中需要取得用户设置的时间。TimePicker 一开始会显示手机或是平板电脑目前的时间，如果想要指定时间，可以调用 TimePicker 的 setCurrentHour()和 setCurrentMinute()这两个方法。如果程序中要取得用户设置的时和分，可以调用 TimePicker 的 getCurrentHour()和 getCurrentMinute()方法。

图 33-3　TimePicker 界面组件

33-3 范例程序

DatePicker 和 TimePicker 的用法并不复杂，以下我们直接用一个程序来示范，这个程序的运行画面如图 33-4 所示，其中包含一个 DatePicker 和一个 TimePicker 界面组件，用户设置好想要的日期和时间之后，单击“确定”按钮，程序会在按钮下方显示用户选择的日期和时间。这个程序项目的字符串资源文件、界面布局文件和程序文件如下，在字符串资源文件中，我们利用 weightSum 和 layout_weight 属性，让所有的界面组件能够一起显示在程序画面中。至于程序代码的部分，比较值得留意的是单击“确定”按钮后运行的 OnClickListener 对象，它会取得用户设置的日期和时间，并显示在按钮下方的 TextView 组件中。

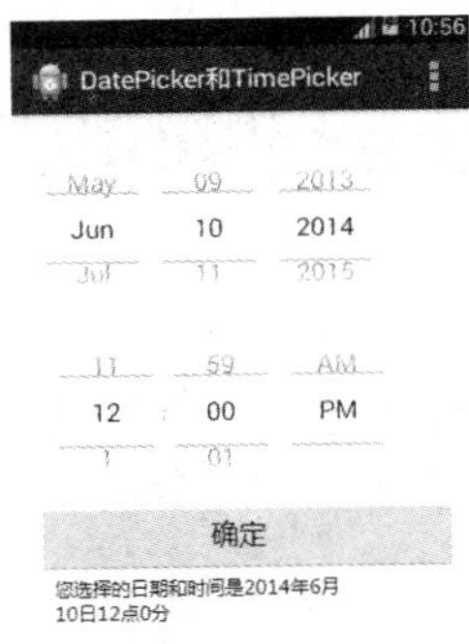

图 33-4　DatePicker 和 TimePicker 界面组件的范例程序

字符串资源文件：

```
<?xml version="1.0" encoding="utf-8"?>
<resources>

    <string name="app_name">DatePicker 和 TimePicker</string>
    <string name="action_settings">Settings</string>
    <string name="btn_ok">确定</string>
    <string name="result">您选择的日期和时间是</string>

</resources>
```

界面布局文件：

```
<LinearLayout xmlns:android="http://schemas.android.com/apk/
res/android"
    xmlns:tools="http://schemas.android.com/tools"
    android:id="@+id/LinearLayout1"
    android:layout_width="match_parent"
    android:layout_height="match_parent"
    android:orientation="vertical"
    android:paddingBottom="@dimen/activity_vertical_margin"
    android:paddingLeft="@dimen/activity_horizontal_margin"
    android:paddingRight="@dimen/activity_horizontal_margin"
    android:paddingTop="@dimen/activity_vertical_margin"
    tools:context=".MainActivity"
    android:weightSum="1" >

    <DatePicker
        android:id="@+id/datePicker"
        android:layout_width="wrap_content"
        android:layout_height="0dp"
        android:calendarViewShown="false"
        android:layout_weight="0.45" />

    <TimePicker
        android:id="@+id/timePicker"
        android:layout_width="wrap_content"
        android:layout_height="0dp"
        android:layout_weight="0.45" />

    <Button
        android:id="@+id/btnOK"
        android:layout_width="match_parent"
        android:layout_height="wrap_content"
        android:text="@string/btn_ok" />

    <TextView
        android:id="@+id/txtResult"
        android:layout_width="match_parent"
        android:layout_height="wrap_content"
        android:text="@string/result" />

</LinearLayout>
```

程序文件：

```
public class MainActivity extends Activity {

    private DatePicker mDatePicker;
    private TimePicker mTimePicker;
    private TextView mTxtResult;
    private Button mBtnOK;

    @Override
    protected void onCreate(Bundle savedInstanceState) {
```

```
        super.onCreate(savedInstanceState);
        setContentView(R.layout.activity_main);

        mDatePicker = (DatePicker) findViewById(R.id.datePicker);
        mTimePicker = (TimePicker) findViewById(R.id.timePicker);
        mTxtResult = (TextView) findViewById(R.id.txtResult);
        mBtnOK = (Button) findViewById(R.id.btnOK);

        mBtnOK.setOnClickListener(btnOKOnClick);
    }

    @Override
    public boolean onCreateOptionsMenu(Menu menu) {
        // Inflate the menu; this adds items to the action bar if it is present.
        getMenuInflater().inflate(R.menu.main, menu);
        return true;
    }

    private Button.OnClickListener btnOKOnClick =
new Button.OnClickListener() {
        public void onClick(View v) {
            String s = getString(R.string.result);
            mTxtResult.setText(s + mDatePicker.getYear() + "年" +
                             (mDatePicker.getMonth()+1) + "月 " +
                             mDatePicker.getDayOfMonth() + "日" +
                             mTimePicker.getCurrentHour() + "点" +
                             mTimePicker.getCurrentMinute() + "分");

        }
    };

}
```

33-4 DatePickerDialog 和 TimePickerDialog 对话框

DatePickerDialog 和 TimePickerDialog 的功能，和前面介绍的 DatePicker 和 TimePicker 界面组件一样，只不过换成是以对话框的类型出现。DatePickerDialog 本身是一个类，我们只要建立一个它的对象就会产生一个 DatePickerDialog 对话框。剩下的工作就是设置它的标题、信息、图标等，最后让它显示在屏幕上。整个过程的步骤说明如下：

步骤 01　建立一个 DatePickerDialog 类型的对象，建立对象的同时必须指定它的拥有者，以及它的 OnDateSetListener（也就是用户单击对话框的“确定”按钮后，要运行的事件处理程序），同时我们要设置好对话框显示的日期，请读者参考下列程序代码：

```
Calendar now = Calendar.getInstance();
```

```
DatePickerDialog datePickerDlg = new DatePickerDialog(主程序类名称.this,
            datePickerDlgOnDateSet,
            now.get(Calendar.YEAR),
            now.get(Calendar.MONTH),
            now.get(Calendar.DAY_OF_MONTH));
```

我们利用 Calendar 类中的方法取得系统现在的日期，然后建立一个 DatePickerDialog 的对象，并传入构建式所需的参数，其中的 datePickerDlgOnDateSet 是一个 DatePickerDialog.OnDateSetListener 类型的对象，它的程序代码如下，也就是说我们把用户单击设置日期的按钮后要运行的程序写在 OnDateSetListener 对象中的 onDateSet()方法内。

```
private DatePickerDialog.OnDateSetListener datePickerDlgOnDateSet =
        new DatePickerDialog.OnDateSetListener() {
    public void onDateSet (DatePicker view, int year,
                    int monthOfYear, int dayOfMonth) {
        // 当用户单击 DatePickerDialog 对话框中的“确定”按钮后要运行的程序
        …
    }
};
```

步骤 02　设置对话框的标题、信息、图标，另外我们还要将 Cancelable 属性设置为 false，这样用户就无法利用屏幕左下方的“回上一页”按钮离开对话框，程序代码如下：

```
datePickerDlg.setTitle("选择日期");
datePickerDlg.setMessage("请选择适合您的日期");
datePickerDlg.setIcon(android.R.drawable.ic_dialog_info);
datePickerDlg.setCancelable(false);
```

步骤 03　调用 DatePickerDialog 对象的 show()方法显示对话框。

TimePickerDialog 和 DatePickerDialog 一样也是一个类，因此我们也是借助建立一个它的对象来产生一个 TimePickerDialog 对话框，然后设置它的标题、信息和图标，最后让它显示在屏幕上。在本书的可下载代码中包含一个完整的 DatePickerDialog 和 TimePickerDialog 范例程序项目，它的运行画面如图 33-5 所示，读者可以自行参考其中的程序代码。

图 33-5　DatePickerDialog 和 TimePickerDialog 范例程序的运行画面

Android 版本	1.X	2.X	3.X	4.X
适用性	★	★	★	★

第 34 章 ProgressBar、ProgressDialog和Multi-Thread程序

如果程序需要运行比较费时的工作，通常会显示一个进度条，让用户了解目前工作完成的百分比，这就是本章要介绍的 ProgressBar 功能。ProgressBar 界面组件的使用方式很简单，只要在程序项目的 res/layout 文件夹的界面布局文件中增加一个 ProgressBar 标签，就可以建立一个进度条，如以下范例：

```
<ProgressBar
    android:id="@+id/progBar"
    style="?android:attr/progressBarStyleHorizontal"
    android:layout_width="match_parent"
    android:layout_height="wrap_content"
    android:max="100"
    android:progress="50"
    android:secondaryProgress="80" />
```

我们必须设置 ProgressBar 的 id 名称，才能够在程序中更新它的进度。另外，请读者留意 style 属性的设置格式。在这个范例中，我们把 ProgressBar 的最大进度值设置为 100（android:max 属性），目前显示的进度值设为 30（android: progress 属性），还有一个称为第二进度值（secondary progress）的属性，它的效果如图 34-1 所示。第二进度值是以比较淡的颜色显示，相信读者都看过 YouTube 网站的影片，当影片播放时，在播放器下方的进度条除了显示目前影片的进度之外，还可以看到一条比较淡的颜色跑在影片进度的前面，它代表目前影片已经完成下载的百分比，这就是第二进度值的功能。

图 34-1 progressBarStyleHorizontal 类型的 ProgressBar 界面组件

除了图 34-1 的进度条之外，另外还有 3 种不同类型的进度条，它们都是环状的形式，如图 34-2 所示，以下是在界面布局文件中建立这些环状进度条的程序代码：

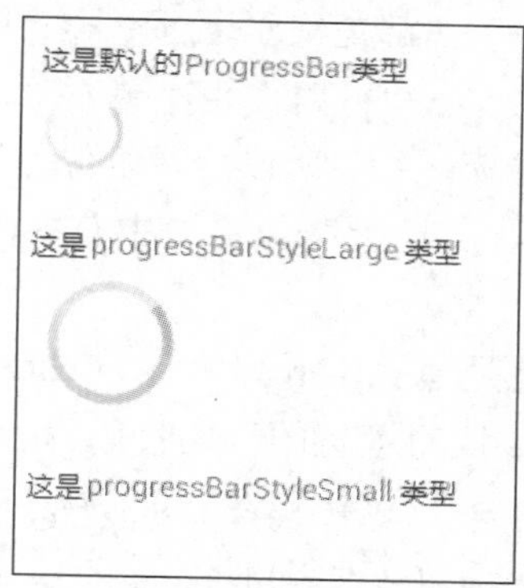

图 34-2　其他 3 种类型的 ProgressBar

```
<ProgressBar
    android:layout_width="wrap_content"
    android:layout_height="wrap_content" />

<ProgressBar
    style="?android:attr/progressBarStyleLarge"
    android:layout_width="wrap_content"
    android:layout_height="wrap_content" />

<ProgressBar
    style="?android:attr/progressBarStyleSmall"
    android:layout_width="wrap_content"
    android:layout_height="wrap_content" />
```

这 3 种环状形式的进度条并没有提供百分比的信息，只表示工作正在进行中，请用户等待。通常这种环状类型的进度条是用在工作完成度无法掌握的情况下，像是网络正在连接中。

虽然 ProgressBar 的用法很简单，但是需要使用它的时候，通常表示程序将要运行比较费时的工作。为了避免即将进行的工作阻碍整个系统操作的流畅性，ProgressBar 通常需要配合使用“多任务”的程序架构。这个“多任务”的程序架构必须同时进行下列 3 件事：首先程序必须不断地更新 ProgressBar 显示的进度，第二是程序必须持续运行该项工作，第三是程序必须持续对用户的操作作出响应。为了能够完整地呈现 ProgressBar 的应用，我们需要先了解“多任务”程序，也就是 Multi-Thread 程序的实现方式。

34-1 Multi-Thread 程序

所谓 Multi-Thread 程序就是在目前运行的程序中，再产生一个“同时”进行的工作。读者可以回想前面的范例程序，它们在运行的过程中不论何时都只有一个工作在进行，例如“电脑猜拳游戏”程序，用户按下出拳按钮之后，计算机才会根据随机数决定出拳，然后决定胜负。或者在“图像画廊”程序中，一开始是用户浏览图像缩图，当用户单击一个图像缩图后，再将原始图像显示在屏幕上，这些工作都是依序运行，不会同时发生。但是现在我们必须让程序同时运行多项工作。不过我们称它“同时”也不算百分之百正确。因为如果系统只有一个 CPU，它是将多个工作快速地轮流运行，所以感觉上像是这些工作一起进行，其实在任何一个时间点都只有一项工作正在运行。但是如果系统中有多个 CPU 核心，则确实会有多项工作同时运行。

“多任务程序”的实现方法就是建立 Thread 对象。Thread 是一个 Java 类，只要我们建立一个继承 Thread 的新类，然后把要同时运行的程序代码写入该类的 run()方法中，最后产生该类的对象，并调用它的 start()方法，就可以让写在 run()方法中的程序代码和原来启动它的程序代码一起运行如下范例，这样就解决了要同时运行多项工作的问题。接下来是如何更新 ProgressBar，这牵涉到不同 Thread 之间的信息沟通，这项工作需要借助 Handler 对象来完成。

```
public class MyThread extends Thread {

    public void run () {
        // 要和主程序一起运行的程序代码
        …
    }
}
```

34-2 使用 Handler 对象完成 Thread 之间的信息沟通

如果依照直觉来猜测的话，ProgressBar 进度值的更新应该是由上一节讨论到的 MyThread 对象负责。因为 MyThread 对象的任务就是运行一项长时间的工作，它应该根据完成的进度，不断地更新 ProgressBar 显示的进度值。可是这种做法就会遇到我们在第 23 章中讨论过的问题 也就是ProgressBar组件的所有权是属于main thread Android系统不允许其他的background thread 取用 main thread 的界面组件。如果 background thread 要更新界面组件的状态，必须通知 main thread，再由 main thread 运行。若要 background thread 通知 main thread 必须借助 Handler 对象，Handler 对象可以让 background thread 发送信息到 main thread 的信息队列（message queue），要使用 Handler 对象需要下列两个步骤：

步骤 01 在主程序类中建立一个 Handler 对象。

步骤 02 在自己建立的 MyThread 类中，利用 Handler 对象的 post()方法，把更新 ProgressBar 的工作(包装成 Runnable 对象)放到 main thread 的 message queue 中，让 main thread 运行。

34-3 第一版的 Multi-Thread ProgressBar 范例程序

我们根据前面介绍的 ProgressBar 界面组件和 Multi-Thread 程序架构来完成第一个 ProgressBar 范例程序。这个程序使用一个循环不断地读取系统时间，并借助计算时间差来更新 ProgressBar 上显示的进度值，每隔一秒增加 2%的进度值和 4%的第二进度值。另外，我们也同时显示其他 3 种环状类型的 ProgressBar，以下是建立程序项目的过程：

步骤 01　运行 Eclipse 新增一个 Android App 项目，项目的属性设置请依照之前的惯例即可。

步骤 02　在程序项目的界面布局文件 res/layout/activity_main.xml 中，建立 4 个不同类型的 ProgressBar 组件，例如以下范例：

```
<LinearLayout xmlns:android="http://schemas.android.com/apk/res/android"
    xmlns:tools="http://schemas.android.com/tools"
    android:id="@+id/LinearLayout1"
    android:layout_width="match_parent"
    android:layout_height="match_parent"
    android:orientation="vertical"
    android:paddingBottom="@dimen/activity_vertical_margin"
    android:paddingLeft="@dimen/activity_horizontal_margin"
    android:paddingRight="@dimen/activity_horizontal_margin"
    android:paddingTop="@dimen/activity_vertical_margin"
    tools:context=".MainActivity" >

    <TextView
        android:layout_width="wrap_content"
        android:layout_height="wrap_content"
        android:text="@string/progress_bar_default"
        android:layout_marginTop="20dp" />

    <ProgressBar
        android:layout_width="wrap_content"
        android:layout_height="wrap_content" />

    <TextView
        android:layout_width="wrap_content"
        android:layout_height="wrap_content"
        android:text="@string/progress_bar_horizontal"
        android:layout_marginTop="20dp" />

    <ProgressBar
        android:id="@+id/progressBar"
        style="?android:attr/progressBarStyleHorizontal"
        android:layout_width="match_parent"
```

```
        android:layout_height="wrap_content"
        android:max="100" />

    <TextView
        android:layout_width="wrap_content"
        android:layout_height="wrap_content"
        android:text="@string/progress_bar_large"
        android:layout_marginTop="20dp" />

    <ProgressBar
        style="?android:attr/progressBarStyleLarge"
        android:layout_width="wrap_content"
        android:layout_height="wrap_content" />

    <TextView
        android:layout_width="wrap_content"
        android:layout_height="wrap_content"
        android:text="@string/progress_bar_small"
        android:layout_marginTop="20dp" />

    <ProgressBar
        style="?android:attr/progressBarStyleSmall"
        android:layout_width="wrap_content"
        android:layout_height="wrap_content" />

</LinearLayout>
```

以上的界面布局文件用到定义在字符串资源文件 res/values/strings.xml 中的如下字符串：

```
<?xml version="1.0" encoding="utf-8"?>
<resources>

    <string name="app_name">ProgressBar 和 Multi-Thread 程序</string>
    <string name="action_settings">Settings</string>
    <string name="progress_bar_default">这是默认的 ProgressBar 类型</string>
    <string name="progress_bar_horizontal">这是 progressBarStyleHorizontal
类型</string>
    <string name="progress_bar_large">这是 progressBarStyleLarge 类型
</string>
    <string name="progress_bar_small">这是 progressBarStyleSmall 类型
</string>

</resources>
```

步骤 03 在 Eclipse 左边的项目查看窗格中，展开此程序项目的“src/(套件路径名称)”文件夹，在套件路径名称上单击鼠标右键，在弹出的快捷菜单中选择 New > Class 命令，就会出现如图 34-3 所示的对话框。

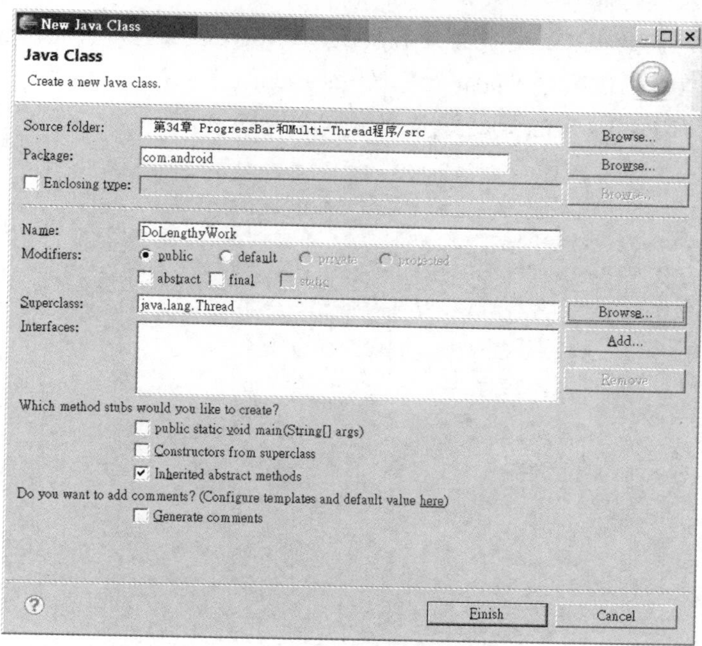

图 34-3　新建类对话框

步骤 04　在对话框中的 Name 框中输入我们想要的类名称（例如 DoLengthyWork），然后单击位于 Superclass 框右边的 Browse 按钮，就会出现如图 34-4 所示的对话框，在对话框最上面的框中输入 Thread，在下方列表框中就会显示 Thread 类。用鼠标双击该 Thread 类，就会自动回到原来的对话框，并填入 Superclass 框。

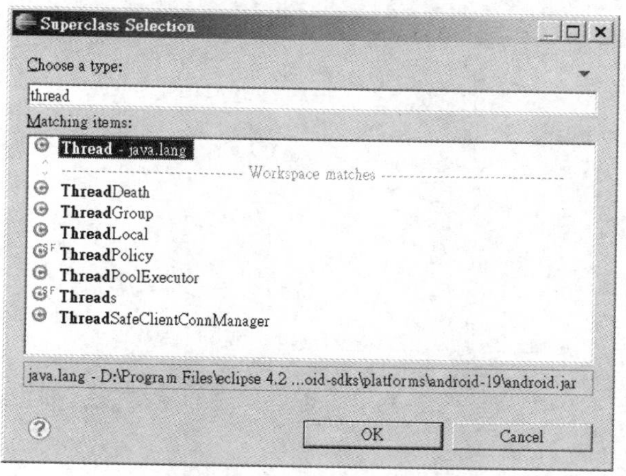

图 34-4　选择继承类的对话框

步骤 05　单击对话框下方的 Finish 按钮之后，程序文件就会打开在 Eclipse 中间的编辑窗格中，请读者输入以下程序代码。在这个 DoLengthyWork 类中有两个私有对象，分别为 mHandler 和 mProgressBar。mHandler 对象是用来运行 post 更新 ProgressBar 的工作，mProgressBar 对象是用来存储要处理的 ProgressBar 对象。这两个私有对象都有各自的方法（setHandler()和 setProgressBar()）来设置它们的值。run()方法中有一个读取系统时间的循环，它会持续 post 更新 ProgressBar 的工作到 main thread 的信息队列。这里我们使用 Calendar 对象的 getInstance()方法来读取系统时间，然后根据时间差来更新 ProgressBar 的进度值和第二进度值。

```
public class DoLengthyWork extends Thread {

    private Handler mHandler;
    private ProgressBar mProgressBar;

    public void run () {
        Calendar begin = Calendar.getInstance();
        do {
            Calendar now = Calendar.getInstance();
            final int iDiffSec = 60 * (now.get(Calendar.MINUTE) -
                    begin.get(Calendar.MINUTE)) +
                    now.get(Calendar.SECOND) - begin.get(Calendar.SECOND);

            if (iDiffSec * 2 > 100) {
                mHandler.post(new Runnable() {
                        public void run() {
                            mProgressBar.setProgress(100);
                        }
                  });

                 break;
            }

            mHandler.post(new Runnable() {
                public void run() {
                    mProgressBar.setProgress(iDiffSec * 2);
                }
            });

            if (iDiffSec * 4 < 100)
                mHandler.post(new Runnable() {
                    public void run() {
                        mProgressBar.setSecondaryProgress(iDiffSec * 4);
                    }
                });
            else
                mHandler.post(new Runnable() {
                    public void run() {
                        mProgressBar.setSecondaryProgress(100);
                    }
                });
        } while (true);
    }

    void setProgressBar(ProgressBar proBar) {
        mProgressBar = proBar;
    }

    void setHandler(Handler h) {
        mHandler = h;
```

```
    }
}
```

步骤 06　在主类的程序代码中建立一个 Handler 对象，并且在 onCreate ()方法内部建立一个 DoLengthyWork 类的对象并完成初始设置，然后调用它的 start()方法开始运行，请读者参考下列程序代码：

```
public class MainActivity extends Activity {

    private Handler mHandler = new Handler();

    @Override
    protected void onCreate(Bundle savedInstanceState) {
        super.onCreate(savedInstanceState);
        setContentView(R.layout.activity_main);

        final ProgressBar progressBar = (ProgressBar) findViewById
    (R.id.progressBar);

        DoLengthyWork work = new DoLengthyWork();
        work.setHandler(mHandler);
        work.setProgressBar(progressBar);
        work.start();
    }

    @Override
    public boolean onCreateOptionsMenu(Menu menu) {
        // Inflate the menu; this adds items to the action bar if it is
      present.
        getMenuInflater().inflate(R.menu.main, menu);
        return true;
    }

}
```

完成以上步骤之后运行程序，就可以看到 ProgressBar 的运行画面，如图 34-5 所示。

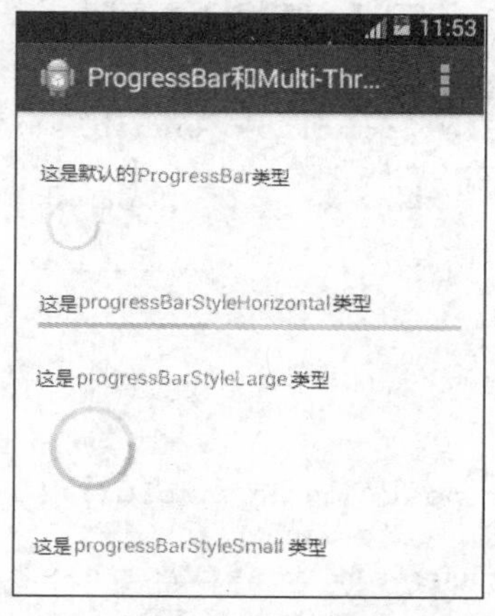

图 34-5　ProgressBar 范例程序的运行画面

34-4 第二版的 Multi-Thread ProgressBar 范例程序

接下来，我们介绍另一种 Multi-Thread 程序的实现方法，前面的范例是先建立一个继承 Thread 的类，然后产生一个该类的对象。由于我们只需要一个 Thread 对象，在这种情况下，我们可以省略建立 Thread 类的步骤 直接在主类程序代码中，利用 new Thread 指令建立 Thread 对象，然后把原来在 run()方法中的程序代码包装成一个 Runnable 对象传给 Thread 对象。以下是修改后的 onCreate()方法，其他的程序代码不需要变动。在这个版本的程序项目中，不需要建立 Thread 类的程序文件（也就是 DoLengthyWork.java）。完成修改后请读者再运行一次程序，就可以看到和前一小节完全一样的结果。

```
protected void onCreate(Bundle savedInstanceState) {
    super.onCreate(savedInstanceState);
    setContentView(R.layout.activity_main);

    final ProgressBar progressBar = (ProgressBar) findViewById
 (R.id.progressBar);

    new Thread(new Runnable() {

        @Override
        public void run() {
                // TODO Auto-generated method stub
                Calendar begin = Calendar.getInstance();
                do {
                    Calendar now = Calendar.getInstance();
                    final int iDiffSec = 60 * (now.get(Calendar.MINUTE)
                - begin.get(Calendar.MINUTE)) +
                                now.get(Calendar.SECOND) -
                            begin.get(Calendar.SECOND);

                    if (iDiffSec * 2 > 100) {
                        mHandler.post(new Runnable() {
                            public void run() {
                                progressBar.setProgress(100);
                            }
                        });

                        break;
                    }

                    mHandler.post(new Runnable() {
                        public void run() {
                            progressBar.setProgress(iDiffSec * 2);
                        }
                    });
```

```
                if (iDiffSec * 4 < 100)
                    mHandler.post(new Runnable() {
                        public void run() {
                            progressBar.setSecondaryProgress
                        (iDiffSec * 4);
                        }
                    });
                else
                    mHandler.post(new Runnable() {
                        public void run() {
                            progressBar.setSecondaryProgress(100);
                        }
                    });
            } while (true);
        }

    }).start();
}
```

34-5 ProgressDialog 对话框

ProgressDialog 对话框的功能，和前面介绍的 ProgressBar 组件功能相同，都是要告知用户目前程序正在运行一项比较费时的工作。两者的不同点在于：ProgressBar 界面组件出现在程序的操作画面中，而 ProgressDialog 则是在需要的时候才会以对话框的方式出现。

ProgressDialog 也有两种形式：一种是会显示运行进度的百分比，而且也可以有第二进度值；另一种则是环状的循环。ProgressDialog 是一个类，因此如果要建立一个 ProgressDialog 对话框，只要产生一个 ProgressDialog 类的对象即可，然后设置好它的标题、信息、图标，最后把它显示出来。显示 ProgressDialog 之后，程序就开始进入 Multi-Thread 模式，其中一个 backgroud thread 负责运行主要工作，另一个 thread 负责更新 ProgressDialog 的进度值。更新进度值的程序代码，同样是以 post 的方式放到 main thread 的 message queue 中，由 main thread 运行。在本书的可下载代码中包含一个完整的 ProgressDialog 范例程序，它的运行画面如图 34-6 所示，读者可以自行参考其中的程序代码。

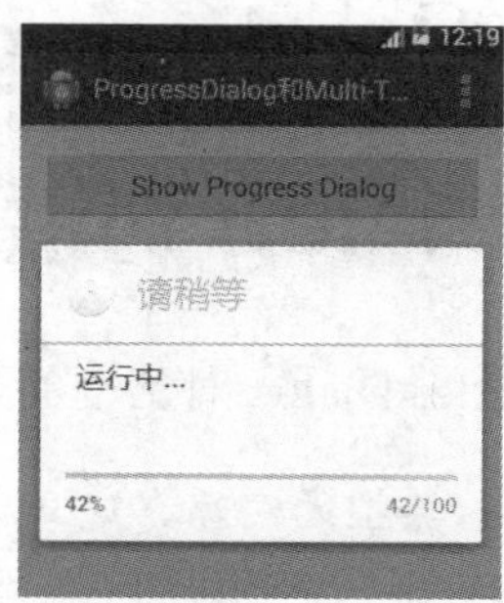

图 34-6　ProgressDialog 范例程序的运行画面

Android 版本	1.X	2.X	3.X	4.X
适用性	★	★	★	★

第 35 章 AlertDialog对话框

AlertDialog 对话框的功能是显示一段信息，这个信息可以只是警告信息或错误信息，也可以询问用户一个问题，用户再以对话框下方的按钮进行响应。AlertDialog 对话框中的按钮数目和按钮上显示的文字是由程序设置，但是最多只能有 3 个按钮，图 35-1 是一个 AlertDialog 对话框的范例。建立 AlertDialog 对话框有两种方法：一种是利用 AlertDialog.Builder 类，另一种是利用 AlertDialog 类。以下我们先介绍如何使用 AlertDialog.Builder 类来建立 AlertDialog 对话框。

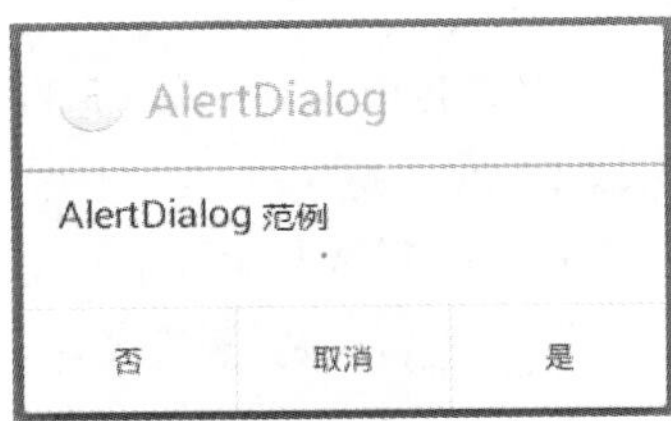

图 35-1　AlertDialog 对话框

35-1 使用 AlertDialog.Builder 类建立 AlertDialog 对话框

使用 AlertDialog.Builder 类建立 AlertDialog 对话框的操作步骤如下：

步骤 01 建立一个 AlertDialog.Builder 类型的对象，建立对象的同时必须指定它的拥有者，请参考下列程序代码范例，我们把这个对象取名为 altDlgBuilder。

```
AlertDialog.Builder altDlgBuilder = new AlertDialog.Builder(Activity 类名
```

```
称.this);
```

步骤 02　设置对话框的标题、信息、图标，另外也可以把 Cancelable 属性设置为 false，它让用户无法利用“回上一页”按钮离开对话框，程序代码如下：

```
altDlgBuilder.setTitle("AlertDialog");
altDlgBuilder.setMessage("AlertDialog 范例");
altDlgBuilder.setIcon(android.R.drawable.ic_dialog_info);
altDlgBuilder.setCancelable(false);
```

步骤 03　根据情况加入按钮，AlertDialog 对话框可以加入最多 3 个按钮，当然也可以不添加。如果没有按钮的话，我们必须把上一个步骤中的 Cancelable 属性设置为 true，这样用户才可以利用“回上一页”按钮离开对话框。AlertDialog 对话框中的按钮名称分别为 PositiveButton、NegativeButton 和 NeutralButton，这些按钮是用不同的方法加入的，请参考以下的程序代码范例。这些方法的自变量格式都一样，第一个自变量是要显示在按钮上的文字，第二个自变量是设置按下按钮后要运行的事件处理程序，它必须是一个 DialogInterface.OnClickListener 对象，其中包含一个 OnClick()方法。我们直接将产生对象的程序代码和 OnClick()方法中的程序代码，写在 SetXXXButton()方法的自变量中，这是一种匿名对象的写法。

```
altDlgBuilder.setPositiveButton("是",
        new DialogInterface.OnClickListener() {
        @Override
        public void onClick(DialogInterface dialog, int which) {
            // 按下 PositiveButton 后要运行的程序代码
        }
    });
altDlgBuilder.setNegativeButton("否",
        new DialogInterface.OnClickListener() {
        @Override
        public void onClick(DialogInterface dialog, int which) {
            // 按下 NegativeButton 后要运行的程序代码
        }
    });
altDlgBuilder.setNeutralButton("取消",
        new DialogInterface.OnClickListener() {
        @Override
        public void onClick(DialogInterface dialog, int which) {
            // 按下 NeutralButton 后要运行的程序代码
        }
    });
```

步骤 04　调用 show()方法显示对话框。

```
altDlgBuilder.show();
```

完成以上步骤之后，就可以在程序的画面显示一个 AlertDialog 对话框，接下来我们介绍第二种建立 AlertDialog 对话框的方法。

35-2 使用 AlertDialog 类建立 AlertDialog 对话框

读者或许会认为，可以借助建立一个 AlertDialog 的对象来产生对话框。如果果真如此，那又何必用到 AlertDialog.Builder 类呢？我们可以做个实验，请读者尝试建立一个 AlertDialog 的对象，程序代码会显示错误信息。错误发生的原因在于：AlertDialog 类把构建式定义成 protected，所以我们无法直接产生它的对象。解决方法是要用继承的方式，也就是我们要自己新增一个继承 AlertDialog 的新类，然后在该类中建立一个构建式，调用 AlertDialog 类的构建式，然后就可以利用这个新类产生一个 AlertDialog。以下的程序代码就是新增我们自己的类，并将它取名为 MyAlertDialog。它的程序代码很简单：继承 AlertDialog 类，它只有一个 public 的构建式，而且该构建式只调用 AlertDialog 类的构建式，没有其他的程序代码。

```
public class MyAlertDialog extends AlertDialog {
    public MyAlertDialog(Context context) {
        super(context);
        // TODO Auto-generated constructor stub
    }
}
```

建立好这个新类之后，就可以利用以下的步骤来产生 AlertDialog 对话框：

步骤 01 建立一个 MyAlertDialog 类的对象，建立对象的同时必须指定它的拥有者，请参考下列程序代码范例，我们把对象取名为 myAltDlg。

```
MyAlertDialog myAltDlg = new MyAlertDialog(Activity类名称.this);
```

步骤 02 设置对话框的标题、信息、图标，需要的话还可以将 Cancelable 属性设置为 false，这样用户就无法利用“回上一页”按钮离开对话框。在 MyAlertDialog 类的程序代码中，除了建构式之外，我们并没有定义任何其他的方法，因此这些用到的方法都是属于 AlertDialog 类原来的方法。

```
myAltDlg.setTitle("AlertDialog");
myAltDlg.setMessage("使用MyAlertDialog类产生");
myAltDlg.setIcon(android.R.drawable.ic_dialog_info);
myAltDlg.setCancelable(false);
```

步骤 03 根据需要加入按钮。加入按钮的方法和 AlertDialog.Builder 类的方式不一样。AlertDialog 类是利用自变量来决定要加上 Positive、Negative 或者 Neutral 按钮，请读者参考以下范例。这一次我们是把按钮的 OnClickListener 对象先建立好，再传给建立按钮的方法。建立这些按钮的 OnClickListener 对象时，可以利用我们之前介绍的技巧，先输入建立对象的语法，把其中的方法空下来，再借助语法修正建议，让程序代码编辑窗格自动帮我们加入需要的方法。

```
myAltDlg.setButton(DialogInterface.BUTTON_POSITIVE, "是",
altDlgPositiveBtnOnClk);
myAltDlg.setButton(DialogInterface.BUTTON_NEGATIVE, "否",
altDlgNegativeBtnOnClk);
myAltDlg.setButton(DialogInterface.BUTTON_NEUTRAL, "取消",
altDlgNeutralBtnOnClk);

private DialogInterface.OnClickListener altDlgPositiveBtnOnClk = new
   DialogInterface.OnClickListener() {
       @Override
       public void onClick(DialogInterface dialog, int which) {
           // 按下 PositiveButton 后要运行的程序代码
       }
   };

private DialogInterface.OnClickListener altDlgNegativeBtnOnClk = new
   DialogInterface.OnClickListener() {
       @Override
       public void onClick(DialogInterface dialog, int which) {
           // 按下 NegativeButton 后要运行的程序代码
       }
   };

private DialogInterface.OnClickListener altDlgNeutralBtnOnClk = new
   DialogInterface.OnClickListener() {
       @Override
       public void onClick(DialogInterface dialog, int which) {
           // 按下 NeutralButton 后要运行的程序代码
       }
   };
```

步骤 04　调用 show()方法显示对话框：

```
myAltDlg.show();
```

35-3 范例程序

我们在程序的操作画面中加入两个按钮：一个按钮是用 AlertDialog 的衍生类方式建立对话框；另一个按钮则使用 AlertDialog.Builder 类来建立对话框。当用户在对话框中按下任何一个按钮之后，程序会回到主画面，并显示用户按下的按钮，程序的运行画面如图 35-2 所示，界面布局文件和程序代码如下。在程序代码中分别使用前面介绍的两种方法建立 AlertDialog 对话框，在按钮的 OnClickListener 对象中显示用户按下的按钮名称。

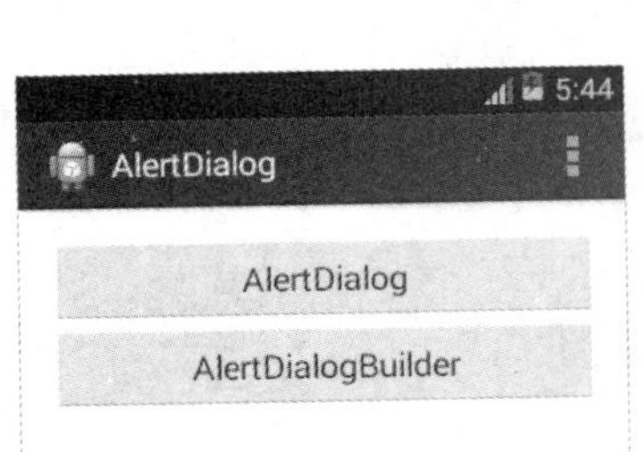

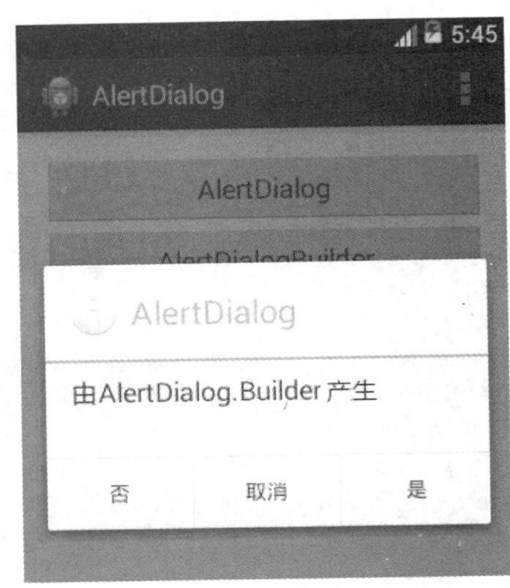

图 35-2　使用 AlertDialog 的衍生类和 AlertDialog.Builder 类建立对话框

界面布局文件：

```
<LinearLayout xmlns:android="http://schemas.android.com/apk/res/android"
    xmlns:tools="http://schemas.android.com/tools"
    android:id="@+id/LinearLayout1"
    android:layout_width="match_parent"
    android:layout_height="match_parent"
    android:orientation="vertical"
    android:paddingBottom="@dimen/activity_vertical_margin"
    android:paddingLeft="@dimen/activity_horizontal_margin"
    android:paddingRight="@dimen/activity_horizontal_margin"
    android:paddingTop="@dimen/activity_vertical_margin"
    tools:context=".MainActivity" >

    <Button
        android:id="@+id/btnAlertDlg"
        android:layout_width="match_parent"
        android:layout_height="wrap_content"
        android:text="AlertDialog" />

    <Button
        android:id="@+id/btnAlertDlgBuilder"
        android:layout_width="match_parent"
        android:layout_height="wrap_content"
        android:text="AlertDialogBuilder" />

    <TextView
        android:id="@+id/txtResult"
        android:layout_width="wrap_content"
        android:layout_height="wrap_content" />

</LinearLayout>
```

主程序文件：

```
public class MainActivity extends Activity {

    private Button mBtnAlertDlg,
                   mBtnAlertDlgBuilder;
    private TextView mTxtResult;

    @Override
    protected void onCreate(Bundle savedInstanceState) {
        super.onCreate(savedInstanceState);
        setContentView(R.layout.activity_main);

        mTxtResult = (TextView)findViewById(R.id.txtResult);

        mBtnAlertDlg = (Button)findViewById(R.id.btnAlertDlg);
        mBtnAlertDlg.setOnClickListener(btnAlertDlgOnClick);

        mBtnAlertDlgBuilder = (Button)findViewById
    (R.id.btnAlertDlgBuilder);
        mBtnAlertDlgBuilder.setOnClickListener(btnAlertDlgBuilderOnClick);
    }

    @Override
    public boolean onCreateOptionsMenu(Menu menu) {
        // Inflate the menu; this adds items to the action bar if it is
       present.
        getMenuInflater().inflate(R.menu.main, menu);
        return true;
    }

    private View.OnClickListener btnAlertDlgOnClick =
new View.OnClickListener() {
        public void onClick(View v) {
            mTxtResult.setText("");
            MyAlertDialog myAltDlg =
        new MyAlertDialog(MainActivity.this);
            myAltDlg.setTitle("AlertDialog");
            myAltDlg.setMessage("AlertDialog的使用方式是要建立一个继承它的
        class");
            myAltDlg.setIcon(android.R.drawable.ic_dialog_info);
            myAltDlg.setCancelable(false);
            myAltDlg.setButton(DialogInterface.BUTTON_POSITIVE, "是",
        altDlgPositiveBtnOnClk);
            myAltDlg.setButton(DialogInterface.BUTTON_NEGATIVE, "否",
        altDlgNegativeBtnOnClk);
            myAltDlg.setButton(DialogInterface.BUTTON_NEUTRAL, "取消",
        altDlgNeutralBtnOnClk);

            myAltDlg.show();
```

```
    }
};

private  DialogInterface.OnClickListener altDlgPositiveBtnOnClk = new
                            DialogInterface.OnClickListener() {
    @Override
    public void onClick(DialogInterface dialog, int which) {
        // TODO Auto-generated method stub
        mTxtResult.setText("你启动了AlertDialog而且按下了\"是\"按钮");
    }
};

private  DialogInterface.OnClickListener altDlgNegativeBtnOnClk = new
                            DialogInterface.OnClickListener() {
    @Override
    public void onClick(DialogInterface dialog, int which) {
        // TODO Auto-generated method stub
        mTxtResult.setText("你启动了AlertDialog而且按下了\"否\"按钮");
    }
};

private  DialogInterface.OnClickListener altDlgNeutralBtnOnClk = new
                            DialogInterface.OnClickListener() {
    @Override
    public void onClick(DialogInterface dialog, int which) {
        // TODO Auto-generated method stub
        mTxtResult.setText("你启动了AlertDialog而且按下了\"取消\"按钮");
    }
};

private Button.OnClickListener btnAlertDlgBuilderOnClick =
                new Button.OnClickListener() {
    public void onClick(View v) {
        mTxtResult.setText("");
        AlertDialog.Builder altDlgBldr =
    new AlertDialog.Builder(MainActivity.this);
        altDlgBldr.setTitle("AlertDialog");
        altDlgBldr.setMessage("由AlertDialog.Builder产生");
        altDlgBldr.setIcon(android.R.drawable.ic_dialog_info);
        altDlgBldr.setCancelable(false);
        altDlgBldr.setPositiveButton("是",
            new DialogInterface.OnClickListener() {
                @Override
                public void onClick(DialogInterface dialog, int
            which) {
                    // TODO Auto-generated method stub
                    mTxtResult.setText(
                        "你启动了AlertDialogBuilder而且按下了\"是\"按钮");
                }
            });
        altDlgBldr.setNegativeButton("否",
```

```
            new DialogInterface.OnClickListener() {
                @Override
                public void onClick(DialogInterface dialog, int
                which) {
                    // TODO Auto-generated method stub
                    mTxtResult.setText(
                        "你启动了AlertDialogBuilder而且按下了\"否\"按钮");
                }
            });
        altDlgBldr.setNeutralButton("取消",
            new DialogInterface.OnClickListener() {
                @Override
                public void onClick(DialogInterface dialog, int
                which) {
                    // TODO Auto-generated method stub
                    mTxtResult.setText(
                        "你启动了AlertDialogBuilder而且按下了\"取消
                        \"按钮");
                }
            });
        altDlgBldr.show();
    }
};

}
```

Android 版本	1.X	2.X	3.X	4.X
适用性	★	★	★	★

第 36 章 Toast提示信息

Toast 组件的功能和对话框有些类似，但是使用上更简单。使用 Toast 组件的目的只有一个，就是在屏幕上显示一段信息来通知用户，而且这个信息没有任何按钮，经过几秒钟后就会自动消失。如果用户不注意，可能会来不及看清楚，所以只有在显示的信息不是很重要的情况下，才会使用 Toast。要使用 Toast 提示信息时，只需要调用它的 makeText()和 show()方法即可：

```
Toast t = Toast.makeText(Activity类名称.this, R.string.字符串的 id,
Toast.LENGTH_LONG或Toast.LENGTH_SHORT);
t.show();
```

第一行程序是调用 makeText()方法设置 Toast 的拥有者、要显示的字符串（上面的范例是使用字符串资源文件中的字符串）和信息出现的时间长短。其中要显示的字符串可以是资源类 R 中的字符串，或者在程序中建立的 String 对象，例如：

```
String s = "要显示的信息字符串";
Toast t = Toast.makeText(Activity类名称.this, s, Toast.LENGTH_LONG或
Toast.LENGTH_SHORT);
t.show();
```

makeText()方法会返回一个 Toast 对象，我们接着调用该对象的 show()方法，就可以显示信息。以上的程序代码可以进一步简化如下：

```
Toast.makeText(Activity类名称.this, R.string.字符串的 id, Toast.LENGTH_LONG
或Toast.LENGTH_SHORT).show();
```

它的功能就是运行完 makeText()方法后返回一个对象，接着调用该对象的 show()方法，图 36-1 是一个 Toast 的范例。

其实使用 AlertDialog 对话框也可以只显示信息，而且没有按钮和标题，如图 36-2 所示。那么 Toast 和 AlertDialog 的使用时机又有什么不同呢？根据前面的说明，Toast 组件的特点是经过几秒钟后就会自动消失，用户稍不注意就会遗漏该信息。但是 AlertDialog 对话框并不会

自己消失，用户必须按下手机或平板电脑中的“回上一页”按钮，或者按下对话框中的按钮，才能关闭对话框，所以用户一定会看到该信息，也就是说，如果用户一定要知道信息，就使用 AlertDialog 对话框，否则就使用 Toast 提示信息即可。

图 36-1　Toast 信息组件

图 36-2　没有加上按钮的 AlertDialog 对话框

接下来我们把 Toast 提示信息应用到第 20 章的“电脑猜拳游戏”程序中，当用户出拳之后，程序会以 Toast 显示输赢的结果，程序的运行界面如图 36-3 所示，以下我们列出程序代码中必须修改的部分（以粗体标识）。

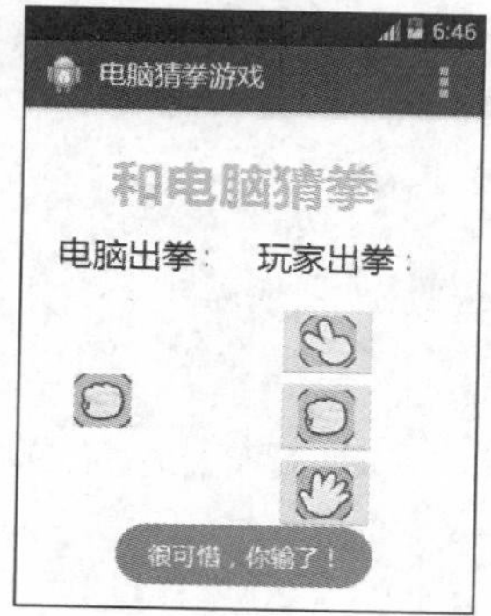

图 36-3　使用 Toast 提示信息的“电脑猜拳游戏”程序

```
private View.OnClickListener imgBtnScissorsOnClick = new
View.OnClickListener() {
    public void onClick(View v) {
        // 决定计算机出拳.
        int iComPlay = (int)(Math.random()*3 + 1);

        // 1 - 剪刀, 2 - 石头, 3 - 布.
        if (iComPlay == 1) {
            mImgViewComPlay.setImageResource(R.drawable.scissors);
//              mTxtResult.setText(getString(R.string.result) +
//                                  getString(R.string.player_draw));
            Toast.makeText(MainActivity.this, R.string.player_draw,
        Toast.LENGTH_LONG)
                    .show();
        }
```

```
        else if (iComPlay == 2) {
            mImgViewComPlay.setImageResource(R.drawable.stone);
//              mTxtResult.setText(getString(R.string.result) +
//                      getString(R.string.player_lose));
            Toast.makeText(MainActivity.this, R.string.player_lose,
        Toast.LENGTH_LONG)
                    .show();
        }
        else {
            mImgViewComPlay.setImageResource(R.drawable.paper);
//              mTxtResult.setText(getString(R.string.result) +
//                      getString(R.string.player_win));
            Toast.makeText(MainActivity.this, R.string.player_win,
        Toast.LENGTH_LONG)
                    .show();
        }
    }
};

private View.OnClickListener imgBtnStoneOnClick = new View.OnClickListener()
{
    public void onClick(View v) {
        // 请以同样方式修改
};

private View.OnClickListener imgBtnPaperOnClick = new View.OnClickListener()
{
    public void onClick(View v) {
        // 请以同样方式修改
    }
};
```

Android 版本	1.X	2.X	3.X	4.X
适用性	★	★	★	★

第 37 章 自定义Dialog对话框

前面介绍的对话框，例如 TimePickerDialog、ProgressDialog 等都是已经具备特定功能的对话框，它们的使用方式都已经固定。如果读者的程序刚好需要这些对话框，就可以直接使用，不需要再自己动手设计。但是如果我们需要的是其他功能的对话框，那么就需要自己建立。虽然自己设计对话框需要多花一些精力和时间，但是却拥有最大的发挥空间，本章就让我们来学习如何自己建立对话框。

自定义对话框必须使用 Dialog 类，首先必须写好一个对话框专用的界面布局文件，也就是在主程序的界面布局文件 activity_main.xml 之外，再新增一个界面布局文件，其中包含对话框用到的所有界面组件。在前面章节学过的所有界面组件和编排模式，都可以套用到对话框的界面布局文件中。接着在程序中建立一个 Dialog 类的对象，然后把对话框的界面布局文件加载到该对话框对象中，并设置好对话框的标题和其他属性，以及事件处理程序，最后把对话框显示出来，整个过程可以利用下列步骤说明：

步骤 01 设计好对话框使用的界面布局文件，该文件必须放在项目的 res/layout 文件夹中，读者可以在 Eclipse 左边的项目查看窗格中，用鼠标右键单击程序项目的 res 文件夹，然后从弹出的快捷菜单中选择 New > Android XML File。在出现的对话框中将 Resource Type 框设置为 Layout，在 File 框输入界面布局文件的名称，例如 my_dlg，然后在下方的项目列表中单击想要套用的界面组件编排模式，最后单击 Finish 按钮。新增的界面布局文件会自动打开在编辑窗格中，我们可以使用之前学过的所有界面组件和编排模式来设计对话框的界面布局文件。

步骤 02 在程序文件中建立一个 Dialog 类的对象，建立对象的同时必须指定它的拥有者，请参考下列程序代码，我们把对话框对象取名为 myDlg。

```
Dialaog myDlg = new Dialog(Activity类名称.this);
```

步骤 03 设置对话框的标题和 Cancelable 属性（让用户无法利用“回上一页”按钮离开对话

框），然后把对话框的界面布局文件加载到对话框对象中：

```
myDlg.setTitle("对话框标题");
myDlg.setCancelable(false);
myDlg.setContentView(R.layout.对话框的界面布局文件名称);
```

步骤 04 如果对话框中的界面组件需要设置事件处理程序，例如 Button，就需要建立相关的 Listener 对象。以下的程序代码是以 Button 的 OnClickListener 为例：

```
private View.OnClickListener myDlgBtnOKOnClick = new View.OnClickListener()
{
        public void onClick(View v) {
            // 按下 Button 后要运行的程序代码
            …
            myDlg.cancel();    // 也可以调用 dismiss()
        }
    };
```

运行完按钮中的工作之后，记得最后要调用对话框中的 cancel()或是 dismiss()方法结束对话框。另外需要提醒读者，如果需要取得对话框中的界面组件数据，例如要知道用户在对话框的 EditText 组件中输入的字符串，必须先调用对话框的 findViewById()方法取得该界面组件，例如：

```
EditText editText = (EditText) myDlg.findViewById(R.id.界面组件的 id);
```

步骤 05 取得对话框中需要设置 Listener 的界面组件，然后把建立好的 Listener 对象设置给它，例如以下范例，其中的 myDlgBtnOKOnClick 是在步骤 4 中建立的对象。

```
Button btn = (Button) myDlg.findViewById(R.id.界面组件 id);
btn.setOnClickListener(myDlgBtnOKOnClick);
```

步骤 06 调用 show()方法显示对话框。

```
myDlg.show();
```

以上就是自己建立对话框的完整过程，接下来我们示范一个很常见的系统登录对话框。程序的主画面会先显示一个“登录系统”按钮，当用户按下该按钮之后，会出现一个登录系统的对话框，让用户输入账号名称和密码，并且有“确定登录”和“取消”两个按钮。比较特殊的是当用户输入密码时，屏幕上不会显示用户输入的字符，而是以一个固定的字符取代，以避免旁人窥视。若要实现这样的功能，只需要设置 EditText 组件的 android:inputType 属性即可。当用户完成输入，并单击“确定登录”按钮之后，程序画面会显示用户输入的账号和密码。图 37-1 是程序运行的画面，主程序的界面布局文件、对话框的界面布局文件以及完整的程序代码如下。程序代码主要是在“登录系统”按钮的 OnClickListener 对象中，依照前面介绍的步骤，建立一个 Dialog 对象并将它显示出来。这个 Dialog 对象中有两个按钮，因此程序中分别建立了这两个按钮的 OnClickListener 对象，其中包含按下按钮后要运行的程序代码。

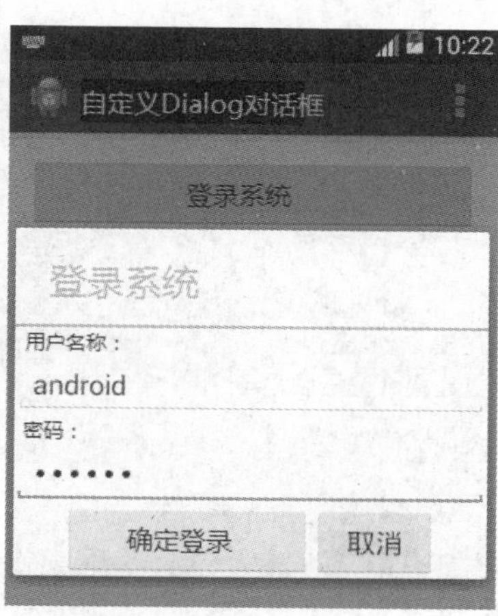

图 37-1　自行建立系统登录对话框的运行画面

主程序界面布局文件：

```
<LinearLayout xmlns:android="http://schemas.android.com/apk/res/android"
    xmlns:tools="http://schemas.android.com/tools"
    android:id="@+id/LinearLayout1"
    android:layout_width="match_parent"
    android:layout_height="match_parent"
    android:orientation="vertical"
    android:paddingBottom="@dimen/activity_vertical_margin"
    android:paddingLeft="@dimen/activity_horizontal_margin"
    android:paddingRight="@dimen/activity_horizontal_margin"
    android:paddingTop="@dimen/activity_vertical_margin"
    tools:context=".MainActivity" >

    <Button
        android:id="@+id/btnLoginDlg"
        android:layout_width="match_parent"
        android:layout_height="wrap_content"
        android:text="登录系统" />

    <TextView
        android:id="@+id/txtResult"
        android:layout_width="wrap_content"
        android:layout_height="wrap_content" />

</LinearLayout>
```

“登录系统”对话框界面布局文件：

```
<?xml version="1.0" encoding="utf-8"?>
<LinearLayout xmlns:android="http://schemas.android.com/apk/res/android"
    android:layout_width="match_parent"
    android:layout_height="match_parent"
    android:orientation="vertical" >
```

```
    <TextView
        android:layout_width="wrap_content"
        android:layout_height="wrap_content"
        android:text="用户名称: " />

    <EditText
        android:id="@+id/edtUserName"
        android:layout_width="match_parent"
        android:layout_height="wrap_content" />

    <TextView
        android:layout_width="wrap_content"
        android:layout_height="wrap_content"
        android:text="密码: " />

    <EditText
        android:id="@+id/edtPassword"
        android:layout_width="match_parent"
        android:layout_height="wrap_content"
        android:inputType="textPassword" />

    <LinearLayout
        android:orientation="horizontal"
        android:layout_width="match_parent"
        android:layout_height="wrap_content"
        android:gravity="center" >

        <Button
            android:id="@+id/btnOK"
            android:layout_width="160dp"
            android:layout_height="wrap_content"
            android:text="确定登录" />

        <Button
            android:id="@+id/btnCancel"
            android:layout_width="80dp"
            android:layout_height="wrap_content"
            android:text="取消" />

    </LinearLayout>

</LinearLayout>
```

程序文件:

```
public class MainActivity extends Activity {

    private Button mBtnLoginDlg;
    private TextView mTxtResult;
    private Dialog mDlgLogin;
```

```
    @Override
    protected void onCreate(Bundle savedInstanceState) {
        super.onCreate(savedInstanceState);
        setContentView(R.layout.activity_main);

        mBtnLoginDlg = (Button) findViewById(R.id.btnLoginDlg);
        mTxtResult = (TextView) findViewById(R.id.txtResult);

        mBtnLoginDlg.setOnClickListener(btnLoginDlgOnClick);
    }

    @Override
    public boolean onCreateOptionsMenu(Menu menu) {
        // Inflate the menu; this adds items to the action bar if it is
      present.
        getMenuInflater().inflate(R.menu.main, menu);
        return true;
    }

    private View.OnClickListener btnLoginDlgOnClick =
new View.OnClickListener() {
        public void onClick(View v) {
            mTxtResult.setText("");

            mDlgLogin = new Dialog(MainActivity.this);
            mDlgLogin.setTitle("登录系统");
            mDlgLogin.setCancelable(false);
            mDlgLogin.setContentView(R.layout.dlg_login);
            Button loginBtnOK = (Button) mDlgLogin.findViewById(R.id.btnOK);
            Button loginBtnCancel = (Button) mDlgLogin.findViewById
        (R.id.btnCancel);
            loginBtnOK.setOnClickListener(loginDlgBtnOKOnClick);
            loginBtnCancel.setOnClickListener(loginDlgBtnCancelOnClick);
            mDlgLogin.show();
        }
    };

    private View.OnClickListener loginDlgBtnOKOnClick =
new View.OnClickListener() {
        public void onClick(View v) {
            EditText edtUserName = (EditText) mDlgLogin.findViewById
        (R.id.edtUserName);
            EditText edtPassword = (EditText)
        mDlgLogin.findViewById(R.id.edtPassword);

            mTxtResult.setText("你输入的用户名称：" + edtUserName.
        getText().toString() +
                            "，密码：" + edtPassword.getText().
                        toString());
            mDlgLogin.cancel();
        }
```

```
    };

    private View.OnClickListener loginDlgBtnCancelOnClick =
new View.OnClickListener() {
        public void onClick(View v) {
            mTxtResult.setText("你按下\"取消\"按钮。");
            mDlgLogin.cancel();
        }
    };

}
```

第7部分

Intent、Intent Filter 与数据发送

Android 版本	1.X	2.X	3.X	4.X
适用性	★	★	★	★

第 38 章 AndroidManifest.xml 程序功能描述文件

如果在 Eclipse 左边的项目查看窗格中，展开某一个 Android 应用程序项目，就可以看到类似如下的项目内容：

其中有些文件夹读者应该已经非常熟悉，例如 src、gen、res，但是其他文件夹或是文件到目前为止我们还没有使用过，因此也还未曾做过说明，本章我们将针对整个 Android App 项目的架构做一个完整的介绍。

1. src 文件夹

src 文件夹用来存放 App 项目中所有的 Java 程序文件，在这个文件夹中又可以建立不同的套件路径文件夹，以方便将程序文件区分成不同的套件分开存放。

2. gen 文件夹

gen 文件夹用于存储由 Android 程序编译器产生的项目资源，其中包含一个资源类 R。这些程序项目资源是根据 res 文件夹中的资源文件所产生，我们不能够修改 gen 文件夹中的内容。

3. Android X.X 文件夹

这是程序项目使用的 Android 版本，我们不能够直接将它删除或修改，但是可以借助打开项目的属性对话框来加以更改。首先在 Eclipse 左边的项目查看窗格中，利用鼠标右键单击 App 项目，然后在弹出的快捷菜单中选择 Properties 选项，就会出现如图 38-1 所示的对话框，在对话框左边的列表项目中单击 Android，右边便会出现目前计算机中安装的 Android 版本，请勾选其中一个，然后单击 Apply 按钮，再单击 OK 按钮，读者就会发现 App 项目使用的 Android 版本号码已经改变。

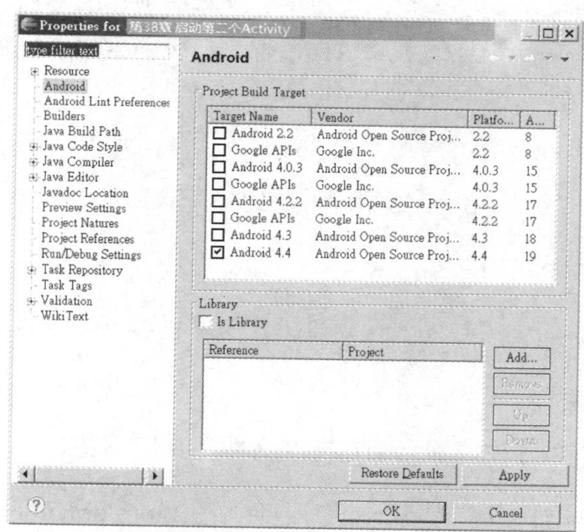

图 38-1 App 项目的属性对话框

4. assets 文件夹

这个文件夹的功能和 res 文件夹有些类似，都是用来存放程序中会用到的其他文件资源，例如图像文件，和 res 文件夹不同的是：Android 编译器不会将存放在 assets 文件夹的文件加入项目的资源类 R 中。如果程序要使用 assets 文件夹中的文件，必须自行指定它们的路径才能使用。

5. Android Private Libraries 文件夹

这个文件夹和稍后介绍的 libs 文件夹是用来存储和记录 App 项目用到的链接库文件，预设里头会有一个 android-support-v4.jar 文件。

6. bin 文件夹

bin 文件夹用于存储由 Android 程序编译器产生的文件，我们不需要修改其中的内容。

7. libs 文件夹

如同前面的介绍，这个文件夹和 Android Private Libraries 文件夹是存储和记录 App 项目用到的链接库文件。

8. res 文件夹

res 文件夹用来存放项目中用到的各种资源，包括字符串、界面布局文件、动画资源文件、图像文件等，这些资源文件会被 Android 编译器加入 gen 文件夹下的资源类 R。

9. AndroidManifest.xml 文件

这个文件就是本章即将介绍的主角，它负责记录程序项目的架构和功能等相关信息，这个文件是程序和 Android 系统沟通的重要数据，程序员必须自行维护它的内容，以下我们将详细介绍其中的项目。

10. ic_launcher-web.png

这是一个图像文件，它是 App 项目用到的小图标。

11. proguard-project.txt 文件

这是一个说明文件，用于解释如何在项目中使用 ProGuard，一般不需要使用。

12. project.properties 文件

这是由 Android App 项目生成器自动建立的文件，我们不能对它进行修改。

如果打开第 20 章“电脑猜拳游戏”程序项目中的 AndroidManifest.xml 文件，将会看到如下的内容。AndroidManifest.xml 文件的编辑窗格中有多种不同的查看模式，请读者在编辑窗格下方的 tab 标签页选择 AndroidManifest.xml 就可以用原始文件的模式查看。

```
<?xml version="1.0" encoding="utf-8"?>
<manifest xmlns:android="http://schemas.android.com/apk/res/android"
    package="tw.android"
    android:versionCode="1"
    android:versionName="1.0" >

    <uses-sdk
        android:minSdkVersion="8"
```

```
        android:targetSdkVersion="18" />

    <application
        android:allowBackup="true"
        android:icon="@drawable/ic_launcher"
        android:label="@string/app_name"
        android:theme="@style/AppTheme" >
        <activity
            android:name="tw.android.MainActivity"
            android:label="@string/app_name" >
            <intent-filter>
                <action android:name="android.intent.action.MAIN" />

                <category android:name="android.intent.category.LAUNCHER" />
            </intent-filter>
        </activity>
    </application>

</manifest>
```

最外层的<manifest>标签是用来记录项目的相关信息，其中有 3 个属性。

- package：指定项目中的程序文件的套件路径。
- android:versionCode：记录此项目的版本号码。
- android:versionName：记录此项目的版本名称。

< uses-sdk>标签是用来记录程序项目使用的 Android SDK 版本，android:minSdkVersion="8"表示此程序项目必须在 Android SDK 2.2 以上的平台才能运行（Android SDK 2.2 的版本编号就是 8）。<application>标签是用来记录程序的相关信息。

- android:icon：指定程序运行时显示的小图标。
- android:label：程序运行时显示在标题栏的名称。
- android:theme：指定程序使用的 Theme，Theme 是一种格式的定义，例如字体、字体大小、配色等都可以先在 Theme 中定义好，再直接套用。

<application>标签中包含一个<activity>标签。Activity 是 Android 应用程序的运行单元，截至目前，我们的范例程序都只有一个 Activity，虽然在 ProgressBar 的范例程序中新增一个类，但是该类是 Thread 而不是 Activity。其实在一个 Android App 项目中，可以建立多个 Activity，每一个 Activity 都必须在 AndroidManifest.xml 文件中建立一个对应的<activity>标签，用于描述该 Activity 的相关信息。接下来我们就来示范如何在一个程序项目中使用多个 Activity。

我们将建立一个新的 Android App 项目，然后在界面布局文件中建立一个按钮。以下步骤用于说明如何建立第二个 Activity，这个新增的 Activity 就是第 20 章的“电脑猜拳游戏”程序，当用户单击主程序画面上的按钮之后，就会启动这个“电脑猜拳游戏”程序。

步骤 01 每个 Activity 都需要一个专用的界面布局文件，读者可以在 Eclipse 左边的项目查看窗格中，用鼠标右键单击程序项目的 res 文件夹，然后从弹出的快捷菜单中选择 New > Android XML File。在出现的对话框中将 Resource Type 字段设置为 Layout，在 File 字段输入界面布局文件的名称，例如 activity_game（注意文件名只能包含小写英文字母、数字或是下划线字符），然后在下方的项目列表中单击想要套用的界面组件编排模式，最后单击 Finish 按钮。新增的界面布局文件会自动打开在编辑窗格中，请把第 20 章的“电脑猜拳游戏”项目中的界面布局文件的内容全部复制过来。

步骤 02 在界面布局文件的程序代码中，会出现许多标识红色波浪下划线的语法错误，因为它用到许多字符串资源。请读者打开“电脑猜拳游戏”项目中的字符串资源文件 res/values/strings.xml，把其中相关的字符串资源复制到这个新项目的字符串资源文件中。另外还要复制 res/drawable 文件夹中的 3 个图像文件，可以直接在 Eclipse 的项目查看窗格中，完成复制文件的操作（配合键盘中的 Ctrl 和 Shift 键可以同时选择多个文件，然后单击鼠标右键，在弹出的快捷菜单中选择 Copy/Paste）。

步骤 03 在 Eclipse 左边的项目查看窗格中，展开此项目的“src/(套件路径名称)”文件夹，然后用鼠标右键单击“套件路径名称”文件夹，在弹出的快捷菜单中选择 New > Class。

步骤 04 在类对话框中的 Name 框输入我们想要的类名称（例如 GameActivity），然后单击 Superclass 框右边的 Browse 按钮，在出现的对话框最上面的框中输入 Activity，下方列表中就会显示 Activity 类，用鼠标双击该类，就会自动回到原来的对话框，并完成 Superclass 框的填写。

步骤 05 单击 Finish 按钮之后，新 Activity 的程序文件会自动打开在 Eclipse 中间的编辑窗格。请读者找出第 20 章的“电脑猜拳游戏”项目中的程序文件，然后将其中的程序代码复制过来，但是要注意下列几点：

- 请保留这个 Activity 原来的类名称，不要改变它。
- 请将程序代码中出现 MainActivity.this 的地方改成 GameActivity.this（GameActivity 就是我们新增的 Activity 类名称）。
- 原来 Activity 类程序代码的第一行 package 的定义也不要更改。如果 import 套件的程序代码在复制之后出现错误，也要视情况进行适当地修改。
- 把程序中使用的界面布局文件，换成在步骤 1 中建立的文件，例如以下粗体字的部分：

```
…

public void onCreate(Bundle savedInstanceState) {
        super.onCreate(savedInstanceState);
        setContentView(R.layout. activity_game);

        …
}
```

步骤 06　打开主程序类的界面布局文件 res/layout/activity_main.xml，在主程序画面中加入一个按钮如下：

```
<Button
    android:id="@+id/btnLaunchGame"
    android:layout_width="match_parent"
    android:layout_height="wrap_content"
    android:text="运行“电脑猜拳游戏”程序" />
```

步骤 07　打开主类程序文件“src/(套件路径名称)/MainActivity.java”，新增一个 View.OnClickListener 类的对象，然后加入下列粗体部分的程序代码，最后将此对象设置给前一个步骤建立的按钮。

```
private View.OnClickListener btnLaunchGame = new View.OnClickListener() {

        @Override
        public void onClick(View v) {
            // TODO Auto-generated method stub
            Intent it = new Intent();
            it.setClass(MainActivity.this, GameActivity.class);
            startActivity(it);
        }
    };
```

看到这一段程序代码，读者心中会有一个疑问，因为其中出现了一个陌生的 Intent 对象。Intent 是 Android 系统中具有重要功能的对象，它可以让我们的程序和其他程序进行互动，或是让 Android 系统帮忙寻找适当的程序来运行特定的任务。在下一章我们将对 Intent 对象做更详细的介绍，这里我们先利用它来启动“电脑猜拳游戏”这个 Activity。

步骤 08　打开程序功能描述文件 AndroidManifest.xml，加入下列粗体字的部分：

```
<?xml version="1.0" encoding="utf-8"?>
<manifest xmlns:android="http://schemas.android.com/apk/res/android"
    package="com.android"
    android:versionCode="1"
    android:versionName="1.0" >

    <uses-sdk
        android:minSdkVersion="8"
        android:targetSdkVersion="18" />

    <application
        android:allowBackup="true"
        android:icon="@drawable/ic_launcher"
        android:label="@string/app_name"
        android:theme="@style/AppTheme" >
        <activity
            android:name="com.android.MainActivity"
            android:label="@string/app_name" >
            <intent-filter>
```

```
            <action android:name="android.intent.action.MAIN" />

            <category android:name="android.intent.category.LAUNCHER" />
        </intent-filter>
    </activity>
    <activity
        android:name=".GameActivity"
        android:label="@string/game_title">
    </activity>
</application>

</manifest>
```

新增的程序代码用于告诉 Android 系统，这个项目中新增一个 Activity，android:name=".GameActivity"属性是指定这个 Activity 的路径和名称，以附点开头表示和项目的主要 Activity 放在同一个路径。如果路径不相同，就要写出完整的路径，例如 android:name="com.android.GameActivity"。android:label 属性是设置 Activity 运行时要显示在屏幕上方的程序标题，上面的范例是使用定义在字符串资源文件中名为 game_title 的字符串，因此读者必须在 res/values/strings.xml 文件中加入该字符串的定义。

使用“交互式模式”编辑 AndroidManifest.xml

打开 AndroidManifest.xml 文件之后，在编辑窗口下方有一排标签，从左到右依次为 Manifest、Application、Permissions……它们其实就是对应到 AndroidManifest.xml 文件中的标签架构。我们可以利用这些标签页来编辑 AndroidManifest.xml 文件的内容。

以上的操作步骤虽然有些复杂，但是我们也因此更加了解 Android App 的架构和功能。请读者逐一完成所有的步骤并启动程序，就会在模拟器上看到如图 38-2 所示的画面。单击“运行‘电脑猜拳游戏’程序”按钮之后，就会启动“电脑猜拳游戏”程序，我们可以利用“回上一页”按钮离开“电脑猜拳游戏”程序，回到原来的主程序画面。

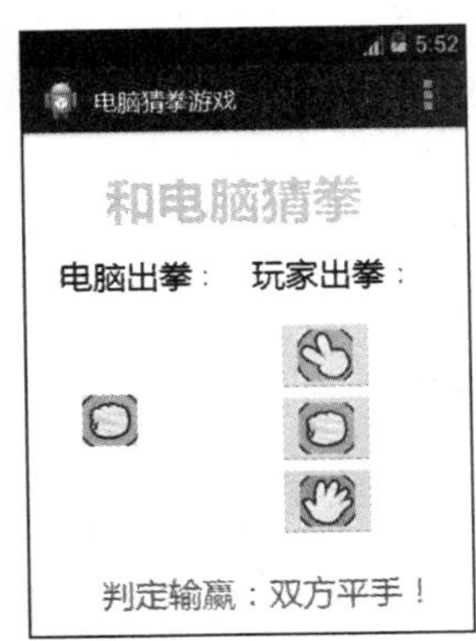

图 38-2　在程序中启动另一个 Activity

Android 版本	1.X	2.X	3.X	4.X
适用性	★	★	★	★

第 39 章 Intent粉墨登场

在前一章的范例程序中，我们只是让 Intent 对象小试身手，用它来启动程序项目中的另一个 Activity。本章我们要正式介绍 Intent，可以说它是 Android 系统的最佳男主角。Intent 的中文意思是“意图”，用通俗的话来说就是“我想要……”，也就是说目前运行中的程序，需要其他 Activity 的帮忙来完成一件工作，并且会把运行权交给对方，然后就会进入休息的状态，等到对方完成工作，交回运行权之后，才会重新回到运行状态。

我们可以把 Intent 对象视为是程序和 Android 系统互动的媒介，当程序需要启动另一个 Activity 或是另一个 App 来完成工作时，就可以建立一个 Intent 对象，然后在该对象中填入相关的数据，最后调用 startActivity()方法，将此 Intent 对象传给 Android 系统。Android 系统收到 Intent 对象之后，会根据其中的信息启动适当的 Activity 或 App 进行处理。

我们先回顾上一章使用 Intent 的程序代码：

```
Intent it = new Intent();
it.setClass(MainActivity.this, GameActivity.class);
startActivity(it);
```

这是使用 Intent 对象最简单的格式，我们利用 setClass()方法指定要启动的 Activity 类（也就是 GameActivity.class），并填入此 Intent 对象的拥有者（MainActivity.class）。接着调用 startActivity()方法，将设置好的 Intent 发送给 Android 系统。Intent 对象的另一种使用方式是只记录要处理的数据以及处理方法，例如查看、发送、加入或删除，然后将它发送出去。Android 系统收到这样的 Intent 对象时，会根据其中的数据类型以及处理方式，从系统的 App 列表中挑选一个合适的程序来处理。这种类型的 Intent 需要使用 Uri 对象，它是用来存储要处理的数据。举例来说，如果程序需要打开一个网页，可以利用以下的程序代码，请 Android 系统运行网页浏览程序：

```
Uri uri = Uri.parse("http://www....");
Intent it = new Intent(Intent.ACTION_VIEW, uri);
startActivity(it);
```

Intent 对象可以完成很多类型的工作，例如打开网页、发送短信、发送邮件、播放影片、播放音乐、打开图片、拍摄照片、安装程序、删除程序等。以下我们直接利用程序演示它的用法，这个范例程序使用 Intent 对象请求外部程序完成打开网页、播放 MP3 和查看图片等 3 项工作。它的运行方式是利用 3 个按钮启动上述 3 项工作。程序的运行画面如图 39-1 所示，用户可以利用“回上一页”按钮返回到主程序画面。程序项目的界面布局文件和程序代码列出如下，完成每一种类型的工作都有固定的程序代码格式，这些程序代码只有短短数行，读者直接参考下列程序文件的源代码就可以了解，请留意粗体标识的部分。

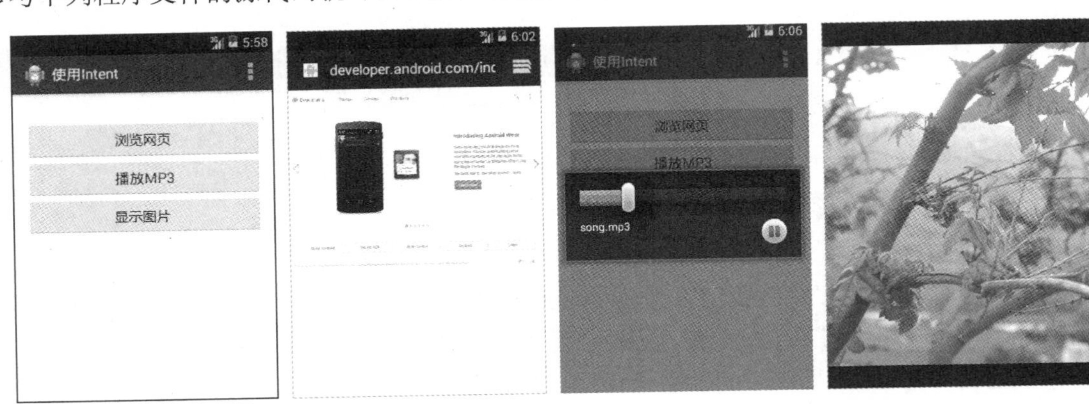

图 39-1　使用 Intent 对象打开网页、播放 MP3 和查看图片的范例

界面布局文件：

```
<LinearLayout xmlns:android="http://schemas.android.com/apk/res/android"
    xmlns:tools="http://schemas.android.com/tools"
    android:id="@+id/LinearLayout1"
    android:layout_width="match_parent"
    android:layout_height="match_parent"
    android:orientation="vertical"
    android:paddingBottom="@dimen/activity_vertical_margin"
    android:paddingLeft="@dimen/activity_horizontal_margin"
    android:paddingRight="@dimen/activity_horizontal_margin"
    android:paddingTop="@dimen/activity_vertical_margin"
    tools:context=".MainActivity" >

    <Button
        android:id="@+id/btnBrowseWWW"
        android:layout_width="match_parent"
        android:layout_height="wrap_content"
        android:text="浏览网页"
        android:layout_marginTop="20dp" />

    <Button
        android:id="@+id/btnPlayMP3"
        android:layout_width="match_parent"
        android:layout_height="wrap_content"
        android:text="播放 MP3" />
```

```
    <Button
        android:id="@+id/btnViewImg"
        android:layout_width="match_parent"
        android:layout_height="wrap_content"
        android:text="显示图片" />

</LinearLayout>
```

程序文件：

```
public class MainActivity extends Activity {

    private Button mBtnBrowseWWW,
                   mBtnPlayMP3,
                   mBtnViewImg;

    @Override
    protected void onCreate(Bundle savedInstanceState) {
        super.onCreate(savedInstanceState);
        setContentView(R.layout.activity_main);

        mBtnBrowseWWW = (Button)findViewById(R.id.btnBrowseWWW);
        mBtnPlayMP3 = (Button)findViewById(R.id.btnPlayMP3);
        mBtnViewImg = (Button)findViewById(R.id.btnViewImg);

        mBtnBrowseWWW.setOnClickListener(btnBrowseWWWOnClick);
        mBtnPlayMP3.setOnClickListener(btnPlayMP3OnClick);
        mBtnViewImg.setOnClickListener(btnViewImgOnClick);
    }

    @Override
    public boolean onCreateOptionsMenu(Menu menu) {
        // Inflate the menu; this adds items to the action bar if it is
      present.
        getMenuInflater().inflate(R.menu.main, menu);
        return true;
    }

    private View.OnClickListener btnBrowseWWWOnClick =
new View.OnClickListener() {
        public void onClick(View v) {
            Uri uri = Uri.parse("http://developer.android.com/");
            Intent it = new Intent(Intent.ACTION_VIEW, uri);
            startActivity(it);
        }
    };

    private View.OnClickListener btnPlayMP3OnClick =
new View.OnClickListener() {
        public void onClick(View v) {
```

```
            Intent it = new Intent(Intent.ACTION_VIEW);
            File file = new File("/sdcard/song.mp3");
            it.setDataAndType(Uri.fromFile(file), "audio/*");
            startActivity(it);
        }
    };

    private View.OnClickListener btnViewImgOnClick =
new View.OnClickListener() {
        public void onClick(View v) {
            Intent it = new Intent(Intent.ACTION_VIEW);
            File file = new File("/sdcard/image.png");
            it.setDataAndType(Uri.fromFile(file), "image/*");
            startActivity(it);
        }
    };

}
```

若要运行这个程序，需要将 MP3 音乐文件和图像文件存储在模拟器的 SD 卡中。若要把文件上传到模拟器的 SD 卡，需要使用 Eclipse 的 DDMS 功能。另外，如果想在 SD 卡中建立或删除文件夹，则需要进入模拟器的 Linux 操作系统。

以下是将文件上传到模拟器的 SD 卡的操作步骤。

步骤 01 首先必须建立一个含有 SD 卡的模拟器，请单击 Eclipse 菜单上的 Window > Android Virtual Device Manager，单击右上方的 New 按钮就会出现如图 39-2 所示的对话框，在 AVD Name 框中输入自定义的模拟器名称，例如 phone_sd_card。在 Device 框中挑选一个适当屏幕大小的模拟器，在 Target 框中选择一个 Android 的版本，然后在下方的 SD Card 框中输入需要的 SD 卡容量，例如 50（注意右边的容量单位请选择 MiB），最后单击 OK 按钮。

步骤 02 启动这个新的模拟器，等到模拟器启动完成之后，单击模拟器画面上的 Apps 按钮，再从 Apps 列表中选择 Settings(可以用鼠标按住模拟器的画面，再左右拖动切换 App 列表)。进入 Settings 画面之后单击 Storage。

步骤 03 模拟器画面会显示 SD 卡的总容量和可用容量，如图 39-3 所示（必须用鼠标按住模拟器屏幕，再往上拖动才能够看到 SD 卡的容量信息）。

步骤 04 回到 Eclipse 程序，找到工具栏最右边有一个叫做 Open Perspective 的按钮（把鼠标光标停在按钮上 3 秒钟，就会显示该按钮的名称），单击 Open Perspective 按钮，选择其中的 DDMS 项目，Eclipse 的操作画面变成如图 39-4 所示。在左边的窗格会显示目前运行中的模拟器名称，请单击含有 SD 卡的模拟器。

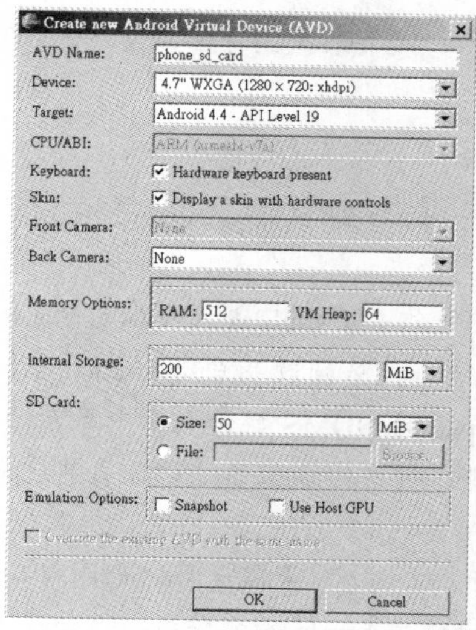

图 39-2　新增含有 SD 卡的模拟器

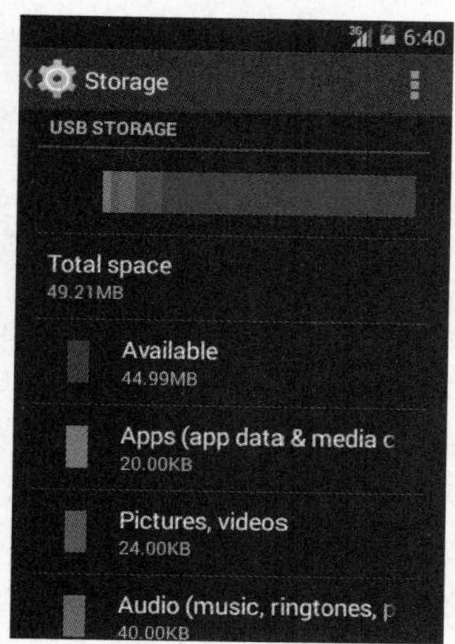

图 39-3　模拟器的 SD 卡容量信息

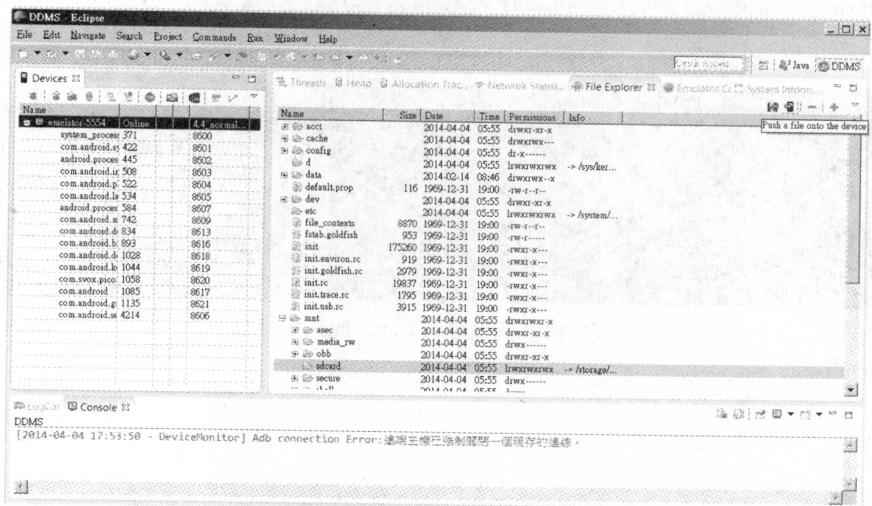

图 39-4　Eclipse 的 DDMS 功能画面

步骤 05　在右边窗格上方的标签组中单击 File Explorer，然后在下方的文件夹列表中找到 mnt 并将它展开，单击其中的 sdcard 文件夹。

步骤 06　在 File Explorer 窗格右上方有一个名称为 Push a file onto the device 的按钮（可以利用鼠标停留在按钮上的方式显示按钮名称），单击它之后会出现文件浏览对话框，选择要上传到模拟器的文件后，单击右下方的“打开”按钮，就会将选择的文件上传到模拟器的 SD 卡。如果目前选择的模拟器没有包含 SD 卡，当文件上传后，在下方的 Console 窗格中会显示错误信息。

步骤 07　完成文件上传之后，再利用 Eclipse 工具栏最右边的 Java 按钮，回到原来的 Eclipse 画面。

请读者依照上述方法，将程序运行时需要的 song.mp3 文件和 image.png 图像文件上传到模拟器的 SD 卡，然后就可以运行本章的范例程序。接下来我们介绍如何进入模拟器的 Linux 核心，进行文件系统的操作：

步骤 01 运行 Windows 的“命令提示符”程序。

步骤 02 将“命令提示符”程序的运行目录，切换到安装 Android SDK 文件夹下的 platform-tools 子文件夹。

步骤 03 如果目前只启动一个模拟器，可以运行命令 adb shell 进入模拟器的 Linux 操作系统核心。如果同时有多个模拟器正在运行，就必须改用命令“adb -s (模拟器名称) shell”，其中“模拟器名称”是在 Eclipse 的 DDMS 操作画面中显示的模拟器名称，或是可以利用命令 adb devices 列出所有运行中的模拟器名称，再将它套用到上述命令。

步骤 04 进入模拟器的 Linux 核心之后，会显示一个“#”号提示符，如图 39-5 所示。接下来运行 cd sdcard 进入 SD 卡磁盘，然后使用 Linux 的操作命令，像是 ls、rm、cd、mkdir、rmdir 等进行文件和文件夹的相关操作，完成后再输入 exit 指令离开 Linux 操作系统。

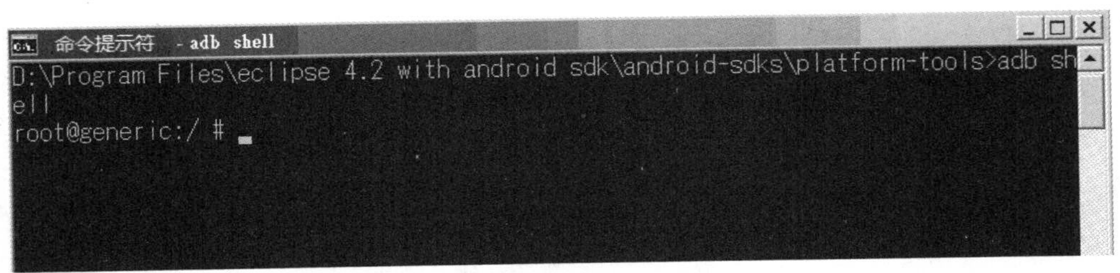

图 39-5 进入模拟器的 Linux 操作系统核心

Android 版本	1.X	2.X	3.X	4.X
适用性	★	★	★	★

第 40 章 Intent Filter让App也能帮助App

Intent 对象是当程序需要帮手的时候，对 Android 系统发出的求助信号。当 Android 系统收到 Intent 对象的时候，会根据其中的描述启动适合的程序来处理。Intent 对象对于要运行的工作有两种描述方式：第一种是直接指名道姓，指定要启动的 Activity，这种方式称为显式的 Intent（Explicit Intent），例如第 38 章的范例程序，当用户单击主程序画面的按钮时，我们在 Intent 对象中指定要启动 GameActivity；第二种方式是在 Intent 对象中记录数据和操作的方法，这种称为隐式的 Intent（Implicit Intent），例如第 39 章的范例程序，我们只把网址、MP3 文件名称以及图像文件名称写入 Intent 对象，并指定操作方法，例如 ACTION_VIEW。Android 系统收到这种 Intent 对象的时候，会自动搜索可以完成这项工作的程序。如果没有找到可以运行的程序，Android 系统就会显示一个错误信息，然后终止原来发出这个 Intent 的程序。如果刚好找到一个可以完成这项工作的程序，Android 系统就会直接启动该程序，如果找到多个程序可以运行这项工作，就会显示一个列表窗口，请用户挑选要启动的程序，如图 40-1 所示。当 Android 系统要帮隐式的 Intent 挑选合适的程序时，必须使用 Intent Filter 机制，有关 Intent Filter 的信息记录在程序项目的 AndroidManifest.xml 文件中。

图 40-1　找到多个可以运行 Intent 对象的程序时出现的列表画面

40-1 设置 AndroidManifest.xml 文件中的 Intent Filter

以下是前一章范例程序的 AndroidManifest.xml 文件：

```
<?xml version="1.0" encoding="utf-8"?>
<manifest xmlns:android="http://schemas.android.com/apk/res/android"
    … >

    <uses-sdk
        … />

    <application
        android:allowBackup="true"
        android:icon="@drawable/ic_launcher"
        android:label="@string/app_name"
        android:theme="@style/AppTheme" >
        <activity
            android:name="com.android.MainActivity"
            android:label="@string/app_name" >
            <intent-filter>
                <action android:name="android.intent.action.MAIN" />
                <category android:name="android.intent.category.LAUNCHER" />
            </intent-filter>
        </activity>
    </application>

</manifest>
```

有关 AndroidManifest.xml 文件的架构，我们已经在第 38 章中已做过介绍，只剩下<intent-filter>标签还没有说明，现在就请读者注意以上程序代码中的粗体字部分。<intent-filter>标签包含在<activity>…</activity>的标签中，用于告诉 Android 系统这个 Activity 的功能。在这个范例中用到<action…/>和<category…/>两个标签，这一组标签的设置值是告诉 Android 系统，这个 Activity 是程序运行的入口，也就是启动程序项目时第一个运行的 Activity。

如果程序项目中新增了其他的 Activity，每一个新的 Activity 都要在程序项目功能描述文件 AndroidManifest.xml 中描述它的相关信息，我们可以为 Activity 加上<intent-filter>标签，然后在其中使用下列 3 种标签来描述它的功能。

1. <action…/>标签

<action…/>标签用于描述这个 Activity 可以运行的操作类型，例如 VIEW、EDIT、DIAL、SEND 等。

2. <data…/>标签

<data…/>标签用于描述这个 Activity 可以处理的数据或是数据类型，比较常见的是指定数据类型。例如我们可以利用属性 android:mimeType 指定要处理图像或是影片数据，例如 image/png、image/jpg、image/*、video/*等（后续会有范例说明），其中“*”表示所有格式都可以接受，或是利用属性 android:scheme 指定数据类型，例如 http、tel、file 等。

3. <category…/>标签

<category…/>标签用于指定这个 Activity 的类型，如果是程序项目启动时要运行的 Activity，必须设置为 LAUNCHER 类型：

```
<category android:name="android.intent.category.LAUNCHER" />
```

如果是其他的 Activity，通常都设置为 DEFAULT 类型：

```
<category android:name="android.intent.category.DEFAULT" />
```

接着我们看一下如下范例：

```
<activity android:name=".MyImageActivity"
        android:label="@string/title_my_image_activity">
    <intent-filter>
        <action android:name="android.intent.action.VIEW" />
        <action android:name="android.intent.action.EDIT" />
        <category android:name="android.intent.category.DEFAULT" />
        <data android:mimeType="image/*" />
    </intent-filter>
    <intent-filter>
        <action android:name="android.intent.action.VIEW" />
        <category android:name="android.intent.category.DEFAULT" />
        <data android:scheme="http" />
    </intent-filter>
</activity>
```

这一段程序代码用于告诉 Android 系统，在程序项目中有一个名为 MyImageActivity 的 Activity。这个 MyImageActivity 内部包含两组<intent-filter>标签，这是告诉 Android 系统，它可以对两种不同数据类型的 Intent 对象提供服务，服务的内容是由<intent-filter>标签内的描述来决定，以第一组<intent-filter>标签为例：

- <intent-filter>标签内的第一行和第二行表示这个 Activity 可以用来查看（VIEW）和编辑（EDIT）指定类型的数据。
- <intent-filter>标签内的第三行表示这个 Activity 属于 DEFAULT 类，也就是可以为一般的 Intent 对象提供服务。
- <intent-filter>标签内的第四行表示这个 Activity 处理的数据类型是图像，而且可以接受所有图像格式。

第二组<intent-filter>标签的内容和以上的说明类似，只是在<data>的描述中换成使用android:scheme 属性指定数据的类型。编辑好 Activity 的 Intent Filter 数据之后，接下来的问题是当程序发送一个 Intent 对象的时候，Android 系统如何找出可以处理这个 Intent 对象的程序。

40-2 Android 系统对比 Intent 和 Intent Filter 的规则

当 Android 系统收到 Intent 对象之后，它会把全部设置有<intent-filter>标签的 Activity 依照下列规则进行对比。

1. 对比 action 项目

Activity 在<intent-filter>标签中设置的 action 项目，必须含有 Intent 对象中指定的 action 项目。

2. 对比 category 项目

Activity 在<intent-filter>标签中设置的 category，必须和 Intent 对象指定的 category 相同。如果 Intent 对象中没有指定 category，则视为 DEFAULT。

3. 对比 data 项目

data 项目的对比方式比较复杂。Android 系统会从 Intent 所附带的数据中，尝试抽取出 type、scheme、authority 和 path 共 4 个部分（有些部分可能是空的），然后和 Activity 的<intent-filter>标签中的<data>设置进行对比，看看两者是否相符。

符合以上 3 项条件的 Activity 都会被挑选出来，列入接受此 Intent 对象的列表，然后如同我们在前面的说明，Android 系统会根据列表中的 Activity 数目采取适当的处理方式。

40-3 Activity 收到 Intent 对象的后续处理

当 Android 系统决定接收 Intent 对象的 Activity 之后，该 Activity 就会被启动，然后运行它的 onCreate()方法。我们在 onCreate()方法中完成以下工作。

步骤 01 调用 getIntent()方法，取得 Android 系统传入的 Intent 对象。

```
Intent it = getIntent();
```

步骤 02　调用 Intent 对象的方法，取得 data、action、scheme、category 等数据，并根据数据类型和指定的操作方式处理数据。

```
String sAct = it.getAction();
String sScheme = it.getScheme();
if (sScheme.equals("http")) {
   // 运行打开网页的程序代码
   …
} else if (sScheme.equals("file")) {
    if (sAct.equals("android.intent.action.VIEW")) {
        // 运行查看文件的程序代码
        …
    } else if (sAct.equals("android.intent.action.EDIT")) {
        // 运行编辑文件的程序代码
        …
    }
}
```

以上就是 Activity、Intent 和 Intent Filter 三者之间的运行机制和用法，解释的过程好像有点复杂，但其实操作起来并不困难。

40-4 范例程序

我们使用一个程序项目来示范实现的过程，这个范例是把前一章的程序项目略作修改。原来的程序是示范如何使用 Intent 对象启动网页浏览器、MP3 播放器和图像查看程序，本章要在项目中新增一个具有 Intent Filter 功能的 Activity，它可以接收浏览网页、查看和编辑图像等工作的 Intent 对象，请读者依照下列步骤进行操作。

步骤 01　利用 Eclipse 的项目查看窗格复制前一章的 App 项目，或是使用 Windows 文件管理器复制前一章的 App 项目文件夹，复制之后可以更改复制文件夹的名称，然后利用 Eclipse 主菜单中的 File > Import 加载复制的 App 项目。

步骤 02　在 App 项目中新增一个继承 Activity 的新类，我们可以将它取名为 MyImageActivity（新增类的步骤可以参考第 38 章的说明）。另外，我们还要为这个 MyImageActivity 类建立一个界面布局文件 activity_my_image.xml（如果读者还不熟悉操作方式，同样可以参考第 38 章的说明），它的界面很简单，只有一个 TextView 组件：

```
<?xml version="1.0" encoding="utf-8"?>
<LinearLayout xmlns:android="http://schemas.android.com/apk/res/android"
   android:orientation="vertical"
   android:layout_width="match_parent"
   android:layout_height="match_parent"
   android:gravity="center_horizontal" >
```

```
    <TextView
        android:id="@+id/txtResult"
        android:layout_width="match_parent"
        android:layout_height="wrap_content" />

</LinearLayout>
```

步骤03 这个新增的 MyImageActivity 类，将被设置为针对 image 类型的数据，提供 VIEW 和 EDIT，以及对网址数据运行 VIEW。只是为了简化程序代码，在程序文件中，我们不会真的实现这些功能，只会将收到的数据和指定的操作显示在屏幕上，以下是 MyImageActivity 类的完整程序代码。我们把取得 Intent 对象和附带数据的程序代码，以及运行数据处理的程序代码全部写在 showResult()方法中，然后在 onCreate()方法内调用 showResult()方法。

```
public class MyImageActivity extends Activity {

    private TextView mTxtResult;

    /** Called when the activity is first created. */
    @Override
    public void onCreate(Bundle savedInstanceState) {
        super.onCreate(savedInstanceState);
        setContentView(R.layout.activity_my_image);

        mTxtResult = (TextView)findViewById(R.id.txtResult);
        showResult();
    }

    private void showResult() {
        Intent it = getIntent();
        String sAct = it.getAction();
        String sScheme = it.getScheme();
        if (sScheme.equals("http")) {
            String s = "接收到的 Intent 对象要求\"打开网页\"" +
        it.getData().toString();
            mTxtResult.setText(s);
        } else if (sScheme.equals("tel")) {
            String s = "接收到的 Intent 对象要求\"拨打电话\"" +
        it.getData().toString();
            mTxtResult.setText(s);
        } else if (sScheme.equals("file")) {
            if (sAct.equals("android.intent.action.VIEW")) {
                String s = "接收到的 Intent 对象要求\"查看\"" +
        it.getData().toString();
                mTxtResult.setText(s);
            } else if (sAct.equals("android.intent.action.EDIT")) {
                String s = "接收到的 Intent 对象要求\"编辑\"" +
        it.getData().toString();
                mTxtResult.setText(s);
```

```
            }
        }
    }
}
```

步骤04 在程序项目的功能描述文件 AndroidManifest.xml 中，加入 MyImageActivity 的描述，包括它的 Intent Filter。请读者留意粗体字的部分，其中用到了定义在字符串资源文件中的名为 title_my_image_activity 的字符串，因此读者必须在字符串资源文件 res/values/strings.xml 中新增该字符串的定义。

```
<?xml version="1.0" encoding="utf-8"?>
<manifest xmlns:android="http://schemas.android.com/apk/res/android"
    ... >

    <uses-sdk
        ... />

    <application
        ... >
        <activity
            android:name="com.android.MainActivity"
            android:label="@string/app_name" >
            <intent-filter>
                <action android:name="android.intent.action.MAIN" />

                <category android:name="android.intent.category.LAUNCHER" />
            </intent-filter>
        </activity>
        <activity android:name=".MyImageActivity"
                android:label="@string/title_my_image_activity">
            <intent-filter>
                <action android:name="android.intent.action.VIEW" />
                <action android:name="android.intent.action.EDIT" />
                <category android:name="android.intent.category.DEFAULT" />
                <data android:mimeType="image/*" />
            </intent-filter>
            <intent-filter>
                <action android:name="android.intent.action.VIEW" />
                <category android:name="android.intent.category.DEFAULT" />
                <data android:scheme="http" />
            </intent-filter>
        </activity>
    </application>

</manifest>
```

步骤05 对主程序的界面布局文件和程序文件修改如下，我们将原来播放 MP3 的按钮换成编辑图片的按钮，以便示范不同操作的处理方法。程序的运行画面如图 40-2 所示，图 40-3 是程序项目中的 MyImageActivity，收到主程序发送的 Intent 之后显示的信息（单击主程序的按钮后，必须选择启动我们自己的程序）。

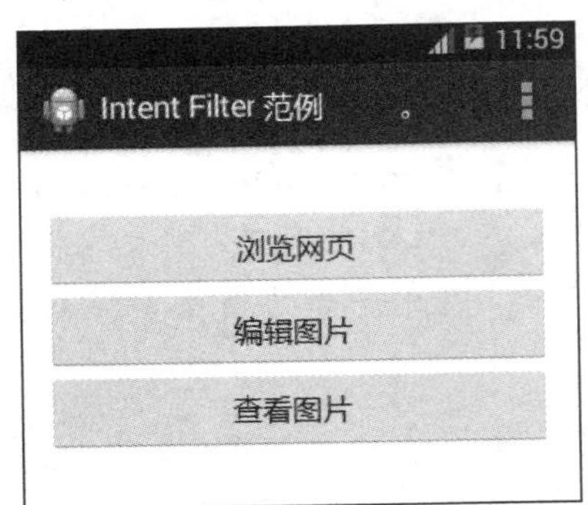

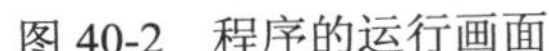

图 40-2　程序的运行画面

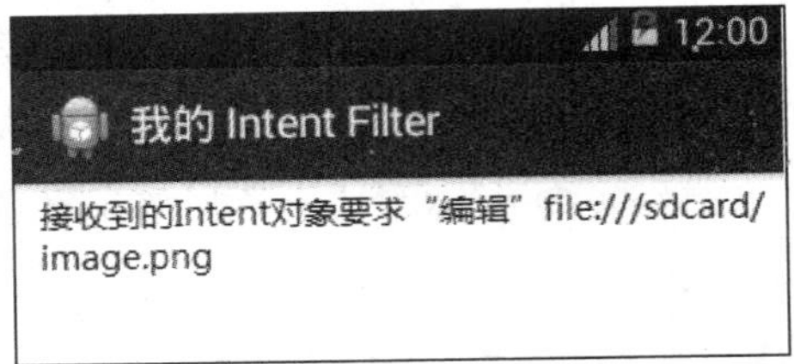

图 40-3　单击程序画面的"编辑图片"按钮后的运行结果

界面布局文件：

```
<LinearLayout xmlns:android="http://schemas.android.com/apk/res/android"
    xmlns:tools="http://schemas.android.com/tools"
    android:id="@+id/LinearLayout1"
    android:layout_width="match_parent"
    android:layout_height="match_parent"
    android:orientation="vertical"
    android:paddingBottom="@dimen/activity_vertical_margin"
    android:paddingLeft="@dimen/activity_horizontal_margin"
    android:paddingRight="@dimen/activity_horizontal_margin"
    android:paddingTop="@dimen/activity_vertical_margin"
    tools:context=".MainActivity" >

    <Button
        android:id="@+id/btnBrowseWWW"
        android:layout_width="match_parent"
        android:layout_height="wrap_content"
        android:text="浏览网页"
        android:layout_marginTop="20dp"
        android:paddingLeft="50dp"
        android:paddingRight="50dp" />

    <Button
        android:id="@+id/btnEditImg"
        android:layout_width="match_parent"
        android:layout_height="wrap_content"
        android:text="编辑图片"
        android:paddingLeft="50dp"
        android:paddingRight="50dp" />

    <Button
        android:id="@+id/btnViewImg"
        android:layout_width="match_parent"
        android:layout_height="wrap_content"
        android:text="查看图片"
```

```
        android:paddingLeft="50dp"
        android:paddingRight="50dp" />

</LinearLayout>
```

程序文件：

```
public class MainActivity extends Activity {

    private Button mBtnBrowseWWW,
                   mBtnEditImg,
                   mBtnViewImg;

    @Override
    protected void onCreate(Bundle savedInstanceState) {
        super.onCreate(savedInstanceState);
        setContentView(R.layout.activity_main);

        mBtnBrowseWWW = (Button)findViewById(R.id.btnBrowseWWW);
        mBtnEditImg = (Button)findViewById(R.id.btnEditImg);
        mBtnViewImg = (Button)findViewById(R.id.btnViewImg);

        mBtnBrowseWWW.setOnClickListener(btnBrowseWWWOnClick);
        mBtnEditImg.setOnClickListener(btnEditImgOnClick);
        mBtnViewImg.setOnClickListener(btnViewImgOnClick);
    }

    @Override
    public boolean onCreateOptionsMenu(Menu menu) {
        // Inflate the menu; this adds items to the action bar if it is
      present.
        getMenuInflater().inflate(R.menu.main, menu);
        return true;
    }

    private View.OnClickListener btnBrowseWWWOnClick =
new View.OnClickListener() {
        public void onClick(View v) {
            Uri uri = Uri.parse("http://developer.android.com/");
            Intent it = new Intent(Intent.ACTION_VIEW, uri);
            startActivity(it);
        }
    };

    private View.OnClickListener btnEditImgOnClick =
new View.OnClickListener() {
        public void onClick(View v) {
            Intent it = new Intent(Intent.ACTION_EDIT);
            File file = new File("/sdcard/image.png");
            it.setDataAndType(Uri.fromFile(file), "image/*");
            startActivity(it);
```

```
        }
    };

    private View.OnClickListener btnViewImgOnClick =
new View.OnClickListener() {
        public void onClick(View v) {
            Intent it = new Intent(Intent.ACTION_VIEW);
            File file = new File("/sdcard/image.png");
            it.setDataAndType(Uri.fromFile(file), "image/*");
            startActivity(it);
        }
    };

}
```

Android 版本	1.X	2.X	3.X	4.X
适用性	★	★	★	★

第 41 章 让Intent对象附带数据

Intent 对象可以用来启动程序项目中的另一个 Activity，或是调用其他 App 来帮忙完成特定的工作。有时调用的程序可能需要将一些数据传给对方，这时可以把这些数据先存储在一个 Bundle 对象中，再把这个 Bundle 对象放到 Intent 对象中。于是 Bundle 对象中的数据就会随着 Intent 对象传给对方。对方收到 Intent 对象之后，先取出其中的 Bundle 对象，再拿出其中的数据，整个过程可以分成以下两个部分进行说明。

41-1 发送数据的 Activity 需要完成的工作

若要利用 Intent 发送数据必须完成下列步骤。

步骤 01 建立一个 Intent 对象，然后调用 setClass()方法设置拥有者和要启动的 Activity，通常 Intent 对象的拥有者就是建立它的 Activity。

```
Intent it = new Intent();
it.setClass(送出 Intent 的 Activity.this, 要启动的 Activity.class);
```

步骤 02 建立一个 Bundle 对象，然后调用 Bundle 对象的 putXXX()方法，把数据和数据名称放到 Bundle 对象中，每一种数据类型都有对应的 put 方法可以使用，如表 41-1 所示。我们必须为每一项加入 Bundle 对象的数据取一个名称，对方程序再利用这个名称从 Bundle 对象中取出数据。一个 Bundle 对象可以加入多条数据，请读者参考下列程序代码。

```
int iVal = 33;
double dVal = 200.5;
```

```
Bundle bundle = new Bundle();
bundle.putInt("DATA_INT", iVal);
bundle.putDouble("DATA_DOUBLE", dVal);
```

表 41-1 Bundle 对象的 put 方法

方法名称	说明
putBoolean(String key, boolean value)	将 boolean 类型的数据放到 Bundle 对象中，第一个自变量是我们帮这个数据所取的名称
putBooleanArray(String key, boolean[] value)	将 boolean 类型的数据数组放到 Bundle 对象中，第一个自变量是我们帮这个数据所取的名称
putByte(String key, byte value)	将 byte 类型的数据放到 Bundle 对象中，第一个自变量是我们帮这个数据所取的名称
putByteArray(String key, byte[] value)	将 byte 类型的数据数组放到 Bundle 对象中，第一个自变量是我们帮这个数据所取的名称
putChar(String key, char value)	将 char 类型的数据放到 Bundle 对象中，第一个自变量是我们帮这个数据所取的名称
putCharArray(String key, char[] value)	将 char 类型的数据数组放到 Bundle 对象中，第一个自变量是我们帮这个数据所取的名称
putDouble(String key, double value)	将 double 类型的数据放到 Bundle 对象中，第一个自变量是我们帮这个数据所取的名称
putDoubleArray(String key, double[] value)	将 double 类型的数据数组放到 Bundle 对象中，第一个自变量是我们帮这个数据所取的名称
putFloat(String key, float value)	将 float 类型的数据放到 Bundle 对象中，第一个自变量是我们帮这个数据所取的名称
putFloatArray(String key, float[] value)	将 float 类型的数据数组放到 Bundle 对象中，第一个自变量是我们帮这个数据所取的名称
putInt(String key, int value)	将 int 类型的数据放到 Bundle 对象中，第一个自变量是我们帮这个数据所取的名称
putIntArray(String key, int[] value)	将 int 类型的数据数组放到 Bundle 对象中，第一个自变量是我们帮这个数据所取的名称
putLong(String key, long value)	将 long 类型的数据放到 Bundle 对象中，第一个自变量是我们帮这个数据所取的名称
putLongArray(String key, long[] value)	将 long 类型的数据数组放到 Bundle 对象中，第一个自变量是我们帮这个数据所取的名称
putShort(String key, short value)	将 short 类型的数据放到 Bundle 对象中，第一个自变量是我们帮这个数据所取的名称
putShortArray(String key, short[] value)	将 short 类型的数据数组放到 Bundle 对象中，第一个自变量是我们帮这个数据所取的名称
putString(String key, String value)	将 String 类型的数据放到 Bundle 对象中，第一个自变量是我们帮这个数据所取的名称
putStringArray(String key, String[] value)	将 String 类型的数据数组放到 Bundle 对象中，第一个自变量是我们帮这个数据所取的名称

步骤 03 利用 Intent 对象的 putExtras()方法，把 Bundle 对象放到 Intent 对象中。

```
it.putExtras(bundle);
```

步骤 2 和步骤 3 也可以用另一种方式完成，就是不使用 Bundle 对象，直接利用 Intent 对象的 putExtra()方法，把数据逐一存入 Intent 对象，请参考以下范例：

```
int iVal = 33;
double dVal = 200.5;

it.putExtra("DATA_INT", iVal);
it.putExtra("DATA_DOUBLE", dVal);
```

步骤 04　调用 startActivity()方法发送 Intent 对象。

以上就是利用 Intent 对象发送数据的方法，接下来介绍如何从 Intent 对象中取出数据。

41-2 从 Intent 对象中取出数据

Intent 对象被送出之后，Android 系统会根据 Intent 对象中的描述启动适当的 Activity。被启动的 Activity 的 onCreate()方法会先被运行，我们就在 onCreate()方法中利用下列步骤取出附带在 Intent 对象中的数据。

步骤 01　调用 getIntent()方法取得发送过来的 Intent 对象。

```
protected void onCreate(Bundle savedInstanceState) {
    Intent it = getIntent();
    ...
}
```

步骤 02　从 Intent 对象中取出 Bundle 对象。

```
Bundle bundle = it.getExtras();
```

步骤 03　根据数据名称取出 Bundle 对象中的数据：

```
int iData = bundle.getInt("DATA_INT");
double dData = bundle.getDouble("DATA_DOUBLE");
```

步骤 2 和步骤 3 也可以用另一种方式来完成，就是不使用 Bundle 对象，直接利用 Intent 对象的 getXXXExtra()方法把数据逐一取出，其中的 XXX 表示数据类型，例如 Int、Double、Long……使用 getXXXExtra()方法时，第二个参数必须设置为一个内置值，如果指定的数据名称不存在，就会使用该内置值，请参考以下范例：

```
int iData = it.getIntExtra("DATA_INT", 0);
double dData = it.getDoubleExtra ("DATA_DOUBLE", 0);
```

41-3 范例程序

在本章的范例程序中将再次完善前面的“电脑猜拳游戏”程序项目，我们希望加上游戏局数的统计数据，看看用户总共玩了几局、赢了几局、输了几局，还有几局是平手，局数统计的数据将交给另一个 Activity 显示。我们在原来的游戏程序中，新增一个“显示局数统计数据”的按钮。单击该按钮时，游戏主程序会将局数统计数据，借助 Intent 对象发送给负责显示的 Activity。用户看完局数统计数据之后，再单击“回到游戏”按钮重新回到游戏程序。游戏画面如图 41-1 所示，以下我们依序说明需要完成的工作。

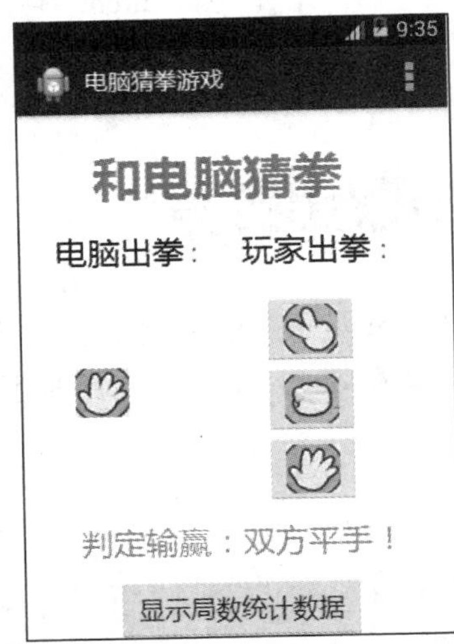

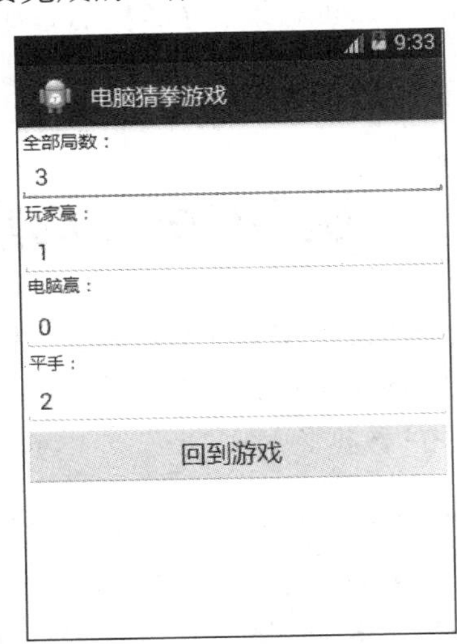

图 41-1　“电脑猜拳游戏”利用 Intent 对象传递局数统计数据

步骤 01　利用 Eclipse 的项目查看窗格复制第 20 章的 App 项目，或是使用 Windows 文件管理器复制该章的 App 项目文件夹，复制之后可以更改复制文件夹的名称，然后利用 Eclipse 主菜单中的 File > Import 加载复制的 App 项目。

步骤 02　在原来的界面布局文件中，新增一个“显示局数统计数据”的按钮，例如以下粗体字的部分：

```
<?xml version="1.0" encoding="utf-8"?>
<RelativeLayout
    … >
    …
    <Button android:id="@+id/btnShowResult"
        android:layout_width="wrap_content"
        android:layout_height="wrap_content"
        android:text="显示局数统计数据"
        android:layout_below="@id/txtResult"
        android:textSize="20sp"
        android:layout_marginTop="20dp"
        android:layout_centerHorizontal="true"  />
```

```
</RelativeLayout>
```

步骤 03　在原来的游戏程序中新增局数统计的相关变量和程序代码，请读者参考第 26 章中的说明。

步骤 04　建立“显示局数统计数据”按钮的 onClickListener 对象，并完成内部的程序代码，然后把它设置给“显示局数统计数据”按钮，请参考以下粗体字的程序代码：

```
public class MainActivity extends Activity {

    // 新增统计游戏局数和输赢的变量
    private int miCountSet = 0,
                miCountPlayerWin = 0,
                miCountComWin = 0,
                miCountDraw = 0;

    private Button mBtnShowResult;

    …

    /** Called when the activity is first created. */
    @Override
    public void onCreate(Bundle savedInstanceState) {
        super.onCreate(savedInstanceState);
        setContentView(R.layout.main);

        …

        mBtnShowResult = (Button)findViewById(R.id.btnShowResult);
        mBtnShowResult.setOnClickListener(btnShowResultOnClick);
    }

    …

    private View.OnClickListener btnShowResultOnClick =
new View.OnClickListener() {
        public void onClick(View v) {
            Intent it = new Intent();
            it.setClass(MainActivity.this, GameResult.class);

            Bundle bundle = new Bundle();
            bundle.putInt("KEY_COUNT_SET", miCountSet);
            bundle.putInt("KEY_COUNT_PLAYER_WIN", miCountPlayerWin);
            bundle.putInt("KEY_COUNT_COM_WIN", miCountComWin);
            bundle.putInt("KEY_COUNT_DRAW", miCountDraw);
            it.putExtras(bundle);

            startActivity(it);
        }
    };
}
```

步骤 05 在项目中新增一个显示局数统计数据用的界面布局文件，在 Eclipse 左边的项目查看窗格中，用鼠标右键单击程序项目的 res 文件夹，然后从弹出的快捷菜单中选择 New > Android XML File。在出现的对话框中将 Resource Type 框设置为 Layout，在 File 框中输入界面布局文件的名称，例如 activity_game_result，然后在下方的项目列表中单击 LinearLayout，最后单击 Finish 按钮，将新的界面布局文件编辑如下：

```
<?xml version="1.0" encoding="utf-8"?>
<LinearLayout xmlns:android="http://schemas.android.com/apk/res/android"
    android:layout_width="match_parent"
    android:layout_height="match_parent"
    android:orientation="vertical" >

    <TextView
        android:layout_width="match_parent"
        android:layout_height="wrap_content"
        android:text="全部局数：" />

    <EditText
        android:id="@+id/edtCountSet"
        android:layout_width="match_parent"
        android:layout_height="wrap_content"
        android:editable="false" />

    <TextView
        android:layout_width="match_parent"
        android:layout_height="wrap_content"
        android:text="玩家赢：" />

    <EditText
        android:id="@+id/edtCountPlayerWin"
        android:layout_width="match_parent"
        android:layout_height="wrap_content"
        android:editable="false" />

    <TextView
        android:layout_width="match_parent"
        android:layout_height="wrap_content"
        android:text="电脑赢：" />

    <EditText
        android:id="@+id/edtCountComWin"
        android:layout_width="match_parent"
        android:layout_height="wrap_content"
        android:editable="false" />

    <TextView
        android:layout_width="match_parent"
        android:layout_height="wrap_content"
        android:text="平手：" />
```

```
    <EditText
        android:id="@+id/edtCountDraw"
        android:layout_width="match_parent"
        android:layout_height="wrap_content"
        android:editable="false" />

    <Button
        android:id="@+id/btnBackToGame"
        android:layout_width="match_parent"
        android:layout_height="wrap_content"
        android:text="回到游戏" />

</LinearLayout>
```

步骤 06 新增一个用来显示局数统计数据的 Activity，我们将它取名为 GameResultActivity，以下为它的程序代码，其中的 showResult()方法就是负责从 Intent 对象中取出数据并显示出来。当用户单击“回到游戏”按钮时，会调用 Activity 对象的 finish()方法结束这个 Activity。

```
public class GameResultActivity extends Activity {

    private EditText mEdtCountSet,
                     mEdtCountPlayerWin,
                     mEdtCountComWin,
                     mEdtCountDraw;
    private Button mBtnBackToGame;

    @Override
    protected void onCreate(Bundle savedInstanceState) {
        // TODO Auto-generated method stub
        super.onCreate(savedInstanceState);
        setContentView(R.layout.activity_game_result);

        mEdtCountSet = (EditText)findViewById(R.id.edtCountSet);
        mEdtCountPlayerWin = (EditText)findViewById
    (R.id.edtCountPlayerWin);
        mEdtCountComWin = (EditText)findViewById(R.id.edtCountComWin);
        mEdtCountDraw = (EditText)findViewById(R.id.edtCountDraw);
        mBtnBackToGame = (Button)findViewById(R.id.btnBackToGame);

        mBtnBackToGame.setOnClickListener(btnBackToGameOnClick);

        showResult();
    }

    private View.OnClickListener btnBackToGameOnClick =
new View.OnClickListener() {
        public void onClick(View v) {
            finish();
```

```
        }
    };

    private void showResult() {
        // 从 Bundle 对象中取出数据
        Bundle bundle = getIntent().getExtras();

        int iCountSet = bundle.getInt("KEY_COUNT_SET");
        int iCountPlayerWin = bundle.getInt("KEY_COUNT_PLAYER_WIN");
        int iCountComWin = bundle.getInt("KEY_COUNT_COM_WIN");
        int iCountDraw = bundle.getInt("KEY_COUNT_DRAW");

        mEdtCountSet.setText(Integer.toString(iCountSet));
        mEdtCountPlayerWin.setText(Integer.toString(iCountPlayerWin));
        mEdtCountComWin.setText(Integer.toString(iCountComWin));
        mEdtCountDraw.setText(Integer.toString(iCountDraw));
    }
}
```

步骤 07 在项目的 AndroidManifest.xml 文件中新增此 GameResultActivity 的信息如下：

```
<?xml version="1.0" encoding="utf-8"?>
<manifest xmlns:android="http://schemas.android.com/apk/res/android"
    …>
    <application …>
        <activity …
            …
        </activity>
        <activity android:name=".GameResultActivity"/>
    </application>
</manifest>
```

以上操作步骤乍看之下有些复杂，其实并不难，而且有许多步骤都是利用前面已经学过的技巧，只是现在我们把它们结合起来一起使用。相信只要多加练习，就可以逐渐熟悉，进而熟能生巧。在动手操作的过程中甚至可以尝试做些修改，相信一定受益良多。

Android 版本	1.X	2.X	3.X	4.X
适用性	★	★	★	★

第 42 章 要求被调用的Activity返回数据

前一章我们利用 Intent 对象让原来的 Activity 夹带数据，传给被调用的 Activity。本章我们将学习相反的情况，即让被调用的 Activity 返回数据给原来的 Activity。这种情况仍然是使用 Intent 对象，只是运行的机制有些不同。让 Activity 发送数据给被调用的 Activity 比较简单，只要把数据放入 Intent 对象，再调用 startActivity()方法，就可以将数据传给对方。但是要让被调用的 Activity 返回数据，并不能使用 startActivity()，因为当调用 startActivity()时会造成目前的 Activity 处于等待的状态，但是被调用的 Activity 应该在运行完毕后就马上结束，而不是处于等待的状态，因此返回数据的机制必然有所不同。

首先是原来的 Activity 必须改用 startActivityForResult()方法替代原来的 startActivity()。startActivityForResult()同样是利用一个 Intent 对象来传递数据，可是它还多了一个请求代码，这个请求代码是用来确认返回数据的来源。此外在原来的 Activity 中必须新增一个 onActivityResult()方法，这个方法是当被调用的 Activity 结束时，Android 系统会将它返回的 Intent 对象和结果代码，以及前面提到的请求代码一起传给 onActivityResult()方法。被调用的 Activity 必须将运行结果放入一个 Intent 对象，然后调用 setResult()方法返回这个 Intent 对象，另外还必须返回一个结果代码。

依照惯例，我们使用一个 App 项目来示范实现过程。这个程序项目是以第 38 章的范例为基础，原来的程序是在画面上显示一个“运行电脑猜拳游戏”的按钮，用户单击按钮之后，就会启动猜拳游戏程序的 Activity。在本章中，我们将把“电脑猜拳游戏”程序改成具有局数统计的功能（和前一章的程序相同），并且加上“完成游戏”和“取消”两个按钮。当用户进行猜拳游戏之后，可以单击“完成游戏”按钮回到主程序画面，同时返回局数统计数据，主程序收到返回的数据后会将它们显示出来。

为了方便完成这个程序，读者可以先复制第 38 章的 App 项目，再依照下列步骤进行修改。

步骤 01 在主程序 Activity 的界面布局文件中，新增一个 TextView 界面组件用来显示游戏局数统计数据，例如以下粗体字的部分：

```
<LinearLayout xmlns:android="http://schemas.android.com/apk/res/android"
    xmlns:tools="http://schemas.android.com/tools"
    android:id="@+id/LinearLayout1"
    android:layout_width="match_parent"
    android:layout_height="match_parent"
    android:orientation="vertical"
    android:paddingBottom="@dimen/activity_vertical_margin"
    android:paddingLeft="@dimen/activity_horizontal_margin"
    android:paddingRight="@dimen/activity_horizontal_margin"
    android:paddingTop="@dimen/activity_vertical_margin"
    tools:context=".MainActivity" >

    <Button
        android:id="@+id/btnLaunchGame"
        android:layout_width="match_parent"
        android:layout_height="wrap_content"
        android:text="运行“电脑猜拳游戏”程序" />

    <TextView
        android:id="@+id/txtResult"
        android:layout_width="wrap_content"
        android:layout_height="wrap_content" />

</LinearLayout>
```

步骤 02 打开主程序 Activity 的程序文件，在里面新建一个 onActivityResult()状态转换方法，在该方法中依次检查返回的请求代码和结果代码（我们将请求代码定义为私有常数 LAUNCH_GAME）。如果返回的请求代码和原来发送的请求代码不同，表示数据的来源有问题，因此程序会放弃运行，否则继续检查结果代码。如果游戏 Activity 返回的结果代码是 RESULT_OK，则从 data 自变量中（data 自变量就是游戏 Activity 返回的 Intent 对象）取出数据，然后将它们显示出来。如果游戏 Activity 返回的结果代码是 RESULT_CANCELED，表示用户是单击“取消”按钮，因此显示“用户取消游戏”的信息。另外，记得使用 startActivityForResult() 方法替代原来的 startActivity()，以下是实现的程序代码，请留意粗体字的部分：

```
public class MainActivity extends Activity {

    final private int LAUNCH_GAME = 0;
    private TextView mTxtResult;
    private Button mBtnLaunchGame;

    @Override
    protected void onCreate(Bundle savedInstanceState) {
        super.onCreate(savedInstanceState);
        setContentView(R.layout.activity_main);

        mBtnLaunchGame = (Button) findViewById(R.id.btnLaunchGame);
        mBtnLaunchGame.setOnClickListener(btnLaunchGameOnClick);
```

```
        mTxtResult = (TextView)findViewById(R.id.txtResult);
    }

    @Override
    public boolean onCreateOptionsMenu(Menu menu) {
        // Inflate the menu; this adds items to the action bar if it is
      present.
        getMenuInflater().inflate(R.menu.main, menu);
        return true;
    }

    private View.OnClickListener btnLaunchGameOnClick =
new View.OnClickListener() {

        @Override
        public void onClick(View v) {
            // TODO Auto-generated method stub
            Intent it = new Intent();
            it.setClass(MainActivity.this, GameActivity.class);
            startActivityForResult(it, LAUNCH_GAME);
        }
    };

    @Override
    protected void onActivityResult(int requestCode, int resultCode,
Intent data) {
        // TODO Auto-generated method stub
        if (requestCode != LAUNCH_GAME)
            return;

        switch (resultCode) {
        case RESULT_OK:
            Bundle bundle = data.getExtras();

            int iCountSet = bundle.getInt("KEY_COUNT_SET");
            int iCountPlayerWin = bundle.getInt("KEY_COUNT_PLAYER_WIN");
            int iCountComWin = bundle.getInt("KEY_COUNT_COM_WIN");
            int iCountDraw = bundle.getInt("KEY_COUNT_DRAW");

            String s = "游戏结果：你总共玩了" + iCountSet +
                    "局，赢了" + iCountPlayerWin +
                    "局，输了" + iCountComWin +
                    "局，平手" + iCountDraw + "局";
            mTxtResult.setText(s);

            break;
        case RESULT_CANCELED:
            mTxtResult.setText("你选择取消游戏。");
        }
    }

}
```

步骤 03 在“电脑猜拳游戏”的 Activity（也就是 GameActivity）的界面布局文件中加入两个

按钮，一个是“完成游戏”按钮，另一个则是“取消”按钮，请参考以下程序代码：

```
<?xml version="1.0" encoding="utf-8"?>
<RelativeLayout xmlns:android="http://schemas.android.com/apk/res/android"
    ... >

    ...(原来的程序代码)

    <Button
        android:id="@+id/btnOK"
        android:layout_width="wrap_content"
        android:layout_height="wrap_content"
        android:text="完成游戏"
        android:layout_below="@id/txtResult"
        android:textSize="20sp"
        android:layout_marginTop="10dp"
        android:layout_alignLeft="@+id/txtResult" />

    <Button
        android:id="@+id/btnCancel"
        android:layout_width="wrap_content"
        android:layout_height="wrap_content"
        android:text="取消"
        android:layout_toRightOf="@+id/btnOK"
        android:layout_alignTop="@id/btnOK"
        android:textSize="20sp"
        android:layout_marginLeft="50dp" />

</RelativeLayout>
```

步骤04 在 GameActivity.java 程序文件中，新增局数统计的相关变量和程序代码，读者可以参考前一章的范例程序。

步骤05 继续在 GameActivity.java 程序文件中加入“完成游戏”按钮和“取消”按钮的相关程序代码，例如以下粗体字的部分。“完成游戏”按钮的 OnClickListener 对象名称是 btnOKOnClick，它的功能是建立一个 Intent 对象和一个 Bundle 对象，然后把局数统计相关变量的值放入 Bundle 对象，再把这个 Bundle 对象传给 Intent 对象。最后调用 setResult()方法，将该 Intent 对象返回给原来的 Activity，同时发送一个结果代码 RESULT_OK 表示运行结果正常，最后调用 finish()方法结束。如果用户单击“取消”按钮，则返回 RESULT_CANCELED，然后同样调用 finish()方法来结束程序。

```
public class GameActivity extends Activity {

    private Button mBtnOK, mBtnCancel;

    ...(原来的程序代码)

    @Override
    protected void onCreate(Bundle savedInstanceState) {
        ...(原来的程序代码)

        mBtnOK = (Button)findViewById(R.id.btnOK);
```

```
        mBtnCancel = (Button)findViewById(R.id.btnCancel);
        mBtnOK.setOnClickListener(btnOKOnClick);
        mBtnCancel.setOnClickListener(btnCancelOnClick);
    }

    ...（原来的程序代码）

    private View.OnClickListener btnOKOnClick =
new View.OnClickListener() {
        public void onClick(View v) {
            Intent it = new Intent();

            Bundle bundle = new Bundle();
            bundle.putInt("KEY_COUNT_SET", miCountSet);
            bundle.putInt("KEY_COUNT_PLAYER_WIN", miCountPlayerWin);
            bundle.putInt("KEY_COUNT_COM_WIN", miCountComWin);
            bundle.putInt("KEY_COUNT_DRAW", miCountDraw);
            it.putExtras(bundle);

            setResult(RESULT_OK, it);
            finish();
        }
    };

    private View.OnClickListener btnCancelOnClick =
new View.OnClickListener() {
        public void onClick(View v) {
            setResult(RESULT_CANCELED);
            finish();
        }
    };

}
```

完成以上步骤之后启动程序，就可以看到如图 42-1 所示的运行画面。

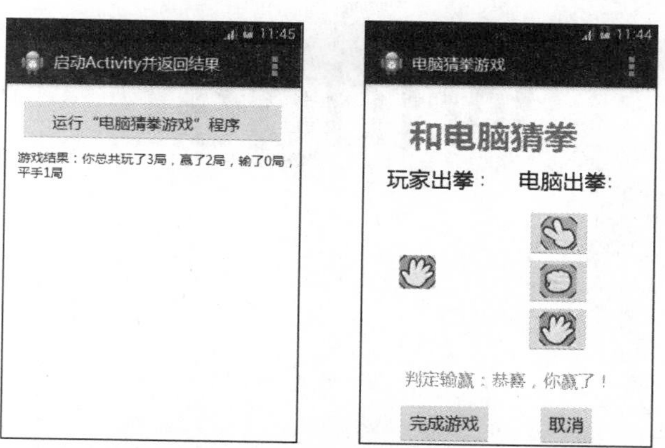

图 42-1　“电脑猜拳游戏”使用 Intent 对象返回局数统计数据

第8部分

Broadcast Receiver、Service和App Widget

Android 版本	1.X	2.X	3.X	4.X
适用性	★	★	★	★

第 43 章 Broadcast Intent和Broadcast Receiver

当 Android 系统发生某种情况必须通知所有 App 时，例如电池电量不足、收到来电等，就会利用 Broadcast Intent 对象的功能进行信息广播。Broadcast Intent 的运行机制包含两个部分：一个是发送 Intent 对象的程序，另一个是监听广播信息的接收端（称为 Broadcast Receiver）。Broadcast Receiver 是一个继承自 BroadcastReceiver 的类，App 必须向 Android 系统注册成为 Broadcast Receiver，并指定要监听的广播信息。当监听的广播信息被某个 App 或是由 Android 系统送出时，Android 系统会启动所有监听该广播信息的 Broadcast Receiver 程序，并运行它们的 onReceive()方法。

Broadcast Receiver 程序只有在 Android 系统运行它的 onReceive()方法时才会处于有效状态，一旦 onReceive()方法运行完毕，就有可能被移除，直到下次监听的信息再次出现，才会重新运行一次，这个特性会影响到 onReceive()方法中正在运行的工作。例如在 onReceive()方法中启动一个 thread 运行某一项比较耗时的工作时，由于 onReceive()方法运行结束，Broadcast Receiver 程序被系统移除，这时候 Broadcast Receiver 程序所启动的 thread 也会被 Android 系统强制清除，因此类似这种异步的工作并不适合在 onReceive()方法中运行。

43-1 程序广播 Intent 对象的方法

程序要广播 Intent 对象时需要完成以下 3 个步骤：

步骤 01 建立一个 Intent 对象，并指定要广播的信息。广播的信息其实就是一个字符串，每一个程序都可以建立自己的广播信息。为了避免不同的程序误用相同的广播信息，一般建议采用类似程序套件路径的方式来命名，例如以下范例：

```
Intent it = new Intent("com.android.MY_BROADCAST");
```

步骤02 如果需要在信息中附带数据，可以把数据放入 Intent 对象中：

```
it.putExtra("sender_name", "Broadcast Receiver 范例程序");
```

步骤03 也可以先把数据存储在 Bundle 对象，再将 Bundle 对象存入 Intent 对象中：

```
Bundle bundle = new Bundle();
bundle.putString("string_data", "信息附带的数据");
it.putExtras(bundle);
```

步骤04 调用 sendBroadcast()方法广播 Intent 对象。

```
sendBroadcast(it);
```

43-2 建立Broadcast Receiver监听广播信息

前面我们已经解释过 Broadcast Receiver 的运行机制，以下我们直接介绍它的实现步骤：

步骤01 在程序项目中新增一个继承自 BroadcastReceiver 类的新类，我们可以把这个新类取名为 MyBroadcastReceiver。在这个类中需要实现 onReceive()方法，当监听的广播信息出现的时候，这个方法会被 Android 系统启动运行。请读者参考以下范例，这个范例只是从接收到的 Intent 对象中取出数据。注意其中的 Intent 对象是 onReceive()方法的自变量，并不是调用 getIntent()方法取得。

```
public class MyBroadcastReceiver extends BroadcastReceiver {

    @Override
    public void onReceive(Context context, Intent intent) {
        // TODO Auto-generated method stub
        // 收到监听信息时要运行的程序代码
        String sender = intent.getExtras().getString("string_data");
    }
}
```

步骤02 在主程序中向 Android 系统注册步骤 1 建立的 Broadcast Receiver，以及要监听的广播信息。

注册的方法有两种：第一种是在 App 的程序功能描述文件 AndroidManifest.xml 中描述这个 Broadcast Receiver，这样就完成注册的操作，请读者参考以下范例：

```
<?xml …>
<manifest …>
```

```
    <application …>
        <activity
            android:name="com.android.MainActivity"
            ...
        </activity>
        <receiver android:name=".MyBroadcastReceiver"
                android:label="@string/app_name">
            <intent-filter>
                <action android:name="com.android.MY_BROADCAST" />
            </intent-filter>
        </receiver>
    </application>
</manifest>
```

第二种方法是在程序代码中完成注册，这种方法还可以把已经注册过的 Broadcast Receiver 取消，注册的程序代码如下：

```
IntentFilter itFilter = new IntentFilter("com.android.MY_BROADCAST");
MyBroadcastReceiver  broadcastReceiver = new MyBroadcastReceiver();
registerReceiver(broadcastReceiver, itFilter);
```

如果要取消已经注册的 Broadcast Receiver，则运行以下程序代码：

```
unregisterReceiver(broadcastReceiver);
```

只有使用第二种方式注册的 Broadcast Receiver 才可以取消。读者可以对照以上两种注册方法，不管使用哪一种方法，在注册时都必须提供两项信息：第一是监听的广播信息；第二是 Broadcast Receiver 对象。以上就是广播 Intent 和建立 Broadcast Receiver 的方法，接下来我们用一个 App 项目来示范完整的实现。

43-3　范例程序

这个范例程序的运行画面如图 43-1 所示，程序中会建立两个 Broadcast Receiver 来监听不同的广播信息：第一个 Broadcast Receiver（以下称为 BroadcastReceiver1）是利用 AndroidManifest.xml 文件进行注册；第二个 Broadcast Receiver（以下称为 BroadcastReceiver2）是利用程序代码进行注册。程序运行画面的第一个按钮就是注册 BroadcastReceiver2，第二个按钮则是取消 BroadcastReceiver2 的注册。

图 43-1　Broadcast Intent 和 Broadcast Receiver 范例程序的运行画面

程序刚开始运行的时候，单击“发送 MY_BROADCAST1”按钮时，屏幕上会出现一个 Toast 信息，通知 BroadcastReceiver1 已经收到广播信息，如图 43-2 所示。如果单击“发送 MY_BROADCAST2”按钮则没有任何结果，因为这时候还没有注册 BroadcastReceiver2。请读者单击“注册 Broadcast Receiver2”按钮，然后再按一次“发送 MY_BROADCAST2”按钮，此时就会出现一个 Toast 信息，通知 BroadcastReceiver2 已经收到广播信息，如图 43-3 所示。如果读者单击“注销 Broadcase Receiver2”按钮，然后再测试一次，会发现 BroadcastReceiver2 又收不到广播信息。以下是完整的界面布局文件、主程序文件和两个 Broadcast Receiver 类的程序文件，这些程序代码的主要内容都已经在前面讨论过，因此请读者自行查阅。

图 43-2　BroadcastReceiver1 收到广播信息的画面

图 43-3　BroadcastReceiver2 收到广播信息的画面

界面布局文件：

```
<LinearLayout xmlns:android="http://schemas.android.com/apk/res/android"
    xmlns:tools="http://schemas.android.com/tools"
    android:id="@+id/LinearLayout1"
    android:layout_width="match_parent"
    android:layout_height="match_parent"
    android:orientation="vertical"
    android:paddingBottom="@dimen/activity_vertical_margin"
```

```
    android:paddingLeft="@dimen/activity_horizontal_margin"
    android:paddingRight="@dimen/activity_horizontal_margin"
    android:paddingTop="@dimen/activity_vertical_margin"
    tools:context=".MainActivity" >

    <Button
        android:id="@+id/btnRegReceiver"
        android:layout_width="match_parent"
        android:layout_height="wrap_content"
        android:text="注册 Broadcast Receiver2"
        android:layout_marginTop="20dp" />

    <Button
        android:id="@+id/btnUnregReceiver"
        android:layout_width="match_parent"
        android:layout_height="wrap_content"
        android:text="注销 Broadcast Receiver2" />

    <Button
        android:id="@+id/btnSendBroadcast1"
        android:layout_width="match_parent"
        android:layout_height="wrap_content"
        android:text="发送 MY_BROADCAST1" />

    <Button
        android:id="@+id/btnSendBroadcast2"
        android:layout_width="match_parent"
        android:layout_height="wrap_content"
        android:text="发送 MY_BROADCAST2" />

</LinearLayout>
```

主程序文件：

```
public class MainActivity extends Activity {

    private Button mBtnRegReceiver,
                   mBtnUnregReceiver,
                   mBtnSendBroadcast1,
                   mBtnSendBroadcast2;

    private MyBroadcastReceiver2 mMyReceiver2;

    @Override
    protected void onCreate(Bundle savedInstanceState) {
        super.onCreate(savedInstanceState);
        setContentView(R.layout.activity_main);

        mBtnRegReceiver = (Button)findViewById(R.id.btnRegReceiver);
        mBtnUnregReceiver = (Button)findViewById(R.id.btnUnregReceiver);
        mBtnSendBroadcast1 = (Button)findViewById(R.id.btnSendBroadcast1);
```

```
        mBtnSendBroadcast2 = (Button)findViewById(R.id.btnSendBroadcast2);

        mBtnRegReceiver.setOnClickListener(btnRegReceiverOnClick);
        mBtnUnregReceiver.setOnClickListener(btnUnregReceiverOnClick);
        mBtnSendBroadcast1.setOnClickListener(btnSendBroadcast1OnClick);
        mBtnSendBroadcast2.setOnClickListener(btnSendBroadcast2OnClick);
    }

    @Override
    public boolean onCreateOptionsMenu(Menu menu) {
        // Inflate the menu; this adds items to the action bar if it is
      present.
        getMenuInflater().inflate(R.menu.main, menu);
        return true;
    }

    private      View.OnClickListener      btnRegReceiverOnClick      =      new
View.OnClickListener() {
        public void onClick(View v) {
            IntentFilter itFilter =
        new IntentFilter("com.android.MY_BROADCAST2");
            mMyReceiver2 = new MyBroadcastReceiver2();
            registerReceiver(mMyReceiver2, itFilter);
        }
    };

    private View.OnClickListener btnUnregReceiverOnClick =
  new View.OnClickListener() {
        public void onClick(View v) {
            unregisterReceiver(mMyReceiver2);
        }
    };

    private View.OnClickListener btnSendBroadcast1OnClick =
  new View.OnClickListener() {
        public void onClick(View v) {
            Intent it = new Intent("com.android.MY_BROADCAST1");
            it.putExtra("sender_name", "主程序");
            sendBroadcast(it);
        }
    };

    private View.OnClickListener btnSendBroadcast2OnClick =
  new View.OnClickListener() {
        public void onClick(View v) {
            Intent it = new Intent("com.android.MY_BROADCAST2");
            it.putExtra("sender_name", "主程序");
            sendBroadcast(it);
        }
    };

}
```

MyBroadcastReceiver1 类：

```
public class MyBroadcastReceiver1 extends BroadcastReceiver {

    @Override
    public void onReceive(Context context, Intent intent) {
        // TODO Auto-generated method stub
        String sender = intent.getStringExtra("sender_name");
        Toast.makeText(context, "BroadcastReceiver1收到" + sender +
    "发送的 Broadcast 信息",
                Toast.LENGTH_LONG).show();
    }

}
```

MyBroadcastReceiver2 类：

```
public class MyBroadcastReceiver2 extends BroadcastReceiver {

    @Override
    public void onReceive(Context context, Intent intent) {
        // TODO Auto-generated method stub
        String sender = intent.getStringExtra("sender_name");
        Toast.makeText(context, "BroadcastReceiver2收到" + sender +
    "发送的 Broadcast 信息",
                Toast.LENGTH_LONG).show();
    }

}
```

程序功能描述文件 AndroidManifest.xml：

```
<?xml …>
<manifest …>
   <application
       ... >
       <activity
          android:name="com.android.MainActivity"
          ...
       </activity>
       <receiver android:name=".MyBroadcastReceiver1"
              android:label="@string/app_name">
          <intent-filter>
             <action android:name="com.android.MY_BROADCAST1" />
          </intent-filter>
       </receiver>
   </application>
</manifest>
```

Android 版本	1.X	2.X	3.X	4.X
适用性	★	★	★	★

第 44 章 Service是幕后英雄

如果程序需要运行一项比较费时的工作，为了避免让系统进入停滞状态、无法实时响应用户的操作，此时应该使用 multi-thread 程序架构，而 Service 对象就是 multi-thread 技术的一种实现。Service 会和启动它的主控程序一起运行，例如我们可以利用 Service 对象，让手机或平板电脑一边播放音乐，一边让用户继续操作其他功能，像是上网或是浏览照片。Service 和 Activity 一样也是一个类，它们都是 Android 系统中的运行单元。只是 Activity 会把一个界面布局文件当成它的操作画面，但是 Service 没有操作画面，它的工作就是负责运行一项特定的任务直到完成为止，或是被它的主控程序下令停止。

Service 和 Thread

Service 和 Thread 的功能很相似，它们都是可以独立运行的对象，而且都是在幕后运行，没有画面，那么二者之间有何分别呢？简单来说，Thread 是 Java 语言内置的类，而 Service 是 Android 系统根据它的特性和架构所设计的新类。就应用上来说，如果只是要运行一项简单的工作，例如存取数据库等，可以直接使用 Thread。如果是要运行比较复杂的工作，而且需要和主控程序进行互动，就可以考虑使用 Service。

44-1 Service 的运行方式和生命周期

由于 Service 是根据 Android 系统的特性和架构所设计的新类，自然会用到 Android 系统特有的架构，那就是 Intent。要启动 Service 有两种方法：一种是调用 startService()；另一种是调用 bindService()。不管是哪一种方法，主程序都必须利用 Intent 对象告诉 Android 系统要运行哪一个 Service。

Service 对象从启动到结束的运行过程中，会经历不同的状态变化（其实 Activity 也有类似的状态转变过程，我们会在后续的章节中再详细讨论），而且不同的启动方式也会造成状态变化过程的差异，如图 44-1 所示，左边的状态变化流程图是使用 startService()的结果，右边的状态变化流程图是使用 bindService()的结果。

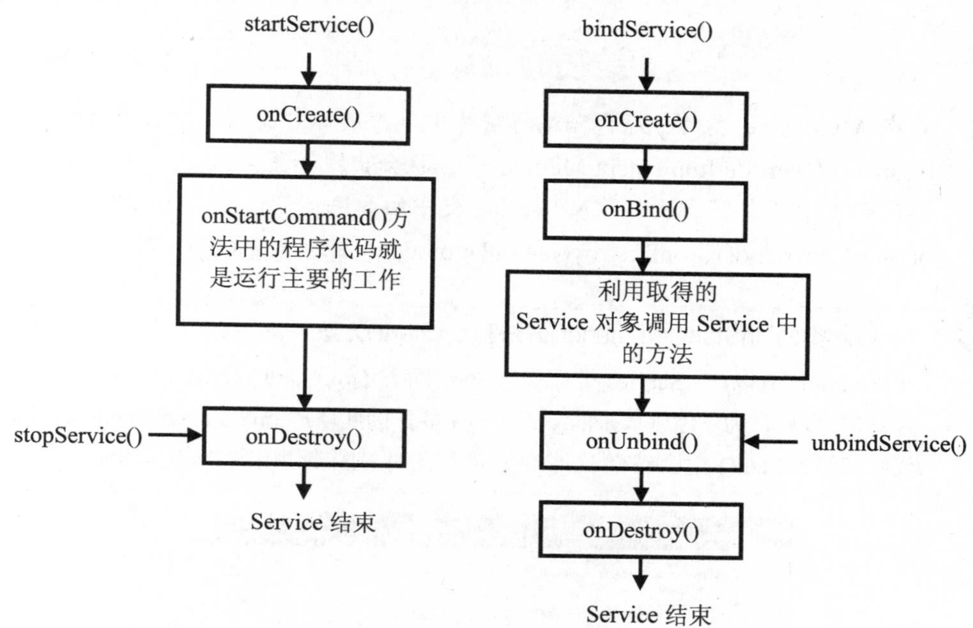

图 44-1　Service 的生命周期

详细了解 Service 的状态改变过程，对于开发 App 程序而言是很有必要的。举例来说，如果 Service 在运行的过程中打开了一个文件，必须在它结束的时候（也就是 onDestroy()状态转变方法中）关闭该文件，否则会造成该文件被持续占用的情况。开发 Service 的工作之一就是设计在不同状态下应该运行的程序代码，让 Service 对象在各种情况下都能够正常运行。介绍完 Service 的基本概念之后，接下来让我们学习如何在 App 项目中实现 Service。

44-2 在 App 项目中建立 Service

建立 Service 的过程就像我们在 App 项目中新增一个类一样，请读者依照下列步骤操作：

步骤 01　在 App 项目中新增一个继承自 android.app.Service 类的新类，我们可以将这个新类取名为 MyService。Android 程序编辑器会自动帮这个 MyService 类加上以下的程序代码，其中只有 onBind()方法，如果读者和图 44-1 中的 Service 状态变化流程图对照，会发现还缺少其他状态转变方法，因此接下来我们就把其他方法加进来。

```
public class MyService extends Service {
```

```
    @Override
    public IBinder onBind(Intent intent) {
        // TODO Auto-generated method stub
        return null;
    }

}
```

步骤 02　请在 MyService 类的程序代码编辑窗格中单击鼠标右键，在弹出的快捷菜单中选择 Source > Override/Implement Methods…，就会出现如图 44-2 所示的对话框。在对话框的列表中还会列出没有加入 Service 类中的方法，请读者勾选其中的 onCreate()、onStartCommand()、onDestroy()和 onUnbind()，然后单击 OK 按钮。

Service 类的 onStartCommand()方法和 onStart()方法

在 Android 2.0 以前，Service 类只有 onStart()而没有 onStartCommand()，但是在 2.0 版（包含 2.0）以后，为了增强原来的 onStart()功能，因此增加 onStartCommand()，它是用来取代原有的 onStart()，因此在编写新的程序代码时，应该使用 onStartCommand()。

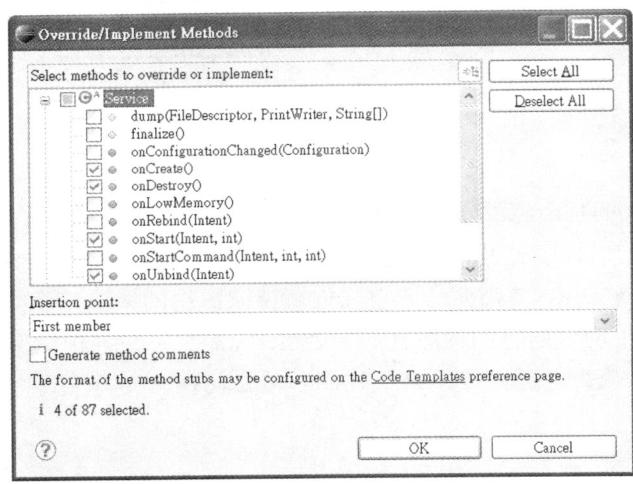

图 44-2　利用 Eclipse 的 Override/Implement Methods 功能加入需要的方法

步骤 03　将 MyService 类的程序代码编辑如下，需要新增和修改的程序代码以粗体字标识。需要新增的程序代码不多，主要是利用我们在第 10 章介绍的程序 log 技巧，在每一个方法中加上产生 log 的程序代码，让我们可以追踪 Service 对象的运行过程。需要特别注意的是，onBind()方法必须返回我们在类中建立的 LocalBinder 类的对象。如果没有返回这个对象，就无法完成 bind Service 的操作。LocalBinder 是我们在 MyService 类中定义的内部类（inner class），它是继承自 Binder 类，其中有一个 getService()方法，这个方法会返回 MyService 对象。借助这个方法，我们才能够在调用 bindService()的时候取得 MyService 对象。另外，我们还增加了一个 myMethod()方法，它是用来验证 bindService()的功能。

```
public class MyService extends Service {

    private final String LOG_TAG = "service demo";

    public class LocalBinder extends Binder {
        MyService getService() {
            return MyService.this;
        }
    }

    private LocalBinder mLocBin = new LocalBinder();

    public void myMethod() {
        Log.d(LOG_TAG, "myMethod()");
    }

    @Override
    public void onCreate() {
        // TODO Auto-generated method stub
        Log.d(LOG_TAG, "onCreate()");
        super.onCreate();
    }

    @Override
    public void onDestroy() {
        // TODO Auto-generated method stub
        Log.d(LOG_TAG, "onDestroy()");
        super.onDestroy();
    }

    @Override
    public int onStartCommand(Intent intent, int flags, int startId) {
        // TODO Auto-generated method stub
        Log.d(LOG_TAG, "onStartCommand()");
        return super.onStartCommand(intent, flags, startId);
    }

    @Override
    public boolean onUnbind(Intent intent) {
        // TODO Auto-generated method stub
        Log.d(LOG_TAG, "onUnbind()");
        return super.onUnbind(intent);
    }

    @Override
    public IBinder onBind(Intent intent) {
        // TODO Auto-generated method stub
        Log.d(LOG_TAG, "onBind()");
        return mLocBin;
    }
}
```

步骤04 在 App 项目的程序功能描述文件 AndroidManifest.xml 中加入这个 Service 类的信息如下：

```
<?xml version="1.0" encoding="utf-8"?>
<manifest …>
    <application …>
        <activity
            …
        </activity>
        <service android:name=".MyService" android:enabled="true" />
    </application>
</manifest>
```

以上就是建立 Service 类的过程，接下来介绍如何在主程序中启动这个 Service。

44-3 启动 Service 的第一种方法

第一种启动 Service 的方法是利用 startService()，它的程序代码很简单，请读者直接参考以下范例：

```
Intent it = new Intent(Activity类名称.this, Service类名称.class);
startService(it);
```

其中的“Activity 类名称”就是启动 Service 的主控程序类，“Service 类名称”是我们要启动的 Service，例如前面范例中的 MyService。Service 以这种方式启动之后，就会依照图 44-1 左边的流程运行，如果主控程序要停止 Service 的运行，可以运行以下程序代码：

```
Intent it = new Intent(Activity类名称.this, Service类名称.class);
stopService(it);
```

Service 对象结束时会先运行 onDestroy()方法，我们应该在这个方法中释放占用的系统资源。

44-4 启动 Service 的第二种方法

第二种启动 Service 的方法是利用 bindService()。bindService()和 startService()最大的不同是主控程序可以取得 Service 对象，因此在 Service 对象运行的过程中可以直接调用它的方法进行控制，若要完成 bindService()需要执行以下步骤：

步骤01 在主控程序中建立一个 ServiceConnection 的对象，请参考以下程序代码。bindService()

方法需要利用这个对象来取得 Service 对象。其中我们必须实现 onServiceConnected() 和 onServiceDisconnected()这两个方法。onServiceConnected()方法会在 bind Service 的过程中，由 Android 系统调用运行。其中的程序代码（以粗体字标识）就是取得 Service 对象，并存入声明在主控程序中的属性。onServiceDisconnected()方法是当 Service 对象不正常结束时才会运行，正常情况下不会运行。

```
private ServiceConnection mServConn = new ServiceConnection() {
        public void onServiceConnected(ComponentName name, IBinder service) {
            // TODO Auto-generated method stub
            mMyServ = ((MyService.LocalBinder)service).getService();
        }

        public void onServiceDisconnected(ComponentName name) {
            // TODO Auto-generated method stub
        }
};
```

步骤 02　建立一个 Intent 对象，并且指定要启动的 Service 类，然后调用 bindService()，代码如下，其中“ServiceConnection 对象”就是步骤 1 中的 mServConn 对象。BIND_AUTO_CREATE 参数是让 Android 系统根据需要建立一个 Service 对象。

```
Intent it = new Intent(Activity类名称.this, Service类名称.class);
bindService(it, ServiceConnection对象, BIND_AUTO_CREATE);
```

步骤 03　如果要停止 Service 对象，则运行以下程序代码：

```
unbindService(ServiceConnection对象);
```

以上就是建立和使用 Service 的流程，接下来我们用一个完整的 App 项目进行示范。

44-5 范例程序

这个范例程序包含一个主控程序 Activity 类和一个 Service 类，其中的 Service 类就是前面小节介绍的 MyService。虽然它只是一个 Service 的架构，没有实际的功能，但是我们可以利用它来验证 Service 的运行流程，以便在后续中的章节中，能够实际应用 Service 完成特定的工作。在这个范例中，我们会在主控程序的画面中加上一些按钮，以便测试 Service 的操作，程序的运行画面如图 44-3 所示。这个 Service 范例程序必须配合使用 Eclipse 的 Debug 功能，以便观察程序产生的 log 信息，如果读者还不熟悉 Debug 模式的操作，可以参考第 10 章中的介绍。在启动这个范例程序之后，可以利用画面上的按钮对 Service 进行控制，同时观察产生的 log，以了解 Service 的运行过程，图 44-4 是测试之后得到的信息画面。以下列出主程序类的界面布局文件和程序文件，以及程序功能描述文件 AndroidManifest.xml，主程序类中声明的 mMyServ 对象就是用来存储 bind Service 时得到的 Service 对象，其他有关 Service 控制的程序代码都已经在前面的小节中做过说明，请读者自行参考。最后再次提醒读者，务必要在程序功能描述文件 AndroidManifest.xml 中加入 Service 的信息，否则无法成功启动 Service。

图 44-3　Service 范例程序的运行画面

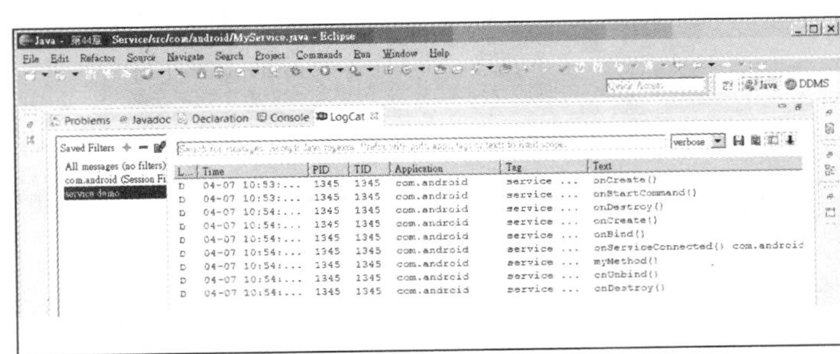

图 44-4　测试 Service 范例程序得到的信息画面

界面布局文件：

```
<LinearLayout xmlns:android="http://schemas.android.com/apk/res/android"
    xmlns:tools="http://schemas.android.com/tools"
    android:id="@+id/LinearLayout1"
    android:layout_width="match_parent"
    android:layout_height="match_parent"
    android:orientation="vertical"
    android:paddingBottom="@dimen/activity_vertical_margin"
    android:paddingLeft="@dimen/activity_horizontal_margin"
    android:paddingRight="@dimen/activity_horizontal_margin"
    android:paddingTop="@dimen/activity_vertical_margin"
    tools:context=".MainActivity" >

    <Button
        android:id="@+id/btnStartMyService"
        android:layout_width="match_parent"
        android:layout_height="wrap_content"
        android:text="启动 MyService" />

    <Button
        android:id="@+id/btnStopMyService"
        android:layout_width="match_parent"
        android:layout_height="wrap_content"
        android:text="停止 MyService" />

    <Button
        android:id="@+id/btnBindMyService"
        android:layout_width="match_parent"
        android:layout_height="wrap_content"
        android:text="连接 MyService" />

    <Button
```

```
        android:id="@+id/btnUnbindMyService"
        android:layout_width="match_parent"
        android:layout_height="wrap_content"
        android:text="断开 MyService" />

    <Button
        android:id="@+id/btnCallMyServiceMethod"
        android:layout_width="match_parent"
        android:layout_height="wrap_content"
        android:text="调用 MyService 中的 myMethod()" />

</LinearLayout>
```

主程序文件：

```
public class MainActivity extends Activity {

    private Button mBtnStartMyService,
                mBtnStopMyService,
                mBtnBindMyService,
                mBtnUnbindMyService,
                mBtnCallMyServiceMethod;

    private MyService mMyServ = null;

    private final String LOG_TAG = "service demo";

    private ServiceConnection mServConn = new ServiceConnection() {

        @Override
        public void onServiceConnected(ComponentName name, IBinder service) {
            // TODO Auto-generated method stub
            Log.d(LOG_TAG, "onServiceConnected() " + name.getClassName());
            mMyServ = ((MyService.LocalBinder)service).getService();
        }

        @Override
        public void onServiceDisconnected(ComponentName name) {
            // TODO Auto-generated method stub
            Log.d(LOG_TAG, "onServiceDisconnected()" + name.getClassName());
        }

    };

    @Override
    protected void onCreate(Bundle savedInstanceState) {
        super.onCreate(savedInstanceState);
        setContentView(R.layout.activity_main);

        mBtnStartMyService = (Button) findViewById(R.id.btnStartMyService);
        mBtnStopMyService = (Button) findViewById(R.id.btnStopMyService);
```

```
        mBtnBindMyService = (Button) findViewById(R.id.btnBindMyService);
        mBtnUnbindMyService = (Button) findViewById(R.id.btnUnbindMyService);
        mBtnCallMyServiceMethod = (Button) findViewById
    (R.id.btnCallMyServiceMethod);

        mBtnStartMyService.setOnClickListener(btnStartMyServiceOnClick);
        mBtnStopMyService.setOnClickListener(btnStopMyServiceOnClick);
        mBtnBindMyService.setOnClickListener(btnBindMyServiceOnClick);
        mBtnUnbindMyService.setOnClickListener(btnUnbindMyServiceOnClick);
        mBtnCallMyServiceMethod.setOnClickListener
    (btnCallMyServiceMethodOnClick);
    }

    @Override
    public boolean onCreateOptionsMenu(Menu menu) {
        // Inflate the menu; this adds items to the action bar if it is
        present.
        getMenuInflater().inflate(R.menu.main, menu);
        return true;
    }

    private View.OnClickListener btnStartMyServiceOnClick =
new View.OnClickListener() {
        public void onClick(View v) {
            mMyServ = null;
            Intent it = new Intent(MainActivity.this, MyService.class);
            startService(it);
        }
    };

    private View.OnClickListener btnStopMyServiceOnClick =
new View.OnClickListener() {
        public void onClick(View v) {
            mMyServ = null;
            Intent it = new Intent(MainActivity.this, MyService.class);
            stopService(it);
        }
    };

    private View.OnClickListener btnBindMyServiceOnClick =
new View.OnClickListener() {
        public void onClick(View v) {
            mMyServ = null;
            Intent it = new Intent(MainActivity.this, MyService.class);
            bindService(it, mServConn, BIND_AUTO_CREATE);
        }
    };

    private View.OnClickListener btnUnbindMyServiceOnClick =
new View.OnClickListener() {
        public void onClick(View v) {
```

```
            mMyServ = null;
            unbindService(mServConn);
        }
    };

    private View.OnClickListener btnCallMyServiceMethodOnClick =
new View.OnClickListener() {
        public void onClick(View v) {
            if (mMyServ != null)
                mMyServ.myMethod();
        }
    };

}
```

Android 版本	1.X	2.X	3.X	4.X
适用性	★	★	★	★

第 45 章 App Widget小工具程序

在开始介绍 App Widget 以前，我们先回想一下前面已经学过的几种 App 类型：首先是 Activity，当它启动之后，整个手机或平板电脑屏幕都被它独占直到结束为止；其次是 Service，它和 Activity 刚好相反，它是在背景运行，完全没有画面。Service 启动之后就一直持续运行，直到工作完成才结束；最后是 Broadcast Receiver，Broadcast Receiver 运行时也没有画面，当它接收到想要监听的信息时，便开始运行它的工作，完成之后又再次进入等候状态。

45-1 简述 App Widget 小工具程序

本章的主角 App Widget（简称 Widget）和 Broadcast Receiver 有些类似，它也是依靠监听信息的方式来运行，并且具有下列特点：

- 它会在手机或平板电脑的操作首页显示程序的运行画面，而且运行画面的大小可以由程序自己决定。
- 它有 3 种运行方式：固定时间间隔运行；在设置的时间点运行；当用户单击程序画面上的按钮时运行。

手机屏幕上的时钟就是一个 App Widget 程序，如果我们单击 Android 4.x 手机屏幕下方的 Apps 按钮，然后在显示的画面上方单击 Widgets 标签页，就会看到如图 45-1 所示的画面。画面中会列出目前已经安装好的可以加到 Home screen 的 App Widget 程序。例如可以按住 Calendar，屏幕画面就会显示 Home screen，将 Calendar 拖曳到想要摆放的位置再放开，就会在 Home screen 中加入 Calendar，如图 45-2 所示。如果想要移除首页上的 App Widget，可以先按住该 App Widget，画面上方就会出现一个 Remove 的项目，如图 45-3 所示。把 App Widget 拖动到 Remove 上方，就可以从 Home screen 中移除，平板电脑上的操作方式与此完全相同。

了解了 App Widget 的特性和用法之后，接下来我们就开始介绍如何建立 App Widget 程序。

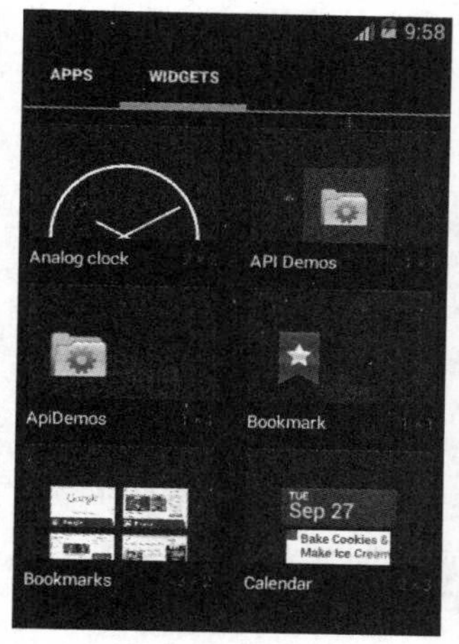

图 45-1　选择 App Widget 程序的画面

图 45-2　加入 Calendar 小工具程序后的 Home screen

图 45-3　从 Home screen 移除 App Widget 的画面

在其他 Android 版本中设置 App Widget 的方法

如果是 Android 3.X 的模拟器，则必须在 Home screen 画面单击鼠标左键，并维持 1 秒钟以上再放开，就会切换画面。单击屏幕最左边的 Widgets 标签页就会列出所有的 App Widget 程序，单击想要使用的 App Widget，该程序就会加到模拟器的首页。

如果是 Android 2.X 的平台，同样是在 Home screen 画面上单击鼠标左键，并维持 1 秒钟以上再放开，就会显示一个菜单。选择其中的 Widgets 项目，就会出现 App Widget 程序列表，从中挑选想要加入 Home screen 的 App Widget 即可。

45-2　建立基本的 App Widget 程序

首先介绍的是基本的 App Widget 程序，它是以固定时间间隔的方式运行，而且间隔的时间长度必须大于 30 分钟（这个限制可以利用程序技术来突破，我们留待下一章再介绍），建立基本 App Widget 的步骤如下：

步骤 01　依照之前的方法建立一个新的 App 项目，但是在设置项目属性的第二个对话框中，记得不要勾选 Create activity，因为我们要建立一个空的程序项目，也就是说在 src 文件夹中，先不要产生任何程序文件。

步骤 02　在 Eclipse 左边的项目查看窗格中，用鼠标右键单击 App 项目的 res 文件夹，然后从弹出的快捷菜单中选择 New > Android XML File。在出现的对话框中，将 Resource Type 框设置为 Layout，在 File 框输入界面布局文件的名称，例如 app_widget（注意文件名只能包含小写英文字母、数字或是下划线字符），然后在下方的项目列表中单击 LinearLayout，最后单击 Finish 按钮。新增的界面布局文件会自动打开在编辑窗格中，请将内容编辑如下。

```
<?xml version="1.0" encoding="utf-8"?>
<LinearLayout xmlns:android="http://schemas.android.com/apk/res/android"
    android:layout_width="match_parent"
    android:layout_height="match_parent"
    android:orientation="vertical" >

    <TextView
        android:layout_width="match_parent"
        android:layout_height="wrap_content"
        android:text="@string/app_name"
        android:textColor="#ffffffff" />

</LinearLayout>
```

步骤 03 接着要建立 App Widget 的程序文件，由于我们建立的是一个空的项目，所以开始并没有产生程序文件的套件路径。请在 Eclipse 左边的项目查看窗格中用鼠标右键单击 App 项目的 src 文件夹，然后从弹出的快捷菜单中选择 New > Package。在对话框中输入想要使用的套件路径名称，例如 com.android，最后单击 Finish 按钮。

步骤 04 在 Eclipse 左边的项目查看窗格中，用鼠标右键单击程序项目的“src/(套件路径名称)”文件夹，然后在弹出的快捷菜单中选择 New > Class，就会出现如图 45-4 所示的对话框。在对话框中输入类名称，例如 MyAppWidget，然后单击 Superclass 框右边的 Browse 按钮，在出现的对话框上方输入 AppWidgetProvider，再单击下方列表中出现的 AppWidgetProvider 项目，最后单击 OK 按钮回到类对话框，即可完成 Superclass 的设置，单击 Finish 按钮。

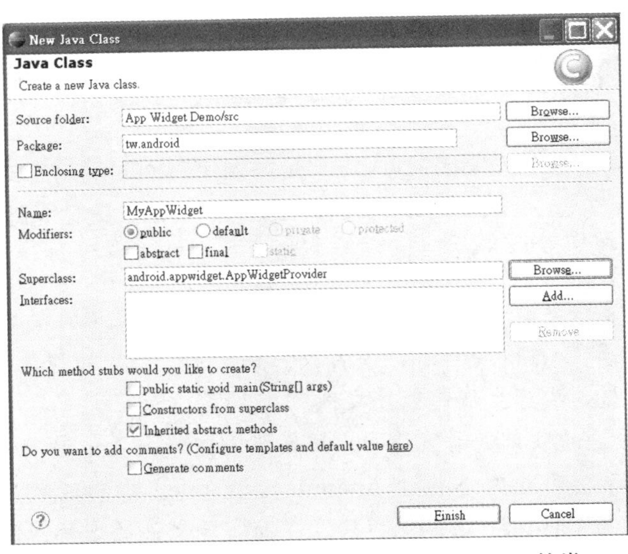

图 45-4 新增一个继承自 AppWidgetProvider 的类

步骤 05　前一个步骤是建立 App Widget 的程序文件，App Widget 的运行流程和前面章节介绍的 Service 类似，同样都有许多状态转换方法，因此接下来我们加入几个常用的状态转换方法，包括 onDeleted()、onDisabled()、onEnabled()、onReceive()、和 onUpdate()。请打开 MyAppWidget 程序文件，在程序代码编辑窗格中单击鼠标右键，接着在弹出的快捷菜单中选择 Source > Override/Implement Methods…，就会出现如图 45-5 所示的对话框。在对话框左上方的列表中，会列出 AppWidgetProvider 类中的方法，请勾选上述 5 个方法，然后单击 OK 按钮。

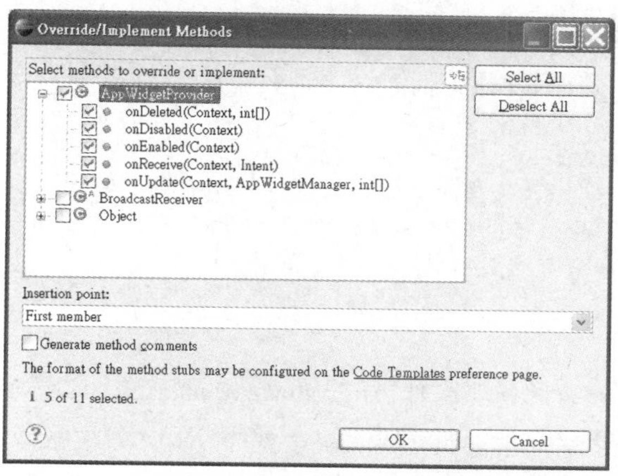

图 45-5　新增 MyAppWidget 类中的状态转换方法

步骤 06　仿照上一章的作法，在每一个状态转换方法中加入调用 Log.d()的程序代码，如下所示，这些 log 信息可以用来追踪 App Widget 的运行过程。

```
public class MyAppWidget extends AppWidgetProvider {

    private final String LOG_TAG = "my app widget";

    @Override
    public void onDeleted(Context context, int[] appWidgetIds) {
        // TODO Auto-generated method stub
        super.onDeleted(context, appWidgetIds);
        Log.d(LOG_TAG, "onDeleted()");
    }

    @Override
    public void onDisabled(Context context) {
        // TODO Auto-generated method stub
        super.onDisabled(context);
        Log.d(LOG_TAG, "onDisabled()");
    }

    @Override
    public void onEnabled(Context context) {
        // TODO Auto-generated method stub
```

```
        super.onEnabled(context);
        Log.d(LOG_TAG, "onEnabled()");
    }

    @Override
    public void onReceive(Context context, Intent intent) {
        // TODO Auto-generated method stub
        super.onReceive(context, intent);
        Log.d(LOG_TAG, "onReceive()");
    }

    @Override
    public void onUpdate(Context context, AppWidgetManager appWidgetManager,
            int[] appWidgetIds) {
        // TODO Auto-generated method stub
        super.onUpdate(context, appWidgetManager, appWidgetIds);
        Log.d(LOG_TAG, "onUpdate()");
    }

}
```

步骤07 打开程序项目的功能描述文件 AndroidManifest.xml，这个 App Widget 程序的登录信息如以下粗体字的部分。App Widget 程序和 Broadcast Receiver 程序一样，都是属于监听信息类型的程序，<receiver>标签中的 android:name 属性是设置步骤 3 中所建立的类名称，android:label 属性是设置程序的名称。在<intent-filter>标签中的<action>也和 Broadcast Receiver 一样，用来指定监听的信息，<meta-data>标签的内容则是描述此 receiver 属于 AppWidgetProvider，并指定它的配置文件位置和文件名，我们会在下一个步骤建立 App Widget 的配置文件。

```
<?xml version="1.0" encoding="utf-8"?>
<manifest ...>
    <application ...>
        <receiver android:name="MyAppWidget"
            android:label="App Widget" >
            <intent-filter>
                <action android:name="android.appwidget.action.APPWIDGET
            _UPDATE" />
            </intent-filter>
            <meta-data android:name="android.appwidget.provider"
                android:resource="@xml/app_widget_config" />
        </receiver>
    </application>
</manifest>
```

步骤08 在 Eclipse 左边的项目查看窗格中，用鼠标右键单击 App 项目的 res 文件夹，然后从弹出的快捷菜单中选择 New > Android XML File。在出现的对话框中，将 Resource Type 框设置为 AppWidgetProvider，在 File 框中输入文件名 app_widget_config，然后在下方的项目列表中单击 appwidget-provider，最后单击 Finish 按钮。新增的配置文件会自动打开在编辑窗格中，请将内容编辑如下：

```
<?xml version="1.0" encoding="utf-8"?>
<appwidget-provider
xmlns:android="http://schemas.android.com/apk/res/android"
    android:minWidth="110dp"
    android:minHeight="40dp"
    android:updatePeriodMillis="3000"
    android:initialLayout="@layout/app_widget" >
</appwidget-provider>
```

其中的 android:minWidth 和 android:minHeight 属性是定义 App Widget 启动后，在手机或平板电脑的 Home screen 上显示的画面大小。以手机为例，Home screen 一般切割成 4×4 的格子，平板电脑则是 8×7。在 App Widget 运行时，它的程序画面会被缩放到刚好占满整数个格子，而且宽和高分别大于 android:minWidth 和 android:minHeight 的设置值，所以在设置这两个属性值的时候，必须知道 dp 长度单位和方格数目的关系。在 Android SDK 技术文件中提供如表 45-1 所示的计算公式，如果想让 App Widget 在 Home screen 上的宽度占满 2 个方格，高度占满 1 个方格，那么 android:minWidth 和 android:minHeight 就要分别设置为 110 和 40。

android:updatePeriodMillis 属性是设置每次运行的间隔时间，以千分之一秒为单位，例如 3000 表示 3 秒。但是请读者注意，Android 系统在运行 App Widget 程序时，最短的运行间隔是 30 分钟，也就是说所有小于 30 分钟的设置都视为 30 分钟。如果读者希望运行间隔小于 30 分钟，必须搭配 Alarm Manager，我们在下一章会示范实现方法，android:initialLayout 属性是用来设置 App Widget 使用的界面布局文件。

表 45-1　在 Android SDK 技术文件中决定 App Widget 画面大小的计算公式

手机或平板电脑 Home screen 中的方格大小（宽或高）	minWidth 或 minHeight 属性的设置值(dp)
1	40
2	110
3	180
…	…
n	70×n－30

以上就是建立 App Widget 程序的步骤，完成之后启动程序，读者会发现手机屏幕没有出现运行画面，这是正常的情况，因为 App Widget 程序安装之后，必须由我们自己启动。请读者依照本章前面的说明，在 Home screen 中加入这个 App Widget 程序，如图 45-6 所示。接着我们将它从 Home screen 中移除，然后切换到 LogCat 窗口，再新增一个 Log 信息的 Filter（如果读者不熟悉 Log 的操作技巧，可以复习第 10 章的说明），以查看 App Widget 产生的信息，如图 45-7 所示。读者会发现它并没有依照我们在配置文件 app_widget_config.xml 中的设置每 3 秒更新一次（也就是运行 onUpdate()方法）。关于这一点我们已经在前面解释过，原因是 Android 系统对于 App Widget 程序的运行频率有 30 分钟的限制，如果要达到小于 30 分钟的更

新频率，必须配合 Alarm Manager，我们将在下一章继续介绍如何建立强化版的 App Widget 程序。

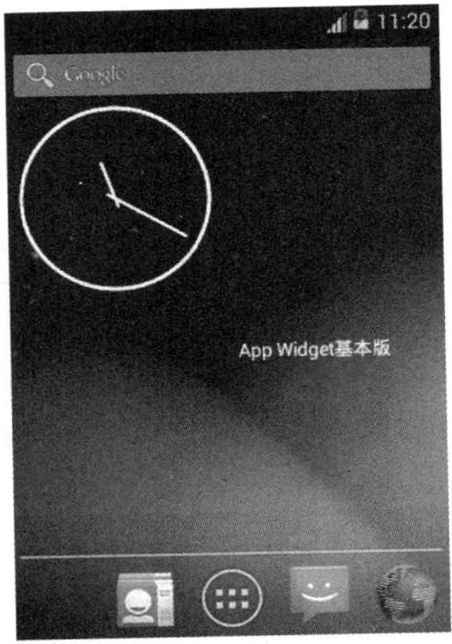

图 45-6　在手机的 Home screen 中加入我们建立的 App Widget

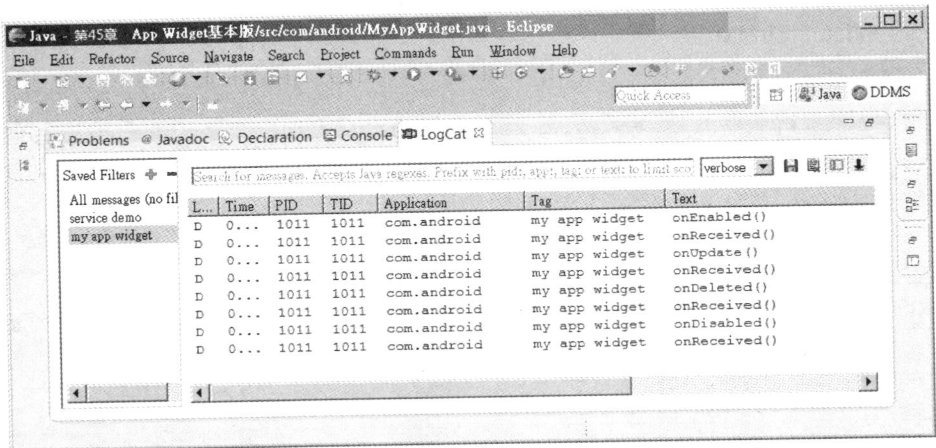

图 45-7　在 App Widget 程序的运行过程中产生的 Log 信息

Android 版本	1.X	2.X	3.X	4.X
适用性	★	★	★	★

第 46 章 使用Alarm Manager强化App Widget程序

在开发 App Widget 程序之前必须知道：App Widget 的运行频率越高，电池的使用时间就越短，因此在设计 App Widget 时，必须谨慎考虑所需的运行时间间隔。为了让 App Widge 运行的时间间隔小于 30 分钟，需要使用一个新的系统服务（称为 Alarm Manager）。它是 Android 系统提供的一个对象，可以用来定时，或是每隔一段时间运行一项指定的工作。除了 Alarm Manager 之外，我们还要加上一个 App Widget 的初始设置程序。这个初始设置程序是一个 Activity，它会在 App Widget 启动的时候运行一次，我们可以在这个 Activity 中设置 Alarm Manager，让它每隔一段时间发送一个 App Widget 监听的信息，最后当 App Widget 结束时，再取消 Alarm Manager 的设置。

46-1 建立强化版的 App Widget 程序

在建立强化版的 App Widget 程序的过程中，我们将学会如何使用 Alarm Manager 以及 App Widget 来初始设置程序，请读者依照下列说明操作：

步骤 01 利用 Eclipse 的项目查看窗格，复制上一章的 App Widget 程序项目，也可以利用 Windows 文件管理器，复制该 App 项目的文件夹，复制之后可以更改复制文件夹的名称，然后利用 Eclipse 主菜单中的 File > Import，加载复制的 App 项目。

步骤 02 打开 res/values/strings.xml 字符串资源文件，将其中的 app_name 字符串内容改成“App Widget 强化版”。

```
<?xml version="1.0" encoding="utf-8"?>
```

```
<resources>
    <string name="app_name">App Widget 强化版</string>
</resources>
```

步骤 03 在程序项目的“src/（套件路径名称）”文件夹中新增一个继承自 Activity 的新类，我们可以将它取名为 AppWidgetConfigActivity。

步骤 04 利用之前学过的操作技巧，在 AppWidgetConfigActivity 类中新增一个 onCreate()方法，然后输入以下粗体字的程序代码。这一段程序代码的功能是先从系统取得 Intent 对象，再从 Intent 对象取得 App Widget 程序的 id，然后存入属性 mAppWidgetId 中。接着建立一个固定时间间隔运行的 Intent 对象，这个 Intent 对象里头就是存储 App Widget 监听的信息，然后建立一个广播用的 PendingIntent 对象把它包裹起来。接下来是取得系统的 Alarm Manager，并设置好它的第一次启动时间（范例中是从现在开始计算 5 秒钟之后）、后续的运行时间间隔（范例中是每隔 20 秒），以及前面建立好的 PendingIntent 对象。还有一个参数 AlarmManager.RTC_WAKEUP，它的作用是要求如果接收的程序是在休眠状态，也要把它唤醒运行。接下来是把 Alarm Manager 对象和 PendingIntent 对象存入 MyAppWidget 对象中（后续步骤会实现这个 SaveAlarmManager()方法），以便在结束时取消 Alarm Manager 的设置，最后设置这个初始程序的运行结果，即调用 Finish()结束初始程序。另外要提醒读者注意，当 App Widget 使用了初始程序之后，Android 系统就不再主动运行 App Widget 程序的 onUpdate()方法。如果想要运行该方法，必须由我们的程序自行调用。

```
public class AppWidgetConfigActivity extends Activity {

    int mAppWidgetId;

    @Override
    protected void onCreate(Bundle savedInstanceState) {
        // TODO Auto-generated method stub
        super.onCreate(savedInstanceState);

        Intent itIn = getIntent();
        Bundle extras = itIn.getExtras();
        if (extras != null) {
            mAppWidgetId = extras.getInt(
                    AppWidgetManager.EXTRA_APPWIDGET_ID,
                    AppWidgetManager.INVALID_APPWIDGET_ID);
        }

        if (mAppWidgetId == AppWidgetManager.INVALID_APPWIDGET_ID) {
            finish();
        }

        Intent itOut = new Intent("com.android.MY_OWN_WIDGET_UPDATE");
        PendingIntent penIt = PendingIntent.getBroadcast(this, 0, itOut, 0);
```

```
        AlarmManager alarmMan = (AlarmManager)getSystemService
    (ALARM_SERVICE);
        Calendar calendar = Calendar.getInstance();
        calendar.setTimeInMillis(System.currentTimeMillis());
        calendar.add(Calendar.SECOND, 5);
        alarmMan.setRepeating(AlarmManager.RTC_WAKEUP,
                calendar.getTimeInMillis(), 20*1000, penIt);

        MyAppWidget.SaveAlarmManager(alarmMan, penIt);

        Intent itAppWidgetConfigResult = new Intent();
        itAppWidgetConfigResult.putExtra(AppWidgetManager.
    EXTRA_APPWIDGET_ID, mAppWidgetId);
        setResult(RESULT_OK, itAppWidgetConfigResult);

        finish();
    }

}
```

步骤05 打开 App Widget 的配置文件 res/xml/appwidget_config.xml，把其中的 android:updatePeriodMillis 属性设置为"0"，也就是设置 Android 系统不再主动更新这个 App Widget，换成由我们设置的 Alarm Manager 来处理，另外还要把 android:configure 属性设置为前一个步骤建立的 AppWidgetConfigActivity 类。

```
<?xml version="1.0" encoding="utf-8"?>
<appwidget-provider xmlns:android="http://schemas.android.com/apk/res/android"
    android:minWidth="110dp"
    android:minHeight="40dp"
    android:updatePeriodMillis="0"
    android:initialLayout="@layout/app_widget"
    android:configure="com.android.AppWidgetConfigActivity" >
</appwidget-provider>
```

步骤06 在 AndroidManifest.xml 文件中加入以下粗体字的程序代码，它们有两项功能：一是登录 AppWidgetConfigActivity，并指定要监听 Android 系统的 APPWIDGET_CONFIGURE 信息；二是设置 App Widget 程序要监听的 MY_OWN_WIDGET_UPDATE 信息。

```
<?xml version="1.0" encoding="utf-8"?>
<manifest ...>
    <application ...>
        <activity android:name="AppWidgetConfigActivity">
          <intent-filter>
            <action android:name="android.appwidget.action.
        APPWIDGET_CONFIGURE" />
          </intent-filter>
        </activity>
        <receiver android:name="MyAppWidget"
```

```
            android:label="App Widget"    >
            <intent-filter>
                <action android:name="android.appwidget.action.
            APPWIDGET_UPDATE" />
                <action android:name="com.android.MY_OWN_WIDGET_UPDATE" />
            </intent-filter>
            <meta-data android:name="android.appwidget.provider"
                android:resource="@xml/appwidget_config"    />
        </receiver>
    </application>
</manifest>
```

步骤 07　在 MyAppWidget 类中加入以下属性和方法，这个新增加的 SaveAlarmManager()方法在步骤 4 的 AppWidgetConfigActivity 类中使用：

```
private static AlarmManager mAlarmManager;
private static PendingIntent mPendingIntent;

static void SaveAlarmManager(AlarmManager alarmManager, PendingIntent
pendingIntent)
{
    mAlarmManager = alarmManager;
    mPendingIntent = pendingIntent;
}
```

步骤 08　在 MyAppWidget 类的 onReceive()方法中，加入检查监听信息的程序代码。另外由于我们换成使用 Alarm Manager 来启动 App Widget 程序，因此运行的是 onReceive()方法，而不是 onUpdate()方法，所以我们要在 onReceive()方法中调用 onUpdate()，代码如下：

```
public void onReceive(Context context, Intent intent) {
        // TODO Auto-generated method stub
        super.onReceive(context, intent);

        if(!intent.getAction().equals("com.android.MY_OWN_WIDGET_UPDATE"))
            return;

        Log.d(LOG_TAG, "onReceive()");

       AppWidgetManager appWidgetMan = AppWidgetManager.getInstance(context);
       ComponentName thisAppWidget = new ComponentName(context.getPackageName(),
       MyAppWidget.class.getName());
        int[] appWidgetIds = appWidgetMan.getAppWidgetIds (thisAppWidget);

        onUpdate(context, appWidgetMan, appWidgetIds);
}
```

步骤 09　在 MyAppWidget 类的 onDeleted()方法中加入取消 Alarm Manager 的程序代码：

```
@Override
```

```
public void onDeleted(Context context) {
        // TODO Auto-generated method stub
        super. onDeleted(context);
        Log.d(LOG_TAG, " onDeleted()");
        mAlarmManager.cancel(mPendingIntent);
}
```

完成后启动程序并依照上一章的测试方法，观察这个新版 App Widget 运行时产生的 Log 信息，读者会发现，它已经能够在很短的时间间隔内自动重复运行。到目前为止，我们建立了两个 App Widget 范例程序，但是都没有更新程序画面的功能，接下来我们再用一个简单的范例来说明如何更新 App Widget 程序的画面。

46-2 取得并更新 App Widget 程序的画面

App Widget 程序与它的画面之间的关系，和前面学过的 Activity 不同。App Widget 程序的界面布局文件是在配置文件中利用 android:initialLayout 属性指定，而不是在程序代码中加载，所以使用界面组件的方式也不一样。另外，并非我们学过的所有界面组件和编排模式都可以用在 App Widget 中。对于前面章节介绍过的界面组件和编排模式而言，App Widget 可以使用的部分如下：

- TextView
- Button
- ImageButton
- ImageView
- ListView
- GridView
- ProgressBar
- LinearLayout
- RelativeLayout
- FrameLayout

App Widget 程序的界面组件可以在它的初始设置程序中更新，也可以在 App Widget 程序中更新。首先我们示范如何在初始设置程序中更新 App Widget 程序的界面组件，请读者依照下列步骤操作：

步骤 01 打开 App Widget 程序的界面布局文件 res/layout/app_widget.xml，将其中的 TextView 组件改成 ImageView 组件，代码如下：

```
<?xml version="1.0" encoding="utf-8"?>
<LinearLayout xmlns:android="http://schemas.android.com/apk/res/android"
```

```
    android:layout_width="match_parent"
    android:layout_height="match_parent"
    android:orientation="vertical" >

    <ImageView
        android:id="@+id/imgViewAppWidget"
        android:layout_width="wrap_content"
        android:layout_height="wrap_content"
        android:src="@drawable/ic_launcher" />

</LinearLayout>
```

步骤 02 利用 Windows 文件管理器，复制一个大小约 150×150 的 PNG 图像文件到程序项目的 res/drawable-hdpi 文件夹（其实任何一个 drawable-xxx 文件夹都可以），并将文件名设置成 app_widget_icon.png。我们将在程序代码中，使用这个新的图像文件取代原来的 ic_launcher.png 图像文件成为 App Widget 程序的运行画面。

步骤 03 打开 AppWidgetConfigActivity 类的程序文件，在 onCreate()方法中加入以下粗体字的程序代码。我们使用 RemoteViews 取得 App Widget 程序的界面组件，然后利用 RemoteViews 对象中的 setImageViewResource()方法来设置 ImageView 中的图像。接着取得 AppWidgetManager，再利用它更新 App Widget 程序的画面。

```
public class AppWidgetConfigActivity extends Activity {
    ...
    @Override
    protected void onCreate(Bundle savedInstanceState) {
        // TODO Auto-generated method stub
        ...
        MyAppWidget.SaveAlarmManager(alarmMan, penIt);

        RemoteViews viewAppWidget = new RemoteViews(getPackageName(),
                    R.layout.app_widget);
        viewAppWidget.setImageViewResource(R.id.imgViewAppWidget,
                    R.drawable.app_widget_icon);
        AppWidgetManager appWidgetMan = AppWidgetManager.getInstance(this);
        appWidgetMan.updateAppWidget(mAppWidgetId, viewAppWidget);

        Intent itAppWidgetConfigResult = new Intent();
        ...
    }
}
```

在 App Widget 程序中更新画面的方法和上面的过程类似，我们把更新画面的程序代码写在 onUpdate()方法中，例如以下粗体字的程序代码：

```
public void onUpdate(Context context, AppWidgetManager appWidgetManager,
        int[] appWidgetIds) {
    // TODO Auto-generated method stub
    super.onUpdate(context, appWidgetManager, appWidgetIds);
```

```
        Log.d(LOG_TAG, "onUpdate()");

        // 更新 App Widget 程序的 view
        RemoteViews viewAppWidget = new RemoteViews(context.getPackageName(),
                R.layout.app_widget);
        viewAppWidget.setImageViewResource(R.id.imgViewAppWidget,
                R.drawable.app_widget_icon);
        ComponentName appWidget = new ComponentName(context, MyAppWidget.class);
        appWidgetManager.updateAppWidget(appWidget, viewAppWidget);
    }
```

和前面不同的是，我们换成使用 ComponentName 对象的方式取得 App Widget。根据上一节的讨论，我们会在 onReceive()方法中调用 onUpdate()来执行画面更新的工作。测试这个程序的时候，读者可以先取消这些新加入的程序代码。这时候的运行画面如图 46-1 所示，加上更新画面的程序代码之后，运行结果如图 46-2 所示（会因读者使用的 app_widget_icon.png 文件而有不同的图标）。本章介绍的固定间隔时间运行，只是 App Widget 运行的一种模式，这种模式在实现上比较复杂，下一章我们将继续介绍另外两种比较容易实现的模式。

图 46-1　未更新的运行画面

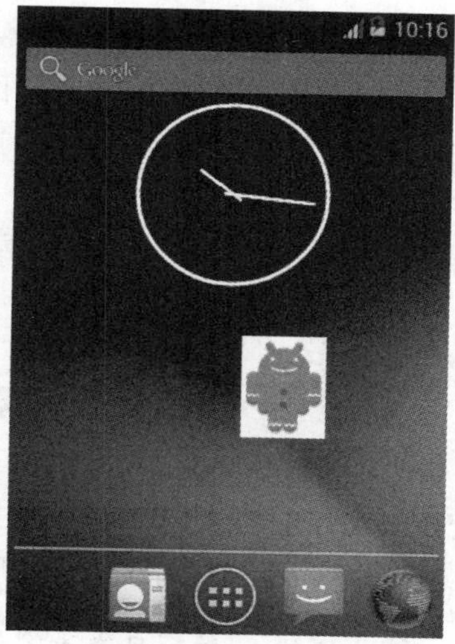

图 46-2　更新的运行画面

Android 版本	1.X	2.X	3.X	4.X
适用性	★	★	★	★

第 47 章 App Widget程序的其他两种运行模式

除了上一章介绍的固定时间间隔的运行方式之外，还可以让 App Widget 程序在预定的时间点运行，或是等用户单击画面上的按钮后再运行。这两种模式的实现方法比较简单，以下我们将依次说明。

47-1 预定运行时间的 App Widget

这种 App Widget 程序不需要使用上一章介绍的初始设置 Activity，只要在它的 onEnabled() 方法中设置好 Alarm Manager 的启动时间即可，操作步骤如下：

步骤 01 利用 Eclipse 的项目查看窗格，复制基本的 App Widget 程序项目，或是利用 Windows 文件管理器，复制基本 App Widget 程序项目的文件夹，复制之后可以更改复制文件夹的名称，然后利用 Eclipse 主菜单中的 File > Import，加载复制的 App 项目。

步骤 02 打开配置文件 res/xml/app_widget_config.xml，把其中的 android:updatePeriodMillis 属性设置为"0"，也就是让 Android 系统不要再主动更新这个 App Widget 程序，换成由我们设置的 Alarm Manager 来处理。

步骤 03 打开 MyAppWidget 类的程序文件，新增以下方法。这个方法是用来设置 Alarm Manager 启动 PendingIntent 对象的时间，时间一到，Alarm Manager 就会发送其中的 Intent 对象，该 Intent 对象就是 MyAppWidget 程序监听的信息。

```
private void setAlarm(Context context, Calendar alarmTime) {
    Intent it = new Intent("com.android.MY_OWN_WIDGET_UPDATE");
    PendingIntent penIt = PendingIntent.getBroadcast(context, 0, it, 0);
```

```
    AlarmManager alarmMan =
    (AlarmManager)context.getSystemService(context.ALARM_SERVICE);
    alarmMan.set(AlarmManager.RTC_WAKEUP, alarmTime.getTimeInMillis(),penIt);
}
```

步骤 04　在 MyAppWidget 类的 onEnabled()方法中加入下列粗体字的程序代码，这一段程序代码的功能是取得系统现在的时间，然后加上 30 秒，再调用上一个步骤建立的 setAlarm()方法，把设置的时间传入，也就是说在 30 秒后，Alarm Manager 会运行我们所设置的操作。

```
public void onEnabled(Context context) {
    // TODO Auto-generated method stub
    super.onEnabled(context);
    Log.d(LOG_TAG, "onEnabled()");

    Calendar alarmTime = Calendar.getInstance();
    alarmTime.setTimeInMillis(System.currentTimeMillis());
    alarmTime.add(Calendar.SECOND, 30);
    setAlarm(context, alarmTime);
}
```

步骤 05　在 MyAppWidget 类的 onReceive()方法中加入下列粗体字的程序代码, 首先检查是否是我们等待的信息。由于我们是使用 Alarm Manager 来启动 App Widget 程序，因此运行的是 onReceive()方法，而不是 onUpdate()，所以我们要在 onReceive()方法中自行调用 onUpdate()。

```
public void onReceive(Context context, Intent intent) {
        // TODO Auto-generated method stub
        super.onReceive(context, intent);

        if(!intent.getAction().equals("com.android.MY_OWN_WIDGET_UPDATE"))
            return;

        Log.d(LOG_TAG, "onReceive()");

        AppWidgetManager appWidgetMan = AppWidgetManager.getInstance(context);
        ComponentName thisAppWidget =
        new ComponentName(context.getPackageName(),MyAppWidget.class.getName());
        int[] appWidgetIds = appWidgetMan.getAppWidgetIds(thisAppWidget);

        onUpdate(context, appWidgetMan, appWidgetIds);
}
```

步骤 06　打开 AndroidManifest.xml 文件，设置 App Widget 程序要监听 MY_OWN_WIDGET_UPDATE 信息，如以下粗体字的程序代码。

```
<?xml version="1.0" encoding="utf-8"?>
<manifest ...>
    <application ...>
```

```
        <receiver android:name="MyAppWidget"
            android:label="App Widget" >
            <intent-filter>
                <action android:name="android.appwidget.action.
            APPWIDGET_UPDATE" />
                <action android:name="com.android.MY_OWN_WIDGET_UPDATE" />
            </intent-filter>
            <meta-data android:name="android.appwidget.provider"
                android:resource="@xml/app_widget_config" />
        </receiver>
    </application>
</manifest>
```

完成以上步骤之后启动程序，然后仿照前面章节的操作方式，观察 App Widget 运行时产生的 Log 信息，就可以发现 App Widget 确实在预定的时间运行 onReceive()和 onUpdate()方法。

47-2 利用按钮启动 App Widget

这种方式就是让 App Widget 程序在手机或平板电脑的 Home screen 显示一个按钮，当用户单击该按钮时就会运行一次 App Widget 程序。实现这种 App Widget 程序的重点在于：如何让单击按钮的事件和运行 App Widget 程序的动作连接起来？答案是使用 PengingIntent 对象，请读者依照下列步骤操作：

步骤01 利用 Eclipse 的项目查看窗格，复制基本的 App Widget 程序项目，或是利用 Windows 文件管理器，复制基本 App Widget 程序项目的文件夹，复制之后可以更改复制文件夹的名称，然后利用 Eclipse 主菜单中的 File > Import，加载复制的 App 项目。

步骤02 打开配置文件 res/xml/app_widget_config.xml，把其中的 android:updatePeriodMillis 属性设置为"0"，也就是让 Android 系统不再主动更新这个 App Widget 程序，换成由我们的程序自行处理。

步骤03 打开 App Widget 程序的界面布局文件 res/layout/app_widget.xml，把其中的 TextView 组件换成 Button，代码如下：

```
<?xml version="1.0" encoding="utf-8"?>
<LinearLayout xmlns:android="http://schemas.android.com/apk/res/android"
    android:layout_width="match_parent"
    android:layout_height="match_parent"
    android:orientation="vertical" >

    <Button
        android:id="@+id/btnUpdate"
        android:layout_width="match_parent"
        android:layout_height="wrap_content"
        android:text="更新 App Widget" />
```

```
</LinearLayout>
```

步骤 04 打开 MyAppWidget 类的程序文件，在 onEnabled()方法中加入以下粗体字的程序代码。首先建立一个包含 App Widget 程序监听信息的 Intent 对象，然后用一个 PendingIntent 对象把它包裹起来，接下来使用上一章介绍过的 RemoteViews 对象取得 App Widget 程序的画面，再用 setOnClickPendingIntent()方法，让按钮单击时运行 PendingIntent 对象，最后取得 AppWidgetManager，把修改后的画面发送给 App Widget 程序。

```
public void onEnabled(Context context) {
    // TODO Auto-generated method stub
    super.onEnabled(context);
    Log.d(LOG_TAG, "onEnabled()");

   Intent it = new Intent();
   it.setAction("com.android.MY_OWN_WIDGET_UPDATE");
   PendingIntent penIt = PendingIntent.getBroadcast(context, 0, it, 0);
   RemoteViews viewAppWidget = new RemoteViews(context.getPackageName(),
          R.layout.app_widget);
   viewAppWidget.setOnClickPendingIntent(R.id.btnUpdate, penIt);
   AppWidgetManager appWidgetMan = AppWidgetManager.getInstance(context);
   ComponentName appWidget = new ComponentName(context, MyAppWidget.class);
   appWidgetMan.updateAppWidget(appWidget, viewAppWidget);
}
```

步骤 05 在 MyAppWidget 类的 onReceive()方法中加入下列粗体字的程序代码，首先检查是否是我们等待的信息，由于我们在步骤 2 中已设置自己更新 App Widget 程序，运行的是 onReceive()方法而不是 onUpdate()，所以我们要在 onReceive()方法中自行调用 onUpdate()。

```
public void onReceive(Context context, Intent intent) {
       // TODO Auto-generated method stub
       super.onReceive(context, intent);

       if(!intent.getAction().equals("com.android.MY_OWN_WIDGET _UPDATE"))
          return;

       Log.d(LOG_TAG, "onReceive()");

       AppWidgetManager appWidgetMan = AppWidgetManager.getInstance(context);
       ComponentName thisAppWidget = new ComponentName
   (context.getPackageName(),
            MyAppWidget.class.getName());
       int[] appWidgetIds = appWidgetMan.getAppWidgetIds(thisAppWidget);

       onUpdate(context, appWidgetMan, appWidgetIds);
}
```

步骤06 打开 AndroidManifest.xml 文件，设置 App Widget 程序要监听 MY_OWN_WIDGET_UPDATE 信息，例如以下粗体字的程序代码。

```
<?xml version="1.0" encoding="utf-8"?>
<manifest ...>
    <application ...>
        <receiver android:name="MyAppWidget"
            android:label="App Widget" >
            <intent-filter>
                <action android:name="android.appwidget.action.
            APPWIDGET_UPDATE" />
                <action android:name="com.android.MY_OWN_WIDGET_UPDATE" />
            </intent-filter>
            <meta-data android:name="android.appwidget.provider"
                android:resource="@xml/app_widget_config" />
        </receiver>
    </application>
</manifest>
```

完成之后启动程序，然后依照上一章的操作方式启动 App Widget，在模拟器的首页会出现一个按钮，如图 47-1 所示。单击该按钮后，将切换到 LogCat 窗口，观察 App Widget 产生的信息，再回到模拟器首页，单击 App Widget 的按钮，然后切换到 LogCat 窗口就会看到 onReceive()方法产生的新信息。

图 47-1　显示的按钮

第9部分

Activity 的生命周期与高级功能

Android 版本	1.X	2.X	3.X	4.X
适用性	★	★	★	★

第 48 章 Activity的生命周期

在第 44 章中我们介绍了 Service 对象的生命周期，也就是从它诞生到结束的过程中所经历的状态转换。本章我们要换个主角，以便看看 Activity 对象的生命周期。到目前为止，我们完成的范例程序都把程序代码放在 onCreate()方法中运行，这个 onCreate()方法是当 Activity 对象被建立的时候，由 Android 系统调用运行。除了 onCreate()之外，还有许多其他的方法会在 Activity 对象改变状态时运行。以第 42 章的范例程序来说，当用户单击主程序 Activity 画面上的按钮时，就会启动“电脑猜拳游戏”的 Activity。如果用户想要结束游戏，可以单击“完成游戏”按钮回到主程序 Activity。这两个 Activity 之间的切换会造成它们状态的改变，如图 48-1 所示。

从图 48-1 中我们可以了解切换 Activity 的过程中所经历的状态改变，以及它们对应的方法。了解 Activity 运行过程中的状态变化，可以让我们在设计程序时，知道如何在适当的时机对用户的操作做出正确的处理。举例来说，如果用户正在编辑一段文字，突然另一个 Activity 被启动运行（例如用户打开网页浏览程序或是接到电话），这时候如果文字编辑程序没有存储用户已经输入的文字，当用户回到文字编辑程序时，就会发现原来已经输入的文字都消失不见，这对用户来说会是一个非常糟糕的结果。

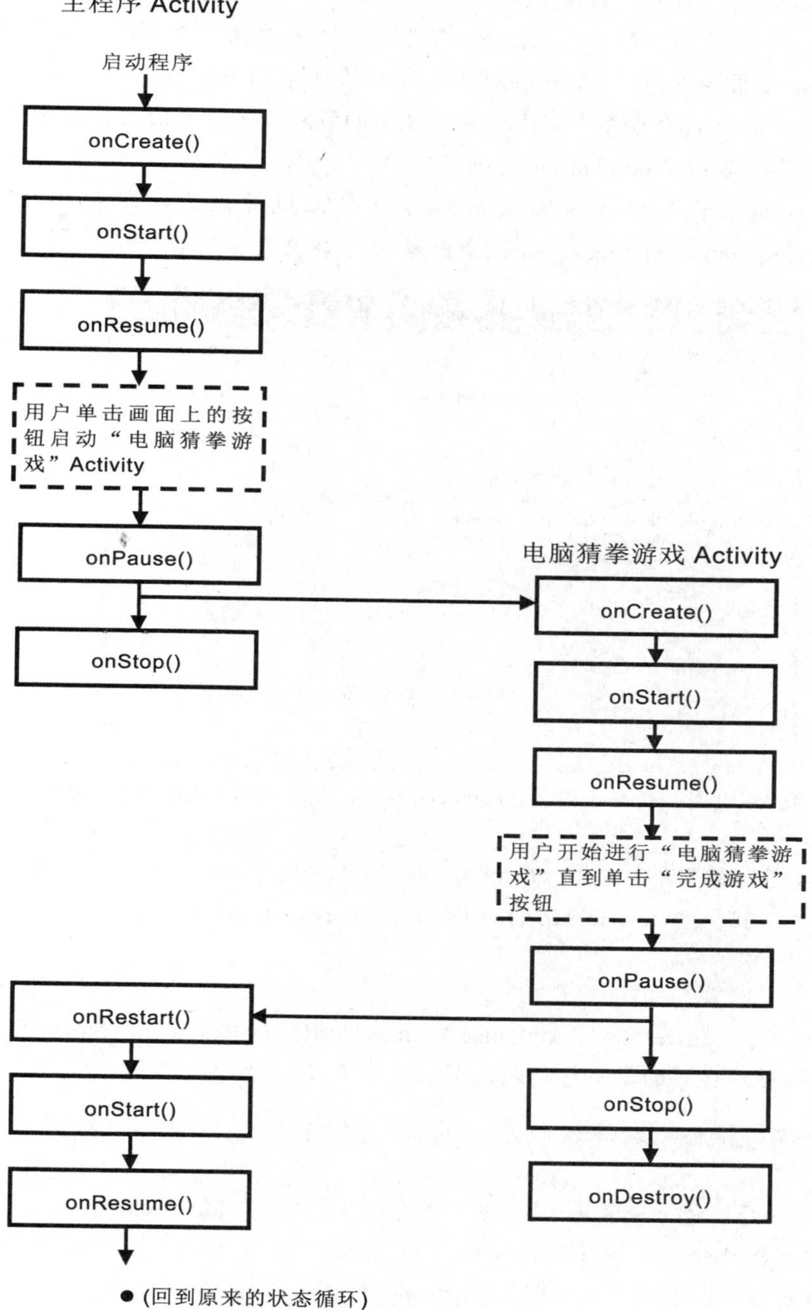

图 48-1 主程序 Activity 和“电脑猜拳游戏”Activity 的切换造成的状态变化流程图

为了追踪 Activity 切换时的状态变化过程，我们可以使用和上一章相同的程序 Log 技巧。本章的范例程序是以第 42 章的程序项目为基础，再加上一些状态改变所运行的方法，以及产生 Log 的程序代码来观察 Activity 的状态变化过程，请读者依照下列说明进行操作。

步骤 01 利用 Eclipse 的项目查看窗格复制第 42 章的程序项目，或是利用 Windows 文件管理器，复制第 42 章的程序项目文件夹，复制之后可以更改复制文件夹的名称，然后利用 Eclipse 主菜单中的 File > Import 加载复制的 App 项目。

步骤 02 在 Eclipse 左边的项目查看窗格中展开复制的程序项目，然后打开其中的程序文件 src/(套件路径名称)/MainActivity.java。

步骤 03 在程序代码编辑窗格中单击鼠标右键，在出现的快捷菜单中选择 Source > Override/Implement Methods…，就会出现如图 48-2 所示的对话框。

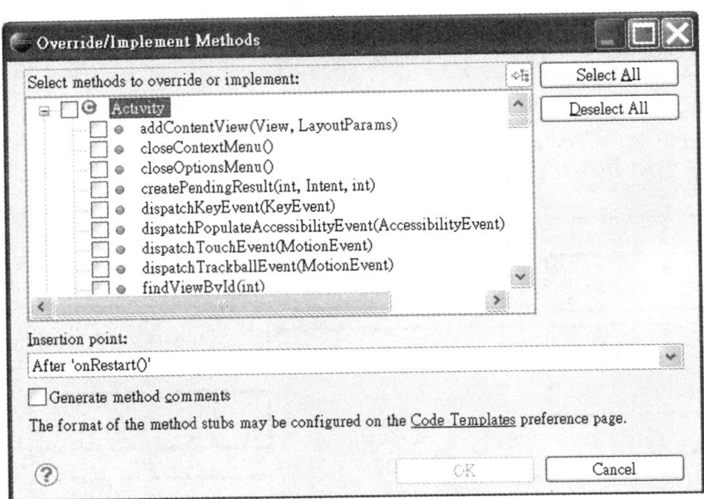

图 48-2 利用 Eclipse 的 Override/Implement Methods 功能加入需要的方法

对话框左上方的列表会列出 Activity 类（也就是这个程序文件的基础类）还没有使用的方法，请读者勾选其中的 onDestroy()、onPause()、onRestart()、onResume()、onStart()和 onStop()，然后单击 OK 按钮。

步骤 04 在 onCreate()、onDestroy()、onPause()、onRestart()、onResume()、onStart()和 onStop()等方法的程序代码的第一行插入以下 Log 命令：

```
Log.d(LOG_TAG, "类名称.onXXX()");
```

其中的“onXXX()”表示每一个方法自己的名称，例如在 MainActivity 类的 onDestroy()方法中就是 MainActivity.onDestroy()。另外，其中的 LOG_TAG 是我们在这个类的程序代码中声明一个常数属性，如下所示，我们将会利用这个 Tag 标签过滤出这个程序项目运行时产生的 log。

```
private final String LOG_TAG = "activity lifecycle";
```

步骤 05 按照步骤 2～4，在 GameActivity.java 程序文件中加上状态改变相关的方法，以及产生 Log 的程序代码。

完成程序代码的编辑之后启动程序，依照上一章的测试方法，一边操作范例程序，一边观察 Eclipse 的 LogCat 窗口中显示的 log 信息（可以利用 log filter 筛选出程序产生的 Log，以方便观察）。这个范例的程序代码并不复杂，而且和前面章节的操作流程很类似，因此我们就不再列出程序代码。如果需要，请读者参考本书提供的可下载程序文件。单击主程序画面中的“启动电脑猜拳游戏程序”按钮后进入游戏，当游戏完成后，又单击“完成游戏”按钮，返回到主程序 Activity 的结果，如图 48-3 所示。

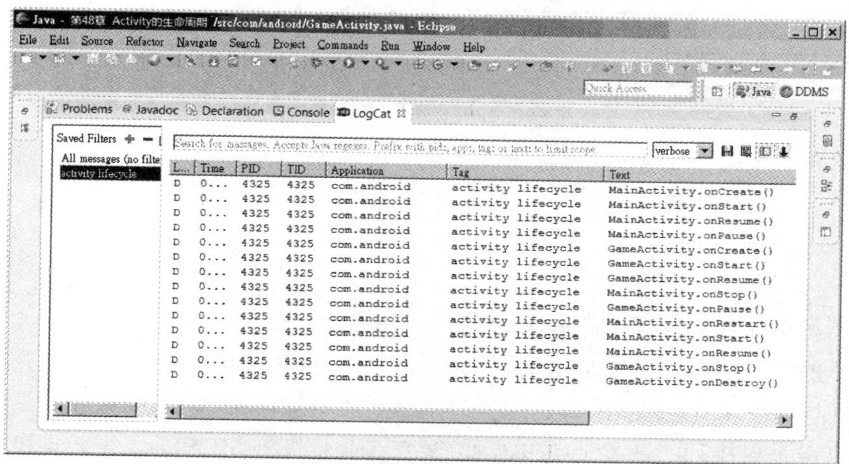

图 48-3　在操作范例程序的过程中所产生的 Log 信息

Android 版本	1.X	2.X	3.X	4.X
适用性	★	★	★	★

第 49 章 帮Activity加上菜单

菜单是图形操作界面程序的主要特色之一，如果程序提供许多功能让用户操作，这些功能就会以菜单的形式，显示在屏幕上供用户单击。手机程序的菜单是当单击模拟器的 MENU 按钮时出现在屏幕下方，如图 49-1 所示（有些手机没有实体的 MENU 按钮，这种情况会在屏幕右上方出现垂直排列的 3 个点，单击这 3 个点也会弹出 MENU）。平板电脑的程序菜单是以动态的方式显示在屏幕的右上方，只有当目前运行的程序提供菜单功能时才会出现菜单按钮。单击该按钮之后菜单就会出现，如图 49-2 所示。

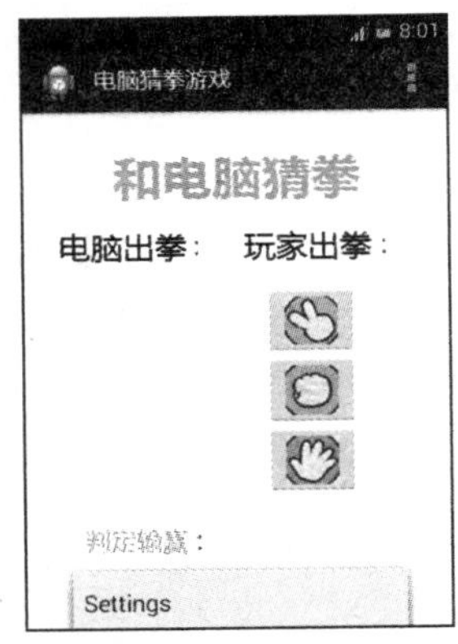

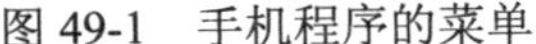

图 49-1　手机程序的菜单

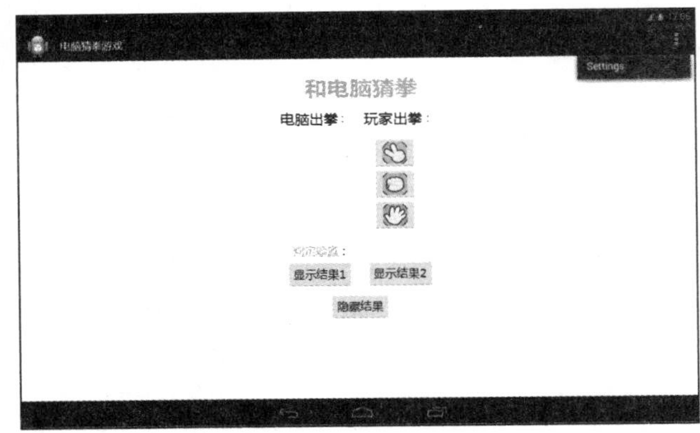

图 49-2　平板电脑程序的菜单

在介绍如何帮程序加上菜单之前，先让我们了解一下 Android 程序菜单的功能和限制。

- 菜单最多只能有两层。
- 菜单只会显示文字，而不会显示图标（在 Android 2.X 以前的手机中，第一层菜单可以使用文字和图标，第二层菜单只能使用文字）。

菜单是 Activity 对象的一部分，因此建立菜单的程序代码必须写在 Activity 类中。建立菜单有两种方法：第一种是在程序中逐一加入菜单中的项目；第二种是将菜单写在 res/menu 文件夹中的菜单定义文件中，然后在程序中加载它。不管是使用哪一种方法，在建立菜单的过程中都需要用到 onCreateOptionsMenu()和 onOptionsItemSelected()这两个 callback function。

49-1 onCreateOptionsMenu()的功能

这是 Activity 的一个状态转换方法，Android 系统会主动调用这个方法，并且传入一个 Menu 类型的对象，让程序建立菜单。我们可以利用 Menu 对象的 add()方法在菜单中新增一个选项。调用 add()方法时，必须传入选项的选项组 id、选项 id、选项的排列次序和选项名称等信息。选项组 id 和选项 id 的排列次序都是从 0 开始，但是项目 id 必须从 Menu 类中定义的 FIRST 常数开始。因为有些项目 id 是保留给 Android 系统使用，请读者参考以下程序代码范例：

```
private static final int MENU_SELECT_MUSIC = Menu.FIRST,
                    MENU_PLAY_MUSIC = Menu.FIRST + 1;

public boolean onCreateOptionsMenu(Menu menu) {
        // TODO Auto-generated method stub
        menu.add(0, MENU_SELECT_MUSIC, 0, "背景音乐");
        menu.add(0, MENU_PLAY_MUSIC, 1, "播放背景音乐");
}
```

如果要建立两层菜单，就必须转换成调用 addSubMenu()方法。这个方法需要传入的数据和 add()方法完全相同，只是它会返回一个 SubMenu 对象，我们调用该 SubMenu 对象的 add()方法，在第二层的菜单中加入选项，例如以下范例：

```
public boolean onCreateOptionsMenu(Menu menu) {
    SubMenu subMenu = menu.addSubMenu(0, MENU_MUSIC, 0, "背景音乐");
    subMenu.add(0, MENU_PLAY_MUSIC, 0, "播放背景音乐");
    subMenu.add(0, MENU_STOP_PLAYING_MUSIC, 1, "停止播放背景音乐");
}
```

49-2 onOptionsItemSelected()的功能

这也是 Activity 的一个状态转换方法，当用户单击了菜单中的某一个选项之后，Android 系统便会运行 onOptionsItemSelected ()，并且传入用户单击的项目，因此这个 callback function 的任务就是根据用户单击的项目，运行对应的程序代码，我们可以使用 switch case 的语法来完成这个工作。

```
public boolean onOptionsItemSelected(MenuItem item) {
        // TODO Auto-generated method stub
```

```
        switch (item.getItemId()) {
        case MENU_PLAY_MUSIC:
            …
            break;
        case MENU_STOP_PLAYING_MUSIC:
            …
            break;
        case MENU_ABOUT:
            …
            break;
        case MENU_EXIT:
            …
            break;
        }

        return super.onOptionsItemSelected(item);
    }
```

49-3 建立 XML 格式的菜单定义文件

前面介绍的方法是利用程序代码来建立菜单，使用程序代码建立菜单的好处是可以根据运行的情况，动态改变菜单中的项目，但是缺点是会增加程序的长度。如果程序的菜单是固定的，那么可以考虑利用 XML 格式的菜单定义文件。程序中只要加载该菜单资源就可以使用，以下是一个菜单定义文件的范例：

```
<?xml version="1.0" encoding="utf-8"?>
<menu xmlns:android="http://schemas.android.com/apk/res/android">
    <item android:title="@string/menuItemBackgroundMusic"
        android:icon="@android:drawable/ic_media_ff" >
        <menu>
            <item android:id="@+id/menuItemPlayBackgroundMusic"
                android:title="@string/menuItemPlayBackgroundMusic" />
            <item android:id="@+id/menuItemStopBackgroundMusic"
                android:title="@string/menuItemStopBackgroundMusic" />
        </menu>
    </item>
    <item android:id="@+id/menuItemAbout"
        android:title="@string/menuItemAbout"
        android:icon="@android:drawable/ic_dialog_info" />
    <item android:id="@+id/menuItemExit"
        android:title="@string/menuItemExit"
        android:icon="@android:drawable/ic_menu_close_clear_cancel" />
</menu>
```

菜单定义文件的最外层是<menu>标签，其中的每一个<item>标签表示每一个选项，<item>

标签中的属性可以指定项目的 id（程序代码会用这个 id 来判断用户单击的选项）、项目名称以及和项目名称一起显示的小图标。这些属性的设置方式都和我们已经学过的界面组件属性的用法相同。虽然在上面的范例中，我们指定了选项所使用的小图标，可是如果把这个菜单配置文件套用到 Android 3.0 以上的平台时菜单并不会显示小图标。

另外在第一个<item>标签中，我们定义了另一个<menu>标签，这就是第二层菜单的建立方式，这时候第一层的<item>标签不需要设置 id，因为它只是第二层菜单的入口，并不是真正的选项，以下我们整理出建立菜单配置文件的详细步骤。

步骤 01　在 Eclipse 左边的项目查看窗格中，用鼠标右键单击 App 项目的 res 文件夹，然后从弹出的快捷菜单中选择 New > Android XML File。在出现的对话框中，将 Resource Type 框设置为 Menu，在 File 框中输入菜单配置文件的名称，例如 menu_main_activity（注意文件名只能用小写英文字母、数字或是下划线字符），然后在下方的项目列表中单击 menu，最后单击 Finish 按钮，新增的菜单配置文件会自动打开在编辑窗格中。

步骤 02　菜单定义文件有两种编辑模式，我们可以单击编辑窗格左下方的 Tab 标签页来切换：Layout 模式是采用对话框的交互编辑方式；另一种则是纯文字的程序代码编辑模式。

步骤 03　菜单定义文件中使用的字符串，必须定义在字符串资源文件 res/values/strings.xml 中。

步骤 04　如果菜单定义文件中用到图标图像文件，必须将该图标图像文件放到程序项目的 res/drawable 系列的文件夹中。

以上是建立菜单配置文件的步骤，至于如何在程序代码中加载菜单，我们将在下一节的操作范例中说明。

49-4　范例程序

这个范例程序是在主程序的 Activity 中加上如图 49-3 所示的菜单，其中的“背景音乐”项目是一个二层式的菜单，其中包含“播放背景音乐”和“停止播放背景音乐”两个项目。如果单击“播放背景音乐”，程序会启动一个 Service 来播放存储在 SD 卡中的 song.mp3 文件（运行这个范例程序，需要将这个文件上传到模拟器的 SD 卡中，有关操作 SD 卡的步骤请参考第 38 章中的介绍）。如果单击“停止播放背景音乐”，则会结束该 Service 的运行。另外两个选项“关于这个程序……”和“结束”则分别用来显示如图 49-4 所示的程序相关信息和结束程序，以下我们将逐一说明完成这个程序项目的步骤。

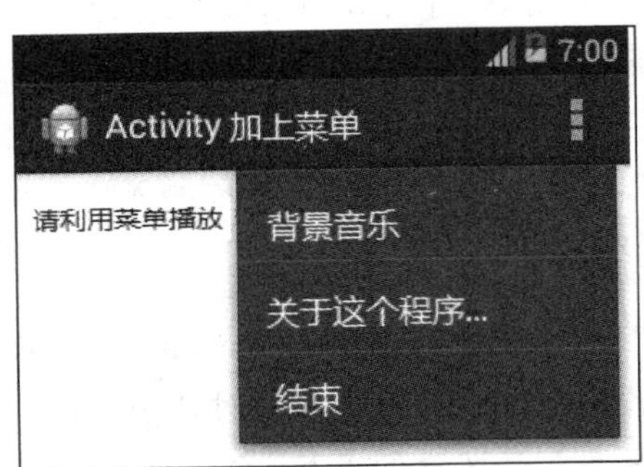

图 49-3　范例程序的菜单

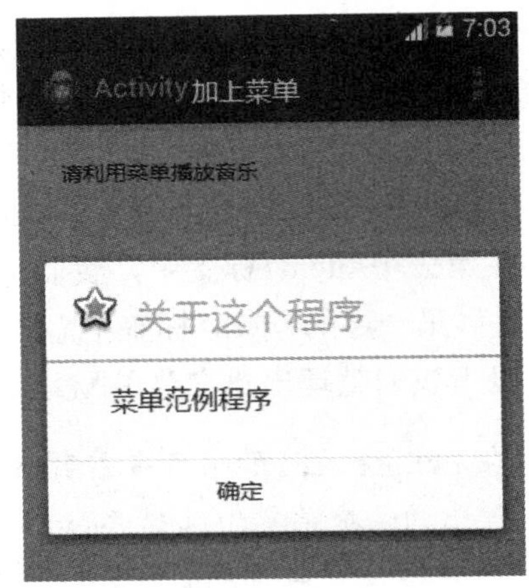

图 49-4　程序相关信息对话框

步骤 01　依照之前的方法建立一个新的 App 项目。

步骤 02　打开程序项目的字符串资源文件 res/values/strings.xml，修改其中的字符串如下：

```
<string name="hello_world">请利用菜单播放背景音乐</string>
```

步骤 03　打开主程序文件 src/(套件路径名称)/MainActivity.java，在程序代码中单击鼠标右键，在弹出的快捷菜单中选择 Source > Override/Implement Methods 命令，在程序中加入 onCreateOptionsMenu()和 onOptionsItemSelected()两个方法（onCreateOptionsMenu()方法在项目建立时就会自动加入，所以只要再加入 onOptionsItemSelected()即可）。

步骤 04　在以上两个方法的程序代码中加入如下建立菜单和处理菜单的程序代码：

```
public class MainActivity extends Activity {

    private static final int MENU_MUSIC = Menu.FIRST,
                        MENU_PLAY_MUSIC = Menu.FIRST + 1,
                        MENU_STOP_PLAYING_MUSIC = Menu.FIRST + 2,
                        MENU_ABOUT = Menu.FIRST + 3,
                        MENU_EXIT = Menu.FIRST + 4;


    @Override
    protected void onCreate(Bundle savedInstanceState) {
        super.onCreate(savedInstanceState);
        setContentView(R.layout.activity_main);
    }

    @Override
    public boolean onCreateOptionsMenu(Menu menu) {
        SubMenu subMenu = menu.addSubMenu(0, MENU_MUSIC, 0, "背景音乐")
                .setIcon(android.R.drawable.ic_media_ff);
        subMenu.add(0, MENU_PLAY_MUSIC, 0, "播放背景音乐");
        subMenu.add(0, MENU_STOP_PLAYING_MUSIC, 1, "停止播放背景音乐");
        menu.add(0, MENU_ABOUT, 1, "关于这个程序...")
            .setIcon(android.R.drawable.ic_dialog_info);
```

```
        menu.add(0, MENU_EXIT, 2, "结束")
            .setIcon(android.R.drawable.ic_menu_close_clear_cancel);

        return true;
    }

    @Override
    public boolean onOptionsItemSelected(MenuItem item) {
        // TODO Auto-generated method stub
        switch (item.getItemId()) {
        case MENU_PLAY_MUSIC:
            Intent it = new Intent(MainActivity.this, MediaPlayService.class);
            startService(it);
            break;
        case MENU_STOP_PLAYING_MUSIC:
            it = new Intent(MainActivity.this, MediaPlayService.class);
            stopService(it);
            break;
        case MENU_ABOUT:
            new AlertDialog.Builder(MainActivity.this)
                .setTitle("关于这个程序")
                .setMessage("菜单范例程序")
                .setCancelable(false)
                .setIcon(android.R.drawable.star_big_on)
                .setPositiveButton("确定",
                    new DialogInterface.OnClickListener() {
                        @Override
                        public void onClick(DialogInterface dialog, int which) {
                            // TODO Auto-generated method stub
                        }
                    })
                .show();

            break;
        case MENU_EXIT:
            finish();
            break;
        }

        return super.onOptionsItemSelected(item);
    }

}
```

步骤 05 新增一个继承自 android.app.Service 类的新类，我们可以将它取名为 MediaPlayService，然后利用步骤 2 的操作技巧，加入 onStartCommand()和 onDestroy()这两个方法。

步骤 06 在以上两个方法中加入以下利用粗体标识的程序代码。在 onStartCommand()方法中，我们建立一个 MediaPlayer 对象，并指定播放存储在 SD 卡中的 song.mp3 文件，然后将它启动。在 onDestroy()方法中，则停止运行该 MediaPlayer 对象。有关 Service 的用法我们已经在第 44 章中做过详细介绍，读者可以参考其中的说明。

```
public class MediaPlayService extends Service {

    private MediaPlayer player;

    @Override
    public IBinder onBind(Intent arg0) {
        // TODO Auto-generated method stub
        return null;
    }

    @Override
    public void onDestroy() {
        // TODO Auto-generated method stub
        super.onDestroy();

        player.stop();
    }

    @Override
    public int onStartCommand(Intent intent, int flags, int startId) {
        // TODO Auto-generated method stub
        Uri uriFile = Uri.fromFile(new File(
              Environment.getExternalStorageDirectory().getPath() +
          "/song.mp3"));
        player = MediaPlayer.create(this, uriFile);
        player.start();

        return super.onStartCommand(intent, flags, startId);
    }

}
```

步骤 07 打开程序功能描述文件 AndroidManifest.xml，加入 MediaPlayService 的信息，设置读取 SD 卡的权限：

```
<?xml version="1.0" encoding="utf-8"?>
<manifest ... >

    <uses-sdk
        ... />

    <uses-permission android:name="android.permission.READ_EXTERNAL
_STORAGE"/>

    <application
        ... >
        <activity
```

```
        ...
      </activity>
      <service android:name=".MediaPlayService" android:enabled="true" />
    </application>

  </manifest>
```

以上是利用程序代码的方式建立菜单，如果要换成利用菜单配置文件的方式建立菜单呢？只要修改步骤 4 的程序代码如下，其中粗体字是必须修改的部分，我们换成使用 MenuInflater 对象的 inflate()方法，将菜单资源（根据菜单的定义文件产生）设置给程序中的菜单对象。另外在判断用户单击的选项时，则改成使用菜单配置文件中的<item>标签的 id。这个范例程序使用的菜单配置文件就是上一节的菜单定义文件范例。

```
  public boolean onCreateOptionsMenu(Menu menu) {
     // TODO Auto-generated method stub
     MenuInflater inflater = getMenuInflater();
     inflater.inflate(R.menu.menu_main_activity, menu);

     return super.onCreateOptionsMenu(menu);
  }

  @Override
  public boolean onOptionsItemSelected(MenuItem item) {
     // TODO Auto-generated method stub
     switch (item.getItemId()) {
     case R.id.menuItemPlayBackgroundMusic:
        Intent it = new Intent(MainActivity.this, MediaPlayService.class);
        startService(it);
        break;
     case R.id.menuItemStopBackgroundMusic:
        it = new Intent(MainActivity.this, MediaPlayService.class);
        stopService(it);
        break;
     case R.id.menuItemAbout:
        new AlertDialog.Builder(MainActivity.this)
            .setTitle("关于这个程序")
            .setMessage("菜单范例程序")
            .setCancelable(false)
            .setIcon(android.R.drawable.star_big_on)
            .setPositiveButton("确定",
               new DialogInterface.OnClickListener() {
                  @Override
                  public void onClick(DialogInterface dialog, int which) {
                     // TODO Auto-generated method stub
                  }
               })
            .show();

        break;
```

```
        case R.id.menuItemExit:
            finish();
            break;
        }

        return super.onOptionsItemSelected(item);
    }
```

Android 版本	1.X	2.X	3.X	4.X
适用性	★	★	★	★

第 50 章 使用Context Menu

微软窗口程序有一个很方便的功能，就是在不同的位置单击鼠标右键，都可以调出一组常用菜单，让用户选取想要运行的项目。这种快捷菜单是一种很方便的操作方式，可是手机和平板电脑并没有配备鼠标，所以 Android 系统改用“按久一点”的方式（就是单击触控屏幕画面并维持 1 秒钟）来启动快捷菜单。这种快捷菜单叫做 Context Menu，Context 的意思是说和单击的位置有关，在不同的位置按住屏幕就会出现不同的 Context Menu。

50-1 Context Menu 的用法和限制

使用 Context Menu 并不困难，只要在 Activity 中加入 onCreateContextMenu()和 onContextItemSelected()方法即可。当程序在运行的时候，发生“按久一点”的情况时，系统会自动调用程序的 onCreateContextMenu()方法，我们就在这个方法中建立 Context Menu，系统将它显示在画面上。当用户从 Context Menu 选择一个项目时，系统会再调用程序的 onContextItemSelected()方法。我们在这个方法中判断用户选择的项目，然后运行对应的工作。另外，我们还要在程序的 onCreate()中调用 registerForContextMenu()方法，注册能够接收 Context Menu 事件的 View 组件。

建立 Context Menu 的过程和上一章建立菜单的过程非常类似，同样也有两种方式：第一种是利用程序代码建立 Context Menu；第二种是利用 XML 菜单配置文件建立 Context Menu，我们将在下一节中示范实现的方法。另外要提醒读者的是，使用 Context Menu 时有下列两项限制：

- Context Menu 的选项只能够使用文字，无法显示图标。就算我们在建立 Context Menu 时利用 setIcon()方法设置选项的图标，也不会在 Context Menu 中显示。

- Context Menu 和上一章介绍的程序菜单一样，最多只能有两层。

接下来我们就以实际范例示范 Context Menu 的建立过程和运行效果。

50-2 范例程序

我们在上一章的菜单范例程序中加上 Context Menu 的功能，请读者依照下列步骤操作。

步骤 01 复制上一章的 App 程序项目，可以利用 Eclipse 项目查看窗格的 Copy/Paste 功能，或是利用 Windows 文件管理器完成复制，再利用 Eclipse 主菜单中的 File > Import，加载复制的 App 项目。

步骤 02 打开界面布局文件 res/layout/activity_main.xml，在<RelativeLayout>和<TextView>两个界面组件中加上 id 属性（如下粗体字的部分），因为我们要在程序中向系统注册这两个界面组件时都要使用 Context Menu。

```
<RelativeLayout xmlns:android="http://schemas.android.com/apk/res/android"
    xmlns:tools="http://schemas.android.com/tools"
    android:id="@+id/relativeLayout"
    android:layout_width="match_parent"
    android:layout_height="match_parent"
    android:paddingBottom="@dimen/activity_vertical_margin"
    android:paddingLeft="@dimen/activity_horizontal_margin"
    android:paddingRight="@dimen/activity_horizontal_margin"
    android:paddingTop="@dimen/activity_vertical_margin"
    tools:context=".MainActivity" >

    <TextView
        android:id="@+id/txtView"
        android:layout_width="wrap_content"
        android:layout_height="wrap_content"
        android:text="@string/hello_world" />

</RelativeLayout>
```

步骤 03 打开项目的字符串资源文件 res/values/strings.xml，修改显示在屏幕上的提示文字。

```
<string name="hello_world">请按住屏幕并维持一秒钟</string>
```

步骤 04 打开主程序文件，在 onCreate()方法中加入注册使用 Context Menu 组件的程序代码（如下粗体字的部分）：

```
public class MainActivity extends Activity {

    ...
```

```
    private RelativeLayout mRelativeLayout;
    private TextView mTxtView;

    @Override
    protected void onCreate(Bundle savedInstanceState) {
        super.onCreate(savedInstanceState);
        setContentView(R.layout.activity_main);

        mRelativeLayout = (RelativeLayout) findViewById(R.id.relativeLayout);
        registerForContextMenu(mRelativeLayout);
        mTxtView = (TextView) findViewById(R.id.txtView);
        registerForContextMenu(mTxtView);
    }

  ...

}
```

步骤 05 在主程序文件中加入 onCreateContextMenu()和 onContextItemSelected()方法，加入这两个方法的过程与上一章的操作方式相同，先在程序代码编辑窗格中单击鼠标右键，在弹出的快捷菜单中选择 Source > Override/Implement Methods，就会弹出一个对话框，在对话框中勾选这两个方法，再单击 OK 按钮即可，然后在这两个方法中分别输入以下程序代码：

```
@Override
public void onCreateContextMenu(ContextMenu menu, View v,
        ContextMenuInfo menuInfo) {
    // TODO Auto-generated method stub
    super.onCreateContextMenu(menu, v, menuInfo);

    if (v == mRelativeLayout) {
        if (menu.size() == 0) {
                SubMenu subMenu = menu.addSubMenu(0, MENU_MUSIC, 0,
            "背景音乐");
            subMenu.add(0, MENU_PLAY_MUSIC, 0, "播放背景音乐");
            subMenu.add(0, MENU_STOP_PLAYING_MUSIC, 1, "停止播放背景音乐");
            menu.add(0, MENU_ABOUT, 1, "关于这个程序...");
            menu.add(0, MENU_EXIT, 2, "结束");
        }
    }
    else if (v == mTxtView) {
        menu.add(0, MENU_ABOUT, 1, "关于这个程序...");
    }
}

@Override
public boolean onContextItemSelected(MenuItem item) {
    // TODO Auto-generated method stub
    onOptionsItemSelected(item);
```

```
    return super.onContextItemSelected(item);
}
```

onCreateContextMenu()方法中的工作就是建立想要显示的菜单，由于我们向系统注册 RelativeLayout 和 TextView 这两个组件都要使用 Context Menu，如果用户在 TextView 组件以外的区域启动 Context Menu，系统就会调用 onCreateContextMenu()，然后传入 RelativeLayout 对象（自变量 v）。可是如果用户在 TextView 组件上启动 Context Menu，系统会调用 onCreateContextMenu()两次，第一次先传入 TextView 对象，第二次再传入 RelativeLayout 对象（因为 TextView 在 RelativeLayout 上层），因此我们在 onCreateContextMenu()中，借助检查自变量 v（以上程序代码的粗体字部分）来决定究竟用户是在哪一个区域启动 Context Menu，而且在建立 RelativeLayout 的 Context Menu 之前借助调用 size()方法检查是否在 menu 中已经含有选项，如果是，表示前面已经运行过 TextView 的 Context Menu 程序代码，因此不再建立 LinearLayout 的 Context Menu，以免重复。在 onContextItemSelected()中，则是直接调用程序菜单的 onOptionsItemSelected()方法来处理用户的选择，因为两者的处理方式完全相同。

以上是利用程序代码的方式建立 Context Menu，如果换成用菜单配置文件的方式，则我们必须先依照上一章介绍的方法，新增如下 XML 菜单配置文件。

res/menu/context_menu_relative_layout.xml：

```
<?xml version="1.0" encoding="utf-8"?>
<menu xmlns:android="http://schemas.android.com/apk/res/android">
    <item android:title="@string/menuItemBackgroundMusic" >
        <menu>
            <item android:id="@+id/menuItemPlayBackgroundMusic"
              android:title="@string/menuItemPlayBackgroundMusic" />
            <item android:id="@+id/menuItemStopBackgroundMusic"
              android:title="@string/menuItemStopBackgroundMusic" />
        </menu>
    </item>
    <item android:id="@+id/menuItemAbout"
         android:title="@string/menuItemAbout" />
    <item android:id="@+id/menuItemExit"
         android:title="@string/menuItemExit" />
</menu>
```

res/menu/context_menu_text_view.xml：

```
<?xml version="1.0" encoding="utf-8"?>
<menu xmlns:android="http://schemas.android.com/apk/res/android">
    <item android:id="@+id/menuItemAbout"
         android:title="@string/menuItemAbout" />
</menu>
```

以上分别给出 RelativeLayout 和 TextView 这两个组件使用的菜单配置文件，然后将步骤 5 的程序代码修改如下，其中粗体字是必须修改的部分。我们换成使用 MenuInflater 对象的

inflate()方法将菜单资源（由菜单定义文件产生）设置给程序中的菜单对象。完成之后运行程序，然后分别在 TextView 组件和其他区域上按住屏幕并维持 1 秒以上，就可以看到不同的 Context Menu，如图 50-1 所示。

```
public void onCreateContextMenu(ContextMenu menu, View v,
    ContextMenuInfo menuInfo) {
    // TODO Auto-generated method stub
    super.onCreateContextMenu(menu, v, menuInfo);

    if (v == mRelativeLayout) {
        if (menu.size() == 0) {
            MenuInflater inflater = getMenuInflater();
            inflater.inflate(R.menu.context_menu_relative_layout, menu);
        }
    }
    else if (v == mTxtView) {
        MenuInflater inflater = getMenuInflater();
        inflater.inflate(R.menu.context_menu_text_view, menu);
    }
}

public boolean onContextItemSelected(MenuItem item) {
    // TODO Auto-generated method stub
    onOptionsItemSelected(item);

    return super.onContextItemSelected(item);
}
```

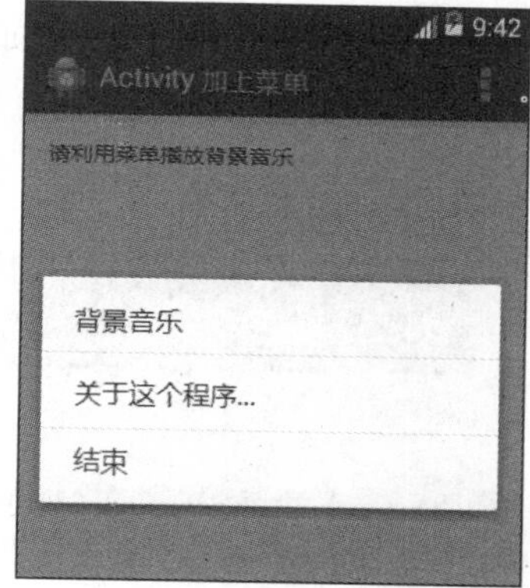

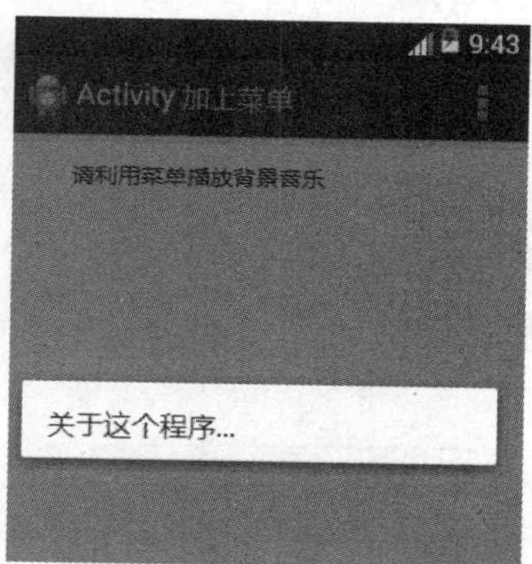

图 50-1　Context Menu 范例程序的运行画面

Android 版本	1.X	2.X	3.X	4.X
适用性			★	★

第 51 章 在Action Bar加上功能选项

在第49章中我们学会了如何帮程序加上菜单，Android程序菜单的正式名称叫做Options Menu。Options Menu 的作用等同于微软窗口程序的菜单，如果我们回想一下微软窗口程序的操作方式，除了菜单之外，还有一个好用的工具栏。工具栏是常用的功能项目集合，用户可以直接单击它，而不需要下拉菜单。Android 程序也有类似的设计，我们可以将 Options Menu 中常用的项目，直接放在屏幕上方的 Action Bar 中。所谓 Action Bar 就是从屏幕左上方的程序小图标开始，水平延伸到屏幕最右边的那一排区域，如图 51-1 所示，而直接放在 Action Bar 的功能选项称为 Action Item。除了 Action Item 之外，Action Bar 上还可以建立具有操作界面的 Action View，例如微软 Word 程序工具栏上的字型设置，图 51-2 上方的搜索功能就是一个 Action View。在开始学习建立 Action Item 和 Action View 以前，先让我们了解如何控制 Action Bar。

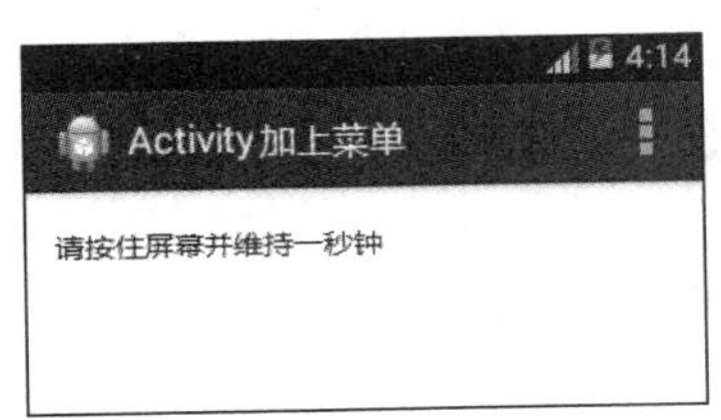

图 51-1　Android 程序的 Action Bar

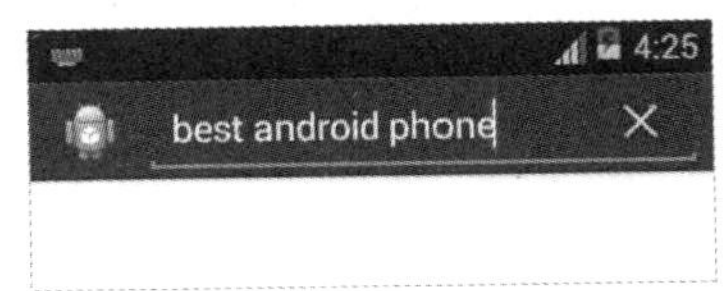

图 51-2　Android 程序的 Action View

让程序在 Android 2.X 的手机中也能够使用 Action Bar

Action Bar 是 Android 3.0 以后才提出的技术，为了能够在旧版本的 Android 手机上也能够做出 Action Bar 的效果，Google 特别提供一个名为 android-support-v7-appcompat 的链接库项目。只要让 App 使用这个链接库项目，就可以让我们开发的程序在 Android 1.6 以后的所有手机和平板电脑上都能够使用 Action Bar，只是相关的方法和继承的 Activity 类，以及使用的 Theme 都必须做适当地修改，详细的用法请读者参考 Android 官方网站的技术文件。

51-1 控制 Action Bar

Action Bar 是 Android 3.0 以后的版本才具备的功能，如果程序中要使用 Action Bar，必须在新增程序项目的对话框中设置 Min SDK Version 框为 11 以上（11 是 Android 3.0 的版本编号），或者在 AndroidManifest.xml 程序功能描述文件中设置程序项目的 SDK 版本，例如以下粗体字的部分：

```
<?xml version="1.0" encoding="utf-8"?>
<manifest …>
    <uses-sdk android:minSdkVersion="11" />

    <application android:icon="@drawable/icon" android:label=
"@string/app_name">
        …
    </application>
</manifest>
```

程序可以移除或是隐藏 Action Bar，以获取更大的显示空间。如果要移除 Action Bar（移除之后程序就无法再使用它），可以在程序功能描述文件中，设置 Activity 的 android:theme 属性，代码如下：

```
<activity …
android:theme="@android:style/Theme.Holo.NoActionBar">
```

如果程序只是想暂时隐藏 Action Bar，之后会让它重新显示，可以在程序代码中取得系统的 ActionBar 对象，再对它进行控制：

```
ActionBar actBar = getActionBar();
actBar.hide();   // 隐藏 Action Bar
…
actBar.show();   // 显示 Action Bar
```

除了隐藏和显示 Action Bar 以外，也可以让程序的标题消失（也就是只显示程序的小图标），或是改变程序的小图标，甚至更改 Action Bar 的底图或底色，例如以下范例：

```
actBar.setDisplayShowTitleEnabled(false); // 隐藏程序标题
actBar.setDisplayUseLogoEnabled(true);     // 改变程序的小图标
actBar.setDisplayHomeAsUpEnabled(true);
                                // 在程序小图标的左边显示一个向左的箭头（表示回上一页）
actBar.setBackgroundDrawable(new ColorDrawable(0xFF505050));
                                // 设置 Action Bar 的底色为灰色
```

设置 setDisplayUseLogoEnabled(true) 的时候，必须配合修改程序功能描述文件 AndroidManifest.xml，在<application>标签中新增 android:logo 属性，指定程序使用的图标文件，例如以下粗体字的程序代码：

```
<?xml version="1.0" encoding="utf-8"?>
<manifest …>
    <uses-sdk android:minSdkVersion="11" />
    <application …
        android:logo="@drawable/app_logo">
        <activity …>
            …
        </activity>
    </application>
</manifest>
```

甚至也可以设计一个界面布局文件，然后把它套用到 Action Bar：

```
actBar.setCustomView(R.layout.界面布局文件名称);
actBar.setDisplayOptions(ActionBar.DISPLAY_SHOW_CUSTOM);
```

运行 Action Bar 的 setCustomView() 之后，记得要调用 setDisplayOptions(ActionBar.DISPLAY_SHOW_CUSTOM)才会有效果。其实 setDisplayOptions() 这个方法也可以控制是否显示程序标题、小图标等，请参考以下范例：

```
actBar.setDisplayOptions(ActionBar.DISPLAY_HOME_AS_UP);
// 等于调用 setDisplayHomeAsUpEnabled(true)
actBar.setDisplayOptions(ActionBar.DISPLAY_SHOW_HOME | DISPLAY_SHOW_TITLE);
// 显示小图标和标题
actBar.setDisplayOptions(ActionBar.DISPLAY_USE_LOGO);
// 等于调用 setDisplayUseLogoEnabled(true)
```

了解了控制 Action Bar 的方法之后，接下来就让我们开始介绍如何使用 Action Item 和 Action View。

51-2 在 Action Bar 加上 Action Item

在前面的说明中我们提到一个概念，就是 Action Item 是来自 Options Menu 的选项，我们将 Options Menu 中常用的功能抽取出来放在 Action Bar 上成为 Action Item。要完成这件工作其实很简单，如果我们是使用 XML 菜单配置文件的方式建立 Options Menu，只要在<item>标签中增加以下粗体字的属性设置即可：

```
<item …
    android:showAsAction="ifRoom" />
```

这个属性告诉 Android 系统，如果 Action Bar 上还有空间，就把这个选项抽取出来变成 Action Item。Action Item 默认会用图标的方式显示，如果要加上项目名称，可以换成以下的设置值：

```
<item …
    android:showAsAction="ifRoom|withText" />
```

另外，我们也可以利用程序代码的方式让选项变成 Action Item，首先在 onCreateOptionsMenu()中取得选项的 MenuItem 对象，然后调用它的 setShowAsAction()方法，代码如下：

```
MenuItem menuItem = menu.findItem(R.id.MenuItemId);  // MenuItemId 是 xml 菜单
定义文件中设置的选项 id
menuItem.setShowAsAction(MenuItem.SHOW_AS_ACTION_IF_ROOM);
```

如果要同时显示选项的图标和名称，可以加上 MenuItem.SHOW_AS_ACTION_WITH_TEXT 参数：

```
MenuItem menuItem = menu.findItem(R.id.MenuItemId);
// MenuItemId 是 XML 菜单定义文件中设置的选项 id
menuItem.setShowAsAction(
    MenuItem.SHOW_AS_ACTION_IF_ROOM|MenuItem.SHOW_AS_ACTION_WITH_TEXT);
```

用户单击 Action Item 之后，系统的处理方式就如同单击 Options Menu 中的选项一样，也就是会调用 onOptionsItemSelected()方法，并且传入选项 id，因此程序代码的处理方式和第 49 章中的说明完全相同。

Android 程序在运行时，会在 Action Bar 的左边显示一个程序的小图标，其实这个小图标也是一个 Action Item，如果用户单击它，系统同样会调用 onOptionsItemSelected()方法，然后传入 android.R.id.home。如果需要的话，程序也可以对它进行处理。

51-3 在 Action Bar 加上 Action View

上一小节介绍的 Action Item 只是一个可以单击的按钮，如果想做到类似于微软中的 Word 程序工具栏中的字体设置下拉列表，就必须使用 Action View。Action View 可以是各种类型的界面组件组成的一个操作单元，它的运行方式类似于前面介绍过的对话框，也就是说我们可以自己设计操作界面，然后设置界面组件的事件 listener 以响应用户的操作。由于 Action Bar 的空间有限，因此一个 Action View 通常只有一、两个界面组件。

建立 Action View 的过程与 Action Item 相比，需要比较多的步骤，以下是详细的操作流程：

步骤 01 建立一个 Action View 使用的界面布局文件，在这个界面布局文件中，我们可以套用之前学过的各种界面组件的语法。

步骤 02 在 res/menu 文件夹中的菜单配置文件中声明一个<item>标签，并且加上 android:showAsAction 和 android:actionLayout 属性。第一个属性用于说明这个项目要显示在 Action Bar，第二个属性用于指定它使用的界面布局文件，例如以下范例是假设我们在步骤 1 中，已经建立一个名为 select_region.xml 的界面布局文件。

```
<item android:id="@+id/menuItemRegion"
      android:title="@string/menuItemRegion"
      android:icon="@android:drawable/ic_menu_search"
      android:showAsAction="ifRoom"
      android:actionLayout="@layout/select_region" />
```

步骤 03 在程序文件的 onCreateOptionsMenu()方法中取得 Action View 中的界面组件，并设置好它的事件 listener，我们必须在程序中自行建立这些事件 listener。

了解了 Action Item 和 Action View 的用法之后，接下来我们用一个实际范例来示范实现的过程。

51-4 范例程序

我们将在第 49 章的菜单范例程序中加上 Action Item 和 Action View，并且改变 Action Bar 的外观，程序在平板电脑中的运行画面如图 51-3 所示，在手机中的运行画面如图 51-4 所示。比较图 51-3 和 51-4 可以发现，Action Item 和 Action View 会根据 Action Bar 的可用空间大小自动调整。在手机上有些项目会换成在菜单中显示，平板电脑的运行画面则会显示两个新增的 Action View：左边的那一个“放大镜”图标是搜索栏，右边的 Action View 是由 TextView 和 Spinner 两个界面组件组成，它的功能是让用户从中选择一个地区，图 51-5 是这两个 Action View 的操作画面。

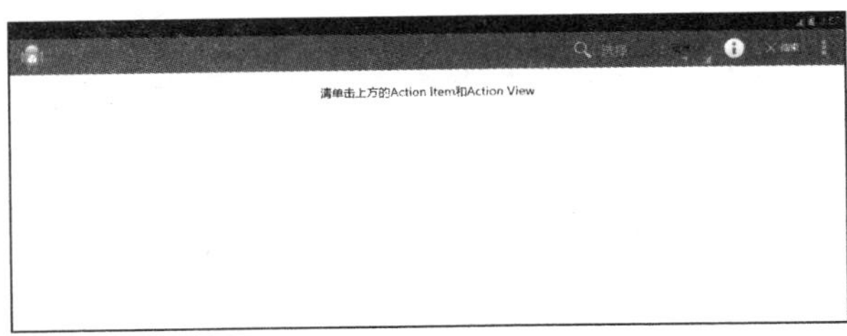

图 51-3　Action Item 和 Action View 范例程序在平板电脑中的运行画面

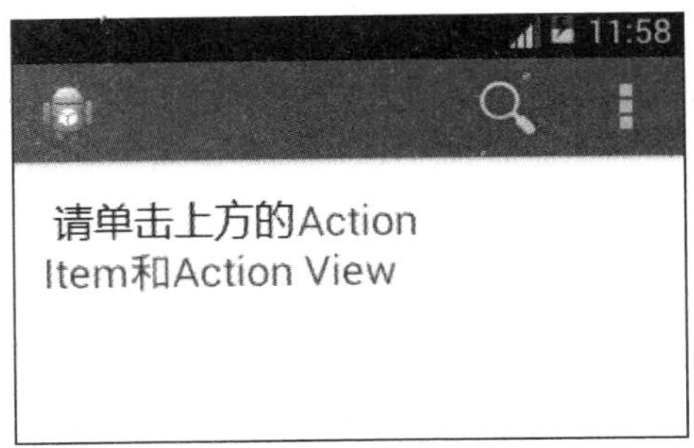

图 51-4　Action Item 和 Action View 范例程序在手机中的运行画面

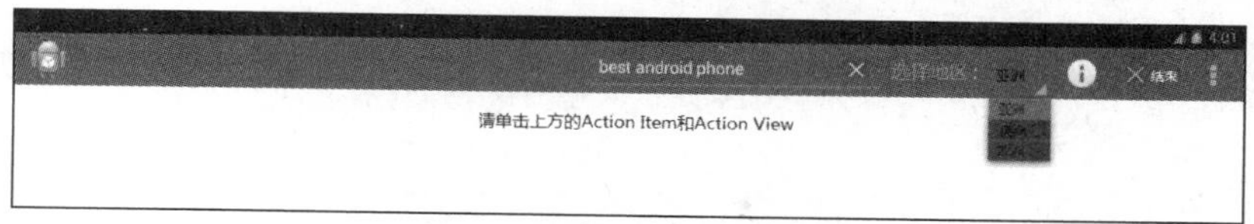

图 51-5　Action View 的操作画面

在实现这个范例程序之前，可以先复制第 49 章的 App 项目，然后依照下列步骤进行操作。

步骤 01　打开程序项目的 res/menu/ menu_main_activity.xml 菜单配置文件，把其中的“关于”和“结束”两个<item>加上 android:showAsAction 属性，让它们成为 Action Item。另外新增两个<item>标签并加上适当的属性，让它们成为 Action View，请参考以下粗体字的程序代码。我们在最后一个<item>中使用 android:actionViewClass 属性，而不是上一小节介绍的 android:actionLayout 属性，因为这个 Action View 是利用 Android SDK 提供的搜索功能栏。

```
<item android:id="@+id/menuItemAbout"
      android:title="@string/menuItemAbout"
      android:icon="@android:drawable/ic_dialog_info"
      android:showAsAction="ifRoom" />
<item android:id="@+id/menuItemExit"
      android:title="@string/menuItemExit"
      android:icon="@android:drawable/ic_menu_close_clear_cancel"
      android:showAsAction="ifRoom|withText" />
<item android:id="@+id/menuItemRegion"
      android:title="@string/menuItemRegion"
      android:icon="@android:drawable/ic_menu_search"
      android:showAsAction="ifRoom"
      android:actionLayout="@layout/select_region" />
<item android:id="@+id/menuItemSearch"
      android:title="@string/menuItemSearch"
      android:showAsAction="ifRoom"
      android:actionViewClass="android.widget.SearchView" />
```

其中用到定义在字符串资源文件中的字符串和字符串数组如下：

```
<string name="menuItemSearch">搜索...</string>
<string name="menuItemRegion">选择地区...</string>
<string-array name="spnRegionList">
    <item>亚洲</item>
    <item>美洲</item>
    <item>欧洲</item>
</string-array>
```

步骤 02　新增步骤 1 的 Action View 使用的界面布局文件 select_region.xml，它的内容如下：

```
<?xml version="1.0" encoding="utf-8"?>
<LinearLayout xmlns:android="http://schemas.android.com/apk/res/android"
    android:orientation="horizontal"
    android:layout_width="fill_parent"
```

```
    android:layout_height="fill_parent"
    android:layout_gravity="center_horizontal" >

    <TextView
        android:layout_width="wrap_content"
        android:layout_height="fill_parent"
        android:text="选择地区: "
        android:textSize="20sp"
        android:gravity="center_vertical" />

    <Spinner android:id="@+id/spnRegion"
        android:layout_width="wrap_content"
        android:layout_height="fill_parent"
        android:drawSelectorOnTop="true" />

</LinearLayout>
```

步骤 03 打开主程序文件“src/(套件路径名称)/MainActivity.java”，根据上一节中的说明，必须针对新增的两个 Action View 设置好它们的事件 listener。另外在 onOptionsItemSelected()中，需要新增“搜索”和“选择地区”这两个 Action View 的处理，因为如果这两个 Action View 被收录到菜单中，这时候就会变成利用选项的方式运行。有关 Spinner 界面组件的设置方法请参考第 13 章的说明，但是请读者注意，取得 Action View 的界面组件的过程是先取得选项 id，然后取得其中的 view 对象，最后取得界面组件。至于 Android SDK 的搜索功能栏，我们只需要设置它的 OnQueryTextListener 即可。当用户在搜索功能栏中输入文字并启动搜索功能时，系统会自动运行这个事件 listener。这个范例程序只是将用户输入的搜索文字和选择的地区，以 Toast 信息的方式显示在屏幕上。

```
public boolean onCreateOptionsMenu(Menu menu) {
    // TODO Auto-generated method stub
    MenuInflater inflater = getMenuInflater();
    inflater.inflate(R.menu.menu_main_activity, menu);

    // 设置 action views
    Spinner spnRegion = (Spinner)
        menu.findItem(R.id.menuItemRegion).getActionView()
        .findViewById(R.id.spnRegion);
    ArrayAdapter<CharSequence> adapRegionList =
ArrayAdapter.createFromResource(
        this, R.array.spnRegionList, android.R.layout.simple_spinner_item);
    spnRegion.setAdapter(adapRegionList);
    spnRegion.setOnItemSelectedListener(spnRegionOnItemSelected);

    SearchView searchView = (SearchView)
        menu.findItem(R.id.menuItemSearch).getActionView();
    searchView.setOnQueryTextListener(searchViewOnQueryTextLis);
```

```
        return true;
    }

    @Override
    public boolean onOptionsItemSelected(MenuItem item) {
        // TODO Auto-generated method stub
        switch (item.getItemId()) {
        …(原来项目的程序代码)
        case R.id.menuItemRegion:
            new AlertDialog.Builder(MainActivity.this)
                .setTitle("选择地区")
                .setMessage("这是选择地区对话框")
                .setCancelable(false)
                .setIcon(android.R.drawable.star_big_on)
                .setPositiveButton("确定",
                    new DialogInterface.OnClickListener() {
                        @Override
                        public void onClick(DialogInterface dialog, int which) {
                            // TODO Auto-generated method stub
                        }
                    })
                .show();

            break;
        case R.id.menuItemSearch:
            new AlertDialog.Builder(MainActivity.this)
                .setTitle("搜索")
                .setMessage("这是搜索对话框")
                .setCancelable(false)
                .setIcon(android.R.drawable.star_big_on)
                .setPositiveButton("确定",
                    new DialogInterface.OnClickListener() {
                        @Override
                        public void onClick(DialogInterface dialog, int which) {
                            // TODO Auto-generated method stub
                        }
                    })
                .show();

            break;
        }

        return super.onOptionsItemSelected(item);
    }

    private Spinner.OnItemSelectedListener spnRegionOnItemSelected =
            new Spinner.OnItemSelectedListener () {
        public void onItemSelected(AdapterView parent,
                                   View v,
                                   int position,
                                   long id) {
```

```
            Toast.makeText(MainActivity.this,
parent.getSelectedItem().toString(),
                             Toast.LENGTH_LONG).show();
        }
        public void onNothingSelected(AdapterView parent) {
        }
    };

    private SearchView.OnQueryTextListener searchViewOnQueryTextLis = new
                             SearchView.OnQueryTextListener() {

        @Override
        public boolean onQueryTextChange(String newText) {
            // TODO Auto-generated method stub
            return false;
        }

        @Override
        public boolean onQueryTextSubmit(String query) {
            // TODO Auto-generated method stub
            Toast.makeText(MainActivity.this, query, Toast.LENGTH_LONG).show();

            return true;
        }
    };
```

步骤 04 在主程序文件的 onCreate()方法中修改 Action Bar 的外观，然后准备一个高 72 pixel、宽小于 100 pixel 的 PNG 或 JPG 图像文件，将它复制到程序项目的 res/drawable 文件夹中，再根据第一节中的说明，修改程序功能描述文件 AndroidManifest.xml，指定该图像文件为程序的图标文件。

```
public void onCreate(Bundle savedInstanceState) {
    …
    ActionBar actBar = getActionBar();
    actBar.setDisplayShowTitleEnabled(false);
    actBar.setDisplayUseLogoEnabled(true);
    actBar.setBackgroundDrawable(new ColorDrawable(0xFF505050));
}
```

完成之后就可以启动程序进行测试，完整的程序代码请参考本书可下载的 App 项目原始文件。

Android 版本	1.X	2.X	3.X	4.X
适用性			★	★

第 52 章 在Action Bar上建立Tab标签页

Tab 标签页的操作界面在微软窗口程序中经常出现，如果读者打开 IE 网页浏览器菜单中的“工具”>“Internet 选项”，就会看到 Tab 标签页的范例（如图 52-1 所示）。它像是多层的文件夹，我们可以单击上方的标签来切换不同的页面。Tab 标签页的标签不一定是在上方，在某些软件中 Tab 标签出现在窗口下方，例如 Eclipse 的程序代码编辑窗口。Android App 也可以建立 Tab 标签页类型的操作界面，而且有几种不同的建立方式，最新的做法是利用 Android 3.0 以后才出现的 Action Bar 和 Fragment 技术。如果要让旧版的 Android 2.X 手机也能够使用，可以利用上一章提到的链接库项目的方式。这样我们开发的 App 就可以放心采用最新的技术，不用担心和旧版设备不兼容的问题，本章我们就来学习如何利用新方法在 Action Bar 上建立 Tab 标签页。

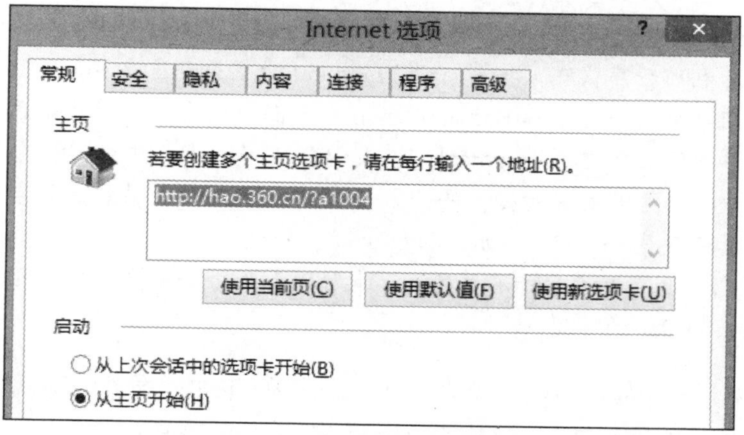

图 52-1　微软窗口程序的 Tab 标签页

Action Bar 的 Tab 标签页会根据屏幕大小自动调整位置，由于手机屏幕比较窄，无法清楚显示 Tab 标签页，所以 Tab 标签会移到 Action Bar 下方，如图 52-2 所示。如果是在平板电脑中运行，由于屏幕宽度足够显示 Tab 标签，所以会直接放在 Action Bar 中，如图 52-3 所示。

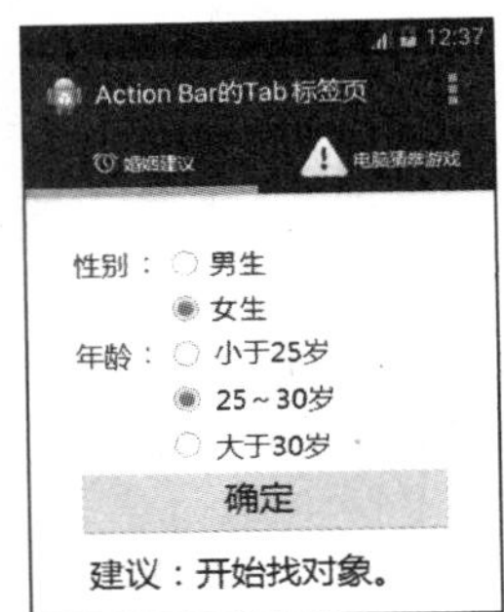

图 52-2　在手机上运行时 Tab 标签会移到 Action Bar 下方

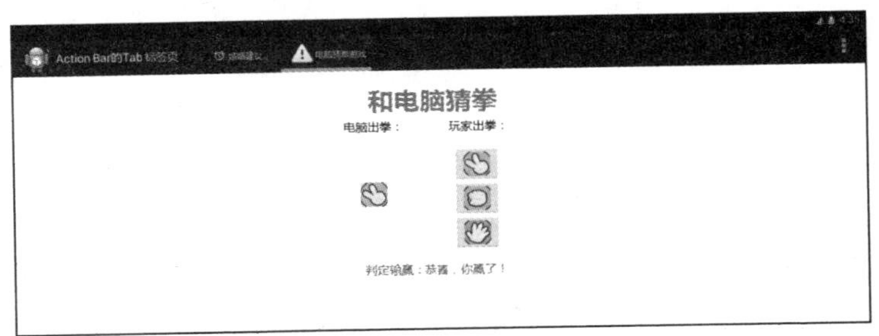

图 52-3　在平板电脑运行时 Tab 标签会直接放在 Action Bar 中

在 Action Bar 上建立 Tab 标签页需要用到第 26 章中学过的 Fragment 对象，Fragment 对象的用法变化较多（读者可以复习第 26 章～第 29 章的介绍），不过这里我们只需要用到最基本的功能。在 Action Bar 上建立 Tab 标签页需要完成以下 4 项工作。

- 每个 Tab 标签页的操作界面和程序代码必须独立设置一个 Fragment 类。每个 Fragment 类都有自己的界面布局文件，该界面布局文件就是 Tab 标签页的操作界面，Fragment 类中的程序代码必须各自设置自己的界面组件的事件 listener。
- 主程序 Activity 的功能是一个容器，我们必须在界面布局文件中建立一个 FrameLayout 组件，然后利用程序代码，把所有的 Fragment 对象放到这个 FrameLayout 组件中。
- 建立一个新类来实现 ActionBar.TabListener 界面，这个类的功能是用来接收用户单击 Tab 的操作并显示对应的 Fragment。当我们在 Action Bar 中加入一个 Tab 标签页时，必须同时设置一个此类的对象，当用户切换 Tab 标签时，系统会自动调用这个对象，我们在它的程序代码中完成 Fragment 切换的操作。
- 将 Action Bar 设置为 Tab 标签页模式，也可以利用上一章介绍的 Action Bar 控制技巧来改变 Action Bar 的外观。

接下来我们利用一个实际范例来学习实现 Action Bar 的 Tab 标签页程序，我们的目标是建立一个如图 52-2 所示的操作界面，其中包含了第 14 章和第 20 章这两个范例程序的功能。

步骤 01　新建一个 Android App 项目，项目属性对话框中的 Minimum Required SDK 框必须设置为 11 或以上，表示这是 Android 3.0 以上的程序项目，其他属性的设置依照之前的惯例即可。

步骤 02　在 Eclipse 左边的项目查看窗格中展开此程序项目，在"src/(套件路径名称)"文件夹上单击鼠标右键，在弹出的快捷菜单中选择 New > Class 就会出现新建类对话框，在 Name 框中输入"婚姻建议"的 Fragment 类名称，例如 MarriSugFragment，然后单击 Superclass 框最右边的 Browse 按钮，在对话框上方输入 fragment，再单击下方列表中的 android.app.Fragment 类，最后单击 OK 按钮就完成基础类的设置，单击 Finish 按钮结束新建类对话框。

android.app.Fragment 和 android.support.v4.app.Fragment 的区别

android.app.Fragment 是 Android 平台本身提供的类，android.support.v4.app.Fragment 是 android-support-v4.jar 链接库提供的类，这两个类都可以用来建立 Fragment 对象。当我们建立一个新的 App 项目的时候，会自动加入 android-support-v4.jar 这个链接库文件（在项目的 libs 文件夹中），这样程序就可以使用 android.support.v4.app.Fragment 建立 Fragment 对象，它的好处是在 Android 2.X 的手机上也可以运行。如果 App 只会在 Android 3.0 以上的平台运行，就可以使用 Android 系统内置的 android.app.Fragment。

步骤 03　新建的类程序文件会自动显示在程序代码编辑窗格中，用鼠标右键单击程序代码编辑窗格的空白处，在出现的快捷菜单中选择 Source > Override/Implement Methods…，对话框左边的列表会列出 Fragment 类内部的方法，勾选其中的 onActivityCreated()和 onCreateView()，然后单击 OK 按钮。

步骤 04　打开第 18 章的操作范例程序文件，除了 onCreate()和 onCreateOptionsMenu()这两个方法的程序代码之外，复制 Class 内所有其他的程序代码，包括变量声明，到上一个步骤的程序文件，读者可以参考本书下载文件中的程序项目。

步骤 05　将程序文件中的 onActivityCreated()和 onCreateView()这两个方法的程序代码编辑如下，其中的 inflater.inflate()是设置此 Fragment 类使用的界面布局文件，这里是指定使用 res/layout/fragment_marri_sug.xml，我们将在下一个步骤中建立这个文件。onActivityCreated()中的程序代码和第 18 章程序文件中的 onCreate()相同。

```
@Override
public void onActivityCreated(Bundle savedInstanceState) {
    // TODO Auto-generated method stub
    super.onActivityCreated(savedInstanceState);

    mBtnOK = (Button) findViewById(R.id.btnOK);
    mTxtR = (TextView) findViewById(R.id.txtR);

    mBtnOK.setOnClickListener(btnOKOnClick);

    mRadGrpSex = (RadioGroup)findViewById(R.id.radGrpSex);
    mRadGrpAge = (RadioGroup)findViewById(R.id.radGrpAge);
    mRadBtnAgeRange1 = (RadioButton)findViewById(R.id.radBtnAgeRange1);
    mRadBtnAgeRange2 = (RadioButton)findViewById(R.id.radBtnAgeRange2);
```

```
        mRadBtnAgeRange3 = (RadioButton)findViewById(R.id.radBtnAgeRange3);
        mRadGrpSex.setOnCheckedChangeListener(radGrpSexOnCheckedChange);
    }

    @Override
    public View onCreateView(LayoutInflater inflater, ViewGroup container,
            Bundle savedInstanceState) {
        // TODO Auto-generated method stub
        return inflater.inflate(R.layout.fragment_marri_sug, container, false);
    }
```

步骤 06 利用鼠标右键单击程序项目的 res/layout 文件夹，选择 New > Android XML File，在出现的对话框中的 Resource Type 框中选择 Layout，在 File 框输入 fragment_marri_sug，在下方的组件列表中选择 LinearLayout，然后单击 Finish 按钮。新增的界面布局文件会显示在程序代码编辑窗口中，单击程序代码编辑窗口下面最右边的 Tab 标签，切换到原始文件查看模式，然后打开第 18 章程序项目的界面布局文件，将其中的程序代码全部复制过来，取代原来的程序代码。

步骤 07 打开程序项目的 res/values/strings.xml 字符串资源文件，将第 18 章程序项目的字符串资源复制过来，代码如下：

```
<?xml version="1.0" encoding="utf-8"?>
<resources>

    <string name="app_name">Action Bar 的 Tab 标签页</string>
    <string name="hello_world">Hello world!</string>
    <string name="action_settings">Settings</string>

    <!-- 以下是从第18章程序项目的字符串资源文件复制的字符串 -->
    <string name="sex">性别：</string>
    <string name="age">年龄：</string>
    <string name="btn_ok">确定</string>
    <string name="result">建议：</string>
    <string name="sug_not_hurry">还不急。</string>
    <string name="sug_get_married">赶快结婚！</string>
    <string name="sug_find_couple">开始找对象。</string>
    <string name="sex_male">男</string>
    <string name="edt_sex_hint">输入性别</string>
    <string name="edt_age_hint">输入年龄</string>
    <string name="male">男生</string>
    <string name="female">女生</string>
    <string name="male_age_range1">小于28岁</string>
    <string name="male_age_range2">28~33岁</string>
    <string name="male_age_range3">大于33岁</string>
    <string name="female_age_range1">小于25岁</string>
    <string name="female_age_range2">25~30岁</string>
    <string name="female_age_range3">大于30岁</string>
</resources>
```

步骤 08 将程序代码编辑窗格切换到 MarriSugFragment 的程序代码，读者会发现在 onActivityCreated()方法中还有语法错误，这是因为在 Fragment 类中，并没有 findViewById()这个方法可以取得界面布局文件中的组件，我们必须先调用 getView()取得 Fragment 的界面对象，再运行它的 findViewById()取得如下界面组件：

```
public class MarriSugFragment extends Fragment {

    ...

    @Override
    public void onActivityCreated(Bundle savedInstanceState) {
        // TODO Auto-generated method stub
        super.onActivityCreated(savedInstanceState);

        mBtnOK = (Button) getView().findViewById(R.id.btnOK);
        mTxtR = (TextView) getView().findViewById(R.id.txtR);

        mBtnOK.setOnClickListener(btnOKOnClick);

        mRadGrpSex = (RadioGroup) getView().findViewById(R.id.radGrpSex);
        mRadGrpAge = (RadioGroup) getView().findViewById(R.id.radGrpAge);
        mRadBtnAgeRange1 = (RadioButton) getView().findViewById
    (R.id.radBtnAgeRange1);
        mRadBtnAgeRange2 = (RadioButton) getView().findViewById
    (R.id.radBtnAgeRange2);
        mRadBtnAgeRange3 = (RadioButton) getView().findViewById
    (R.id.radBtnAgeRange3);
        mRadGrpSex.setOnCheckedChangeListener(radGrpSexOnCheckedChange);
    }

    ...

}
```

步骤 09 仿照步骤 2~步骤 8 建立一个 GameFragment 的新类，以及它使用的界面布局文件（可以取名为 fragment_game.xml）。这个新类的程序代码、界面布局文件、字符串资源和 Drawable 资源都是从第 20 章的程序项目中复制过来。修改程序代码的方式请参考步骤 3～步骤 5。

步骤 10 打开程序项目的界面布局文件 res/layout/activity_main.xml，在文件中加入一个 FrameLayout 组件，并且设置它的 id 名称如下，因为程序中会使用这个组件。

```
<LinearLayout xmlns:android="http://schemas.android.com/apk/res/android"
    ...(原来的内容) >

   <FrameLayout
      android:id="@+id/frameLayout"
      android:layout_width="match_parent"
      android:layout_height="match_parent" />
```

```
</LinearLayout>
```

步骤 11 接下来还要新增一个类来实现 ActionBar.TabListener 界面，在“src/(套件路径名称)”文件夹上单击鼠标右键，在弹出的快捷菜单中选择 New > Class 调出新建类对话框，在 Name 框中输入 MyTabListener，然后单击 Finish 按钮结束新建类对话框。

步骤 12 新建的类会自动打开在程序代码编辑窗格中，请加上如下粗体字的程序代码，让 MyTabListener 成为一个用来处理 Fragment 的泛型类，并让它实现 TabListener 界面。加入这些程序代码之后，在类名称下方会出现红色波浪下划线，用来标识的语法错误，将鼠标光标移到该处就会弹出一个窗口，请单击其中的 Add unimplemented methods，就会在程序代码中加入需要的方法。

```
public class MyTabListener<T extends Fragment> implements TabListener {

    @Override
    public void onTabReselected(Tab tab, FragmentTransaction ft) {
        // TODO Auto-generated method stub

    }

    @Override
    public void onTabSelected(Tab tab, FragmentTransaction ft) {
        // TODO Auto-generated method stub

    }

    @Override
    public void onTabUnselected(Tab tab, FragmentTransaction ft) {
        // TODO Auto-generated method stub

    }
}
```

在 Eclipse 帮我们加入的方法中，有些自变量会用 arg 命名，这种自变量名称无法了解该自变量的意义和用途。遇到这种情况时，可以利用百度搜索该方法的对象，就可以找到 Android 官方技术网站查看正式的自变量名称，再将它复制到程序代码中。

步骤 13 将上一个步骤的程序代码编辑如下，其中我们新增一个类的构建式，将传入的 Fragment 对象信息存储起来，其中包含这个 Fragment 所属的 Activity、标签页的 tag 名称和用来建立此 Fragment 的类配置文件。当用户在 Action Bar 上切换 Tab 标签页时，系统会调用被单击的 Tab 标签页的 onTabSelected()方法，此时我们先检查该 Tab 标签页所对应的 Fragment 对象是否已经存在。如果还没有，就先建立它，然后把它放入界面布局文件中的 FrameLayout 来完成显示的工作。如果 Fragment 对象已经存在，就直接运行 attach 的操作就可以完成显示。至于被隐藏的 Tab 标签页则运行 onTabUnselected()，此时我们对这个 Fragment 对象运行 detach。

```
public class MyTabListener<T extends Fragment> implements TabListener {

    private Fragment mFragment = null;      // 记录这个 tab page 对应的 fragment
    private final Activity mActivity;       // 记录这个 fragment 所属的 activity
    private final String mTag;              // 记录这个 tab page 的 tag
    private final Class<T> mFragmentClass;  // 记录用来建立这个 fragment 的类

    public MyTabListener(Activity activity, String tag, Class<T>
fragmentClass) {
        mActivity = activity;
        mTag = tag;
        mFragmentClass = fragmentClass;
    }

    @Override
    public void onTabReselected(Tab tab, FragmentTransaction ft) {
        // TODO Auto-generated method stub

    }

    @Override
    public void onTabSelected(Tab tab, FragmentTransaction ft) {
        // TODO Auto-generated method stub
        // 检查是否已经建立好 fragment, tab page 第一次显示时要先建立 fragment
        if (mFragment == null) {
            mFragment = Fragment.instantiate(mActivity, mFragmentClass.
        getName());
            ft.add(R.id.frameLayout, mFragment, mTag);
        } else
            ft.attach(mFragment);
    }

    @Override
    public void onTabUnselected(Tab tab, FragmentTransaction ft) {
        // TODO Auto-generated method stub
        if (mFragment != null)
            ft.detach(mFragment);
    }

}
```

步骤 14　打开主程序文件，在 onCreate()方法中加入设置 Action Bar 的程序代码，以及建立 Tab 标签页的程序代码，其中我们利用 ActionBar 对象的 addTab()方法加入 Tab 标签页，每个加入的 Tab 标签页都可以设置它的标题名称和图标，并且设置它的 Tab Listener 为前面步骤建立的 TabListener 类对象，代码如下。

```
public class MainActivity extends Activity {

    @Override
    protected void onCreate(Bundle savedInstanceState) {
        super.onCreate(savedInstanceState);
        setContentView(R.layout.activity_main);

        ActionBar actBar = getActionBar();

        // 设置 Action Bar 为 Tab 标签页模式
        actBar.setNavigationMode(ActionBar.NAVIGATION_MODE_TABS);

        // 设置第一个 Tab 标签页
        MyTabListener<MarriSugFragment> tabListenerMainFrag =
            new  MyTabListener<MarriSugFragment>(
                MainActivity.this, "Marriage Suggestion Fragment",
                        MarriSugFragment.class);
        actBar.addTab(actBar.newTab().setText("婚姻建议")
        .setIcon(getResources().getDrawable(android.R.drawable.ic_lock_
            idle_alarm))
                .setTabListener(tabListenerMainFrag));

        // 设置第二个 Tab 标签页
        MyTabListener<GameFragment> tabListenerPersInfoFrag =
                new  MyTabListener<GameFragment>(
                    MainActivity.this, "Game Fragment", GameFragment.class);
        actBar.addTab(actBar.newTab().setText("电脑猜拳游戏")
        .setIcon(getResources().getDrawable(android.R.drawable.ic_dialo
    g_alert))
                .setTabListener(tabListenerPersInfoFrag));
    }

    ...(其他程序代码)

}
```

以上就是在 Action Bar 中建立 Tab 标签页的完整操作步骤，虽然整个过程有些复杂，但是其运行原理并不复杂，主要就是完成本章开头介绍的 4 项工作，完整的程序代码请参考本书下载文件中的程序项目原始文件。

Android 版本	1.X	2.X	3.X	4.X
适用性	★	★	★	★

第 53 章 在状态栏中显示信息

在 Android 手机和平板电脑屏幕的最上方是所谓的“状态栏”（status bar），程序可以在“状态栏”显示信息。如果按住“状态栏”再往下拉，可以看到更详细的状态说明，如图 53-1 所示。在状态栏信息中甚至可以包含启动 App 的命令，如果单击这个状态栏信息，就会启动指定的 App。

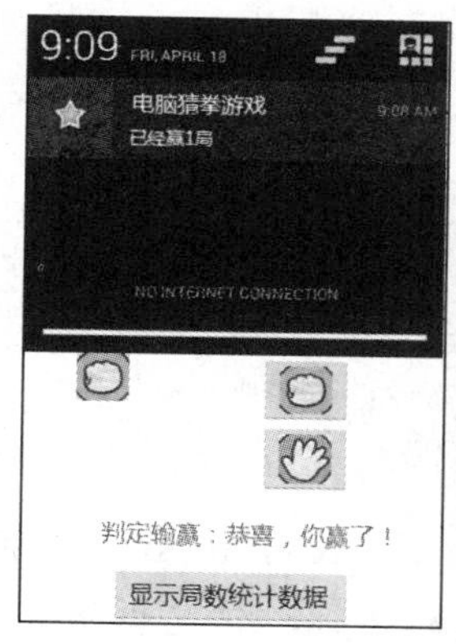

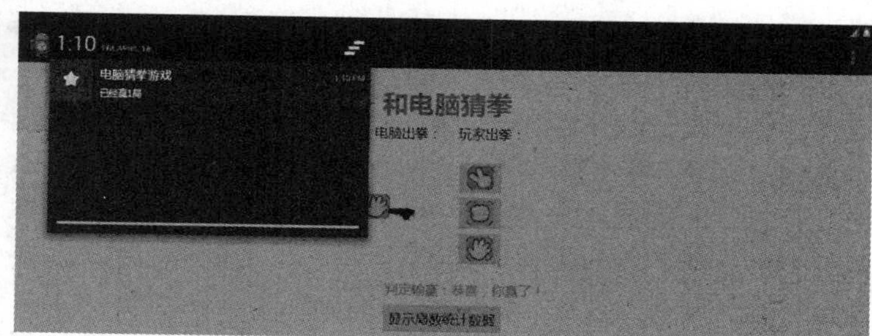

图 53-1　将手机和平板电脑的“状态栏”展开后的画面

程序要在“状态栏”上显示信息时，需要用到 NotificationManager 对象，另外还要借助 Notification.Builder 来建立 Notification 对象，而且过程中会用到 Intent 和 PendingIntent 对象，我们将整个过程整理成下列步骤，并且以第 41 章的“电脑猜拳游戏”程序为操作范例：

步骤 01　打开程序功能描述文件 AndroidManifest.xml，把 <uses-sdk> 标签中的 android:minSdkVersion 属性设置成 16 或以上。

```
<uses-sdk
    android:minSdkVersion="16"
    ... />
```

Notification.Builder 必须在 Android 3.0（API level 11）以上的设备中才能使用，但是在 Android 4.1（API level 16）以后，Notification.Builder 又修改成使用 build()方法建立 Notification，所以最终我们还是要将 App 项目的 android:minSdkVersion 属性设置成 16 或以上。如果要让 App 也能够在 Android 2.X 的手机中运行，可以换成使用 android-support-v4.jar 链接库提供的 NotificationCompat.Builder，它的用法和 Notification.Builder 非常相似，读者可以参考 Android 官方网站的说明。

步骤 02 建立一个 Intent 对象，这个 Intent 对象稍后会和 Notification 连接在一起，当用户单击 Notification 信息时，会启动 Intent 对象中指定的 Activity（必须把 Intent 的 flag 设置为 Intent.FLAG_ACTIVITY_NEW_TASK），我们也可以在 Intent 对象中附带数据，这样被启动的 Activity 就可以收到这些数据。

```
Intent it = new Intent(getApplicationContext(), GameResultActivity.class);
it.setFlags(Intent.FLAG_ACTIVITY_NEW_TASK);

Bundle bundle = new Bundle();
bundle.putInt("KEY_COUNT_SET", miCountSet);
bundle.putInt("KEY_COUNT_PLAYER_WIN", miCountPlayerWin);
bundle.putInt("KEY_COUNT_COM_WIN", miCountComWin);
bundle.putInt("KEY_COUNT_DRAW", miCountDraw);

it.putExtras(bundle);
```

步骤 03 建立一个 PendingIntent 对象，指定拥有者和处理方式，并输入上一个步骤建立的 Intent 对象：

```
PendingIntent penIt = PendingIntent.getActivity(getApplicationContext(),
          0, it, PendingIntent. FLAG_CANCEL_CURRENT);
```

步骤 04 产生一个 Notification.Builder 对象，再利用它建立 Notification 信息。Notification.Builder 对象提供许多方法让我们设置信息的图标、信息说明文字和 PendingIntent 对象。在操作时可以利用匿名对象的语法格式来简化程序代码，例如以下范例：

```
Notification noti = new Notification.Builder(Activity对象)
        .setSmallIcon(显示在状态栏的小图标)
        .setTicker(显示在状态栏的说明文字)
        .setContentTitle(信息标题)
        .setContentText(信息内容)
        .setContentIntent(penIt)  // penIt 是上一个步骤建立的 PendingIntent 对象
        .build();
```

步骤 05 调用 getSystemService()方法取得系统的 NotificationManager 对象。

```
NotificationManager notiMgr =
```

```
        (NotificationManager) getSystemService(NOTIFICATION_SERVICE);
```

步骤 06 调用 NotificationManager 对象的 notify()方法发送信息，同时指定这个信息的 id 编号。

```
noti Mgr.notify(信息 id 编号, noti);      // noti 是前面步骤建立的 Notification 对象
```

步骤 07 如果要取消“状态栏”上显示的信息（例如当程序结束时），可以调用 NotificationManager 对象的 cancel()。

```
notiMgr.cancel(信息 id 编号);
```

我们将上述步骤缩写成一个 showNotification()方法（代码如下），以便在需要的时候直接调用。NOTI_ID 是定义在外部的一个静态常数，读者可以参考稍后的使用范例。

```
private void showNotification(String sMsg) {
    Intent it = new Intent(getApplicationContext(),GameResultActivity.class);
    it.setFlags(Intent.FLAG_ACTIVITY_NEW_TASK);
    Bundle bundle = new Bundle();
    bundle.putInt("KEY_COUNT_SET", miCountSet);
    bundle.putInt("KEY_COUNT_PLAYER_WIN", miCountPlayerWin);
    bundle.putInt("KEY_COUNT_COM_WIN", miCountComWin);
    bundle.putInt("KEY_COUNT_DRAW", miCountDraw);
    it.putExtras(bundle);

    PendingIntent penIt = PendingIntent.getActivity(getApplicationContext(),
          0, it, PendingIntent. FLAG_CANCEL_CURRENT);

    Notification noti = new Notification.Builder(this)
          .setSmallIcon(android.R.drawable.btn_star_big_on)
          .setTicker(sMsg)
          .setContentTitle(getString(R.string.app_name))
          .setContentText(sMsg)
          .setContentIntent(penIt)
          .build();

    NotificationManager notiMgr =
          (NotificationManager) getSystemService(NOTIFICATION_SERVICE);
    notiMgr.notify(NOTI_ID, noti);
}
```

接下来我们将这个 showNotification()方法套用到第 41 章的“电脑猜拳游戏”程序，让输赢的判断结果也能够用状态栏信息的方式显示，请读者依照下列步骤进行操作。

步骤 01 复制第 41 章的 App 项目。

步骤 02 在 Eclipse 左边的项目查看窗格中，展开“src/(套件路径名称)”文件夹，找到 App 项目的主程序文件 MainActivity.java。将它打开后，在 MainActivity 类中加入前面讨论的 showNotification(String sMsg)方法。

步骤 03 在“剪刀”、“石头”、“布”这 3 个按钮的 OnClickListener 对象中，依照输赢判断的

结果调用 showNotification()方法，发送状态栏信息。另外，我们加入 onDestroy()状态转换方法，让程序在结束时删除显示的状态栏信息。图 53-2 是程序的运行画面。当打开状态栏之后单击其中的信息，就会显示局数统计数据。

```
public class MainActivity extends Activity {

private static final int NOTI_ID = 100;

    …（同原来的程序代码 ）

    @Override
    protected void onDestroy() {
        // TODO Auto-generated method stub
        ((NotificationManager) getSystemService(NOTIFICATION_SERVICE))
                .cancel(NOTI_ID);

        super.onDestroy();
    }

    private View.OnClickListener imgBtnScissorsOnClick =
    new View.OnClickListener() {
        public void onClick(View v) {
            // 决定电脑出拳.
            int iComPlay = (int)(Math.random()*3 + 1);

            miCountSet++;

            // 1 - 剪刀, 2 - 石头, 3 - 布.
            if (iComPlay == 1) {
                mImgViewComPlay.setImageResource(R.drawable.scissors);
                mTxtResult.setText(getString(R.string.result) +
                            getString(R.string.player_draw));
                miCountDraw++;
                showNotification("已经平手" + Integer.toString
            (miCountDraw) + "局");
            } else if (iComPlay == 2) {
                mImgViewComPlay.setImageResource(R.drawable.stone);
                mTxtResult.setText(getString(R.string.result) +
                        getString(R.string.player_lose));
                miCountComWin++;
                showNotification("已经输" + Integer.toString
            (miCountComWin) + "局");
            } else {
                mImgViewComPlay.setImageResource(R.drawable.paper);
                mTxtResult.setText(getString(R.string.result) +
                        getString(R.string.player_win));
                miCountPlayerWin++;
                showNotification("已经赢" + Integer.toString
            (miCountPlayerWin) + "局");
            }
```

```
        }
    };

    private Button.OnClickListener btnStoneLin = new Button.OnClickListener() {
        public void onClick(View v) {
            // 依照以上程序代码修改
            …
        }
    };

    private Button.OnClickListener btnNetLin = new Button.OnClickListener() {
        public void onClick(View v) {
            // 依照以上程序代码修改
            …
        }
    };

    private void showNotification(String sMsg)
        …
    }
}
```

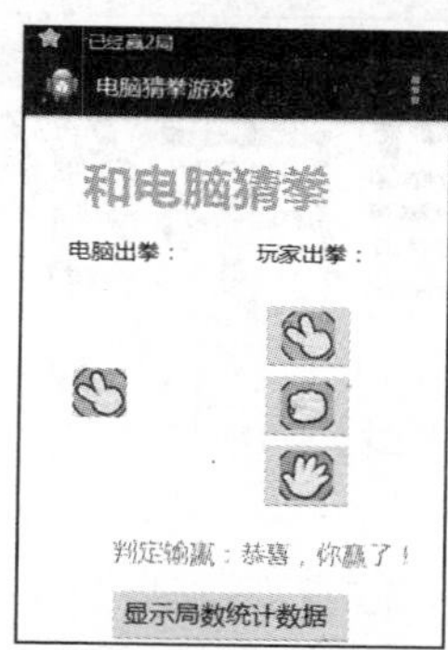

图 53-2　用户出拳后在状态栏显示输赢结果

第10部分

存储程序的数据

Android 版本	1.X	2.X	3.X	4.X
适用性	★	★	★	★

第 54 章 使用SharedPreferences存储数据

如果程序需要存储数据，最简单的方法就是使用 SharedPreferences 对象。SharedPreferences 对象可以用来存储基本类型的数据，包括整数、浮点数、字符串和布尔值，每一项数据都必须赋予一个 Key 名称，以下我们依序说明如何使用 SharedPreferences 对象来存储数据、读取数据、删除数据和清空数据。

54-1 存储数据的步骤

步骤 01 决定数据文件的名称，只需要主文件名即可，不需要扩展名，例如 game_result。

步骤 02 调用 getSharedPreferences()方法，传入步骤 1 的数据文件名称，并指定数据文件的使用范围，有以下 3 种使用范围设置值。

- MODE_PRIVATE：也就是 0，表示只有这个程序才能使用。
- MODE_WORLD_READABLE：所有程序都可以读取。
- MODE_WORLD_WRITEABLE：所有程序都可以修改。

getSharedPreferences()方法会返回一个 SharedPreferences 对象如下：

```
SharedPreferences gameResultData = getSharedPreferences("game_result",
MODE_PRIVATE);
```

步骤 03 调用步骤 2 的 SharedPreferences 对象的 edit()方法取得一个 Editor 对象。

步骤 04 调用 Editor 对象的 putXXX()方法将数据写入数据文件中，XXX 代表各种基本数据类型，例如 Int、Float、String 等。每一项数据都必须配合一个 Key 名称，例如 putInt("GAME_SCORE", 80)。

步骤05 写入全部的数据之后，必须调用 commit()方法才算完成。

步骤 3～5 可以利用 Java 程序常见的匿名对象写法来简化程序代码，例如以下范例：

```
// miCountSet, miCountPlayerWin, miCountComWin, miCountDraw 都是 int 类型的变量
SharedPreferences gameResultData = getSharedPreferences("game_result",
MODE_PRIVATE);

gameResultData.edit()
    .putInt("COUNT_SET", miCountSet)
    .putInt("COUNT_PLAYER_WIN", miCountPlayerWin)
    .putInt("COUNT_COM_WIN", miCountComWin)
    .putInt("COUNT_DRAW", miCountDraw)
    .commit();
```

54-2 读取数据的步骤

步骤01 决定要读取的数据文件名称。

步骤02 调用 getSharedPreferences()方法，传入步骤 1 的数据文件名称，就会得到一个 SharedPreferences 对象。

步骤03 调用 SharedPreferences 对象的 getXXX()方法，XXX 代表各种基本数据类型，例如 Int、Float、String 等，并指定要读取的数据 Key 名称，以及当该数据不存在时所要使用的值。

请读者参考以下程序代码范例，读取数据时不需要调用 commit()方法。

```
// miCountSet, miCountPlayerWin, miCountComWin, miCountDraw 是 int 类型的变量
SharedPreferences gameResultData = getSharedPreferences("game_result",
MODE_PRIVATE);

miCountSet = gameResultData.getInt("COUNT_SET", 0);
// 第二个自变量表示如果该项数据不存在，就返回0
miCountPlayerWin = gameResultData.getInt("COUNT_PLAYER_WIN", 0);
// 第二个自变量的功能同上
miCountComWin = gameResultData.getInt("COUNT_COM_WIN", 0);
// 第二个自变量的功能同上
miCountDraw = gameResultData.getInt("COUNT_DRAW", 0); //第二个自变量的功能同上
```

54-3 删除数据的步骤

步骤01 确定要修改的数据文件名称。

步骤02　调用 getSharedPreferences()方法，传入步骤 1 的数据文件名称，就会得到一个 SharedPreferences 对象。

步骤03　调用步骤 2 的 SharedPreferences 对象的 edit()方法取得一个 Editor 对象。

步骤04　调用 Editor 对象的 remove()方法并指定要删除数据的 Key 名称。

步骤05　调用 commit()方法完成数据的修改。

请参考以下程序代码范例：

```
SharedPreferencesgameResultData=getSharedPreferences("game_result",MODE_PRIVATE);

gameResultData.edit()
    .remove("COUNT_SET")
    .remove("COUNT_PLAYER_WIN")
    .commit();
```

54-4 清空数据的步骤

步骤01　确定要修改的数据文件名称。

步骤02　调用 getSharedPreferences()方法，传入步骤 1 的数据文件名称，就会得到一个 SharedPreferences 对象。

步骤03　调用步骤 2 的 SharedPreferences 对象的 edit()方法，取得一个 Editor 对象。

步骤04　调用 Editor 对象的 clear()方法清除全部数据。

步骤05　调用 commit()方法完成数据的修改。

请参考以下程序代码范例：

```
SharedPreferences gameResultData=getSharedPreferences("game_result",MODE_PRIVATE);

gameResultData.edit().clear().commit();
```

54-5 范例程序

接下来我们利用 SharedPreferences 对象，帮助之前完成的“电脑猜拳游戏”程序加上存储局数统计数据的功能，让用户可以在下一次运行时读入之前的游戏结果，以下将逐步说明修改程序的过程：

步骤01　复制第 53 章的 App 界面。

步骤02　打开程序界面布局文件 res/layout/activity_main.xml，在游戏的操作画面中添加 3 个按钮，分别用来存储、加载和清除局数统计数据，请参考以下粗体字的程序代码。如果运行后，发现新添加的 3 个按钮超出屏幕范围，可以适度减少其他组件的 layout_marginTop 和 layout_marginBottom 属性，缩小组件之间的垂直间隔。

```
<?xml version="1.0" encoding="utf-8"?>
<RelativeLayout …>
…

    <Button
        android:id="@+id/btnLoadResult"
          android:layout_width="wrap_content"
        android:layout_height="wrap_content"
        android:text="加载数据"
        android:layout_below="@id/btnShowResult"
        android:textSize="15sp"
        android:layout_marginTop="5dp"
           android:layout_centerHorizontal="true" />

    <Button
        android:id="@+id/btnSaveResult"
        android:layout_width="wrap_content"
        android:layout_height="wrap_content"
        android:text="存储数据"
        android:layout_toLeftOf="@id/btnLoadResult"
        android:layout_alignTop="@id/btnLoadResult"
        android:textSize="15sp"
        android:layout_centerHorizontal="true" />

    <Button
        android:id="@+id/btnClearResult"
        android:layout_width="wrap_content"
        android:layout_height="wrap_content"
        android:text="清除数据"
        android:layout_toRightOf="@id/btnLoadResult"
        android:layout_alignTop="@id/btnLoadResult"
        android:textSize="15sp"
        android:layout_centerHorizontal="true" />

</RelativeLayout>
```

步骤 03 打开主程序文件“src/(套件路径名称)/MainActivity.java”，添加按钮相关的程序代码如下。在这 3 个按钮的 onClickListener 对象中，我们使用前面介绍的 SharedPreferences 对象来存储、读取和清除游戏局数统计数据，然后利用 Toast 提示信息通知用户，图 54-1 是程序的运行画面。

```
public class MainActivity extends Activity {

    private static final int NOTI_ID = 100;
```

```
    private Button mBtnSaveResult,
                   mBtnLoadResult,
                   mBtnClearResult;

    ...(原来的程序代码)

    @Override
    protected void onCreate(Bundle savedInstanceState) {
        ...(原来的程序代码)

        mBtnSaveResult = (Button)findViewById(R.id.btnSaveResult);
        mBtnLoadResult = (Button)findViewById(R.id.btnLoadResult);
        mBtnClearResult = (Button)findViewById(R.id.btnClearResult);

        mBtnSaveResult.setOnClickListener(btnSaveResultOnClick);
        mBtnLoadResult.setOnClickListener(btnLoadResultOnClick);
        mBtnClearResult.setOnClickListener(btnClearResultOnClick);

    }

    ...(原来的程序代码)

    private View.OnClickListener btnSaveResultOnClick =
new View.OnClickListener() {
            public void onClick(View v) {
                SharedPreferences gameResultData =
                        getSharedPreferences("GAME_RESULT", 0);

                gameResultData.edit()
                    .putInt("COUNT_SET", miCountSet)
                    .putInt("COUNT_PLAYER_WIN", miCountPlayerWin)
                    .putInt("COUNT_COM_WIN", miCountComWin)
                    .putInt("COUNT_DRAW", miCountDraw)
                    .commit();

                Toast.makeText(MainActivity.this, "存储完成",
            Toast.LENGTH_LONG)
                .show();
            }
        };

        private View.OnClickListener btnLoadResultOnClick =
    new View.OnClickListener() {
            public void onClick(View v) {
                SharedPreferences gameResultData =
                        getSharedPreferences("GAME_RESULT", 0);

                miCountSet = gameResultData.getInt("COUNT_SET", 0);
                miCountPlayerWin = gameResultData.getInt
            ("COUNT_PLAYER_WIN", 0);
                miCountComWin = gameResultData.getInt("COUNT_COM_WIN", 0);
```

```
            miCountDraw = gameResultData.getInt("COUNT_DRAW", 0);

            Toast.makeText(MainActivity.this, "加载完成",
        Toast.LENGTH_LONG)
            .show();
        }
    };

    private View.OnClickListener btnClearResultOnClick =
new View.OnClickListener() {
        public void onClick(View v) {
            SharedPreferences gameResultData =
                    getSharedPreferences("GAME_RESULT", 0);

            gameResultData.edit()
                .clear()
                .commit();

            Toast.makeText(MainActivity.this, "清除完成",
        Toast.LENGTH_LONG)
            .show();
        }
    };

}
```

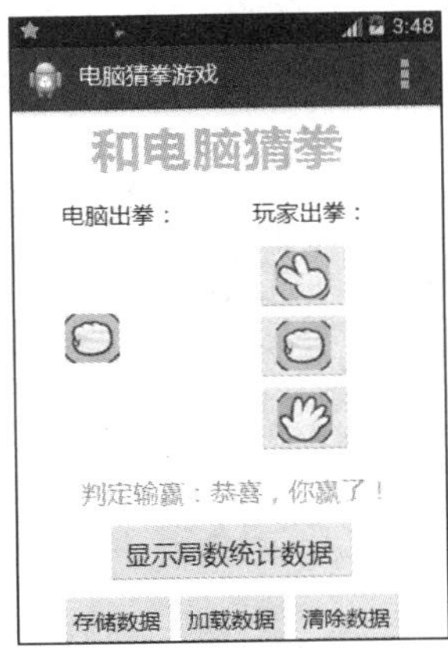

图 54-1 “电脑猜拳游戏”程序的运行画面

Android 版本	1.X	2.X	3.X	4.X
适用性	★	★	★	★

第 55 章 使用SQLite数据库存储数据

Android 平台内置一个轻量级的数据库系统 SQLite。SQLite 数据库的操作是使用标准的 SQL 语言， Android App 可以很容易地使用 SQLite 数据库来存取数据。不过在介绍如何利用程控数据库之前，先让我们学习如何使用模拟器的 Linux 系统命令行模式来查看 SQLite 数据库。这种操作技巧可以帮助我们在开发 App 的过程中，确认程序代码的运行结果。

55-1 进入模拟器的 Linux 命令行模式操作 SQLite 数据库

请读者依照下列步骤进行操作：

步骤 01 运行 Eclipse 程序。

步骤 02 利用 Eclipse 的工具栏，或是主菜单中的 Window > AVD Manager，启动手机或平板电脑模拟器，并等候模拟器启动完成。

步骤 03 从 Windows 的“开始”>“所有程序”>“附件”，启动“命令提示符”程序。

步骤 04 将“命令提示符”程序的工作目录，切换到安装 Android SDK 文件夹中的 platform-tools 子文件夹(操作提示：使用命令“cd”切换工作目录，例如 cd c:\Program Files\eclipse\android-sdks\platform-tools。

步骤 05 运行命令“adb -s emulator-5554 shell”，其中 emulator-5554 是模拟器的名称，注意它不是我们在建立 AVD 时所取的名称。如果想要知道运行中的模拟器名称，可以切换到 Eclipse 的 DDMS 画面(参考第 39 章中的说明)，或是运行命令“adb devices”。如果目前只运行一个模拟器，可以将运行命令简化为“adb shell”，就可以进入模拟器的 Linux 操作系统。完成之后会显示一个“#”号提示符，请读者参考图 55-1。

```
命令提示符 - adb -s emulator-5554 shell
D:\Program Files\eclipse 4.2 with android sdk\android-sdks\platform-tools>adb de
vices
List of devices attached
emulator-5554   device
emulator-5556   device


D:\Program Files\eclipse 4.2 with android sdk\android-sdks\platform-tools>adb -s
 emulator-5554 shell
root@generic:/ #
```

图 55-1　进入模拟器的 Linux 操作系统

步骤 06　运行“cd data/data”进入 App 的数据目录，然后利用 ls 命令查看其中的内容，读者将会看到许多套件的名称，其中可以找到我们 App 项目的套件路径名称，例如 com.android，请运行“cd com.android”进入套件的目录。

步骤 07　运行 ls 命令查看其中的内容，如果程序中曾经建立数据库文件，将会有一个 databases 目录，如果没有的话，请读者运行“mkdir databases”命令建立该目录。

步骤 08　运行“cd databases”命令进入该目录。

步骤 09　运行“sqlite3 test.db”命令建立一个名为 test.db 的数据库文件，并且进入 SQLite 数据库操作系统，读者将会看到如图 55-2 所示的提示符。SQLite 的数据库操作命令都是以“.”开头，以下是几个常用的命令。

- .databases：列出此目录下全部的数据库文件。
- .tables　：列出目前所在的数据库文件中全部的数据表格。
- .schema：列出数据表格的构建命令。
- .help：列出所有命令和说明。
- .exit：离开 SQLite 数据库系统。
- 我们可以使用 SQL 语法在 SQLite 数据库系统中进行各种数据表的操作。

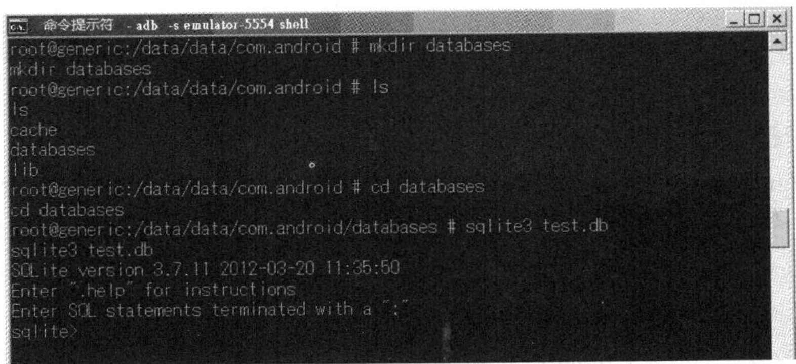

图 55-2　SQLite 数据库操作画面

步骤 10　完成数据库的操作之后，运行“.exit”命令，离开数据库系统，然后再运行 exit 离开模拟器的 Linux 操作系统。

55-2 SQLiteOpenHelper 的功能和用法

若要在程序中使用 SQLite 数据库，需要利用 SQLiteOpenHelper 类和 SQLiteDatabase 类。我们先介绍 SQLiteOpenHelper 类的使用方法，这个类的主要任务就是帮我们取得操作数据库的对象。我们必须指定一个数据库文件，如果该文件不存在，SQLiteOpenHelper 会自动建立该数据库文件，以下我们逐步说明使用流程。

步骤 01　在 App 项目中新增一个继承 SQLiteOpenHelper 的新类，例如可以将该类取名为 FriendDbOpenHelper，表示要存储朋友的数据（操作提示：用鼠标右键单击程序项目的"src/(套件路径名称)"文件夹，然后选择 New > Class）。

步骤 02　新类的程序代码会自动打开在程序编辑窗格中，其中有几个已经自动添加的方法，类名称下方会出现红色波浪下划线用于标识语法错误，请把鼠标光标移到标识语法错误的地方，就会弹出一个说明窗口，其中有一个建议项目是要新增一个类的构建式。单击第一个项目后，就会在程序代码中添加一个类的构建式，请参考以下程序代码：

```
public class FriendDbOpenHelper extends SQLiteOpenHelper {

    public FriendDbOpenHelper(Context context, String name,
          CursorFactory factory, int version) {
        super(context, name, factory, version);
        // TODO Auto-generated constructor stub
    }

    @Override
    public void onCreate(SQLiteDatabase db) {
        // TODO Auto-generated method stub

    }

    @Override
    public void onUpgrade(SQLiteDatabase db, int oldVersion, int newVersion) {
        // TODO Auto-generated method stub

    }

}
```

提示

如果是由程序代码编辑器自动添加的方法，则有些自变量名称是以 arg 命名，这种自变量名称无法得知该自变量的意义和用途。遇到这种情况时，可以利用 Google 搜寻该方法的类名称，就可以连到 Android 官方网站的说明网页，再根据网页中的定义来修改自变量名称。

步骤 03　这个新类会从 SQLiteOpenHelper 类继承 getWritableDatabase()方法，所以只要先建立这个新类的对象，再调用 getWritableDatabase()方法，就可以取得 SQLiteDatabase 类

型的对象：

```
FriendDbOpenHelper friendDbOpenHelper =
    new FriendDbOpenHelper(getApplicationContext(),"数据库文件名称", null, 1);
SQLiteDatabase friendDb = friendDbOpenHelper.getWritableDatabase();
```

接着我们继续介绍 SQLiteDatabase 的功能和用法。

55-3 SQLiteDatabase 的功能和用法

SQLiteDatabase 类提供操作数据库的各种方法，例如 insert()、delete()、query()、replace()、update()、execSQL()、beginTransaction()、endTransaction()等，我们可以利用这些方法对数据库进行各种操作。例如以下程序代码会打开数据库并建立一个数据表。数据库使用完毕之后，必须调用 close()方法将它关闭，下次要用的时候再将它打开。

```
FriendDbOpenHelper friendDbOpenHelper =
    new FriendDbOpenHelper(getApplicationContext(),"friends.db", null, 1);
SQLiteDatabase friendDb = friendDbOpenHelper.getWritableDatabase();
friendDb.execSQL("CREATE TABLE friends (" +
                 "_id INTEGER PRIMARY KEY," +
                 "name TEXT NOT NULL," +
                 "sex TEXT," +
                 "address TEXT);");
friendDb.close();   // 数据库使用完毕后，必须将它关闭
```

55-4 范例程序

接下来我们借助建立一个 App 项目来示范完整的数据库使用流程，这个 App 项目具有类似通讯录的功能。为了不让程序过于复杂，以致模糊了学习主题，我们只简单地使用姓名、性别和地址 3 个字段。程序的运行画面如图 55-3 所示，用户可以利用“添加”、“查询”和“列表”3 个按钮，分别将数据添加到通讯录、查询通讯录数据或是列出通讯录的内容。以下是完成整个 App 项目的步骤：

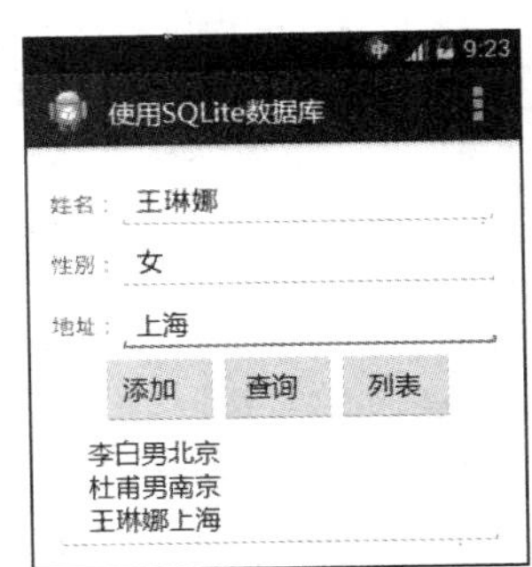

图 55-3　通讯录程序的运行画面

步骤 01　新增一个 Android App 项目，项目对话框中的属性设置依照之前的惯例即可。

步骤 02　依照本章前面介绍的方法，在程序项目中新增一个继承 SQLiteOpenHelper 的新类，我们可以将它取名为 FriendDbHelper，FriendDbHelper 类中的程序代码如同前面的说

明。

步骤 03　打开程序项目的界面布局文件 res/layout/activty_main.xml，将它编辑如下。我们用两层 LinearLayout 将界面组件做适当的编排，并借助设置适当的组件属性，让程序画面比较整齐美观。

```
<LinearLayout xmlns:android="http://schemas.android.com/apk/res/android"
    xmlns:tools="http://schemas.android.com/tools"
    android:id="@+id/LinearLayout1"
    android:layout_width="match_parent"
    android:layout_height="match_parent"
    android:orientation="vertical"
    android:paddingBottom="@dimen/activity_vertical_margin"
    android:paddingLeft="@dimen/activity_horizontal_margin"
    android:paddingRight="@dimen/activity_horizontal_margin"
    android:paddingTop="@dimen/activity_vertical_margin"
    tools:context="com.android.MainActivity$PlaceholderFragment" >

    <LinearLayout
        android:orientation="horizontal"
        android:layout_width="match_parent"
        android:layout_height="wrap_content" >

        <TextView
            android:layout_width="wrap_content"
            android:layout_height="wrap_content"
            android:text="姓名： " />

        <EditText
            android:id="@+id/edtName"
            android:layout_width="match_parent"
            android:layout_height="wrap_content" />

    </LinearLayout>

    <LinearLayout
        android:orientation="horizontal"
        android:layout_width="match_parent"
        android:layout_height="wrap_content" >

        <TextView
            android:layout_width="wrap_content"
            android:layout_height="wrap_content"
            android:text="性别： " />

        <EditText
            android:id="@+id/edtSex"
            android:layout_width="match_parent"
            android:layout_height="wrap_content" />
```

```
    </LinearLayout>

    <LinearLayout
        android:orientation="horizontal"
        android:layout_width="match_parent"
        android:layout_height="wrap_content" >

        <TextView
            android:layout_width="wrap_content"
            android:layout_height="wrap_content"
            android:text="地址：" />

        <EditText
            android:id="@+id/edtAddr"
            android:layout_width="match_parent"
            android:layout_height="wrap_content" />

    </LinearLayout>

    <LinearLayout
        android:orientation="horizontal"
        android:layout_width="match_parent"
        android:layout_height="wrap_content"
        android:gravity="center" >

        <Button
            android:id="@+id/btnAdd"
            android:layout_width="wrap_content"
            android:layout_height="wrap_content"
            android:paddingLeft="20dp"
            android:paddingRight="20dp"
            android:text="添加" />

        <Button
            android:id="@+id/btnQuery"
            android:layout_width="wrap_content"
            android:layout_height="wrap_content"
            android:paddingLeft="20dp"
            android:paddingRight="20dp"
            android:text="查询" />

        <Button
            android:id="@+id/btnList"
            android:layout_width="wrap_content"
            android:layout_height="wrap_content"
            android:paddingLeft="20dp"
            android:paddingRight="20dp"
            android:text="列表" />

    </LinearLayout>
```

```
    <EditText
        android:id="@+id/edtList"
        android:layout_width="match_parent"
        android:layout_height="wrap_content" />

</LinearLayout>
```

步骤 04 打开主程序文件，将程序代码编辑如下。我们把链接库文件和数据表名称定义为静态常数字符串，然后在 onCreate()方法中，完成数据库打开和建立数据表的工作，另外还要设置好界面组件，以及 button 的 onClickListener。在 onDestroy()方法中，我们将数据库关闭。

```
public class MainActivity extends Activity {

    private static final String DB_FILE = "friends.db",
                                DB_TABLE = "friends";
    private SQLiteDatabase mFriendDb;

    private EditText mEdtName,
                     mEdtSex,
                     mEdtAddr,
                     mEdtList;

    private Button mBtnAdd,
                   mBtnQuery,
                   mBtnList;

    @Override
    protected void onCreate(Bundle savedInstanceState) {
        super.onCreate(savedInstanceState);
        setContentView(R.layout.activity_main);

        FriendDbOpenHelper friendDbOpenHelper =
                new FriendDbOpenHelper(getApplicationContext(), DB_FILE,
                null, 1);
        mFriendDb = friendDbOpenHelper.getWritableDatabase();

        // 检查数据表是否已经存在，如果不存在，就建立一个。
        Cursor cursor = mFriendDb.rawQuery(
                "select DISTINCT tbl_name from sqlite_master where
            tbl_name = '" +
                DB_TABLE + "'", null);

        if(cursor != null) {
            if(cursor.getCount() == 0)    // 没有数据表，要建立一个数据表。
                mFriendDb.execSQL("CREATE TABLE " + DB_TABLE + " (" +
                        "_id INTEGER PRIMARY KEY," +
                        "name TEXT NOT NULL," +
                        "sex TEXT," +
                        "address TEXT);");
```

```
            cursor.close();
        }

        mEdtName = (EditText)findViewById(R.id.edtName);
        mEdtSex = (EditText)findViewById(R.id.edtSex);
        mEdtAddr = (EditText)findViewById(R.id.edtAddr);
        mEdtList = (EditText)findViewById(R.id.edtList);

        mBtnAdd = (Button)findViewById(R.id.btnAdd);
        mBtnQuery = (Button)findViewById(R.id.btnQuery);
        mBtnList = (Button)findViewById(R.id.btnList);

        mBtnAdd.setOnClickListener(btnAddOnClick);
        mBtnQuery.setOnClickListener(btnQueryOnClick);
        mBtnList.setOnClickListener(btnListOnClick);
    }

    @Override
    public boolean onCreateOptionsMenu(Menu menu) {
        // Inflate the menu; this adds items to the action bar if it is
       present.
        getMenuInflater().inflate(R.menu.main, menu);
        return true;
    }

    @Override
    public boolean onOptionsItemSelected(MenuItem item) {
        // Handle action bar item clicks here. The action bar will
        // automatically handle clicks on the Home/Up button, so long
        // as you specify a parent activity in AndroidManifest.xml.
        int id = item.getItemId();
        if (id == R.id.action_settings) {
            return true;
        }
        return super.onOptionsItemSelected(item);
    }

    @Override
    protected void onDestroy() {
        // TODO Auto-generated method stub
        super.onDestroy();
        mFriendDb.close();
    }

    private View.OnClickListener btnAddOnClick =
new View.OnClickListener() {
        @Override
        public void onClick(View v) {
            // TODO Auto-generated method stub
```

```
            ContentValues newRow = new ContentValues();
            newRow.put("name", mEdtName.getText().toString());
            newRow.put("sex", mEdtSex.getText().toString());
            newRow.put("address", mEdtAddr.getText().toString());
            mFriendDb.insert(DB_TABLE, null, newRow);
        }
    };

    private View.OnClickListener btnQueryOnClick =
new View.OnClickListener() {
        @Override
        public void onClick(View v) {
            // TODO Auto-generated method stub

            Cursor c = null;

            if (!mEdtName.getText().toString().equals("")) {
                c = mFriendDb.query(true, DB_TABLE, new String[]{"name",
            "sex",
                    "address"}, "name=" + "\"" + mEdtName.getText().
                toString()
                    + "\"", null, null, null, null, null);
            } else if (!mEdtSex.getText().toString().equals("")) {
                c = mFriendDb.query(true, DB_TABLE, new String[]{"name",
            "sex",
                  "address"}, "sex=" + "\"" + mEdtSex.getText().toString()
                + "\"", null, null, null, null, null);
            } else if (!mEdtAddr.getText().toString().equals("")) {
                c = mFriendDb.query(true, DB_TABLE, new String[]{"name",
            "sex",
                "address"}, "address=" + "\"" + mEdtAddr.getText().toString()
                + "\"", null, null, null, null, null);
            }

            if (c == null)
                return;

            if (c.getCount() == 0) {
                mEdtList.setText("");
                Toast.makeText(MainActivity.this, "没有这条数据",
            Toast.LENGTH_LONG)
                    .show();
            } else {
                c.moveToFirst();
                mEdtList.setText(c.getString(0) + c.getString(1)  +
            c.getString(2));

                while (c.moveToNext())
                    mEdtList.append("\n" + c.getString(0) +
                c.getString(1) +
                        c.getString(2));
```

```
            }
        }
    };

    private View.OnClickListener btnListOnClick =
    new View.OnClickListener() {
        @Override
        public void onClick(View v) {
            // TODO Auto-generated method stub
            Cursor c = mFriendDb.query(true, DB_TABLE, new String[]{"name",
        "sex",
                    "address"},    null, null, null, null, null, null);

            if (c == null)
                return;

            if (c.getCount() == 0) {
                mEdtList.setText("");
                Toast.makeText(MainActivity.this, "没有数据",
            Toast.LENGTH_LONG)
                    .show();
            }
            else {
                c.moveToFirst();
                mEdtList.setText(c.getString(0) + c.getString(1)  +
            c.getString(2));

                while (c.moveToNext())
                    mEdtList.append("\n" + c.getString(0) + c.getString(1) +
                        c.getString(2));
            }
        }
    };
}
```

步骤05 在“添加”按钮的 OnClickListener 中，我们先把字段名称和对应的数据放入 ContentValues 类型的对象中，然后调用数据库对象的 insert()方法，把数据写入数据库。在“查询”按钮的 OnClickListener 中，我们根据字段的内容决定查询的依据，然后调用数据库对象的 query()方法进行查询，再把查询结果存入一个 Cursor 对象，最后检查 Cursor 对象的结果并进行适当的处理。在“列表”按钮的 OnClickListener 中，我们利用类似“查询”按钮的 OnClickListener 程序代码查询数据表中的全部内容，然后根据得到的 Cursor 对象进行适当处理。

完成这个 App 项目之后就可以运行程序，测试读写数据库的功能。

Android 版本	1.X	2.X	3.X	4.X
适用性	★	★	★	★

第 56 章 使用Content Provider跨程序存取数据

在开始介绍本章的主角之前，我们先回顾一下已经学过的几种 Android 程序类型：首先是 Activity，它是最常使用的一种程序类型，可以独立运行并且有操作画面；其次是 Broadcast Receiver，在它启动之后会在背景监听特定的广播信息，等到该信息出现的时候才会开始运行，App Widget 程序基本上也属于一种 Broadcast Receiver；第 3 种程序类型是 Service，它是在背景运行，没有运行画面，而且一旦启动之后，就会持续运行，直到工作结束为止。

除了以上 3 种程序类型之外，还有一种就是 Content Provider，也就是本章的主角。就字面上的意义来说，它是所谓的"内容供应者"。"内容"其实就是数据，换句话说 Content Provider 就是一种 Data Server，它负责存储和提供数据。读者心中或许会有一个疑问，前一章介绍的 SQLite 数据库的功能也是存储和提供数据，那么二者又有何不同？这二者的功能确实一样，但是运行的条件并不相同。SQLite 数据库中的数据只能由原来建立数据文件的程序存取，其他程序不能使用。但是 Content Provider 没有这项限制，所有程序都可以向 Content Provider 要求存取数据。还有就是如果读者对于神出鬼没的 Intent 对象已经感觉有些厌烦的话，一个好消息是：在本章我们不会再看到 Intent 对象的踪影。不过 Content Provider 必须用到另一种对象，那就是 Uri，Uri 可以说是 Content Provider 的令牌或是身份证，必须通过它才可以找到 Content Provider，以完成数据的存取。

56-1 Activity 和 Content Provider 之间的运行机制

每个 Content Provider 都有一个独一无二的 Uri 名称，当 Activity 程序需要使用 Content Provider 时，必须准备一个 Uri 对象，其中包含 Content Provider 的 Uri 名称。Uri 对象只是一

个信息的载体，还要加上一个发送的操作才能够完成和 Content Provider 之间的互动，这个发送的任务就需要借助 ContentResolver。当程序需要 ContentResolver 对象时，可以利用 getContentResolver()方法从 Android 系统取得，图 56-1 展示了 Activity 和 Content Provider 之间的运行流程。

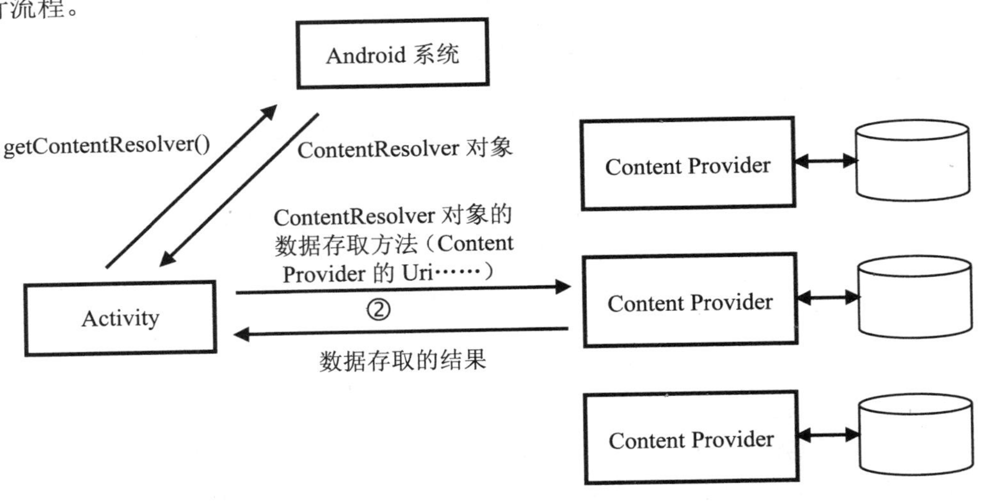

图 56-1　Activity 和 Content Provider 之间的运行流程图

以上的讨论是从 Activity 端来看 Content Provider 的使用流程，基本上只需要两个步骤就可以完成数据的存取。但是如果从 Content Provider 端来考虑程序的实现，需要完成的工作就比较繁杂，以下我们将逐项说明。

1. 工作 1

Content Provider 必须设置自己的 Uri 名称，这个 Uri 名称的格式如下：

```
content://(Content Provider 的套件路径名称).(Content Provider 的类名称)/(数据表名称)
```

Content Provider 的套件路径名称一般都是以 providers 结尾，例如：com.android.providers。依照 Android SDK 技术文件中的规定，这个 Uri 名称必须以 public 属性的方式定义在 Content Provider 类中，而且属性的名称必须叫做 CONTENT_URI，以供外部程序使用。

2. 工作 2

Uri 名称中的“(Content Provider 的套件路径名称).(Content Provider 的类名称)”称为 authority，这个 authority 在 AndroidManifest.xml 文件中登录 Content Provider 时也会用到。另外为了方便编写程序代码，我们也会将数据表名称定义成一个常数，因此综合第 1 项和第 2 项的说明，假设我们想要建立一个用来存取朋友数据的 Content Provider，我们会在该类中定义如下的常数，注意其中的 CONTENT_URI 常数是 public：

```
private static final String AUTHORITY =
        "com.android.providers.FriendsContentProvider";
```

```
private static final String DB_TABLE = "friends";
public static final Uri CONTENT_URI = Uri.parse("content://"
        + AUTHORITY + "/" + DB_TABLE);
```

3. 工作 3

当 Activity 需要借助 Content Provider 来存取数据时，必须指定第 1 项说明中的 Uri 名称。当该 Uri 名称被送到 Content Provider 时，Content Provider 必须先解析该 Uri 名称，再决定要运行的工作。这个步骤需要借助一个 UriMatcher 类型的对象来完成，Content Provider 必须在启动的时候，就设置好这个 UriMatcher 对象，请参考以下范例：

```
private static final int URI_ROOT = 0,
                         DB_TABLE_FRIENDS = 1;
private static final UriMatcher sUriMatcher = new UriMatcher(URI_ROOT);
static {
    sUriMatcher.addURI(AUTHORITY, DB_TABLE, DB_TABLE_FRIENDS);
}
```

建立 UriMatcher 对象的时候必须指定它的 root 对应的返回值，一般都设置为 0。接下来的 addURI()方法就是添加每一个 table（数据表）对应的返回值，一般情况下，table 对应的返回值都是从 1 开始递增编号。

4. 工作 4

Content Provider 必须实现以下方法，以提供 Client 端程序对于数据操作的需求。

- onCreate()：当 Content Provider 被建立时运行。
- getType()：返回 Content Provider 中的数据类型（MIME type）。
- delete()：删除 Content Provider 中的数据。
- insert()：在 Content Provider 中新增数据。
- query()：查询 Content Provider 中的数据。
- update()：更新 Content Provider 中的数据。
- 当 Content Provider 收到存取数据的要求时，必须先调用 UriMatcher 对象的 match()方法解析附带的 Uri 名称。举例来说，根据第 3 项说明中的程序代码，如果解析后的 Uri 是 DB_TABLE 定义的值，match()方法就会返回 DB_TABLE_FRIENDS 定义的值。因此，我们可以根据 match()方法的返回值来决定如何进行数据的操作，读者可以参考后面的实现程序代码。

5. 工作 5

以上的讨论都是有关 Activity 和 Content Provider 之间的互动机制，接下来要考虑的是 Content Provider 如何实现数据存取的核心功能。Content Provider 内部要如何完成数据的存储和管理，完全由程序员决定，前提是必须满足第 4 项说明中所列出的数据操作方法。如果读者熟悉 SQL 数据库语言，或是对照前一章介绍的 SQLite 数据库功能，就会发现这些数据操作方法和 SQL 数据库的功能非常类似，因此，在 Content Provider 中，使用 SQLite 数据库存储和管理数据是最方便的做法。

在介绍完 Content Provider 的基本概念和运行流程之后，接下来我们用一个实际的范例来示范如何实现 Content Provider。

56-2 范例程序

在前一章中我们利用一个通讯录程序来示范 SQLite 数据库的用法。该程序的功能虽然有点简单，却清楚而且完整地示范了 SQLite 数据库的操作流程。同样地，这个程序也很适合用来学习建立 Content Provider，接下来我们就把这个通讯录程序改成使用 Content Provider 来存取数据。

步骤01 复制上一章的 App 界面。

步骤02 在 Eclipse 左边的项目查看窗格中，用鼠标右键单击程序项目的 src 文件夹，在弹出的快捷菜单中选择 New > Package，然后在出现的套件对话框中输入新套件的名称。我们可以先输入原来的套件名称（例如 com.android），后面再加上“.providers”，完成后单击 OK 按钮。

步骤03 在项目查看窗格中，用鼠标右键单击新建立的套件，在弹出的快捷菜单中选择 New > Class。接着在类对话框中输入新类的名称，例如 FriendsContentProvider，然后单击 Superclass 右边的 Browse 按钮，在出现的对话框上方输入 ContentProvider，再单击下方列表中出现的 ContentProvider 项目，最后单击 OK 按钮回到类对话框，即可完成 Superclass 的设置，然后单击 Finish 按钮完成新建类的操作。

步骤04 编辑上一个步骤建立的类程序文件，输入下列粗体字的程序代码，在原来内置的程序代码中，有些自变量名称是以 arg 命名，读者可以参考以下的程序范例，将它们改成有意义的名称。

```
public class FriendsContentProvider extends ContentProvider {

    private static final String AUTHORITY =
          "com.android.providers.FriendsContentProvider";
    private static final String DB_FILE = "friends.db",
                         DB_TABLE = "friends";
    private static final int URI_ROOT = 0,
                    DB_TABLE_FRIENDS = 1;
    public static final Uri CONTENT_URI = Uri.parse("content://"
        + AUTHORITY + "/" + DB_TABLE);
    private static final UriMatcher sUriMatcher =new UriMatcher(URI_ROOT);
    static {
        sUriMatcher.addURI(AUTHORITY, DB_TABLE, DB_TABLE_FRIENDS);
    }
```

```
private SQLiteDatabase mFriendDb;

@Override
public int delete(Uri uri, String  selection, String[] selectionArgs) {
    // TODO Auto-generated method stub
    return 0;
}

@Override
public String getType(Uri uri) {
    // TODO Auto-generated method stub
    return null;
}

@Override
public Uri insert(Uri uri, ContentValues values) {
    // TODO Auto-generated method stub
    if (sUriMatcher.match(uri) != DB_TABLE_FRIENDS) {
        throw new IllegalArgumentException("Unknown URI " + uri);
    }

    long rowId = mFriendDb.insert(DB_TABLE, null, values);
    Uri insertedRowUri = ContentUris.withAppendedId(CONTENT_URI, rowId);
    getContext().getContentResolver().notifyChange(insertedRowUri,
null);

    return insertedRowUri;
}

@Override
public boolean onCreate() {
    // TODO Auto-generated method stub
    FriendDbOpenHelper friendDbOpenHelper = new FriendDbOpenHelper(
            getContext(), DB_FILE,
            null, 1);

    mFriendDb = friendDbOpenHelper.getWritableDatabase();

    // 检查数据表是否已经存在，如果不存在，就建立一个。
    Cursor cursor = mFriendDb.rawQuery(
            "select DISTINCT tbl_name from sqlite_master where
        tbl_name = '" +
            DB_TABLE + "'", null);

    if(cursor != null) {
        if(cursor.getCount() == 0)    // 没有数据表，要建立一个数据表。
            mFriendDb.execSQL("CREATE TABLE " + DB_TABLE + " (" +
                    "_id INTEGER PRIMARY KEY," +
                    "name TEXT NOT NULL," +
                    "sex TEXT," +
                    "address TEXT);");
```

```
            cursor.close();
        }

        return true;
    }

    @Override
    public Cursor query(Uri uri, String[] projection, String selection,
            String[] selectionArgs, String sortOrder) {
        // TODO Auto-generated method stub
        if (sUriMatcher.match(uri) != DB_TABLE_FRIENDS) {
            throw new IllegalArgumentException("Unknown URI " + uri);
        }

        Cursor c = mFriendDb.query(true, DB_TABLE, projection,
                selection, null, null, null, null, null);
        c.setNotificationUri(getContext().getContentResolver(), uri);

        return c;
    }

    @Override
    public int update(Uri uri, ContentValues values, String selection,
            String[] selectionArgs) {
        // TODO Auto-generated method stub
        return 0;
    }

}
```

提示

最前面的部分是定义前面解释过的 Uri 相关属性，以及使用的 SQLite 数据库文件和数据表名称。接下来在 insert()方法中，先使用 UriMatcher 对象的 match()方法解析收到的 uri 名称。如果 uri 名称没问题，就调用 SQLiteDatabase 对象的 insert()方法添加新的数据项，然后建立一个新的 Uri 对象，并加上新添加的数据 id，通知其他程序已经有新的数据添加，并返回新建立的 Uri 对象。

在 onCreate()方法中则是仿照原来使用 SQLite 数据库的程序代码，建立一个 FriendDbOpenHelper 类型的对象，然后建立新的数据表。在 query()方法中同样先使用 UriMatcher 对象的 match()方法解析收到的 uri 名称。如果 uri 名称没问题，就调用 SQLiteDatabase 对象的 query()方法进行数据查询，然后在得到的 Cursor 对象中设置好 Uri 对象，最后返回该 Cursor 对象。

步骤 05 重复步骤 3 和 4，在同样的套件中新建一个继承 SQLiteOpenHelper 类的新类，该类可以取名为 FriendDbHelper（和上一章的程序项目相同），然后复制上一章的程序项目的同名程序文件中的内容，但是注意不要改变程序代码第一行的 package 名称，因为它们位于不同的套件中。

步骤 06 删除 src/com.android/FriendDbOpenHelper.java 程序文件（操作提示：在 Eclipse 左边的项目查看窗格中，用鼠标右键单击该程序文件，在弹出的快捷菜单中选择 Delete）。

步骤 07 打开 src/com.android/MainActivity.java 程序文件，将它编辑如下。我们把原来使用 SQLite 数据库的程序代码换成使用 ContentResolver 对象进行数据的存取。有关程序界面组件的设置都和原来的程序代码相同，因此我们将其省略，请读者留意利用粗体字标识的程序代码。

```
public class MainActivity extends Activity {

    private static ContentResolver mContRes;

    private EditText …(和原来的程序代码相同)

    private Button …(和原来的程序代码相同)

    @Override
    protected void onCreate(Bundle savedInstanceState) {
        super.onCreate(savedInstanceState);
        setContentView(R.layout.activity_main);

        mContRes = getContentResolver();

        mEdtName = (EditText)findViewById(R.id.edtName);
        ... (和原来的程序代码相同)

        mBtnAdd = (Button)findViewById(R.id.btnAdd);
        ... (和原来的程序代码相同)

        mBtnAdd.setOnClickListener(btnAddOnClick);
        ... (和原来的程序代码相同)
    }

    @Override
    public boolean onCreateOptionsMenu(Menu menu) {
        ... (和原来的程序代码相同)
    }

    @Override
    public boolean onOptionsItemSelected(MenuItem item) {
        ... (和原来的程序代码相同)
    }

    @Override
    protected void onDestroy() {
        // TODO Auto-generated method stub
        super.onDestroy();
        mFriendDb.close();
```

```
    }

    private View.OnClickListener btnAddOnClick =
 new View.OnClickListener() {
        @Override
        public void onClick(View v) {
            // TODO Auto-generated method stub

            ContentValues newRow = new ContentValues();
            newRow.put("name", mEdtName.getText().toString());
            newRow.put("sex", mEdtSex.getText().toString());
            newRow.put("address", mEdtAddr.getText().toString());
            mContRes.insert(FriendsContentProvider.CONTENT_URI, newRow);
        }
    };

    private View.OnClickListener btnQueryOnClick =
 new View.OnClickListener() {
        @Override
        public void onClick(View v) {
            // TODO Auto-generated method stub

            Cursor c = null;

            String[] projection = new String[]{"name", "sex", "address"};

            if (!mEdtName.getText().toString().equals("")) {
                c = mContRes.query(FriendsContentProvider.CONTENT_URI,
            projection,
                        "name=" + "\"" + mEdtName.getText().toString()
                    + "\"",
                        null, null);
            } else if (!mEdtSex.getText().toString().equals("")) {
                c = mContRes.query(FriendsContentProvider.CONTENT_URI,
            projection,
                        "sex=" + "\"" + mEdtSex.getText().toString() + "\"",
                        null, null);
            } else if (!mEdtAddr.getText().toString().equals("")) {
                c = mContRes.query(FriendsContentProvider.CONTENT_URI,
            projection,
                        "address=" + "\"" + mEdtAddr.getText().toString() +
                    "\"",
                        null, null);
            }

            ...（和原来的程序代码相同）
        }
    };

    private View.OnClickListener btnListOnClick =
 new View.OnClickListener() {
```

```
        @Override
        public void onClick(View v) {
            // TODO Auto-generated method stub
            String[] projection = new String[]{"name", "sex", "address"};

            Cursor c = mContRes.query(FriendsContentProvider.CONTENT_URI,
        projection,
                    null, null, null);

            ...(和原来的程序代码相同)
        }
    };

}
```

步骤 08　打开程序项目的功能描述文件 AndroidManifest.xml，添加以下粗体字的部分，这一段程序代码是向 Android 系统登录我们的 Content Provider 程序：

```
<?xml version="1.0" encoding="utf-8"?>
<manifest …>
    <application
        ...>
        <activity …>
            …
        </activity>
         <provider android:name=".providers.FriendsContentProvider"

android:authorities="com.android.providers.FriendsContentProvider" />
    </application>
</manifest>
```

步骤 09　打开字符串资源文件 res/values/strings.xml，修改其中的程序标题字符串 app_name 如下：

```
<string name="app_name">使用 Content Provider</string>
```

完成之后运行程序，测试每一个按钮的功能，读者会发现和上一章的范例程序完全相同，操作界面也没有任何改变，但是核心的数据存取方式却不相同：一个是使用 SQLite 数据库；另一个则是借助 Content Provider 来进行数据的存取。

Android 版本	1.X	2.X	3.X	4.X
适用性	★	★	★	★

第 57 章 使用文件存储数据

除了前面介绍的 3 种方法之外，Android App 也可以像个人计算机的应用程序一样，使用文件存储数据。只是 App 建立的文件，必须存放在自己的文件夹中，不可以随意放在其他路径。Android App 读写文件的方式和个人计算机的 Java 程序相同，都是使用 FileInputStream 和 FileOutputStream 类。另外为了提升读写大型文件的效率，可以配合使用 BufferedInputStream 和 BufferedOutputStream 这两个类。以下我们依序介绍将数据写入文件和从文件读取数据的方法。

57-1 将数据写入文件的方法

将数据写入文件的过程分成以下几个步骤：

步骤 01 调用 openFileOutput()方法，从 Android 系统取得一个 FileOutputStream 类型的对象。我们必须决定要使用覆盖的模式或是附加模式将数据写入文件。覆盖模式是传入 MODE_PRIVATE 或是 0，它会将原来文件中的数据清除之后再写入新的数据。附加模式是传入 MODE_APPEND，它会将新的数据加在文件的最后。

```
FileOutputStream fileOut = openFileOutput("文件名称(不能指定路径)", 写入模式);
```

步骤 02 建立一个 BufferedOutputStream 类型的对象，把步骤 1 得到的 FileOutputStream 对象包裹起来。这样做的目的是为了提升大型文件的读写效率，但是并不是必要的步骤。如果没有使用 BufferedOutputStream 对象，也可以利用 FileOutputStream 对象来写入数据，这两种对象写入数据的方法很类似。

```
BufferedOutputStream bufFileOut = new BufferedOutputStream(fileOut);
```

步骤03　调用 BufferedOutputStream 对象的 write()方法将数据写入文件，要写入文件的数据必须存储在 byte 类型的数组中，以下的范例是利用 String 类的 getBytes()方法取得字符串的 byte 数组。

```
String sData = "存储的数据";
bufFileOut.write(sData.getBytes());
```

步骤04　将数据全部写入文件之后，调用 BufferedOutputStream 对象的 close ()方法关闭文件。

```
bufFileOut.close();
```

步骤05　以上存取文件的程序代码必须加上异常处理，也就是说要用 try…catch…语法将它们包裹起来，代码如下：

```
try {
  // 存取文件的程序代码
  …
} catch (FileNotFoundException e) {
   // 处理错误的程序代码
  …
} catch (IOException e) {
   // 处理错误的程序代码
  …
}
```

57-2 从文件读取数据的方法

从文件读取数据的过程分成以下几个步骤：

步骤01　调用 openFileInput()方法，从 Android 系统取得一个 FileInputStream 类型的对象。

```
FileInputStream fileIn = openFileInput("文件名称(不能指定路径)");
```

步骤02　建立一个 BufferedInputStream 类型的对象，把步骤 1 得到的 FileInputStream 对象包裹起来。这个步骤可以提升大型文件的读写效率，但不是必要的步骤。如果没有使用 BufferedInputStream 对象，可以利用 FileInputStream 对象来读取数据，这两个对象读取数据的方法很类似。

```
BufferedInputStream bufFileIn = new BufferedInputStream(fileIn);
```

步骤03　调用 BufferedInputStream 对象的 read()方法读取数据。我们必须准备一个 byte 类型的数组来存放读取的数据，read()方法会返回读取的 byte 数，如果返回-1，则表示数据已经读取完毕。我们可以使用一个循环连续读取文件中的数据，直到 read()方法返回-1 为止，读者可以参考后面的实现范例。

步骤04 文件使用完毕之后，调用 BufferedInputStream 对象的 close ()方法关闭文件。

```
bufFileIn.close();
```

步骤05 以上存取文件的程序代码必须加上异常处理，也就是说要用 try…catch…语法将它们包裹起来，代码如下：

```
try {
        // 存取文件的程序代码
        …
} catch (FileNotFoundException e) {
    // 处理错误的程序代码
    …
} catch (IOException e) {
    // 处理错误的程序代码
    …
}
```

57-3 范例程序

接下来我们用一个实际的程序项目来示范读写文件的功能，这个程序项目的运行画面如图 57-1 所示。用户在上方的 EditText 组件中可任意输入文字，然后单击“添加文件”按钮，就可以把输入的文字写入文件中。单击“列出文件内容”按钮，就会将文件的内容显示在下方的文本框。单击“清除文件内容”按钮，则会删除文件中的所有数据，完成这个程序项目的步骤如下：

图 57-1 读写文件程序的运行画面

步骤01 新增一个 Android App 项目，项目对话框中的属性设置依照之前的惯例即可。

步骤02 打开界面布局文件 res/layout/activity_main.xml，将内容编辑如下：

```
<LinearLayout xmlns:android="http://schemas.android.com/apk/res/android"
    xmlns:tools="http://schemas.android.com/tools"
    android:id="@+id/LinearLayout1"
    android:layout_width="match_parent"
    android:layout_height="match_parent"
```

```
    android:orientation="vertical"
    android:paddingBottom="@dimen/activity_vertical_margin"
    android:paddingLeft="@dimen/activity_horizontal_margin"
    android:paddingRight="@dimen/activity_horizontal_margin"
    android:paddingTop="@dimen/activity_vertical_margin"
    tools:context="com.android.MainActivity$PlaceholderFragment" >

    <EditText
        android:id="@+id/edtIn"
        android:layout_width="300dp"
        android:layout_height="wrap_content" />

    <LinearLayout
        android:orientation="horizontal"
        android:layout_width="300dp"
        android:layout_height="wrap_content"
        android:gravity="center" >

        <Button
            android:id="@+id/btnAdd"
            android:layout_width="100dp"
            android:layout_height="wrap_content"
            android:paddingLeft="20dp"
            android:paddingRight="20dp"
            android:text="添加\n 文件" />

        <Button
            android:id="@+id/btnRead"
            android:layout_width="100dp"
            android:layout_height="wrap_content"
            android:paddingLeft="20dp"
            android:paddingRight="20dp"
            android:text="列出文件内容" />

        <Button
            android:id="@+id/btnClear"
            android:layout_width="100dp"
            android:layout_height="wrap_content"
            android:paddingLeft="20dp"
            android:paddingRight="20dp"
            android:text="清除文件内容" />
    </LinearLayout>

    <TextView
        android:layout_width="300dp"
        android:layout_height="wrap_content"
        android:layout_marginTop="10dp"
        android:text="文件内容" />

    <EditText
        android:id="@+id/edtFileContent"
```

```
        android:layout_width="400dp"
        android:layout_height="wrap_content"
        android:editable="false" />

</LinearLayout>
```

步骤 03 打开主程序文件，将程序代码编辑如下。在“添加文件”按钮的 onClickListener 中，我们利用前面介绍的方法，将程序画面上方的 EditText 中的文字写入文件。在“列出文件内容”按钮的 onClickListener 中利用前面介绍的方法从文件中读出数据，并显示在程序画面下方的 EditText 中。在“清除文件内容”的 onClickListener 中，先以覆盖模式打开文件，然后将它关闭，就可以清空文件中的数据。

```
public class MainActivity extends Activity {

    private static final String FILE_NAME = "file io.txt";

    private EditText mEdtIn,
                     mEdtFileContent;

    private Button mBtnAdd,
                   mBtnRead,
                   mBtnClear;

    @Override
    protected void onCreate(Bundle savedInstanceState) {
        super.onCreate(savedInstanceState);
        setContentView(R.layout.activity_main);

        mEdtIn = (EditText)findViewById(R.id.edtIn);
        mEdtFileContent = (EditText)findViewById(R.id.edtFileContent);

        mBtnAdd = (Button)findViewById(R.id.btnAdd);
        mBtnRead = (Button)findViewById(R.id.btnRead);
        mBtnClear = (Button)findViewById(R.id.btnClear);

        mBtnAdd.setOnClickListener(btnAddOnClick);
        mBtnRead.setOnClickListener(btnReadOnClick);
        mBtnClear.setOnClickListener(btnClearOnClick);
    }

    @Override
    public boolean onCreateOptionsMenu(Menu menu) {

        // Inflate the menu; this adds items to the action bar if it is
       present.
        getMenuInflater().inflate(R.menu.main, menu);
        return true;
    }
```

```
    @Override
    public boolean onOptionsItemSelected(MenuItem item) {
        // Handle action bar item clicks here. The action bar will
        // automatically handle clicks on the Home/Up button, so long
        // as you specify a parent activity in AndroidManifest.xml.
        int id = item.getItemId();
        if (id == R.id.action_settings) {
            return true;
        }
        return super.onOptionsItemSelected(item);
    }

    private View.OnClickListener btnAddOnClick =
new View.OnClickListener() {
        @Override
        public void onClick(View v) {
            // TODO Auto-generated method stub
            FileOutputStream fileOut = null;
            BufferedOutputStream bufFileOut = null;

            try {
                fileOut = openFileOutput(FILE_NAME, MODE_APPEND);
                bufFileOut = new BufferedOutputStream(fileOut);
                bufFileOut.write(mEdtIn.getText().toString().getBytes());
                bufFileOut.close();
            } catch (Exception e) {
                // TODO Auto-generated catch block
                e.printStackTrace();
            }
        }
    };

    private View.OnClickListener btnReadOnClick =
new View.OnClickListener() {
        @Override
        public void onClick(View v) {
            // TODO Auto-generated method stub
            FileInputStream fileIn = null;
            BufferedInputStream bufFileIn = null;

            try {
                fileIn = openFileInput("file io.txt");
                bufFileIn = new BufferedInputStream(fileIn);

                byte[] bufBytes = new byte[10];

                mEdtFileContent.setText("");

                do {
                    int c = bufFileIn.read(bufBytes);
```

```
                if (c == -1)
                    break;
                else
                    mEdtFileContent.append(new String(bufBytes), 0, c);
            } while (true);

            bufFileIn.close();
        } catch (Exception e) {
            // TODO Auto-generated catch block
            e.printStackTrace();
        }
    }
};

    private View.OnClickListener btnClearOnClick =
new View.OnClickListener() {
        @Override
        public void onClick(View v) {
            // TODO Auto-generated method stub
            FileOutputStream fileOut = null;

            try {
                fileOut = openFileOutput(FILE_NAME, MODE_PRIVATE);
                fileOut.close();
            } catch (Exception e) {
                // TODO Auto-generated catch block
                e.printStackTrace();
            }
        }
    };

}
```

第11部分

App 项目的准备工作和发布

Android 版本	1.X	2.X	3.X	4.X
适用性	★	★	★	★

第 58 章 支持各种语言和多种屏幕模式

如果我们开发的 App，只是安装在自己的手机或平板电脑上使用，则不需要考虑转换语言的问题，也不用担心 App 安装在其他尺寸的屏幕上，运行画面是否可以正常显示。可是如果 App 会在网络上公开，让全世界的人下载使用，那么程序画面的编排和使用的语言，就必须能够符合不同语言用户的需要，以及屏幕尺寸、方向变化的问题。针对各种语言、屏幕尺寸及分辨率的变化，Android 系统在设计的时候，就已经提供了很好的解决办法。Android App 有一套程序资源配置法则，在 App 项目的 res 文件夹中，有各种资源文件夹，例如 drawable、layout 和 values，都可以在它们的文件夹名称后面加上特定的代表字，以限定使用的运行环境。这些特定代表字的种类，包括移动通信的国家/地区代码，以及网络商代码、语言、屏幕大小、屏幕外观和方向、底座链接状态、夜间模式、屏幕分辨率、屏幕触控模式、键盘模式、输入方式、导引相关设置和系统版本等。以下我们针对比较常用的语言、屏幕大小、屏幕方向和屏幕像素密度等进行说明，请读者参考表 58-1。

表 58-1　资源文件夹名称后面可以加上的关键字

资源文件夹关键字的分类	资源文件夹名称的关键字	说明
语言	en en-rUS en-rUK zh-rTW zh-rCN ja ...	语言的关键字可以是一层或是二层，例如 en 表示英文语言，en-rUS 表示英文中的美国分支，en-rUK 则代表英文中的英国分支，依次类推
屏幕大小	small normal large xlarge xxlarge	small：小尺寸屏幕 normal：正常尺寸屏幕 large：大尺寸屏幕 xlarge：超大尺寸屏幕 xxlarge：超超大尺寸屏幕

（续表）

资源文件夹关键字的分类	资源文件夹名称的关键字	说明
屏幕方向	port land	port：竖式屏幕（高大于宽） land：横式屏幕（宽大于高）
屏幕像素密度（dpi）	ldpi mdpi hdpi xhdpi xxhdpi nodpi tvdpi	ldpi：低屏幕像素密度，约 120dpi mdpi：中屏幕像素密度，约 160dpi hdpi：高屏幕像素密度，约 240dpi xhdpi：超高屏幕像素密度，约 320dpi xxhdpi：超超高屏幕像素密度，约 440dpi nodpi：适用所有屏幕像素密度 tvdpi：电视屏幕专用，约 213dpi

如何查询语言代码

表 58-1 中的语言关键字像是 en-rUS，是由国际组织制定颁布。前面两个小写英文字母代表语言，最后两个大写英文字母代表国家/地区，读者可以到下列网址查询所有语言以及国家/地区的代码：

（1）http://www.loc.gov/standards/iso639-2/php/code_list.php

这个网址提供语言代码列表，表格中的“ISO 639-1 Code”栏就是语言代码。

（2）http://en.wikipedia.org/wiki/ISO_3166-1_alpha-2

这个网址提供国家/地区代码和名称的对照表。

屏幕大小取决于屏幕分辨率和屏幕像素密度的配合情况，例如以同样的屏幕分辨率来说，当屏幕像素密度低的时候，屏幕尺寸就会变大，当屏幕像素密度高的时候，屏幕尺寸就会变小，表 58-2 列出了 Android SDK 技术文件对于屏幕尺寸的分类。

表 58-2 根据屏幕的宽高和分辨率决定屏幕尺寸的分类

屏幕尺寸的分类	Low density (120), ldpi	Medium density (160), mdpi	High density (240), hdpi	Extra high density (320), xhdpi
Small	QVGA (240×320)		480×640	
Normal	WQVGA400 (240×400) WQVGA432 (240×432)	HVGA (320×480)	WVGA800 (480×800) WVGA854 (480×854) 600×1024	640×960
Large	WVGA800 (480×800) WVGA854 (480×854)	WVGA800(480×800) WVGA854(480×854) 600×1024		
Extra Large	1024×600	WXGA(1280×800) 1024×768 1280×768	1536×1152 1920×1152 1920×1200	2048×1536 2560×1536 2560×1600

58-1 让 App 支持多语言的方法

如果要让 App 能够支持各种语言，我们就不可以把要显示在程序画面中的字符串直接定义在程序代码中。因为这样做的话，程序显示的文字就固定了。我们必须采用另一种做法，也就是把要显示的字符串，定义在字符串资源文件 res/values/strings.xml 中，然后在程序代码中，取得这些定义好的字符串资源来显示。这样一来，Android 系统就可以根据目前平板电脑或手机的语言设置（操作提示：按下首页的 Apps 按钮，选择 Settings > Language & input > Language 来改变目前使用的语言），提供适当的字符串资源给程序使用。更明确地说，Android 系统会根据目前设备使用的语言，从 App 项目的 res 文件夹中挑选适合版本的 values 文件夹，再使用其中的字符串资源文件。

图 58-1 是一个操作范例，我们在 App 项目中建立 3 个对应到不同语言的 values 文件夹：values-zh、values-en 和 values-en-rUS，这些文件夹中都有各自的字符串资源文件 strings.xml，请读者依照下列步骤操作。

步骤 01 利用鼠标右键单击 App 项目的 res 文件夹，再从弹出的快捷菜单中选择 New > Folder，然后输入文件夹的名称，例如 values-zh，完成之后单击 Finish 按钮。

步骤 02 利用鼠标右键单击上一个步骤建立的文件夹，再从弹出的快捷菜单中选择 New > Android XML File。

步骤 03 在对话框的 Resource Type 框中设置 Values，在 File 框输入 strings（也就是字符串资源文件名，不需要扩展名），完成之后单击 Finish 按钮。

步骤 04 新加入的字符串资源文件会自动打开在编辑窗口中，我们在其中加入这个语言使用的字符串。

重复以上步骤，继续加入其他语言使用的 values 文件夹和字符串资源文件。当这个 App 在手机或平板电脑中运行时，如果使用的是中文语言，Android 系统就会使用 values-zh 文件夹中的文件；如果使用的是美式英文语言，Android 系统就会使用 values-en-rUS 文件夹中的文件；如果设置为其他英文语言，Android 系统就会使用 values-en 文件夹中的文件；如果设置为日语，Android 系统就会使用 values 文件夹中的文件，因为如果找不到目前使用语言所对应的 values 文件夹，就会使用内置的 values 文件夹。

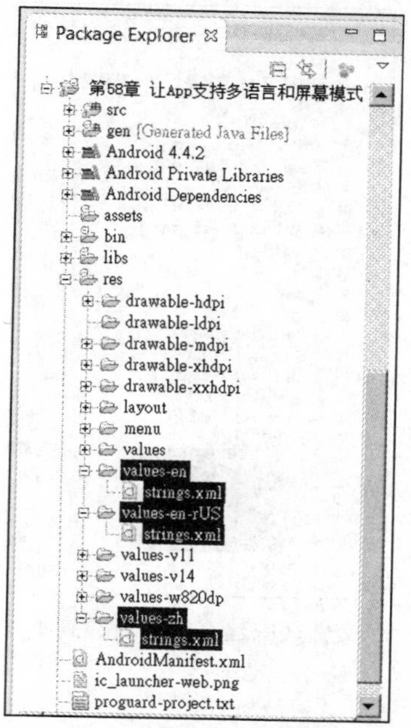

图 58-1　在程序项目的 res 文件夹中建立多个对应到不同语言的 values 文件夹

58-2　让 App 支持多种屏幕模式

让 App 支持多种屏幕模式的方法，和上述支持多语言的方法非常类似。App 的界面布局文件是放在 res/layout 文件夹中，我们同样可以利用前一个小节的方式，建立多个对应到不同屏幕模式的 layout 文件夹，让 Android 系统从中择一使用。和屏幕相关的属性包括屏幕尺寸、方向和像素密度，这些属性关键字的排列必须依照表 58-1 的顺序。例如在图 58-2 的程序项目中，建立了两个对应到不同屏幕模式的 layout 文件夹。当平板电脑或手机屏幕尺寸是 normal，而且目前使用的方向是立式时（也就是用户现在操作的方向），就会使用 layout-normal-port 文件夹中的文件，如果用户把手机或平板电脑转 90º 变成横向，就会立刻换成使用 layout-normal-land 文件夹中的文件，其他的屏幕模式，例如屏幕尺寸为 large 时，则会使用内置的 layout 文件夹中的文件。

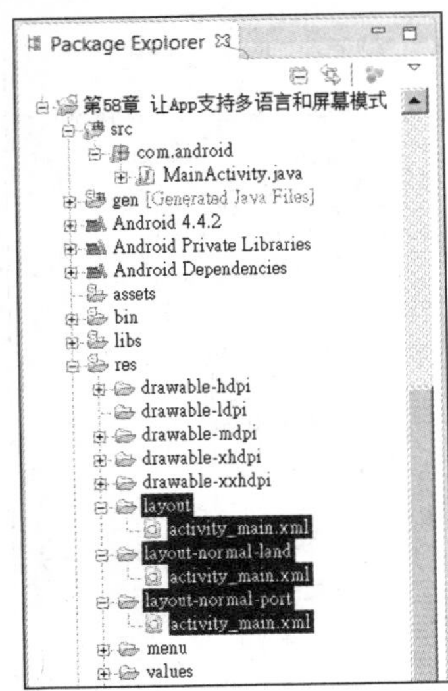

图 58-2　在 App 项目的 res 文件夹中建立多个对应到不同屏幕模式的 layout 文件夹

58-3 范例程序

我们用一个实际的 App 项目来示范如何让程序支持多种语言和屏幕模式，建立这个范例程序的步骤如下。

步骤 01　新增一个 Android App 项目，项目对话框中的属性设置依照之前的惯例即可。

步骤 02　在程序项目的 res 文件夹中，建立如图 58-1 所示的 3 个不同语言的 values 文件夹，并且在这些文件夹中分别加入一个字符串资源文件。除了利用第一小节介绍的方法建立字符串资源文件之外，也可以利用快捷菜单的 Copy 和 Paste 功能，从原来的 values 文件夹中复制 strings.xml 文件到新的文件夹。

步骤 03　将不同 values 文件夹中的 strings.xml 文件编辑如下，在这些字符串资源文件中，我们让 hello 字符串显示出它所在的文件路径，这样就可以知道 Android 系统究竟是使用哪一个字符串资源文件。

values/strings.xml：

```
<?xml version="1.0" encoding="utf-8"?>
<resources>
    <string name="app_name">支持多种语言和屏幕模式</string>
    <string name="hello_world">使用字符串资源文件: values/strings.xml</string>
    <string name="action_settings">Settings</string>
</resources>
```

values-en/strings.xml：

```
<?xml version="1.0" encoding="utf-8"?>
<resources>
    <string name="app_name">支持多种语言和屏幕模式</string>
    <string   name="hello_world">  使  用  字  符  串  资  源  文  件  ：
values-en/strings.xml</string>
    <string name="action_settings">Settings</string>
</resources>
```

values-en-rUS/strings.xml：

```
<?xml version="1.0" encoding="utf-8"?>
<resources>
    <string name="app_name">支持多种语言和屏幕模式</string>
    <string   name="hello_world">  使  用  字  符  串  资  源  文  件  ：
values-en-rUS/strings.xml</string>
    <string name="action_settings">Settings</string>
</resources>
```

values-zh/strings.xml：

```
<?xml version="1.0" encoding="utf-8"?>
<resources>
    <string name="app_name">支持多种语言和屏幕模式</string>
    <string   name="hello_world">  使  用  字  符  串  资  源  文  件  ：
values-zh/strings.xml</string>
    <string name="action_settings">Settings</string>
</resources>
```

步骤 04 仿照同样的方法，新增两个对应到不同屏幕模式的 layout 文件夹（参考图 58-2），并在其中建立界面布局文件 activity_main.xml（可以利用快捷菜单的 Copy 和 Paste 功能，从原来的 layout 文件夹中复制 activity_main.xml 文件到新的文件夹），然后将这些文件的内容编辑如下。我们利用这些界面布局文件显示它们所在的路径，以及 hello 字符串的内容，这样就可以从程序画面了解目前是使用哪一个界面布局文件和字符串资源文件。

layout/activity_main.xml：

```
<LinearLayout xmlns:android="http://schemas.android.com/apk/res/android"
    xmlns:tools="http://schemas.android.com/tools"
    android:id="@+id/LinearLayout1"
    android:layout_width="match_parent"
    android:layout_height="match_parent"
    android:orientation="vertical"
    android:paddingBottom="@dimen/activity_vertical_margin"
    android:paddingLeft="@dimen/activity_horizontal_margin"
    android:paddingRight="@dimen/activity_horizontal_margin"
    android:paddingTop="@dimen/activity_vertical_margin"
    tools:context="com.android.MainActivity$PlaceholderFragment" >
```

```
    <TextView
        android:layout_width="match_parent"
        android:layout_height="wrap_content"
        android:text="使用界面布局文件：layout/activity_main.xml" />

    <TextView
        android:layout_width="match_parent"
        android:layout_height="wrap_content"
        android:text="@string/hello_world"  />

</LinearLayout>
```

layout-normal-land/activity_main.xml：

```
<LinearLayout xmlns:android="http://schemas.android.com/apk/res/android"
    xmlns:tools="http://schemas.android.com/tools"
    android:id="@+id/LinearLayout1"
    android:layout_width="match_parent"
    android:layout_height="match_parent"
    android:orientation="vertical"
    android:paddingBottom="@dimen/activity_vertical_margin"
    android:paddingLeft="@dimen/activity_horizontal_margin"
    android:paddingRight="@dimen/activity_horizontal_margin"
    android:paddingTop="@dimen/activity_vertical_margin"
    tools:context="com.android.MainActivity$PlaceholderFragment" >

    <TextView
        android:layout_width="match_parent"
        android:layout_height="wrap_content"
        android:text="使用界面布局文件：layout-normal-land/activity_main.xml" />

    <TextView
        android:layout_width="match_parent"
        android:layout_height="wrap_content"
        android:text="@string/hello_world"  />
</LinearLayout>
```

layout-normal-port/activity_main.xml：

```
<LinearLayout xmlns:android="http://schemas.android.com/apk/res/android"
    xmlns:tools="http://schemas.android.com/tools"
    android:id="@+id/LinearLayout1"
    android:layout_width="match_parent"
    android:layout_height="match_parent"
    android:orientation="vertical"
    android:paddingBottom="@dimen/activity_vertical_margin"
    android:paddingLeft="@dimen/activity_horizontal_margin"
    android:paddingRight="@dimen/activity_horizontal_margin"
    android:paddingTop="@dimen/activity_vertical_margin"
    tools:context="com.android.MainActivity$PlaceholderFragment" >
```

```
    <TextView
        android:layout_width="match_parent"
        android:layout_height="wrap_content"
        android:text="使用界面布局文件: layout-normal-port/activity_main.xml" />

    <TextView
        android:layout_width="match_parent"
        android:layout_height="wrap_content"
        android:text="@string/hello_world"  />

</LinearLayout>
```

完成以上步骤之后运行这个 App 项目，模拟器画面会显示正在使用哪一个界面布局文件和字符串资源文件。如果目前模拟器是竖式画面并且使用美式英文，程序会显示如图 58-3 所示的结果。如果将模拟器的语言改成中文，则会显示使用字符串资源文件 values-zh/strings.xml，如图 58-4 所示。如果要切换模拟器为横向，可以同时按下计算机键盘左边的 Ctrl 和 F11（或 F12）键，此时模拟器的画面会变成如图 58-5 所示，程序也会切换成使用 layout-normal-land/main.xml 界面布局文件。利用本章介绍的支持多种语言和屏幕模式的功能，读者就可以让辛苦开发的 App 站上国际舞台，让全世界的 Android 用户都能够使用你的作品。

有些版本的模拟器在旋转屏幕之后无法让 App 也一起旋转，根据笔者的测试，Android 4.4 版本的模拟器就出现了这样的问题。如果换成 Android 4.3 版本的模拟器，就可以正常运行。

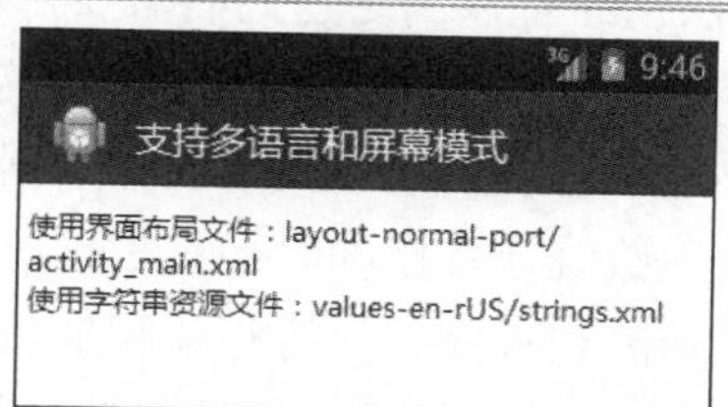

图 58-3　程序运行时显示目前使用的界面布局文件和字符串资源文件

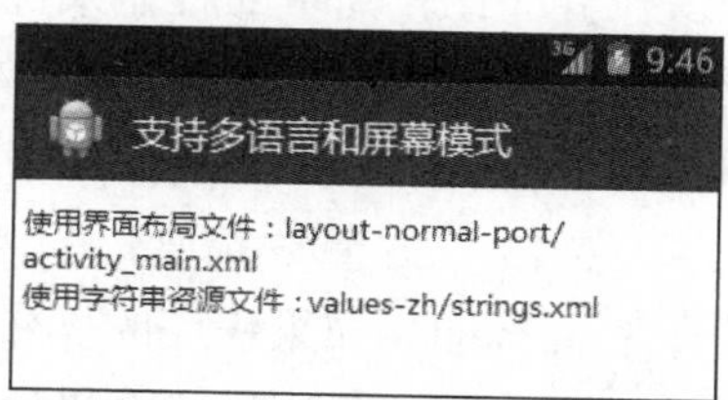

图 58-4　将模拟器的语言改成中文后程序显示正在使用字符串资源文件 values-zh /strings.xml

图 58-5　利用 Ctrl+F11 键将模拟器屏幕转成横向状态后的程序运行画面

Android 版本	1.X	2.X	3.X	4.X
适用性			★	★

第 59 章 利用Fragment技术让App适用于不同屏幕尺寸的设备

程序员在开发 Android App 的时候，经常面临的问题之一就是如何让程序能够同时适用于手机和平板电脑，或者更明确地说，就是如何让 App 的操作界面能够同时适用于不同屏幕尺寸的设备。前一章介绍的 res 文件夹命名技术，可以用来区分不同屏幕尺寸的界面布局文件，对于一些 App 而言，这个方法已经可以满足它们的需要，但是有些情况可能更复杂一些。举例来说，如果手机程序因为屏幕太小，必须将操作界面分成两页来显示，像是我们前面完成的“电脑猜拳游戏”程序，必须将游戏画面和局数统计数据分开显示。如果换成在平板电脑上运行，就可以让游戏画面和局数统计数据同时显示。这种情况不是单纯使用 res 文件夹命名技术就能够解决，因为它还牵涉到程序代码运行流程的改变，在手机上必须切换操作画面，但是在平板电脑中运行时就不用。因此，要开发同时适用于不同屏幕尺寸的 App，有时候并不是一个单纯的问题。对于操作界面比较简单的程序来说也许很容易，可是如果程序的操作界面比较复杂，那么就需要借助高级的程序设计技巧。本章我们要介绍一个新方法就是利用 Fragment 技术，让 App 的操作界面能够适应不同屏幕大小的设备。

有关 Fragment 的用法，我们已经在第 26 章～第 29 章中进行介绍，包括最基本的静态 Fragment 和动态显示中，以及隐藏 Fragment。如果程序的操作画面包含比较多的组件，以至于在手机运行时必须将操作画面分成两页显示，若换成在平板电脑中运行，就可以用单页显示，这样的问题可以利用动态 Fragment 的方式解决，也就是第 29 章介绍的 Fragment 控制技术以及 callback 函数，但是程序的架构不需要那么复杂，或者可以说是第 29 章范例程序的简化版。

读者可以回头参考一下第 29 章的范例程序，在运行的过程中用户可以随意控制“局数统计画面”的显示和隐藏，而且为了示范完整的动态 Fragment 控制技巧，我们还特别实现了两种“局数统计画面”，并且加上 Back Stack 的功能。如果只是要利用 Fragment 让程序能够依照屏幕尺寸，控制操作画面的单页或分页显示，并不需要用到第 29 章范例程序这么复杂的技巧，只要在程序启动的时候先检查屏幕尺寸然后决定要显示的 Fragment 数目即可。接着在程序运行的过程中，再依照用户的操作，适当地变换 Fragment。以下我们以第 29 章的“电脑猜拳游戏”为例，将它修改成能够依照屏幕尺寸自动调整 Fragment 的显示数目，请读者依照以下步骤操作。

步骤01 利用 Eclipse 的项目查看窗格，复制第 29 章的“电脑猜拳游戏”程序项目，或是利用 Windows 文件管理器复制该项目的文件夹。复制之后可以更改复制文件夹的名称，然后利用 Eclipse 主菜单的 File > Import 加载复制的 App 项目。

步骤02 在 Eclipse 左边的项目查看窗格中展开 res/layout 文件夹，启动其中的界面布局文件 activity_main.xml。原来的程序界面是直接建立一个 fragment 组件，用它来显示游戏画面，再利用一个 FrameLayout 组件动态加载“局数统计画面”的 fragment。现在我们要将其中的 fragment 组件也改成使用 FrameLayout，也就是说程序画面中有两个 FrameLayout 组件，这样我们就可以利用程序代码控制每一个 FrameLayout 中显示的 Fragment。当程序在平板电脑上运行时会同时显示这两个 FrameLayout 组件，并将游戏程序的 Fragment 放在第一个 FrameLayout，“局数统计画面”的 fragment 放在第二个 FrameLayout。如果程序是在手机上运行，刚开始只会显示第一个 FrameLayout（包含游戏画面的 fragment），并将第二个 FrameLayout 隐藏。等到用户单击“显示结果”按钮时，再将第一个 FrameLayout 隐藏，换成显示第二个 FrameLayout，以下是修改后的界面布局文件：

```
<LinearLayout xmlns:android="http://schemas.android.com/apk/res/android"
    xmlns:tools="http://schemas.android.com/tools"
    android:id="@+id/LinearLayout1"
    android:layout_width="match_parent"
    android:layout_height="match_parent"
    android:orientation="horizontal"
    android:paddingBottom="@dimen/activity_vertical_margin"
    android:paddingLeft="@dimen/activity_horizontal_margin"
    android:paddingRight="@dimen/activity_horizontal_margin"
    android:paddingTop="@dimen/activity_vertical_margin"
    tools:context=".MainActivity"
    android:gravity="center_horizontal" >

    <FrameLayout
        android:id="@+id/frameLay1"
        android:layout_width="wrap_content"
        android:layout_height="wrap_content" />

    <FrameLayout
        android:id="@+id/frameLay2"
        android:layout_width="wrap_content"
        android:layout_height="wrap_content"
        android:background="?android:attr/detailsElementBackground" />
```

```
</LinearLayout>
```

步骤03 在 Eclipse 左边的项目查看窗格中，展开“src/(套件路径名称)”文件夹，启动其中的主程序文件 MainActivity.java。原来的程序是利用游戏类 MainFragment 中定义的 CallbackInterface 界面，让游戏（也就是 MainFragment）能够通知更新后的局数统计数据，这里我们还是继续采用这种方法。当主程序开始运行时，调用 getResources()方法取得 Resource 对象，再调用 Resource 对象的 getConfiguration()方法取得 Configuration 对象，然后利用位 mask 的运算检查 screenLayout 属性，以取得屏幕大小的分类。如果屏幕是属于 xlarge 类（也就是平板电脑），就将 UITypeFlag 设置为 TWO_FRAMES，让后续的程序代码同时显示两个 fragment，如果屏幕是属于 small、normal 或 large 类（也就是手机），则将 UITypeFlag 设置为 ONE_FRAME，让后续的程序代码只显示一个 fragment。在 onResume()状态转换方法中，我们将游戏程序的 fragment 和“局数统计画面”的 fragment 分别放到两个 FrameLayout, 然后判断程序画面是否已经设置好。如果不是，就依照 UITypeFlag 中的值决定是要同时显示两个 FrameLayout，或是只显示第一个 FrameLayout。另外，我们也不再需要 enableGameResult()这个方法，修改后的程序代码如下：

```
public class MainActivity extends Activity implements MainFragment.CallbackInterface {

    private MainFragment fragMain;
    private GameResultFragment fragGameResult;

    private boolean bUISettedOK = false;

    enum UIType {
        ONE_FRAME, TWO_FRAMES;
    }

    public UIType UITypeFlag;

    @Override
    protected void onCreate(Bundle savedInstanceState) {
        super.onCreate(savedInstanceState);
        setContentView(R.layout.activity_main);

        // 取得设备屏幕大小的分类
        switch (getResources().getConfiguration().screenLayout &
                Configuration.SCREENLAYOUT_SIZE_MASK) {
        case Configuration.SCREENLAYOUT_SIZE_SMALL:
            UITypeFlag = UIType.ONE_FRAME;
            break;
        case Configuration.SCREENLAYOUT_SIZE_NORMAL:
            UITypeFlag = UIType.ONE_FRAME;
            break;
        case Configuration.SCREENLAYOUT_SIZE_LARGE:
            UITypeFlag = UIType.ONE_FRAME;
```

```
            break;
        case Configuration.SCREENLAYOUT_SIZE_XLARGE:
            UITypeFlag = UIType.TWO_FRAMES;
            break;
        }

        fragMain = new MainFragment();
        fragGameResult = new GameResultFragment();

    }

    @Override
    protected void onResume() {
        // TODO Auto-generated method stub
        super.onResume();

        FragmentTransaction fragTran = getFragmentManager().
    beginTransaction();
        fragTran.replace(R.id.frameLay1, fragMain, "Game");
        fragTran.replace(R.id.frameLay2, fragGameResult, "Game Result");
        fragTran.commit();

        if (bUISettedOK == false) {
            bUISettedOK = true;

            switch (UITypeFlag) {
            case ONE_FRAME:
                findViewById(R.id.frameLay1).setVisibility(View.VISIBLE);
                findViewById(R.id.frameLay2).setVisibility(View.GONE);
                break;
            case TWO_FRAMES:
                findViewById(R.id.frameLay1).setVisibility(View.VISIBLE);
                findViewById(R.id.frameLay2).setVisibility(View.VISIBLE);
                break;
            }
        }
    }

    @Override
    public boolean onCreateOptionsMenu(Menu menu) {
        // Inflate the menu; this adds items to the action bar if it is
    present.
        getMenuInflater().inflate(R.menu.main, menu);
        return true;
    }

    @Override
    public void updateGameResult(int iCountSet, int iCountPlayerWin,
            int iCountComWin, int iCountDraw) {
        // TODO Auto-generated method stub
        if (findViewById(R.id.frameLay2).isShown()) {
```

```
            fragGameResult.updateGameResult(iCountSet, iCountPlayerWin,
                    iCountComWin, iCountDraw);
        }
    }
}
```

步骤 04 启动游戏程序文件 MainFragment.java 并依照下列项目修改：

- 删除界面 CallbackInterface 中的 enableGameResult()方法，因为我们不再让用户直接控制局数统计数据的显示和隐藏。另外，也只提供一种局数统计数据画面，因此删除 GameResultType 的定义。
- 程序中使用的 Button 数目也随着操作的简化而减少（参考下一个步骤的界面布局文件内容）。
- 界面布局文件中的“显示结果”按钮，必须随着 FrameLayout 显示的数目而改变。当两个 FrameLayout 都显示时，“显示结果”按钮就要隐藏，因为局数统计画面已经显示在屏幕上（在平板电脑运行时），如果只显示一个 FrameLayout，则“显示结果”按钮就必须出现（在手机中运行时）。
- 在手机中运行时，如果用户单击“显示结果”按钮，程序必须隐藏游戏程序画面，换成显示局数统计画面。

以下是修改后的程序代码：

```
public class MainFragment extends Fragment {

    // 所属的 Activity 必须实现以下界面中的 callback 方法
    public interface CallbackInterface {
        public void updateGameResult(int iCountSet,
                                     int iCountPlayerWin,
                                     int iCountComWin,
                                     int iCountDraw);
    };

    private CallbackInterface mCallback;

    private ImageButton mImgBtnScissors,
                        mImgBtnStone,
                        mImgBtnPaper;
    private ImageView mImgViewComPlay;
    private TextView mTxtResult;

    private Button mBtnShowResult;

    // 新增统计游戏局数和输赢的变量
    private int miCountSet = 0,
                miCountPlayerWin = 0,
                miCountComWin = 0,
```

```
            miCountDraw = 0;

    @Override
    public View onCreateView(LayoutInflater inflater, ViewGroup container,
            Bundle savedInstanceState) {
        // TODO Auto-generated method stub
        // 利用 inflater 对象的 inflate()方法取得界面布局文件，并将最后的结果返回给系统
        return inflater.inflate(R.layout.fragment_main, container, false);
    }

    @Override
    public void onAttach(Activity activity) {
        // TODO Auto-generated method stub
        super.onAttach(activity);

        try {
            mCallback = (CallbackInterface) activity;
        } catch (ClassCastException e) {
            throw new ClassCastException(activity.toString() +
                    "must implement GameFragment.CallbackInterface.");
        }
    }

    @Override
    public void onActivityCreated(Bundle savedInstanceState) {
        // TODO Auto-generated method stub
        super.onActivityCreated(savedInstanceState);

        // 必须先调用 getView()取得程序画面对象，然后才能调用它的
        // findViewById()取得界面对象
        mTxtResult = (TextView) getView().findViewById(R.id.txtResult);
        mImgBtnScissors = (ImageButton) getView().findViewById
(R.id.imgBtnScissors);
        mImgBtnStone = (ImageButton) getView().findViewById
(R.id.imgBtnStone);
        mImgBtnPaper = (ImageButton) getView().findViewById
(R.id.imgBtnPaper);
        mImgViewComPlay = (ImageView) getView().findViewById
(R.id.imgViewComPlay);

        mImgBtnScissors.setOnClickListener(imgBtnScissorsOnClick);
        mImgBtnStone.setOnClickListener(imgBtnStoneOnClick);
        mImgBtnPaper.setOnClickListener(imgBtnPaperOnClick);

        mBtnShowResult = (Button)getView().findViewById(R.id.btnShowResult);
        mBtnShowResult.setOnClickListener(btnShowResultOnClick);

        if (((MainActivity) getActivity()).UITypeFlag ==
MainActivity.UIType.TWO_FRAMES) {
            mBtnShowResult.setVisibility(View.GONE);
        } else {
```

```
                mBtnShowResult.setVisibility(View.VISIBLE);
            }
        }

        private View.OnClickListener imgBtnScissorsOnClick =
    new View.OnClickListener() {
            public void onClick(View v) {
                …(和原来项目的程序代码相同)
            }
        };

        private View.OnClickListener imgBtnStoneOnClick =
    new View.OnClickListener() {
            public void onClick(View v) {
                …(和原来项目的程序代码相同)
            }
        };

        private View.OnClickListener imgBtnPaperOnClick =
    new View.OnClickListener() {
            public void onClick(View v) {
                …(和原来项目的程序代码相同)
            }
        };

        private View.OnClickListener btnShowResultOnClick =
    new View.OnClickListener() {
            public void onClick(View v) {
                getActivity().findViewById(R.id.frameLay1).setVisibility
            (View.GONE);
                getActivity().findViewById(R.id.frameLay2).setVisibility
            (View.VISIBLE);

                mCallback.updateGameResult(miCountSet, miCountPlayerWin,
                        miCountComWin, miCountDraw);
            }
        };

    }
```

步骤 05 启动游戏程序 MainFragment 的界面布局文件 fragment_main.xml，修改按钮如下：

```
<?xml version="1.0" encoding="utf-8"?>
<RelativeLayout xmlns:android="http://schemas.android.com/apk/res/android"
    android:layout_width="400dp"
    android:layout_height="match_parent"
    android:layout_gravity="center_horizontal" >

    …(和原来项目的程序代码相同)

    <Button
```

```
        android:id="@+id/btnShowResult"
        android:layout_width="wrap_content"
        android:layout_height="wrap_content"
        android:text="显示结果"
        android:layout_below="@id/txtResult"
        android:layout_centerHorizontal="true"
        android:textSize="20sp"
        android:layout_marginTop="10dp" />

</RelativeLayout>
```

步骤 06　启动“局数统计画面”GameResultFragment 的界面布局文件 fragment_game_result.xml，在最后新增一个“回到游戏”按钮：

```
<?xml version="1.0" encoding="utf-8"?>
<LinearLayout xmlns:android="http://schemas.android.com/apk/res/android"
    android:orientation="vertical"
    android:layout_width="match_parent"
    android:layout_height="match_parent" >

    …（和原来项目的程序代码相同）

    <Button
        android:id="@+id/btnBackToGame"
        android:layout_width="wrap_content"
        android:layout_height="wrap_content"
        android:layout_gravity="center_horizontal"
        android:text="回到游戏画面"
        android:textSize="20sp" />

</LinearLayout>
```

步骤 07　启动“局数统计画面”的程序文件 GameResultFragment.java，加入对“回到游戏”按钮的控制如下，这个按钮的控制方式和前面步骤讨论过的“显示结果”按钮类似：

```
public class GameResultFragment extends Fragment {

    private EditText mEdtCountSet,
                     mEdtCountPlayerWin,
                     mEdtCountComWin,
                     mEdtCountDraw;

    private Button mBtnBackToGame;

    @Override
    public View onCreateView(LayoutInflater inflater, ViewGroup container,
            Bundle savedInstanceState) {
        // TODO Auto-generated method stub
        // 利用inflater对象的inflate()方法取得界面布局文件，并将最后的结果返回给系统
        return inflater.inflate(R.layout.fragment_game_result, container,
```

```
    false);
    }

    @Override
    public void onResume() {
        // TODO Auto-generated method stub
        super.onResume();

        mEdtCountSet = (EditText)getActivity().findViewById
    (R.id.edtCountSet);
        mEdtCountPlayerWin = (EditText)getActivity().findViewById
    (R.id.edtCountPlayerWin);
        mEdtCountComWin = (EditText)getActivity().findViewById
    (R.id.edtCountComWin);
        mEdtCountDraw = (EditText)getActivity().findViewById
    (R.id.edtCountDraw);

        mBtnBackToGame = (Button)getActivity().findViewById
    (R.id.btnBackToGame);
        mBtnBackToGame.setOnClickListener(btnBackToGameOnClick);

        if (((MainActivity) getActivity()).UITypeFlag ==
    MainActivity.UIType.TWO_FRAMES) {
                mBtnBackToGame.setVisibility(View.GONE);
        } else {
                mBtnBackToGame.setVisibility(View.VISIBLE);
        }
    }

    private View.OnClickListener btnBackToGameOnClick =
new View.OnClickListener() {
        public void onClick(View v) {
            getActivity().findViewById(R.id.frameLay1).setVisibility
        (View.VISIBLE);
            getActivity().findViewById(R.id.frameLay2).setVisibility
        (View.GONE);
        }
    };

    public void updateGameResult(int iCountSet,
                                 int iCountPlayerWin,
                                 int iCountComWin,
                                 int iCountDraw) {
        mEdtCountSet.setText(String.valueOf(iCountSet));
        mEdtCountDraw.setText(String.valueOf(iCountDraw));
        mEdtCountComWin.setText(String.valueOf(iCountComWin));
        mEdtCountPlayerWin.setText(String.valueOf(iCountPlayerWin));
    }

}
```

步骤 08 删除“src/(套件路径名称)”文件夹中的程序文件 GameResultFragment2.java，因为现在只提供一种游戏局数统计画面，同时也删除它的界面布局文件 res/layout/fragment_game_result2.xml。

完成以上修改之后，可以分别在平板电脑模拟器和手机模拟器上运行程序。在平板电脑中运行时，程序会同时显示游戏画面和局数统计画面，如图 59-1 所示。在手机上运行时，程序一开始只会显示游戏画面，用户必须单击“显示结果”按钮，才会切换到局数统计画面，如图 59-2 所示。在这个范例中，我们用到检测屏幕大小分类的程序代码，在开发能够同时适用不同 Android 设备的程序时，屏幕尺寸和分辨率是很重要的考虑，因为它会影响程序界面的设计，下一章我们将继续介绍如何在程序中检测屏幕的实际宽度、高度和分辨率。

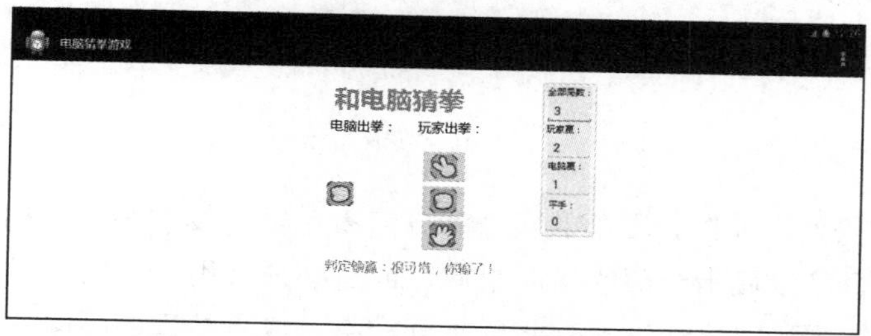

图 59-1 程序在平板电脑中运行时会同时显示游戏画面和局数统计画面

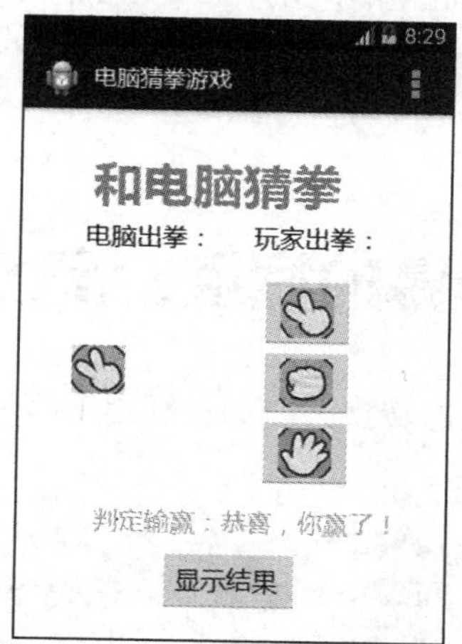

图 59-2 程序在手机上运行时只会显示游戏画面，用户必须单击“显示结果”按钮才会显示局数统计数据

Android 版本	1.X	2.X	3.X	4.X
适用性	★	★	★	★

第 60 章 获取屏幕的宽度、高度和分辨率

在设计 App 的操作界面时，屏幕的尺寸和分辨率是很重要的参考依据，我们必须根据屏幕的大小来决定是否可以显示全部的界面组件，或是必须采用分页的方式显示。有时候我们可能需要知道实际的屏幕宽度和高度，甚至是分辨率，或者是程序画面的宽和高（也就是扣掉屏幕上方的 Status Bar 和 Action Bar 的区域），本章我们要介绍如何在程序中取得这些屏幕相关的信息。

60-1 取得屏幕的宽度、高度和分辨率

我们可以在 onCreate()这个状态转换方法中，利用下列程序代码取得屏幕实际的宽度和高度：

```
DisplayMetrics dm = new DisplayMetrics();
getWindowManager().getDefaultDisplay().getMetrics(dm);
int screenWidth = dm.widthPixels;
int screenHeight = dm.heightPixels;
```

getDefaultDisplay()方法会返回一个 Display 类型的对象，该对象的 getWidth()和 getHeight()方法在新版本的 Android SDK 中已经停用。

另外也可以从 DisplayMetrics 对象的 xdpi 和 ydpi 框，得到屏幕的水平和垂直方向的分辨率：

```
float horiDpi = dm.xdpi;    // 屏幕的水平分辨率
float vertDpi = dm.ydpi;    // 屏幕的垂直分辨率
```

如果需要知道 Android 系统对于目前这个设备的屏幕分辨率的分类 可以从 DisplayMetrics 对象的 densityDpi 字段取得。关于如何取得屏幕大小的分类，请读者参考上一章的实例。

```
switch(dm.densityDpi){
case DisplayMetrics.DENSITY_LOW:
// 屏幕属于低分辨率
    …
break;
case DisplayMetrics.DENSITY_MEDIUM:
// 屏幕属于中分辨率
    …
break;
case DisplayMetrics.DENSITY_HIGH:
// 屏幕属于高分辨率
    …
break;
case DisplayMetrics.DENSITY_XHIGH:
// 屏幕属于超高分辨率
    …
break;
case DisplayMetrics.DENSITY_XXHIGH:
// 屏幕属于超超高分辨率
    …
break;
}
```

60-2 取得 App 画面的宽和高

在 App 运行的时候，界面组件只能够显示 Action Bar 以下的区域。如果程序需要知道这个可用区域的大小，必须借助 View 对象来取得。可是当 App 启动之后，运行到 onCreate()这个状态转换方法时，App 画面的 View 对象还没有建立完成，因此我们无法在 onCreate()中立即取得 App 画面的高度。解决办法是采用间接的方式，就是把取得 App 画面区域的程序代码，封装成一个 Runnable 对象。再将这个对象放到 App 的 message queue 中，让它稍后再运行，这样就可以顺利取得 App 画面区域的大小，请读者参考以下程序代码，其中的 R.id.linearLayout 是在界面布局文件中的 LinearLayout 界面组件。

```
public class MainActivity extends Activity {

  private int iAppWindowHeight;

    @Override
    protected void onCreate(Bundle savedInstanceState) {
        super.onCreate(savedInstanceState);
        setContentView(R.layout.activity_main);
```

```
        LinearLayout linearLayout = (LinearLayout) findViewById
    (R.id.linearLayout);

        linearLayout.post(new Runnable() {

            @Override
            public void run() {
                // 取得 App 画面区域的大小
                Rect r = new Rect();
                Window window = getWindow();
                window.getDecorView().getWindowVisibleDisplayFrame(r);
                int iStatusBarHeight = r.top;   // 也可以取得 status bar 的高度
                int iStatusBarPlusActionBarHeight =
                        getWindow().findViewById(Window.ID_ANDROID_CONTENT).
                    getTop();

                DisplayMetrics dm = new DisplayMetrics();
                getWindowManager().getDefaultDisplay().getMetrics(dm);
                iAppWindowHeight = dm.heightPixels -
            iStatusBarPlusActionBarHeight;
            }
        });
    }

}
```

Android 版本	1.X	2.X	3.X	4.X
适用性	★	★	★	★

第 61 章 在网络上发布App以及安装到实体设备

App 要在模拟器中运行，或是在实体手机或平板电脑上安装时必须具有一个数字签名。在模拟器运行 App 的时候，Android SDK 开发工具会自动帮 App 加上 Debug 模式的数字签名，所以 App 才可以安装在模拟器中运行。但是程序开发完成之后，必须加上开发者的数字签名，才可以安装到实体设备。帮 App 加上数字签名时，必须注意下列事项：

- 同一个开发者的 App 应该使用同一个数字签名，因为 App 要进行更新时，Android 系统会核对新版 App 和旧版 App 的签名是否相同。Android 系统可以让具有相同数字签名的 App 使用同一个 process，也就是说，你可以将自己开发的 App 分成不同的模块发行。但是它们要具有相同的数字签名，而且将来也可以个别更新。另外具有相同数字签名的 App 可以互相使用对方的功能和数据。
- 在数字签名中有一栏是有效日期（Validity），这个字段会影响 App 将来是否可以更新，如果超过这个有效期限，App 将无法更新，建议 Android SDK 技术文件的有效日期至少大于 25 年。如果程序要上传到 Google Play 网站，该网站要求 App 的数字签名的有效日期必须在 2033 年 10 月 22 日之后。

除了帮开发好的 App 加上数字签名之外，还需要进行所谓的“数据对齐”（zipalign）操作。这是为了增加程序的运行效率，最后整个 App 项目会被封装成一个 apk 文件，这个 apk 文件就可以上传到实体设备进行安装。以上的操作步骤可以借助 Eclipse ADT plugin 中的 Export Wizard 来完成。

Google Play 是 Google 官方建立的资源服务网站，它的前身是 Android Market，原来是专门给 App 开发人员贩卖或是提供免费下载 Android 程序使用的。2012 年 3 月的时候，Google 整合 Android Market、Google Music 和 eBookstore，并将它重新取名为 Google Play。

61-1 利用 Export Wizard 帮 App 加上数字签名和完成 zipalign

步骤 01 在 Eclipse 左边的项目查看窗格中，用鼠标右键单击要发布的 App 项目，然后选择 Android Tools > Export Signed Application Package，就会出现如图 61-1 所示的对话框。需要注意的是，这里的项目名称不可以有中文，如果选择的项目名称包含中文，可以先复制该 App 项目，将它的名称改成英文，再开始操作。

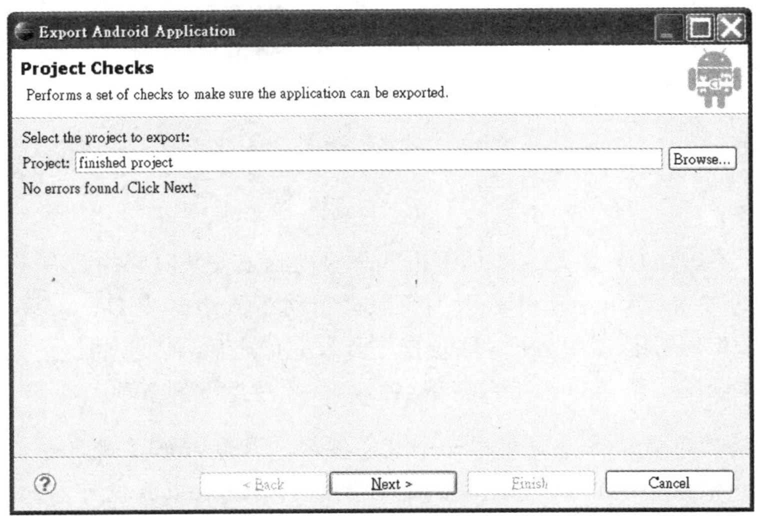

图 61-1　Export Android Application 对话框

在启动 Export Wizard 的时候，Android SDK 会运行 Lint 工具程序，用于检查 App 项目是否有潜在的问题。所有检查到的问题，都会显示在 Eclipse 下方的 Problems 窗口。其中最常出现的是“"xxx" is not translated in…”，也就是 App 项目没有准备不同语言版本的字符串资源文件。如果出现这个问题，App 项目将无法加入数字签名。解决办法是改变 Lint 工具程序的设置，请读者先单击菜单 Window > Preferences。在对话框左边展开 Android 项目，单击其中的 Lint Error Checking，如图 61-2 所示。接着在右边的 Issues 框输入 missing，下方的列表中会出现一项名为 Missing Translation 的项目。单击它，然后将右下方的 Severity 字段设置成 Warning，最后单击 Apply 按钮，再单击 OK 按钮，重新启动 Export Wizard。

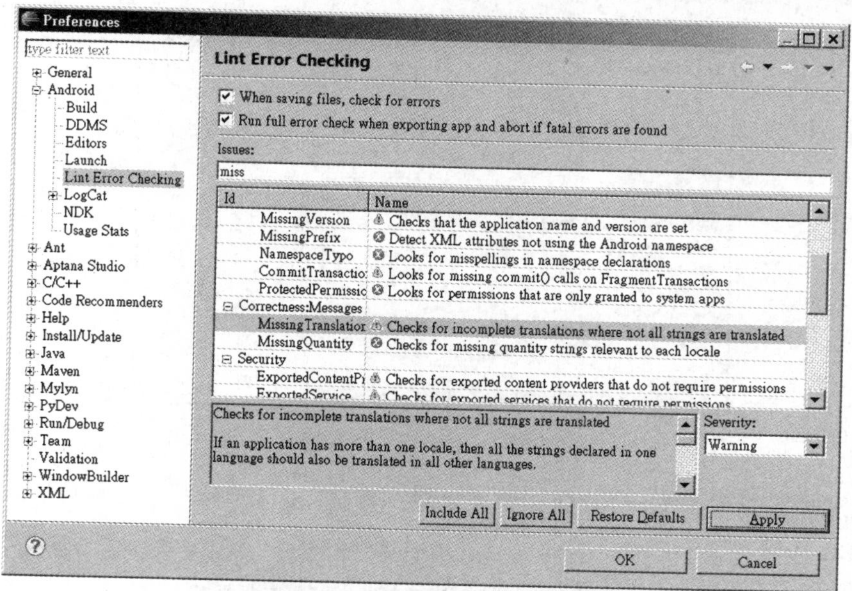

图 61-2　更改 Lint 工具程序回报的错误

步骤 02　确定 App 项目名称之后，单击 Next 按钮，就会出现如图 61-3 所示的对话框。如果是第一次使用，请选择 Create new keystore，然后输入文件的存储路径和文件名，扩展名是 keystore，然后设置密码，密码长度必须大于 6 个字符。

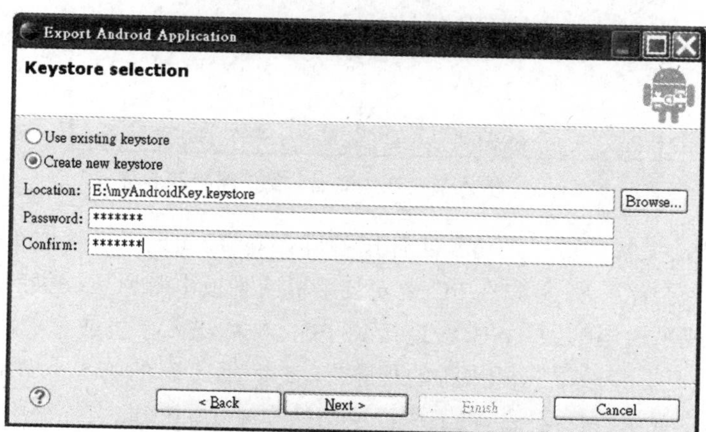

图 61-3　设置 Export Android Application 对话框

步骤 03　输入完成后单击 Next 按钮，就会出现如图 61-4 所示的对话框，接着输入 key 的信息。

- Alias：输入 key 的名称。
- Password：设置 key 的密码，可以和上一个 keystore 文件的密码不同。
- Confirm：再输入一次密码。
- Validity(years)：建议至少为 25 年。
- First and Last Name：程序员的姓名。

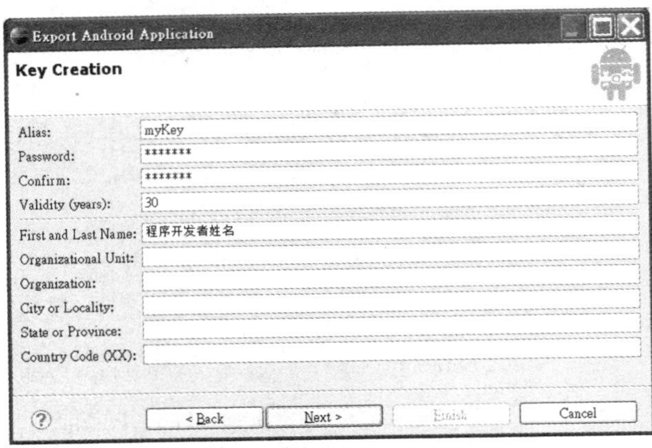

图 61-4　输入 key 的信息

步骤 04　输入完成后单击 Next 按钮，就会出现如图 61-5 所示的对话框，请输入最后产生的 APK 文件路径和名称，然后单击 Finish 按钮。

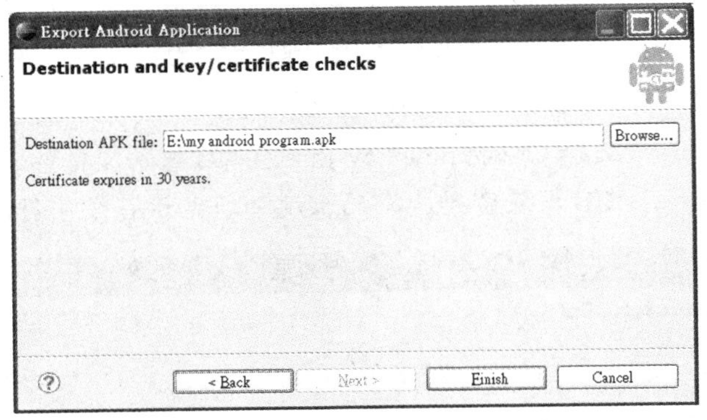

图 61-5　输入最后产生的 apk 文件路径和名称

最后得到的 APK 文件就可以上传到实体设备进行安装。如果读者手边有实体手机或是平板电脑，可以先自行测试一下。首先在 PC 上安装手机或平板电脑原厂提供的 USB 驱动程序，安装好之后把手机或平板电脑用 USB 线连接到 PC，然后进入手机或平板电脑的“设置”>“应用程序”画面，启用“安装未知来源的程序”（参考第 11 章的第 5 小节的说明）。接着运行 Windows 的“命令提示符”程序，将工作目录切换到 android sdk 文件夹中的 platform-tools 子文件夹，然后运行 adb -d install（apk 文件路径和完整文件名）。

指定的 APK 文件就会通过 USB 上传到实体手机或平板电脑并完成安装。

移除安装过的程序

如果之前已经安装过该 App，会导致安装失败（因为二者的数字签名不一样），这时候必须先将原来安装的 App 移除。请进入手机或平板电脑的应用程序清单画面，单击“设置”>“应用程序”>“管理应用程序”，从列表中单击要移除的程序，然后单击“解除安装”按钮。

61-2 将 App 上传到 Google Play 网站

完成前一节的操作步骤之后，得到的 APK 文件就可以放在网络上让其他人下载使用。如果要上传到 Google Play 网站，必须完成以下工作。

步骤 01 注册一个 Google 账号，这个账号和 Gmail 共享，如果读者已经拥有 Gmail 账号，就不需要再注册。

步骤 02 必须拥有一张信用卡，因为要在 Google Play 网站贩卖程序必须先缴一笔费用，这笔费用只在第一次使用时收取。

步骤 03 上传的 apk 文件必须符合前面介绍的条件。

步骤 04 输入 App 的介绍和说明。

步骤 05 在 Google Play 网站上的 App 可以是付费下载或是免费使用。如果必须付费购买，贩卖 App 所得的 30%必须支付给 Google。

步骤 06 Google Play 网站可以让 App 用户进行评价和意见回馈，以供开发人员参考。

第12部分

2D 和 3D 绘图

Android 版本	1.X	2.X	3.X	4.X
适用性	★	★	★	★

第 62 章 使用Drawable对象绘图

Android App 的绘图功能是来自系统底层的 SGL 和 OpenGL ES 链接库，然后经过上层的 Application Framework 包装成各种绘图类供 App 使用。Android App 有两种绘制图形的方法：

- 使用 Drawable 对象
- 直接在 Canvas 上绘图

使用 Drawable 对象绘图的方式，和我们之前的程序架构很类似。基本上就是在界面布局文件中建立 ImageView 组件，再把程序中建立的 Drawable 对象，设置给 ImageView 组件，完成绘图的工作。Android 程序有 3 种建立 Drawable 对象的方法：

- 使用 res/drawable 文件夹中的图像文件。
- 在 res/drawable 文件夹中建立 XML 文件格式的 Drawable 对象定义文件。
- 在程序中建立 Drawable 相关类的对象。

以下我们依序介绍这 3 种方法。

62-1 从 res/drawable 文件夹的图像文件建立 Drawable 对象

这种方式最简单，只需要 3 个步骤：

步骤 01 取得 App 项目的资源对象：

```
Resources res = getResources();
```

步骤02 调用资源对象的 getDrawable()方法，取得 App 项目中的图像资源：

```
Drawable drawImg = res.getDrawable(R.drawable.img);
```

步骤03 将 Drawable 对象设置为 ImageView 对象的 background：

```
ImageView imgView = (ImageView) findViewById(R.id.imgView);
imgView.setBackground(drawImg);
```

有些 Drawable 对象设置为 ImageView 的 foreground 时（利用 setImageDrawable()方法）会无法正常显示，因此建议使用 setBackground()。

62-2 在 res/drawable 文件夹建立 Drawable 对象定义文件

我们在第 22 章中已经学过如何在程序中建立 XML 动画资源，这种动画资源文件存放在 App 项目的 res/drawable 文件夹中，其实它就是一种 Drawable 对象。除了动画资源文件之外，我们还可以建立其他类型的 Drawable 对象定义文件，例如颜色、形状、图像切换效果等。表 62-1 列出了一些常用的 Drawable 对象类型，包括使用的 XML 标签和对应的类名称。

表 62-1　Drawable 对象使用的 XML 标签和对应的类名称

XML 标签名称	类名称	说明
<animation-list>	AnimationDrawable	建立由多个图像文件组成的动画，可以用来当成 View 对象的背景
<bitmap>	BitmapDrawable	可以让图像重复排列，并适当地缩放和对齐
<clip>	ClipDrawable	用来剪裁 Drawable 对象
<color>	ColorDrawable	用来填上颜色
<rotate>	RotateDrawable	让 Drawable 对象旋转一个角度
<scale>	ScaleDrawable	缩放 Drawable 对象
<shape>	GradientDrawable	绘制特定形状，注意，<shape>的对应类不是 ShapeDrawable 类
<transition>	TransitionDrawable	以淡入淡出的方式轮流显示一组图像

以下我们以形状和图像切换效果的 Drawable 对象为例，示范如何在程序 App 项目中，使用 XML 文件建立不同类型的 Drawable 对象。

步骤01 在 res/drawable 文件夹中，新增 XML 文件格式的 Drawable 对象定义文件（操作提示：在 Eclipse 左边的项目查看窗格中，用鼠标右键单击 App 项目的 res 文件夹，然后在弹出的快捷菜单中选择 New > Android XML File，在对话框中设置 Resource Type 框为 Drawable，在 File 框中输入文件名，在下面的列表中单击想要建立的对象），例如以下是利用 XML 文件建立 Transition 和椭圆形 Drawable 对象的范例，其中 img01 和 img02 是存储在 res/drawable 文件夹中的两个图像文件。

res/drawable/trans_drawable.xml：

```
<?xml version="1.0" encoding="utf-8"?>
<transition xmlns:android="http://schemas.android.com/apk/res/android">
    <item android:drawable="@drawable/img01"/>
    <item android:drawable="@drawable/img02"/>
</transition>
```

res/drawable/shape_drawable.xml：

```
<?xml version="1.0" encoding="utf-8"?>
<shape xmlns:android="http://schemas.android.com/apk/res/android"
    android:shape="oval"
/>
```

步骤 02　在程序中调用 getResources()方法取得资源对象，再调用资源对象的 getDrawable()方法，取得 XML 文件定义的 Drawable 对象。我们必须把取得的 Drawable 对象转换成适当的类型，也可以进一步设置 Drawable 对象的属性，请参考以下程序代码：

```
Resources res = getResources();

TransitionDrawable drawTrans =
        (TransitionDrawable)res.getDrawable(R.drawable.trans_drawable);

GradientDrawable gradShape =
        (GradientDrawable)res.getDrawable(R.drawable.shape_drawable);
gradShape.setColor(0xffffff00);
```

步骤 03　把得到的 Drawable 对象设置给 ImageView 显示。有些 Drawable 对象使用 setImageDrawable()方法会无法正常显示，此时可以换成使用 setBackground()。

另外提醒读者注意，步骤 2 和步骤 3 的程序代码要避免放在 onCreate()、onResume()和 onStart()中运行。因为 App 还未完成初始化之前，有些 Drawable 对象会无法正常显示。

62-3 在程序中建立 Drawable 类型的对象

除了以上两种方法之外，我们也可以在程序中自己建立 Drawable 对象。例如以下程序代码会建立和前一节的 XML 文件相同的椭圆形对象，有关 Drawable 的相关类和 XML 文件中的标签名称的对应关系，请参考表 62-1。

```
GradientDrawable gradShape = new GradientDrawable();
gradShape.setShape(GradientDrawable.OVAL);
```

建立 Drawable 对象使用的方法，和前面 XML 文件中用到的属性有明显的对应关系，读者自行对照就可以了解它们的用法。如果需要详细说明，可以到 Android Developer 网站查询相关的说明文件。读者也可以尝试在程序中，建立和前一节的 XML 文件相同的 TransitionDrawable 对象，然后设置给 ImageView 显示。

62-4 范例程序

我们用一个完整的 App 项目来示范 Drawable 对象的绘图效果，请读者依照下列步骤进行操作：

步骤 01 新增一个 Android App 项目，项目对话框中的属性设置依照之前的惯例即可。

步骤 02 在 Eclipse 左边的项目查看窗格中，利用鼠标右键单击 App 项目的 res 文件夹，然后在弹出的快捷菜单中选择 New > Android XML File，在对话框中设置 Resource Type 框为 Drawable，在 File 框中输入 trans_drawable，在下面的列表中单击 item（由于在对象列表中没有 transition，所以我们先选择 item 再自行修改），最后单击 Finish 按钮。

步骤 03 新加入的文件会打开在编辑窗格中，将它的内容编辑如下。其中会用到两个名为 img01 和 img02 的图像文件，读者可以自行选择两个宽和高都不超过 300 pixel 的 PNG 或 JPG 图像文件，利用 Windows 文件管理器把它们复制到 App 项目的 res/drawable-hdpi 文件夹中。

```
<?xml version="1.0" encoding="utf-8"?>
<transition xmlns:android="http://schemas.android.com/apk/res/android">
    <item android:drawable="@drawable/img01"/>
    <item android:drawable="@drawable/img02"/>
</transition>
```

步骤 04 打开界面布局文件 res/layout/activity_main.xml，将内容编辑如下。其中包括一个 Button 组件和三个 ImageView 组件，并设置 LinearLayout 的 android:gravity 属性，让界面组件显示在屏幕的中央。

```
<LinearLayout xmlns:android="http://schemas.android.com/apk/res/android"
    xmlns:tools="http://schemas.android.com/tools"
    android:id="@+id/LinearLayout1"
    android:layout_width="match_parent"
    android:layout_height="match_parent"
    android:orientation="vertical"
    android:paddingBottom="@dimen/activity_vertical_margin"
    android:paddingLeft="@dimen/activity_horizontal_margin"
    android:paddingRight="@dimen/activity_horizontal_margin"
```

```
    android:paddingTop="@dimen/activity_vertical_margin"
    tools:context=".MainActivity"
    android:gravity="center_horizontal" >

    <Button
        android:id="@+id/btnStart"
        android:layout_width="wrap_content"
        android:layout_height="wrap_content"
        android:text="开始绘图" />

    <ImageView
        android:id="@+id/imgView1"
        android:layout_width="wrap_content"
        android:layout_height="wrap_content"
        android:layout_marginTop="10dp" />

    <ImageView
        android:id="@+id/imgView2"
        android:layout_width="wrap_content"
        android:layout_height="wrap_content"
        android:layout_marginTop="10dp" />

    <ImageView
        android:id="@+id/imgView3"
        android:layout_width="200dp"
        android:layout_height="80dp"
        android:layout_marginTop="10dp" />

</LinearLayout>
```

步骤 05　打开“src/(套件路径名称)”文件夹中的主程序文件，将程序代码编辑如下。在按钮的 onClickListener 中，我们利用前面介绍的方法建立一个图像文件的 Drawable 对象、一个 TransitionDrawable 对象和一个椭圆形 Drawable 对象，并且将它们设置给不同的 ImageView 显示。提醒读者注意，在设置 TransitionDrawable 对象之后，必须调用 startTransition()方法才会开始播放转场效果。

```
public class MainActivity extends Activity {

    private ImageView mImgView1,
                      mImgView2,
                      mImgView3;
    private Button mBtnStart;

    @Override
    protected void onCreate(Bundle savedInstanceState) {
        super.onCreate(savedInstanceState);
        setContentView(R.layout.activity_main);

        mImgView1 = (ImageView)findViewById(R.id.imgView1);
        mImgView2 = (ImageView)findViewById(R.id.imgView2);
        mImgView3 = (ImageView)findViewById(R.id.imgView3);

        mBtnStart = (Button)findViewById(R.id.btnStart);
```

```
        mBtnStart.setOnClickListener(btnStartOnClick);
    }

    @Override
    public boolean onCreateOptionsMenu(Menu menu) {
        // Inflate the menu; this adds items to the action bar if it is
        present.
        MenuInflater inflater = getMenuInflater();
        inflater.inflate(R.menu.main, menu);

        return true;
    }

    private View.OnClickListener btnStartOnClick = new View.OnClickListener()
{
        @Override
        public void onClick(View v) {
            // TODO Auto-generated method stub
            Resources res = getResources();

            Drawable drawImg = res.getDrawable(R.drawable.img01);
            mImgView1.setBackground(drawImg);

            TransitionDrawable drawTran =
                    (TransitionDrawable)res.getDrawable(R.drawable.trans
                _drawable);
            mImgView2.setImageDrawable(drawTran);
            drawTran.startTransition(5000);

            GradientDrawable gradShape = new GradientDrawable();
            gradShape.setShape(GradientDrawable.OVAL);
            gradShape.setColor(0xffff0000);
            mImgView3.setBackground(gradShape);
        }
    };
}
```

完成程序代码的编辑之后启动程序，单击“开始绘图”按钮，就会看到如图 62-1 所示的画面。

图 62-1　Drawable 对象绘图程序的运行画面

Android 版本	1.X	2.X	3.X	4.X
适用性	★	★	★	★

第 63 章 使用Canvas绘图

除了使用 Drawable 对象绘图之外，也可以利用 Canvas 对象来绘图。Canvas 的绘图功能比 Drawable 对象更强大，那么什么是 Canvas 呢？其实 App 的运行画面就是一个 Canvas 对象，之前我们是在 Canvas 上建立界面组件，例如 ImageView，然后把图像或图形设置给 ImageView 显示。现在我们要直接把图形画在 Canvas 上，不需要再借助界面组件。

Canvas 对象中有一个 Bitmap 对象。我们可以把 Canvas 对象想象成是一个绘图桌，上面有许多绘图工具，还有一个 Bitmap，也就是画布，我们可以在上面进行绘图。要直接在 Canvas 上绘图其实并不难，只要建立一个继承 View 的新类，然后把它设置为 App 的画面。程序运行时会调用这个新类的 onDraw()方法，同时传入程序画面的 Canvas 对象，让我们在上面绘图，以下我们利用一个 App 项目进行示范。

步骤 01 新建一个 Android App 项目，项目对话框中的属性设置依照之前的惯例即可。

步骤 02 从上一章的 App 项目复制 res/drawable-hdpi 文件夹中的 img01.jpg 和 img02.jpg 到这个 App 项目的文件夹。

步骤 03 依照上一章介绍的方法，在项目中新建一个名为 rotate_drawable 的 Drawable 对象定义文件（建立定义文件时对象类型选择为 rotate），将它的内容编辑如下：

```
<?xml version="1.0" encoding="utf-8"?>
<rotate xmlns:android="http://schemas.android.com/apk/res/
android" android:fromDegrees="0"
        android:toDegrees="90"
        android:pivotX="0%"
        android:pivotY="0%"
        android:drawable="@drawable/img02" />
```

步骤 04 在 App 项目中新建一个继承 View 的新类，我们可以将它取名为 ShapeView。打开这个新类的程序文件，其中会标识一个红色波浪下划线，将鼠标光标移到红色波浪下划线上方，就会弹出一个信息要求加入一个构建式，请读者选择加入第一个构建式。

接下来要新增一个 onDraw()方法，请在程序代码编辑窗格中单击鼠标右键，在弹出的快捷菜单中选择 Source > Override/Implement Methods…，就会出现一个方法列表的对话框，勾选其中的 onDraw()方法然后单击 OK 按钮，接着将程序编辑如下。我们在类的构建式中建立一个椭圆的 Drawable 对象和一支画笔，并设置好它们的颜色。在 onDraw()方法中，先绘制椭圆 Drawable 对象，要在 Canvas 中绘制 Drawable 对象时，必须先调用 setBounds()方法设置绘制的位置，然后调用 draw()方法并传入 Canvas 对象完成绘制。接下来我们调用 Canvas 对象的 drawOval()方法绘制另一个椭圆，调用 drawText()显示文字，然后调用 drawLine()画出一条直线，这些方法的自变量是用来指定绘制的位置。接下来，从资源类 R 中取出图像 img01 并显示，最后从程序资源中取得由 rotate_drawable.xml 文件定义的 RotateDrawable 对象并显示在 Canvas 中。

```
public class ShapeView extends View {

    private ShapeDrawable mShapeDraw;
    private Paint mPaint;

    public ShapeView(Context context) {
        super(context);
        // TODO Auto-generated constructor stub

        mShapeDraw = new ShapeDrawable(new OvalShape());
        mShapeDraw.getPaint().setColor(0xffffff00);

        mPaint = new Paint();
        mPaint.setAntiAlias(true);
        mPaint.setColor(Color.CYAN);
    }

    @Override
    protected void onDraw(Canvas canvas) {
        // TODO Auto-generated method stub
        super.onDraw(canvas);

        mShapeDraw.setBounds(10, 10,
                canvas.getWidth()/2 - 10, canvas.getHeight()/2 - 20);
                mShapeDraw.draw(canvas);

        canvas.drawOval(new RectF(canvas.getWidth()/2 + 10, 10,
                canvas.getWidth() - 10, canvas.getHeight()/2 - 20),
            mPaint);
        canvas.drawText(this.getContext().getString(R.string.hello_world),
                10, canvas.getHeight()/2, mPaint);
        canvas.drawLine(canvas.getWidth()/2 + 10, canvas.getHeight()/2 -10 ,
                canvas.getWidth() - 10, canvas.getHeight()/2, mPaint);

        Resources res = getResources();
```

```
        Drawable drawImg = res.getDrawable(R.drawable.img01);
        drawImg.setBounds(10, canvas.getHeight()/2 + 10,
               canvas.getWidth()/2 - 10, canvas.getHeight()*3/4);
        drawImg.draw(canvas);

        RotateDrawable drawRotate =
               (RotateDrawable)res.getDrawable(R.drawable.rotate_drawable);
        drawRotate.setLevel(1000);
        drawRotate.setBounds(canvas.getWidth()/2 + 30, canvas.getHeight()/2,
               canvas.getWidth() + 10, canvas.getHeight()*3/4);
        drawRotate.draw(canvas);
    }

}
```

步骤 05　打开“src/(套件路径名称)”文件夹中的主程序文件 MainActivity.java，在 onCreate() 方法中建立一个 ShapeView 类的对象，并将它设置为 App 的画面：

```
public class MainActivity extends Activity {

    @Override
    protected void onCreate(Bundle savedInstanceState) {
        super.onCreate(savedInstanceState);
        setContentView(R.layout.activity_main);   // 删除这一行

        // 用 ShapeView 对象当成 App 画面
        ShapeView shapeView = new ShapeView(this);
        setContentView(shapeView);
    }

    ...(原来的程序代码)

}
```

完成之后启动程序，就可以看到如图 63-1 所示的运行画面。

图 63-1　Canvas 绘图程序的运行画面

Android 版本	1.X	2.X	3.X	4.X
适用性	★	★	★	★

第 64 章 使用View在Canvas上绘制动画

在上一章我们已经学会如何利用 Canvas 绘图，主要步骤就是自己建立一个继承 View 的类，然后将绘图的程序代码写在该类的 onDraw()方法中，最后将该类的对象设置为程序的运行画面。本章我们将进一步学习如何让绘制的图形动起来，变成所谓的动画。

64-1 产生动画的原理

让程序产生动画的原理，就是连续运行绘图的程序代码，而且在每一次绘图的时候，让图形的状态不断地改变，例如大小、颜色、位置、形状等。如此一来，用户就会看到程序画面的对象不断地变化。根据上一章的程序架构，只要我们能够连续运行 onDraw()方法，然后在 onDraw()方法中让每一次绘制的图形状态都有些细微的变化，这样就可以做出动画的效果。

若要改变绘制图形的状态，只需要把绘图程序代码的图形参数做一些改变即可，另一个比较值得考虑的问题是如何连续运行 onDraw()方法。这个 onDraw()方法并不是由我们的程序直接调用，而是由 Android 系统调用。我们的程序可以调用 invalidate()，要求 Android 系统运行 onDraw()。当 Android 系统收到 invalidate()的要求时，不一定会立刻运行 onDraw()。因为绘制画面是比较耗时的工作，在 Android 系统的工作日程中，绘图是属于优先权比较低的工作类型，所以当系统忙碌的时候会被忽略。举例来说，如果一部车子每秒前进 10 米，程序在一秒钟之内调用 10 次 invalidate()，要求更新 10 次车子的位置，但是如果系统正忙着处理其他运算工作，它可以只绘制其中 3 次的车子画面，而忽略其他 7 次，这时候我们看到的车子是以不连续地跳动方式前进。

因为 invalidate()方法具有以上的特性，所以我们不能够直接在程序中以循环的方式连续调用它。这样做的话，Android 系统会直接把这一连串的 invalidate()调用运行完毕，最后运行一次 onDraw()。为了让系统在收到 invalidate()请求之后，有时间运行 onDraw()，我们必须使用 Multi-thread 的程序架构，也就是说把连续调用 invalidate()的程序代码独立写成一个 thread，这样当系统在 thread 之间切换的时候，Android 才会运行 onDraw()。了解绘制动画的原理之后，接下来我们用一个 App 项目来示范实现的方法。

64-2 范例程序

这个范例程序会在画面上显示一个由大变小，再由小变大的椭圆，如图 64-1 所示，完成这个程序项目的步骤如下。

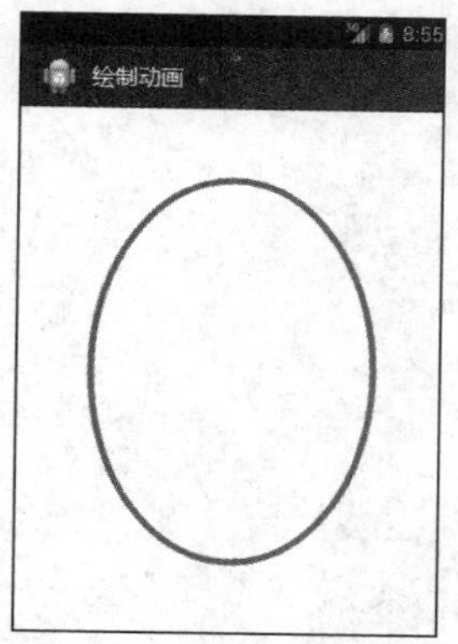

图 64-1　椭圆动画程序的运行画面

步骤 01　新建一个 Android App 项目，项目对话框中的属性设置依照之前的惯例即可。

步骤 02　在程序项目中新增一个继承 View 的新类，我们可以将它取名为 ShapeView。打开这个新类的程序文件，在类名称下方会用一个红色波浪下划线进行标识，将鼠标光标移到红色波浪下划线上方，就会弹出一个信息要求加入一个构建式，选择加入第一个构建式。接下来我们要新建一个 onDraw()方法，请在程序代码编辑窗格中单击鼠标右键，在弹出的快捷菜单中选择 Source > Override/Implement Methods…就会出现一个方法列表的对话框，请勾选其中的 onDraw()和 onSizeChanged()，然后单击 OK 按钮，再将程序编辑如下：

```
public class ShapeView extends View implements Runnable {

    private Paint mPaint;
    private static final int INT_STROCK_THICK = 5;
    private int mIntXMaxLen, mIntYMaxLen,
              mIntXCent, mIntYCent,
              mIntXCurLen, mIntYCurLen,
              mIntSign;
```

```
    private Handler mHandler = new Handler();

    public ShapeView(Context context) {
        super(context);
        // TODO Auto-generated constructor stub

        setFocusable(true);

        mPaint = new Paint();
        mPaint.setAntiAlias(true);
        mPaint.setColor(Color.RED);
        mPaint.setStyle(Style.STROKE);
        mPaint.setStrokeWidth((float) INT_STROCK_THICK);

        new Thread(this).start();
    }

    @Override
    protected void onDraw(Canvas canvas) {
        // TODO Auto-generated method stub
        super.onDraw(canvas);

        Log.d("TEST_VIEW", "onDraw()");

        canvas.drawOval(new RectF(mIntXCent - mIntXCurLen,
                            mIntYCent - mIntYCurLen,
                            mIntXCent + mIntXCurLen,
                            mIntYCent + mIntYCurLen),
                        mPaint);

        if (mIntXCurLen + mIntSign * INT_STROCK_THICK < 0 ||
            mIntYCurLen + mIntSign * INT_STROCK_THICK < 0) {
            mIntSign = 1;
        } else if (mIntXCurLen + mIntSign * INT_STROCK_THICK >
mIntXMaxLen ||
            mIntYCurLen + mIntSign * INT_STROCK_THICK > mIntYMaxLen) {
            mIntSign = -1;
        }

        mIntXCurLen += mIntSign * INT_STROCK_THICK;
        mIntYCurLen += mIntSign * INT_STROCK_THICK;
    }

    @Override
    protected void onSizeChanged(int w, int h, int oldw, int oldh) {
        // TODO Auto-generated method stub
        super.onSizeChanged(w, h, oldw, oldh);

        mIntXMaxLen = w / 2 - 10;
        mIntYMaxLen = h / 2 - 10;
        mIntXCent = w / 2;
```

```
        mIntYCent = h / 2;

        mIntXCurLen = mIntXMaxLen;
        mIntYCurLen = mIntYMaxLen;
        mIntSign = -1;
    }

    @Override
    public void run() {
        // TODO Auto-generated method stub
        for (int i = 0; i < 10000; i++) {
            Log.d("TEST_VIEW", "run() " + i);
            mHandler.post(new Runnable() {
                public void run() {
                    Log.d("TEST_VIEW", "invalidate()");
                    invalidate();
                }
            });
        }
    }
}
```

提示

首先我们让这个ShapeView类实现Runnable界面，以便建立Multi-thread程序。然后在run()方法中，借助mHandler对象（关于Handler对象的功能可以参考第34章的说明），连续以post Runnable对象的方式调用invalidate()，因此invalidate()将会以background thread的方式运行，这样一来主程序（main thread）就有时间更新程序画面。在ShapeView类的构建式中，我们建立两个Paint对象，一个用来绘制对象的颜色，另一个是当成背景颜色，然后根据这个ShapeView类建立一个Thread对象，并让它启动开始运行。

当程序画面的View对象产生的时候，会运行onSizeChanged()方法。在这个方法中，我们计算椭圆的中心点和最大长度，以及设置第一次要绘制的椭圆长度。由于椭圆有变大和变小两种模式，我们用一个Sign变量来控制。在onDraw()方法中，先绘制一个椭圆，然后检查是否需要切换变大和变小模式，最后设置下一次绘制椭圆的大小。

步骤03 打开主程序文件MainActivity.java，在onCreate()方法中建立一个ShapeView类的对象，并将它设置为程序的画面：

```
public class MainActivity extends Activity {

    @Override
    protected void onCreate(Bundle savedInstanceState) {
        super.onCreate(savedInstanceState);
        setContentView(R.layout.activity_main);    // 删除这一行

        // 用 ShapeView 对象当成 App 画面
        ShapeView shapeView = new ShapeView(this);
```

```
        setContentView(shapeView);
    }

    ...(原来的程序代码)

}
```

完成之后就可以启动程序观察动画效果，读者会发现椭圆变化的过程不是很平顺，因为程序绘图的时间点是由系统控制，我们可以借助程序代码中加入的 log 信息，观察调用 invalidate()方法和运行 onDraw()方法之间的对应关系。请读者依照第 10 章介绍的方式，一边运行程序，一边观察 Eclipse 的 LogCat 画面显示的 log（操作提示：可以利用 log filter 筛选出我们的程序所产生的 log，以方便观察）。读者会发现大部分的重绘画面要求都被系统忽略，因此造成动画效果不佳。为了能够达到更好的动画效果，我们将在下一章进一步介绍如何使用 SurfaceView 类来提升绘制动画的效率。

Android 版本	1.X	2.X	3.X	4.X
适用性	★	★	★	★

第 65 章 使用SurfaceView进行高速绘图

从上一章的范例中可以发现，使用 View 的绘图速度无法令人满意，主要的原因在于，Android 系统忽略了大部分的 invalidate()重绘画面的要求。这并不是 Android 系统独有的问题，所有图形界面的操作系统都有相同的特性，包括 MS Windows 也是如此。因为重绘画面的工作在操作系统中的优先权比较低，必要时系统会忽略重绘画面的要求，以节省处理时间。这样的逻辑对于一般应用程序来说是对的，因为一般应用程序的核心功能并不是画面的显示，而是内部的运算过程。但是对于以绘图为主要任务的程序来说（例如计算机游戏、动画制作软件），这样的绘图效率就无法达到要求。为了这一类程序的需要，Android 系统提供另一种绘图的方法，那就是使用 SurfaceView。

65-1 使用 SurfaceView 的步骤

其实 SurfaceView 的概念很简单，与上一章的 View 类是由 Android 系统调用 onDraw()方法进行绘图相比较，SurfaceView 的做法是把 App 画面的 Canvas 对象，直接开放给程序自由存取。因此程序可以自己决定什么时候要绘图，当程序完成绘图之后，再把 Canvas 对象交给 Android 系统显示。若要使用 SurfaceView，必须完成以下步骤。

步骤 01　在 App 项目中新建一个继承 SurfaceView 的新类。

步骤 02　让这个新类实现 SurfaceHolder.Callback 界面和 Runnable 界面。实现 SurfaceHolder.Callback 界面的原因是我们需要使用 SurfaceHolder 对象来存取程序的 Canvas。而建立 SurfaceHolder 对象的时候，需要把 surfaceChanged()、surfaceCreated()和 surfaceDestroyed()这 3 个方法当成是 SurfaceHolder 对象的 callback 函数（也就是 SurfaceHolder 对象会主动回来调用这 3 个函数）。这 3 个 callback 函数的运行时机请

参考以下程序代码范例的注释。至于实现 Runnable 界面，是因为要建立 Multi-thread 程序，我们把调用绘图函数的程序代码写在 run()方法中，让它连续运行，以产生动画效果。

```
public class ShapeSurfaceView extends SurfaceView
implements SurfaceHolder.Callback, Runnable {

    @Override
    public void surfaceChanged(SurfaceHolder holder, int format,
                               int width, int height) {
        // TODO Auto-generated method stub
        // 当程序画面的大小改变时运行
    }

    @Override
    public void surfaceCreated(SurfaceHolder holder) {
        // TODO Auto-generated method stub
        // 当程序画面的 Canvas 被建立时运行
    }

    @Override
    public void surfaceDestroyed(SurfaceHolder holder) {
        // TODO Auto-generated method stub
        // 当程序画面的 Canvas 被销毁时运行
    }

    public void run() {

    }
}
```

步骤 03　在这个新类中建立一个 SurfaceHolder 对象，这个 SurfaceHolder 对象是用来取得 App 的 Canvas。另外，我们必须将步骤 2 的 3 个 callback 函数设置给该 SurfaceHolder 对象，请读者参考稍后的范例程序项目。

步骤 04　在主程序中建立一个 SurfaceView 类的对象，并将它设置为程序的画面。

接下来我们用一个完整的程序项目来示范 SurfaceView 的绘图效果。

65-2 范例程序

为了比较 View 和 SurfaceView 的绘图效率，我们建立一个和上一章相同的椭圆动画程序，请读者依照下列步骤进行操作。

步骤 01　新增一个 Android App 项目，项目对话框中的属性设置依照之前的惯例即可。

步骤 02　在程序项目中新增一个继承 SurfaceView 的新类，我们可以将它取名为 ShapeSurfaceView。打开这个新类的程序文件，在类名称下方会标识一个红色波浪下划线，将鼠标光标移到上面会弹出一个信息要求加入一个构建式，选择加入第一个构建式。接下来我们要新增一个 draw()方法，请在程序代码编辑窗格中单击鼠标右键，在弹出的快捷菜单中选择 Source > Override/Implement Methods…就会出现一个方法列表的对话框，勾选其中的 draw()然后单击 OK 按钮。接下来依照上一节的说明，让 ShapeSurfaceView 类实现 SurfaceHolder.Callback 界面和 Runnable 界面，再依照程序代码编辑窗格的错误修正建议，加入需要实现的方法，完成后将此类的程序代码编辑如下：

```
public class ShapeSurfaceView extends SurfaceView
                    implements SurfaceHolder.Callback, Runnable {

    private Paint mPaintForeground,
                mPaintBackground;
    private static final int INT_STROCK_THICK = 5;
    private int mIntXMaxLen, mIntYMaxLen,
                mIntXCent, mIntYCent,
                mIntXCurLen, mIntYCurLen,
                mIntSign;

    private SurfaceHolder mSurfHold;

    public ShapeSurfaceView(Context context) {
        super(context);
        // TODO Auto-generated constructor stub

        mSurfHold = getHolder();
        mSurfHold.addCallback(this);

        setFocusable(true);

        mPaintForeground = new Paint();
        mPaintForeground.setAntiAlias(true);
        mPaintForeground.setColor(Color.RED);
        mPaintForeground.setStyle(Style.STROKE);
        mPaintForeground.setStrokeWidth((float) INT_STROCK_THICK);

        mPaintBackground = new Paint();
        mPaintBackground.setAntiAlias(true);
        mPaintBackground.setColor(Color.WHITE);
        mPaintBackground.setStyle(Style.FILL);
    }

    @Override
    public void surfaceChanged(SurfaceHolder holder, int format,
                        int width, int height) {
```

```
        // TODO Auto-generated method stub
        mIntXMaxLen = width / 2 - 10;
        mIntYMaxLen = height / 2 - 10;
        mIntXCent = width / 2;
        mIntYCent = height / 2;

        mIntXCurLen = mIntXMaxLen;
        mIntYCurLen = mIntYMaxLen;
        mIntSign = -1;
    }

    @Override
    public void surfaceCreated(SurfaceHolder holder) {
        // TODO Auto-generated method stub
        new Thread(this).start();
    }

    @Override
    public void surfaceDestroyed(SurfaceHolder holder) {
        // TODO Auto-generated method stub
        // 当程序画面的 Canvas 被销毁时运行
    }

    @Override
    public void run() {
        // TODO Auto-generated method stub
        for (int i = 0; i < 500; i++) {
            Log.d("TEST_SURFACEVIEW", "run() " + i);

            Canvas c = null;
            try {
                c = mSurfHold.lockCanvas();
                synchronized(mSurfHold) {
                    draw(c);
                }
            }
            finally {
                if (c != null)
                    mSurfHold.unlockCanvasAndPost(c);
            }
        }
    }

    public void draw(Canvas canvas) {
        // TODO Auto-generated method stub
        if (canvas == null)   // 如果动画还没完成就结束 App，canvas 会变成 null
            return;

        super.draw(canvas);

        Log.d("TEST_SURFACEVIEW", "draw()");
```

```
        canvas.drawRect(0, 0, this.getWidth(), this.getHeight(),
    mPaintBackground);

        canvas.drawOval(new RectF(mIntXCent - mIntXCurLen,
                                  mIntYCent - mIntYCurLen,
                                  mIntXCent + mIntXCurLen,
                                  mIntYCent + mIntYCurLen),
                              mPaintForeground);

        if (mIntXCurLen + mIntSign * INT_STROCK_THICK < 0 ||
            mIntYCurLen + mIntSign * INT_STROCK_THICK < 0) {
            mIntSign = 1;
        }
        else if (mIntXCurLen + mIntSign * INT_STROCK_THICK >
    mIntXMaxLen ||
                mIntYCurLen + mIntSign * INT_STROCK_THICK >
    mIntYMaxLen) {
            mIntSign = -1;
        }

        mIntXCurLen += mIntSign * INT_STROCK_THICK;
        mIntYCurLen += mIntSign * INT_STROCK_THICK;
    }

}
```

如上一节的说明，我们在类的构建式中调用 getHolder()方法，从系统取得 SurfaceHolder 对象，接着调用 addCallback()方法设置 callback 函数。另外，我们把绘制椭圆的程序代码写在 draw()方法中，这个方法会由我们的程序直接调用运行，绘制椭圆的程序代码都和上一章相同。

使用 SurfaceView 类时，Android 系统就不再调用 onDraw()方法，所有绘图都由程序自己负责。

在 run()方法中我们用一个循环连续调用 draw()方法进行绘图。若要取得程序的 Canvas，只需调用 SurfaceHolder 对象的 lockCanvas()方法即可。还有两点要注意，在 Canvas 绘图的过程中，不可以有其他存取 Canvas 的行为，因此需要加上 synchronized 命令。另外我们用 try-catch-finally 语法结构把 Canvas 绘图程序代码包裹起来进行异常处理。我们在 surfaceChanged()方法中设置椭圆形的绘制参数，在 surfaceCreated()方法中启动绘图的 Thread（也就是开始运行 run()方法）。

步骤 03 打开“src/(套件路径名称)”文件夹中的主程序文件 MainActivity.java，在 onCreate()方法中建立一个 SurfaceView 类的对象，并将它设置为程序的画面：

```
public class MainActivity extends Activity {

    @Override
```

```
    protected void onCreate(Bundle savedInstanceState) {
        super.onCreate(savedInstanceState);
        setContentView(R.layout.activity_main);    // 删除这一行

        // 用 ShapeSurfaceView 对象当成 App 画面
        ShapeSurfaceView shapeView = new ShapeSurfaceView(this);
        setContentView(shapeView);
    }

    ...(原来的程序代码)

}
```

完成程序代码的编辑之后启动程序，就会看到如图 65-1 所示的运行画面。若和上一章的程序比较绘图速度的话，会发现二者有很大的差别。如果切换到 Eclipse 的 LogCat 窗口，观察程序产生的 Log 信息，会发现使用 SurfaceView 的程序运行 draw()方法的次数，远比上一章使用 View 的程序要高出许多，这就是让程序自己控制 Canvas 的好处。

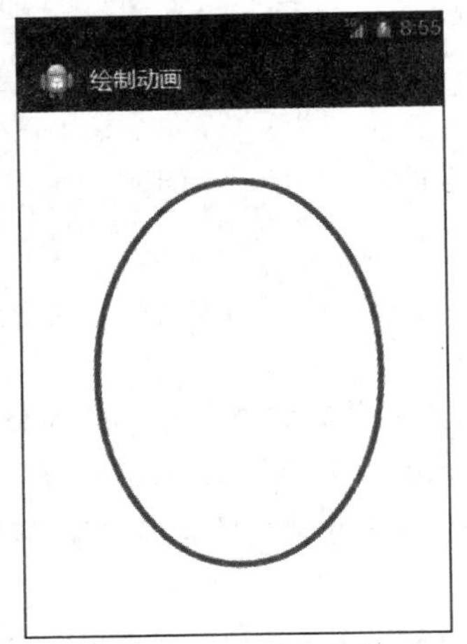

图 65-1　椭圆动画程序的运行画面

Android 版本	1.X	2.X	3.X	4.X
适用性	★	★	★	★

第 66 章 3D绘图

由于 CPU 和 GPU 性能的提升，让 3D 绘图技术的应用越来越普遍，除了 3D 游戏的数量大幅增加之外，一些操作系统和应用程序的操作界面也开始使用 3D 技术。这个风潮也蔓延到手机和平板电脑，例如 Android 这种新兴的操作系统，本身就内置了 3D 绘图功能，本章就来探索一下 3D 绘图的基本概念和程序架构。

Android 系统的 3D 绘图功能是由 OpenGL ES 链接库负责，OpenGL 是一套非常有名的 3D 绘图套件，最早的版本是由 SGI 公司在 1992 年发表。SGI 公司是以研发高性能的绘图工作站闻名，后来该公司将 OpenGL 公开，成为开放源代码软件。经过开放源代码社群的努力，现在 OpenGL 已经成为一套可以在多种平台上使用的 3D 绘图套件，而 OpenGL ES 是专供 Embeded System（嵌入式系统）使用的版本，它是由 OpenGL 标准版精简而来，最新的 Android 版本已经支持 OpenGL ES 3.0。在简单介绍了 OpenGL 的历史之后，接下来我们就要开始进入 3D 绘图的领域，在学习 3D 绘图程序开发之前，我们必须先了解 3D 绘图的基本观念。

66-1 3D 绘图的基本概念

如果读者以前没有接触过 3D 绘图程序，对于究竟如何建立 3D 场景和对象，一定觉得很好奇，下面利用图 66-1 来解释程序如何使用 3D 场景。

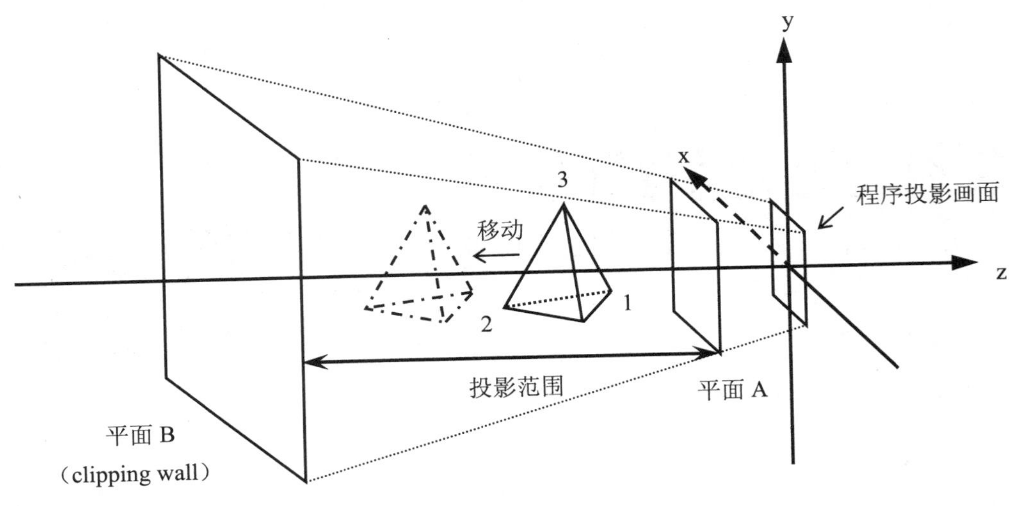

图 66-1 3D 程序中的场景

1. 世界空间(World Space)

图 66-1 中的 XYZ 坐标轴代表世界空间，世界空间就是程序中使用 OpenGL 时所建立的 3D 场景。在初始状态下，程序所看见的投影画面是在 XYZ 坐标轴的原点，投影画面的右手边是 X 轴的正向，上方是 Y 轴的正向，后方是 Z 轴的正向。

2. 投影范围(可视范围)

在世界空间中，只有位于投影范围内的物体，才会出现在程序的投影画面中，程序的投影画面就是使用看到的画面。世界空间的投影范围是一个立体的梯形，请读者参考图 66-1，最前面是平面 A（靠近程序的投影画面），最后面是平面 B（离程序的投影画面最远）。把平面 A 和平面 B 对应的 4 个顶点以直线连接起来就是投影范围，平面 A 和平面 B 的位置可由程序设置。

3. 3D 对象

世界空间中的 3D 对象，是用构成它的表面的顶点（vertex）来建立的。所有 3D 对象的表面都是用 polygon（多边形）一片一片连接而成，polygon 越细小，建立的 3D 对象表面就越精细。triangle（三角形）是 polygon 中最简单的一种，OpenGL ES 限制只能够使用 triangle。每一个 triangle 都有 3 个顶点，图 66-1 中的三角锥表面是由 4 个 triangle 组成，为了表示这 4 个 triangle，我们必须记录 12 个顶点的信息（4 个 triangle 乘以每一个 triangle 需要的 3 个顶点）。但是实际的顶点数目只有 4 个，也就是说会有顶点数据重复的情况。为了解决这个问题，3D 对象实际上是利用一个顶点索引数组来建立，通过这个顶点索引数组来取用实际的顶点数组，如此就不必重复记录顶点数据。每一个顶点的数据除了坐标之外，还可以包括颜色、法向量等，这样才能够表现物体的颜色、光线反射效果等特性。

4. triangle 的正面和反面

在世界空间中 triangle 还有正面（front face）和反面（backface）的区别，只有正面朝向投影画面的 triangle 才会显示在投影画面。决定 triangle 正反面的方式是看它的顶点排列顺序，当我们面对一个 triangle 时，如果它的顶点排列顺序是逆时针，表示这个 triangle 是正面朝向我们；如果是顺时针，表示它是反面朝向我们。例如图 66-1 中的三角锥的 triangle (1, 3, 0)，对于投影画面来说是正面，因此它会出现在投影画面中。如果在程序中错误地将它写成(1, 0, 3)就会看不见它，最后造成用户看到不完整的三角锥。

5. 物体的移动和转动

如果读者对于 3D 空间的数学运算还有印象（如果没有也没关系，不必担心），就能够了解 3D 物体的移动、转动、缩放和投影都是二维矩阵运算的结果。例如图 66-1 中将立体三角锥往远处移动（减少 Z 坐标的值），可以利用 translation matrix 来完成；如果要旋转，可以利用 rotation matrix 来完成；如果要把物体投影到程序画面，则是利用 projection matrix。这些转换矩阵在 OpenGL 中都有对应的函数可以使用，我们只要在调用这些函数的时候传入适当的参数即可。

6. z-buffer（或称为 depth-buffer）

若要计算多个 3D 物体在投影画面上形成的图像时，是依序对每一个物体进行计算。但是物体在 3D 空间中，会有前面物体遮蔽后面物体的情况，所以在投影的过程中必须记录每一个投影画面的像素的图像来源的远近，当有下一个物体投影到该像素时，才能够判断是否要覆盖原来的值。这个记录投影距离的缓存称为 z-buffer，z-buffer 的精确度（位数）会影响计算物体遮蔽效果的准确性。

经过以上说明，相信读者对于程序如何建立 3D 场景，和进行相关运算已经具备基本的概念，接下来我们就开始介绍 3D 绘图程序的操作方法。

66-2 3D 绘图程序

3D 绘图程序的架构和前一章的 SurfaceView 绘图程序有些类似，甚至更简单一些。在 SurfaceView 绘图程序中，必须另外建立一个 thread 来连续调用我们自己的 draw()方法。但是 3D 绘图程序是由系统自动连续运行我们建立的 onDrawFrame()方法，因此不需要自己建立 thread 运行绘图的工作。另外，和 SurfaceView 绘图程序不同的是，3D 绘图程序必须换成使用 GLSurfaceView 类，并且实现 GLSurfaceView.Renderer 界面，以下是建立一个 3D 绘图 App 项目的完整过程。

步骤 01　新建一个 Android App 项目，项目对话框中的属性设置依照之前的惯例即可。

步骤02 新建一个继承 GLSurfaceView 的新类，我们可以将它取名为 MyGLSurfaceView。打开这个新类的程序文件，在类名称下方会标识一条红色波浪下划线，将鼠标光标移到上面，就会弹出一个信息要求加入一个构建式，请读者选择加入第一个构建式。接下来让 MyGLSurfaceView 类实现 GLSurfaceView.Renderer 界面，当读者在类名称那一行输入“implements GLSurfaceView.Renderer”之后会出现红色波浪下划线，用于提示语法错误，将鼠标光标移到错误的地方就会弹出一个信息窗口，然后单击其中的 Add unimplemented methods，就会在程序代码中自动加入需要实现的方法。这些自动加入的方法的自变量名称有些是以 arg 命名，读者可以在 Android 官方网站找到该函数的定义，再把自变量名称复制到我们的程序代码，最后将程序编辑如下，这一段程序包含 3D 绘图的程序代码：

```
public class MyGLSurfaceView extends GLSurfaceView
                          implements GLSurfaceView.Renderer {
    // 存储 OpenGL 对象用到的顶点坐标和颜色
    private FloatBuffer mVertBuf,
                        mVertColorBuf;

    // 存储 OpenGL 对象的顶点在 mVertBuf 中的索引
    private ShortBuffer mIndexBuf;

    // OpenGL 对象用到的顶点坐标，在程序中会将它们设置给 mVertBuf
    // 每一行是一个顶点的 xyz 坐标
    private float[] m3DObjVert = {
        -0.5f, -0.5f, 0.5f,
        0.5f, -0.5f, 0.5f,
        0f, -0.5f, -0.5f,
        0f, 0.5f, 0f
    };

    // OpenGL 对象用到的顶点颜色，在程序中会将它们设置给 mVertColorBuf
    // 每一行是一个顶点的颜色，颜色值的顺序为 rgba，a 是 alpha 值
    private float[] m3DObjVertColor = {
            1.0f, 1.0f, 0.0f, 1.0f,
            1.0f, 0.0f, 1.0f, 1.0f,
            0.0f, 1.0f, 1.0f, 1.0f,
            1.0f, 1.0f, 0.5f, 1.0f
    };

    // OpenGL 对象的顶点在 m3DObjVert 中的索引，每一行代表一个 triangle
    // 程序中会将它们设置给 mIndexBuf
    private short[] m3DObjVertIndex = {
        0, 2, 1,
        3, 2, 0,
        3, 1, 2,
        1, 3, 0
    };
```

```
    // 最远方的底色
    private float backColorR = 1.0f,
              backColorG = 1.0f,
              backColorB = 1.0f,
              backColorA = 1.0f;

    private float mfRotaAng = 0f;

    private void setup() {
        // 建立 OpenGL 专用的 vertex buffer
        ByteBuffer vertBuf = ByteBuffer.allocateDirect(
               4 * m3DObjVert.length);
        vertBuf.order(ByteOrder.nativeOrder());
        mVertBuf = vertBuf.asFloatBuffer();

        // 建立 OpenGL 专用的 vertex color buffer
        ByteBuffer vertColorBuf = ByteBuffer.allocateDirect(
               4 * m3DObjVertColor.length);
        vertColorBuf.order(ByteOrder.nativeOrder());
        mVertColorBuf = vertColorBuf.asFloatBuffer();

        // 建立 OpenGL 专用的 index buffer
        ByteBuffer indexBuf = ByteBuffer.allocateDirect(
               2 * m3DObjVertIndex.length);
        indexBuf.order(ByteOrder.nativeOrder());
        mIndexBuf = indexBuf.asShortBuffer();

        mVertBuf.put(m3DObjVert);
        mVertColorBuf.put(m3DObjVertColor);
        mIndexBuf.put(m3DObjVertIndex);

        mVertBuf.position(0);
        mVertColorBuf.position(0);
        mIndexBuf.position(0);
    }

    public MyGLSurfaceView(Context context) {
        super(context);
        // TODO Auto-generated constructor stub
        setRenderer(this);
    }

    @Override
    public void onDrawFrame(GL10 gl) {
        // TODO Auto-generated method stub

        // 清除场景采用背景颜色，并且清除 z-buffer
        gl.glClear(GL10.GL_COLOR_BUFFER_BIT |
                GL10.GL_DEPTH_BUFFER_BIT);

        // 设置对象用到的顶点坐标
```

```
        gl.glVertexPointer(3, GL10.GL_FLOAT, 0, mVertBuf);

        // 设置对象用到的顶点颜色
        gl.glColorPointer(4, GL10.GL_FLOAT, 0, mVertColorBuf);

        gl.glLoadIdentity();

        // 将对象沿指定的轴移动
        gl.glTranslatef(0f, 0f, -4f);

        // 将对象沿指定的轴转动
        gl.glRotatef(mfRotaAng, 0f, 1f, 0f);
        mfRotaAng += 1f;

        // 设置对象顶点的索引并绘制对象
        gl.glDrawElements(GL10.GL_TRIANGLES, m3DObjVertIndex.length,
                    GL10.GL_UNSIGNED_SHORT, mIndexBuf);
    }

    @Override
    public void onSurfaceChanged(GL10 gl, int width, int height) {
        // TODO Auto-generated method stub

        // 设置透视投影参数
        // 设置最近和最远的可视范围和左右视角
        // 上下可视范围由左右视角和屏幕的宽高比来计算
        final float fNEAREST = .01f,
                fFAREST = 100f,
                fVIEW_ANGLE = 45f;
        gl.glMatrixMode(GL10.GL_PROJECTION); // 切换到投影矩阵模式
        float fViewWidth = fNEAREST * (float) Math.tan(Math.toRadians
    (fVIEW_ANGLE) / 2);
        float aspectRatio = (float)width / (float)height;
        gl.glFrustumf(-fViewWidth, fViewWidth,
                -fViewWidth / aspectRatio, fViewWidth / aspectRatio,
                fNEAREST, fFAREST);
        gl.glMatrixMode(GL10.GL_MODELVIEW);    // 切换到原来模式

        gl.glViewport(0, 0, width, height);
    }

    @Override
    public void onSurfaceCreated(GL10 gl, EGLConfig config) {
        // TODO Auto-generated method stub

        // 设置3D 场景的背景颜色，也就是 clipping wall 的颜色
        gl.glClearColor(backColorR, backColorG, backColorB, backColorA);

        // 设置 OpenGL 的功能
        gl.glEnable(GL10.GL_DEPTH_TEST);    // 物体远近的遮蔽效果
        gl.glEnable(GL10.GL_CULL_FACE);    // 区分 Triangle 的正反面
```

```
        gl.glFrontFace(GL10.GL_CCW);     // 逆时针顶点顺序为正面
        gl.glCullFace(GL10.GL_BACK);     // 反面的 Triangle 不显示
        gl.glEnableClientState(GL10.GL_VERTEX_ARRAY);     // 使用顶点数组
        gl.glEnableClientState(GL10.GL_COLOR_ARRAY);     // 使用颜色数组

        setup();
    }

}
```

为了让读者了解每一段程序代码的功能，我们在程序中加入许多注释，并且将比较重要的部分以粗体字标识。首先是在类的开头，声明用来记录顶点坐标和颜色的内存，以及顶点索引内存。接下来是定义对象用到的顶点坐标，每一行是一个顶点的 XYZ 坐标（在 OpenGL 中，所有的浮点数都用 float 的格式存储，以节省内存空间）。接着是指定每一个顶点的颜色，然后是 3D 对象每一个 triangle 的顶点索引。这里要提醒读者，必须想象成自己站在每一个 triangle 前面，再用逆时针方向列出顶点顺序。接着是指定投影范围最远方的底色，也就是图 66-1 中的平面 B 的颜色，然后是程序中用来控制物体旋转角度的变量。

setup()方法是用来设置 OpenGL 使用的顶点数组、顶点颜色数组和顶点索引数组，这些数组必须依照 OpenGL 的规定使用 byte 的原始类型表示。程序代码中的常数 4 表示 float 类型的数据占 4 个 byte，2 表示 short 类型的数据占 2 个 byte。接下来在类的构建式中将目前这个类设置成负责产生投影画面的对象（称为 renderer），因为我们已经让这个类实现 GLSurfaceView.Renderer 界面。

onDrawFrame()方法会由系统自动调用运行，它的工作就是在世界空间中建立 3D 对象。首先我们清除画面和 z-buffer，然后设置顶点坐标数组和顶点颜色数组，接下来调用 glLoadIdentity()方法，清除之前设置的转换矩阵，再设置新的转换矩阵。如果没有运行 glLoadIdentity()，则会累积之前的转换矩阵。请读者注意，转换矩阵的先后顺序会造成不同的运行结果（这是数学矩阵运算的特性），OpenGL 会先运行后面设置的转换矩阵。以我们的程序代码为例，会先对物体进行旋转再移动。如果把转换矩阵的次序对调，运行结果将大不相同，读者可以自行测试。最后利用 glDrawElements()方法传入 3D 物体的顶点索引数组，把该 3D 物体绘制出来。

当建立 3D 场景时会先运行 onSurfaceCreated()方法，在该方法中先指定 3D 场景在投影画面的背景颜色，然后设置 OpenGL 的功能，最后调用 setup()方法完成 3D 场景的建立。系统运行完 onSurfaceCreated()之后，会再调用 onSurfaceChanged()方法传入屏幕的宽和高。我们根据屏幕的宽高设置投影参数，最后设置观看窗口的位置和大小。

步骤 03　打开“src/(套件路径名称)”文件夹中的主程序文件 MainActivity.java，在 onCreate()方法中建立一个 MyGLSurfaceView 类的对象，并将它设置为程序的画面：

```
public class MainActivity extends Activity {

    @Override
    protected void onCreate(Bundle savedInstanceState) {
```

```
        super.onCreate(savedInstanceState);
        setContentView(R.layout.activity_main);    // 删除这一行

        // 用 ShapeSurfaceView 对象当成 App 画面
        MyGLSurfaceView glSurfView = new MyGLSurfaceView(this);
        setContentView(glSurfView);
    }

    ...(原来的程序代码)

}
```

完成程序代码的编辑之后启动程序，就会看到手机屏幕上出现一个彩色的立体三角锥，如图 66-2 所示，该三角锥会以 Y 轴为中心自转。看到自己辛苦完成的 3D 程序运行画面，是不是有一种成就感？在 3D 绘图领域，这个程序只不过是一个小小的开端，还有很多有趣的主题值得进一步学习，例如建立光源、设置物体表面的反射、镜射效果、材质贴图、碰撞检测等，由于本书的篇幅有限，只能够点到为止，如果读者有兴趣，可以进一步阅读相关数据。

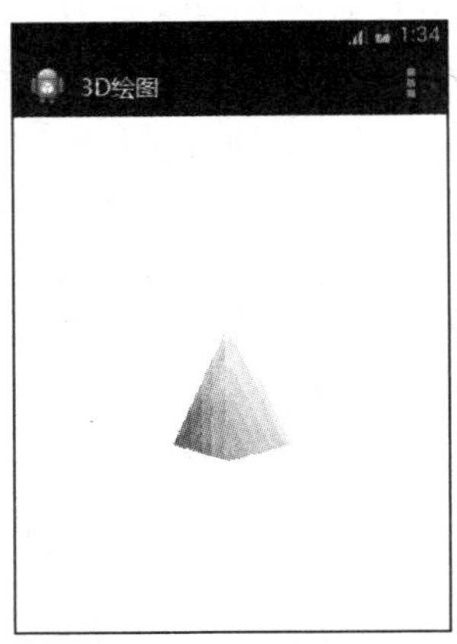

图 66-2　旋转立体三角锥的 3D 绘图程序

第13部分

拍照、录音、录像与多媒体播放

Android 版本	1.X	2.X	3.X	4.X
适用性	★	★	★	★

第 67 章 使用MediaPlayer建立音乐播放器

播放音乐和影片是智能型手机和平板电脑最吸引人的应用之一，当我们使用多媒体播放程序时，心中或许会有一些好奇，想知道究竟程序是如何播放影片和音乐的，本章我们就来学习如何建立一个音乐播放器。

67-1 音乐播放程序的架构

音乐播放程序和一般应用程序最大的不同就是会发出声音，而且是悦耳的旋律。这项工作牵涉到从数据至声音信号的转换以及发声设备的控制，其中包含许多专业技术。如果我们将一个音乐播放程序拆开来看，它可以分成如图 67-1 所示的 4 个部分。

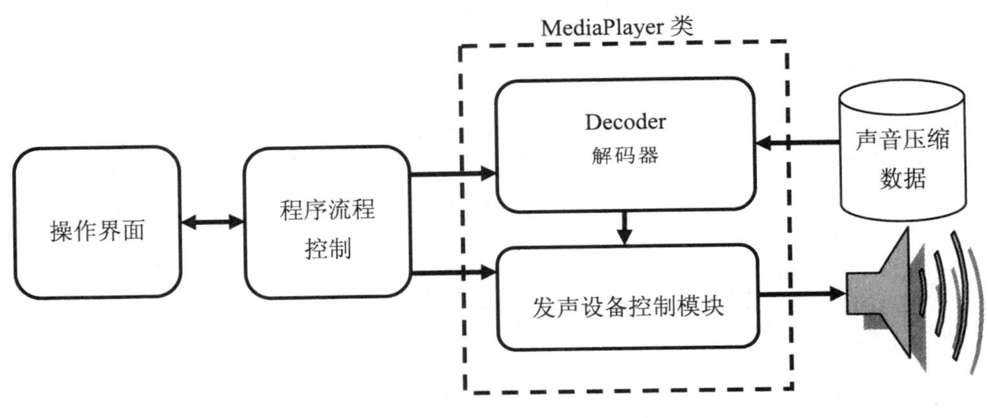

图 67-1 音乐播放程序的架构

1. 解码器（Decoder）

解码器负责将数字的压缩数据还原成可以播放的声音信号。声音信号的解码是一门专业的学问，一般人很难通过自己编写程序来完成这项工作，因此 Android 系统内置一个 MediaPlayer 类，帮助程序员完成声音数据的解码。

Audio Codec

Codec 是由 coder 和 decoder 这两个单词结合而成，它的意思是编码器和解码器。当我们要将声音信号存储成文件的时候，必须先将声音信号经过取样处理（sampling）再将它压缩（更正确的说法是破坏性压缩，即压缩后的数据无法再还原成和原来一模一样），以节省存储空间。如何在提高压缩率的同时保有近似原来声音的质量，并考虑运行时的速度，这都是研发 Codec 算法的重点。

2. 发声设备控制模块

程序必须控制手机或是平板电脑的发声设备，然后将解码后的声音数据传送给发声设备进行播放。控制发声设备需要了解硬件设备驱动程序的运行，这也是一件复杂的工作，幸好 MediaPlayer 类实现了这一部分的工作。我们只需要利用它提供的方法，就可以完成声音文件的解码和播放，也能够设置声音的大小。

3. 程序流程控制

在播放音乐的过程中，我们可以暂停或是完全停止，也可以跳至指定的位置。这些操作可以任意排列组合，例如播放→暂停→播放→停止→……或是播放→停止→跳至指定位置→播放→……读者或许认为这种操作很正常，但是如果考虑到如何实现，就必须了解 Decoder（也就是 MediaPlayer）运行的规则，否则就会出现运行时错误（或称为异常错误）。换句话说，程序必须根据用户的操作和目前的运行状态，适当地控制 MediaPlayer，以维持正常运行。

4. 操作界面

即程序提供用户操作的画面，这个部分就看程序员的巧思，重点是要让画面清楚、美观，以及考虑操作的便利性。

由于 MediaPlayer 在建立音乐播放器的过程中扮演着非常重要的角色，因此在着手开发 App 之前必须先学会它的用法。

67-2 MediaPlayer 类的用法

从图 67-1 中可以了解到，MediaPlayer 类的功能包括数据的解码和发声设备的控制，也就是说它帮我们完成音乐播放程序中最困难和麻烦的工作。关于 MediaPlayer 类支持的声音文件格式，请读者参考表 67-1。如同前一节的介绍，MediaPlayer 的运行有既定的法则，如果没有遵守它的规定，程序马上会返回一个异常错误。图 67-2 是 Android SDK 技术文件提供的 MediaPlayer 对象运行状态流程图，它是操作 MediaPlayer 对象时很重要的参考数据。举例来说，当我们开始播放声音文件时，必须先运行 prepare()或是 prepareAsync()完成播放前的准备工作，然后 MediaPlayer 便会进入 Prepared 状态，之后才能开始播放音乐。又例如 MediaPlayer 进入 Stopped 状态之后，也必须重新运行 prepare()或是 prepareAsync()才能再次播放。

表 67-1　MediaPlayer 类支持的声音文件格式

Codec 技术名称	文件格式	编码器（Coder）	解码器（Decoder）
AAC LC HE-AACv1（AAC+） HE-AACv2（enhanced AAC+） AAC ELD	.aac (Android 3.1+) .mp4 .m4a .3gp .ts (Android 3.0+)	AAC LC HE-AACv1 (Android 4.1+) AAC ELD (Android 4.1+)	全部支持 AAC ELD（Android 4.1+）
AMR-NB AMR-WB	.3gp	全部支持	全部支持
FLAC	.flac	不支持	支持（Android 3.1+）
MP3	.mp3	不支持	支持
MIDI	.mid, .xmf, .mxmf .rtttl, .rtx, .ota, .imy	不支持	支持
Vorbis	.ogg .mkv（Android 4.0+）	不支持	支持
PCM/WAVE	.wav	支持（Android 4.1+）	支持

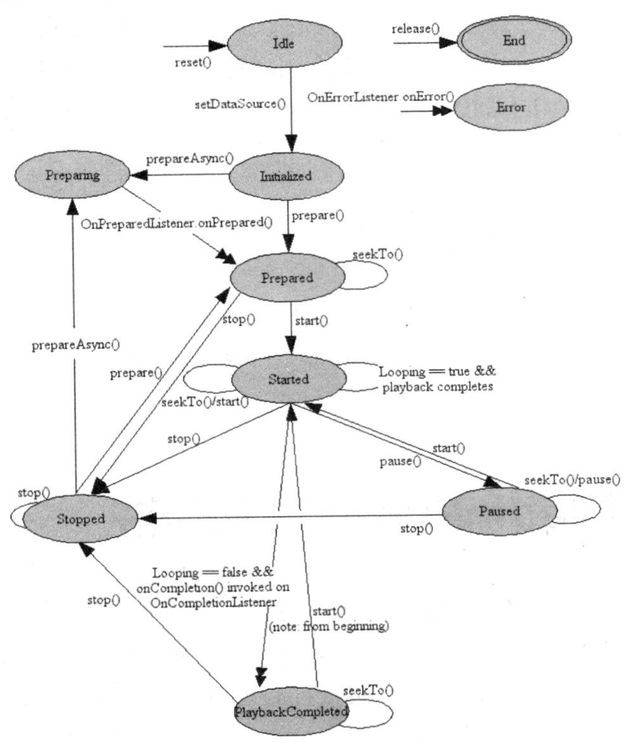

图 67-2　MediaPlayer 对象的运行状态流程图

也许读者心中有一个疑问，究竟 prepare()和 prepareAsync()有什么不同？这是因为如果遇到大型文件或是需要从网络下载数据时，MediaPlayer 需要一些时间来完成播放前的准备工作。如果这个准备工作是在主程序的 main thread 中运行，程序将会停止响应用户的操作，这种情况会对用户造成困扰，甚至用户会认为 App 出现了问题。如果换成使用 prepareAsync()方法，它会另外建立一个 background thread 来运行准备工作，这样主程序就可以继续响应用户的操作。如果是小型的声音文件，我们可以直接使用 MediaPlayer 的 create()方法，只要传入声音文件的地址或是资源 id，就可以得到一个 MediaPlayer 对象，然后直接运行它的 start()方法就可以开始播放。

由于 prepareAsync()方法是以 multi-thread 的异步方式运行，它必须使用 callback method 的方式来通知主程序运行的结果（包括发生错误的情况）。此外，当 MediaPlayer 对象播放完文件时，也会以 callback method 通知主程序。根据以上的讨论，音乐播放程序必须完成下列 3 项工作：

- 让主程序类实现相关界面。
- 完成界面中订制方法的程序代码。
- 将主程序类设置给 MediaPlayer 对象，它就会在适当的时机调用这些方法。

请读者参考以下主程序范例，要特别提醒的是，主程序类实现的 3 个界面都是定义在 android.media.MediaPlayer 类中，在 import 时请留意。

```
…(其他 import 程序代码)
import android.media.MediaPlayer;
import android.media.MediaPlayer.OnCompletionListener;
import android.media.MediaPlayer.OnErrorListener;
import android.media.MediaPlayer.OnPreparedListener;

// 让主程序类实现相关界面
public class MainActivity extends Activity
    implements OnPreparedListener,
           OnErrorListener,
           OnCompletionListener {

  MediaPlayer mMediaPlayer;

    @Override
    protected void onResume() {
        // TODO Auto-generated method stub
        super.onResume();

        mMediaPlayer = new MediaPlayer();

        // 将主程序类设置给 MediaPlayer 对象
        mMediaPlayer.setOnPreparedListener(this);
        mMediaPlayer.setOnErrorListener(this);
        mMediaPlayer.setOnCompletionListener(this);
```

```
    }

    @Override
    public void onPrepared(MediaPlayer mp) {
        // prepareAsync()方法运行完成后会调用这个方法
    }

    @Override
    public boolean onError(MediaPlayer mp, int what, int extra) {
        // prepareAsync()方法在运行过程中出现错误时会调用这个方法
    }

    @Override
    public void onCompletion(MediaPlayer arg0) {
        // MediaPlayer 对象播放完文件后会调用这个方法
    }
}
```

当程序不再需要 MediaPlayer 对象时（例如程序即将结束），必须马上调用 release()方法释放占用的系统资源，因此我们必须在主程序类中加入 onStop()状态转换方法，然后在其中调用 MediaPlayer 对象的 release()。MediaPlayer 类也提供 isPlaying()、isLooping()和 setLooping()等方法，让程序可以取得目前的播放状态和设置播放模式。

67-3 范例程序

在了解了 MediaPlayer 的功能和用法之后，我们就可以开始着手建立音乐播放程序。音乐播放程序的重点在于示范如何正确地控制 MediaPlayer，让用户可以随心所欲地播放、暂停、完全停止或是跳至指定的时间位置，而不会出现异常错误。图 67-3 是程序的运行画面，最上面的“播放”按钮会随着播放状态的改变，显示“暂停”或是“播放”，完成这个范例程序的步骤如下：

图 67-3　音乐播放程序的运行画面

步骤 01 新建一个 Android App 项目，项目对话框中的属性请依照之前的惯例设置即可。

步骤 02 打开界面布局文件 activity_main.xml，将内容编辑如下，其中用到一个新的 ToggleButton 组件，它可以用来切换 on 和 off 两种状态，请读者参考后续的程序代码了解它的用法。另外，设置最上层的 LinearLayout 组件的 android:gravity 属性为 center_horizontal，让程序画面中的界面组件都水平居中。

```
<LinearLayout xmlns:android="http://schemas.android.com/apk/res/android"
    xmlns:tools="http://schemas.android.com/tools"
    android:id="@+id/LinearLayout1"
    android:layout_width="match_parent"
    android:layout_height="match_parent"
    android:orientation="vertical"
    android:paddingBottom="@dimen/activity_vertical_margin"
    android:paddingLeft="@dimen/activity_horizontal_margin"
    android:paddingRight="@dimen/activity_horizontal_margin"
    android:paddingTop="@dimen/activity_vertical_margin"
    tools:context="com.android.MainActivity$PlaceholderFragment"
    android:gravity="center_horizontal" >

    <ImageButton
        android:id="@+id/btnMediaPlayPause"
        android:layout_width="wrap_content"
        android:layout_height="wrap_content"
        android:src="@android:drawable/ic_media_play" />

    <ImageButton
        android:id="@+id/btnMediaStop"
        android:layout_width="wrap_content"
        android:layout_height="wrap_content"
        android:src="@android:drawable/ic_menu_close_clear_cancel" />

    <ToggleButton
        android:id="@+id/btnMediaRepeat"
        android:layout_width="wrap_content"
        android:layout_height="wrap_content"
        android:background="@android:drawable/ic_menu_revert" />

    <EditText
        android:id="@+id/edtMediaGoto"
        android:layout_width="60sp"
        android:layout_height="wrap_content" />

    <ImageButton
        android:id="@+id/btnMediaGoto"
```

```
        android:layout_width="wrap_content"
        android:layout_height="wrap_content"
        android:src="@android:drawable/ic_menu_directions" />

</LinearLayout>
```

步骤 03 在 Eclipse 左边的项目查看窗格中，用鼠标右键单击 App 项目的 res 文件夹，然后选择 New > Folder，在对话框的 Folder name 框中输入 raw，单击 Finish 按钮。这个步骤是建立一个用来存储音乐文件的文件夹，我们将把音乐文件存放在 App 项目的 res/raw 文件夹中，Android 程序编译器会保留这个文件夹中的文件，不会进行任何处理。

步骤 04 利用 Windows 文件管理器，复制一个 mp3 音乐文件到前一个步骤建立的文件夹中，并更名为 song.mp3。

步骤 05 打开主程序文件 src/(套件路径名称)/MainActivity.java，让它实现 OnPreparedListener、OnErrorListener 和 OnCompletionListener 共 3 个界面，再根据程序编辑窗口的错误修正提示，加入需要实现的方法（提醒读者，这 3 个界面定义在 android.media.MediaPlayer 类中）。

Eclipse 程序代码编辑技巧

在声明主程序类的程序代码部分加入 implements OnPreparedListener、OnErrorListener、OnCompletionListener，在主程序类名称下方会出现红色波浪下划线。把鼠标光标移到红色波浪下划线上方，就会弹出信息窗口，选择其中的 Add unimplemented methods 后将自动加入需要实现的方法。

```
public class MainActivity extends Activity
                        implements OnPreparedListener,
                                   OnErrorListener,
                                   OnCompletionListener {

    ...(原来的程序代码)

    @Override
    public void onCompletion(MediaPlayer mp) {
        // TODO Auto-generated method stub

    }

    @Override
    public boolean onError(MediaPlayer mp, int what, int extra) {
        // TODO Auto-generated method stub
        return false;
    }
```

```
    @Override
    public void onPrepared(MediaPlayer mp) {
        // TODO Auto-generated method stub

    }

}
```

步骤 06 在程序代码编辑窗格中单击鼠标右键，选择 Source > Override/Implement Methods…，再从弹出的方法列表对话框中，勾选 onResume()和 onStop()方法，完成后单击 OK 按钮。

步骤 07 将程序代码编辑如下：我们声明一个 mbIsInitial 变量，记录 MediaPlayer 对象是否需要运行 prepareAsync()。当程序启动的时候，Android 系统会先运行 onResume()方法，我们在该方法中设置好 MediaPlayer 对象，并利用 setDataSource()指定播放的文件。在 onStop()中，我们运行 release()清除 MediaPlayer 对象。接下来是完成每一个按钮的程序代码，在编写这些程序代码时，要注意用户可能出现的各种操作流程，务必让 MediaPlayer 对象的状态符合图 67-2 的运行规则。最后的 onPrepared()、onError()和 onCompletion()就是前面解释过的 callback method，我们根据 MediaPlayer 对象的状态进行适当处理。

```
public class MainActivity extends Activity
                          implements OnPreparedListener,
                                     OnErrorListener,
                                     OnCompletionListener {

    private ImageButton mBtnMediaPlayPause,
                        mBtnMediaStop,
                        mBtnMediaGoto;

    private ToggleButton mBtnMediaRepeat;

    private EditText mEdtMediaGoto;

    // 程序使用的MediaPlayer对象
    private MediaPlayer mMediaPlayer = null;

    // 用来记录是否MediaPlayer对象需要运行prepareAsync()
    private Boolean mbIsInitial = true;

    @Override
    protected void onCreate(Bundle savedInstanceState) {
        super.onCreate(savedInstanceState);
```

```
        setContentView(R.layout.activity_main);

        mBtnMediaPlayPause = (ImageButton)findViewById
    (R.id.btnMediaPlayPause);
        mBtnMediaStop = (ImageButton)findViewById(R.id.btnMediaStop);
        mBtnMediaRepeat = (ToggleButton)findViewById(R.id.btnMediaRepeat);
        mBtnMediaGoto = (ImageButton)findViewById(R.id.btnMediaGoto);
        mEdtMediaGoto = (EditText)findViewById(R.id.edtMediaGoto);

        mBtnMediaPlayPause.setOnClickListener(btnMediaPlayPauseOnClick);
        mBtnMediaStop.setOnClickListener(btnMediaStopOnClick);
        mBtnMediaRepeat.setOnClickListener(btnMediaRepeatOnClick);
        mBtnMediaGoto.setOnClickListener(btnMediaGotoOnClick);
    }

    @Override
    protected void onResume() {
        // TODO Auto-generated method stub
        super.onResume();

        mMediaPlayer = new MediaPlayer();

        Uri uri = Uri.parse("android.resource://" + getPackageName() +
    "/" + R.raw.song);

        try {
            mMediaPlayer.setDataSource(this, uri);
        } catch (Exception e) {
            // TODO Auto-generated catch block
            Toast.makeText(MainActivity.this, "指定的音乐文件错误！",
        Toast.LENGTH_LONG)
                .show();
        }

        mMediaPlayer.setOnPreparedListener(this);
        mMediaPlayer.setOnErrorListener(this);
        mMediaPlayer.setOnCompletionListener(this);
    }

    @Override
    protected void onStop() {
        // TODO Auto-generated method stub
        super.onStop();

        mMediaPlayer.release();
```

```
            mMediaPlayer = null;
        }

    …(建立 App 项目自动产生的程序代码)

    private View.OnClickListener btnMediaPlayPauseOnClick =
new View.OnClickListener() {

        @Override
        public void onClick(View v) {
            // TODO Auto-generated method stub
            if (mMediaPlayer.isPlaying()) {
                mBtnMediaPlayPause.setImageResource(android.R.drawable.
            ic_media_play);
                mMediaPlayer.pause();
            } else {
                mBtnMediaPlayPause.setImageResource(android.R.drawable.
            ic_media_pause);

                if (mbIsInitial) {
                    mMediaPlayer.prepareAsync();
                    mbIsInitial = false;
                } else
                    mMediaPlayer.start();
            }
        }
    };

    private View.OnClickListener btnMediaStopOnClick =
new View.OnClickListener() {

        @Override
        public void onClick(View v) {
            // TODO Auto-generated method stub
            mMediaPlayer.stop();

            // 停止播放后必须再运行 prepareAsync()
            // 或 prepare()才能重新播放。
            mbIsInitial = true;
            mBtnMediaPlayPause.setImageResource(android.R.drawable.
        ic_media_play);
        }
    };

    private View.OnClickListener btnMediaRepeatOnClick =
```

```
new View.OnClickListener() {

        @Override
        public void onClick(View v) {
            // TODO Auto-generated method stub
            if (((ToggleButton)v).isChecked())
                mMediaPlayer.setLooping(true);
            else
                mMediaPlayer.setLooping(false);
        }
    };

    private View.OnClickListener btnMediaGotoOnClick =
new View.OnClickListener() {

        @Override
        public void onClick(View v) {
            // TODO Auto-generated method stub
            if (mEdtMediaGoto.getText().toString().equals("")) {
                Toast.makeText(MainActivity.this,
                    "请先输入要播放的位置（以秒为单位）",
                    Toast.LENGTH_LONG)
                    .show();
                return;
            }

            int seconds = Integer.parseInt(mEdtMediaGoto.getText().
        toString());
            mMediaPlayer.seekTo(seconds * 1000); // 以毫秒（千分之一秒）
                                                    为单位
        }
    };

    @Override
    public void onCompletion(MediaPlayer mp) {
        // TODO Auto-generated method stub
        mBtnMediaPlayPause.setImageResource(android.R.drawable.
    ic_media_play);
    }

    @Override
    public boolean onError(MediaPlayer mp, int what, int extra) {
        // TODO Auto-generated method stub
        mp.release();
        mp = null;
```

```
        Toast.makeText(MainActivity.this, "发生错误，停止播放",
    Toast.LENGTH_LONG)
            .show();

        return true;
    }

    @Override
    public void onPrepared(MediaPlayer mp) {
        // TODO Auto-generated method stub
        mp.seekTo(0);
        mp.start();

        Toast.makeText(MainActivity.this, "开始播放", Toast.LENGTH_LONG)
            .show();
    }

}
```

完成之后启动运行，可以测试一下不同的操作功能，例如暂停或是输入秒数后单击下方的 Goto 按钮，音乐就会跳到指定的时间点。这个音乐播放程序有一个美中不足之处，就是 MediaPlayer 对象是在主程序中运行，因此一旦离开程序，音乐就会停止，无法做到背景播放的效果。下一章我们将继续改良这个 App，让它实现播放背景音乐的功能。

Android 版本	1.X	2.X	3.X	4.X
适用性	★	★	★	★

第 68 章 播放背景音乐和Audio Focus

延续上一章的范例程序，我们希望将它改成使用背景运行的方式，这样就可以一边操作其他 App，例如日历或是网页浏览器，一边听音乐。若想实现背景播放音乐的功能，必须完成下列 4 项工作：

- MediaPlayer 对象必须在背景运行。其实在第 49 章的范例程序中，我们已经实现过播放背景音乐的功能，当时是采用 Service 的方式来运行 MediaPlayer，本章我们也会使用同样的方法。
- 当 MediaPlayer 在背景运行时，必须能够随时控制它，例如停止播放，这项功能需要用到状态栏信息。我们在第 53 章曾经学过状态栏信息的用法，本章我们会用类似的方式来控制背景运行的 MediaPlayer。
- 正在播放背景音乐的时候如果有电话打进来，音乐必须自动暂停，否则可能会听不到铃声，这项功能叫做 Audio Focus。Android 系统会在必要的时候，主动通知运行中的程序，告诉它们目前有重要的声音要播放。当播放音乐的程序收到这个信息时，必须降低音量或是暂停。
- 使用背景运行的方式播放音乐时，如果用户没有继续操作其他功能，经过一段时间之后，手机或平板电脑会自动进入休眠状态以节省电力，此时 CPU 也会停止运行，造成音乐播放终止。为了避免这种情况，程序必须告知系统继续维持 CPU 的运行。

接下来我们依序介绍完成这 4 项工作的方法。

68-1 利用 Service 对象运行 MediaPlayer

如果要把 MediaPlayer 放到 Service 对象中运行，只要在 App 项目中加入一个继承 Service

的类即可。我们可以将它取名为 MediaPlayerService，然后在其中建立 MediaPlayer 对象。这个 MediaPlayerService 类必须实现 OnPreparedListener、OnErrorListener 和 OnCompletionListener 这 3 个界面定义的方法（参考上一章的说明），然后在 onCreate()中设置好 MediaPlayer 对象，在 onDestroy()中清除 MediaPlayer 对象，在 onStartCommand()中，根据主程序发送过来的 Intent 对象中的命令控制 MediaPlayer 的运行，请读者参考以下程序代码：

```
…(其他 import 程序代码)
import android.media.MediaPlayer;
import android.media.MediaPlayer.OnCompletionListener;
import android.media.MediaPlayer.OnErrorListener;
import android.media.MediaPlayer.OnPreparedListener;

public class MediaPlayerService extends Service
    implements OnPreparedListener,
             OnErrorListener,
             OnCompletionListener {

  // 程序使用的 MediaPlayer 对象
    private MediaPlayer mMediaPlayer = null;

  // 用来记录 MediaPlayer 对象是否需要运行 prepareAsync()
    private boolean mbIsInitial = true;

    @Override
    public IBinder onBind(Intent arg0) {
        // TODO Auto-generated method stub
        return null;
    }

    @Override
    public void onCreate() {
        // TODO Auto-generated method stub
        super.onCreate();

        …(设置 MediaPlayer 对象的功能，如同前一章范例程序中的 onResume())
    }

    @Override
    public void onDestroy() {
        // TODO Auto-generated method stub
        super.onDestroy();

        …(清除 MediaPlayer 对象，如同前一章范例程序中的 onStop())
    }

    @Override
    public int onStartCommand(Intent intent, int flags, int startId) {
        // TODO Auto-generated method stub
```

```
        …(根据主程序发送过来的 Intent 对象中的命令控制 MediaPlayer 的运行)

        return super.onStartCommand(intent, flags, startId);
    }

    @Override
    public void onPrepared(MediaPlayer mp) {
        // TODO Auto-generated method stub

        …(启动 MediaPlayer 对象开始播放音乐，和前一章的范例程序相同)
    }

    @Override
    public boolean onError(MediaPlayer mp, int what, int extra) {
        // TODO Auto-generated method stub

        …(显示 MediaPlayer 对象运行时发生的错误，和前一章的范例程序相同)
    }

    @Override
    public void onCompletion(MediaPlayer arg0) {
        // TODO Auto-generated method stub
        mMediaPlayer.release();
        mMediaPlayer = null;

        stopForeground(true);

        mbIsInitial = true;
    }
}
```

68-2 使用状态栏信息控制 Foreground Service

一般的 Service 对象是启动之后就在背景运行，直到工作完成。如果我们希望在 Service 运行的过程中，可以随时调出一个控制台（称为主控 Activity）对 Service 进行设置，这个功能就需要借助状态栏信息进行实现（提示：有关状态栏信息的用法请参考第 53 章的介绍）。这种具有控制端 Activity 的 Service 称为 Foreground Service，让一般的 Service 变成 Foreground Service 的步骤如下：

步骤 01 在 App 项目中建立一个继承 Activity 的类，这个类将负责控制 Service。

步骤 02 在 Service 类中完成以下程序代码：

- 建立一个 Intent 对象，并且传入前一个步骤建立的 Activity 类。
- 建立一个 PendingIntent 对象，传入前面建立的 Intent 对象，并且指定处理方式为 FLAG_CANCEL_CURRENT。
- 建立一个 Notification 对象，这个对象包含要显示的信息和放在信息前面的小图标。

```
Notification noti = new Notification.Builder(this)
                    .setSmallIcon(R.drawable.App 项目中的图标文件)
                    .setTicker("显示在状态栏的信息")
                    .setContentTitle("信息的标题")
                    .setContentText("信息说明")
                    .setContentIntent(前面建立的 PendingIntent 对象)
                    .build();
```

- 运行 startForeground()，传入此状态栏信息的 id 和前面建立的 Notification 对象。

```
startForeground(1, noti);
```

步骤 03　在 Service 类的 onDestroy()方法中运行 stopForeground(true)，取消状态栏信息。

我们可以把步骤 2 的程序代码写在 Service 类的 onPrepared()方法中，例如以下范例。如此一来，开始播放音乐的时候，就会显示状态栏信息。用户可以按住手机屏幕上方的状态栏，然后往下拉就会看到信息内容，如图 68-1 所示。单击该信息，就可以启动主控 Activity。

```
public class MediaPlayerService extends Service
    implements OnPreparedListener,
            OnErrorListener,
            OnCompletionListener {

    …（其他程序代码）

    @Override
    public void onPrepared(MediaPlayer mp) {
        // TODO Auto-generated method stub

        …（其他程序代码）

        Intent it = new Intent(getApplicationContext(), MainActivity.class);
        PendingIntent penIt = PendingIntent.getActivity(
                getApplicationContext(), 0, it,
                PendingIntent. FLAG_CANCEL_CURRENT);

        Notification noti = new Notification.Builder(this)
                .setSmallIcon(android.R.drawable.ic_media_play)
                .setTicker("播放背景音乐")
                .setContentTitle(getString(R.string.app_name))
                .setContentText("背景音乐播放中...")
                .setContentIntent(penIt)
                .build();
```

```
        startForeground(1, noti);
    }

    ...（其他程序代码）
}
```

图 68-1　Foreground Service 运行时显示的状态信息

68-3 使用 Audio Focus 和 Wake Lock

Audio Focus 的目的是要接收 Android 系统的通知，根据情况改变 MediaPlayer 的状态。例如当有来电时，必须暂停播放音乐，等到通话结束时再继续播放。使用 Audio Focus 的方式是让类实现 AudioManager 的 OnAudioFocusChangeListener 界面，然后完成 onAudioFocusChange() 方法中的程序代码。Android 系统会利用 focusChange 自变量通知程序 Audio Focus 改变的情况，程序据此做出适当的处理，请读者参考以下范例和程序代码的注释。

```
public class MediaPlayerService extends Service
    implements OnAudioFocusChangeListener {

    ...（其他程序代码）

    @Override
    public void onAudioFocusChange(int focusChange) {
        // TODO Auto-generated method stub
        switch (focusChange) {
        case AudioManager.AUDIOFOCUS_GAIN:
            // 程序取得声音播放权
            mMediaPlayer.setVolume(0.8f, 0.8f);
            mMediaPlayer.start();
            break;
        case AudioManager.AUDIOFOCUS_LOSS:
```

```
                // 程序尚无声音播放权，而且时间可能很久
                stopSelf();         // 结束这个 Service
                break;
            case AudioManager.AUDIOFOCUS_LOSS_TRANSIENT:
                // 程序尚无声音播放权，但预期很快就会再取得
                if (mMediaPlayer.isPlaying())
                    mMediaPlayer.pause();
                break;
            case AudioManager.AUDIOFOCUS_LOSS_TRANSIENT_CAN_DUCK:
                // 程序尚无声音播放权，但是可以用很小的音量继续播放
                if (mMediaPlayer.isPlaying())
                    mMediaPlayer.setVolume(0.1f, 0.1f);
                break;
        }
    }
    …（其他程序代码）
}
```

如果要让 CPU 持续运行，不要因进入休眠状态而导致播放中断，可以调用 MediaPlayer 对象的 setWakeMode()方法并指定适当的参数。

但是请读者注意，这个方法只能够在实际的手机或平板电脑上运行，如果在模拟器中运行会发生错误。

68-4 播放不同来源的文件

上一章的音乐文件是直接存储在 App 项目中，其实 MediaPlayer 对象可以播放下列 4 种文件来源：

- App 项目的 res/raw 文件夹中的音乐文件，如同上一章的范例程序。
- 在手机或平板电脑的 SD 卡中的音乐文件，可以用下列程序代码指定播放文件的位置和文件名：

```
File file = new File(Environment.getExternalStorageDirectory().getPath() +
"/song.mp3");
Uri uri = Uri.fromFile(file);
```

- 可以用以下程序代码从“http://.../(完整文件名)”网址取得播放文件：

```
Uri uri = Uri.parse("http://.../song.mp3");
mMediaPlayer.setAudioStreamType(AudioManager.STREAM_MUSIC);
```

- 从 Android 系统内置的数据库取得播放文件，这种方式需要借助 ContentResolver 对象实现（提示：有关 ContentResolver 和 ContentProvider 的用法可以参考第 56 章的说明）。以下我们直接列出实现的程序代码，这一段程序代码的功能是取得

数据库中的第一个音乐文件：

```
ContentResolver contRes = getContentResolver();
Cursor c = contRes.query(
        android.provider.MediaStore.Audio.Media.EXTERNAL_CONTENT_URI,
        null, null, null, null);

Uri uri = null;
if (c == null) {
    Toast.makeText(MediaPlayerService.this, "Content Resolver 错误！",
Toast.LENGTH_LONG).show();
}
else if (!c.moveToFirst()) {
    Toast.makeText(MediaPlayerService.this, "数据库中没有数据！",
Toast.LENGTH_LONG).show();
}
else {
    int idColumn = c.getColumnIndex(android.provider.MediaStore.Audio.
Media._ID); long id = c.getLong(idColumn);
    uri = ContentUris.withAppendedId(
        android.provider.MediaStore.Audio.Media.EXTERNAL_CONTENT_URI, id);
}

mMediaPlayer.setAudioStreamType(AudioManager.STREAM_MUSIC);
```

Android 系统的多媒体数据库

Android 系统的多媒体数据库可以用来管理图片、音乐和影片文件，所有 App 都可以利用 ContentResolver 对象来获取多媒体数据库中的文件，也可以将多媒体文件保存到数据库。

68-5 范例程序

我们把上一章的音乐播放程序改成背景运行的方式，并且换成从 Android 系统的多媒体数据库中取得播放文件。在程序的操作画面中，我们增加一个“加入 mp3 文件”按钮，把手机 SD 卡中的 song.mp3 音乐文件加入数据库，然后就可以单击“开始播放”按钮播放音乐（提示：有关模拟器的 SD 卡操作方式请参考第 39 章的说明）。在主程序中，我们用另一种方式来设置 Button 的 OnClickListener。首先让主程序类实现 OnClickListener 界面，再依照程序代码编辑器的要求新建一个 onClick()方法，在该方法中我们检查 View 对象的 id，决定目前被按下的是哪一个按钮，这样就可以将主程序类设置给所有的 Button，从而当成是 OnClickListener。在 onClick()方法中，我们借助 Intent 对象来控制 Service。另外提醒读者，在 App 项目中建立 Service 类之后，要记得在程序功能描述文件 AndroidManifest.xml 中加入 Service 的信息，这样 Service 才能正常启动。由于程序必须读写 SD 卡中的数据，必须在程序功能描述文件中加入读写 SD 卡的权限。另外由于程序中使用 Notification 的 Builder()方法，因此必须将 android:minSdkVersion 属性设置为 16 或以上。

```
<?xml version="1.0" encoding="utf-8"?>
<manifest xmlns:android="http://schemas.android.com/apk/res/android"
    … >

    <uses-sdk
        android:minSdkVersion="16"
        … />

    <uses-permission android:name="android.permission.WRITE_EXTERNAL_
STORAGE"/>

    <application
        …
        <service
            android:name=".MediaPlayerService"
            android:enabled="true" />
    </application>

</manifest>
```

图 68-2 是程序的运行画面，以下是完整的界面布局文件、主程序文件和 Service 程序文件。

界面布局文件：

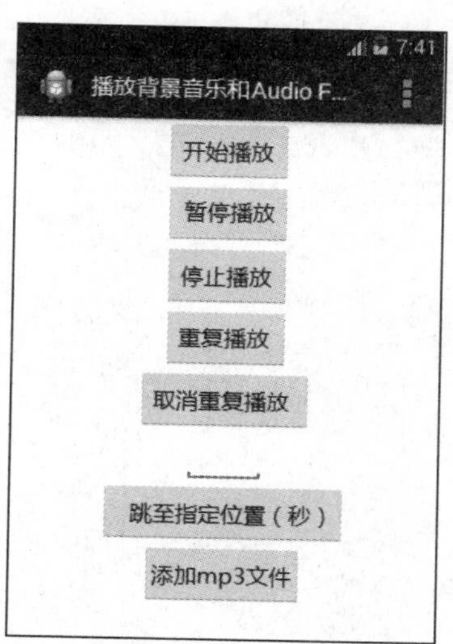

图 68-2　播放背景音乐 App 的运行画面

```
<LinearLayout xmlns:android="http://schemas.android.com/apk/res/android"
    xmlns:tools="http://schemas.android.com/tools"
    android:layout_width="match_parent"
    android:layout_height="match_parent"
    android:orientation="vertical"
    tools:context="com.android.MainActivity"
```

```
    android:gravity="center_horizontal" >

    <Button
        android:id="@+id/btnStart"
        android:layout_width="wrap_content"
        android:layout_height="wrap_content"
        android:text="开始播放" />

    <Button
        android:id="@+id/btnPause"
        android:layout_width="wrap_content"
        android:layout_height="wrap_content"
        android:text="暂停播放" />

    <Button
        android:id="@+id/btnStop"
        android:layout_width="wrap_content"
        android:layout_height="wrap_content"
        android:text="停止播放" />

    <Button
        android:id="@+id/btnSetRepeat"
        android:layout_width="wrap_content"
        android:layout_height="wrap_content"
        android:text="重复播放" />

    <Button
        android:id="@+id/btnCancelRepeat"
        android:layout_width="wrap_content"
        android:layout_height="wrap_content"
        android:text="取消重复播放" />

    <EditText
        android:id="@+id/edtGoto"
        android:layout_width="60sp"
        android:layout_height="wrap_content" />

    <Button
        android:id="@+id/btnGoto"
        android:layout_width="wrap_content"
        android:layout_height="wrap_content"
        android:text="跳至指定位置（秒）" />

    <Button
        android:id="@+id/btnAddToMediaStore"
        android:layout_width="wrap_content"
        android:layout_height="wrap_content"
        android:text="加入 mp3文件" />

</LinearLayout>
```

主程序文件：

```
public class MainActivity extends Activity
                          implements OnClickListener {

    private Button mBtnAddToMediaStore,
                   mBtnStart, mBtnPause,
                   mBtnStop, mBtnSetRepeat,
                   mBtnCancelRepeat, mBtnGoto;

    private EditText mEdtGoto;

    @Override
    protected void onCreate(Bundle savedInstanceState) {
        super.onCreate(savedInstanceState);
        setContentView(R.layout.activity_main);

        mBtnStart = (Button)findViewById(R.id.btnStart);
        mBtnPause = (Button)findViewById(R.id.btnPause);
        mBtnStop = (Button)findViewById(R.id.btnStop);
        mBtnSetRepeat = (Button)findViewById(R.id.btnSetRepeat);
        mBtnCancelRepeat = (Button)findViewById(R.id.btnCancelRepeat);
        mBtnGoto = (Button)findViewById(R.id.btnGoto);
        mBtnAddToMediaStore = (Button)findViewById(R.id.btnAddToMediaStore);
        mEdtGoto = (EditText)findViewById(R.id.edtGoto);

        mBtnStart.setOnClickListener(this);
        mBtnPause.setOnClickListener(this);
        mBtnStop.setOnClickListener(this);
        mBtnSetRepeat.setOnClickListener(this);
        mBtnCancelRepeat.setOnClickListener(this);
        mBtnGoto.setOnClickListener(this);
        mBtnAddToMediaStore.setOnClickListener(btnAddToMediaStoreOnClick);
    }

    @Override
    public boolean onCreateOptionsMenu(Menu menu) {

        // Inflate the menu; this adds items to the action bar if it is present.
        getMenuInflater().inflate(R.menu.main, menu);
        return true;
    }

    @Override
    public boolean onOptionsItemSelected(MenuItem item) {
        // Handle action bar item clicks here. The action bar will
        // automatically handle clicks on the Home/Up button, so long
        // as you specify a parent activity in AndroidManifest.xml.
        int id = item.getItemId();
        if (id == R.id.action_settings) {
```

```
            return true;
        }
        return super.onOptionsItemSelected(item);
    }


    @Override
    public void onClick(View v) {
        // TODO Auto-generated method stub

        Intent it;

        switch(v.getId()) {
        case R.id.btnStart:
            it = new Intent(MainActivity.this, MediaPlayerService.class);
            it.setAction(MediaPlayerService.ACTION_PLAY);
            startService(it);
            break;
        case R.id.btnPause:
            it = new Intent(MainActivity.this, MediaPlayerService.class);
            it.setAction(MediaPlayerService.ACTION_PAUSE);
            startService(it);
            break;
        case R.id.btnStop:
            it = new Intent(MainActivity.this, MediaPlayerService.class);
            stopService(it);
            break;
        case R.id.btnSetRepeat:
            it = new Intent(MainActivity.this, MediaPlayerService.class);
            it.setAction(MediaPlayerService.ACTION_SET_REPEAT);
            startService(it);
            break;
        case R.id.btnCancelRepeat:
            it = new Intent(MainActivity.this, MediaPlayerService.class);
            it.setAction(MediaPlayerService.ACTION_CANCEL_REPEAT);
            startService(it);
            break;
        case R.id.btnGoto:
            if (mEdtGoto.getText().toString().equals("")) {
                Toast.makeText(MainActivity.this,
                    "请先输入要播放的位置（以秒为单位）",
                    Toast.LENGTH_LONG)
                    .show();
                break;
            }

            int seconds = Integer.parseInt(mEdtGoto.getText().toString());

            it = new Intent(MainActivity.this, MediaPlayerService.class);
            it.setAction(MediaPlayerService.ACTION_GOTO);
            it.putExtra("GOTO_POSITION_SECONDS", seconds);
```

```
            startService(it);
            break;
        }
    }

    private View.OnClickListener btnAddToMediaStoreOnClick =
new View.OnClickListener() {
        public void onClick(View v) {
            ContentValues val = new ContentValues();
            val.put(MediaColumns.TITLE, "my mp3");
            val.put(MediaColumns.MIME_TYPE, "audio/mp3");
            val.put(MediaColumns.DATA, "/sdcard/song.mp3");
            ContentResolver contRes = getContentResolver();
            Uri newUri = contRes.insert(
                    android.provider.MediaStore.Audio.Media.EXTERNAL_
               CONTENT_URI,
                    val);
            sendBroadcast(new Intent(Intent.ACTION_MEDIA_SCANNER_SCAN_
        FILE, newUri));
        }
    };

}
```

Service 程序文件：

```
public class MediaPlayerService extends Service
                            implements OnPreparedListener,
                                       OnErrorListener,
                                       OnCompletionListener,
                                       OnAudioFocusChangeListener {

    public static final String
        ACTION_PLAY = "tw.android.mediaplayer.action.PLAY",
        ACTION_PAUSE = "tw.android.mediaplayer.action.PAUSE",
        ACTION_SET_REPEAT = "tw.android.mediaplayer.action.SET_REPEAT",
        ACTION_CANCEL_REPEAT =
        "tw.android.mediaplayer.action.CANCEL_REPEAT",
        ACTION_GOTO = "tw.android.mediaplayer.action.GOTO";

    // 程序使用的 MediaPlayer 对象
    private MediaPlayer mMediaPlayer = null;

    // 用来记录 MediaPlayer 对象是否需要运行 prepareAsync()
    private boolean mbIsInitial = true,
            mbAudioFileFound = false;

    @Override
    public IBinder onBind(Intent arg0) {
        // TODO Auto-generated method stub
        return null;
```

```
    }

    @Override
    public void onCreate() {
        // TODO Auto-generated method stub
        super.onCreate();

        // 从 Android 系统的数据库中取得播放文件
        // MediaStore 是用来指定图像、音频或影片类型的数据
        // 这种方式要设置 stream type,
        // 这个播放文件必须利用程序画面的"加入 mp3文件"按钮加入
        ContentResolver contRes = getContentResolver();
        String[] columns = {
                MediaColumns.TITLE,
                MediaColumns._ID};
        Cursor c = contRes.query(
                android.provider.MediaStore.Audio.Media.EXTERNAL_CONTENT_URI,
                columns, null, null, null);

        Uri uri = null;
        if (c == null) {
            Toast.makeText(MediaPlayerService.this, "Content Resolver 错
        误! ", Toast.LENGTH_LONG).show();
            return;
        }
        else if (!c.moveToFirst()) {
            Toast.makeText(MediaPlayerService.this, "数据库中没有数据! ",
        Toast.LENGTH_LONG)
                .show();
            return;
        }
        else {
            do {
                String title = c.getString(c.getColumnIndex(MediaColumns.
            TITLE));
                if (title.equals("my mp3")) {
                    mbAudioFileFound = true;
                    break;
                }
            } while(c.moveToNext());

            if (! mbAudioFileFound) {
                Toast.makeText(MediaPlayerService.this, "找不到指定的 mp3
            文件! ", Toast.LENGTH_LONG)
                    .show();
                return;
            }

            int idColumn = c.getColumnIndex(android.provider.MediaStore.
        Audio.Media._ID);
            long id = c.getLong(idColumn);
```

```
            uri = ContentUris.withAppendedId(
                    android.provider.MediaStore.Audio.Media.EXTERNAL_
                CONTENT_URI, id);
        }

        mMediaPlayer = new MediaPlayer();
        mMediaPlayer.setAudioStreamType(AudioManager.STREAM_MUSIC);

        try {
            mMediaPlayer.setDataSource(this, uri);
        } catch (Exception e) {
            // TODO Auto-generated catch block
            Toast.makeText(MediaPlayerService.this, "指定的播放文件错误！",
        Toast.LENGTH_LONG)
                .show();
        }

        mMediaPlayer.setOnPreparedListener(this);
        mMediaPlayer.setOnErrorListener(this);
        mMediaPlayer.setOnCompletionListener(this);

        // 设置 Media Player 在背景运行时，让 CPU 维持运转
        // 如果播放的是来自网络的 streaming audio
        // 还要设置网络维持运行
        // 只能在实体设备上使用，模拟器运行时会产生错误
        //        mMediaPlayer.setWakeMode(getApplicationContext(),
        //                PowerManager.PARTIAL_WAKE_LOCK);
    }

    @Override
    public void onDestroy() {
        // TODO Auto-generated method stub
        super.onDestroy();

        if (mbAudioFileFound) {
            mMediaPlayer.release();
            mMediaPlayer = null;
        }

        stopForeground(true);
    }

    @Override
    public int onStartCommand(Intent intent, int flags, int startId) {
        // TODO Auto-generated method stub

        if (! mbAudioFileFound) {
            stopSelf();
            return super.onStartCommand(intent, flags, startId);
        }
```

```
        if (intent.getAction().equals(ACTION_PLAY))
            if (mbIsInitial) {
                mMediaPlayer.prepareAsync();
                mbIsInitial = false;
            }
            else
                mMediaPlayer.start();
        else if (intent.getAction().equals(ACTION_PAUSE))
            mMediaPlayer.pause();
        else if (intent.getAction().equals(ACTION_SET_REPEAT))
            mMediaPlayer.setLooping(true);
        else if (intent.getAction().equals(ACTION_CANCEL_REPEAT))
            mMediaPlayer.setLooping(false);
        else if (intent.getAction().equals(ACTION_GOTO)) {
            int seconds = intent.getIntExtra("GOTO_POSITION_SECONDS", 0);
            mMediaPlayer.seekTo(seconds * 1000); // 以毫秒（千分之一秒）为单位
        }

        return super.onStartCommand(intent, flags, startId);
    }

    @Override
    public void onPrepared(MediaPlayer mp) {
        // TODO Auto-generated method stub

        // 是否取得 audio focus
        AudioManager audioMgr =
            (AudioManager)getSystemService(Context.AUDIO_SERVICE);
        int r = audioMgr.requestAudioFocus(this, AudioManager.STREAM_
MUSIC,
                AudioManager.AUDIOFOCUS_GAIN);
        if (r != AudioManager.AUDIOFOCUS_REQUEST_GRANTED)
            mp.setVolume(0.1f, 0.1f);    // 降低音量

        mp.start();

        Intent it = new Intent(getApplicationContext(), MainActivity.class);
        PendingIntent penIt = PendingIntent.getActivity(
                getApplicationContext(), 0, it,
                PendingIntent.FLAG_CANCEL_CURRENT);

        Notification noti = new Notification.Builder(this)
                .setSmallIcon(android.R.drawable.ic_media_play)
                .setTicker("播放背景音乐")
                .setContentTitle(getString(R.string.app_name))
                .setContentText("背景音乐播放中...")
                .setContentIntent(penIt)
                .build();

        startForeground(1, noti);
```

```
        Toast.makeText(MediaPlayerService.this, "开始播放", Toast.LENGTH_LONG)
        .show();
    }

    @Override
    public boolean onError(MediaPlayer mp, int what, int extra) {
        // TODO Auto-generated method stub
        mp.release();
        mp = null;

        Toast.makeText(MediaPlayerService.this, "发生错误，停止播放",
    Toast.LENGTH_LONG)
            .show();

        return true;
    }

    @Override
    public void onAudioFocusChange(int focusChange) {
        // TODO Auto-generated method stub

        if (mMediaPlayer == null)
            return;

        switch (focusChange) {
        case AudioManager.AUDIOFOCUS_GAIN:
            // 程序取得声音播放权
            mMediaPlayer.setVolume(0.8f, 0.8f);
            mMediaPlayer.start();
            break;
        case AudioManager.AUDIOFOCUS_LOSS:
            // 程序尚无声音播放权，而且时间可能很久
            stopSelf();         // 结束这个 Service
            break;
        case AudioManager.AUDIOFOCUS_LOSS_TRANSIENT:
            // 程序尚无声音播放权，但预期很快就会再取得
            if (mMediaPlayer.isPlaying())
                mMediaPlayer.pause();
            break;
        case AudioManager.AUDIOFOCUS_LOSS_TRANSIENT_CAN_DUCK:
            // 程序尚无声音播放权，但是可以用很小的音量继续播放
            if (mMediaPlayer.isPlaying())
                mMediaPlayer.setVolume(0.1f, 0.1f);
            break;
        }
    }

    @Override
    public void onCompletion(MediaPlayer arg0) {
        // TODO Auto-generated method stub
        mMediaPlayer.release();
```

```
            mMediaPlayer = null;

            stopForeground(true);

            mbIsInitial = true;
        }

    }
```

Android 版本	1.X	2.X	3.X	4.X
适用性	★	★	★	★

第 69 章 录音程序

录音程序的架构和音乐播放程序的架构很类似，请读者参考图 69-1，并和第 67 章的图 67-1 相比较。两者的差别只在于换成从麦克风取得声音信号，再将声音数据通过编码器压缩成特定的格式，然后存入文件中。在录音程序中，最复杂的工作是控制麦克风收录声音信号，以及运行声音数据的编码。还好 Android 系统提供 MediaRecorder 类帮我们完成这两件最麻烦的工作。

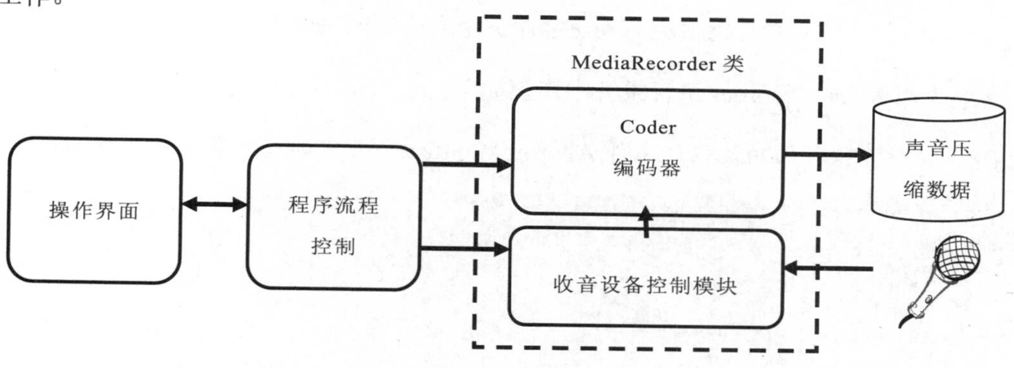

图 69-1　录音程序的架构

69-1 MediaRecorder 类的用法

MediaRecorder 在运行的过程中和 MediaPlayer 一样，也会有不同的状态转换。图 69-2 是MediaRecorder对象的运行流程图，在使用MediaRecorder对象的时候务必遵守图中的流程，否则会出现异常错误。如果读者仔细观察这个流程图，就会发现 MediaRecorder 也有录制 video 的功能，没错，不过本章先把焦点集中在录音的部分即可，关于影片的录制和播放留到后续章节再做介绍。

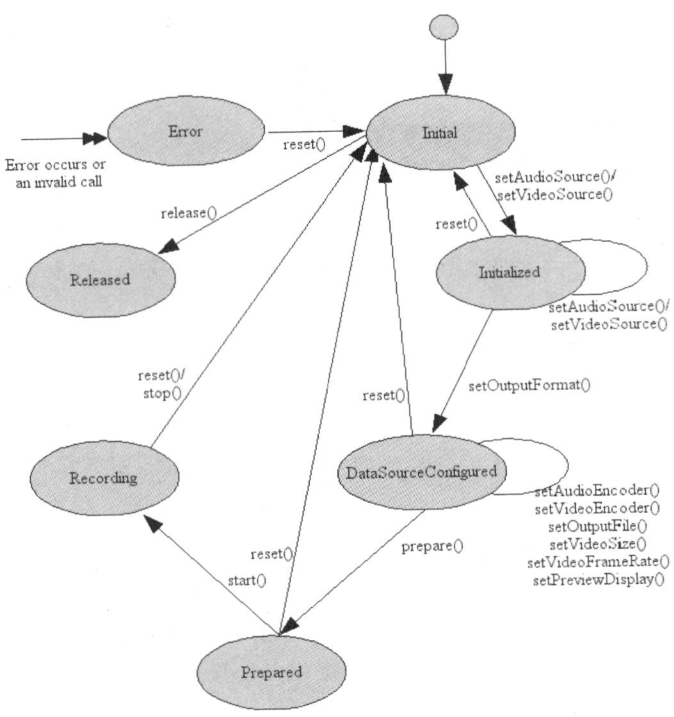

图 69-2　MediaRecorder 对象的操作流程图

一般使用 MediaRecorder 进行录音的步骤如下：

步骤 01　在程序项目的功能描述文件 AndroidManifest.xml 中加入录音功能的权限：

```
<?xml version="1.0" encoding="utf-8"?>
<manifest xmlns:android="http://schemas.android.com/apk/res/android"
    … >

    <uses-sdk
        … />

    <uses-permission android:name="android.permission.RECORD_AUDIO" />

    <application
        …
    </application>

</manifest>
```

步骤 02　在程序中建立一个 MediaRecorder 类的对象。

步骤 03　调用 MediaRecorder 对象的 setAudioSource()方法设置声音设备，例如指定 MediaRecorder.AudioSource.MIC。

步骤 04　调用 setOutputFormat()方法，设置声音信号的编码（压缩）格式。可以使用的格式定义在 MediaRecorder.OutputFormat 类中的常数如下。

- AMR_NB：使用 AMR NB 格式编码。
- AMR_WB：使用 AMR WB 格式编码。
- DEFAULT：使用默认格式编码。
- MPEG_4：使用 MPEG4 格式编码。
- RAW_AMR：使用 AMR NB 格式编码。
- THREE_GPP：使用 3GPP 格式编码。

步骤 05　调用 setOutputFile()方法设置存储的文件名称，我们可以将录音文件存储在 SD 卡中（记得在程序功能描述文件中设置 SD 卡写入的权限）。

步骤 06　调用 setAudioEncoder()方法，设置声音信号的编码器。可以使用的格式定义在 MediaRecorder.AudioEncoder 类中的常数如下：

- AAC：使用 AAC 编码器。
- AMR_NB：使用 AMR Narrowband 编码器。
- AMR_WB：使用 AMR Wideband 编码器。
- DEFAULT：使用默认编码器。

步骤 07　调用 prepare()方法完成录音前的准备工作，程序中必须将这个方法放在 try…catch…中运行，以进行异常处理。

步骤 08　调用 start()方法开始录音，同时进行数据压缩和存储的工作。

步骤 09　调用 stop()方法停止录音。

步骤 10　当不再需要录音时，必须调用 release()方法释放系统资源。

以上步骤 2～8 中的程序代码如下，其中我们调用 Environment.getExternalStorageDirectory().getPath()取得 SD 卡的路径：

```
mRecorder = new MediaRecorder();
mRecorder.setAudioSource(MediaRecorder.AudioSource.MIC);

mRecorder.setOutputFormat(MediaRecorder.OutputFormat.THREE_GPP);
mRecorder.setOutputFile(
        Environment.getExternalStorageDirectory().getPath() +
        "/" + mFileName);
mRecorder.setAudioEncoder(MediaRecorder.AudioEncoder.AMR_NB);

try {
    mRecorder.prepare();
    mRecorder.start();
} catch (Exception e) {
    Toast.makeText(Activity类名称.this, "MediaRecorder 错误!",
Toast.LENGTH_LONG)
        .show();
}
```

69-2 范例程序

这个范例程序同时使用 MediaRecorder 和上一章介绍的 MediaPlayer，以便用户可以录音，然后再播放录音文件。App 的操作画面有两个按钮，如图 69-3 所示。单击“开始录音”按钮之后，该按钮会变成“停止录音”功能。这时候用户可以对着麦克风说话，单击“停止录音”按钮程序会完成录音和存盘的工作。完成录音之后单击“播放”按钮就可以播放录制的声音文件。

图 69-3　录音和播放程序的运行画面

完成这个 App 项目的步骤如下：

步骤 01　新增一个 Android App 项目，项目对话框中的属性请依照之前的惯例设置即可。

步骤 02　打开程序功能描述文件 AndroidManifest.xml，加入录音功能和写入 SD 卡的权限：

```
<?xml version="1.0" encoding="utf-8"?>
<manifest xmlns:android="http://schemas.android.com/apk/res/android"
    … >

    <uses-sdk
        … />

    <uses-permission android:name="android.permission.RECORD_AUDIO" />
    <uses-permission android:name="android.permission.WRITE_EXTERNAL_
STORAGE" />

    <application
        …
    </application>

</manifest>
```

步骤 03　展开 App 项目的 res/layout 文件夹，打开其中的界面布局文件 activity_main.xml，并将内容编辑如下：

```
<LinearLayout xmlns:android="http://schemas.android.com/apk/res/android"
    xmlns:tools="http://schemas.android.com/tools"
    android:id="@+id/LinearLayout1"
    android:layout_width="match_parent"
    android:layout_height="match_parent"
```

```
    android:orientation="vertical"
    android:paddingBottom="@dimen/activity_vertical_margin"
    android:paddingLeft="@dimen/activity_horizontal_margin"
    android:paddingRight="@dimen/activity_horizontal_margin"
    android:paddingTop="@dimen/activity_vertical_margin"
    tools:context="com.android.MainActivity$PlaceholderFragment"
    android:gravity="center_horizontal" >

    <Button
        android:id="@+id/btnAudioRecoOnOff"
        android:layout_width="wrap_content"
        android:layout_height="wrap_content"
        android:text="开始录音" />

    <Button
        android:id="@+id/btnPlayAudioOnOff"
        android:layout_width="wrap_content"
        android:layout_height="wrap_content"
        android:text="播放" />

</LinearLayout>
```

步骤 04 展开 App 项目的“src/(套件路径名称)”文件夹，打开其中的主程序文件 MainActivity.java，让它实现 MediaPlayer 类中的 OnPreparedListener、OnErrorListener 和 OnCompletionListener 共 3 个界面，然后依照程序编辑窗口的语法修改建议加入需要实现的方法，最后将程序代码编辑如下：在程序开头先定义好存储的文件名，并且声明用来记录程序目前是否正在录音，或是播放声音文件的变量，另外还有一个 MediaRecorder 对象和一个 MediaPlayer 对象。有关录音的程序代码如同前一节的说明，关于播放声音文件的程序代码如同前一章的说明。

```
public class MainActivity extends Activity
                     implements OnPreparedListener,
                                OnErrorListener,
                                OnCompletionListener {

    private final String mFileName = "my_recorded_audio.3gp";

    private Button mBtnAudioRecoOnOff,
                   mBtnPlayAudioOnOff;

    private boolean mBoolRecording = false,
                    mBoolPlaying = false;

    private MediaRecorder mRecorder = null;
    private MediaPlayer mPlayer = null;

    @Override
    protected void onCreate(Bundle savedInstanceState) {
        super.onCreate(savedInstanceState);
```

```
        setContentView(R.layout.activity_main);

        mBtnAudioRecoOnOff = (Button)findViewById(R.id.btnAudioRecoOnOff);
        mBtnPlayAudioOnOff = (Button)findViewById(R.id.btnPlayAudioOnOff);

        mBtnAudioRecoOnOff.setOnClickListener(btnAudioRecoOnOffOnClick);
        mBtnPlayAudioOnOff.setOnClickListener(btnPlayAudioOnOffOnClick);
    }

    @Override
    public boolean onCreateOptionsMenu(Menu menu) {

        // Inflate the menu; this adds items to the action bar if it is present.
        getMenuInflater().inflate(R.menu.main, menu);
        return true;
    }

    @Override
    public boolean onOptionsItemSelected(MenuItem item) {
        // Handle action bar item clicks here. The action bar will
        // automatically handle clicks on the Home/Up button, so long
        // as you specify a parent activity in AndroidManifest.xml.
        int id = item.getItemId();
        if (id == R.id.action_settings) {
            return true;
        }
        return super.onOptionsItemSelected(item);
    }

    private View.OnClickListener btnAudioRecoOnOffOnClick = new
            View.OnClickListener() {
        public void onClick(View v) {
            if (mBoolRecording) {
                mRecorder.stop();
                mRecorder.release();
                mRecorder = null;

                mBoolRecording = false;
                mBtnAudioRecoOnOff.setText("开始录音");
            } else {
                mRecorder = new MediaRecorder();
                mRecorder.setAudioSource(MediaRecorder.AudioSource.MIC);

                mRecorder.setOutputFormat(MediaRecorder.OutputFormat.
            THREE_GPP);
                mRecorder.setOutputFile(
                      Environment.getExternalStorageDirectory().getPath() +
                   "/" + mFileName);
                mRecorder.setAudioEncoder(MediaRecorder.AudioEncoder.AMR_NB);

                try {
```

```
                mRecorder.prepare();
                mRecorder.start();
                mBoolRecording = true;
                mBtnAudioRecoOnOff.setText("停止录音");
            } catch (Exception e) {
                Toast.makeText(MainActivity.this, "MediaRecorder 错误!",
                        Toast.LENGTH_LONG)
                    .show();
            }
        }
    }
};

private View.OnClickListener btnPlayAudioOnOffOnClick = new
        View.OnClickListener() {
    public void onClick(View v) {
        if (mBoolRecording) {
            mRecorder.stop();
            mRecorder.release();
            mRecorder = null;

            mBoolRecording = false;
            mBtnAudioRecoOnOff.setText("开始录音");
        }

        if (mBoolPlaying) {
            mPlayer.stop();
            mPlayer.release();
            mPlayer = null;

            mBoolPlaying = false;
            mBtnPlayAudioOnOff.setText("开始播放");
        } else {
            mPlayer = new MediaPlayer();

            try {
                mPlayer.setDataSource(
                Environment.getExternalStorageDirectory().
            getAbsolutePath() +
                        "/" + mFileName);
            } catch (Exception e) {
                Toast.makeText(MainActivity.this, "MediaPlayer 错误!",
                        Toast.LENGTH_LONG)
                    .show();
            }

            mPlayer.setOnPreparedListener(MainActivity.this);
            mPlayer.setOnErrorListener(MainActivity.this);
            mPlayer.setOnCompletionListener(MainActivity.this);

            mPlayer.prepareAsync();
```

```
                mBoolPlaying = true;
                mBtnPlayAudioOnOff.setText("停止播放");
            }
        }
    };

    @Override
    public void onCompletion(MediaPlayer mp) {
        // TODO Auto-generated method stub
        mPlayer.release();
        mPlayer = null;

        mBoolPlaying = false;
        mBtnPlayAudioOnOff.setText("开始播放");
    }

    @Override
    public boolean onError(MediaPlayer mp, int what, int extra) {
        // TODO Auto-generated method stub
        mPlayer.release();
        mPlayer = null;

        Toast.makeText(MainActivity.this, "MediaPlayer 错误!",
    Toast.LENGTH_LONG)
            .show();

        return true;
    }

    @Override
    public void onPrepared(MediaPlayer mp) {
        // TODO Auto-generated method stub
        mPlayer.setVolume(1.0f, 1.0f);
        mPlayer.start();

        Toast.makeText(MainActivity.this, "开始播放...", Toast.LENGTH_LONG)
                    .show();
    }
}
```

这个范例程序必须安装在有麦克风的实体手机，或是平板电脑上才能正常运行。启动 App 之后，单击“开始录音”按钮，然后对着麦克风说话，再单击“停止录音”按钮，最后单击“播放”按钮，就可以听到刚刚说话的内容。

Android 版本	1.X	2.X	3.X	4.X
适用性	★	★	★	★

第 70 章 播放影片

从本章开始，我们将介绍如何实现与图像相关的功能，包括如何播放影片、如何使用内置摄影机拍照和录像。在学习这些功能之前，先让我们了解一下 Android 系统支持的图像和影片的文件格式。

70-1 Android 支持的图像和影片的文件格式

目前计算机可以使用的图像和影片文件格式非常多样化，例如对图像文件而言就包含 BMP、JPEG、GIF、PNG、TIFF 等超过 10 种格式，对影片文件而言也包括 MPEG1/2/4、AVI、WMV、3GP、DVIX、FLV 等超过 10 种格式。在这些琳琅满目的文件格式中，可以在 Android 系统中使用，如表 70-1 所示。

表 70-1　Android 支持的图像和影片文件格式

数据类型	Codec 技术名称	文件格式	编码器（Coder）	解码器（Decoder）
图像文件	JPEG	.jpg	支持	支持
	PNG	.png	支持	支持
	GIF	.gif	不支持	支持
	BMP	.bmp	不支持	支持
	WebP	.webp	支持（Android 4.0+） Lossless 、 Transparency（Android 4.2.1+）	支持（Android 4.0+） Lossless 、 Transparency（Android 4.2.1+）

（续表）

数据类型	Codec 技术名称	文件格式	编码器（Coder）	解码器（Decoder）
影片文件	H.263	.3gp .mp4	支持	支持
	H.264 AVC	.3gp .mp4 .ts（只支持 audio、Android 3.0+）	支持 （Android 3.0+）	支持
	MPEG-4 SP	.3gp	不支持	支持
	VP8	.webm .mkv (Android 4.0+)	支持 （Android 4.3+）	支持（Android2.3.3+）

图像和影片文件的 Codec

计算机处理图像、影片数据的方式和处理声音数据的方式很类似，都必须将原来的数据进行压缩（编码）以减少存储空间。不同的图像压缩格式代表不同的压缩技术，当要显示图像或影片数据时，必须将它们还原（解码）成原来的数据格式，各种 Codec 技术追求的目标是要达到更高的压缩率和更好的图像质量。

70-2 使用 VideoView 和 MediaController

若要使程序能够播放影片，利用 VideoView 界面组件是最方便的做法。读者或许会想到前面章节中介绍过的 MediaPlayer 类，虽然它也可以用来播放影片，但是在播放影片的时候，通常还需要提供暂停、往前快转、往后快转和显示进度等控制按钮。MediaPlayer 类并没有提供这项功能，因此还需要自行设计播放控制按钮。如果换成使用 VideoView 界面组件，只要建立一个 MediaController 对象，就可以提供播放控制按钮的功能。图 70-1 是 VideoView 的功能架构图，从图中可以看出，其实它的内部就是利用 MediaPlayer 对象进行影片的解码和播放。VideoView 也支持多种影片文件来源，包括从项目资源文件、从 SD 卡、指定网址或是借助 ContentResolver 从系统内置的数据库中取得播放文件，读者可以参考第 68 章的相关说明。

利用第 39 章介绍的 Intent 也可以请求外部程序来帮忙播放影片，这样就不需要自己编写播放影片的程序代码。其实第 67 章中介绍的音乐播放功能，也可以通过 Intent 请求外部程序代劳，读者可以根据情况决定究竟要使用哪一种方法。

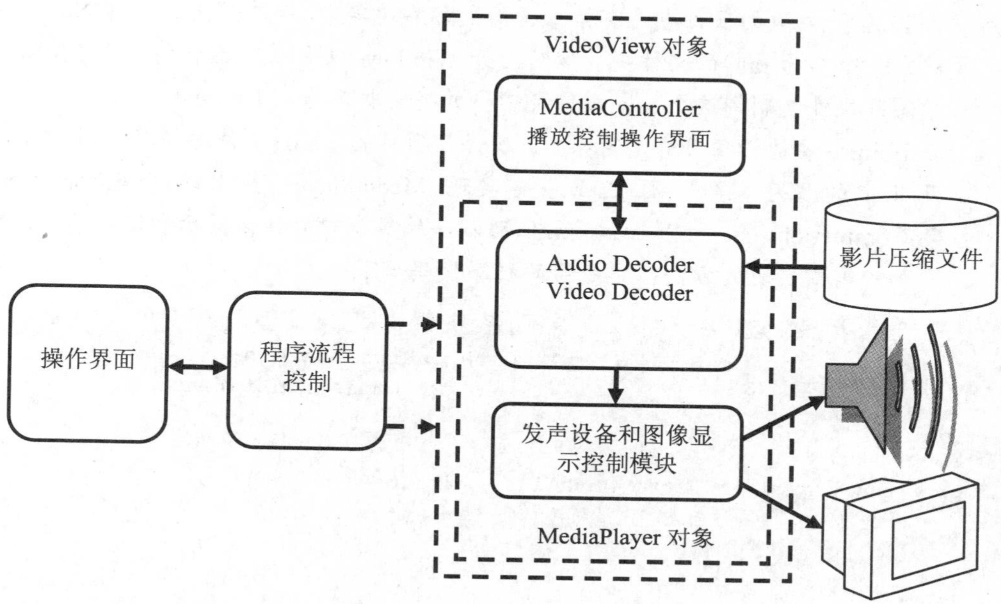

图 70-1　VideoView 的功能架构图

接下来我们就用一个实际范例来学习如何建立影片播放程序，请读者依照下列步骤进行操作：

步骤 01　新建一个 Android App 项目，项目对话框中的属性请依照之前的惯例设置即可。

步骤 02　在 Eclipse 左边的项目查看窗格中，展开此项目的 res/layout 文件夹，打开其中的界面布局文件 activity_main.xml，在里面新建一个 VideoView 组件，我们借助设置 android:layout_gravity 属性让 VideoView 组件置于屏幕的中央。

```
<LinearLayout xmlns:android="http://schemas.android.com/apk/res/android"
    xmlns:tools="http://schemas.android.com/tools"
    android:id="@+id/LinearLayout1"
    android:layout_width="match_parent"
    android:layout_height="match_parent"
    android:orientation="vertical"
    android:paddingBottom="@dimen/activity_vertical_margin"
    android:paddingLeft="@dimen/activity_horizontal_margin"
    android:paddingRight="@dimen/activity_horizontal_margin"
    android:paddingTop="@dimen/activity_vertical_margin" >

    <VideoView
        android:id="@+id/videoView"
        android:layout_width="match_parent"
```

```
        android:layout_height="wrap_content"
        android:layout_gravity="center" />

</LinearLayout>
```

步骤 03 在 Eclipse 左边的项目查看窗格中，用鼠标右键单击 res 文件夹，选择 New > Folder 建立一个名为 raw 的文件夹，然后打开 Windows 文件管理器，将一个 MPEG4 格式的影片文件复制到这个 raw 文件夹中，并将它取名为 video.mp4。

步骤 04 在 Eclipse 左边的项目查看窗格中，展开此项目的“src/(套件路径名称)”文件夹，打开其中的程序文件，让主程序类实现 MediaPlayer 类中的 OnErrorListener 和 OnCompletionListener 界面，然后依照程序编辑窗口的错误提示和修正建议，在程序中加入需要实现的方法，完成后的程序代码如下：

```
public class MainActivity extends Activity
                              implements OnErrorListener,
                                         OnCompletionListener {

    @Override
    protected void onCreate(Bundle savedInstanceState) {
        ...(建立 App 项目时自动产生的程序代码)
    }

    @Override
    public boolean onCreateOptionsMenu(Menu menu) {
        ...(建立 App 项目时自动产生的程序代码)
    }

    @Override
    public boolean onOptionsItemSelected(MenuItem item) {
        ...(建立 App 项目时自动产生的程序代码)
    }

    @Override
    public void onCompletion(MediaPlayer mp) {
        // TODO Auto-generated method stub

    }

    @Override
    public boolean onError(MediaPlayer mp, int what, int extra) {
        // TODO Auto-generated method stub
        return false;
    }
}
```

步骤 05 在程序编辑窗口中单击鼠标右键，在弹出的快捷菜单中选择 Source > Override/Implement Methods…，从弹出的方法列表对话框中勾选 onResume()和

onPause()这两个方法，完成后单击 OK 按钮，然后将程序编辑如下：我们在 onCreate()方法中取得界面布局文件中的 VideoView 组件，加入一个 MediaController 对象，并且设置好播放完毕和发生错误时的 callback 函数（也就是在步骤 4 中实现两个界面的目的），最后调用 VideoView 的 setVideoURI()设置要播放的影片文件。在 onResume()方法中，我们调用 VideoView 对象的 start()开始播放影片。在 onPause()方法中调用 stopPlayback()停止播放（当用户切换到其他 App 时会运行 onPause()）。onCompletion()和 onError()就是播放完毕和发生错误时的 callback()函数，其中的程序代码只是单纯地利用 Toast 对象显示信息。

```
public class MainActivity extends Activity
                          implements OnErrorListener,
                                     OnCompletionListener {

    private VideoView mVideoView;

    @Override
    protected void onCreate(Bundle savedInstanceState) {
        super.onCreate(savedInstanceState);
        setContentView(R.layout.activity_main);

        mVideoView = (VideoView)findViewById(R.id.videoView);
        MediaController mediaController = new MediaController(this);
        mVideoView.setMediaController(mediaController);
        mVideoView.setOnCompletionListener(this);
        mVideoView.setOnErrorListener(this);

        Uri uri = Uri.parse("android.resource://" +
                  getPackageName() + "/" + R.raw.video);
        mVideoView.setVideoURI(uri);
    }

    @Override
    public boolean onCreateOptionsMenu(Menu menu) {
        // Inflate the menu; this adds items to the action bar if it is present.
        getMenuInflater().inflate(R.menu.main, menu);
        return true;
    }

    @Override
    public boolean onOptionsItemSelected(MenuItem item) {
        // Handle action bar item clicks here. The action bar will
        // automatically handle clicks on the Home/Up button, so long
        // as you specify a parent activity in AndroidManifest.xml.
        int id = item.getItemId();
        if (id == R.id.action_settings) {
            return true;
        }
        return super.onOptionsItemSelected(item);
```

```
    }

    @Override
    public void onCompletion(MediaPlayer mp) {
        // TODO Auto-generated method stub
        Toast.makeText(MainActivity.this, "播放完毕！", Toast.LENGTH_LONG)
                .show();
    }

    @Override
    public boolean onError(MediaPlayer mp, int what, int extra) {
        // TODO Auto-generated method stub
        Toast.makeText(MainActivity.this, "发生错误！", Toast.LENGTH_LONG)
                .show();
        return true;
    }

    @Override
    protected void onResume() {
        // TODO Auto-generated method stub
        mVideoView.start();
        super.onResume();
    }

    @Override
    protected void onPause() {
        // TODO Auto-generated method stub
        mVideoView.stopPlayback();
        super.onPause();
    }

}
```

完成 App 项目之后启动运行，就可以看到如图 70-2 所示的画面，如果要调出播放控制栏，只要在影片上单击一下即可。

图 70-2 影片播放程序的运行画面

Android 版本	1.X	2.X	3.X	4.X
适用性	★	★	★	★

第 71 章 拍照程序

现在的智能型手机和平板电脑都内置相机功能，而且通常都有两个：一个在屏幕上方，可以用来自拍和打视频电话，另一个是在屏幕的背面，专门用来拍摄前方的景物。智能型手机和平板电脑的相机兼具拍照和录像功能，本章我们先学习如何编写拍摄照片的程序，录制影片的部分留待下一章再做介绍。拍照程序需要用到 Camera 对象以及第 65 章学过的 SurfaceView，我们必须先了解它们的用法和之间的关系。

利用 Intent 技术也可以请求其他 App 帮忙拍照并返回图像，这样就不需要自己编写拍照程序，这种方式与在第 42 章中介绍的要求 Intent 返回数据的方法相似，读者可以根据情况决定使用哪一种方法。

71-1 Camera 对象和 SurfaceView 的合作

程序在开始使用手机或平板电脑的内置相机之前，必须先取得相机的控制权。在程序中相机是用 Camera 对象表示，取得 Camera 对象就表示取得相机的使用权。当程序不需要再使用相机时，必须释放它的控制权，让其他程序可以使用。以下是使用 Camera 对象的流程：

步骤 01 在 App 项目的程序功能描述文件 AndroidManifest.xml 中设置使用相机的相关权限：

```
<?xml version="1.0" encoding="utf-8"?>
<manifest xmlns:android="http://schemas.android.com/apk/res/android"
   ... >

   <uses-sdk
      ... />
```

```
    <uses-permission android:name="android.permission.CAMERA" />
    <uses-feature android:name="android.hardware.camera" />
    <uses-feature android:name="android.hardware.camera.autofocus" />

    <application
        …
    </application>

</manifest>
```

步骤02 在程序中调用 Camera 类的 open()方法取得 Camera 对象，open()方法有两个版本：一个需要传入参数，另一个则不需要。它们的用法请参考下列程序代码，如果需要知道有几个内置相机，可以调用 getNumberOfCameras()。

```
Camera cam1, cam2;
cam1 = Camera.open();    // 取得屏幕背面的相机，这个相机的id编号是0
cam2 = Camera.open(1);   // 取得和屏幕同方向的相机，这个相机的id编号是1
```

步骤03 如果需要知道相机提供的功能，可以调用 getParameters()。它会返回一个 Camera.Parameters 对象，借助该对象提供的方法，可以检查相机具有哪些功能，也可以改变摄影机的设置，然后调用 setParameters()，并传入更改后的 Parameters 对象。

```
Camera cam = Camera.open();
Camera.Parameters camParas = cam. getParameters();
if (camParas.getFlashMode().equals(FLASH_MODE_OFF)
    camParas.setFlashMode(FLASH_MODE_AUTO);

cam.setParameters(camParas);
```

步骤04 由于手机和平板电脑可以自由翻转，相机取得的图像可能和用户观看的方向不一致，此时可以调用 setDisplayOrientation()设置图像的旋转角度。

步骤05 若要让相机拍摄的图像显示在程序画面中，必须在程序中建立一个 SurfaceView 对象，并设置好它的 callback()函数，再将 SurfaceView 对象的 SurfaceHolder 传给 Camera 对象。

步骤06 完成以上设置之后，就可以运行 Camera 对象的 startPreview()，将摄影机拍摄到的实时图像显示在程序画面。

步骤07 相机在 preview 状态下，可以随时调用 takePicture()进行拍照。拍摄到的图像会利用 callback()函数返回原始图像数据，以及 JPEG 压缩后的图像数据，另外也可以设置按下快门时的 callback()函数。运行 takePicture()之后，相机会停止 preview 状态，程序必须重新运行 startPreview()。

步骤08 当程序不需要再使用相机时必须调用 stopPreview()，然后运行 release()释放相机的使用权。

步骤 5 需要用到 SurfaceView 对象，关于 SurfaceView 的用法可以参考第 65 章中的说明，不过针对 Camera 对象的需要，这里建立的 SurfaceView 有下列两点不同：

- 我们不必实现 Runnable 界面，因为这个 SurfaceView 对象会直接传给 Camera 使用，不由我们掌控。
- 如果程序可能在 Android 2.X 的手机中运行，必须调用 setType()将 Surface 的类型设置为 SurfaceHolder.SURFACE_TYPE_PUSH_BUFFERS。我们可以在程序中利用系统参数 Build.VERSION.SDK_INT 检查设备的 Android 版本，以便进行适当的处理，实现的程序代码请参考范例程序。

以上就是使用 Camera 和 SurfaceView 对象的方法，看起来有些复杂，但是只要配合以下的范例，就可以理清程序的运行流程。

如果要在程序中检测手机或平板电脑是否具有相机，可以运行如下程序：

```
getPackageManager().hasSystemFeature(PackageManager.FEATURE_CAMERA)
```

如果返回 true 表示有相机。

71-2 范例程序

我们利用一个 App 项目来示范拍照程序的建立过程，操作步骤如下：

步骤 01　新建一个 Android App 项目，在设置项目属性的第一个对话框中（也就是输入 Application Name 的对话框），将 Minimum Required SDK 框设置为 9 或以上，因为 CameraInfo 对象需要在 Android 2.3 以上的平台中才能使用，其他的项目属性请依照之前的惯例设置即可。

步骤 02　打开 App 项目的程序功能描述文件 AndroidManifest.xml，依照前一节的说明，加入使用相机的相关权限。另外由于我们会把照片存储在 SD 卡中，所以还要设置写入 SD 卡的如下权限：

```
<uses-permission android:name="android.permission.WRITE_EXTERNAL
_STORAGE" />
```

步骤 03　在 Eclipse 左边的项目查看窗格中，展开此项目的“src/(套件路径名称)”文件夹，用鼠标右键单击“(套件路径名称)”文件夹，然后在弹出的快捷菜单中选择 New > Class 建立一个新的类。我们可以单击对话框中 Superclass 框右边的 Browse 按钮，设置此类继承 SurfaceView。这个新类可以取名为 CameraPreview，最后单击 Finish 按钮完成新增类的操作。

步骤 04　编辑 CameraPreview 类的程序代码，让它实现 SurfaceHolder.Callback，然后依照程序编辑窗口的语法修改提示新建一个类的构建式，以及 surfaceChanged()、surfaceCreated()和 surfaceDestroyed()3 个方法，最后将程序代码编辑如下（提醒读者，这里使用的 Camera 类位于 android.hardware 套件中）：

```
public class CameraPreview extends SurfaceView
                implements SurfaceHolder.Callback {

    private Camera mCamera;
    private SurfaceHolder mSurfHolder;
    private Activity mActivity;

    public CameraPreview(Context context) {
        super(context);
        mSurfHolder = getHolder();
        mSurfHolder.addCallback(this);

        // 如果程序会在 Android 2.X 的手机中运行，则必须将这两行程序代码打开
        //          if(Build.VERSION.SDK_INT < Build.VERSION_CODES.HONEYCOMB)
        //          mSurfHolder.setType(SurfaceHolder.SURFACE_TYPE_PUSH_BUFFERS);
    }

    public void set(Activity activity, Camera camera) {
        mActivity = activity;
        mCamera = camera;
    }

    @Override
    public void surfaceChanged(SurfaceHolder holder,
                        int format, int width, int height) {
        // TODO Auto-generated method stub

    }

    @Override
    public void surfaceCreated(SurfaceHolder holder) {
        // TODO Auto-generated method stub
        try {
            mCamera.setPreviewDisplay(mSurfHolder);

            Camera.CameraInfo camInfo = new Camera.CameraInfo();
            Camera.getCameraInfo(0, camInfo);

            int rotation =
                    mActivity.getWindowManager().getDefaultDisplay().
                getRotation();
            int degrees = 0;
            switch (rotation) {
            case Surface.ROTATION_0:
                degrees = 0; break;
            case Surface.ROTATION_90:
                degrees = 90; break;
            case Surface.ROTATION_180:
```

```
                degrees = 180; break;
            case Surface.ROTATION_270:
                degrees = 270; break;
            }

            int result;
            result = (camInfo.orientation - degrees + 360) % 360;
            mCamera.setDisplayOrientation(result);

            mCamera.startPreview();

            Camera.Parameters camParas = mCamera.getParameters();
            if (camParas.getFocusMode().equals(
                    Camera.Parameters.FOCUS_MODE_AUTO) ||
                camParas.getFocusMode().equals(
                    Camera.Parameters.FOCUS_MODE_MACRO))
                mCamera.autoFocus(onCamAutoFocus);
            else
                Toast.makeText(getContext(), "照相机不支持自动对焦！",
                        Toast.LENGTH_SHORT)
                    .show();
        } catch (Exception e) {
            // TODO Auto-generated catch block
            Toast.makeText(getContext(), "照相机启始错误！", Toast.LENGTH_LONG)
                .show();
        }
    }

    @Override
    public void surfaceDestroyed(SurfaceHolder holder) {
        // TODO Auto-generated method stub

    }

    private Camera.AutoFocusCallback onCamAutoFocus =
    new Camera.AutoFocusCallback() {

        @Override
        public void onAutoFocus(boolean success, Camera camera) {
            // TODO Auto-generated method stub
            Toast.makeText(getContext(), "自动对焦！", Toast.LENGTH_SHORT)
                .show();
        }

    };

}
```

步骤 05　打开“src/(套件路径名称)”文件夹中的主程序文件，在程序编辑窗口中单击鼠标右键，在弹出的快捷菜单中选择 Source > Override/Implement Methods…，从弹出的方法列表对话框中勾选 onResume()、onPause()、onCreateOptionsMenu() 和 onOptionsItemSelected()，完成后单击 OK 按钮。

针对以上程序代码说明如下。

- 我们声明一个 Camera 对象用来存储使用的相机，SurfaceHolder 是 SurfaceView 类需要用到的对象，Activity 对象是用来取得屏幕的旋转角度，以便让相机的拍摄画面能够正确显示。
- 在 CameraPreview 类的构建式中，我们设置好 SurfaceHolder 对象，并如前一节的说明设置好 Surface 类型。
- 我们加入一个 set()方法，让主程序设置 Activity 对象和 Camera 对象。
- 在 surfaceCreated()这个 callback 方法中，先指定 Camera 对象使用的 SurfaceView。接下来一连串的程序代码就是取得 Activity 画面的旋转角度，然后计算出 Camera 对象正确的图像显示角度，接着调用 startPreview()开始显示拍摄画面。
- 另外，我们示范如何利用 Camera 对象的 getParameters()方法取得相机的对焦功能。当调用 autoFocus()设置自动对焦时，可以传入一个 callback 函数让系统调用。

以下分别说明每个方法中要完成的工作。

- 在 onCreate()方法中建立用来当成程序画面的 CameraPreview 对象，然后调用 setContentView()将它设置为程序画面。
- 系统运行完 onCreate()方法后会运行 onResume()，在 onResume()中我们取得 Camera 对象，并将它和程序本身的 Activity 传给 CameraPreview 对象。
- 当程序被切换到背景运行时会调用 onPause()，这时我们停止 Camera 的运行，并释放它的使用权。
- 在 onCreateOptionsMenu()和 onOptionsItemSelected()中，则是利用菜单的方式建立“照相”和“显示照片”两项功能。如果用户单击“照相”，则运行 takePicture()进行拍照，同时传入相关的 callback 函数，有关这些 callback 函数的功能请参考程序代码中的注释。如果用户单击“显示照片”，则利用 Intent 对象请求外部 App 帮忙显示照片。

完成后的程序代码如下：

```
public class MainActivity extends Activity {

    private static final int MENU_TAKE_PICTURE = Menu.FIRST,
                             MENU_SHOW_PICTURE = Menu.FIRST + 1;

    private Camera mCamera;
    private CameraPreview mCamPreview;

    @Override
    protected void onCreate(Bundle savedInstanceState) {
        super.onCreate(savedInstanceState);
        getWindow().setFormat(PixelFormat.TRANSLUCENT);
```

```
        // 让相机画面充满整个屏幕
        requestWindowFeature(Window.FEATURE_NO_TITLE);
        getWindow().setFlags(WindowManager.LayoutParams.FLAG_FULLSCREEN,
                    WindowManager.LayoutParams.FLAG_FULLSCREEN);

        mCamPreview = new CameraPreview(this);
        setContentView(mCamPreview);
    }

    @Override
    protected void onResume() {
        // TODO Auto-generated method stub
        mCamera = Camera.open();
        mCamPreview.set(this, mCamera);

        super.onResume();
    }

    @Override
    protected void onPause() {
        // TODO Auto-generated method stub
        mCamera.stopPreview();
        mCamera.release();
        mCamera = null;

        super.onPause();
    }

    @Override
    public boolean onCreateOptionsMenu(Menu menu) {
        menu.add(0, MENU_TAKE_PICTURE, 0, "照相");
        menu.add(0, MENU_SHOW_PICTURE, 0, "显示照片");
        return super.onCreateOptionsMenu(menu);
    }

    @Override
    public boolean onOptionsItemSelected(MenuItem item) {
        switch (item.getItemId()) {
        case MENU_TAKE_PICTURE:
            mCamera.takePicture(camShutterCallback, camRawDataCallback,
                    camJpegCallback);
            break;
        case MENU_SHOW_PICTURE:
            Intent it = new Intent(Intent.ACTION_VIEW);
            File file = new File("/sdcard/photo.jpg");
            it.setDataAndType(Uri.fromFile(file), "image/*");
            startActivity(it);
            break;
        }

        return super.onOptionsItemSelected(item);

    }

    private ShutterCallback camShutterCallback = new ShutterCallback() {
```

```
        public void onShutter() {
            // 通知用户已完成拍照,例如发出一个模拟快门的声音
        }
    };

    private PictureCallback camRawDataCallback = new PictureCallback() {
        public void onPictureTaken(byte[] data, Camera camera) {
            // 接收原始的图像数据
        }
    };

    private PictureCallback camJpegCallback = new PictureCallback() {
        public void onPictureTaken(byte[] data, Camera camera) {
            // 接收压缩成 JPEG 格式的图像数据
            FileOutputStream outStream = null;
            try {
                outStream = new FileOutputStream(
                        Environment.getExternalStorageDirectory().
                    getPath() +
                            "/photo.jpg");
                outStream.write(data);
                outStream.close();
            } catch (IOException e) {
                Toast.makeText(MainActivity.this, "图像文件存储错误! ",
            Toast.LENGTH_SHORT)
                    .show();
            }

            mCamera.startPreview();
        }
    };
}
```

完成这个 App 项目之后，必须将它安装到实体手机或是平板电脑上才能运行，相关的操作方式请参考第 11 章的说明。启动 App 后就会看到相机的实时拍摄画面，想要拍照时先单击手机中的 Menu 按键，就会显示列表，以便让我们选择拍照或是查看照片，如图 71-1 所示。

图 71-1　拍照程序在实体手机中的运行画面

Android 版本	1.X	2.X	3.X	4.X
适用性	★	★	★	★

第 72 章 录像程序

在前一章我们已经学会如何使用 Camera 对象和 SurfaceView 对象，让程序可以实时显示相机拍摄的画面，并且利用 Camera 对象的 takePicture()方法完成拍照，如果要让程序能够录像，则 Camera 对象将发挥作用，我们必须再次请出在第 69 章中介绍的 MediaRecorder，加上它才能够完成录像功能。

72-1 Camera 和 MediaRecorder 通力合作

Camera 对象和 MediaRecorder 对象都需要使用实体相机，但是它们在录像的过程中扮演的角色并不相同。Camera 对象负责提供预览的功能，也就是在开始录像之前显示相机拍摄的图像。当用户开始录像之后，就要换成 MediaRecorder 上场。Camera 对象必须将实体相机的使用权释放出来，让 MediaRecorder 使用，以取得相机的拍摄画面。

另外 Camera 和 MediaRecorder 也都要用到 SurfaceView 对象，以显示相机拍摄的实时图像。当程序处于预览状态时，Camera 对象会将摄影机的拍摄画面显示在 SurfaceView。当启动录像功能之后，Camera 对象就要释放 SurfaceView 的使用权，让 MediaRecorder 可以显示正在录制的画面，图 72-1 是录像程序的功能架构图。

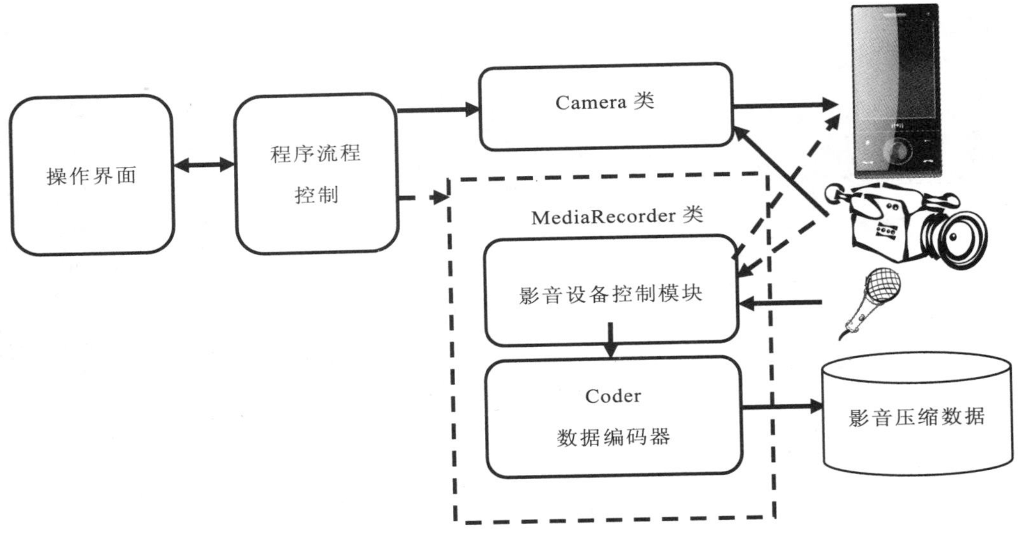

图 72-1　录像程序的功能架构图

72-2 在界面布局文件中建立 SurfaceView

前一章的相机画面显示方式是借助建立一个继承 SurfaceView 的类，再将该对象设置给 Camera 并当成程序的画面。这种方式让 SurfaceView 可独占整个屏幕，如果我们希望在程序画面中，同时显示 SurfaceView 和其他控制组件（例如按钮），就必须换成在界面布局文件中建立 SurfaceView 组件，这样才可以在程序的操作画面中加入其他界面组件，例如以下范例：

```
<LinearLayout xmlns:android="http://schemas.android.com/apk/res/android"
    ... >

    <SurfaceView
        android:id="@+id/camPreview"
        android:layout_width="(设置适合的宽度)"
        android:layout_height="(设置适合的高度)"
        android:layout_gravity="center_horizontal" />
    .
    .（其他界面组件）
    .

</LinearLayout>
```

采用这种方式建立 SurfaceView 时，必须让主程序类实现 SurfaceHolder.Callback 界面，再将主程序类传给 SurfaceView 对象的 SurfaceHolder 成为 callback 函数，代码如下：

```
public class Main extends Activity
    implements SurfaceHolder.Callback {
```

```
    private SurfaceView mCamPreview;
    private SurfaceHolder mSurfHolder;

    @Override
    public void onCreate(Bundle savedInstanceState) {
        super.onCreate(savedInstanceState);
        setContentView(R.layout.main);

        mCamPreview = (SurfaceView) findViewById(R.id.camPreview);
        mSurfHolder = mCamPreview.getHolder();
        mSurfHolder.addCallback(this);
        …
    }

    public void surfaceCreated(SurfaceHolder holder) {

    }

    public void surfaceChanged(SurfaceHolder holder, int format, int width,
            int height) {
    }

    public void surfaceDestroyed(SurfaceHolder holder) {

    }
}
```

了解了录像程序的运行架构和相关对象的用法之后，接下来我们用一个 App 项目来学习建立录像程序的完整流程。

72-3 范例程序

录像程序需要使用实体相机，因此完成这个 App 之后，必须将它安装到实体手机或平板电脑中才能运行（相关方法请参考第 11 章中的说明），以下是完成录像程序的步骤。图 72-2 是 App 在实体手机中的运行画面。

图 72-2　录像程序在实体手机中的运行画面

步骤 01　新建一个 Android App 项目，在设置项目属性的第一个对话框中（也就是输入 Application Name 的对话框），将 Minimum Required SDK 框设置为 9 或以上，因为 CameraInfo 对象需要在 Android 2.3 以上的平台中才能使用，其他的项目属性请依照之前的惯例设置即可。

步骤 02　打开程序功能描述文件 AndroidManifest.xml，加入使用相机的相关设置，以及录音和写入 SD 卡的功能。

```
<?xml version="1.0" encoding="utf-8"?>
<manifest xmlns:android="http://schemas.android.com/apk/res/android"
   … >

   <uses-sdk
      … />

   <uses-permission android:name="android.permission.CAMERA" />
   <uses-feature android:name="android.hardware.camera" />
   <uses-feature android:name="android.hardware.camera.autofocus" />
   <uses-permission android:name="android.permission.WRITE_EXTERNAL_STORAGE" />
   <uses-permission android:name="android.permission.RECORD_AUDIO" />

   <application
      …
   </application>

</manifest>
```

步骤 03　在 Eclipse 左边的项目查看窗格中，展开此项目的 res/layout 文件夹，打开界面布局文件 activity_main.xml，参考前面的说明建立<SurfaceView>组件标签。在这个范例中我们将利用列表的方式来启动和停止录像，因此不需要在界面布局文件中加入其他组件。如果读者想要换成使用按钮的方式操作，可以自行加入<Button>组件标签，并根据情况修改程序代码。

```
<LinearLayout xmlns:android="http://schemas.android.com/apk/res/android"
    ... >

    <SurfaceView
        android:id="@+id/camPreview"
        android:layout_width="match_parent"
        android:layout_height="match_parent"
        android:layout_gravity="center_horizontal" />

</LinearLayout>
```

步骤 04 新增一个继承 Activity 的新类，我们将利用它来建立播放影片的程序，这个新类可以取名为 PlayVideoActivity，它的程序代码和第 70 章的范例程序很类似。基本上就是从接收到的 Intent 对象中取出要播放的影片文件名称，再利用 VideoView 和 MediaController 完成播放的动作，这个新类的界面布局文件和程序代码如下（提示：在 App 项目中加入 Activity 的操作方式请参考第 38 章的说明）。

界面布局文件 activity_play_video.xml：

```
<?xml version="1.0" encoding="utf-8"?>
<LinearLayout xmlns:android="http://schemas.android.com/apk/res/android"
    android:layout_width="match_parent"
    android:layout_height="match_parent"
    android:orientation="vertical" >

    <VideoView
        android:id="@+id/videoView"
        android:layout_width="match_parent"
        android:layout_height="match_parent"
        android:layout_centerInParent="true" />

</LinearLayout>
```

程序文件 PlayVideoActivity.java：

```
public class PlayVideoActivity extends Activity
            implements OnErrorListener,
                       OnCompletionListener {

    private VideoView mVideoView;

    /** Called when the activity is first created. */
    @Override
    public void onCreate(Bundle savedInstanceState) {
        super.onCreate(savedInstanceState);
        setContentView(R.layout.activity_play_video);

        mVideoView = (VideoView)findViewById(R.id.videoView);
        MediaController mediaController = new MediaController(this);
        mVideoView.setMediaController(mediaController);
```

```
        mVideoView.setOnCompletionListener(this);
        mVideoView.setOnErrorListener(this);

        String sVideoFileName = getIntent().getStringExtra("FILE_NAME");
        Uri uri = Uri.parse(
                Environment.getExternalStorageDirectory().getPath() +
                "/" + sVideoFileName);
        mVideoView.setVideoURI(uri);
    }

    @Override
    protected void onResume() {
        // TODO Auto-generated method stub
        super.onResume();

        mVideoView.start();
    }

    @Override
    public void onCompletion(MediaPlayer mp) {
        // TODO Auto-generated method stub
        Toast.makeText(this, "播放完毕！", Toast.LENGTH_LONG)
            .show();
    }

    @Override
    public boolean onError(MediaPlayer mp, int what, int extra) {
        // TODO Auto-generated method stub
        Toast.makeText(this, "运行错误！", Toast.LENGTH_LONG)
            .show();

        return true;
    }

}
```

步骤 05 在 Eclipse 左边的项目查看窗格中，展开此项目的“src/(套件路径名称)”文件夹，打开主程序文件，在主程序中我们必须完成下列工作。

- 实现 SurfaceHolder.Callback 界面，以提供 SurfaceView 对象的 callback 函数。
- 取得界面布局文件中的 SurfaceView 组件，并设置它的 callback 函数。
- 建立 Camera 对象以提供录像前的预览功能。
- 建立 MediaRecorder 对象以提供录制影音的功能。

有关 SurfaceView、Camera 和 MediaRecorder 对象的用法都已经在前面的章节中介绍过，本章的程序项目只是将它们整合在一起，完成后的程序代码如下（操作提示：在开始编辑程序代码之前，先调出程序编辑窗口的快捷菜单，然后单击 Source > Override/Implement Methods…，加入 onResume()、onPause()、onCreateOptionsMenu()和 onOptionsItemSelected()等 4 个方法）：

```
public class MainActivity extends Activity
                implements SurfaceHolder.Callback {

    private static final int MENU_START_RECORDING = Menu.FIRST,
            MENU_STOP_RECORDING = Menu.FIRST + 1,
            MENU_VIEW_RECORDING = Menu.FIRST + 2;

    private final String mFileName = "recorded_video.3gp";

    private Camera mCamera;
    private MediaRecorder mRecorder;
    private SurfaceView mCamPreview;
    private SurfaceHolder mSurfHolder;
    private boolean mRecording = false;
    private int mRotateDegree;

    @Override
    protected void onCreate(Bundle savedInstanceState) {
        super.onCreate(savedInstanceState);

        // 让拍摄的图像占满整个屏幕
        requestWindowFeature(Window.FEATURE_NO_TITLE);
        getWindow().setFlags(WindowManager.LayoutParams.FLAG_FULLSCREEN,
                WindowManager.LayoutParams.FLAG_FULLSCREEN);
        setRequestedOrientation(ActivityInfo.SCREEN_ORIENTATION_PORTRAIT);

        setContentView(R.layout.activity_main);

        mCamPreview = (SurfaceView) findViewById(R.id.camPreview);
        mSurfHolder = mCamPreview.getHolder();
        mSurfHolder.addCallback(this);

        // 如果程序会在 Android 2.X 的手机中运行，则必须将这两行程序代码打开
        //     if(Build.VERSION.SDK_INT < Build.VERSION_CODES.HONEYCOMB)
        //         mSurfHolder.setType(SurfaceHolder.SURFACE_TYPE_PUSH_BUFFERS);
    }

    @Override
    protected void onResume() {
        mRecorder = new MediaRecorder();
        mCamera = Camera.open();

        super.onResume();
    }

    @Override
    protected void onPause() {
        mCamera.stopPreview();
        mCamera.release();
        mCamera = null;

        super.onPause();
    }

    @Override
```

```
    public boolean onCreateOptionsMenu(Menu menu) {
        menu.add(0, MENU_START_RECORDING, 0, "开始录像");
        menu.add(0, MENU_STOP_RECORDING, 0, "停止录像");
        menu.add(0, MENU_VIEW_RECORDING, 0, "播放影片");

        return super.onCreateOptionsMenu(menu);
    }

    @Override
    public boolean onOptionsItemSelected(MenuItem item) {
        switch (item.getItemId()) {
        case MENU_START_RECORDING:
            mRecording = true;
            mCamera.stopPreview();
            mCamera.unlock();
            startRecording();
            break;
        case MENU_STOP_RECORDING:
            mRecording = false;
            mRecorder.stop();

            try {
                mCamera.reconnect();
                mCamera.startPreview();
            } catch (Exception e) {
                // TODO Auto-generated catch block
                Toast.makeText(this, "Camera 启始错误！", Toast.LENGTH_LONG)
                    .show();
            }

            break;
        case MENU_VIEW_RECORDING:
            Intent it = new Intent();
            it.setClass(MainActivity.this, PlayVideoActivity.class);
            it.putExtra("FILE_NAME", mFileName);
            startActivity(it);
            break;
        }

        return super.onOptionsItemSelected(item);
    }

    private void startRecording() {
        try {
            mRecorder.setCamera(mCamera);
            mRecorder.setAudioSource(MediaRecorder.AudioSource.MIC);
            mRecorder.setVideoSource(MediaRecorder.VideoSource.DEFAULT);
            mRecorder.setOutputFormat(MediaRecorder.OutputFormat.MPEG_4);
            mRecorder.setAudioEncoder(MediaRecorder.AudioEncoder.AMR_WB);
            mRecorder.setVideoEncoder(MediaRecorder.VideoEncoder.MPEG_4_SP);
            mRecorder.setOutputFile("/sdcard/" + mFileName);
            mRecorder.setPreviewDisplay(mSurfHolder.getSurface());
            mRecorder.setOrientationHint(mRotateDegree);
            mRecorder.prepare();
            mRecorder.start();
```

```
        }
        catch (Exception e) {
            Toast.makeText(MainActivity.this, "录像错误！", Toast.LENGTH_LONG)
                .show();
        }
    }

    public void surfaceCreated(SurfaceHolder holder) {
        try {
            mCamera.setPreviewDisplay(mSurfHolder);

            Camera.CameraInfo camInfo =
                        new Camera.CameraInfo();
            Camera.getCameraInfo(0, camInfo);

            int rotation = getWindowManager().getDefaultDisplay().
        getRotation();
            int degrees = 0;
            switch (rotation) {
            case Surface.ROTATION_0:
                degrees = 0; break;
            case Surface.ROTATION_90:
                degrees = 90; break;
            case Surface.ROTATION_180:
                degrees = 180; break;
            case Surface.ROTATION_270:
                degrees = 270; break;
            }

            mRotateDegree = (camInfo.orientation - degrees + 360) % 360;
            mCamera.setDisplayOrientation(mRotateDegree);

            mCamera.startPreview();

            Camera.Parameters camParas = mCamera.getParameters();
            if (camParas.getFocusMode().equals(Camera.Parameters.
        FOCUS_MODE_AUTO) ||
                camParas.getFocusMode().equals(Camera.Parameters.
        FOCUS_MODE_MACRO))
                mCamera.autoFocus(null);
            else
                Toast.makeText(this, "照相机不支持自动对焦！",
            Toast.LENGTH_SHORT)
                    .show();
        } catch (Exception e) {
            // TODO Auto-generated catch block
            Toast.makeText(this, "照相机启始错误！", Toast.LENGTH_LONG)
                .show();
        }
    }

    public void surfaceChanged(SurfaceHolder holder, int format, int width,
            int height) {
    }
```

```
    public void surfaceDestroyed(SurfaceHolder holder) {
        if (mRecording) {
            mRecorder.stop();
            mRecording = false;
        }
        mRecorder.release();
        finish();
    }

}
```

另外在整合 Camera 对象和 MediaRecorder 对象时，必须注意以下几点。

- 想要开始启动 MediaRecorder 的录像功能必须先运行 Camera 对象的 stopPreview()释放程序画面的 SurfaceView，以及运行 unlock()释放相机的控制权。
- 必须将 Camera 对象传给 MediaRecorder（利用 MediaRecorder 的 setCamera()）。
- 在操作 MediaRecorder 对象的过程中，必须确实遵守第 69 章中图 69-2 的流程，否则运行时会出现异常错误。
- 由于手机和平板电脑的摄影机在拍摄方向和用户观看图像的角度上可能会有不一致的情况，我们可以利用 MediaRecorder 的 setOrientationHint()方法指定影片播放时的旋转角度。

另外，针对设置 MediaRecorder 的影音压缩格式，Android SDK 技术文件提供如表 72-1 所示的建议。

表 72-1　Android SDK 技术文件建议的影音压缩格式设置

	标准设置，SD（低质量）	标准设置，SD（高质量）	高分辨率，HD（并非所有设备都支持）
影片压缩格式	H.264 Baseline Profile	H.264 Baseline Profile	H.264 Baseline Profile
影片分辨率	176×144 px	480×360 px	1280×670 px
每秒帧数	12 fps	30 fps	30 fps
影片比特率	56 Kb/s	500 Kb/s	2 Mb/s
声音压缩格式	AAC-LC	AAC-LC	AAC-LC
声道数目	1（mono）	2（stereo）	2（stereo）
声音比特率	24 Kb/s	128 Kb/s	192 Kb/s

完成这个 App 项目之后，必须将它安装到实体手机或是平板电脑上才能运行。启动 App 后就会看到相机的实时拍摄画面。想要录像时，请先单击手机中的 Menu 按键，就会显示出菜单以便操作。

第14部分

WebView 与网页处理

Android 版本	1.X	2.X	3.X	4.X
适用性	★	★	★	★

第 73 章 WebView的网页浏览功能

“移动上网”是智能型手机和平板电脑的必备功能，连接网络就等于建立了一条通往全世界的虚拟道路，可以随手取得各种实时信息、查询任何问题以及使用五花八门的服务。为了能够满足用户的需求，各种网络相关的应用程序不断地推陈出新，其中使用频率最高的莫过于网页浏览程序（Web Browser），因此学习网络程序设计最重要的主题之一，就是了解如何开发具有网页浏览功能的 App。

如果读者曾经设计过网页，就能了解目前网页技术的复杂性。网页大约在 1994 年开始出现，最初只能显示静态的数据。经过将近 20 年的发展，现在已经能够做到非常完整的互动功能，包括现在快速兴起的“云计算”（Cloud Computing）都必须使用 Web 相关技术。Web 强大的功能意味着它背后技术的复杂性，如果我们要自己从头打造一个网页编译程序，那将是一个非常艰巨的任务。还好 Android 系统内置一个 WebView 类，它就是一个现成的网页编译和显示组件，我们可以利用它来打开指定的网页。

WebView 类内部使用的是 WebKit 网页处理引擎，WebKit 是由 Apple 开发并公开让大家使用，包括 Google 的 Chrome 和 Apple 的 Safari 都是使用 WebKit 引擎。Microsoft 的 IE 则是使用 Trident 引擎，Firefox 是使用 Gecko 引擎。

73-1 WebView 的用法

WebView 对于网页数据的编译和浏览提供了非常完整的支持，而且它的用法就像我们前面学过的界面组件一样简单。使用 WebView 的基本步骤如下：

步骤 01　在程序的界面布局文件中建立一个<WebView>组件标签，并设置好相关的属性如下：

```
<?xml version="1.0" encoding="utf-8"?>
<LinearLayout xmlns:android="http://schemas.android.com/apk/res/android"
    ... >

    <WebView android:id="@+id/webView"
        android:layout_width="match_parent"
        android:layout_height="match_parent" />

</LinearLayout>
```

步骤 02　在程序功能描述文件 AndroidManifest.xml 中设置使用网络功能：

```
<?xml version="1.0" encoding="utf-8"?>
<manifest xmlns:android="http://schemas.android.com/apk/res/android"
    … >

    <uses-sdk
        … />

    <uses-permission android:name="android.permission.INTERNET" />

    <application
        …
    </application>

</manifest>
```

步骤 03　在程序文件中声明一个 WebView 类型的对象，然后调用 findViewById()，从程序的界面取得 WebView 组件，再将它存入此 WebView 对象。

步骤 04　如果需要修改 WebView 对象的设置，可以调用 WebView 对象的 getSettings()取得 WebSettings 对象，并根据需要进行修改。

步骤 05　根据情况需要，调用 WebView 对象的其他方法设置相关功能。

步骤 06　调用 WebView 对象的 loadUrl()打开指定的网页。

以下是步骤 3～步骤 6 的程序代码范例：

```
WebView mWebView;
mWebView = (WebView) findViewById(R.id.webView);

WebSettings webSettings = mWebView.getSettings();
webSettings.setJavaScriptEnabled(true);    // 打开 Java Script 的编译功能

mWebView.loadUrl("http://www.google.com");
```

73-2 范例程序

我们利用以上介绍的 WebView 类，实现一个可以浏览网页的程序，它的运行画面如图 73-1 所示。程序画面上方有一个 EditText 组件可以输入网址，输入完毕后单击“打开网址”按钮，就会在下方的 WebView 组件中显示网页，这个 App 项目的界面描述文件和程序代码如下。需要提醒读者的是，请记得在程序功能描述文件 AndroidManifest.xml 中设置使用网络功能。如果单击网页中的超链接，程序会另外启动 Android 内置的网页浏览器打开新的网址，这是 WebView 对象内置的做法，不过我们可以改变它（请参考程序代码的注释），另外也可以做到像一般网页浏览器中的“回上一页”和“到下一页”的切换功能，这些高级的控制技巧我们留到下一章再做介绍。

图 73-1　网页浏览程序的运行画面

界面布局文件：

```
<LinearLayout xmlns:android="http://schemas.android.com/apk/res/android"
    xmlns:tools="http://schemas.android.com/tools"
    android:id="@+id/LinearLayout1"
    android:layout_width="match_parent"
    android:layout_height="match_parent"
    android:orientation="vertical"
    android:paddingBottom="@dimen/activity_vertical_margin"
    android:paddingLeft="@dimen/activity_horizontal_margin"
    android:paddingRight="@dimen/activity_horizontal_margin"
    android:paddingTop="@dimen/activity_vertical_margin" >
```

```
    <LinearLayout
        android:layout_width="match_parent"
        android:layout_height="wrap_content" >

        <TextView
            android:layout_width="wrap_content"
            android:layout_height="wrap_content"
            android:text="网址: "
            android:textSize="20sp" />

        <EditText
            android:id="@+id/edtUrl"
            android:layout_width="500dp"
            android:layout_height="wrap_content" />

    </LinearLayout>

    <Button
        android:id="@+id/btnOpenUrl"
        android:layout_width="wrap_content"
        android:layout_height="wrap_content"
        android:text="打开网址" />

    <WebView
        android:id="@+id/webView"
        android:layout_width="match_parent"
        android:layout_height="match_parent" />

</LinearLayout>
```

程序文件：

```
public class MainActivity extends Activity {

    private Button mBtnOpenUrl;
    private EditText mEdtUrl;
    private WebView mWebView;

    @Override
    protected void onCreate(Bundle savedInstanceState) {
        super.onCreate(savedInstanceState);
        setContentView(R.layout.activity_main);

        mBtnOpenUrl = (Button)findViewById(R.id.btnOpenUrl);
        mEdtUrl = (EditText)findViewById(R.id.edtUrl);
        mWebView = (WebView)findViewById(R.id.webView);

        // 设置跳转的网页还是由 WebView 打开，不要使用外部的浏览器。
        mWebView.setWebViewClient(new WebViewClient());

        WebSettings webSettings = mWebView.getSettings();
```

```
        webSettings.setJavaScriptEnabled(true);

        mBtnOpenUrl.setOnClickListener(btnOpenUrlOnClick);
    }

    @Override
    public boolean onCreateOptionsMenu(Menu menu) {

        // Inflate the menu; this adds items to the action bar if it is
      present.
        getMenuInflater().inflate(R.menu.main, menu);
        return true;
    }

    @Override
    public boolean onOptionsItemSelected(MenuItem item) {
        // Handle action bar item clicks here. The action bar will
        // automatically handle clicks on the Home/Up button, so long
        // as you specify a parent activity in AndroidManifest.xml.
        int id = item.getItemId();
        if (id == R.id.action_settings) {
            return true;
        }
        return super.onOptionsItemSelected(item);
    }

    private View.OnClickListener btnOpenUrlOnClick =
new View.OnClickListener() {
        public void onClick(View v) {
            mWebView.loadUrl(mEdtUrl.getText().toString());
        }
    };

}
```

Android 版本	1.X	2.X	3.X	4.X
适用性	★	★	★	★

第 74 章 自己打造网页浏览器

在学会了 WebView 的基本用法之后，本章我们将进一步利用 WebView 来开发一个网页浏览器。这个网页浏览器将具备完整的网页切换和状态显示功能，它在平板电脑中的运行画面如图 74-1 所示，其中的地址栏可以让用户输入想要打开的网址。在打开网页的过程中，会在上方的标题栏显示“正在下载网页……”的信息，并且在屏幕的右上角显示等待循环，同时启用“停止”按钮。在用户切换网页的过程中，“回上一页”和“到下一页”按钮会根据操作情况自动启用。程序也有提供放大和缩小网页的控制按钮（在图 74-1 的右下方，这个控制按钮是当单击网页区域，并进行拖动操作后才会显示），让用户可以放大网页的内容以方便阅读。这些网页浏览的相关功能都是由 WebView 提供，程序只要在适当的时机调用这些方法，就可以完成网页的控制和切换。

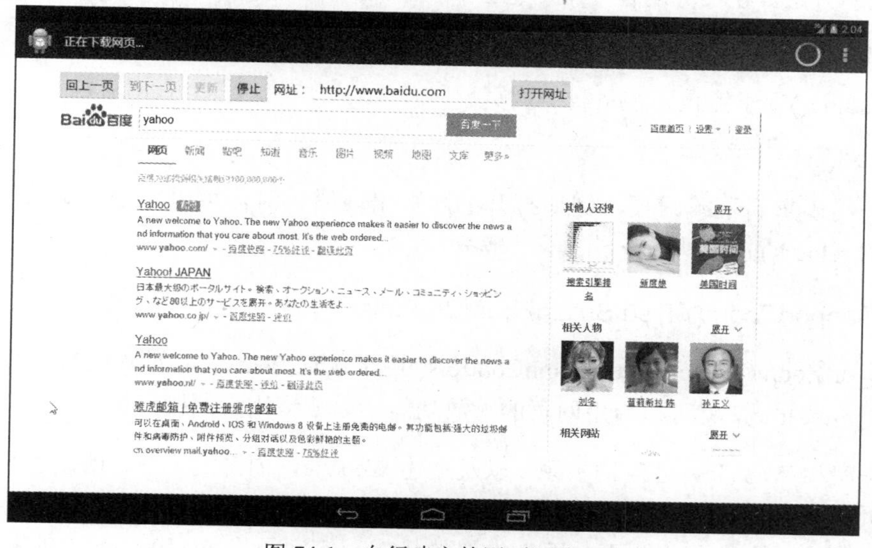

图 74-1　自行建立的网页浏览器

74-1 WebView 的高级用法

在上一章的实现范例中，我们特别说明一个情况，就是当用户单击 WebView 网页中的超链接时，程序会自动运行其他的网页浏览器来打开超链接的网页。这种运行方式是出于安全性的考虑，因为在 WebView 中，我们可以启用 JavaScript 的运行功能。如果有恶意的网页在 WebView 中打开，并且程序中又有和 JavaScript 连接的程序代码（下一章将会介绍实现方法），那么这个恶意的网页就能够运行我们的程序，进而借机窃取个人数据或是危害系统安全。当然我们可以借助程序代码的控制，让特定的网页在 WebView 中打开，而不必启动其他的网页浏览器，这需要借助 WebClient 对象进行操作，我们将在下一小节中介绍。以下我们先学习 WebView 的网页控制方法。

1. goBack()

goBack()用于回到前一个浏览过的网页，这是所有网页浏览器的必备功能。在打开不同网页的过程中，WebView 会自动记录浏览的顺序，只要调用 goBack()，就可以回到前一个网页。goBack()方法通常会和 canGoBack()以及 getUrl()方法搭配使用。程序可以先运行 canGoBack()检查是否有前一个网页存在，如果已经回到第一个网页，就不再有前一个网页，这时候不启用“回上一页”按钮。如果还有前一个网页，而且用户又单击“回上一页”按钮，这时候程序就运行 goBack()，然后调用 getUrl()取得对应的网址并显示在地址栏。

2. goForward()

goForward()用于到下一个浏览过的网页，这也是网页浏览器的基本功能，它和 goBack()是互相对应的方法。在实际的程序中，也会和 canGoForward()以及 getUrl()方法搭配使用。

3.stopLoading()

stopLoading()用于停止正在下载的网页。

4. reload()

reload()用于重新下载网页，例如打开的网页出现错误时，可以单击“更新”按钮运行 WebView 的 reload()方法，重新下载网页数据。

5. setSupportZoom()和 setBuiltInZoomControls()

setSupportZoom()和 setBuiltInZoomControls()用于设置 WebView 的网页缩放功能，调用这两个方法并传入 true，就可以启用网页的缩放功能，以方便用户阅读。

关于程序和 WebView 之间的关系，以及上述 WebView 内部的方法，请读者参考图 74-2。在开发网页浏览器的时候，我们需要考虑什么时候应该运行 canGoBack()和 canGoForward()，以便更新“回上一页”和“到下一页”按钮的状态，答案是当 WebView 中的网页更改的时候，而且我们必须在开始下载网页和完成下载的这一段时间才启用“停止”按钮。

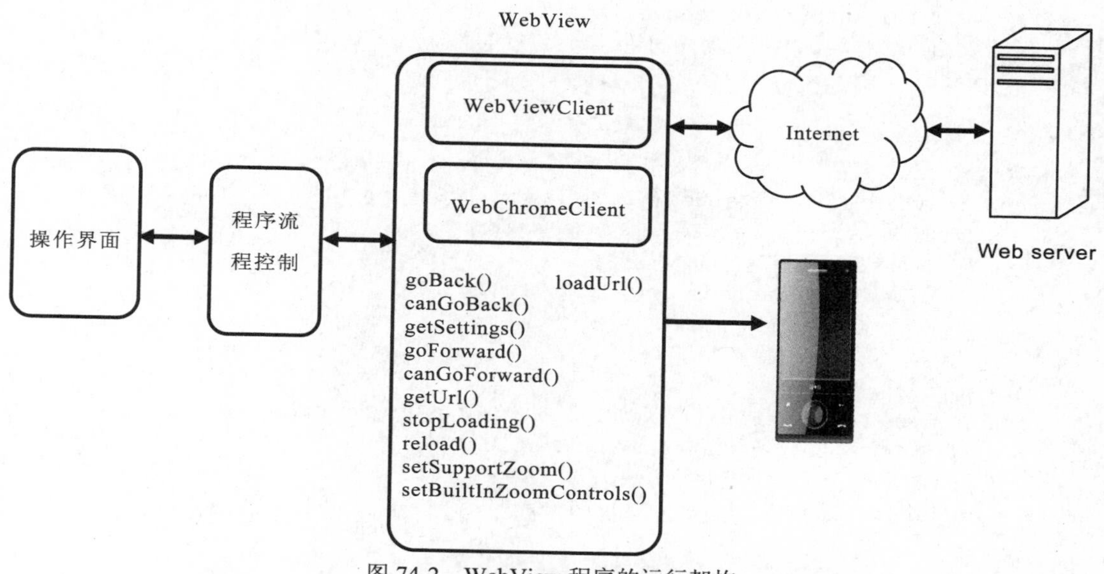

图 74-2　WebView 程序的运行架构

74-2 WebViewClient 和 WebChromeClient

网页下载的控制牵涉到 WebViewClient 和 WebChromeClient 这两个对象，我们必须先学会这两个对象的用法。

WebViewClient 和 WebChromeClient 是在 WebView 中运行的对象，它们的功能是负责下载网页数据，再利用 callback 函数的方式，通知主程序运行的结果。例如以下程序代码，就是在 WebView 中建立一个 WebViewClient 对象。这样，当用户单击 WebView 网页中的超链接时，就会直接在 WebView 中打开。

```
WebView webView = (WebView)findViewById(R.id.webView);
webView.setWebViewClient(new WebViewClient());
```

上述程序代码无法让程序和 WebViewClient 对象进行互动，也就是说缺乏 callback 函数，以致于无法通知主程序它的运行结果。为了能够让主程序和 WebViewClient 对象进行互动，我们可以在程序项目中建立一个继承 WebViewClient 的新类。假设我们将它取名为 MyWebViewClien，然后利用程序编辑窗口的快捷菜单中的 Source > Override/Implement Methods … 调出方法列表对话框，从中勾选以下程序代码范例中的 shouldOverrideUrlLoading()、onPageStarted()、onPageFinished()和 onReceivedError()共 4 个 callback 方法，另外我们加入一个自定义的 setupViewComponent()方法，代码如下：

```
public class MyWebViewClient extends WebViewClient {
    @Override
    public boolean shouldOverrideUrlLoading(WebView view, String url) {
```

```
        // TODO Auto-generated method stub
        // 用户单击 WebView 网页中的超链接时运行这个方法。
        return true;
    }

    @Override
    public void onPageStarted(WebView view, String url, Bitmap favicon) {
        // TODO Auto-generated method stub
        // 开始下载网页时运行这个方法。
        super.onPageStarted(view, url, favicon);
    }

    @Override
    public void onPageFinished(WebView view, String url) {
        // TODO Auto-generated method stub
        // 完成网页下载时运行这个方法。
        super.onPageFinished(view, url);
    }

    @Override
    public void onReceivedError(WebView view, int errorCode,
            String description, String failingUrl) {
        // TODO Auto-generated method stub
        // 当下载网页出现错误时运行
        super.onReceivedError(view, errorCode, description, failingUrl);
    }

    public MyWebViewClient setupViewComponent(…) {
        // 设置运行时需要用到的对象。
        …
        return this;
    }
}
```

这 4 个 callback 函数的运行时机请参考程序代码中的注释，setupViewComponent()方法用来设置网页在下载的过程中需要更新的界面组件，类似于“停止”按钮。以上是在开发网页浏览器的过程中会用到的函数，除此之外还有许多其他的 callback 函数会在不同的时间点运行，读者可以查阅 Android SDK 技术文件中有关 WebViewClient 类的说明。建立好这个新类之后，就可以在主程序中产生一个此类的对象，然后调用 WebView 的 setWebViewClient()完成设置。

除了 WebViewClient 之外，还有一个 WebChromeClient 对象也和网页下载有关，我们可以利用它获得网页下载的进度。由于只需要用到它的 onProgressChanged()方法，我们可以直接把建立 WebChromeClient 对象的程序代码写在主程序文件中，而不需要另外建立 WebChromeClient 类的程序文件，以下是在主程序中设置 WebViewClient 和 WebChromeClient 对象的范例。在了解了 WebView 对象的功能，以及 WebViewClient、WebChromeClient 的运行方式之后，我们就可以开始实现网页浏览器。

```
mWebView.setWebViewClient(
```

```
        new MyWebViewClient().setupViewComponent(…));
    mWebView.setWebChromeClient(new WebChromeClient() {
        public void onProgressChanged(WebView view, int progress) {
            // Activity 和 WebViews 的进度值使用不同的数值范围，
            // 因此必须乘上100，当到达100%后进度条会自动消失。
            setProgress(progress * 100);
        }
    });
```

74-3 范例程序

在本章一开始的时候，我们就已经介绍过网页浏览器的运行画面，以及它的操作方式和功能，每一个按钮的状态都会随着操作的过程适当地改变。在网页下载的时候，标题栏会显示“正在下载网页……”，当单击“回上一页”和“到下一页”按钮时，地址栏的内容也会自动更新，以下是建立这个 App 项目的详细步骤：

步骤01 新建一个 Android App 项目，项目对话框中的属性请依照之前的惯例设置即可。

步骤02 在程序功能描述文件 AndroidManifest.xml 中设置使用网络功能：

```
<?xml version="1.0" encoding="utf-8"?>
<manifest xmlns:android="http://schemas.android.com/apk/res/android"
    … >

    <uses-sdk
        … />

    <uses-permission android:name="android.permission.INTERNET" />

    <application
        …
    </application>

</manifest>
```

步骤03 在 Eclipse 左边的项目查看窗格中，展开此项目的 res/layout 文件夹，打开界面布局文件 activity_main.xml，然后编辑如下。我们使用两层的 LinearLayout 让所有按钮和 Text 组件排列在 WebView 组件的上方。由于这个 App 的操作画面中包含许多界面组件，因此必须在平板电脑中运行，否则有些界面组件会超出屏幕范围。

```
<LinearLayout xmlns:android="http://schemas.android.com/apk/res/android"
    xmlns:tools="http://schemas.android.com/tools"
    android:id="@+id/LinearLayout1"
    android:layout_width="match_parent"
    android:layout_height="match_parent"
```

```
    android:orientation="vertical"
    android:paddingBottom="@dimen/activity_vertical_margin"
    android:paddingLeft="@dimen/activity_horizontal_margin"
    android:paddingRight="@dimen/activity_horizontal_margin"
    android:paddingTop="@dimen/activity_vertical_margin" >

    <LinearLayout
        android:orientation="horizontal"
        android:layout_width="match_parent"
        android:layout_height="wrap_content" >

        <Button
            android:id="@+id/btnGoBack"
            android:layout_width="wrap_content"
            android:layout_height="wrap_content"
            android:text="回上一页"
            android:enabled="false" />

        <Button
            android:id="@+id/btnGoForward"
            android:layout_width="wrap_content"
            android:layout_height="wrap_content"
            android:text="到下一页"
            android:enabled="false" />

        <Button
            android:id="@+id/btnReload"
            android:layout_width="wrap_content"
            android:layout_height="wrap_content"
            android:text="更新"
            android:enabled="false" />

        <Button
            android:id="@+id/btnStop"
            android:layout_width="wrap_content"
            android:layout_height="wrap_content"
            android:text="停止"
            android:enabled="false" />

        <TextView
            android:layout_width="wrap_content"
            android:layout_height="wrap_content"
            android:textSize="20sp"
            android:text="网址：" />

        <EditText
            android:id="@+id/edtUrl"
            android:layout_width="300dp"
            android:layout_height="wrap_content"
            android:singleLine="true" />
```

```
        <Button
            android:id="@+id/btnOpenUrl"
            android:layout_width="wrap_content"
            android:layout_height="wrap_content"
            android:text="打开网址" />

    </LinearLayout>

    <WebView
        android:id="@+id/webView"
        android:layout_width="match_parent"
        android:layout_height="match_parent"  />

</LinearLayout>
```

步骤 04　新建一个继承 WebViewClient 的新类，我们可以将它取名为 MyWebViewClient。建立这个新类的方法，以及它的程序代码架构和功能，与前一节相同。在这个实现范例中，必须将“回上一页”、“到下一页”、“更新”和“停止”4 个按钮，以及 Activity 和 WebView 对象传给 MyWebViewClient，以便在网页下载的过程中更新按钮的状态，并且在标题栏显示信息。完整的程序代码如下：

```
public class MyWebViewClient extends WebViewClient {

    private Activity mActivity;
    private Button mBtnGoBack,
                mBtnGoForward,
                mBtnStop,
                mBtnReload;
    private WebView mWebView;

    @Override
    public boolean shouldOverrideUrlLoading(WebView view, String url) {
        // TODO Auto-generated method stub
        if (Uri.parse(url).getHost().indexOf("google") >= 0) {
            return false;
        }

        Intent it = new Intent(Intent.ACTION_VIEW, Uri.parse(url));
        mActivity.startActivity(it);
        return true;
    }

    @Override
    public void onPageStarted(WebView view, String url, Bitmap favicon) {
        // TODO Auto-generated method stub

        // 在标题栏显示横式进度条，或是环状等待循环
        mActivity.setProgressBarVisibility(true);
        // mActivity.setProgressBarIndeterminateVisibility(true);
```

```
        mActivity.setTitle("正在下载网页...");
        mBtnReload.setEnabled(false);
        mBtnStop.setEnabled(true);
        super.onPageStarted(view, url, favicon);
    }

    @Override
    public void onPageFinished(WebView view, String url) {
        // TODO Auto-generated method stub

        // 隐藏环状等待循环
        // mActivity.setProgressBarIndeterminateVisibility(false);
        mActivity.setTitle(R.string.app_name);
        mBtnReload.setEnabled(true);
        mBtnStop.setEnabled(false);

        if (mWebView.canGoBack())
            mBtnGoBack.setEnabled(true);
        else
            mBtnGoBack.setEnabled(false);

        if (mWebView.canGoForward())
            mBtnGoForward.setEnabled(true);
        else
            mBtnGoForward.setEnabled(false);

        super.onPageFinished(view, url);
    }

    @Override
    public void onReceivedError(WebView view, int errorCode,
            String description, String failingUrl) {
        // TODO Auto-generated method stub

        mBtnReload.setEnabled(true);
        mBtnStop.setEnabled(false);

        Toast.makeText(mActivity, "打开网页错误: " + failingUrl + description,
                    Toast.LENGTH_LONG)
            .show();
        super.onReceivedError(view, errorCode, description, failingUrl);
    }

    public MyWebViewClient setupViewComponent(Activity act,
                                    WebView webView,
                                    Button btnGoBack,
                                    Button btnGoForward,
                                    Button btnReload,
                                    Button btnStop) {
        mActivity = act;
        mWebView = webView;
```

```
        mBtnGoBack = btnGoBack;
        mBtnGoForward = btnGoForward;
        mBtnReload = btnReload;
        mBtnStop = btnStop;

        return this;
    }

}
```

在 shouldOverrideUrlLoading()方法中，我们先检查要打开的网址是否属于 google 的网页，如果是的话就直接 return false，让网页在 WebView 中打开。如果不是属于 google 的网页，就利用 Intent 对象要求外部的网页浏览器打开该网址。利用这种方式就可以筛选出可以信任的网页，让它们直接在 WebView 中打开，以避免前面解释过的安全问题。

另外，手机程序和平板电脑程序的标题显示的进度条类型也不相同，手机程序的标题可以显示具有百分比的进度条，但是平板电脑的标题只能够显示环状等待循环，因此在程序中我们特别加上注释说明，其他有关按钮状态的切换和错误信息的提示，请读者直接参考程序代码就能够了解了。

步骤 05　在 Eclipse 左边的项目查看窗格中，展开此项目的“src/(套件路径名称)”文件夹，然后打开主程序文件。我们让主程序类实现 OnClickListener 界面，再依照程序编辑窗口的错误提示和修改建议功能加入 onClick()方法，这样我们就可以将主程序类的对象传给按钮当作 OnClickListener。另外，我们在 onCreate()方法中调用 requestWindowFeature()方法，启用标题栏的进度显示功能，再依照前面的说明设置 WebView 对象，这样网页就可以正常运行，以下是主程序类的程序代码：

```
public class MainActivity extends Activity
                    implements OnClickListener {

    private Button mBtnOpenUrl,
            mBtnGoBack,
            mBtnGoForward,
            mBtnStop,
            mBtnReload;
    private EditText mEdtUrl;
    private WebView mWebView;

    @Override
    protected void onCreate(Bundle savedInstanceState) {
        super.onCreate(savedInstanceState);

        // 设置在标题栏中显示横式进度条，或是环状等待循环。
        requestWindowFeature(Window.FEATURE_PROGRESS);
        // requestWindowFeature(Window.FEATURE_INDETERMINATE_PROGRESS);
        setContentView(R.layout.activity_main);
```

```
    // 隐藏环状等待循环。
    // setProgressBarIndeterminateVisibility(false);

    mBtnOpenUrl = (Button)findViewById(R.id.btnOpenUrl);
    mBtnGoBack = (Button)findViewById(R.id.btnGoBack);
    mBtnGoForward = (Button)findViewById(R.id.btnGoForward);
    mBtnStop = (Button)findViewById(R.id.btnStop);
    mBtnReload = (Button)findViewById(R.id.btnReload);
    mEdtUrl = (EditText)findViewById(R.id.edtUrl);
    mWebView = (WebView)findViewById(R.id.webView);

    // 使用自定义的 MyWebViewClient，可以筛选在程序中
    // 浏览的网页，或是启动外部的浏览器。
    mWebView.setWebViewClient(new MyWebViewClient()
                .setupViewComponent(this,
                                    mWebView,
                                    mBtnGoBack,
                                    mBtnGoForward,
                                    mBtnReload,
                                    mBtnStop));
    mWebView.setWebChromeClient(new WebChromeClient() {
            public void onProgressChanged(WebView view, int progress) {
                // Activity 和 WebViews 的进度值使用不同的表示值，
                // 所以必须乘上100，当到达100%时进度条会自动消失。
                setProgress(progress * 100);
            }
        });

    WebSettings webSettings = mWebView.getSettings();
    webSettings.setJavaScriptEnabled(true);
    webSettings.setSupportZoom(true);
    webSettings.setBuiltInZoomControls(true);

    mBtnOpenUrl.setOnClickListener(this);
    mBtnGoBack.setOnClickListener(this);
    mBtnGoForward.setOnClickListener(this);
    mBtnStop.setOnClickListener(this);
    mBtnReload.setOnClickListener(this);
}

@Override
public boolean onCreateOptionsMenu(Menu menu) {

    // Inflate the menu; this adds items to the action bar if it is
   present.
    getMenuInflater().inflate(R.menu.main, menu);
    return true;
}

@Override
public boolean onOptionsItemSelected(MenuItem item) {
```

```
        // Handle action bar item clicks here. The action bar will
        // automatically handle clicks on the Home/Up button, so long
        // as you specify a parent activity in AndroidManifest.xml.
        int id = item.getItemId();
        if (id == R.id.action_settings) {
            return true;
        }
        return super.onOptionsItemSelected(item);
    }

    @Override
    public void onClick(View v) {
        // TODO Auto-generated method stub
        switch (v.getId()) {
        case R.id.btnOpenUrl:
            mWebView.loadUrl(mEdtUrl.getText().toString());
            break;
        case R.id.btnGoBack:
            mWebView.goBack();
            mEdtUrl.setText(mWebView.getUrl());
            break;
        case R.id.btnGoForward:
            mWebView.goForward();
            mEdtUrl.setText(mWebView.getUrl());
            break;
        case R.id.btnReload:
            mWebView.reload();
            break;
        case R.id.btnStop:
            mWebView.stopLoading();

            // 隐藏环状等待循环。
            // setProgressBarIndeterminateVisibility(false);
            setTitle(R.string.app_name);
            mBtnReload.setEnabled(true);
            mBtnStop.setEnabled(false);
            break;
        }
    }

}
```

完成这个 App 项目之后启动运行，测试网页的浏览功能，读者可以仔细观察每一个按钮的状态变化。如果要启用网页缩放控制栏，可以按住屏幕并拖动，就会显示放大和缩小的控制按钮。

Android 版本	1.X	2.X	3.X	4.X
适用性	★	★	★	★

第 75 章 JavaScript和Android程序之间的调用

网页中的 JavaScript 程序代码是由 WebView 组件负责编译和运行的，Android 程序代码则是在自己的 UI thread 中运行，二者看起来互不相干，可是 Android 系统却为二者提供了互通的机制，让 WebView 中运行的 JavaScript 能够调用 Android 程序中的方法，而且 Android 程序也可以调用 WebView 中 JavaScript 的 function。这个功能让程序员可以设计出功能更强大的程序，但是要提醒读者，在运用这些功能的背后，必须留意程序安全上的问题，避免恶意的网页通过程序代码侵犯个人的隐私或危害系统安全。

75-1 从 JavaScript 调用 Android 程序代码

以下是让 WebView 中的 JavaScript 调用 Android 程序代码的操作步骤：

步骤 01 在 App 项目中新增一个类，这个类中的方法是专门提供给 WebView 中的 JavaScript 调用，例如我们可以将这个类取名为 JavaScriptCallFunc，它的内容如下。在每一个要让 JavaScript 调用的方法前面，必须加入编译命令“@android.webkit.JavascriptInterface”。

```
public class JavaScriptCallFunc {

    @android.webkit.JavascriptInterface
    public void func1(…) {
        // Android 程序要运行的程序代码
        …
    }
```

```
    @android.webkit.JavascriptInterface
    public void func2(…) {
        // Android 程序要运行的程序代码。
        …
    }
}
```

步骤 02 在 Android 程序中启用 WebView 的 JavaScript 运行功能，并且建立一个上述类的对象，作为程序代码和 JavaScript 之间的界面。这个建立界面的操作是利用 WebView 的 addJavascriptInterface()方法来完成，它需要两个参数：第一个就是上述类的对象；第二个则是指定这个界面在 JavaScript 中使用的名称，以下范例是将这个名称指定为 Android：

```
WebView webView = (WebView)findViewById(R.id.webView);

WebSettings webSettings = webView.getSettings();
webSettings.setJavaScriptEnabled(true);

webView.addJavascriptInterface(new JavaScriptCallFunc(), "Android");
```

步骤 03 建立一个 HTML 网页文件，在网页的 JavaScript 程序代码中，利用前一个步骤设置的界面名称调用 Android 程序代码中的方法，例如以下范例。这个网页文件可以存储在程序项目的 assets 文件夹中，再利用 WebView 的 loadUrl("file:///android_asset/(网页文件名称).html")，将此网页文件加载至 WebView 中运行。如果网页文件中有中文字，必须仿照以下范例，加入<META>标签指定使用 UTF-8 编码，并将此网页文件改成使用 UTF-8 编码的方式存储。操作的方式是在 Eclipse 左边的项目查看窗格中，用鼠标右键单击该网页文件，再从快捷菜单中选择 Properties，就会出现如图 75-1 所示的对话框。在对话框右下方找到 Text file encoding 框，单击 Other 按钮，再从下拉列表框中选择 UTF-8，然后单击 Apply 按钮，最后单击 OK 按钮。

```
<html>

<head>
<META http-equiv="Content-Type" content="text/html; charset=UTF-8">
<title>My web page</title>
</head>

<body>
…（网页的内容）

<script type="text/javascript">
function callAndroidFunc1(…) {
    Android.Func1(…);
}

function callAndroidFunc2(…) {
```

```
    Android.Func2(…);
}
</script>
</body>

</html>
```

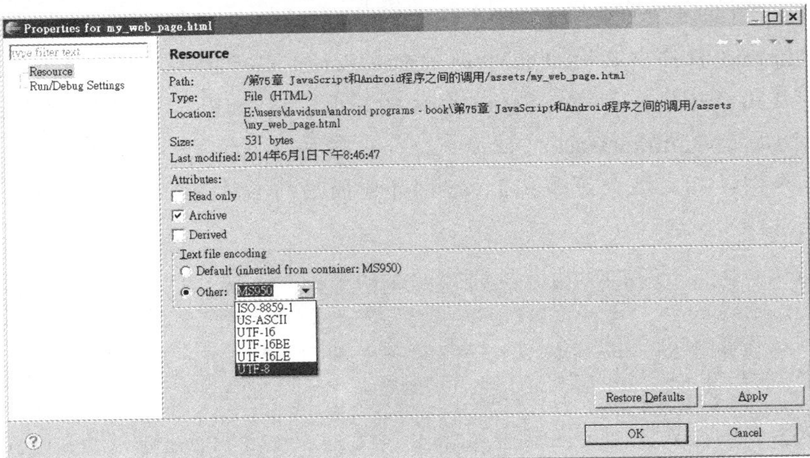

图 75-1　设置 App 项目中的文件编码方式

75-2　从 Android 程序调用 JavaScript 的 function

想要完成这项工作非常简单，假设我们已经将以下的 HTML 文件载入到 WebView 中运行：

```
<html>

<head>
<META http-equiv="Content-Type" content="text/html; charset=UTF-8">
<title>My web page</title>
</head>

<body>
…（网页的内容）

<script type="text/javascript">
function funcDoSomething(…) {
    …
}
</script>
</body>
```

```
</html>
```

其中有一个名为 funcDoSomething()的 JavaScript 函数，如果要在 Android 程序中调用这个函数，只要利用 WebView 的 loadUrl()方法，并且指定 javascript:funcDoSomething()即可，例如以下程序代码：

```
webView.loadUrl("javascript:funcDoSomething()");
```

75-3 使用 WebView 的 loadData()

截至目前为止，我们都是使用 WebView 的 loadUrl()来加载网页文件，其实 WebView 还提供了其他不同的网页加载方式，例如 loadData()也是很常用的一种。它让我们可以直接在程序中建立一个符合 HTML 格式的字符串，然后将它直接输入给 WebView 完成编译和显示。在调用 loadData()的时候必须指定字符串的类型和编码方式，一般是使用 UTF-8 编码以支持各种语言，程序范例如下：

```
String sHtml = null;
try {
    sHtml = URLDecoder.decode(
            "<html>" +
            "<META http-equiv=\"Content-Type\" content=\"text/html;
        charset=UTF-8\">" +
            "<body>这是由程序代码建立的网页。</body>" +
            "</html>", "utf-8");
} catch (Exception e) {
    // TODO Auto-generated catch block
    e.printStackTrace();
}

// 在有些版本的 Android 平台中，loadData()无法正常显示中文，
// 如果遇到这种情况，可以换成使用 loadDataWithBaseURL()。
webView.loadData(sHtml, "text/html", "utf-8");
//    webView.loadDataWithBaseURL(null, sHtml, "text/html", "utf-8", null);
```

为了得到 UTF-8 编码的字符串，我们利用 URLDecoder 类的 decode()方法来建立字符串，并且指定第二个参数为"utf-8"。建立好 HTML 格式的字符串之后，就可以调用 WebView 的 loadData()传入该字符串，然后指定字符串类型为"text/html"，编码方式为"utf-8"，这样就可以在 WebView 中显示这个 HTML 网页。接下来我们就来实现一个 App 项目，帮助读者了解整个程序架构和建立的过程。

75-4 范例程序

以下建立的 App 项目将示范前面介绍的 3 种 WebView 的功能，程序在平板电脑中的运行画面如图 75-2 所示。首先单击“加载网页”按钮，打开存储在 App 项目中的网页文件，该网页包含一个“调用 Android 程序显示 Toast”按钮和两个 JavaScript function。单击网页中的“调用 Android 程序显示 Toast”按钮时，网页中的 JavaScript 会调用 Android 程序代码，显示一个 Toast 信息。如果单击程序中的“在网页中显示图片”按钮，程序代码会调用网页中的 JavaScript 显示一个图片文件。如果单击“用程序代码建立网页”按钮，则会显示一个由程序代码建立的网页，如图 75-3 所示。以下是完成这个 App 项目的详细步骤：

图 75-2　JavaScript 和 Android 程序代码之间的调用

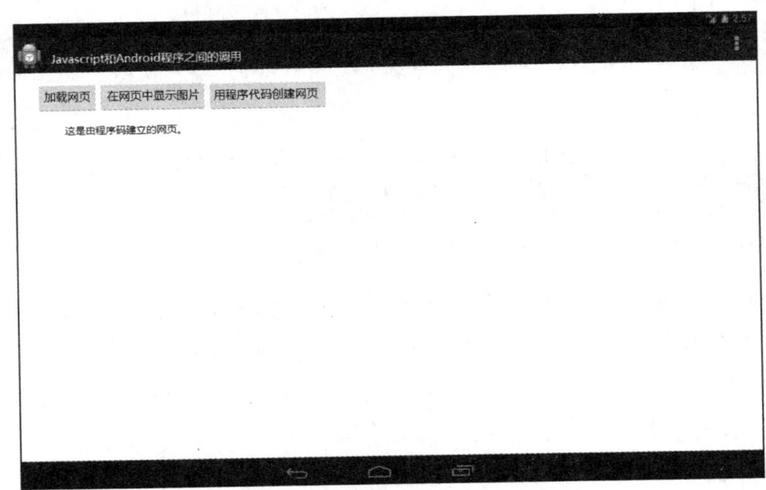

图 75-3　用程序代码产生的网页

步骤 01　新增一个 Android App 项目，项目对话框中的属性请依照之前的惯例设置即可。

步骤 02 如果要让程序能够打开 Internet 的网页，必须在程序功能描述文件 AndroidManifest.xml 中设置使用网络的权限（如同上一章的范例程序）。不过以这个范例程序来说，并不需要连到 Internet，因此可以不用设置。

步骤 03 新建一个类作为 JavaScript 调用 Android 程序代码的界面，这个类只需要继承内置的 java.lang.Object 类即可，然后在该类的程序代码中建立要提供给 JavaScript 调用的方法，以下是完成后的程序代码。我们把这个类取名为 JavaScriptCallFunc。

```
public class JavaScriptCallFunc {

    Context mContext;

    JavaScriptCallFunc(Context c) {
        mContext = c;
    }

    @android.webkit.JavascriptInterface
    public void showToastMsg(String s) {
        Toast.makeText(mContext, s, Toast.LENGTH_LONG)
            .show();
    }
}
```

步骤 04 打开 App 项目的界面布局文件，将内容编辑如下，其中包含三个按钮和一个 WebView 组件。我们利用两层 LinearLayout 的编排方式，让按钮排列在程序画面的上方，按钮的功能如同前面的说明。

```
<LinearLayout xmlns:android="http://schemas.android.com/apk/res/android"
    xmlns:tools="http://schemas.android.com/tools"
    android:id="@+id/LinearLayout1"
    android:layout_width="match_parent"
    android:layout_height="match_parent"
    android:orientation="vertical"
    android:paddingBottom="@dimen/activity_vertical_margin"
    android:paddingLeft="@dimen/activity_horizontal_margin"
    android:paddingRight="@dimen/activity_horizontal_margin"
    android:paddingTop="@dimen/activity_vertical_margin" >

    <LinearLayout
        android:orientation="horizontal"
        android:layout_width="match_parent"
        android:layout_height="wrap_content" >

        <Button
            android:id="@+id/btnLoadHtml"
            android:layout_width="wrap_content"
            android:layout_height="wrap_content"
            android:text="加载网页" />
```

```
        <Button
            android:id="@+id/btnShowImage"
            android:layout_width="wrap_content"
            android:layout_height="wrap_content"
            android:text="在网页中显示图片" />

        <Button
            android:id="@+id/btnBuildHtml"
            android:layout_width="wrap_content"
            android:layout_height="wrap_content"
            android:text="用程序代码创建网页" />

    </LinearLayout>

    <WebView
        android:id="@+id/webView"
        android:layout_width="match_parent"
        android:layout_height="match_parent" />

</LinearLayout>
```

步骤 05 在 App 项目中新增一个 HTML 网页文件，请读者在 Eclipse 左边的项目查看窗格中，用鼠标右键单击 assets 文件夹，在弹出的快捷菜单中选择 New > File，在对话框中的 File name 框输入网页文件名，文件名只能用小写英文字和下划线字符，例如可以取名为 my_web_page.html，完成后单击 Finish 按钮。

步骤 06 这个新建的网页文件会自动打开在程序编辑窗格中，不过它是以浏览器的模式运行，因此请将它关闭，然后在 Eclipse 左边的项目查看窗格中，用鼠标右键单击这个网页文件，在弹出的快捷菜单中选择 Open With > Text Editor，就可以进入文字编辑模式，然后输入以下网页的内容。网页中包含一个“调用 Android 程序显示 Toast”按钮和两个名为 callAndroidShowToast()和 showImage()的 JavaScript function。单击该按钮时，会运行 callAndroidShowToast()并传入要显示的信息字符串，callAndroidShowToast()内部会调用 Android 程序代码显示 Toast 信息。showImage()是提供给后续建立的 Android 程序代码调用时使用，它会将存储在 App 项目的 assets 文件夹中名为 android.jpg 的图像文件显示在网页画面中，因此必须先将该图像文件存储在 App 项目的 assets 文件夹中。

```
<html>

<head>
<META http-equiv="Content-Type" content="text/html; charset=UTF-8">
<title>My web page</title>
</head>

<body>
<input type="button" value="调用 Android 程序显示 Toast"
      onClick="callAndroidShowToast('由 JavaScript 调用')" />
```

```
<br>
<img id="img_demo"/>

<script type="text/javascript">
function callAndroidShowToast(msg) {
    Android.showToastMsg(msg);
}

function showImage() {
    document.getElementById("img_demo").src="file:
    ///android_asset/android.jpg";
}
</script>
</body>

</html>
```

步骤 07 打开主类程序文件，让它实现 OnClickListener 界面，因为我们要将它设置给 Button 对象当成 OnClickListener。在 onCreate()方法中设置好所有的界面组件，包括启用 WebView 对象的 JavaScript 功能和建立一个让 JavaScript 调用的界面，我们将这个界面取名为 Android。最后在 onClick()方法中，判断用户按下的按钮，再运行对应的程序代码，这些程序代码的功能如同本章前面的说明，以下是完整的程序文件内容：

```
public class MainActivity extends Activity
                    implements OnClickListener {

   private Button mBtnLoadHtml,
                  mBtnShowImage,
                  mBtnBuildHtml;
   private WebView mWebView;

   @Override
   protected void onCreate(Bundle savedInstanceState) {
       super.onCreate(savedInstanceState);
       setContentView(R.layout.activity_main);

       mBtnLoadHtml = (Button)findViewById(R.id.btnLoadHtml);
       mBtnShowImage = (Button)findViewById(R.id.btnShowImage);
       mBtnBuildHtml = (Button)findViewById(R.id.btnBuildHtml);
       mWebView = (WebView)findViewById(R.id.webView);

       WebSettings webSettings = mWebView.getSettings();
       webSettings.setJavaScriptEnabled(true);

       mWebView.addJavascriptInterface(new JavaScriptCallFunc(this),
   "Android");

       mBtnLoadHtml.setOnClickListener(this);
       mBtnShowImage.setOnClickListener(this);
```

```
        mBtnBuildHtml.setOnClickListener(this);
    }

    @Override
    public boolean onCreateOptionsMenu(Menu menu) {
        // Inflate the menu; this adds items to the action bar if it is
    present.
        getMenuInflater().inflate(R.menu.main, menu);
        return true;
    }

    @Override
    public boolean onOptionsItemSelected(MenuItem item) {
        // Handle action bar item clicks here. The action bar will
        // automatically handle clicks on the Home/Up button, so long
        // as you specify a parent activity in AndroidManifest.xml.
        int id = item.getItemId();
        if (id == R.id.action_settings) {
            return true;
        }
        return super.onOptionsItemSelected(item);
    }

    @Override
    public void onClick(View v) {
        // TODO Auto-generated method stub
        switch (v.getId()) {
        case R.id.btnLoadHtml:
            mWebView.loadUrl("file:///android_asset/my_web_page.html");
            break;
        case R.id.btnShowImage:
            mWebView.loadUrl("javascript:showImage()");
            break;
        case R.id.btnBuildHtml:
            String sHtml = null;
            try {
                sHtml = URLDecoder.decode(
                "<html>" +
        "<META http-equiv=\"Content-Type\" content=\"text/html;
 charset=UTF-8\">" +
                    "<body>这是由程序代码建立的网页。</body>" +
                    "</html>", "utf-8");
            } catch (Exception e) {
                // TODO Auto-generated catch block
                e.printStackTrace();
            }

            // 在有些版本的Android平台中，loadData()无法正常显示中文，
            // 如果遇到这种情况，可以换成使用loadDataWithBaseURL()。
            mWebView.loadData(sHtml, "text/html", "utf-8");
            // mWebView.loadDataWithBaseURL(null, sHtml, "text/html",
```

```
            "utf-8", null);

                break;
            }
        }

    }
```

我们利用前面 3 章介绍 WebView 的相关功能，读者应该可以从这些说明和实现范例中体会到 WebView 的强大功能，但这还不是 WebView 的全部，如果读者遇到需要处理网页数据的问题，可先查询 WebView 的用法，多半都会有想要的答案。

第15部分

开发 NFC 应用程序

Android 版本	1.X	2.X	3.X	4.X
适用性		★	★	★

第 76 章 NFC程序设计

NFC（Near Field Communication）的字面意思是“近场通信”，它是一种手机的应用，运行方式是让手机靠近一个含有 NFC tag 的设备或是小贴片，以取得或发送数据，如图 76-1 所示。它可以用在手机付款、交换个人数据、获取商品信息等方面，其中最基本的用法是 NFC Data Exchange Format，简称 NDEF，它具有下列两种功能：

- 从 NFC tag 读取 NDEF 数据。
- 从一个 NFC 设备发送 NDEF 数据到另一个 NFC 设备。

当 Android 系统检测到 NFC tag 时，它会利用 Tag Dispatch 机制进行处理。Tag Dispatch 的过程中牵涉到 NFC tag 数据的解析和建立 Intent 对象等方面的知识，以下我们将从头开始好好介绍一下整个流程。

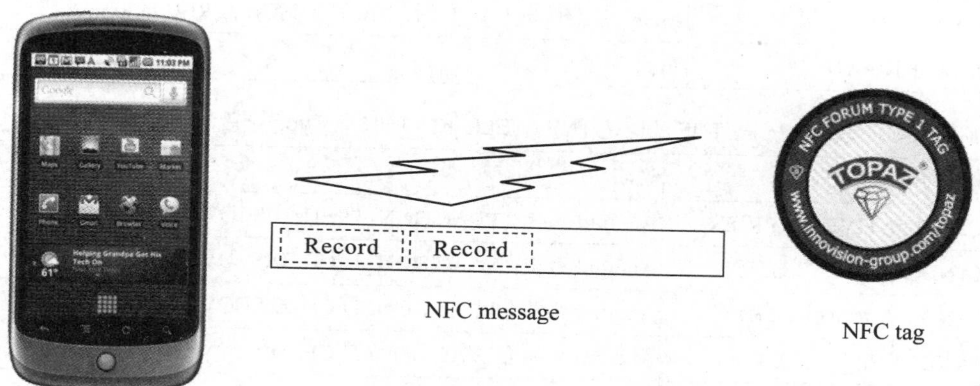

图 76-1　NFC 的运行模式

76-1 Android 系统处理 NFC tag 数据的方式

想要了解 Android 系统如何处理 NFC tag 中的数据，必须先了解 NFC tag 的数据格式。在 NFC tag 中，NDEF 数据封装在一个 NFC message 中。NFC message 内部可以有一个或多个 record（参考图 76-1），第一个 record 含有以下信息。

- TNF（Type Name Format）：决定 Type 字段的格式，TNF 可以是如表 76-1 所示的几种设置值。
- Type： TNF 字段的值决定了此字段的数据格式，例如 TNF 的值是 TNF_WELL_KNOWN，则这个字段就是 RTD（Record Type Definition），RTD 的值如表 76-2 所示。
- ID：record 的 ID 编号，通常不需要设置。
- Payload：用来存储实际的数据，NFC message 中的数据可以分开存储在多个 record 中。

表 76-1 TNF 字段的设置值

TNF 的设置值	说明
TNF_ABSOLUTE_URI	Type 字段是 URI 数据
TNF_EMPTY	Android 系统会以 ACTION_TECH_DISCOVERED 的方式处理
TNF_EXTERNAL_TYPE	Type 字段是 URN 类型的 URI，Android 会将它的格式转换成 vnd.android.nfc://ext/<domain_name>:<service_name>
TNF_MIME_MEDIA	Type 字段是描述 MIME 的类型
TNF_UNCHANGED	Android 系统会以 ACTION_TECH_DISCOVERED 的方式处理
TNF_UNKNOWN	Android 系统会以 ACTION_TECH_DISCOVERED 的方式处理
TNF_WELL_KNOWN	Type 字段是 RTD

表 76-2 当 TNF 的值是 TNF_WELL_KNOWN 时 Type 字段的设置值

Type 字段的值（RTD）	说明
RTD_ALTERNATIVE_CARRIER	Android 系统会以 ACTION_TECH_DISCOVERED 的方式处理
RTD_HANDOVER_CARRIER	Android 系统会以 ACTION_TECH_DISCOVERED 的方式处理
RTD_HANDOVER_REQUEST	Android 系统会以 ACTION_TECH_DISCOVERED 的方式处理
RTD_HANDOVER_SELECT	Android 系统会以 ACTION_TECH_DISCOVERED 的方式处理
RTD_SMART_POSTER	Payload 的字段是 URI
RTD_TEXT	MIME 的类型是 text/plain
RTD_URI	Payload 的字段是 URI

当 Android 手机或是平板电脑的屏幕被解锁之后，Android 系统便开始连续不断地检测 NFC tag（用户可以利用手机或平板电脑的系统设置取消这项功能）。当检测到 NFC tag 时，

Android 系统会分析从 NFC tag 中取得的数据。首先利用 TNF 和 Type 两个字段决定数据是否属于 MIME 或是 URI 类型，如果属于的话，代表这个 NFC tag 也属于 NDEF，接着取出实际的数据，再将它封装成一个 ACTION_NDEF_DISCOVERED 类型的 Intent 对象，然后开始搜索手机中的程序，找出谁能够处理这个 Intent 对象，最后启动该程序，把 Intent 对象交给它处理。如果 Android 系统经过分析后发现 NFC tag 不是 NDEF，就会建立一个 ACTION_TECH_DISCOVERED 类型的 Intent 对象，其中包含一个 Tag 对象和从 NFC tag 中取出的数据。

例如 NFC message 中的第一个 record 的 TNF 是 TNF_ABSOLUTE_URI，就表示 Type 字段是 URI，此时 Android 系统会取出该 URI 连同 Payload 中的数据，一起封装成一个 ACTION_NDEF_DISCOVERED 类型的 Intent 对象。如果 NFC message 的第一个 record 的 TNF 是 TNF_UNKNOWN，Android 就会建立一个 ACTION_TECH_DISCOVERED 类型的 Intent 对象。Android 系统根据 NFC tag 中的数据建立好 Intent 对象之后，就开始搜索可以处理该 Intent 的程序，并根据下列步骤进行处理：

步骤 01 如果是 ACTION_NDEF_DISCOVERED 类型的 Intent，而且找到可以处理的程序就会启动该程序，然后把 Intent 交给它，如果找不到可以处理的程序就进行下一个步骤。

步骤 02 重新建立一个 ACTION_TECH_DISCOVERED 类型的 Intent，然后查找可以处理它的程序。如果找到可以处理的程序，就启动该程序，然后把 Intent 交给它，如果找不到可以处理的程序就进行下一个步骤。

步骤 03 重新建立一个 ACTION_TAG_DISCOVERED 类型的 Intent，然后寻找可以处理它的程序。如果找到可以处理的程序，就启动该程序，然后把 Intent 传给它，如果找不到可以处理的程序，就放弃处理这个 NFC tag 的数据。

以上的处理流程如图 76-2 所示。

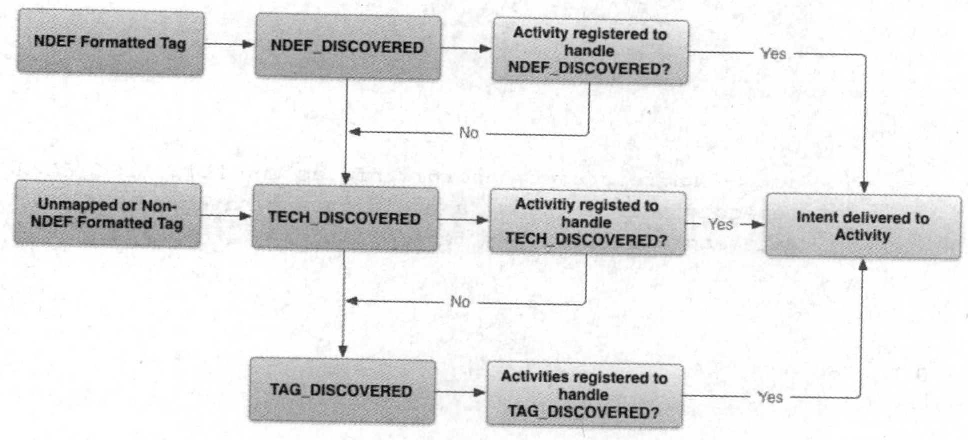

图 76-2　Android 系统处理 NFC tag 的流程（Tag Dispatch System）

76-2 开发 NFC 应用程序

若要让程序能够处理 NFC tag 的数据，必须先在程序功能描述文件 AndroidManifest.xml 中完成以下设置：

```
<?xml version="1.0" encoding="utf-8"?>
<manifest ...>
  ...
<uses-sdk android:minSdkVersion="10" />
<uses-permission android:name="android.permission.NFC" />
<uses-feature android:name="android.hardware.nfc" android:required="true" />

    <application ...>
       …
    </application>
</manifest>
```

Android 系统从 2.3.1 版本（API level 9）开始支持 NFC，但是最初只能够使用 ACTION_TAG_DISCOVERED 的形式，直到 2.3.3 的版本（API level 10）才支持完整的 NFC 读写功能。在 Android 4.0（API level 14）以后可利用 Android Beam 的方式使用 NFC，因此 android:minSdkVersion 属性必须依照程序使用的 NFC 功能进行设置。<uses-feature…>标签是要求手机或平板电脑必须具备 NFC 功能，这个设置也可以省略，换成在程序中调用 getDefaultAdapter()检测 NFC 功能，下一章将给出实现的程序代码范例。

接下来是设置程序能够处理的 NFC Intent 的形式，这其实是利用第 40 章介绍的 Intent Filter 技术实现的。例如要让程序能够处理 ACTION_NDEF_DISCOVERED 类型的 Intent，而且数据是属于 MIME 的 text 形式，就必须在程序功能描述文件中加入以下设置：

```
<?xml version="1.0" encoding="utf-8"?>
<manifest …>
    …
    <application …>
        <activity …>
            <intent-filter>
                <action android:name="android.nfc.action.NDEF_DISCOVERED"/>
                <category android:name="android.intent.category.DEFAULT"/>
                <data android:mimeType="text/plain" />
            </intent-filter>
        </activity>

    </application>
</manifest>
```

如果程序要处理的数据属于 URI 类型，而且内容是 http://developer.android.com/index.html，就必须设置为如下形式：

```
…（同前一个范例）
<intent-filter>
    <action android:name="android.nfc.action.NDEF_DISCOVERED"/>
    <category android:name="android.intent.category.DEFAULT"/>
    <data android:scheme="http"
              android:host="developer.android.com"
              android:pathPrefix="/index.html" />
</intent-filter>
…（同前一个范例）
```

如果要让程序能够处理 ACTION_TECH_DISCOVERED 类型的 Intent，必须先在程序项目的 res 文件夹中新建一个 XML 子文件夹，并且在其中建立一个 XML 文件，例如可以将它取名为 nfc_tech_list.xml，然后编辑它的内容如下：

```
<resources xmlns:xliff="urn:oasis:names:tc:xliff:document:1.2">
    <tech-list>
        <tech>android.nfc.tech.NfcA</tech>
        <tech>android.nfc.tech.Ndef</tech>
    </tech-list>
    <tech-list>
        <tech>android.nfc.tech.NfcB</tech>
        <tech>android.nfc.tech.Ndef</tech>
    </tech-list>
</resources>
```

这个文件定义了程序能够处理的 NFC tag 形式，以这个范例而言，表示程序能够处理 NfcA 搭配 Ndef 的形式，或是 NfcB 搭配 Ndef 的形式，然后在程序功能描述文件中加入下列设置：

```
<?xml version="1.0" encoding="utf-8"?>
<manifest …>
    …
    <application …>
<activity>
...
<intent-filter>
                <action android:name="android.nfc.action.TECH_
            DISCOVERED"/>
</intent-filter>

<meta-data android:name="android.nfc.action.TECH_DISCOVERED"
                android:resource="@xml/nfc_tech_list" />
...
</activity>
    </application>
</manifest>
```

如果要让程序能够处理 ACTION_TAG_DISCOVERED 类型的 Intent，就必须在程序功能描述文件中加入以下设置：

```
<intent-filter>
```

```
    <action android:name="android.nfc.action.TAG_DISCOVERED"/>
</intent-filter>
```

程序收到 NFC Intent 之后必须从中取出数据。一般来说数据会以下列两种方式存储在 Intent 中。

- EXTRA_TAG：表示这是一个 Tag 类型的对象。
- EXTRA_NDEF_MESSAGES：表示这是 NDEF 类型的数据。

以下程序范例先检查接收到的 NFC Intent 是否是 ACTION_NDEF_DISCOVERED 类型，如果是的话，再从中取出 EXTRA_NDEF_MESSAGES 形式的数据：

```
public void onResume() {
    super.onResume();
    ...
    if (NfcAdapter.ACTION_NDEF_DISCOVERED.equals(getIntent().getAction())) {
        Parcelable[] rawMsgs = intent.getParcelableArrayExtra(NfcAdapter
    .EXTRA_NDEF_MESSAGES);
        if (rawMsgs != null) {
            msgs = new NdefMessage[rawMsgs.length];
            for (int i = 0; i < rawMsgs.length; i++) {
                msgs[i] = (NdefMessage) rawMsgs[i];
            }
        }
    }
    //处理msgs[]数组中的数据
    …
}
```

如果要取得 NFC Intent 中的 Tag 对象可以利用下列程序代码进行操作：

```
Tag tag = intent.getParcelableExtra(NfcAdapter.EXTRA_TAG);
```

本章我们介绍了如何读取 NFC tag 中的数据，下一章我们将介绍如何把数据写入 NFC tag。

Android 版本	1.X	2.X	3.X	4.X
适用性		★	★	★

第 77 章 把数据写入NFC tag

根据上一章的说明，NFC tag 中的数据存储在 record 中，而且表 76-1 中列出了各种类型的 record。如果程序中需要建立 record，可以参考下列程序代码。

建立 TNF_ABSOLUTE_URI 类型的 record：

```
NdefRecord nfcRecord = new NdefRecord(NdefRecord.TNF_ABSOLUTE_URI,
    "http://developer.android.com/index.html".getBytes(Charset.
forName("US-ASCII")),
    new byte[0], new byte[0]);
```

建立 TNF_MIME_MEDIA 类型的 record：

```
NdefRecord nfcRecord = new NdefRecord(NdefRecord.TNF_MIME_MEDIA,
    "application/com.example.android.beam".getBytes(Charset.forName
("US-ASCII")),
    new byte[0], "Beam me up, Android!".getBytes(Charset.forName
("US-ASCII")));
```

建立 TNF_WELL_KNOWN 类型的 record 并且存储 RTD_TEXT 类型的数据：

```
byte[] langBytes = locale.getLanguage().getBytes(Charset.forName("US-ASCII"));
Charset utfEncoding = encodeInUtf8 ? Charset.forName("UTF-8") :
Charset.forName("UTF-16");
byte[] textBytes = payload.getBytes(utfEncoding);
int utfBit = encodeInUtf8 ? 0 : (1 << 7);
char status = (char) (utfBit + langBytes.length);
byte[] data = new byte[1 + langBytes.length + textBytes.length];
data[0] = (byte) status;
System.arraycopy(langBytes, 0, data, 1, langBytes.length);
System.arraycopy(textBytes, 0, data, 1 + langBytes.length, textBytes.length);
NdefRecord nfcRecord = new NdefRecord(NdefRecord.TNF_WELL_KNOWN,
NdefRecord.RTD_TEXT, new byte[0], data);
```

建立 TNF_WELL_KNOWN 类型的 record 并且存储 RTD_URI 类型的数据：

```
byte[] uriField = "example.com".getBytes(Charset.forName("US-ASCII"));
byte[] payload = new byte[uriField.length + 1]; //加1是为了 URI 的前导符
byte payload[0] = 0x01;                  //在 URI 前面加上 http://www.
System.arraycopy(uriField, 0, payload, 1, uriField.length);
//在 payload 后面加上 URI
NdefRecord nfcRecord = new NdefRecord(
NdefRecord.TNF_WELL_KNOWN, NdefRecord.RTD_URI, new byte[0], payload);
```

建立 TNF_EXTERNAL_TYPE 类型的 record：

```
byte[] payload;
...（把数据存到 payload 中）
NdefRecord nfcRecord = new NdefRecord(
NdefRecord.TNF_EXTERNAL_TYPE,"example.com:externalType",newbyte[0],payload);
```

准备好 NFC record 之后，就可以建立一个 NFC message 将 record 封装起来：

```
NdefMessage msg = new NdefMessage( new NdefRecord[] { nfcRecord });
```

如果要在 NFC message 中放入多个 record，可以参考以下程序代码：

```
NdefRecord nfcRecord1 = new NdefRecord(…);
NdefRecord nfcRecord2 = new NdefRecord(…);
NdefRecord nfcRecord3 = new NdefRecord(…);
NdefMessage msg = new NdefMessage( new NdefRecord[] { nfcRecord1, nfcRecord2,
nfcRecord3 });
```

77-1 Android Application Record（AAR）

AAR 是 Android 4.0 以后才加入的新功能，它可以把程序名称（包含套件路径名称）写入 NFC message 中。当 Android 收到 NFC message 时，会先在其中查找 AAR，如果找到，就直接启动 AAR 指定的程序，让它处理 NFC message 中的数据。如果系统目前没有安装该程序，Android 会自动连接到 Google Play 网站，让用户下载该程序。

当程序要将 NFC message 写入 NFC tag，或是传给另一个 Android 设备时，可以在其中加入 AAR，请参考以下程序代码范例：

```
NdefMessage msg = new NdefMessage(
      new NdefRecord[] { nfcRecord,   // nfcRecord 是前面建立好的 record
      NdefRecord.createApplicationRecord("(程序的套件路径和名称)") // 建立 AAR
  });
```

77-2 Android Beam

从 Android 4.0 以后新增 Beam 的功能，让程序可以通过 NFC 的方式，把数据传给另一个 Android 设备。有下列两种方法可以让程序运行 Beam 功能：

- 调用 setNdefPushMessage()传入建立好的 NdefMessage 对象，当要接收的 Android 设备靠近时，数据就会自动发送过去。
- 调用 setNdefPushMessageCallback()设置一个 call back 函数，当要接收的 Android 设备靠近时，Android 系统会调用这个 call back 函数，我们在该函数中建立要发送的 message 并完成发送的操作。

使用 Beam 功能时，发送端和接收端的设备都必须处于 unlocked 状态。由于接收到含有 AAR 的 NFC message 时，系统会直接运行 AAR 指定的程序，因此不需要在程序功能描述文件中设置 Intent Filter 的信息。不过 Intent Filter 可以和 Beam 功能同时使用，以便让程序可以处理多种类型的 NFC message。以下是利用 Beam 发送数据的程序代码范例：

```
public class Beam extends Activity implements CreateNdefMessageCallback {
    NfcAdapter mNfcAdapter;
    TextView textView;

    @Override
    public void onCreate(Bundle savedInstanceState) {
        super.onCreate(savedInstanceState);
        setContentView(R.layout.main);
        TextView textView = (TextView) findViewById(R.id.textView);
        // 检查是否具有 NFC 功能
        mNfcAdapter = NfcAdapter.getDefaultAdapter(this);
        if (mNfcAdapter == null) {
            Toast.makeText(this, "没有 NFC 功能", Toast.LENGTH_LONG).show();
            finish();
            return;
        }

        mNfcAdapter.setNdefPushMessageCallback(this, this);
    }

    @Override
    public NdefMessage createNdefMessage(NfcEvent event) {
        String text = ("要发送的数据\n\n" +
                "发送时间: " + System.currentTimeMillis());
        NdefMessage msg = new NdefMessage(
                new NdefRecord[] { createMimeRecord(
                        "application/com.example.android.beam",
                    text.getBytes()),
                      NdefRecord.createApplicationRecord("tw.android.beam")
```

```
        });
        return msg;
    }

    @Override
    public void onResume() {
        super.onResume();
        // 检查是否因为 NFC Beam 才启动
        if (NfcAdapter.ACTION_NDEF_DISCOVERED.equals(getIntent().
getAction())) {
            processIntent(getIntent());
        }
    }

    @Override
    public void onNewIntent(Intent intent) {
        // 在 onResume()之前运行，设置 intent
        setIntent(intent);
    }

    void processIntent(Intent intent) {
        // 处理 NDEF Message
        textView = (TextView) findViewById(R.id.textView);
        Parcelable[] rawMsgs = intent.getParcelableArrayExtra(
                NfcAdapter.EXTRA_NDEF_MESSAGES);
        // only one message sent during the beam
        NdefMessage msg = (NdefMessage) rawMsgs[0];
        // record 0 contains the MIME type, record 1 is the AAR, if
        present
        textView.setText(new String(msg.getRecords()[0].getPayload()));
    }

    public NdefRecord createMimeRecord(String mimeType, byte[] payload) {
        // 建立一个 MIME type 在 NDEF record 中使用
        byte[] mimeBytes = mimeType.getBytes(Charset.forName("US-ASCII"));
        NdefRecord mimeRecord = new NdefRecord(
                NdefRecord.TNF_MIME_MEDIA, mimeBytes, new byte[0], payload);
        return mimeRecord;
    }
}
```

Android 版本	1.X	2.X	3.X	4.X
适用性	★	★	★	★

第 78 章 NFC的高级用法

通常情况下，NFC tag 会利用 NDEF 格式存储数据，当 Android 系统接收到 NDEF 格式的 message 时，它可以自动解析其中的数据。但是如果遇到非 NDEF 格式的 NFC tag 时，Android 系统会建立 ACTION_TECH_DISCOVERED 类型的 Intent。如果程序收到这种 Intent，就必须自己解析 NFC tag 中的数据。相关的操作类定义在 android.nfc.tech 套件中，如表 78-1 所示，程序可以调用 getTechList()取得 tag 支持的格式，再利用 TagTechnology 对象和相关类进行处理。

表 78-1　android.nfc.tech 套件中的类

类	说明
TagTechnology	这是一个 Interface，所有 Tag Technology 的类都必须实现这个 Interface
NfcA	NFC-A（ISO 14443-3A）的形式
NfcB	NFC-B（ISO 14443-3B）的形式
NfcF	NFC-F（JIS 6319-4）的形式
NfcV	NFC-V（ISO 15693）的形式
IsoDep	ISO-DEP（ISO 14443-4）的形式
Ndef	用来处理 NDEF 格式的数据
NdefFormatable	可以用 NDEF 格式来处理
MifareClassic	MIFARE 的形式

如果要让程序能够处理 ACTION_TECH_DISCOVERED 类型的 Intent，必须完成以下步骤。

步骤 01　依照第 76 章的说明，设置程序功能描述文件 AndroidManifest.xml。

步骤 02　当程序收到 ACTION_TECH_DISCOVERED 类型的 Intent 时，取出其中的 Tag 对象。

```
Tag tagFromIntent = intent.getParcelableExtra(NfcAdapter.EXTRA_TAG);
```

步骤03 调用 getTechList()决定 Tag 的形式，然后运行对应的 get()方法，取得 TagTechnology 对象。

以下程序代码可说明如何利用 android.nfc.tech 套件中的 MifareUltralight 类对 NFC tag 进行数据读写：

```
public class MifareUltralightTagTester {

    private static final String TAG = MifareUltralightTagTester.class
.getSimpleName();

    public void writeTag(Tag tag, String tagText) {
        MifareUltralight ultralight = MifareUltralight.get(tag);
        try {
            ultralight.connect();
            ultralight.writePage(4, "abcd".getBytes(Charset.forName
        ("US-ASCII")));
            ultralight.writePage(5, "efgh".getBytes(Charset.forName
        ("US-ASCII")));
            ultralight.writePage(6, "ijkl".getBytes(Charset.forName
        ("US-ASCII")));
            ultralight.writePage(7, "mnop".getBytes(Charset.forName
        ("US-ASCII")));
        } catch (IOException e) {
            Log.e(TAG, "IOException while closing MifareUltralight...", e);
        } finally {
            try {
                ultralight.close();
            } catch (IOException e) {
                Log.e(TAG, "IOException while closing MifareUltralight...", e);
            }
        }
    }

    public String readTag(Tag tag) {
        MifareUltralight mifare = MifareUltralight.get(tag);
        try {
            mifare.connect();
            byte[] payload = mifare.readPages(4);
            return new String(payload, Charset.forName("US-ASCII"));
        } catch (IOException e) {
            Log.e(TAG, "IOException while writing MifareUltralight
            message...", e);
        } finally {
            if (mifare != null) {
                try {
                    mifare.close();
                }
                catch (IOException e) {
                    Log.e(TAG, "Error closing tag...", e);
```

```
                }
            }
        }
        return null;
    }
}
```

如果要让运行中的程序优先处理 NFC 的 Intent（称为 Foreground Dispatch），必须依照下列步骤修改程序：

步骤 01　在 onCreate()中建立一个 PendingIntent 对象，然后注册 Intent Filter 和可以处理的 tag 形式。

步骤 02　加入 onPause()、onResume()和 onNewIntent()方法对 NFC Intent 进行适当的处理。

详细的操作过程请参考以下程序代码范例，其中的 addDataType()方法是用来设置程序要处理的数据格式，techListsArray 是 String 类型的二维数组，用于指定程序可以处理的 tag 形式。

主程序文件如下：

```
public class DashboardActivity extends Activity {

    NFCForegroundUtil nfcForegroundUtil = null;
    private TextView info;

    @Override
    public void onCreate(Bundle savedInstanceState) {
        super.onCreate(savedInstanceState);
        setContentView(R.layout.main);
        info = (TextView)findViewById(R.id.info);

        nfcForegroundUtil = new NFCForegroundUtil(this);
    }

    public void onPause() {
        super.onPause();
        nfcForegroundUtil.disableForeground();
    }

    public void onResume() {
        super.onResume();
        nfcForegroundUtil.enableForeground();

        if (!nfcForegroundUtil.getNfc().isEnabled())
        {
            Toast.makeText(getApplicationContext(), "Error!",
        Toast.LENGTH_LONG).show();
            startActivity(new Intent(android.provider.Settings.ACTION_
        WIRELESS_SETTINGS));
        }
    }
```

```
    public void onNewIntent(Intent intent) {
        Tag tag = intent.getParcelableExtra(NfcAdapter.EXTRA_TAG);
        info.setText(NFCUtil.printTagDetails(tag));
    }
}
```

NFCForegroundUtil 类程序文件如下：

```
public class NFCForegroundUtil {

    private NfcAdapter nfc;
    private Activity activity;
    private IntentFilter intentFiltersArray[];
    private PendingIntent intent;
    private String techListsArray[][];

    public NFCForegroundUtil(Activity activity) {
        super();
        this.activity = activity;
        nfc = NfcAdapter.getDefaultAdapter(activity.
    getApplicationContext());

        intent = PendingIntent.getActivity(activity, 0, new Intent
    (activity, activity.getClass()).addFlags(Intent.FLAG_ACTIVITY_
    SINGLE_TOP), 0);

        IntentFilter ndef = new IntentFilter(NfcAdapter.ACTION_NDEF
    _DISCOVERED);

        try {
            ndef.addDataType("text/plain");
        } catch (MalformedMimeTypeException e) {
            throw new RuntimeException("Unable to speciy */* Mime Type", e);
        }
        intentFiltersArray = new IntentFilter[] { ndef };

        techListsArray = new String[][] {
                new String[] { NfcA.class.getName(), NfcB.class.getName() },
                new String[] {NfcV.class.getName()} };
    }

    public void enableForeground()
    {
        Log.d("demo", "Foreground NFC dispatch enabled");
        nfc.enableForegroundDispatch(activity, intent,
    intentFiltersArray, techListsArray);
    }

    public void disableForeground()
    {
```

```
        Log.d("demo", "Foreground NFC dispatch disabled");
        nfc.disableForegroundDispatch(activity);
    }

    public NfcAdapter getNfc() {
        return nfc;
    }
}
```

第16部分

支持 Android Wear 穿戴式设备

Android 版本	1.X	2.X	3.X	4.X
适用性				★

第 79 章 安装Android Wear开发工具

随着智能手机越来越普及，相关的界面设备已经成为兵家必争之地，其中最受瞩目的就是穿戴式设备，因为它和人们的日常生活密切相关，使用频率也最高，Android Wear 就是针对这样的需求所研发的系统。Android 手机（或是平板电脑）和 Android Wear 设备的运行架构如图 79-1 所示，Android Wear 设备可以扮演接收信息的角色以及进行简单的回复，也可以遥控手机或是平板电脑完成一些工作，例如发送 E-mail。Android 手机或是平板电脑的 App 可以将 Android Wear 专用的 App 安装到 Android Wear 设备，然后两端的 App 可以互传 Message 和数据。我们可以利用 Android Wear 设备的功能，让手机的操作更方便。若要开发支持 Android Wear 的手机程序，需要安装额外的链接库和 Android Wear 模拟器，现在就让我们一起动手吧！

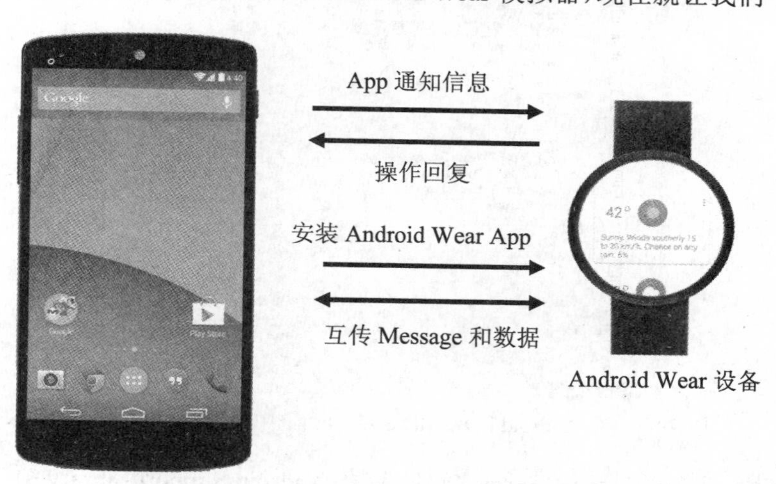

图 79-1　Android 系统和 Android Wear 设备的运行架构

79-1 下载和安装 Android Wear 开发工具

运行 Android Wear 开发套件时需要最新版本的 Android SDK，请依照以下步骤进行操作：

步骤 01 启动 Eclipse，运行菜单 Window > Android SDK Manager，在完成 Google 服务器连接，以及版本的比对之后，在列表中找到 Tools 项目，其中有 Android SDK Tools、Android SDK Platform-tools 和 Android SDK Build-tools 三个主要项目，请勾选最新的版本。

有些 Android SDK 项目必须在最新版的软件工具中才会显示，因此在完成第一次更新之后，先关闭 Android SDK Manager 和 Eclipse，然后重新启动 Eclipse，并运行 Android SDK Manager。

步骤 02 在 Android SDK Manager 对话框中，找到一个包含 Android Wear ARM 的项目（参考图 79-2），它就是 Android Wear SDK，勾选其中的 SDK Platform 和 Android Wear ARM 两个必要项目，读者可以根据需要加选其他项目。

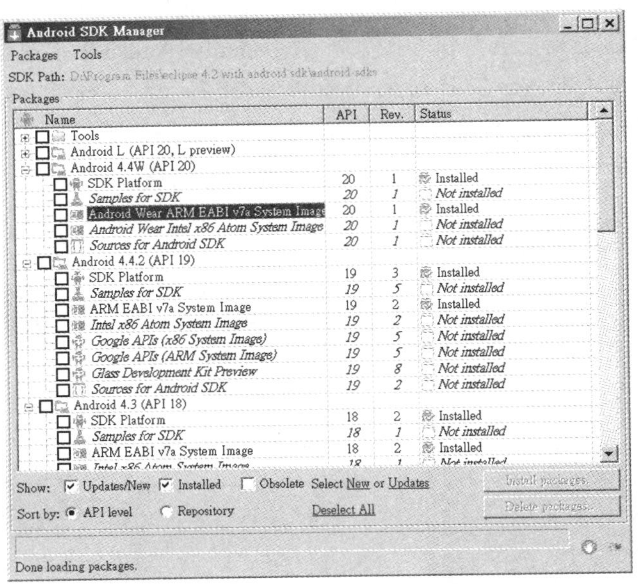

图 79-2 在 Android SDK Manager 对话框中找到 Android Wear SDK

步骤 03 滚动列表到最下面的 Extras 项目，检查 Android Support Library 项目是否已经更新到最新版。勾选好安装及更新的项目之后，单击对话框右下方的 Install packages 按钮，依照画面的提示完成安装程序。

步骤 04 如果有更新 Android SDK Tools，必须再检查是否需要更新 ADT plugin。请运行 Eclipse 菜单中的 Help > Check for Updates，如果对话框中出现需要更新的项目，请依照对话框的说明完成更新。

步骤 05　如果有更新 Android SDK 项目，或是 ADT plugin，最好关闭 Eclipse 再重新启动，以确保使用最新的设置。

步骤 06　接下来是建立一个 Android Wear 模拟器，请运行 Eclipse 菜单中的 Window > Android Virtual Device Manager，单击对话框右上角的 Create 按钮，在出现的对话框中设置以下项目（参考图 79-3，其余项目使用默认值即可，设置好之后单击 OK 按钮，返回到 Android Virtual Device Manager 对话框）。

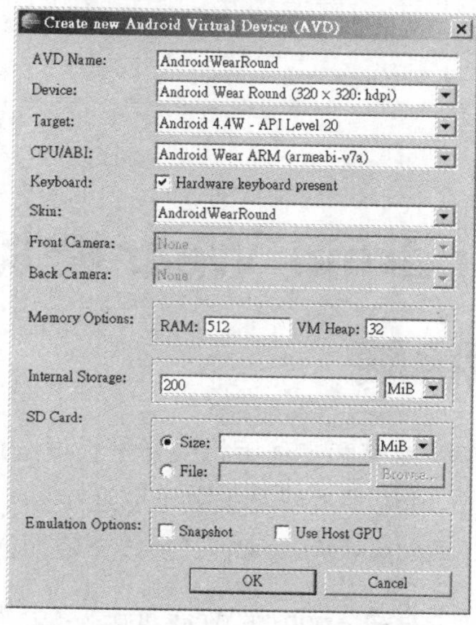

图 79-3　建立 Android Wear 模拟器

- AVD Name：输入 Android Wear 模拟器的名称，例如 AndroidWearRound 表示圆形画面的模拟器，AndroidWearSquare 代表方形画面的模拟器。
- Device：选择 Android Wear Round 或是 Android Wear Square。
- Target：选择刚刚在 Android SDK Manager 中下载的 Android Wear 版本。
- CPU/ABI：选择 Android Wear ARM。
- 勾选 Hardware keyboard present。
- Skin：选择 AndroidWearRound 或是 AndroidWearSquare。

步骤 07　在对话框的列表中会显示刚刚建立好的 Android Wear 模拟器，选中该模拟器，单击右边的 Start 按钮，接着在出现的对话框中单击 Launch 按钮，等候模拟器启动。Android Wear 模拟器启动完毕之后，会显示说明教我们如何操作，如图 79-4 所示，我们依照指示滑动屏幕，就可以大致了解 Android Wear 的操作方式，本书的下一章会再详细介绍 Android Wear 的功能和使用方法。安装好 Android Wear 之后，下一步是让手机或是平板电脑连接到 Android Wear 模拟器。

图 79-4　Android Wear 模拟器的运行画面

提示：Android Wear 的功能和 Android 手机（或是平板电脑）不一样，我们不可以把手机的 App 安装在 Android Wear 设备中。

79-2　让 Android Wear 模拟器连接到手机或平板电脑

为了让 Android Wear 模拟器能够和实体手机或是平板电脑连接，必须在实体手机或是平板电脑中安装 Android Wear app。利用手机或是平板电脑连接到 Google Play 网站，搜索 Android Wear 后就可以找到它。安装好 Android Wear app 之后，再依照以下步骤进行操作：

步骤 01　在手机或是平板电脑上启动 Android Wear app，就会出现如图 79-5 所示的画面。单击画面最下方的按钮，接着出现如图 79-6 所示的画面，用于介绍 Android Wear 的功能，把画面往上滚动，单击 Accept 按钮，接着显示一个 Turn on Bluetooth 的按钮。单击该按钮之后，就会显示如图 79-7 所示的画面。

图 79-5　运行 Android Wear app 的画面

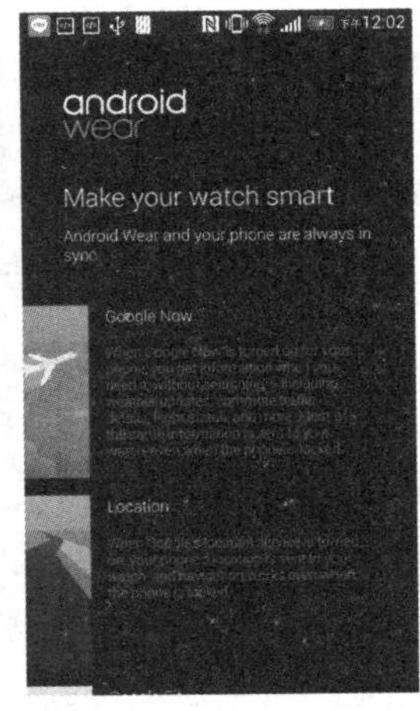

图 79-6　介绍 Android Wear 功能的画面

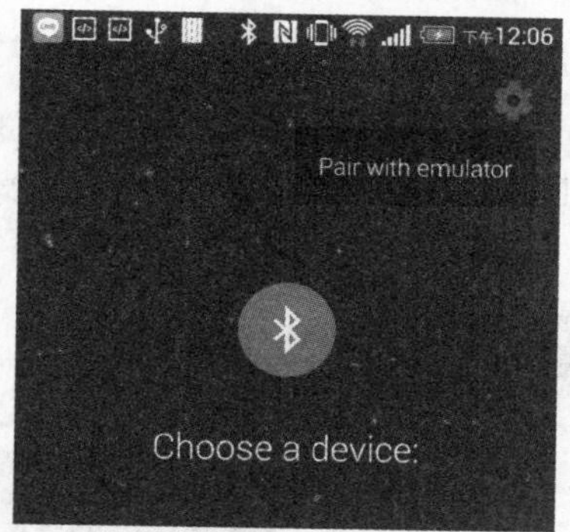

图 79-7　从 Android Wear 设备列表挑选要连接的设备

步骤 02　单击画面右上方的设置按钮，就会显示 Android Wear 设备列表，让我们挑选要连接的设备。选择 Pair with emulator 之后，就会看到如图 79-8 所示的画面。画面上方显示白色蓝底文字，要求启用 Notification 功能。单击该段文字，然后在下一个画面勾选 Android Wear，再回到这个画面。上方的标题栏会显示 Emulator Connecting…（如图 79-9 所示），单击手表图标，可以中断连接，再单击又会进入连接模式。

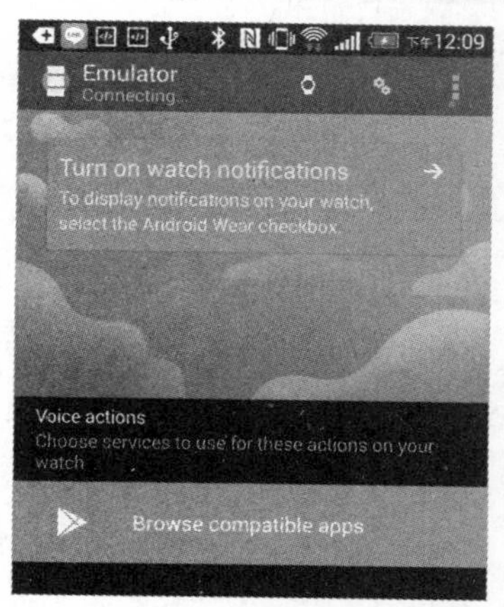

图 79-8　启用 Notification 功能

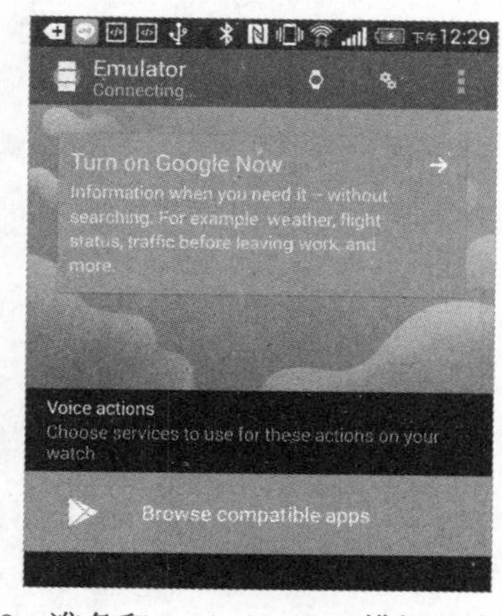

图 79-9　准备和 Android Wear 模拟器连接的画面

步骤 03　将手机或是平板电脑利用 USB 连接到运行 Android Wear 模拟器的计算机，启动 Windows 的“命令行窗口”程序，将工作目录切换到 android sdk 文件夹中的 platform-tools 子文件夹中并且运行。

```
adb -d forward tcp:5601 tcp:5601
```

稍等几秒钟之后，Android Wear app 程序标题会显示 connected，表示连接成功。

如果运行步骤 3 之后，等了十几秒都没有连接成功，可以单击手表图标先中断连接，然后再次单击重新连接。

完成手机和 Android Wear 模拟器的连接之后，手机状态栏的信息都会同步显示在 Android

Wear 模拟器的画面中。我们可以做个简单的测试，请运行第 53 章的“电脑猜拳游戏”程序，在进行游戏的过程中，Android Wear 模拟器的画面会同步显示输赢的结果，如图 79-10 所示，是不是很有趣呢？在本章中我们安装并且设置好了 Android Wear 开发环境，也完成了测试，下一章将继续介绍 Android Wear 设备的功能。

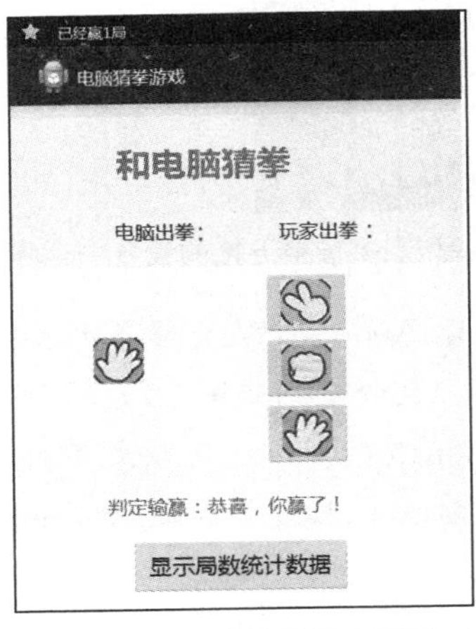

图 79-10　手机的状态栏和 Android Wear 模拟器同步显示信息

Android 版本	1.X	2.X	3.X	4.X
适用性				★

第 80 章 Android Wear的功能和基本用法

和手机相比，穿戴式设备的硬件有比较多的限制，包括重量、体积和电池容量。穿戴式设备必须非常轻巧，因此电池的大小就有很严格的限制。为了节省电力的消耗，功能必须尽可能精简。基于以上的考虑，Google 规划 Android Wear 只提供两部分的功能：Suggest 和 Demand。

Suggest 是指来自手机或是平板电脑 App 的 Notification 信息，这些信息又叫做 Context Stream。Android Wear 设备收到 App 的 Notification 时会建立一个"卡片"（Card），这个卡片是由多个可以水平切换的画面组成。图 80-1 是当收到 Notification 时，把 Android Wear 屏幕往上滑动后显示的 Card 画面。在画面下方有分页索引的标识，以这个例子而言，表示目前的 Card 有两个分页。如果把屏幕往左滑动，就会显示第 2 个页面，第 2 个页面是一个按钮，单击这个按钮就会启动 App 设置的程序。如果 Android Wear 又收到另一个 Notification 信息，新信息会堆栈在目前信息的下方，而且 Android Wear 会显示最新收到的信息。我们可以借助上下滑动 Android Wear 设备屏幕的方式来查看每一个 Notification。

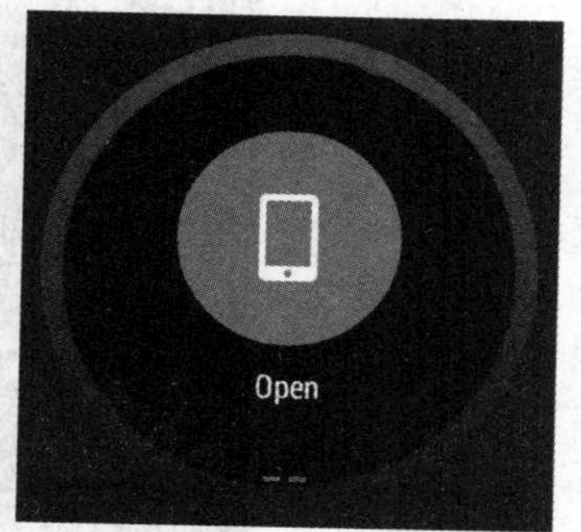

图 80-1　收到 Notification 时把屏幕往上滑动后显示 Card 画面

在浏览 Notification 信息的过程中，如果想要立刻回到 Android Wear 的首页，可以将鼠标光标移到 Android Wear 模拟器画面的上缘，这时候会出现一个蓝色长条区域，单击该区域，就会立刻回到 Android Wear 的首页。如果要移除某一个 Notification，只要在 Card 的第一页，往右滑动 Android Wear 的屏幕，该信息就会从列表中消失，手机上的信息也会同步移除。

前面介绍的 Suggest 功能是接收来自手机或是平板电脑的信息，Android Wear 除了被动接收信息以外，也可以主动遥控手机或是平板电脑，以便帮我们完成某些工作，例如处理 E-mail、记录待办事项、导航等，这种操作模式称为 Demand。只要在 Android Wear 模拟器的首页，单击屏幕上半部的区域，就会进入如图 80-2 所示的画面（如果是实体 Android Wear 设备，可以直接说“OK, Google”，就会进入 Demand 模式），这个画面称为 Cue Card，我们可以上下滑动屏幕来浏览 Cue Card 中全部的项目，然后单击想要运行的功能（如果是实体 Android Wear 设备，可以直接利用语音进行操作）。

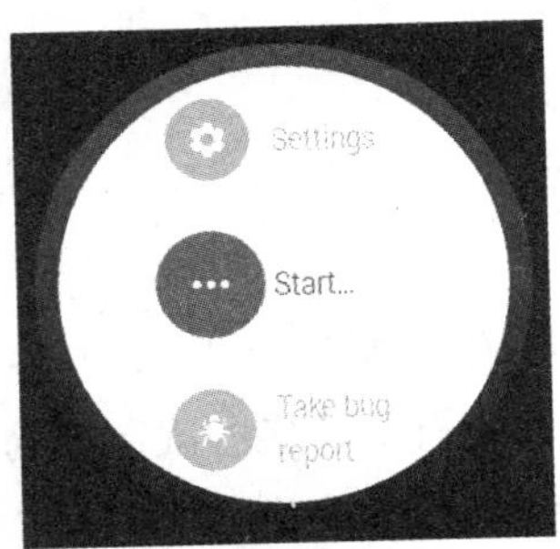

图 80-2　Android Wear 的 Demand 操作模式（Cue Card）

在手机或是平板电脑 App 的 Notification 信息中原本就可以加入额外的按钮，第 53 章的“电脑猜拳游戏”程序是让 Notification 附带一个 PendingIntent 对象，当用户单击信息时，系统就会启动这个 PendingIntent。除了这个 PendingIntent 之外，还可以让 Notification 附带其他的 PendingIntent，这些额外的 PendingIntent 是以 Action 按钮的方式显示，如图 80-3 所示。信息下方的两个图标和文字就是 Action 按钮。

图 80-3　在 Notification 信息加入 Action 按钮

Google 公司为了让手机和平板电脑能够与 Android Wear 进行更紧密的互动，又进一步扩展 Notification 的功能。这些新加入的功能在正式的 Android 平台上还没有支持，因此 Google 官方文件特别说明，必须在 App 项目中使用最新版的 android-support-v4.jar 链接库，才能够完整发挥 Notification 的效果。我们就以第 53 章的“电脑猜拳游戏”App 项目为例来说明如何加入最新版的 android-support-v4.jar 链接库，并且使用它的 Notification 功能。

如果 App 项目中原本就包含 android-support-v4.jar 链接库，运行这些步骤之后会将它更新到最新版本。

步骤 01　运行 Eclipse，在左边的项目查看窗格中，找到第 53 章的“电脑猜拳游戏”App 项目。如果没有出现该项目，可以利用 import 功能将它加载（参考第 4 章的说明）。

步骤 02　在 Eclipse 左边的项目查看窗格中，用鼠标右键单击程序项目，在弹出的快捷菜单中选择 Android Tools > Add Support Library，如图 80-4 所示，屏幕上会显示 Android SDK Manager 正在下载链接库的提示信息窗口。在安装的过程中会出现要求接受版权声明的画面，单击 Accept All 之后就可以完成链接库的安装。

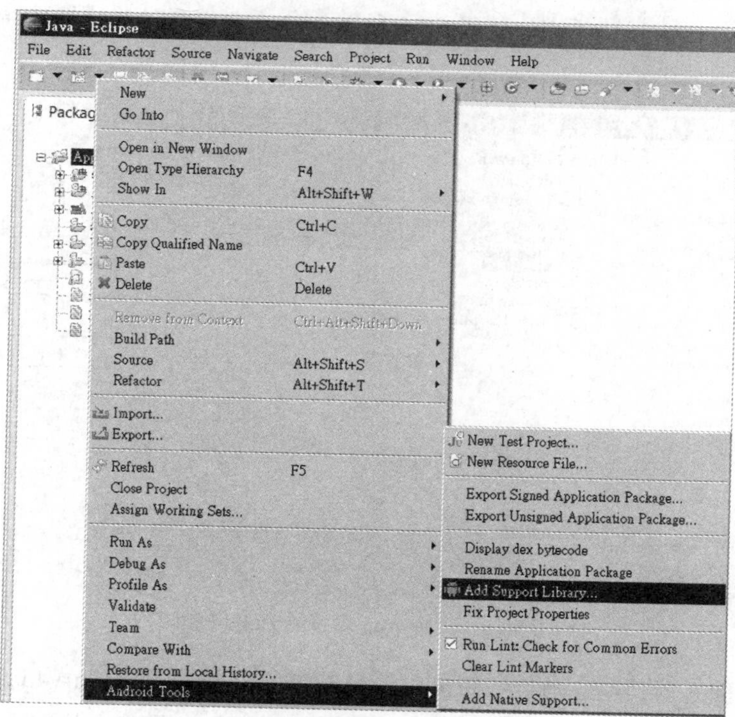

图 80-4　Android Tools > Add Support Library

步骤 03　安装好链接库之后，会在 App 项目中看到一个新的文件夹 libs，展开该文件夹就会看到里面包含 android-support-v4.jar 链接库文件。单击鼠标右键，在弹出的快捷菜单中选择 Build Path > Add to Build Path，如图 80-5 所示，就会在 App 项目中看到一个新增的项目 Referenced Libraries。

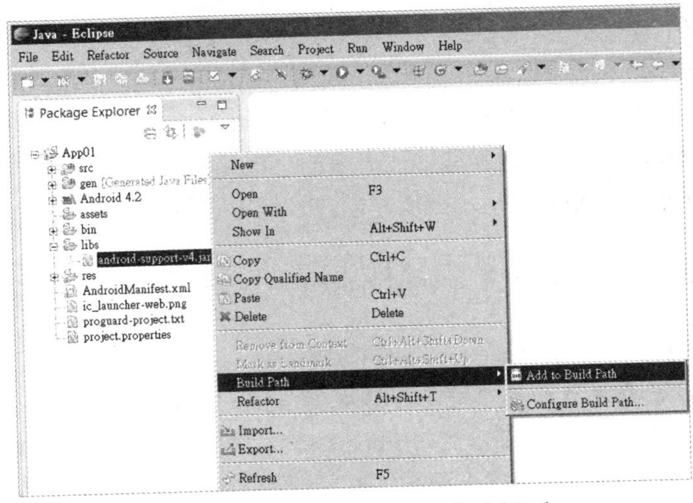

图 80-5　Build Path > Add to Build Path

步骤 04　接着再用鼠标右键单击 libs 文件夹中的 android-support-v4.jar 链接库文件，在弹出的快捷菜单中选择 Build Path > Configure Build Path，在出现的对话框中，打开右边的 Order and Export 选项卡，如图 80-6 所示，勾选我们刚加入的链接库文件，单击 OK 按钮。

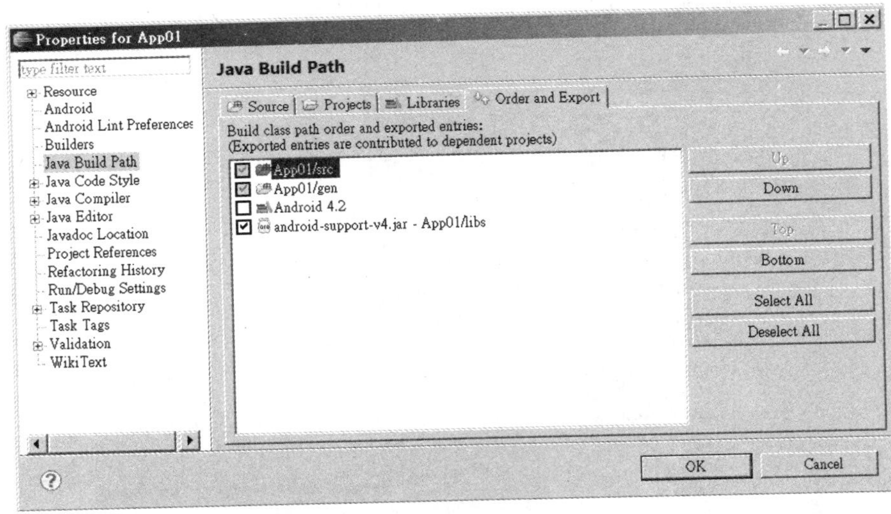

图 80-6　设置 App 项目的 Build Path

完成以上步骤之后，App 项目中即可包含最新版的 android-support-v4.jar 链接库。接下来我们要修改程序代码，把原来使用 Android 平台的 Notification，改成使用 android-support-v4.jar 链接库的 Notification。这两套 Notification 只在方法的名称上有所区别（android-support-v4.jar 链接库的 Notification 相关对象会在名称后面加上 Compat），二者的用法非常类似，另外我们在 Notification 中加入两个 Action 按钮。以下列出对第 53 章中的 App 项目主程序文件进行修改的结果，粗体字表示有修改的部分：

```
public class MainActivity extends Activity {

   ...(和原来的程序文件相同)

    private void showNotification(String sMsg) {
       Intent it = new Intent(getApplicationContext(),
   GameResultActivity.class);
       it.setFlags(Intent.FLAG_ACTIVITY_NEW_TASK);
       Bundle bundle = new Bundle();
       bundle.putInt("KEY_COUNT_SET", miCountSet);
       bundle.putInt("KEY_COUNT_PLAYER_WIN", miCountPlayerWin);
       bundle.putInt("KEY_COUNT_COM_WIN", miCountComWin);
       bundle.putInt("KEY_COUNT_DRAW", miCountDraw);
       it.putExtras(bundle);

       PendingIntent penIt = PendingIntent.getActivity
   (getApplicationContext(),
              0, it, PendingIntent.FLAG_CANCEL_CURRENT);

       // 建立 Action 的 Intent。
       Uri uri = Uri.parse("http://developer.android.com/");
       Intent itOpenWebsite = new Intent(Intent.ACTION_VIEW, uri);

       // 建立 Action 的 PendingIntent。
       PendingIntent penItOpenWebsite = PendingIntent.getActivity
   (getApplicationContext(),
              0, itOpenWebsite, PendingIntent.FLAG_CANCEL_CURRENT);

       // 建立第二个 Action 的 Intent 和 PendingIntent, 试着利用 Action
     Builder 建立 Action。
       Intent itPhoneCall = new Intent(Intent.ACTION_CALL, Uri.parse
   ("tel:" + "123456789"));
       PendingIntent penItPhoneCall = PendingIntent.getActivity
   (getApplicationContext(),
              0, itPhoneCall, PendingIntent.FLAG_CANCEL_CURRENT);
       NotificationCompat.Action action =
              new NotificationCompat.Action.Builder(
                     android.R.drawable.ic_menu_call, "打电话",
                 penItPhoneCall)
              .build();

       // 必须设置 PRIORITY_MAX 才会显示 action button。
       Notification noti = new NotificationCompat.Builder(this)
              .setSmallIcon(android.R.drawable.btn_star_big_on)
              .setTicker(sMsg)
              .setContentTitle(getString(R.string.app_name))
              .setContentText(sMsg)
              .setContentIntent(penIt)
              .setPriority(NotificationCompat.PRIORITY_MAX)
              .addAction(android.R.drawable.ic_menu_share, "打开网页",
          penItOpenWebsite)
              .addAction(action)
              .build();

       NotificationManagerCompat notiMgr =
           NotificationManagerCompat.from(getApplicationContext());

       notiMgr.notify(NOTI_ID, noti);
    }

}
```

其实在 Notification 中加入 Action 按钮很容易，我们还是用同样的方式建立一个 Intent，再用 PendingIntent 把这个 Intent 包起来。最后在 Notification Builder 中，利用 addAction()方法把 PendingIntent 设置给 Notification 信息，并指定要使用的图标和名称。另外在建立第二个 Action 按钮时，我们示范了如何使用 Action Builder 来建立 Action。读者可以比较一下这两种方法的差异（提示：使用 Action Builder 时多了一段产生 Action Builder 的程序，程序代码比较麻烦）。图 80-7 是运行 App 之后，拉下状态栏后看到的画面。如果让手机与 Android Wear 模拟器连接，则运行 App 的时候可以在 Android Wear 屏幕上浏览和操作 Notification 信息中的 Action 按钮，如图 80-8 所示。

图 80-7　程序送出信息包含两个 Action 按钮

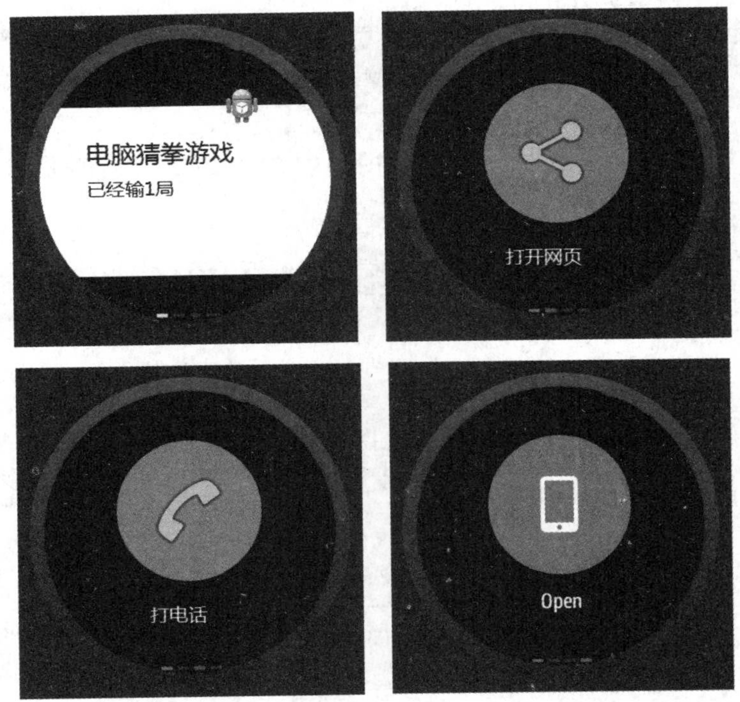

图 80-8　手机和 Android Wear 连接后在 Android Wear 看到的信息画面

最后提醒读者，由于我们在程序中加入拨打电话的功能，因此必须在 App 项目的功能描述文件 AndroidManifest.xml 中，加入拨打电话的权限，代码如下：

```
<?xml version="1.0" encoding="utf-8"?>
<manifest xmlns:android="http://schemas.android.com/apk/res/android"
    ... >

    <uses-sdk
        ... />

    <uses-permission android:name="android.permission.CALL_PHONE" />

    <application
        ...
    </application>

</manifest>
```

Android 版本	1.X	2.X	3.X	4.X
适用性				★

第 81 章 Android Wear专用的Notification格式

手机和平板电脑的 Notification 信息格式会自动套用到 Android Wear 设备，例如 Action 按钮、图标、信息内容等。但是有些时候我们会希望 Android Wear 设备的信息有不同的格式或是内容，例如加上背景图片或是不同功能的 Action 按钮。这样的需求可以利用 WearableExtender 对象来实现，本章我们将介绍这个对象的用法。不过在请它“出场”以前，让我们先学习一下 Notification 的进阶用法。

81-1 设置 Notification 信息的格式

我们将 Notification 信息的基本格式整理如下。

- 信息图标：显示在手机或是平板电脑状态栏中的信息图标，可以利用 setSmallIcon()方法进行设置。
- 信息提示文字：显示在手机或是平板电脑状态栏中的消息正文，可以利用 setTicker()方法进行设置。
- 信息标题：展开手机或是平板电脑的状态栏之后显示的信息标题，可以利用 setContentTitle()方法进行设置。
- 信息内容：展开手机或是平板电脑的状态栏之后显示的信息说明，可以利用 setContentText()方法进行设置。
- 信息中的 Action 按钮：展开手机或是平板电脑的状态栏之后在信息中出现的按钮进行，可以利用 addAction()方法进行设置。

利用 setContentText()方法显示的信息内容有长度的限制，如果信息包含比较多的文字说明，我们可以换用两种不同的格式：第一种叫做 BigTextStyle；第二种叫做 InboxStyle。它们的用法很简单，我们直接用范例来说明，首先是使用 BigTextStyle 的程序代码：

```
BigTextStyle bigTextStyle = new NotificationCompat.BigTextStyle();
bigTextStyle.setBigContentTitle("BigTextStyle 的信息标题");
bigTextStyle.bigText("BigTextStyle 的信息内容。");
bigTextStyle.setSummaryText("BigTextStyle 的信息摘要");

Notification noti = new NotificationCompat.Builder(this)
        .setSmallIcon(android.R.drawable.btn_star_big_on)
        .setLargeIcon(BitmapFactory.decodeResource(getResources(),
                    R.drawable.paper))
        .setTicker("信息提示文字")
        .setContentTitle("信息标题")
     // 如果套用 BigTextStyle 或是
     InboxStyle，可以省略。
        .setContentText("信息内容")
     // 如果套用 BigTextStyle 或是
     InboxStyle，可以省略。
        .setStyle(bigTextStyle)
        .build();

NotificationManagerCompat notiMgr =
            NotificationManagerCompat.from(getApplicationContext());

notiMgr.notify(NOTI_ID, noti);        // NOTI_ID 是程序中定义的常数。
```

先建立一个 BigTextStyle 类型的对象，设置好要显示的信息标题、内容和摘要，然后在 NotificationCompat.Builder 中调用 setStyle()并且传入这个对象即可。图 81-1 是发送这个 Notification 之后，拉下状态栏所看到的结果。请读者留意，在这段范例程序代码中，我们同时设置 Notification 的基本格式和套用 BigTextStyle，但是图 81-1 只显示 BigTextStyle 的内容。这个结果告诉我们，如果要套用 BigTextStyle，可以不用设置 Notification 基本格式的标题和内容。另外我们还示范了 setLargeIcon()的效果，它会在信息标题的左边显示指定的图像文件（请参考图 81-1）。在 Android Wear 上，这个图像文件会变成 Notification 的背景图片，如图 81-2 所示。

图 81-1 BigTextStyle 的信息格式

图 81-2 变成 Android Wear 信息的背景图片

接下来是使用 InboxStyle 的 Notification 信息格式，这里我们直接省略 Notification 基本格式的标题和内容，这种信息格式的特点是可以利用 addLine()方法指定每一行要显示的文字，程序代码范例如下，它的运行结果如图 81-3 所示。

```
InboxStyle inboxStyle = new NotificationCompat.InboxStyle();
inboxStyle.setBigContentTitle("InboxStyle 的信息标题");
inboxStyle.addLine("InboxStyle 的信息内容 - 第1行。");
inboxStyle.addLine("InboxStyle 的信息内容 - 第2行。");
inboxStyle.setSummaryText("InboxStyle 的信息摘要");

Notification noti = new NotificationCompat.Builder(this)
        .setSmallIcon(android.R.drawable.btn_star_big_on)
        .setLargeIcon(BitmapFactory.decodeResource(getResources(),
                 R.drawable.paper))
        .setTicker("信息提示文字")
        .setStyle(inboxStyle)
        .build();

NotificationManagerCompat notiMgr =
          NotificationManagerCompat.from(getApplicationContext());

notiMgr.notify(NOTI_ID, noti);       // NOTI_ID 是程序中定义的常数。
```

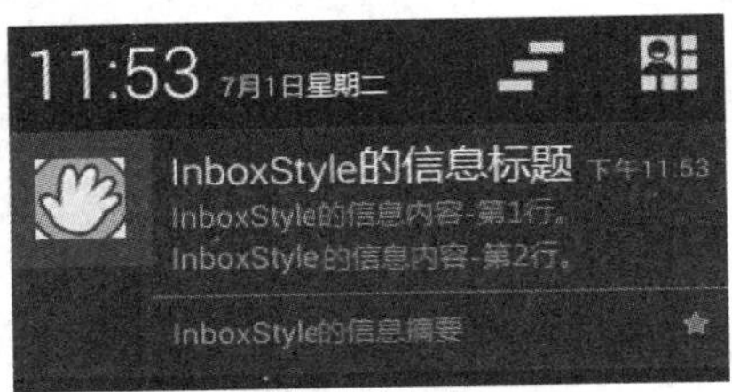

图 81-3　InboxStyle 信息格式

81-2 使用WearableExtender设置Android Wear 专用的格式

前面介绍的方法，不论 Notification 是显示在手机、平板电脑还是 Android Wear 设备中，内容和 Action 按钮的功能都完全一样。如果要让 Notification 在 Android Wear 设备中能够显示不一样的内容或是 Action 按钮，必须使用 WearableExtender 对象，它的主要功能如下：

- 设置 Notification 在 Android Wear 设备中显示的 Action 按钮。要特别提醒读者留意的是，一旦使用 WearableExtender，原来在 NotificationCompat.Builder 中设置的 Action 按钮都不会在 Android Wear 设备中显示。
- 可以在 Notification 信息中加入额外的说明页，以显示更多的信息说明。

我们直接用范例说明 WearableExtender 的用法，请读者参考以下的程序代码和注释：

```
// Android Wear 的 Action 按钮使用的 Intent 和 action。
Intent itPhoneCall = new Intent(Intent.ACTION_CALL, Uri.parse("tel:"
 + "123456789"));
PendingIntent penItPhoneCall =
PendingIntent.getActivity(getApplicationContext(),
       0, itPhoneCall, PendingIntent.FLAG_CANCEL_CURRENT);

// Android Wear 的 Action 按钮使用的 action。
NotificationCompat.Action action =
       new NotificationCompat.Action.Builder(
          android.R.drawable.ic_menu_call, "打电话", penItPhoneCall)
       .build();

// 建立 WearableExtender 对象，设置好属性
NotificationCompat.WearableExtender wearableExtender =
       new NotificationCompat.WearableExtender();
wearableExtender.addAction(action);
wearableExtender.setBackground(
      BitmapFactory.decodeResource(getResources(), R.drawable.scissors));

Notification secondNotiMsg = new NotificationCompat.Builder(this)
      .setContentTitle("第二页")
      .setContentText("第二页的说明。")
      .build();
wearableExtender.addPage(secondNotiMsg);

Notification noti = new NotificationCompat.Builder(this)
     .setSmallIcon(android.R.drawable.btn_star_big_on)
     .setLargeIcon(BitmapFactory.decodeResource(getResources(),
                  R.drawable.paper))
     .setTicker("信息提示文字")
     .setContentTitle("信息标题")
     .setContentText("信息内容")
     .extend(wearableExtender)     // 设置 Android Wear 设备专用的信息内容。
     .build();

    NotificationManagerCompat notiMgr =
    NotificationManagerCompat.from(getApplicationContext());

noti Mgr.notify(NOTI_ID, noti);    // NOTI_ID 是程序中定义的常数。
```

这个 Notification 在手机或是平板电脑上只会显示如图 81-4 所示的结果，在信息中只有简单的说明文字，也没有 Action 按钮。可是如果显示在 Android Wear 设备中，就会看到如图 81-5 所示的画面。除了显示和手机一样的信息内容之外，还有第 2 页的说明和一个 Action 按钮，而且还会使用不一样的背景图片。

图 81-4　Notification 在手机中显示的内容

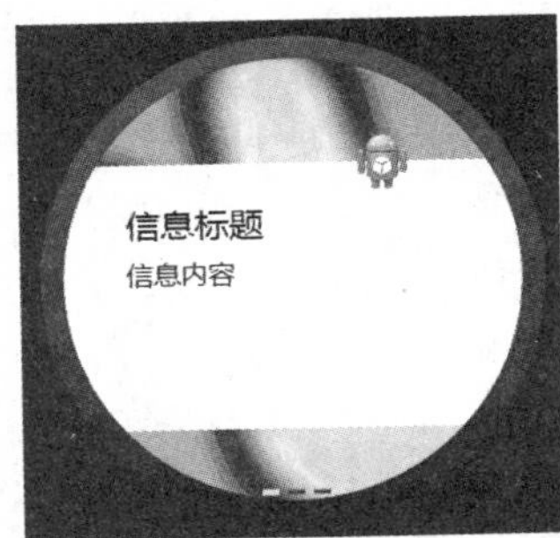

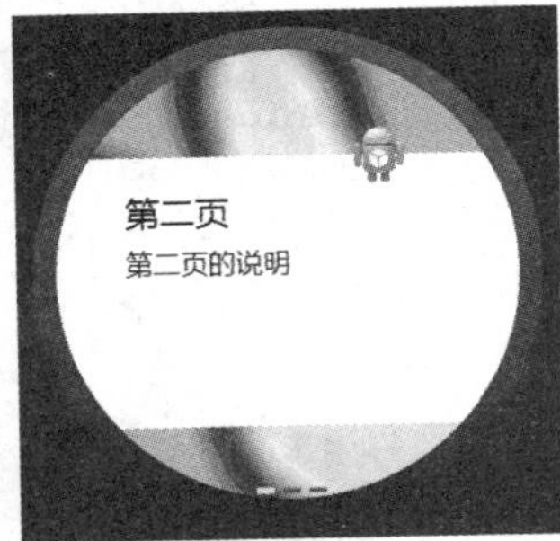

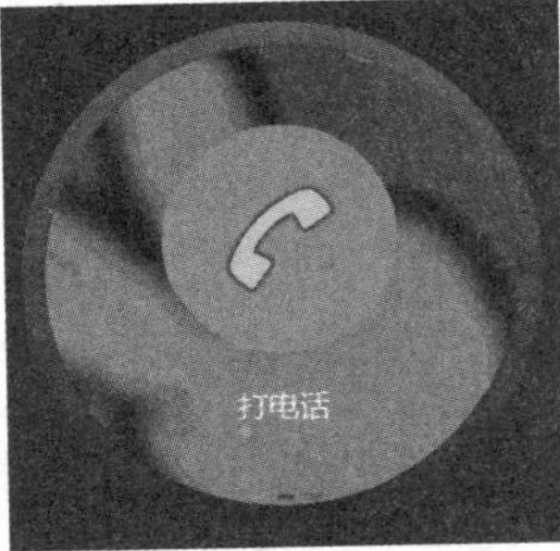

图 81-5　Notification 在 Android Wear 设备中显示的内容

Android 版本	1.X	2.X	3.X	4.X
适用性				★

第 82 章 使用Android Wear的语音回复功能

语音功能对于 Android Wear 设备的重要性，更甚于手机和平板电脑。因为 Android Wear 设备完全没有键盘，屏幕的大小也很有限，所以最适合的操作方式就只有单击菜单和语音操作。如果手机或是平板电脑的 App 发送到 Android Wear 的 Notification 信息，要求用户回复数据，例如回答简单的问题，或是一段简短的文字，我们就要利用 Android Wear 设备的语音识别或是菜单功能，让用户进行数据的输入和回复，这时候就需要用到 RemoteInput 对象。RemoteInput 对象可以让我们选择使用语音识别输入数据，或是用菜单的方式答复。Android Wear 模拟器可以用实体键盘代替语音识别，要打开这项功能，必须在建立 Android Wear 模拟器时，勾选 Hardware keyboard present。以下是在程序中使用 RemoteInput 的步骤：

步骤 01 定义一个用来取得 Android Wear 设备返回数据的 key 字符串。这个 key 字符串会设置给 RemoteInput 对象，当 Android Wear 返回数据时会附带这个 key 字符串，我们的程序就可以指定读取这个 key 所对应的数据。

```
public static final String KEY_OF_REPLY_FROM_ANDROID_WEAR = "key of reply from android wear";
```

步骤 02 如果 App 要在 Android Wear 设备中显示一组菜单让用户单击（只能够单选而且最多包含 5 个选项），必须先在 App 项目的字符串资源文件中定义好菜单的字符串数组，例如以下范例：

```
<?xml version="1.0" encoding="utf-8"?>
<resources>

    ...(定义其他字符串)

    <string-array name="android_wear_reply_choices">
        <item>Yes</item>
        <item>No</item>
    </string-array>

</resources>
```

步骤03 然后在程序中取得这个字符串数组，再把它设置给 RemoteInput 对象，代码如下：

```
String[] sArrAndroidWearReplyChoices =
        getResources().getStringArray(R.array.android_wear_reply_choices);

RemoteInput remoteInput =
new RemoteInput.Builder(KEY_OF_REPLY_FROM_ANDROID_WEAR)
    .setLabel("要在 Android Wear 显示的提示文字")
    .setAllowFreeFormInput(false)                  // 取消语音识别功能。
    .setChoices(sArrAndroidWearReplyChoices)       // 设置菜单。
    .build();
```

步骤04 如果要使用语音识别功能，让用户以口语的方式输入文字，则必须换成使用以下的程序代码：

```
 RemoteInput                       remoteInput                      =                 new
RemoteInput.Builder(KEY_OF_REPLY_FROM_ANDROID_WEAR)
      .setLabel("要在 Android Wear 显示的提示文字")
      .setAllowFreeFormInput(true)               // 使用语音识别功能。
      .build();
```

步骤05 如同前面章节的做法，建立 Notification 信息使用的 Intent 和 PendingIntent 对象。

```
Intent it = new Intent(getApplicationContext(),要启动的 Activity.class);
PendingIntent penIt = PendingIntent.getActivity(getApplicationContext(),
        0, it, PendingIntent.FLAG_CANCEL_CURRENT);
```

步骤06 建立附带在 Notification 信息中的 Action 对象，并且在这个 Action 中加入前面建立的 RemoteInput 对象：

```
NotificationCompat.Action action =
        new NotificationCompat.Action.Builder(
                android.R.drawable.ic_dialog_info, "回复", penIt)
            .addRemoteInput(remoteInput)
            .build();
```

步骤07 建立一个 WearableExtender 对象，把设置好的 Action 对象传给它：

```
NotificationCompat.WearableExtender wearableExtender =
                new NotificationCompat.WearableExtender();
wearableExtender.addAction(action);
```

步骤08 如同上一章的做法，建立 Notification，设置好相关属性以及前一个步骤建立的 WearableExtender 对象，再发送这个 Notification：

```
Notification noti = new NotificationCompat.Builder(this)
    .setSmallIcon(信息代表图标)
    .setLargeIcon(信息在 Android Wear 的背景图片)
    .setTicker("信息提示文字")
    .setContentTitle("信息标题")
    .setContentText("信息内容")
```

```
        .extend(wearableExtender)     // 设置 Android Wear 设备专用的信息内容。
        .build();

    NotificationManagerCompat notiMgr =
        NotificationManagerCompat.from(getApplicationContext());

    notiMgr.notify(NOTI_ID, noti);     // NOTI_ID 是程序中定义的常数。
```

步骤 09　在 Intent 对象指定启动的 Activity 中（参考步骤 5），加入取得 Android Wear 返回数据的程序代码。我们必须利用步骤 1 设置的 key 字符串才能取得用户回复的数据。

```
public class (Intent 对象指定启动的 Activity) extends Activity {

    @Override
    protected void onCreate(Bundle savedInstanceState) {
        ...(其他程序代码)

        Bundle bundle = RemoteInput.getResultsFromIntent(getIntent());
        if (bundle != null) {
            String sAndroidWearReply =
              bundle.getCharSequence(MainActivity.KEY_OF_VOICE_REPLY).toString();

            ...(根据 sAndroidWearReply 的内容进行处理)
        }
    }

    ...(其他程序代码)
}
```

接下来我们用一个实际范例来测试一下运行结果，这个范例项目是修改第 53 章的“电脑猜拳游戏”程序，用户在每一次出拳之后，程序都会发送一个 Notification 信息给 Android Wear 设备。我们在这个 Notification 中加入一个 RemoteInput 对象，其中有一个菜单用于询问用户是否打开局数统计画面，图 82-1 是这个 Notification 信息在 Android Wear 中的操作画面。

图 82-1　RemoteInput 在 Android Wear 设备中的操作画面

以下是修改后的主程序文件 MainActivity.java 和游戏局数统计画面的程序文件 GameResultActivity.java。字符串资源文件的内容如前面的步骤 2。如果在 RemoteInput 对象中设置使用语音识别，则输入的画面如图 82-2 所示（提醒读者：Android Wear 模拟器可以使用计算机键盘代替语音输入）。

主程序文件 MainActivity.java：

```
public class MainActivity extends Activity {

    public static final String KEY_OF_REPLY_FROM_ANDROID_WEAR = "key of reply
    from android wear";

    ...(原来的程序代码)

     private void showNotification(String sMsg) {
        Intent it = new Intent(getApplicationContext(),
    GameResultActivity. class);
        it.setFlags(Intent.FLAG_ACTIVITY_NEW_TASK);
        Bundle bundle = new Bundle();
        bundle.putInt("KEY_COUNT_SET", miCountSet);
        bundle.putInt("KEY_COUNT_PLAYER_WIN", miCountPlayerWin);
        bundle.putInt("KEY_COUNT_COM_WIN", miCountComWin);
        bundle.putInt("KEY_COUNT_DRAW", miCountDraw);
        it.putExtras(bundle);

        PendingIntent penIt = PendingIntent.getActivity
     (getApplicationContext(),
                0, it, PendingIntent.FLAG_CANCEL_CURRENT);

        // 取得默认的文字回复列表。
        String[] sArrAndroidWearReplyChoices =
                getResources().getStringArray(R.array.android_wear_reply_
          choices);

        // 建立 RemoteInput 对象让 Android Wear 设备的 Notitication 信息可以接
        // 收语音输入。
        RemoteInput remoteInput = new RemoteInput.Builder(KEY_OF_REPLY_
        FROM_ANDROID_WEAR)
                .setLabel("查看游戏结果？")
                .setAllowFreeFormInput(false)        // 取消语音识别功能。
                .setChoices(sArrAndroidWearReplyChoices)   // 设置菜单。
                .build();

        // Android Wear 的 Action 按钮使用的 action。
        NotificationCompat.Action action =
                new NotificationCompat.Action.Builder(
                        android.R.drawable.ic_dialog_info, "回复", penIt)
                    .addRemoteInput(remoteInput)
                    .build();

        NotificationCompat.WearableExtender wearableExtender =
                new NotificationCompat.WearableExtender();
        wearableExtender.addAction(action);

        // 必须设置 PRIORITY_MAX 才会显示 action button。
        Notification noti = new NotificationCompat.Builder(this)
                .setSmallIcon(android.R.drawable.btn_star_big_on)
                .setLargeIcon(BitmapFactory.decodeResource
            (getResources(), R.drawable.paper))
                .setTicker(sMsg)
```

```
            .setContentTitle(getString(R.string.app_name))
            .setContentText(sMsg)
            .extend(wearableExtender)
        // 设置 Android Wear 设备专用的信息内容。
            .build();

    NotificationManagerCompat notiMgr =
        NotificationManagerCompat.from(getApplicationContext());

    notiMgr.notify(NOTI_ID, noti);    // NOTI_ID 是程序中定义的常数。
  }

}
```

GameResultActivity.java：

```
public class GameResultActivity extends Activity {

    ...(原来的程序代码)

    @Override
    protected void onCreate(Bundle savedInstanceState) {
        // TODO Auto-generated method stub
        super.onCreate(savedInstanceState);
        setContentView(R.layout.activity_game_result);

        // 取得 Android Wear 返回的数据。
        Bundle bundle = RemoteInput.getResultsFromIntent(getIntent());
        if (bundle != null) {
            String sAndroidWearReply =
                bundle.getCharSequence(MainActivity.KEY_OF_REPLY_FROM_
            ANDROID_WEAR).toString();
            if (sAndroidWearReply.equalsIgnoreCase("no"))
                finish();
        }

        ...(原来的程序代码)
    }

    ...(原来的程序代码)

}
```

图 82-2　使用语音识别输入的画面

Android 版本	1.X	2.X	3.X	4.X
适用性				★

第 83 章 开发Android Wear设备的App

到目前为止，我们学到的技术只是让手机或是平板电脑上的 App 发送信息给 Android Wear 设备，接下来我们要进一步学习如何开发直接在 Android Wear 设备上运行的 App。由于 Android Wear 设备在电池容量和运算速度上有比较多的限制，因此在开发 Android Wear App 时必须注意以下几点。

- Android Wear App 的优点是可以控制和取得 Android Wear 设备内部传感器的数据，并且使用系统内部的功能。
- 由于 Android Wear 设备的运算能力和电量都不及手机和平板电脑，因此 Android Wear App 不适合做复杂的计算工作。如果有这样的需求，应该将数据传给手机或是平板电脑的 App，让它们运行。
- Android Wear 设备没有网络连接的功能，因此无法直接从 Google Play 下载 App。如果要安装 Android Wear App，必须将它封装在一个手机或是平板电脑的 App 中，当这个 App 安装在手机或是平板电脑中时，其中的 Android Wear App 会自动发送到连接的 Android Wear 设备完成安装。但是为了开发 App 的方便，程序员可以直接在 Android Wear 设备安装 App。
- 如果 App 在 Android Wear 设备中运行，但是用户在一段时间之内都没有进行任何操作，Android Wear 设备会自动进入休眠状态，并且切换到 Android Wear 的主画面。
- Android Wear App 不支持以下套件的 API:

  - android.webkit
  - android.print
  - android.app.backup
  - android.appwidget
  - android.hardware.usb

83-1 建立 Android Wear App 的步骤

根据 Google 官方技术文件的建议，要开发 Android Wear App 时最好是使用 Android Studio，因为它已经整合好各种 Android 平台 App 的开发，包括 Phone、Tablet、Wear、TV、Glass，本章我们就用 Android Studio 来建立 Android Wear App。如果读者的计算机还没有安装 Android Studio，请参考第 5 章的介绍，完成 Android Studio 的安装。再利用主菜单中的 Tools > Android > SDK Manager，启动 SDK 管理器，完成以下套件的安装和更新（参考图 83-1）。

- Android SDK Tools
- Android SDK Platform-tools
- Android SDK Build-tools
- Android Wear SDK Platform
- Android Wear Arm System Image
- Android Support Repository
- Android Support Library
- Google Play services for Froyo
- Google Play services
- Google Repository

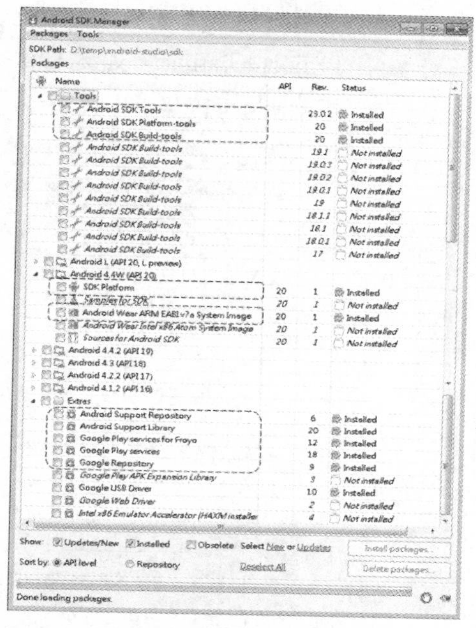

图 83-1 开发 Android Wear App 需要安装的套件

安装好以上套件之后，重新运行 SDK Manager，单击对话框左上方的菜单 Tools > Manage Add-on Sites。在出现的对话框中单击 User Defined Sites 标签页，单击 New 按钮，输入以下网址：

https://dl-ssl.google.com/android/repository/addon-play-services-5.xml

单击 OK 按钮，再单击 Close 按钮，最后关闭 Android SDK Manager 对话框。安装好 Android Studio 之后可以参考第 6 章和第 7 章的介绍，熟悉 Android Studio 的操作技巧。

接下来开始建立 Android Wear App 项目，首先要提醒读者的是，使用 Android Studio 开发 App 时，要先让计算机连上网络。因为不论是建立新项目，或是打开旧项目，Android Studio 都会连到 Gradle 网站下载或是更新一些文件，尤其是建立第一个 App 项目时，需要数分钟甚至十分钟来下载文件，请耐心等候。现在就请依照以下步骤进行操作。

什么是 Gradle？

开发大型的 Java 程序时通常需要搭配自动编译工具，以方便管理程序项目。早期知名的自动化编译工具包括 Ant 与 Maven，Gradle 是近年来兴起的工具，它的使用率已经越来越高，现在 Android Studio 也用它来管理 App 项目。

步骤 01 启动 Android Studio，选择主画面右边项目的 New Project。

步骤 02 在对话框中输入如下内容（参考图 83-2）。

- Application name：App 运行时显示在屏幕上方的标题。
- Company Domain：自定义的公司域名。
- Package name：自动根据 Application name 和 Company Domain 产生的套件路径名称，可以单击最右边的 Edit 按钮进行更改。
- Project location：设置 App 项目存储的路径。
- 单击 Next 按钮。

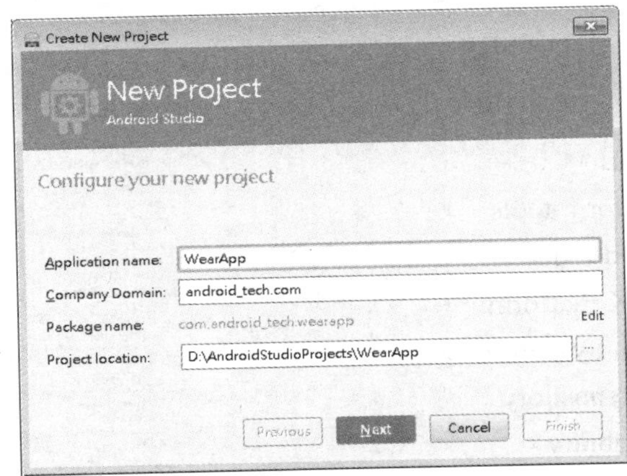

图 83-2　Android Wear App 项目的属性设置

步骤 03 在下一个对话框中勾选 Phone and Tablet（参考图 83-3），将 Minimum SDK 框设置为 API 9: Android 2.3（Gingerbread）。另外还要勾选 Wear，并且将 Minimum SDK 框设置为最新版的 Android Wear，也就是说，这个 App 项目将包含两个模块：一个是手机和平板电脑 App 模块；另一个是 Android Wear App 模块，完成之后单击 Next 按钮。

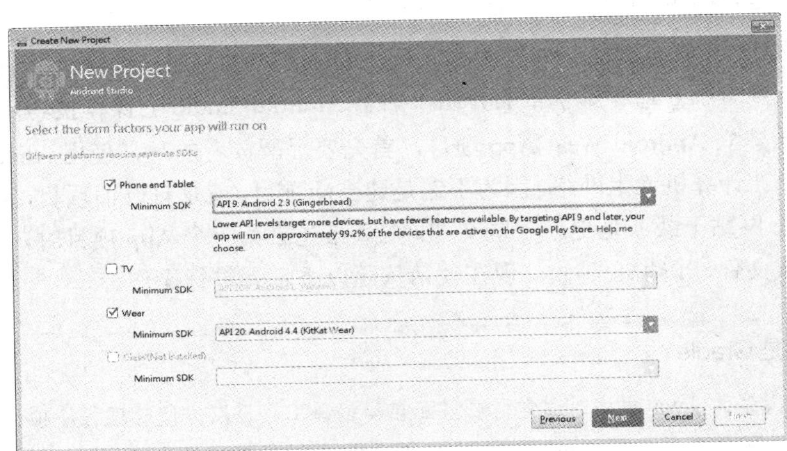

图 83-3　Android Wear App 项目的属性设置

步骤 04 下一个对话框是设置手机和平板电脑 App 模块的 Activity 架构，请单击 Blank Activity，然后单击 Next 按钮。

步骤 05 接下来的对话框是设置手机和平板电脑 App 模块的 Activity 程序文件名、界面布局文件名和程序标题。可以使用默认值，或是修改成自己喜欢的名称，然后单击 Next 按钮。

步骤 06 接下来的对话框是设置 Android Wear App 模块的 Activity 架构，请单击 Blank Wear Activity，然后单击 Next 按钮。

步骤 07 下一个对话框是设置 Android Wear App 模块的 Activity 程序文件名、界面布局文件名、圆形屏幕使用的界面文件名、矩形屏幕使用的界面文件名，完成之后单击 Finish 按钮。

App 项目建立完成之后会显示如图 83-4 所示的画面，请读者注意画面最下方状态栏中有一排文字“Gradle Download http://services.gradle.org/…”，这一排文字说明目前正在下载 Gradle 文件，这个过程大约需要数分钟，甚至十分钟，请耐心等候。

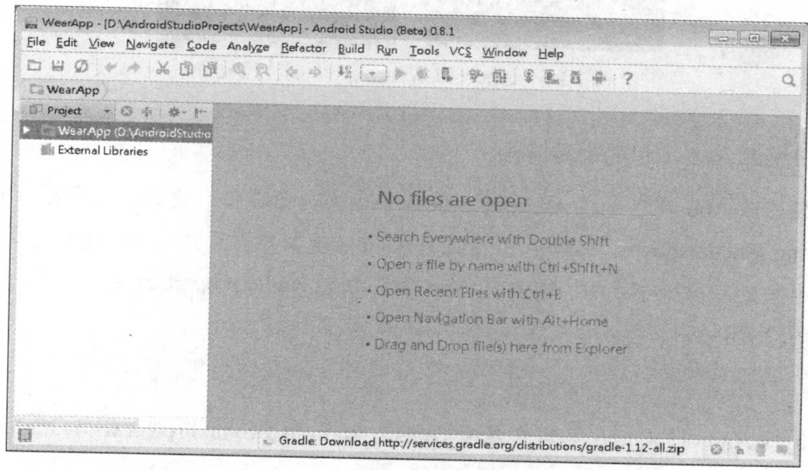

图 83-4 建立 App 项目后下载 Gradle 文件的画面

完成 Gradle 文件的下载之后，就会进行 App 项目的编译，最后 Android Studio 上方工具栏的 Run 按钮（绿色三角形图标）会变成可以按下的状态。请读者先依照第 79 章的说明，建立一个 Android Wear 模拟器。然后将 Android Studio 工具栏 Run 按钮的前一个模块选项设置为 wear（也就是指定要运行 wear 模块），再单击 Run 按钮。Android Studio 下方的状态栏会显示 Gradle 正在处理中，接着会显示如图 83-5 所示的对话框，让我们选择要使用的模拟器。请选择 Android Wear 模拟器，然后单击 OK 按钮（可以勾选 Use same device for future launches，以避免下次又再询问）。等到 Android Wear 模拟器启动完成后，再重新单击 Android Studio 工具栏中的 Run 按钮，稍等片刻就会看到如图 83-6 所示的画面。

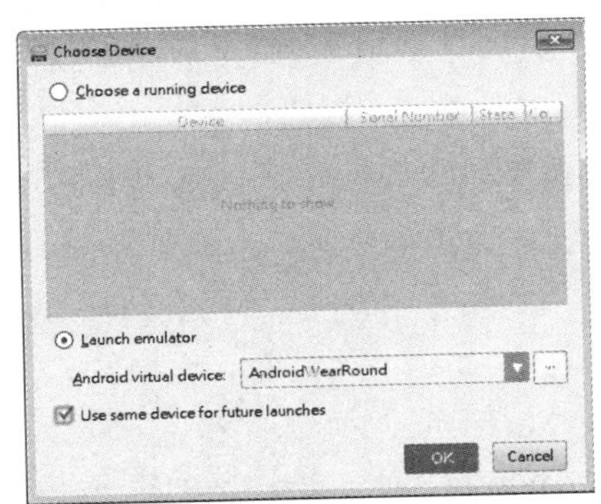

图 83-5　启动 Android Wear App 之后选取模拟器的对话框

图 83-6　Android Wear App 的运行画面

解决编译 App 项目的错误信息

如果编译 App 项目时在 Android Studio 下方弹出错误信息窗口，其中显示 Error occurred during initialization of VM，这个信息表示 Java 虚拟机器无法启动，这个错误通常是由内存大小配置不当所导致的。请打开 App 项目中的 gradle.properties 文件，在其中加入以下内存的设置。

```
org.gradle.jvmargs=-Xms128m -Xmx512m
```

再选择 Android Studio 主菜单中的 Tools > Android > Sync Project with Gradle Files，就会重新运行。

如果 Android Studio 下方的错误信息窗口显示 Gradle 错误，这时候可以尝试重新下载 Gradle 文件，但是我们必须先将计算机中的 Gradle 文件删除。相关文件的位置位于 C 盘用户文件夹中的“.gradle”文件夹，以 Windows 7 系统为例，路径为“C:\Users\(用户账号)\ .gradle”路径。关闭 Android Studio，删除这个文件夹中的全部数据（如果显示文件被锁定，就重新开机再删除）。然后运行 Android Studio，重新打开 App 项目，就会下载新的 Gradle 文件。

83-2 帮 Android Wear App 加入 UI 组件和程序代码

图 83-7 在 Android Wear App 的程序画面中加入一个按钮

到目前为止，我们建立的 Android Wear App 已经可以运行，接下来要“添油加醋”一下：我们要在程序的运行画面中加入一个按钮，单击该按钮之后，会在程序画面显示一行文字。首先是编辑 wear 模块的界面布局文件，让它变成如图 83-7 所示的画面，“Hello…”文字下方的组件是一个按钮（操作提示：在程序画面预览窗口的工具栏中有一个下拉列表，可以设置设备类型，我们可以设置为 AndroidWearRound 或是 AndroidWearSquare）。请读者在 Android Studio 左边的项目查看窗格中，展开 App 项目的文件夹路径 wear/src/main/res/layout，其中有 3 个文件：activity_my.xml 是 App 主画面的界面布局文件，这个主画面中的 WatchViewStub 组件会根据 Android Wear 设备屏幕的形状，自动加载 rect_activity_my.xml 或是 round_activity_my.xml。因此，我们必须编辑这两个界面布局文件，让它们变成如图 83-7 所示的结果。读者可以利用第 6 章介绍的技巧完成界面布局文件的修改，以下列出修改后的内容，其中用到一个定义在字符串资源文件 strings.xml 中名为 button 的字符串，字符串内容是“按我”。

rect_activity_my.xml：

```
<?xml version="1.0" encoding="utf-8"?>
<LinearLayout xmlns:android="http://schemas.android.com/apk/res/android"
   xmlns:tools="http://schemas.android.com/tools"
   android:layout_width="match_parent"
   android:layout_height="match_parent"
   android:orientation="vertical"
   tools:context=".MyActivity"
   tools:deviceIds="wear_square">

   <TextView
      android:id="@+id/text"
      android:layout_width="wrap_content"
      android:layout_height="wrap_content"
```

```
        android:text="@string/hello_square" />

    <Button
        android:layout_width="wrap_content"
        android:layout_height="wrap_content"
        android:text="@string/button"
        android:id="@+id/button" />
</LinearLayout>
```

round_activity_my.xml：

```
<?xml version="1.0" encoding="utf-8"?>
<RelativeLayout xmlns:android="http://schemas.android.com/apk/res/android"
    xmlns:tools="http://schemas.android.com/tools"
    android:layout_width="match_parent"
    android:layout_height="match_parent"
    tools:context=".MyActivity"
    tools:deviceIds="wear_round">

    <TextView
        android:id="@+id/text"
        android:layout_width="wrap_content"
        android:layout_height="wrap_content"
        android:layout_centerHorizontal="true"
        android:layout_centerVertical="true"
        android:text="@string/hello_round" />

    <Button
        android:layout_width="wrap_content"
        android:layout_height="wrap_content"
        android:text="@string/button"
        android:id="@+id/button"
        android:layout_below="@+id/text"
        android:layout_alignEnd="@+id/text" />
</RelativeLayout>
```

最后是编辑程序文件，它位于“wear/src/main/java/（套件路径名称）”文件夹中，以下是修改后的内容，粗体字表示新加入的程序代码：

```
public class MyActivity extends Activity {

    private TextView mTextView;
    private Button mButton;

    @Override
    protected void onCreate(Bundle savedInstanceState) {
        super.onCreate(savedInstanceState);
        setContentView(R.layout.activity_my);
        final WatchViewStub stub = (WatchViewStub) findViewById
(R.id.watch_view_stub);
        stub.setOnLayoutInflatedListener(new WatchViewStub.
```

```
    OnLayoutInflatedListener() {
            @Override
            public void onLayoutInflated(WatchViewStub stub) {
                mTextView = (TextView) stub.findViewById(R.id.text);
                mButton = (Button) stub.findViewById(R.id.button);
                mButton.setOnClickListener(buttonOnClick);
            }
        });
    }

    private View.OnClickListener buttonOnClick = new View.OnClickListener() {
        @Override
        public void onClick(View view) {
            mTextView.setText("你按下按钮！");
        }
    };
}
```

程序架构基本上和手机以及平板电脑的 App 相同，唯一的区别是设置界面组件的程序代码，我们将它们写在 WatchViewStub 对象的 setOnLayoutInflatedListener 中。因为当 Android Wear App 依照设备屏幕的形状，加载对应的界面布局文件之后，会运行这个 callback 方法，所以我们在其中进行界面组件的设置。完成程序代码的编辑之后，分别在圆形和矩形的 Android Wear 模拟器中运行 wear 模块，然后单击程序画面中的按钮，就会看到如图 83-8 所示的结果。

图 83-8　App 项目的 wear 模块在圆形和矩形 Android Wear 模拟器中的运行画面

Android 版本	1.X	2.X	3.X	4.X
适用性				★

第 84 章 手机App与Android Wear App互传数据及Message

上一章我们已经学会 Android Wear App 的开发，Android Wear App 的架构和运行方式基本上和手机 App 一样，因此我们之前学过的技术都可以套用到 Android Wear App 中。接下来在本章我们要介绍一个高级功能，就是让手机或是平板电脑的 App 可以与 Android Wear App 互传 Message 及数据。不过，在开始介绍程序技术之前，让我们先了解一下发送 Message 和 Notification 有何不同：

- Notification 是由手机或是平板电脑的 App 发送出的，它同时会显示在手机或是平板电脑的状态栏，以及 Android Wear 设备的屏幕中。Notification 中可以设置 Action 按钮，用户单击之后会运行指定的功能。
- Message 可以由手机或是平板电脑的 App 发送给 Android Wear App，也可以由 Android Wear App 发送给手机或是平板电脑的 App。Message 可以附带最多 100KB 字节的数据，这些数据是以字节数组（Byte Array）的方式附加在 Message 中，Message 无法设置 Action。

除了发送 Message 之外，手机和平板电脑的 App 也可以发送数据给 Android Wear App，反过来发送当然也可以。发送的数据必须存储在 Asset 对象中，再利用 Data Layer 的架构传给对方。需要特别说明的是，不论是发送 Message 或是数据，都需要用到 Google Play Services。接下来我们先学习如何发送 Message。

84-1 发送 Message

发送 Message 时需要用到 GoogleApiClient 对象和 MessageApi 套件中的 MessageListener 对象。GoogleApiClient 对象是 Google Play Services 的入口，程序必须利用它来建立 Google Play Services 的连接，才能够使用 Google Play Services 的功能。另外，也要在程序功能描述文件 AndroidManifest.xml 中加入 Google Play Services 的设置，才能够使用 Google Play Services。要让 App 能够发送 Message 必须完成以下步骤的操作：

步骤 01　在程序功能描述文件 AndroidManifest.xml 中加入 Google Play Services 的设置：

```
<?xml version="1.0" encoding="utf-8"?>
<manifest xmlns:android="http://schemas.android.com/apk/res/android"
    ... >


    <application
        ... >
        <activity
            ...
        </activity>

        <meta-data
            android:name="com.google.android.gms.version"
            android:value="@integer/google_play_services_version" />
    </application>

</manifest>
```

步骤 02　在主程序 Activity 类的 onCreate()方法中，建立一个 GoogleApiClient 对象，并且指定 ConnectionCallbacks 和 OnConnectionFailedListener。当程序和 Google Play Services 连接的时候，会根据情况运行这两者之一，我们在 onStart()方法中尝试与 Google Play Services 建立连接，在 onStop()方法中停止 Google Play Services 的连接。连接成功或是发生问题时，都会运行我们设置的 callback 对象，请读者参考程序中的注释。

```
public class MainActivity extends Activity {

    //排除 Google Play services 连接错误用的识别码。
    private static final int GOO_API_CLIENT_REQUEST_RESOLVE_ERROR = 1000;

    private GoogleApiClient mGoogleApiClient;

    // 用来处理与 Google Play services 连接的错误。
    private boolean mbResolvingGooApiClientError = false;

    @Override
```

```
protected void onCreate(Bundle savedInstanceState) {
    ...(原来的程序代码)

    mGoogleApiClient = new GoogleApiClient.Builder(this)
            .addApi(Wearable.API)
            .addConnectionCallbacks(gooApiClientConnCallback)
            .addOnConnectionFailedListener(gooApiClientOnConnFail)
            .build();
}

@Override
protected void onStart() {
    super.onStart();
    if (!mbResolvingGooApiClientError) {
        mGoogleApiClient.connect();
    }
}

@Override
protected void onStop() {
    if (!mbResolvingGooApiClientError) {
        mGoogleApiClient.disconnect();
    }
    super.onStop();
}

private GoogleApiClient.ConnectionCallbacks gooApiClientConnCallback =
                new GoogleApiClient.ConnectionCallbacks() {
    @Override
    public void onConnected(Bundle bundle) {
        mbResolvingGooApiClientError = false;
    }

    @Override
    public void onConnectionSuspended(int i) {
        Toast.makeText(getApplicationContext(),
                "Google API Client 无法连接。", Toast.LENGTH_LONG)
                .show();
    }
};

private GoogleApiClient.OnConnectionFailedListener
gooApiClientOnConnFail =
                new GoogleApiClient.OnConnectionFailedListener() {
    @Override
    public void onConnectionFailed(ConnectionResult connectionResult) {
        if (mbResolvingGooApiClientError) {
            return;  // 正在处理目前的错误。
        } else if (connectionResult.hasResolution()) {
            try {    // Google Play Services 连接错误，但是可以排除。
                mbResolvingGooApiClientError = true;
```

```
                    connectionResult.startResolutionForResult(Activity
                    类名称.this,GOO_API_CLIENT_REQUEST_RESOLVE_ERROR);
                } catch (IntentSender.SendIntentException e) {
                    // 尝试重新连接 Google Play Services。
                    mbResolvingGooApiClientError = false;
                    mGoogleApiClient.connect();
                }
            } else {
                mbResolvingGooApiClientError = false;
            }
        }
    };
}
```

步骤 03　当 Google Play Services 连接成功时加入 MessageListener 对象。之后如果程序收到另一个设备传来的 Message，就会运行 MessageListener 对象中的程序代码。当要停止 Google Play Services 的连接时，记得移除 MessageListener 对象。

```
public class MainActivity extends Activity {

    ...(原来的程序代码)

    @Override
    protected void onStop() {
        if (!mbResolvingGooApiClientError) {
            Wearable.MessageApi.removeListener(mGoogleApiClient,
        wearableMsgListener);
            mGoogleApiClient.disconnect();
        }
        super.onStop();
    }

    private GoogleApiClient.ConnectionCallbacks gooApiClientConnCallback =
                new GoogleApiClient.ConnectionCallbacks() {
        @Override
        public void onConnected(Bundle bundle) {
            mbResolvingGooApiClientError = false;
            Wearable.MessageApi.addListener(mGoogleApiClient,
        wearableMsgListener);
        }

        @Override
        public void onConnectionSuspended(int i) {
            ...
        }
    };

    private GoogleApiClient.OnConnectionFailedListener
gooApiClientOnConnFail =
```

```
                new GoogleApiClient.OnConnectionFailedListener() {
        @Override
        public void onConnectionFailed(ConnectionResult connectionResult) {
            if (mbResolvingGooApiClientError) {
                return;  // 正在处理目前的错误。
            } else if (connectionResult.hasResolution()) {
                try {    // Google Play Services 连接错误，但是可以排除。
                    mbResolvingGooApiClientError = true;
                    connectionResult.startResolutionForResult(Activity
                    类名称.this,GOO_API_CLIENT_REQUEST_RESOLVE_ERROR);
                } catch (IntentSender.SendIntentException e) {
                    // 尝试重新连接 Google Play Services。
                    mbResolvingGooApiClientError = false;
                    mGoogleApiClient.connect();
                }
            } else {
                mbResolvingGooApiClientError = false;
                Wearable.MessageApi.removeListener(mGoogleApiClient,
                            wearableMsgListener);
            }
        }
    };

    private MessageApi.MessageListener wearableMsgListener = new
                        MessageApi.MessageListener() {
        @Override
        public void onMessageReceived(MessageEvent messageEvent) {
            // 调用 messageEvent.getData()取得 message 中附带的字节数组。
        }
    };
}
```

步骤 04 想要发送 Message 时，必须先取得要发送到哪一个目的地设备的 node ID，然后把要附带的数据存储在一个字节数组中，再设置好 Message 的 path。Message 的 path 是我们自己设置的字符串，必须以斜线字符'/'开头，例如"/say-hi"。对方收到 Message 的时候，可以检查这个 path 字符串，再决定如何处理。发送 Message 的工作必须在 background thread 中运行，以免影响 App 操作的流畅性，我们可以利用 AsyncTask 类型的对象来实现，请参考以下的程序代码：

```
private static final String WEARABLE_PATH_MESSAGE = "/message";

private class AsyncTaskSendMessageToWearableDevice extends AsyncTask {
    @Override
    protected Object doInBackground(Object[] objects) {
        // 取得所有连接的 Android 设备。
        NodeApi.GetConnectedNodesResult connectedWearableDevices =
                Wearable.NodeApi.getConnectedNodes(mGoogleApiClient).await();

        // 发送 message 给每一个连接的 Android 设备。
```

```
        for (Node node : connectedWearableDevices.getNodes()) {
            // 把 Message 要附带的数据存储在一个字节数组中。
            byte[] payload = (要附带的数据);

            // 发送 message 并取得结果。
            MessageApi.SendMessageResult result = Wearable.MessageApi.
        sendMessage(
                    mGoogleApiClient, node.getId(), WEARABLE_PATH_MESSAGE,
                    payload).await();

            if (result.getStatus().isSuccess())
                runOnUiThread(new Runnable() {
                    @Override
                    public void run() {
                        Toast.makeText(getApplicationContext(),
                                "message 发送成功。", Toast.LENGTH_LONG)
                                .show();
                    }
                });
            else
                runOnUiThread(new Runnable() {
                    @Override
                    public void run() {
                        Toast.makeText(getApplicationContext(),
                                "message 发送失败。", Toast.LENGTH_LONG)
                                .show();
                    }
                });
        }

        return null;
    }
}
```

在发送数据前先建立一个以上的对象，再让它启动运行即可：

```
new AsyncTaskSendMessageToWearableDevice().execute();
```

每一个 Android 设备都是一个 node，例如手机、平板电脑、Android Wear 设备，甚至是 Android TV，我们可以利用 node ID 决定是哪一个 Android 设备。

以上的步骤同样适用于 Android Wear App，接下来我们介绍如何在不同的 Android 设备间互传数据。

84-2 发送数据

在了解了如何在不同的 Android 设备之间发送 Message 之后，就可以很容易实现发送数据的功能。因为两者的步骤非常类似，我们将发送数据的步骤整理如下：

步骤01 参考前面小节的步骤 1 修改程序功能描述文件。

步骤02 参考前面小节的步骤 2，建立一个 GoogleApiClient 对象，同时加入连接、断线和处理连接错误的程序代码。

步骤03 将前面小节步骤 3 的程序代码修改如下：将每一行的 “Wearable.MessageApi.addListener(mGoogleApiClient, wearableMsgListener)”，改为：“Wearable.**DataApi**.addListener(mGoogleApiClient, **wearableDataListener**)”；将每一行 “Wearable.MessageApi.removeListener(mGoogleApiClient, wearableMsgListener)” 改为：“Wearable.**DataApi**.removeListener(mGoogleApiClient, **wearableDataListener**);”；建立 wearableDataListener 对象如下，当 App 收到其他设备送来的数据时会运行这个对象中的程序代码，请读者参考程序代码中的注释。

```
private static final String WEARABLE_PATH_SEND_DATA = "/send-data";
private static final String DATA_KEY = "data key";

private DataApi.DataListener wearableDataListener = new DataApi.DataListener() {
    @Override
    public void onDataChanged(DataEventBuffer dataEvents) {
        // 取得目前收到的所有数据项。
        List<DataEvent> listDataEvents = FreezableUtils.freezeIterable
    (dataEvents);
        dataEvents.close();

        // 比对每一条数据项，找出我们需要的数据。
        for (DataEvent event : listDataEvents) {
            String path = event.getDataItem().getUri().getPath();
            if (path.equals(WEARABLE_PATH_SEND_DATA)) {
                DataMapItem dataMapItem =
                    DataMapItem.fromDataItem (event.getDataItem());
                Asset asset = dataMapItem.getDataMap()
                    .getAsset(DATA_KEY);

                // 从 asset 对象中取出数据
                ...
            }
        }
    }
};
```

步骤04 在发送数据给其他设备的 App 时，必须先把数据放在一个 Asset 类型的对象中。Asset

类提供不同的方法将各种类型的数据封装成 Asset 对象，例如 createFromBytes()、createFromUri()……接下来是建立一个 PutDataMapRequest 对象，这个对象中有一个 DataMap 对象。我们取得这个 DataMap 对象之后，把 Asset 对象放到其中。最后建立一个 PutDataRequest 对象，利用 Wearable.DataApi.putDataItem()方法发送出数据，请参考以下程序代码范例：

```
private static final String DATA_TIME = "time";

// 将 App 项目中的图像文件包装成 Asset 对象。
Uri uri=Uri.parse("android.resource://"+getPackageName()+"/"+R.raw.image);
Asset assetImage = Asset.createFromUri(uri);

// 建立发送数据的相关对象。
PutDataMapRequest dataMapRequest =
PutDataMapRequest.create(WEARABLE_PATH_SEND_DATA);
dataMapRequest.getDataMap().putAsset(DATA_KEY, assetImage);

// 一定要加上时间，否则下次发送数据时就不会更新（对方不会收到数据）。
dataMapRequest.getDataMap().putLong(DATA_TIME, new Date().getTime());

PutDataRequest request = dataMapRequest.asPutDataRequest();
    Wearable.DataApi.putDataItem(mGoogleApiClient, request)
            .setResultCallback(new ResultCallback<DataApi.DataItemResult>() {
                @Override
                public void onResult(DataApi.DataItemResult dataItemResult) {
                    Toast.makeText(getApplicationContext(),
                            "数据发送成功。",
                            Toast.LENGTH_LONG)
                            .show();
                }
            });
```

84-3 范例程序

下面我们利用一个实际范例来测试手机 App 和 Android Wear App 发送 Message 和数据的功能，这个 App 项目的架构和前一章的范例相同，项目中包含一个手机 App 模块（名称为 mobile）和一个 Android Wear App 模块（名称为 wear），而且同样是利用 Android Studio 开发。

图 84-1 是 mobile 模块在手机上的运行画面，当手机与 Android Wear 设备或是模拟器连接时，单击“发送 Message”按钮，会在 Android Wear 设备或是模拟器的屏幕显示如图 84-2 所示的信息，然后 Android Wear App 模块会回复一个 Message 给手机 App 模块。如果单击“发送数据”按钮，手机 App 模块会发送一张图像给 Android Wear App 模块，Android Wear App 模块会把它显示在背景中，如图 84-3 所示。

图 84-1　手机 App 模块的运行画面

图 84-2　手机 App 模块传给 Android Wear App 模块的 Message

图 84-3　手机 App 模块发送图像给 Android Wear App 模块

完成这个 App 项目的步骤如下：

步骤 01　依照前一章的方式建立一个 App 项目，项目中包含一个手机 App 模块和一个 Android Wear App 模块。

步骤 02　在 Android Studio 左边的项目查看窗格中，展开手机 App 模块（默认名称为 mobile）的文件夹 src/main，其中有一个程序功能描述文件 AndroidManifest.xml，双击将它打开。

步骤 03　依照前面小节的说明，加入 Google Play services 的设置。

步骤 04　依照同样的操作方式，展开手机 App 模块中的文件夹路径 src/main/res/layout，其中是程序的界面布局文件，双击将它打开。

步骤 05　依照如图 84-1 所示的运行画面编辑程序的界面布局文件，完成后的结果如下，其中的字符串资源 btn_send_msg 和 btn_send_data 定义在字符串资源文件中，内容就是按钮上显示的文字。

```
<RelativeLayout xmlns:android="http://schemas.android.com/apk/res/android"
    xmlns:tools="http://schemas.android.com/tools"
    android:layout_width="match_parent"
    android:layout_height="match_parent"
    android:paddingLeft="@dimen/activity_horizontal_margin"
    android:paddingRight="@dimen/activity_horizontal_margin"
    android:paddingTop="@dimen/activity_vertical_margin"
    android:paddingBottom="@dimen/activity_vertical_margin"
```

```
    tools:context=".MyActivity">

    <Button
        android:layout_width="wrap_content"
        android:layout_height="wrap_content"
        android:text="@string/btn_send_msg"
        android:id="@+id/btnSendMsg"
        android:layout_marginTop="37dp"
        android:layout_alignParentTop="true"
        android:layout_centerHorizontal="true"
        android:textSize="25sp" />

    <Button
        android:layout_width="wrap_content"
        android:layout_height="wrap_content"
        android:text="@string/btn_send_data"
        android:id="@+id/btnSendData"
        android:layout_below="@+id/btnSendMsg"
        android:layout_centerHorizontal="true"
        android:layout_marginTop="35dp"
        android:textSize="25sp" />
</RelativeLayout>
```

步骤 06　打开项目文件夹路径 src/main/java/(套件路径)中的程序文件，依照前面小节的说明，加入 GoogleApiClient 对象，以及发送数据和 Message 的程序代码，读者可以参考本书附赠代码中的项目代码。

Android Studio 程序代码编辑技巧

如果要在我们自己的 Activity 中加入处理状态转换的方法，例如 onStart()、onResume()、onStop()……可以先把编辑光标设置到要加入程序代码的位置，然后单击鼠标右键，从弹出的快捷菜单中选择 Generate，再从下一个菜单中选择 Override Methods，就会显示基础类的方法列表。单击要加入的方法（可以同时按下键盘中的 Ctrl 键进行多选），然后单击 OK 按钮。

步骤 07　接下来是编辑 Android Wear App 模块（默认名称为 wear），先用同样的方式找到它的程序功能描述文件，加入 Google Play services 的设置。

步骤 08　接着展开文件夹路径 src/main/res/layout，打开界面布局文件 rect_activity_my.xml，帮助最外层的 Layout 组件设置 android:id 属性，因为程序要设置它的背景图片，代码如下。

```
<?xml version="1.0" encoding="utf-8"?>
<LinearLayout xmlns:android="http://schemas.android.com/apk/res/android"
    xmlns:tools="http://schemas.android.com/tools"
    android:layout_width="match_parent"
    android:layout_height="match_parent"
```

```
    android:orientation="vertical"
    tools:context=".MyActivity"
    tools:deviceIds="wear_square"
    android:id="@+id/viewRoot">

    ...(原来的程序代码)

</LinearLayout>
```

步骤 09 打开另一个界面布局文件 round_activity_my.xml，做同样的修改：

```
<?xml version="1.0" encoding="utf-8"?>
<RelativeLayout xmlns:android="http://schemas.android.com/apk/res/android"
    xmlns:tools="http://schemas.android.com/tools"
    android:layout_width="match_parent"
    android:layout_height="match_parent"
    tools:context=".MyActivity"
    tools:deviceIds="wear_round"
    android:id="@+id/viewRoot">

    ...(原来的程序代码)

</RelativeLayout>
```

步骤 10 打开项目文件夹路径 src/main/java/(套件路径)中的程序文件，依照前面小节的说明，加入 GoogleApiClient 对象，以及发送数据和 Message 的程序代码，请读者参考本书附赠代码中的项目。

完成这个 App 项目之后，必须同时启动手机 App 模块和 Android Wear App 模块才能进行测试。请读者依照以下步骤进行操作：

步骤 01 参考第 79 章的说明，启动 Android Wear 模拟器，并且让它和手机连接。

步骤 02 将 Android Studio 工具栏中的模块选项设置为 wear（Run 按钮的前一个下拉列表），然后单击 Run 按钮，当显示模拟器列表对话框时选择 Android Wear 模拟器。稍等片刻，确定 Android Wear App 模块在 Android Wear 模拟器上运行。

步骤 03 将 Android Studio 工具栏中的模块选项设置为 mobile，然后单击 Run 按钮，当显示模拟器列表对话框时，选择实体手机。稍等片刻，确定手机 App 模块已经在手机上运行。

步骤 04 单击手机 App 画面中的“发送 Message”或是“发送数据”按钮，就会看到如图 84-2 所示和如图 84-3 所示的画面。

学完这几章，读者是不是觉得 Android Wear 搭配手机或是平板电脑的应用很有趣呢？未来这些相关技术还会应用到 Android TV、Android Auto 以及更多各种各样的 Android 设备中。好好利用它，就可以创造出更多有趣，而且更具智慧的 APP。

Android 版本	1.X	2.X	3.X	4.X
适用性				★

第 85 章 制作Android Wear App的安装文件

Android Wear 设备本身没有上网功能，因此无法从 Google Play 网站下载 App，如果用户要安装 Android Wear 的应用程序，必须借助手机或是平板电脑的 App。上一章建立的 App 项目包含一个手机 App 模块和一个 Android Wear App 模块。我们可以在手机 App 的安装文件（也就是 APK 文件）中内置 Android Wear App 模块，如此一来，当在手机上安装 App 时，就会自动将 Android Wear App 安装到连接的 Android Wear 设备。

1. 准备工作

要让手机 App 的安装文件包含 Android Wear App 其实很容易，请依照以下步骤进行操作：

步骤 01 从 Android Studio 左边的项目查看窗格中展开手机 App 模块，打开 build.gradle 文件，确定其中包含下列粗体字的程序代码，如果没有就要自行输入。添加下划线的部分是 App 项目中的 Android Wear App 模块名称，必须根据每一个项目的情况进行修改。

```
apply plugin: ...

android {
   ...
}

dependencies {
   compile ...
   wearApp project(':wear')
   compile...
}
```

步骤 02 单击 Android Studio 主菜单中的 Build > Generate Signed APK 就会出现如图 85-1 所示

的对话框，将 Module 设置成手机 App 模块，单击 Next 按钮。

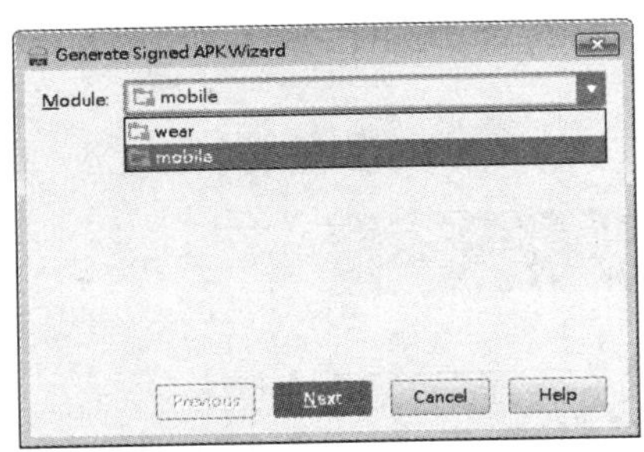

图 85-1　建立手机 App 的安装文件

步骤 03　在如图 85-2 所示的对话框中设置自己的 App 签名文件（Key store）。如果读者还没有建立签名文件，可以单击 Create new 按钮，就会显示如图 85-3 所示的对话框。在 Key store path 框中输入签名文件的路径和文件名（可以单击最右边的按钮打开文件对话框），在 Password 和 Confirm 框中输入密码。接着在 Alias 框中输入 Key 的名称，在下面两个框中输入 Key 的密码，最后在 First and Last Name 框中输入自己的名字，单击 OK 按钮，返回如图 85-2 所示的对话框，单击 Next 按钮。

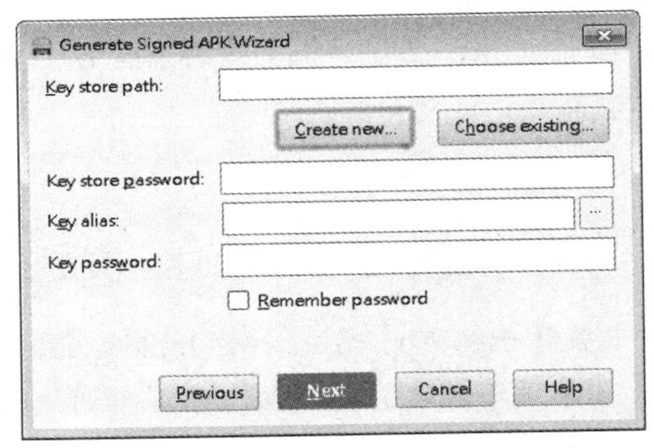

图 85-2　设置自己的 App 签名文件

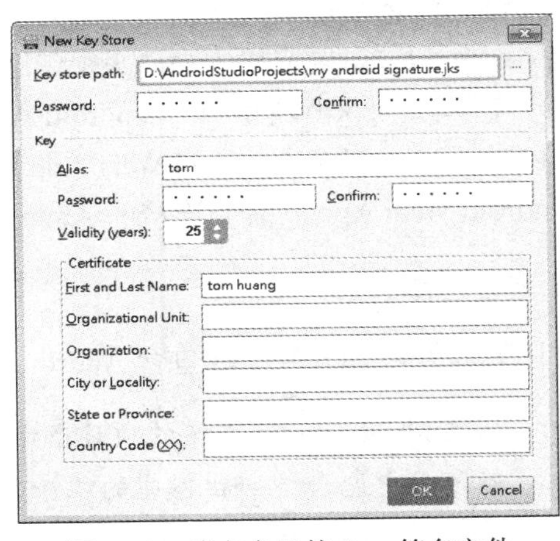

图 85-3　建立自己的 App 签名文件

步骤 04　在下一个对话框中设置 APK 文件的存储路径，然后单击 Finish 按钮。在 Android Studio 下方的状态栏中会显示正在运行的信息。运行完毕之后，到指定的存储路径中就可以看到两个 APK 文件：一个是手机 App 模块；另一个是 Android Wear App 模块，我们只需要手机 App 模块的 APK 文件。

2. 安装与测试 Android Wear App

在准备好 APK 文件之后，测试之前，必须先把原来 Android Wear 模拟器上的测试版（也就是在开发过程中，Android Studio 直接安装在 Android Wear 模拟器中的版本）移除。运行 Windows 的命令行窗口，切换到安装 Android SDK 的路径（默认位于 Android Studio 安装文件夹中的 sdk 子文件夹中）。在 Android SDK 文件夹中有一个名为 platform-tools 的子文件夹，切换到这个文件夹，然后运行下列命令：

```
adb -s （模拟器 id） uninstall （App 的套件路径名称）
```

模拟器 id 可以利用命令 adb devices 进行查询，App 套件路径名称就是程序文件第一行 package 命令后面的路径。运行完 adb uninstall 之后，Android Wear 模拟器和手机会断线，必须重新运行下列命令让 Android Wear 模拟器和手机连接：

```
adb -d forward tcp:5601 tcp:5601
```

移除测试版的 App 之后，就可以安装正式版的 APK 文件，请运行以下命令：

```
adb -d install （手机 App 的 APK 文件路径、完整文件名以及扩展名）
```

命令行窗口会显示安装成功的信息，接下来到 Android Wear 模拟器确定 Android Wear App 是否安装成功。先单击 Android Wear 模拟器画面上的时间，就会切换到如图 85-4 所示的画面。如果是实际的 Android Wear 设备，我们可以直接说出 App 的标题名称，Android Wear 设备就会启动该 App。但是在 Android Wear 模拟器上我们必须用单击的方式启动，将如图 85-4 所示的画面往上滚动，找到 Start 选项，如图 85-5 所示，单击 Start 选项，就会进入如图 85-6 所示的画面，其中会看到我们的 Android Wear App 名称，单击它就会启动运行。

图 85-4　运行 Android Wear 的功能

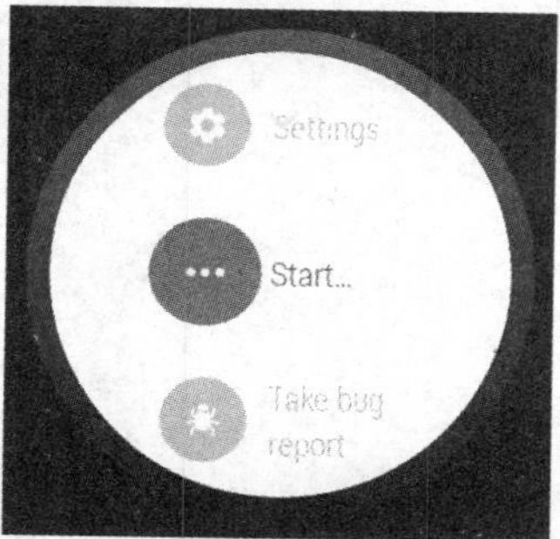

图 85-5　Android Wear 功能列表中的 Start 选项

图 85-6　在 Start 选项中显示安装的 Android Wear App